CIP-BRASIL. CATALOGAÇÃO NA PUBLICAÇÃO
SINDICATO NACIONAL DOS EDITORES DE LIVROS, RJ

A52s

Amarante, José Osvaldo Albano do
  Os segredos do vinho : para iniciantes e iniciados / José Osvaldo Albano do Amarante. - 5. ed. - São Paulo : Mescla, 2018.
  632 p. : il.

  Inclui índice
  Inclui glossário
  ISBN 978-85-88641-48-8

  1. 1. Vinho e vinificação. I. Título.

18-51302
CDD: 663.2
CDU: 663.2

Vanessa Mafra Xavier Salgado - Bibliotecária - CRB-7/6644
19/07/2018   26/07/2018

www.mescla.com.br

Compre em lugar de fotocopiar.
Cada real que você dá por um livro recompensa seus autores
e os convida a produzir mais sobre o tema;
incentiva seus editores a encomendar, traduzir e publicar
outras obras sobre o assunto;
e paga aos livreiros por estocar e levar até você livros
para a sua informação e o seu entretenimento.
Cada real que você dá pela fotocópia não autorizada de um livro
financia o crime
e ajuda a matar a produção intelectual de seu país.

OS SEGREDOS DO VINHO
PARA INICIANTES E INICIADOS

JOSÉ OSVALDO ALBANO DO AMARANTE

mescla
EDITORIAL

OS SEGREDOS DO VINHO PARA INICIANTES E INICIADOS
Copyright © 2005, 2015, 2018 by José Osvaldo Albano do Amarante
Direitos desta edição reservados por Summus Editorial

Editora executiva: **Soraia Bini Cury**
Assistente editorial: **Michelle Neris**
Produção editorial, capa e projeto gráfico: **Crayon Editorial**
Mapas: **Vanderlei Spiandorelo**
Índice remissivo: **Sandra Bernardo**

1ª reimpressão, 2022

Mescla Editorial
Departamento editorial
Rua Itapicuru, 613 – 7º andar
05006000 – São Paulo – SP
Fone: (11) 3872-3322
http://www.mescla.com.br
e-mail:mescla@mescla.com.br

Atendimento ao consumidor
Summus Editorial
Fone: (11) 3865-9890

Vendas por atacado
Fone: (11) 3873-8638
Fax: (11) 3872-7476
e-mail: vendas@summus.com.br

Impresso no Brasil

*Para a minha querida esposa,
incentivadora e incansável
"médica particular", Maria Luiza,
e meus filhos, Gabriela e Henrique,
que muito orgulho nos dão.
E também especialmente para
a minha inesquecível mãe, Maria Teresa
Justina Albano do Amarante, que me
propiciou a honra de ter nascido
no mesmo dia que ela, além de
compartilhar o seu mesmo signo chinês.*

AGRADECIMENTOS
Esta obra só pôde atingir esta formatação final graças à imprescindível colaboração de:

MARIA LÚCIA DO AMARANTE ANDRADE, minha querida irmã, autora das fotografias de "O consumo" e do autor, na orelha; GLADSTONE CAMPOS/REAL PHOTOS, brilhante fotógrafo especializado em gastronomia, que gentilmente cedeu as outras fotografias desta obra; MISTRAL IMPORTADORA, que permitiu a divulgação da maioria dos valiosos mapas vinícolas, desenvolvidos pela empresa e desenhados pela ilustradora CECILIA ESTEVES; SUMMUS EDITORIAL, que contratou o ilustrador EDUARDO MALPETI para elaborar as demais ilustrações e os mapas referentes a Panorama Mundial, Canadá e Brasil; MISTRAL IMPORTADORA, mais uma vez, pela autorização da transcrição da tabela de safras, por ela compilada de diversas fontes.

ÍNDICE

Prefácio **21**

A COMPRA E O ARMAZENAMENTO **23**
   Outras recomendações. **23**
   A adega. **25**
      Tipos de adega. **25**
      Disposição nas prateleiras. **26**
      Livro de adega. **27**
   As garrafas. **28**
      Tamanho das garrafas. **30**
   A evolução. **31**
   Tempos médios ideais **32**

O SERVIÇO **34**
   A temperatura **35**
      Vinho branco. **35**
      Vinho tinto **36**
   Desarrolhamento. **37**
      O corta-cápsula. **37**
      O saca-rolha. **38**
      A rolha. **40**
   Arejamento **41**
   Decantação **42**
   Os copos. **44**
      O copo de degustação • A taça para espumantes. . **46**
      O copo para vinhos generosos • O *tastevin* **46**
      Manuseio dos copos • O verter do líquido **47**
   Ordem de precedência. **48**
   No restaurante **49**

O CONSUMO. **51**
   Calorias **52**
   Medicamento **53**
      Descobertas recentes. **54**
   Harmonização com comidas **56**
      Combinações. **57**
      Vinhos digestivos **63**

    Toda refeição **63**
    Incompatibilidades. **64**

A DEGUSTAÇÃO **65**
  Os grandes vinhos que foram marcos na minha vida . . **66**
  Exame visual. **73**
    Aspecto • Cor • Fluidez **73**
    Espuma • Efervescência **74**
  Exame olfativo. **74**
    Aromas e buquê • Odores. **75**
  Exame gustativo. **76**
    Sensações gustativas. **76**
    Sensações táteis **77**
    Sensações térmicas. **77**
    A harmonia. **78**
  Exame final **78**
  Confrarias de vinho **78**
  Ficha de degustação **79**
    Técnica geral • Exame visual **80**
    Exame olfativo **81**
    Exame gustativo **82**
    Exame final **83**
    O resultado. **84**
    Considerações finais. **84**
  Ficha de degustação simplificada **84**

A UVA **86**
  Composição da uva. **87**
  O vinhedo **88**
    Propagação da videira. **89**
    Sistemas de condução **91**
    Ciclos da parreira **94**
  Principais variedades viníferas **95**
    Tintas clássicas. **97**
    Outras uvas tintas. **104**
    Brancas clássicas. **106**
    Outras uvas brancas **112**

O VINHO. **116**
  Definição **117**

Composição **117**
Principais elementos **119**
Fatores de qualidade **120**
    Solo **121**
    Clima **123**
    Uva **126**
    Produtor • Função **127**
As classes de vinho **128**
    Vinhos de mesa **129**
    Vinhos espumantes naturais **131**
    Vinhos licorosos e generosos **133**
    Vinhos compostos • Derivados do vinho **134**
Vinhos especiais **134**
    Vinhos orgânicos **134**
    Vinhos biodinâmicos **135**
    Vinhos *kosher* **136**
    Vinhos sem álcool **137**

A VINIFICAÇÃO **138**
  A colheita **138**
    Índices de maturação **139**
    Rendimento máximo **140**
    Densidade de plantação **141**
    Produção por pé • A vindima **142**
  Vinho de mesa tinto **143**
    Recepção na cantina **144**
    Esmagamento e desengaço **144**
    Concentração do mosto **145**
    Fermentação alcoólica **146**
    Sistemas alternativos de vinificação **150**
    Fermentação malolática **152**
    Prensagem do bagaço **153**
    Estabilização **154**
    Corte • Maturação **155**
    Clarificação final **157**
    Engarrafamento **158**
  Vinho de mesa branco **159**
    Brancos secos **159**
    Brancos doces **165**
  Vinho de mesa rosado **167**

Vinhos espumantes. **168**
    Método *champenoise*. **168**
    Método de transvaso • Processo *charmat* **174**
    Processo Asti. **176**
Vinhos licorosos e generosos **176**
    Porto. **177**
    Jerez **178**
Práticas enológicas lícitas **180**
    Chaptalização • Desacidificação **180**
    Acidificação • Descoloração **181**
    Sulfitação • Sorbatação. **181**
    Pasteurização. **182**

A MADEIRA E O VINHO. **183**
O carvalho. **183**
    Carvalhos europeus. **184**
    Carvalhos americanos. **185**
A tanoaria **185**
    A composição do carvalho **186**
    As florestas francesas. **187**
    Outras florestas europeias. **188**
    Florestas americanas. **191**
    Aduelas para tonelaria • Fabricação de barris . . . **192**
    Tamanho dos barris • Volume da barrica **195**
    Sistemas alternativos de carvalho **196**
Maturação em barris. **197**
    O fenômeno. **198**
    Amadurecimento de vinhos tintos. **200**
    Amadurecimento de vinhos brancos **201**

PANORAMA MUNDIAL. **204**
Produção de vinho no mundo **206**
Superfície mundial de vinhedos **207**
Consumo mundial de vinho **208**
Exportação mundial de vinho **209**
Importação brasileira de vinhos **209**

FRANÇA **213**
Legislação **214**
Bordeaux. **215**

   Médoc **217**
   Graves **219**
   Saint-Emilion **221**
   Pomerol **222**
  Bourgogne **223**
   Chablis • Côte d'Or **225**
   Côte Chalonnaise **228**
   Mâconnais • Beaujolais **229**
  Rhône **230**
   Rhône Nord **230**
   Rhône Sud **234**
  Loire **236**
  Alsace **238**
  Jura **240**
  Midi **240**
  Champagne **242**

Itália **245**
  Legislação **246**
  Piemonte **247**
   Barolo **249**
   Barbaresco **250**
   Barbera **251**
   Outros tintos **252**
   Brancos **254**
  Toscana **254**
   Supertoscanos **254**
   Chianti Classico e Chianti **257**
   Brunello di Montalcino **258**
   Bolgheri **260**
   Outros tintos **260**
   Brancos **262**
  Veneto **262**
   Amarone **263**
   Outros tintos **264**
   Brancos **265**
  Friuli-Venezia-Giulia **265**
   Collio **265**
   Colli Orientali del Friuli • Isonzo **266**
  Outros vinhos **267**

      Lombardia **267**
      Trentino-Alto Adige **268**
      Emilia-Romagna **269**
      Umbria • Lazio **270**
      Marche • Abruzzo **271**
      Campania **272**
      Basilicata • Puglia **273**
      Sicília **274**
      Sardegna **276**
  Vinhos espumantes **277**
      Franciacorta **277**
      Outros espumantes clássicos **277**
      Asti e Moscato d'Asti • Prosecco **278**

Espanha **279**
  Legislação **280**
  Zonas vinícolas **281**
  Rioja **281**
  Ribera del Duero **285**
  Priorato **287**
  Outros vinhos **289**
      Cataluña **289**
      Castilla y León **291**
      Zona Norte **293**
      Zona Central **294**
      Zona Sul **296**
  Cava **296**
  Jerez **297**

Portugal **302**
  Legislação **303**
  As regiões e seus vinhos **303**
      Douro **304**
      Dão **307**
      Alentejo **309**
  Outros vinhos **311**
      Vinhos Verdes **311**
      Bairrada **312**
      Lisboa ex-Estremadura **314**
      Tejo ex-Ribatejo • Península de Setúbal **315**

   Moscatel de Setúbal **316**
 Porto **317**
 Madeira **320**

ALEMANHA **323**
 Legislação **324**
  Tradicional **324**
  Novas designações de vinhos secos **326**
 Uvas **327**
  Brancas **327**
  Tintas **329**
 Vinhos **330**
  Denominações **331**
 Classificação de vinhedos **332**
  VDP **332**
 Regiões **335**
  Mosel **336**
  Rheingau **338**
  Pfalz **339**
  Nahe **341**
  Rheinhessen **342**
  Franken **344**
  Baden **345**
 Sekt **346**
  Classificação **347**
  Métodos **347**

ÁUSTRIA **348**
 Legislação **349**
  DAC (*Districtus Austria Controllatus*) **350**
 Uvas **350**
  Brancas **350**
  Tintas **352**
 Vinhos **353**
 Regiões **354**
  Weinviertel **355**
  Wachau **355**
  Kamptal **356**
  Kremstal • Neusiedlersee **357**
  Neusiedlersee-Hügelland **358**

    Südsteiermark **358**
    Outras regiões. **358**

Hungria **360**
  Tokaj **360**
  Vinhedos. **361**
  Uvas **361**
  Vinhos **361**

Grécia **365**
  Legislação **367**
    Vinhos de mesa **367**
    Vinhos de qualidade produzidos em região determinada (VQPRD). **367**
  Uvas **368**
    Brancas **368**
    Tintas **371**
  Vinhos **373**
    Declarações de maturação de vinhos **373**
    Declarações para espumantes e frisantes **374**
    Declarações de vinhedos **374**
    Declarações especiais **375**
    Declaração de vinhos doces **375**
  Principais regiões. **375**
    Macedônia (Makedonía) **376**
    Grécia Central (Stereá Elláda) **379**
    Peloponeso (Pelopónnisos) **380**
    Ilhas Jônicas (Iónia Nisiá) **383**
    Egeu Setentrional (Vóreio Aigaío) **384**
    Cíclades (Kykládes) **385**
    Dodecaneso (Dodekánisos). **386**
    Creta (Kríti) **387**

Estados Unidos **389**
  Legislação **390**
  Califórnia **391**
    North Coast **393**
    Central Coast. **397**
    Outras regiões. **398**
  Oregon **400**

Washington **401**
   Uvas **402**
      Brancas 402
      Tintas 403
   Vinhos **404**
      Brancos 406
      Tintos 409
      Espumantes 414

Canadá **416**
   Legislação **417**
   Regiões **417**
      Ontario 418
      Québec 420
      British Columbia 421
   Uvas **422**
      Brancas 423
      Tintas 424
   Vinhos **424**
      Icewine (ou *Vin de Glace*) 426
      Outras categorias de vinho doce 427
      Brancos 427
      Tintos 429

Argentina **433**
   Legislação **434**
   Clima **435**
   Regiões **436**
      Salta 436
      Catamarca 437
      La Rioja • San Juan 437
      Província de Mendoza 438
      Valles del Río Negro 443
   Uvas **444**
      Tintas 444
      Brancas e rosadas 445
   Vinhos **447**
      Brancos 447
      Tintos 450
      Espumantes 457

CHILE **459**
- **Legislação** **460**
- **Clima** **460**
- **Regiões** **461**
  - Norte **461**
  - Aconcagua **462**
  - Valle Central **463**
  - Sul • Austral **467**
- **Uvas** **467**
  - Tintas **468**
  - Brancas e rosadas **469**
- **Vinhos** **470**
  - Brancos **470**
  - Tintos **474**

URUGUAI **483**
- **Legislação** **484**
- **Clima** **484**
- **Regiões** **485**
  - Región Sur **485**
  - Outras regiões **486**
- **Uvas** **486**
  - Tintas finas **486**
  - Brancas finas **487**
- **Vinhos** **487**
  - Brancos **487**
  - Outros brancos **488**
  - Tintos **488**

AUSTRÁLIA **491**
- **Legislação** **492**
- **Clima** **492**
- **Regiões** **493**
  - South Australia **494**
  - New South Wales **497**
  - Victoria **499**
  - Western Australia **500**
- **Uvas** **502**
  - Tintas **502**
  - Brancas **503**

- **Vinhos** **505**
  - Brancos 505
  - Tintos **508**

NOVA ZELÂNDIA **513**
- **Regiões** **514**
  - Northland 514
  - Auckland **515**
  - Waikato & Bay of Plenty **516**
  - Gisborne • Hawkes Bay **517**
  - Wellington **518**
  - Marlborough **519**
  - Nelson **520**
  - Canterbury • Central Otago **521**
- **Uvas** **522**
  - Brancas **522**
  - Tintas **523**
- **Vinhos** **524**
  - Brancos **524**
  - Tintos **527**

ÁFRICA DO SUL **531**
- **Legislação** **532**
- **Clima** **532**
- **Regiões** **533**
  - Constantia • Stellenbosch **534**
  - Paarl **536**
  - Walker Bay **537**
  - Robertson **537**
  - Outras zonas **538**
- **Uvas** **540**
  - Tintas **541**
  - Brancas **542**
- **Vinhos** **543**
  - Brancos **544**
  - Tintos **548**

BRASIL **553**
- **História** **554**
  - Os primórdios com os portugueses **554**

  A imigração italiana **554**
  A entrada das multinacionais **556**
  As novas regiões **558**
  A liberação das importações **559**
  As novíssimas regiões **561**
Legislação **563**
Estados vitícolas **565**
Rio Grande do Sul **566**
  Serra Gaúcha **569**
  Fronteira Gaúcha **572**
Nordeste **576**
  Vale do São Francisco **576**
  Chapada Diamantina **579**
  Sobral **580**
Outros estados **580**
  Santa Catarina **580**
  Paraná **583**
  São Paulo **583**
  Minas Gerais **584**
  Outros estados **584**
  Rio de Janeiro **585**
  Goiás **585**
O presente **585**
  Vinícolas **585**
Vinhos **588**
  Espumantes brutos **588**
  Brancos **588**
  Rosados **589**
  Tintos **589**
  Brancos secos **589**
  Outros brancos **590**
  Rosados secos **590**
  Tintos secos **590**
  Outros tintos **592**

Anexos **593**
 Glossário **593**
 As safras **603**
 Bibliografia recomendada **611**
 Índice remissivo **615**

Prefácio

O conhecimento do vinho é ilimitado, pois se trata de um assunto vastíssimo, que abrange temas de diversas áreas. Por esse motivo, procuro fornecer informações o mais concisas e objetivas possível e suficientes para permitir que o leitor forme um quadro geral. Para aqueles que queiram se aprofundar em determinado tópico, foram incluídas sugestões de literatura complementar.

Sem falsa modéstia, era este o livro que eu gostaria que existisse quando comecei a estudar o assunto, em julho de 1974 – ou seja, há quase 45 anos. Durante todo esse período, venho alternando constantemente três ações fundamentais de aprendizado: "ler", "viajar" e "beber"!

A fim de acelerar o meu aprofundamento prático no assunto, fundei em 21 de fevereiro de 1983, com a ajuda do saudoso grande amigo e reconhecido jornalista enogastronômico Saul Galvão, uma confraria chamada Grupo Amarante. Foi ela a primeira a realizar degustação de vinhos às cegas no Brasil.

Atualmente, os outros confrades titulares da confraria são os amigos Ciro de Campos Lilla, que é presidente da Mistral Importadora e foi o primeiro presidente da Associação Brasileira de Sommeliers (ABS-SP); Jorge Carrara, especialista em informática e jornalista de vinho da *Folha de S.Paulo*; Clóvis Franco de Siqueira, consultor gastronômico e ex-dono do saudoso restaurante La Cave; José Ruy de Alvarenga Sampaio, médico e ex-sócio da importadora Maison du Vin; Ennio Federico, sócio do *site* Winexperts e ex-presidente da Sociedade Brasileira dos Amigos do Vinho (SBAV); Afonso Antônio Hennel, empresário e grande amante de vinhos; Elie Karmann, empresário e fino *gourmet*; Belarmino Iglesias Filho, *restaurateur* e o "benjamim" do grupo; e Isídio Calich, médico e sagaz gastrônomo.

Não poderia deixar de mencionar o saudoso enólogo Dante Calatayud, ex-vice presidente da Heublein, atual Diageo, que foi o meu maior mestre de vinho. Durante os nove anos em que participou da confraria, tivemos a oportunidade de aprender muito com ele e de passar momentos felizes juntos, graças a seu fino humor.

Nesses 35 anos, a rotina repetiu-se com degustações mensais temáticas seguidas de jantar nos melhores restaurantes de São Paulo. Cabe ressaltar que entre dezembro de 1985 e maio de 1996, a nossa "sede" foi o ótimo e acolhedor restaurante Massimo. Todo confrade leva, além do vinho combinado, suas próprias taças de degustação padrão Inao, numa maleta especial do tipo 007. Os vinhos são servidos com os rótulos escondidos por papel-alumínio e os provadores colocam suas pontuações e seus comentários nas fichas de degustação, apresentadas mais adiante nesta obra.

Outra confraria vínica que tenho a honra de coordenar é mais recente, tendo sido formada em agosto de 1999 e também portando o meu nome, a "Confraria do Amarante". Dela fazem parte os amigos Affonso Brandão Hennel, Almir Meireles, Carlos Alves Gomes, José Roberto d'Affonseca Gusmão, Milton Pasquote e Oswaldo Vasconcelos.

Os leitores verificarão que não dei notas aos vinhos e que também restringi sua descrição organoléptica (nesse caso, para dar mais concisão à obra). Entretanto, fiz comentários e classificações pessoais a respeito de muitos tipos de vinho e vinhos. Essas recomendações servem apenas de orientação, tendo em vista que cada um deve realizar julgamentos próprios, por meio de constantes provas, se possível comparativas e às cegas, para não deixar prevalecer o aspecto do preço.

Em suma, é um livro para iniciantes e também para degustadores experientes que procurem um embasamento técnico maior. Espero sinceramente que você o ache proveitoso.

A COMPRA E O ARMAZENAMENTO

Se você quer se tornar um verdadeiro apreciador de vinhos – bebida que exige uma série de cuidados para que mantenha todas as suas propriedades –, precisa tomar algumas precauções antes mesmo de levar para casa os seus prediletos.

A primeira delas é a escolha criteriosa do estabelecimento – loja especializada, supermercado fino ou importadora. Ele deve armazenar os vinhos em condições que reproduzam o mais próximo possível as de uma adega. Para tanto, as garrafas precisam estar estocadas deitadas, em locais afastados da luz solar e, se possível, com o mínimo de luz elétrica. O ambiente deve ser também ventilado, isento de vibração, com temperatura moderada e umidade adequada.

Outro fator determinante é optar sempre por empresas confiáveis que disponham de produtos importados diretamente dos produtores, em vez de fazê-lo em "portos livres", certificando dessa forma a autenticidade do produto.

Melhor ainda se a mesma firma em que você compra vinhos contar com equipes gabaritadas, supervisionadas por profissionais de competência reconhecida, para auxiliar na seleção dos vinhos, de acordo com o gosto pessoal e nas melhores opções em cada faixa de preço.

Caso você deseje ter em sua adega vinhos de sonho já prontos para ser bebidos, só existe um caminho infalível: participar de um leilão! Normalmente, lojas especializadas, supermercados finos e importadoras oferecem ampla gama de vinhos prontos para ser apreciados, mas dificilmente com mais de 10 a 15 anos de idade.

OUTRAS RECOMENDAÇÕES

É preferível comprar vinho em caixas ou caixa sortida montada com garrafas mantidas nas embalagens originais dos produtores. A proteção da embalagem garante que os vinhos não estiveram expostos a luz elétrica ou solar, para não causar o seu envelhecimento precoce.

Recomendo também que, antes de fazer a compra, você verifique, com o auxílio das informações apresentadas no anexo "As safras", se a colheita de determinado vinho é mais ou menos recomendada – nesse anexo encontram-se as pontuações de todas as safras desde 1985, nas principais regiões vinícolas do mundo. Antes de comprá-los, leia também atentamente o rótulo para se certificar se correspondem àqueles que realmente deseja adquirir.

Por outro lado, fique atento para não comprar vinhos que, apesar de serem de ótimas safras, já tenham entrado em estado de declínio ⊙ VEJA "A EVOLUÇÃO", P. 31.

É conveniente comprar o vinho com antecedência e mantê-lo guardado em condições ideais (⊙ VEJA "A ADEGA", A SEGUIR) pelo período de uma semana, no mínimo, para que seu equilíbrio se recupere antes de ser consumido.

Outra condição imprescindível é verificar a relação qualidade-preço da bebida. Idealmente, adquira vinhos que sejam os que mais agradem em cada faixa de preço. A construção desse conhecimento, se feita apenas com provas pessoais, leva mais tempo. Por isso, use e abuse inicialmente de conselhos de amigos e vendedores esclarecidos.

Para aqueles que pretendem montar uma adega, sugiro iniciá-la com 200 garrafas, quantidade que permite abranger todos os tipos de vinho das principais regiões do mundo.

RECORDE EM LEILÃO

A garrafa de vinho que atingiu até hoje o maior preço em leilão é francesa, como não podia deixar de ser, mais precisamente de Bordeaux. Era uma garrafa de tamanho-padrão, de 750 ml, do majestoso Château Lafite-Rothschild da safra de 1787. Todavia, não foi uma *bouteille* anônima qualquer, mas sim uma que pertenceu ao presidente americano Thomas Jefferson – que também foi embaixador na França –, como atesta a gravação de suas iniciais "Th. J." no vidro. Ela foi encontrada no início do ano de 1985, em Paris, numa *cave* da época da Revolução Francesa.

O leilão da famosa casa londrina Christie's ocorreu em dezembro do mesmo ano. Quem arrematou essa preciosidade foi Christopher Forbes, em nome de seu hoje falecido pai, Malcolm Forbes, dono da revista *Forbes*. Ele desembolsou a bagatela de 105 mil libras esterlinas, equivalentes a 156.450 dólares!

Curiosamente, o recorde de uma garrafa de vinho branco também pertence a um recipiente de 750 ml do acervo de Thomas Jefferson. Tratou-se do mítico Sauternes Château d'Yquem da colheita de 1784. A quantia desembolsada em Londres, em dezembro de 1986, foi de 36 mil libras, correspondentes a 56.160 dólares.

O recorde pago até hoje por uma meia garrafa de 375 ml foi ainda da adega de Jefferson: o tinto bordalês Château Margaux 1784, que alcançou em um leilão da Christie's em Bordeaux, em junho de 1987, o valor de 30 mil dólares.

A ADEGA

A adega é o local ideal para armazenar vinhos, principalmente para os "de guarda" – aqueles que exigem alguns anos mais de maturação para alcançar o seu ponto ótimo de consumo, como os grandes tintos do mundo.

Contudo, para cumprir fielmente sua função e possibilitar condições perfeitas de conservação, a adega deve possuir as seguintes características:

Temperatura constante e baixa, entre 8º e 18ºC, situando-se o ideal por volta de 10º a 12ºC nos países de clima temperado e admitindo-se no Brasil até 14º-16ºC. Nessa faixa, é mais importante a constância do que propriamente a temperatura. Acima de 19ºC, o vinho amadurece muito rapidamente.

Recinto com a umidade relativa controlada entre 55% e 75%. Um ambiente excessivamente seco pode ressecar as rolhas, permitindo que o ar passe através delas, causando o avinagramento do vinho. Por outro lado, um local muito úmido favorece a formação de fungos, que podem vir a estragar as rolhas, transmitindo à bebida um gosto de mofo, além de provocar a deterioração dos rótulos.

Ambiente escuro, pois a luz solar ou elétrica tem ação redutora, acelerando o envelhecimento do vinho e modificando a sua cor. O tinto se torna esmaecido e o branco, escurecido. Para escolher a garrafa na hora do consumo, use uma luz muito fraca, pouco acima da penumbra.

Ao abrigo de qualquer fonte de vibrações, tais como máquinas, para não estressar o vinho e evitar que os depósitos sedimentados naturais dos tintos velhos se dispersem, tornando o vinho turvo.

Localizada longe de produtos (químicos, comidas etc.) que possam transmitir, através das rolhas, odores desagradáveis aos vinhos.

TIPOS DE ADEGA

Existem diversos tipos de adega, que preenchem com maior ou menor propriedade as exigências mínimas.

Para aqueles que pretendem ter uma coleção com mais de mil garrafas, as *adegas fixas* são as ideais, além de mais econômicas que as portáteis. A mais recomendada de todas usa uma sala dimensionada e construída especificamente para esse fim. As prateleiras são montadas no local, podendo ser de concreto, de blocos de argila, de metal, de plástico modular ou de madeira. O aparelho climatizador deve ser instalado o mais alto possível na sala, para também garantir uma proteção eficaz das garrafas situadas nas prateleiras superiores. O climatizador tem dupla função: controla tanto a temperatura quanto a umidade relativa do ar. Esse sistema pode ser adotado por quem mora em casa ou em apartamento.

Para quem mora em casa, uma alternativa a essa é a *cave* subterrânea. Ela apresenta condições suficientes, porque, quando devidamente impermeabilizada, com umidade adequada e escura, mantém temperaturas médias aceitáveis, sem necessidade de nenhuma aparelhagem adicional.

Outro local satisfatório para aqueles que possuem casa é *embaixo da escada*, pois em geral essa parte não recebe sol direto e normalmente é um "canto morto" da residência. É usável para vinhos de curta e média vida. Porém, é inconveniente para os de longa guarda.

As *adegas portáteis* são as mais adequadas para aqueles que pretendem estocar quantidades menores de garrafas, seja em casa ou em apartamento, seja em restaurantes. Essas adegas do tipo "armário climatizado" são parecidas com uma geladeira e têm capacidade de apenas 50, 100, 150, 200 ou um pouco mais garrafas. Atendem a todas as exigências técnicas para estocar vinho, além de serem muito fáceis de instalar e necessitarem somente de uma tomada elétrica.

Finalmente, para quem mora em apartamento ou não dispõe de um espaço ideal para criar uma adega, talvez o mais prático seja utilizar um *armário* em local ao abrigo de raios solares e de vibrações, que tenha também algumas aberturas para permitir a circulação de ar.

DISPOSIÇÃO NAS PRATELEIRAS

A disposição e a ordenação das garrafas de vinho nas prateleiras devem obedecer a alguns cuidados.

As garrafas de *vinho de mesa e espumante* precisam ser mantidas na posição horizontal, para que as rolhas fiquem umedecidas e não permitam a passagem de ar para dentro da garrafa. Deixe os rótulos para cima, a fim de facilitar a identificação da garrafa. No caso de *vinhos tintos muito velhos*, é aconselhável que a garrafa fique ligeiramente inclinada para trás, de maneira a manter a rolha molhada e os depósitos confinados no fundo da garrafa. Os *vinhos generosos* (Porto, Jerez etc.) podem ficar em posição vertical, exceto os Porto Vintage, que devem ficar também deitados.

A disposição das garrafas nas prateleiras deve ser da seguinte forma:
- na parte inferior, os brancos e os tintos velhos;
- no meio, os espumantes e os rosados;
- na parte superior, os tintos.

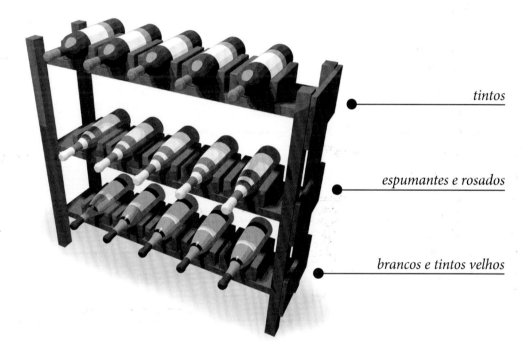

Essa disposição é importante, porque os vinhos que se encontram na parte superior amadurecem mais rapidamente do que os localizados mais abaixo, pois o ar frio é mais pesado do que o quente e tende a descer para o piso.

LIVRO DE ADEGA
É recomendável manter um livro de registro de adega, que serve não só para listar todos os exemplares que você tem como também para anotar as degustações efetuadas.

Se não quiser comprá-lo em livrarias especializadas, use um caderno qualquer ou, melhor ainda, crie um documento no seu computador, dividindo-o em colunas e tópicos, como no exemplo a seguir:

- **Nome:** Montes Alpha Cabernet Sauvignon
- **Produtor:** Viña Montes
- **Classe:** Vinho de mesa tinto seco
- **Estilo:** Guarda
- **Região:** Valle de Colchagua
- **País:** Chile
- **Safra:** 2002
- **Localização na adega:** L7
- **Quantidade comprada:** 6 garrafas
- **Local de compra:** Santa Luzia
- **Data de compra:** Setembro de 2004
- **Preço pago:** R$ 107,00
- **Data de consumo:** Outubro de 2004
- **Convidados presentes:** Casais Brandão e Rocha
- **Comida servida:** Tábua de queijos
- **Notas da degustação:** 89 pontos (você pode também descrevê-lo)
- **Balanço de estoque:** 3 garrafas

Se preferir, mantenha dois livros de registro separados, um para o controle de adega e outro para as notas de degustação.

Para aqueles que possuem grande quantidade de exemplares, convém providenciar um mapa da adega, para localizar mais facilmente na penumbra o vinho desejado. Um sistema prático é ordenar as colunas (disposição vertical) pelas letras do alfabeto e as fileiras (disposição horizontal) por números sequenciais.

AS GARRAFAS

No século XVII, os italianos já produziam garrafas de vidro. Porém eram frágeis e precisavam ser envoltas em palha, como até hoje ocorre no tradicional e popular *fiasco* de Chianti. Foram os ingleses que, por volta de 1630, começaram a fabricar garrafas espessas, resistentes e escuras, que vieram a substituir as antigas ânforas de argila. Assim, foram os ingleses – apesar de não produzirem bons vinhos –, juntamente com os ibéricos (estes, por causa das rolhas), que revolucionaram a difusão do vinho.

Muitas pessoas costumam perguntar se o formato e a cor da garrafa são fundamentais. O formato da garrafa não tem nenhuma influência na bebida, sendo apenas uma escolha por motivo de estética ou de tradição. Na Europa, determinadas regiões adotam há bastante tempo formatos de garrafa que procuram identificar a bebida visualmente. Por exemplo: Bordeaux emprega as bordalesas; Bourgogne, as borgonhesas; Alsace e a maioria das regiões alemãs, as renanas; Franken e alguns rosados portugueses, as bojudas (simpáticas mas difíceis de empilhar nas prateleiras); Champagne, as robustas champanhesas etc.

> **GARRAFA AZUL**
> **A**lguns bons vinhos da região alemã do Nahe, para se diferenciarem dos caldos das regiões vizinhas do Mosel e do Reno (Rheingau, Pfalz, Rheinhessen etc.), passaram na década de 1970 a ser comercializados em garrafas também renanas, mas de cor azul. Tradicionalmente, o Mosel emprega garrafas verdes e no Reno as garrafas são marrons.
> **N**a segunda metade da mesma década, a firma alemã Pieroth, da região do Nahe, instalou-se no Brasil e passou a vender seus vinhos diretamente nas cidades do Rio de Janeiro e de São Paulo. O sistema empregado era o de degustações gratuitas efetuadas na residência ou no escritório do cliente.
> **C**omo os nomes nos rótulos dos vinhos germânicos são extensos e quase intraduzíveis para latinos e também pelo fato de alguns dos melhores dessa vinícola terem garrafas azuis, logo a clientela adquiriu a mania de fazer o pedido especificando "o de garrafa azul".
> **O** final da história todos sabem. Em 1995, houve o pico da inundação de vinhos alemães Liebfraumilch de garrafas azuis, a grande maioria de qualidade mais baixa. A febre atingiu até os produtores nacionais e vinhos de outras procedências, como tintos franceses adocicados, acondicionados em garrafas azuis!
> **A**pós toda essa epopeia, na qual nós, brasileiros, chegamos a ser alvo de muita chacota dos produtores teutões, hoje esse tipo de embalagem encontra-se irremediavelmente desgastado e desacreditado pelos próprios consumidores que iniciaram sua jornada no mundo do vinho por meio desses fáceis caldos.

A cor das garrafas é bem mais importante. Ela deve privilegiar tonalidades mais escuras, seja ela preta (a que mais protege o vinho, usada para o Porto Vintage) ou marrom, seja verde ou mesmo azul. Os tons mais escuros protegem os vinhos, principalmente os mais delicados, da ação da luz, cujo efeito é acelerar desenfreadamente o desenvolvimento do vinho. Entretanto, vinhos reconhecidamente bastante resistentes e longevos, como os brancos botritizados, podem ser embalados em recipientes incolores. Essa é a roupagem característica de alguns dos maiores vinhos de sobremesa do mundo, os Sauternes.

TAMANHO DAS GARRAFAS

Além da garrafa-padrão de 750 ml, a que todos estão acostumados, existe uma grande gama de outros tamanhos, conforme assinalado no quadro abaixo.

Capacidade	Equivalência em garrafas-padrão	Nome em Champagne e Bourgogne	Nome em Bordeaux
187 ml	1/4	Quart	Quart
375 ml	1/2	Demie	Demie
750 ml	1	Bouteille	Bouteille
1,5 l	2	Magnum	Magnum
2,25 l	3	–	Marie-Jeanne
3,0 l	4	Jéroboam	Double Magnum
4,5 l	6	Réhoboam	Jéroboam
6,0 l	8	Mathusalem	Impériale
9,0 l	12	Salmanazar	–
12,0 l	16	Balthazar*	–
15,0 l	20	Nabuchodonosor*	–

* Essas garrafas gigantes só são comercializadas atualmente mediante encomendas especiais.

Outros volumes são também utilizados, tais como o de 200 ml para Champagne e o de 500 ml para Tokaji e muitos outros vinhos, principalmente de sobremesa.

Os três tamanhos de garrafa mais empregados são: padrão, meia garrafa e *magnum*. Você sabe em qual delas um mesmo vinho amadurece mais rapidamente? O recipiente que mais acelera a evolução de determinado vinho é a meia garrafa. Isso ocorre por causa da maior proporção entre ar e vinho existente nesse vasilhame em relação aos dois outros. Portanto, atenção quando pedir uma meia garrafa de vinho branco seco em restaurante, principalmente dos mais frutados. Procure sempre a safra mais recente, para evitar que ele já esteja decrépito.

Consequentemente, as garrafas *magnum* são as mais valiosas em leilão, atingindo preços superiores aos de duas garrafas-padrão do mesmo vinho. Pena que a legislação brasileira proibia a importação de garrafas com mais de 1.000 ml, por força de má interpretação do *lobby* dos produtores nativos! Felizmente, em novembro de 2004 foi sancionada a nova lei vínica, que sanou essa impropriedade, pois geralmente são envasilhados nesses recipientes vinhos caros, que não competem de forma nenhuma com os vinhos econômicos nacionais em garrafões de 2, 3 ou 5 litros.

A EVOLUÇÃO

Uma das maiores crendices, frequentemente divulgada, afirma que vinho, "quanto mais velho melhor". Esse conceito é totalmente falso, pois o vinho, assim como tudo que possui "vida", tem infância, juventude, maturidade, velhice e morte. A fase ideal para degustá-lo é a maturidade.

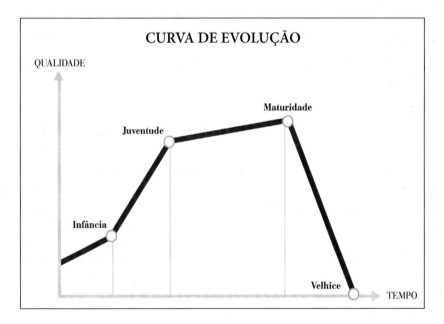

A fase de maturidade do vinho tinto engloba três estágios próximos de evolução. Pouco antes do ponto máximo, os aromas mostram um predomínio de fruta sobre os odores terciários surgidos com a maturidade e, no palato, ainda são bem perceptíveis os taninos (polifenóis encontrados na casca da uva – os finos, isto é, aqueles que mais interessam –, nos engaços e nas sementes). No auge, há um equilíbrio máximo entre a fruta e o buquê (ou *bouquet*, em francês), e os taninos estão macios. Finalmente, ligeiramente depois do cume da maturidade, o buquê sobrepuja a fruta e os taninos ficam aveludados. Como se pode ver, a percepção dos taninos altera-se com os anos.

Logo após a maceração do mosto com as cascas, os taninos do vinho tinto apresentam baixo peso molecular. Com o passar do tempo, eles vão se polimerizando, ou seja, as cadeias de carbono alongam-se aos poucos, aumentando o seu peso molecular. Quanto maior o peso molecular dos polifenóis, mais macio fica o vinho. O processo natural de amaciamento dos taninos vai até determinado estágio, no qual a cadeia se torna tão longa que entra em colapso e se rompe. Nessa fase temos um tinto extremamente aveludado, mas convivendo com os sedimentos, que devem ser separados pela operação de decantação ⊙ VEJA NA P. 42.

Indicamos a seguir os tempos médios ideais para obter o máximo da apreciação de diferentes tipos de vinho. Ela é válida desde que as garrafas tenham sido armazenadas como indicado anteriormente.

TEMPOS MÉDIOS IDEAIS

A longevidade de um vinho depende diretamente do teor alcoólico, do nível de açúcar, da quantidade de acidez e da sua tanicidade, no caso dos tintos. Quanto mais ele tiver álcool etílico, açúcar, acidez e taninos, mais duradouro será.

Quanto aos vinhos de mesa, os brancos doces botritizados são os mais duráveis, pela sua grande quantidade de açúcar e de ácidos. Assim, resistem décadas.

Entretanto, de todas as classes de vinho, os mais longevos são os generosos (Porto, Madeira, Jerez, Moscatel de Setúbal, entre outros), principalmente os adocicados. Primeiro, são os vinhos mais alcoólicos dentre todos. Além disso, os doces têm muito açúcar, assim como muita acidez para equilibrar o teor de açúcar, sob pena de se tornarem enjoativos. São tão longevos que em muitos casos se mantêm perfeitamente potáveis mesmo com idade centenária.

Os vinhos têm uma vantagem fundamental em relação aos alimentos sólidos: quando chegam ao seu estágio final, não se estragam nem fazem nenhum mal ao organismo. Na realidade, apenas se perde o prazer de bebê-los, pois o final de vida de um vinho é o avinagramento. Dessa maneira, mesmo muito além do ponto ideal, os vinhos ainda podem servir de ingrediente na preparação de bons pratos.

TEMPOS MÉDIOS IDEAIS

ESPUMANTES BRUTOS	ANOS
• Espumantes (Serra Gaúcha, Cava, Prosecco etc.)	1 → 3
• Champagnes não-datados	4 → 6
• Champagnes safrados	5 → 10

BRANCOS	
• Frutados (Alsace, Vinhos Verdes etc.)	0,5 → 3
• Meio barricados (Diversos parcialmente barricados)	2 → 5
• Barricados (Bourgogne, Pessac-Léognan, Rioja etc.)	4 → 12
• Botritizados (Sauternes, Trockenbeerenauslese, Beerenauslese, Tokaji etc.)	5 → 25

ROSADOS	
• Rosados secos e meio secos	1 → 3

TINTOS	
• Jovens ou claretes (Beaujolais, Valpolicella etc.)	0,25 → 3
• Meia-guarda (Diversos, com pouca maturação em madeira)	2 → 8
• Guarda (Grandes tintos do mundo: Bordeaux, Bourgogne, Nebbiolo etc.)	6 → 20

O SERVIÇO

De modo genérico, os vinhos podem ser distribuídos em três grupos amplos quanto ao hábito de consumo: cotidiano, fins de semana e grandes ocasiões.

Ao primeiro segmento pertencem os vinhos de piscina, do anoitecer (*happy hour*), de churrasco, feijoada, bacalhoada, pizza, refeições familiares e informais etc.

O segundo grupo – de fins de semana – engloba casamentos, festas de queijos e vinhos, jantares ou almoços formais.

O de grandes ocasiões dispensa explicações. A escolha do bom vinho para essa finalidade depende muito do grau de importância da festa, bem como das possibilidades do bolso do apreciador de vinho.

Recomenda-se ingerir diariamente doses moderadas de vinho nas refeições. Um valor médio diário razoável seria de meia garrafa (375 ml) por pessoa. Em

Evento	Opções	ml/pessoa	pessoas/gfa.	Nota
Degustação (copo Inao)	dose máxima	~94	8	
	dose ideal	75	10	
	dose mínima	50	15	máximo 15/gfa.
Restaurante (vinho em copo)	taça grande	150	5	
	taça média	125	6	
	taça pequena	~94	8	
Buffet	justo	~214	3,5	
	razoável	250	3	
	confortável	300	2,5	
	folgado	375	2	
Jantar	justo	375	2	jantar a dois
	razoável	500	1,5	
	confortável	750	1	
	folgado	1.000	0,75	
Almoço ajantarado	razoável	750	1	
	confortável	1.000	0,75	
	folgado	1.500	0,5	

ocasiões especiais, o limite pode subir para no máximo uma garrafa (750 ml) de vinho. ⊙ VEJA MAIS CONSIDERAÇÕES A ESSE RESPEITO EM "O CONSUMO", P. 51.

Lembre-se de que há perdas, pois as pessoas "esquecem" copos ainda cheios pelo recinto – e o garçom trata de retirá-los. A partição da quantidade adotada nos diversos estilos de vinho – espumantes, brancos, tintos, de sobremesa e generosos – deverá ser avaliada caso a caso, dependendo do tipo do evento (*buffet*, jantar ou almoço ajantarado), do perfil dos convidados e da estação do ano.

Os copos usados para servir vinhos são aqueles cujos formatos se encontram na p. 45. Cabe ressaltar que, para degustação, recomenda-se fortemente o uso da taça do tipo Inao, que tem cerca de 225 ml de volume total.

A TEMPERATURA

É fundamental servir vinhos na temperatura correta. Entretanto, é difícil determinar exatamente qual é ela, pois pode – e até deve – variar com o gosto de cada um, o local e a estação do ano.

Porém, se quisermos seguir as temperaturas consideradas ótimas pelos apreciadores, para o pleno aproveitamento de todas as características organolépticas de determinado vinho, devem ser observadas as recomendações da tabela da página seguinte.

VINHO BRANCO

O vinho branco deve ser bebido mais resfriado, para moderar sua acidez, naturalmente mais alta. Contudo, não pode ser servido muito gelado, pois os aromas ficariam totalmente inibidos, não se desprendendo para o nariz. Em suma, deve-se encontrar uma temperatura equilibrada que não realce a acidez nem iniba a percepção aromática.

Para resfriar um vinho claro, não se recomenda, em hipótese alguma, colocar pedras de gelo no líquido, pois ele se diluiria e sua qualidade seria prejudicada. Também não é conveniente colocá-lo em congelador, pois o resfriamento muito brusco pode afetar o aroma e o sabor. Além disso, se ficar muito tempo no congelador, o vinho aumenta de volume, expulsando a rolha ou, pior ainda, quebrando a garrafa.

O método mais indicado é mergulhar a garrafa dentro de um balde contendo pedras de gelo, água gelada e sal grosso (que acelera o resfriamento) durante o tempo necessário para que o vinho alcance a temperatura ideal, o que em média leva cerca de 30 minutos.

Como alternativa, pode-se também colocar a garrafa na parte de baixo da geladeira por até duas horas, dependendo do tipo de vinho que se queira resfriar – como os brancos mais adocicados.

\multicolumn{3}{c}{TABELA DE TEMPERATURA}
Tipos de vinho	Temperatura (ºC)	Exemplos
Brancos doces	4 ➡ 6	França (Sauternes), Alemanha (Eiswein, Beerenauslese, Trockenbeerenauslese), Hungria (Tokaji)
Espumantes doces e meio doces	4 ➡ 6	França (Champagne doux e demi-sec), Itália (Asti Spumante)
Brancos meio secos	5 ➡ 7	Brasil (suaves), Alemanha (Spätlese, Auslese), Itália (Abboccato)
Rosados meio secos	6 ➡ 8	França (Rosé d'Anjou), Portugal (Mateus Rosé)
Espumantes secos	6 ➡ 8	França (Champagne extra-brut e brut), Espanha (Cava brut)
Brancos frutados secos	6 ➡ 8	França (Loire, Alsace), Alemanha (QbA, Kabinett), Portugal (Vinhos Verdes), Chile (Sauvignon Blanc)
Espumantes rosados secos	7 ➡ 9	França (Champagne Rosé brut)
Brancos barricados secos	8 ➡ 10	França (Bourgogne), Espanha (Rioja), Califórnia (Chardonnay)
Rosados secos	9 ➡ 11	França (Tavel), Espanha (Navarra)
Tintos jovens ou claretes	12 ➡ 14	França (Beaujolais), Itália (Valpolicella, Bardolino)
Tintos de meia-guarda	14 ➡ 16	Maioria dos tintos econômicos
Tintos de guarda	17 ➡ 19	França (Bourgogne), Espanha (Rioja), Itália (Chianti Classico, Barbera)
Tintos de guarda encorpados	18 ➡ 20	França (Bordeaux, Rhône), Itália (Barolo, Amarone), Espanha (Ribeira del Duero, Priorato), Portugal (Douro, Alentejo), Austrália (Shiraz), Argentina (Malbec), Califórnia (Cabernet Sauvignon)

VINHO TINTO

Diferentemente dos vinhos brancos, os tintos possuem taninos e as baixas temperaturas ressaltam o amargor. Já os claretes e os rosados, por terem menor teor de taninos, podem ser ingeridos um pouco mais frescos. Os vinhos rubros devem ser servidos à temperatura ambiente de uma sala climatizada, ou seja, entre 16ºC e 20ºC. Lembre-se de que uma temperatura muito baixa também impede a boa percepção dos odores. Ao contrário, temperaturas muito altas acentuam sobretudo os vapores alcoólicos.

Na Europa, os vinhos tintos são normalmente *chambrés*, isto é, trazidos da adega (10ºC-12ºC) até uma sala relativamente aquecida (18ºC-20ºC), onde descansam até atingir, lentamente, a temperatura desejada. O correto é escolher os vinhos no dia anterior, retirá-los da adega e levá-los para a sala de jantar.

Para fazer o vinho escuro alcançar a temperatura ideal durante o inverno, não é indicado de maneira alguma aquecer a garrafa, imergindo-a em panela com água quente ou usando qualquer outro método similar.

No Brasil, em dias mornos ou quentes com temperatura que ultrapasse 20ºC, é recomendável colocar a garrafa de vinho tinto dentro de um balde contendo apenas água gelada ou na parte inferior da geladeira, durante cerca de 20 minutos, para resfriá-la abaixo de 20ºC.

DESARROLHAMENTO
O CORTA-CÁPSULA

Inicialmente, deve-se extrair a cápsula metálica ou plástica. Antigamente, segurava-se a garrafa com muito cuidado e se cortava a cápsula um centímetro abaixo do gargalo. Hoje esse trabalho é bem mais simples por causa do corta-cápsula – dispositivo com uma guilhotina em forma de roldanas, que, quando girado, corta a cápsula abaixo do topo do gargalo. O cuidado de cortar a cápsula abaixo do gargalo se deve ao fato de que o vinho não pode entrar em contato com o metal nem com outro material. Com cápsulas de chumbo, o malefício é duplo, pois, se cair algum pedaço dele no copo, a bebida torna-se metálica e o próprio metal, quando ingerido, acumula-se no organismo. Posteriormente, o gargalo deve ser esfregado com um pano bem limpo.

O corta-cápsula facilita a extração
da cápsula de garrafas de vinho

O SACA-ROLHA

Em seguida, munido de um bom saca-rolha, coloque a ponta da rosca sem fim bem no centro da rolha e inicie a operação vagarosamente, evitando balançar em excesso o líquido contido na garrafa. Evite também furar a parte da rolha que toca o vinho. Tão logo ela seja extraída, cheire-a discretamente para verificar se o vinho encontra-se em perfeito estado. Isso feito, volte a limpar o gargalo com o pano e deixe o vinho arejar.

Não se recomenda, em hipótese alguma, o uso de saca-rolha de ar. Esse fluido, além de revolver o líquido (péssimo para tintos de guarda), pode ocasionar pressões demasiadas, que talvez até quebrem uma garrafa não muito resistente. Portanto, na esmagadora maioria das vezes, os mais adequados são os saca-rolhas de perfuração por rosca em espiral.

Para abrir vinhos mais velhos, use abridores do tipo laminar. O motivo é que uma rolha com mais de 20 anos de idade já está bem fraca, a ponto de se esfarelar caso se utilize um abridor de perfuração. O saca-rolha laminar dispõe de duas lâminas paralelas de diferentes comprimentos. Primeiro, introduza a lâmina mais longa entre o gargalo e a rolha; depois, insira a segunda lâmina e, com movimentos cuidadosos de torção e pinçamento, extraia lentamente a velha rolha.

Em sua região de origem, os velhos vinhos do Porto Vintage são geralmente abertos de forma muito folclórica. Emprega-se uma tenaz, que é um alicate grande, colocada no fogo até ficar rubra. Em seguida, agarra-se o gargalo da garrafa com a tenaz, pouco abaixo da parte inferior da rolha, e despeja-se água gelada sobre a ponta dela. Com o choque térmico criado, o gargalo é cortado totalmente, sem rebarbas, levando junto a velha rolha.

Quando se trata de vinhos espumantes, as providências são totalmente diversas. Em primeiro lugar, a abertura da garrafa deve ocorrer imediatamente antes de ser consumido, sob pena de o vinho perder as bolhas de gás, isto é, sua "alma". Começa-se por extrair a parte superior do papel laminado que envolve a rolha. Em seguida, desenrola-se e retira-se cuidadosamente o arame que a protege, apertando com a outra mão a rolha contra o gargalo. É uma medida de segurança, para evitar que a própria pressão interna da garrafa a projete violentamente para o alto.

Para tirar a rolha, pode-se usar um saca-rolha especial do tipo estrela. Eu prefiro usar a mão. Para tanto, inclino levemente a garrafa a 45º e seguro firmemente a rolha, imprimindo movimentos lentos e coordenados de rotação e de puxamento para cima, até que ela fique livre. Feito isso, deixo o gás escapar levemente, sem quase nenhum ruído e sem perda do líquido. Limpo o gargalo com um pano e sirvo nas taças.

DESARROLHAMENTO

Saca-rolha contínuo (2)

Saca-rolha profissional

Saca-rolha contínuo (1)

Saca-rolha com corta-cápsula

Saca-rolha laminar para vinho velho

Saca-rolha contínuo (3)

Saca-rolha do tipo *sommelier*

39

A ROLHA

As rolhas empregadas até hoje nos vinhos de melhor qualidade são de cortiça. O material é extraído da casca do sobreiro – o *Quercus suber* –, espécie de carvalho comum na zona mediterrânea. A cada nove ou dez anos, essa árvore é descascada para extrair o precioso produto. As principais características da cortiça são ser convenientemente impermeável, compressível, elástica, bem leve, eficiente isolante térmico e biodegradável.

Têm surgido ultimamente rolhas sintéticas que trazem algumas vantagens em relação às de cortiça: são mais baratas, vedam melhor (apesar de mais difíceis de sacar), não se deterioram com o tempo e principalmente não adquirem o *bouchonné* ⊙ VEJA "NO RESTAURANTE", P. 49. Entretanto, as rolhas sintéticas só têm sido empregadas

---

ROLHA MOLHADA NÃO É SINAL DE PROBLEMA...

Alguns consumidores temem que rolha úmida seja indício de vinho com problema. Ao contrário, a rolha molhada é sinal extremamente positivo, pois mostra que a garrafa foi armazenada deitada. Esse, aliás, é o motivo principal de o *sommelier* ou garçom, tão logo abre a garrafa, entregar ao cliente a rolha, para "provar" que a garrafa fora armazenada convenientemente na adega, na horizontal.

Quando a garrafa é estocada em pé, a rolha fica totalmente seca e se torna quebradiça, dificultando até a sua correta extração. Quando umedecida, é mais resistente e mais difícil de se quebrar.

Às vezes, a rolha apresenta-se inteiramente úmida, e não só na parte mais próxima do líquido. O excesso de umidade na rolha, que a faz não ser convenientemente estanque, pode ter várias causas:

- Garrafa com gargalo irregular ou muito largo, impedindo que a rolha seja corretamente comprimida. Se todos os gargalos fossem perfeitos, bastaria uma cortiça curtinha para vedar a garrafa. Como não são perfeitos, as rolhas precisam ser compridas (de 32 a 55 mm), sobretudo as dos vinhos mais longevos.
- Rolha com diâmetro menor que o necessário, subdimensionado.
- Rolha velha, que com o tempo perdeu a impermeabilidade (fenômeno comum nos vinhos mais antigos).

no segmento de vinhos mais baratos. Acredito que no nível *premium* esses tampões dificilmente venham a ter penetração significativa.

Apesar disso, alguns vinhos finos neozelandeses utilizam roscas metálicas como tampões. Os produtores alegam que testes realizados após dez anos de estocagem do vinho não apresentaram desvantagens em relação às rolhas de cortiça. Tenho minhas dúvidas, já que estudos europeus apontam problemas de surgimento de cheiros redutivos ruins em vinhos de guarda longamente submetidos a um ambiente ausente de oxigênio.

AREJAMENTO

Aberto o vinho, deve-se deixá-lo arejar ou não? As opiniões diferem bastante. Existem conhecidos enólogos que não recomendam o arejamento, pois alegam que haveria perda de substâncias voláteis, responsáveis em grande parte pelo buquê ou aroma dos vinhos. Além disso, o vinho correria o risco de se oxidar pelo contato com o oxigênio do ar. Esses especialistas recomendam consumir os vinhos tão logo desarrolhados. No outro extremo, determinados autores italianos afirmam que o Brunello di Montalcino deve ser aberto com até 24 horas de antecedência. A prática parece confirmar as duas posições!

Claro que os vinhos tintos de muita idade têm de ser submetidos ao mínimo de contato com o ar, tanto para não perder as ricas fragrâncias quanto para não se oxidarem mais, por já terem atingido um equilíbrio mais frágil. Precisam ser cuidadosamente desarrolhados, decantados (veja na página seguinte) e imediatamente consumidos.

Já os vinhos jovens – notadamente os tintos – se beneficiam da passagem por um decantador ou jarra de cristal várias horas antes de serem servidos. Esse procedimento acelera o arejamento, isto é, uma oxidação mais acentuada, fazendo que

---

...MAS ROLHA ESTUFADA PODE SER

Raramente a presença de rolha estufada se deve ao superdimensionamento do diâmetro da rolha ou a gargalos imperfeitos, embora isso possa ocorrer. Em geral, o estufamento da cortiça – perceptível pela pressão sobre a cápsula, que a faz se abaular – é sinal de que a garrafa foi submetida a condições extremas de temperatura, durante o transporte ou a estocagem, causando um aumento da fase gasosa do vinho.

os aromas atinjam um estágio de evolução equivalente ao de alguns anos de envelhecimento em garrafa.

Após o despejo do líquido, nesse caso enérgico, para o decantador, cabe até rodá-lo firmemente para aumentar a área de contato do líquido com o ar. O decantador, de formato baixo e arredondado, garante o máximo de contato entre o vinho e o oxigênio do ar, sendo, portanto, muito mais indicado do que uma simples jarra, por mais fina e bonita que esta seja.

Quanto maior a tanicidade, o teor de extrato seco e o corpo do vinho tinto, como os grandes Nebbiolo e Bairrada, maior deve ser a antecedência de colocação do caldo na jarra. Essa prática é mais difícil em restaurante, mas em casa se pode e se deve utilizá-la à vontade. Se você quiser beber no jantar um ótimo tinto jovem com as características aqui mencionadas, pode abri-lo e arejá-lo com até seis ou oito horas de antecedência.

O arejamento com decantador é muito mais eficaz do que simplesmente abrir a garrafa e deixar o vinho respirar pelo pequeno orifício do gargalo da garrafa, caso em que se reduz a superfície de contato da bebida com o ar. Para obter o mesmo efeito do decantador, seria necessário desarrolhar a garrafa com uma antecedência impraticável.

DECANTAÇÃO

A decantação é uma operação mecânica de limpeza do líquido, diferente, portanto, do arejamento – aeração química da bebida –, apesar de ambos empregarem decantadores. Existem decantadores de duas capacidades básicas: um para garrafa-padrão, de 750 ml, e outro para garrafa *magnum*, de 1.500 ml.

Com vinhos tintos mais velhos, formam-se sedimentos naturais, que, com o passar dos anos, se depositam na parede interna da garrafa, tornando-se necessário decantá-los. Essa borra interna resulta do colapso das cadeias de carbono ao se tornarem muito longas, devido à polimerização dos taninos, ou seja, do processo natural de amaciamento desses polifenóis, como descrito no capítulo anterior.

O ideal é retirar a garrafa da adega, onde era mantida na horizontal, e colocá-la previamente em pé, cerca de 24 horas antes. Desse modo, pelo efeito da gravidade, as borras acumulam-se no fundo da garrafa. Se isso não for exequível, suspenda cuidadosamente a garrafa do seu nicho, sem sacudi-la para não misturar os sedimentos com o líquido, e deite-a numa cesta para esse fim sobre a mesma parede onde se encontram os sedimentos.

Após um cuidadoso desarrolhamento, agitando o mínimo possível a garrafa, verta vagarosamente o vinho para um decantador perfeitamente limpo. Essa operação deve ser realizada com o auxílio da luz de uma vela ou lâmpada que incida sobre o líquido. Ao primeiro sinal de resíduo, pare o despejo – ficarão na garrafa os resíduos e uma pequena quantidade de vinho.

Perde-se um pouco da bebida, mas ganha-se um vinho redondo, completamente isento de depósitos. Entretanto, esse finalzinho de vinho pode ainda ter um destino muito nobre: coado num filtro de papel, serve de base a um delicioso molho.

Ao verter o vinho para o decantador, a luz da vela ajuda a ver o resíduo, quando então se para o despejo

OS COPOS

Para que um vinho seja perfeitamente apreciado, ele deve ser sorvido em um copo com formato e tamanho adequados, que realce todas as qualidades visuais, olfativas, gustativas e táteis da bebida.

Degustações e experiências científicas comprovam que o mesmo vinho, degustado em copos diversos, apresenta paladares ou *flavores* (percepção conjunta de aromas e sabores) distintos. Conforme o seu desenho, os copos interferem positiva ou negativamente na percepção sensorial da bebida.

O copo recomendado para beber vinho é uma taça preferencialmente de cristal ou de vidro o mais fino possível e de transparência absoluta. As paredes finas e o acabamento bem polido fazem os lábios ter um agradável contato tátil e sentir melhor a temperatura do vinho, não do copo.

Deve-se evitar o uso de taças entalhadas ou coloridas, pois não permitem apreciar convenientemente a cor do vinho. A taça também precisa ter uma haste com pé para que não seja segurada pelo bojo, o que aqueceria o vinho.

Veja a seguir alguns modelos tradicionais de taças utilizadas para vinhos.

CÁLICE-PADRÃO "TULIPA"

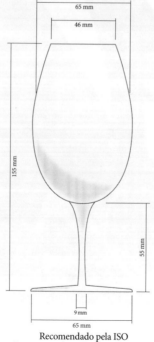

Recomendado pela ISO
(International Standard Organization)

O COPO DE DEGUSTAÇÃO

O copo ideal para degustar vinho é do tipo tulipa, isto é, com a forma do bulbo dessa flor. O bojo arredondado faz o líquido se aconchegar, e a boca, acentuadamente retraída, permite que os aromas se concentrem e sejam mais bem percebidos pelo olfato.

O mais famoso dos copos de degustação é o francês criado pelo Inao (Institut National des Appellations d'Origine), modelo adotado pela ISO (International Standard Organization).

A grande vantagem em empregá-lo para os vinhos de mesa é permitir a fixação de um referencial padronizado na formação da nossa memória olfato-gustativa. Os vinhos espumantes e generosos beneficiam-se de outro tipo de recipiente.

A TAÇA PARA ESPUMANTES

Para os espumantes, a taça do tipo *flûte* (flauta), alta e esguia, é a mais indicada, pois retém mais tempo a efervescência das bolhas de gás. As tradicionais e antiquadas taças de boca larga, ao contrário, fazem o espumante perder as bolhas mais rapidamente – portanto, a própria personalidade. Além disso, a flauta permite que a fina *mousse* (espuma) suba de forma fascinante pelas paredes, logo depois de o líquido ser vertido.

Outra vantagem é o ligeiro abaulamento do bojo da flauta, favorecendo a acumulação dos aromas acima do nível do líquido. A estreita boca realça uma percepção concentrada das fragrâncias da bebida.

O COPO PARA VINHOS GENEROSOS

Antes de tudo, esses copos devem ter volume pequeno, adequado às doses reduzidas recomendadas para esses vinhos, por causa do elevado teor alcoólico.

Por serem altos e manterem distância significativa entre o líquido e o nariz, há o enaltecimento do caráter frutado do vinho, impedindo que seja suplantado pelo álcool utilizado em sua fortificação.

O *TASTEVIN*

Chamado em Portugal de "tomboladeira", o *tastevin* é um recipiente de prata que o enólogo leva consigo para provar vinho direto do barril ou da garrafeira. Tem o formato de uma concha, com diâmetro médio de 8 centímetros, o que faz muitos o confundirem com um cinzeiro.

Suas principais vantagens são ser portátil e inquebrável, ao contrário do copo de cristal, mas principalmente refletir a cor do vinho na penumbra reinante nos ambientes de estocagem e na *cave*.

MANUSEIO DOS COPOS

Antes de servir, verifique se as taças estão perfeitamente limpas. Lave os copos preferencialmente com água quente, com poucas gotas de detergente, e seque-os com um pano limpo usado apenas para esse fim. Melhor ainda é deixá-los secar naturalmente, emborcados e sustentados pela base, em escorredores de madeira com cortes, como os que se veem em alguns bares de vinho.

Guarde os copos em pé, em lugares frescos e secos. Se ficarem guardados por muito tempo, convém passar neles um pano umedecido com álcool, para tirar o eventual odor de mofo.

O VERTER DO LÍQUIDO

Ao servir um vinho de mesa, evite verter o líquido de muito alto; aproxime o gargalo do copo – sem tocá-lo –, a fim de que o vinho escorra docemente, sem borbulhamento, pelas paredes do copo.

Tome cuidado, também, para que a última gota não caia na toalha. Basta girar de leve a garrafa e ao mesmo tempo afastar o gargalo, que deve ser logo enxugado com um guardanapo, antes de servir o vinho a outro convidado.

Nunca encha mais do que um terço do copo de vinho, pois os vapores não teriam espaço suficiente para se desprender do líquido e se concentrar, impedindo toda a percepção dos aromas presentes.

Com espumantes, sugiro manter as taças na geladeira ou no gelo antes de servi-los. Essa providência reduz o desprendimento tumultuoso das bolhinhas de

TAMANHOS DE COPO

Por que os vinhos brancos são servidos em copos menores do que os tintos? Isso não tem relação alguma com a tradição, como se poderia pensar. O verdadeiro motivo está na temperatura ideal de serviço de cada vinho. Como os brancos são bebidos mais resfriados do que os tintos, convém oferecer uma dose menor de vinho em cada copo, a fim de evitar que esquente rapidamente.

gás, impedindo que elas e o vinho transbordem. A bebida deve ser despejada lentamente na taça, acentuadamente inclinada no início e aprumada vagarosamente, à medida que se enche. O líquido tem de ocupar no máximo dois terços do copo, deixando espaço suficiente para que o aroma se desprenda. Quase ao final da operação, faça o mesmo giro rápido na garrafa, para que as últimas gotas não caiam na toalha.

ORDEM DE PRECEDÊNCIA

Sempre que se bebam diversos vinhos em uma mesma ocasião, como num jantar, é conveniente seguir esta ordem:

1 Inicie com os vinhos de aperitivo (por exemplo: espumante bruto, Jerez seco ou branco frutado seco).
2 Ofereça branco frutado seco antes de branco barricado seco ou de branco meio seco.
3 Sirva os tintos após os brancos secos ou meio secos.
4 Tinto leve antes de tinto encorpado.
5 Tinto jovem frutado antes de tinto envelhecido de guarda.

ENÓLOGO, ENÓFILO E *SOMMELIER*

Essas três palavras costumam ser empregadas erroneamente. Veja quais são os sentidos corretos.

• **Enólogo:** Vem do grego: *eno* (vinho) + *logo* (técnico). É o profissional, quase sempre de nível superior, responsável pela produção do vinho na adega.

• **Enófilo:** Também vem do grego: *eno* (vinho) + *filo* (amigo). É o apreciador de vinho, particularmente o consumidor final. Existem dois tipos de enófilo: o amador e o especialista. Este costuma aprofundar-se tanto no assunto que termina por escrever livros e artigos, ministrar cursos e praticar outras atividades afins.

• **Sommelier:** Termo francês para designar o funcionário encarregado dos vinhos de um restaurante de primeira linha, localizado ou não em hotel. Ele cuida da administração da adega e do serviço do vinho aos clientes. Em Portugal, esse profissional é chamado *escanção* – denominação proveniente de *skankjo*, da língua dos francos, que evoluiu para o francês antigo *eschanson* e para o moderno *échanson*. Era o serviçal encarregado de servir vinho ao rei.

> **TIRA-MANCHAS CIENTÍFICO**
> Cientistas da renomada Universidade da Califórnia em Davis conduziram uma experiência para descobrir qual o melhor agente para limpar uma roupa suja de vinho tinto. Foram testados vários produtos comercializados com esse fim, além dos caseiros vinho branco e sal. Nenhum deles, nem mesmo os comerciais, mostraram grande eficácia. O melhor limpador foi uma solução de sabão líquido misturada com o branqueador peróxido de hidrogênio – a popular água oxigenada.

6 Tinto de nível médio antes de tinto de topo.
7 Finalize com os vinhos de sobremesa (branco ou tinto doce) ou vinhos digestivos (Porto, Madeira ou Jerez).

NO RESTAURANTE

Um dos momentos mais assustadores para um novo consumidor, após a escolha do vinho, é o ritual do serviço. O *sommelier* ou garçom, depois de mostrar a garrafa ao cliente para que verifique se está de acordo com o seu pedido, abre o vinho e entrega a rolha ao freguês. O que fazer com ela? Primeiro, verifique se está úmida, o que demonstra que a garrafa foi estocada corretamente na horizontal. A seguir, cheire a rolha discretamente, para avaliar se a bebida está em perfeita condição.

Quando o vinho merece ser devolvido no restaurante? Seguramente não se deve fazê-lo apenas porque não se gostou do vinho, seja por não ser do estilo predileto, seja por estar tânico, ácido, com pouco corpo e outras características. Algumas delas são inerentes a determinados tipos de vinho ou aos seus estágios de amadurecimento.

Os únicos motivos plausíveis de devolução de um vinho são apresentar gosto de rolha ou já ter passado bastante do ponto ótimo de consumo.

O *bouchonné* é um problema que se deve ao surgimento de TCA – 2,4,6-tricloroanisol –, causado pela reação do cloro com polifenóis. O grande vilão – o cloro – pode estar presente na casca do sobreiro (por poluição), em desinfetantes, em inseticidas e em muitos outros fatores. Mesmo em quantidades ínfimas, que não se dissipam com a aeração, esse composto transmite à rolha desagradável cheiro e gosto de mofo.

O defeito não é culpa nem do vinhateiro nem do restaurante, mas sim do fabricante da rolha. Apesar disso, é razão universalmente aceita para a devolução da garrafa com o problema.

A outra causa para a devolução de um vinho é ele ter-se oxidado por armazenamento deficiente ou pela idade. Nesse segundo caso, ele passou do ponto de maturidade, chegando, no extremo, a avinagrar-se. Equivale, por analogia, à devolução de um peixe com "maresia" excessiva, que já tenha passado do ponto ideal de consumo.

Como diz um amigo meu, se não se quer correr nenhum risco, só se deve pedir vinhos conhecidos. Contudo, perde-se assim, lamentavelmente, a oportunidade de descobrir outras preciosidades e aumentar cada vez mais o leque de opções.

O CONSUMO

Em altas doses, o álcool etílico presente na bebida age como um tóxico – a embriaguez pode ser considerada um estado de envenenamento temporário do organismo. Quando, porém, se ingerem bebidas alcoólicas de baixa concentração em quantidade moderada, não há nenhum prejuízo à saúde, e o vinho até constitui um valioso complemento alimentar.

Para que não perturbe o organismo, o vinho deve ser bebido às refeições, evitando que o álcool passe direto para a corrente sanguínea. Eu costumo também beber muita água intercalada com vinho – não só para me manter suficientemente hidratado, como para diluir o teor de álcool no meu organismo.

A quantidade de álcool contida numa garrafa de vinho de mesa com teor alcoólico de 13ºGL (o grau Gay-Lussac equivale ao percentual de álcool por volume) é de:

Álcool	Vinho
13 ml	100 ml
13 x 0,789 (densidade) = 10,3 g	100 ml
77, 3 g	750 ml (uma garrafa)

Se quiser fazer um cálculo rápido e aproximado dos gramas de álcool por garrafa:

13% álcool x 8 (fator de conversão aproximado) = 104 gramas por litro (g/l)
104 g/l x 0,75 l/gfa. = 78 g/gfa.

A quantidade de vinho que pode ser normalmente absorvida pelo organismo depende da pessoa, da sua idade, constituição física e sexo, bem como do hábito de beber vinho às refeições.

As classes médica e científica internacionais aconselham doses diárias que não excedam um grama de álcool etílico por quilograma de peso do indivíduo, que é a capacidade do fígado de metabolizá-lo sem dificuldade. Para uma pessoa de 70 a 80 quilos, essa dose equivale ao consumo máximo de cerca de uma garrafa por dia.

Por outro lado, os mesmos especialistas recomendam a metade desse consumo como fator de segurança para o organismo. Isso quer dizer meio grama de álcool por quilo de peso. Logo, para consumidores de 70 a 80 quilos, o limite seria 35 a 40 gramas de álcool por dia, ou seja, por volta de meia garrafa de vinho.

A Organização Mundial da Saúde (OMS) é ligeiramente mais restritiva. Considera um nível aceitável de consumo três doses-padrão de 120 ml de vinho para homens e duas para mulheres. Para um consumidor de vinho de mesa do sexo masculino, essa quantidade representaria 360 ml, ou seja, também praticamente meia garrafa diária. Porém a restrição é beber apenas cinco dias por semana, ficando-se nos outros dois sem tocar em bebidas alcoólicas.

Já a quantidade máxima de álcool permitida pelo Código de Trânsito Brasileiro era de apenas 0,6 grama por litro de sangue, antes do surgimento da famigerada lei seca atual. Um motorista de 70 a 80 quilos poderia ingerir tranquilamente até dois cálices de vinho (200 ml) sem ultrapassar o limite.

Analisando todos os fatores citados, chega-se à seguinte conclusão:

- O consumo diário recomendado é de no máximo meia garrafa (375 ml) de vinho de mesa.
- Se você tiver de dirigir após uma refeição com vinho, beba no máximo um quarto de garrafa (187 ml) – cerca de duas taças de 100 ml.
- Se em certo dia você por algum motivo beber acima do normal, lembre-se de nunca ultrapassar uma garrafa de vinho, para não prejudicar o funcionamento do fígado.

Entretanto, o vinho é muito mais que uma simples bebida alcoólica, pois se compõe de mais de 300 elementos.

Através do conteúdo alcoólico, fornece calorias ao organismo. É rico em elementos minerais, como potássio, magnésio, sódio, fósforo, cloro, enxofre e outros. Seu teor de vitamina A, C e H e do complexo B é suficiente para constituir um complemento dietético.

CALORIAS

O indivíduo que ingere vinho, assim como qualquer outro alimento que contenha calorias, está sujeito a engordar desde que abuse. Como regra, quanto maiores os teores alcoólico e de açúcar de um vinho, tanto maior o seu conteúdo calórico. Porém, se a pessoa se restringir à quantidade recomendada no tópico anterior, não sentirá efeito algum em sua silhueta, desde que também não coma outros alimentos em excesso.

Por exemplo, a ingestão diária de meia garrafa de vinho tinto seco com 13% de teor alcoólico representa, como você viu anteriormente, 77,3 / 2 = 38,6 g de álcool. Como um grama de álcool equivale a sete calorias, tal quantidade de vinho contém 270,2 calorias só referentes ao álcool. Considerando que esse tinto seco tenha dois gramas de açúcar residual por litro de vinho, há 0,75 g na meia garrafa. Já que um grama de açúcar representa quatro calorias, chegamos a três calorias referentes ao açúcar. Logo, o consumo de tal quantidade diária desse vinho equivale a 273,2 calorias!

Se você preferir meia garrafa de branco meio doce com 12% de teor alcoólico e 19 g/litro de açúcar residual, o nível de calorias ingerido seria de: 35,6 g x 7 cal/g = 249,2 cal (álcool) + 7,1 g x 4 cal/g = 28,4 cal (açúcar). Seriam, portanto, 277,6 calorias, ou seja, praticamente o mesmo que no tinto. Obviamente, o impacto do teor alcoólico nas calorias é muito maior que o do açúcar.

MEDICAMENTO

O vinho foi um dos primeiros medicamentos utilizados pelo homem. Em cerca de 2000 a.C., os cirurgiões hindus já o utilizavam como anestésico pré-operatório.

As qualidades dietéticas e fisiológicas do vinho eram reconhecidas pelo grego Hipócrates, patrono da medicina, que o receitava frequentemente como antitérmico, laxante e diurético.

Galeno, célebre médico de Roma, empregava o vinho como desinfetante nas feridas dos gladiadores, pois seu poder antisséptico impedia o surgimento de infecções.

O francês Louis Pasteur proclamou o vinho "a mais saudável e a mais higiênica das bebidas".

Alexander Fleming, descobridor da penicilina, ficou fascinado com os poderes antibióticos do vinho, contidos na casca das uvas.

Como se pode ver, nossos antepassados já conheciam algumas das aplicações medicinais do vinho. Conheça outras:

- A acidez nele contida ajuda as funções gástricas e intestinais (exceto nos indivíduos que sofrem de excesso de acidez estomacal) e beneficia a flora intestinal, dificultando a ação de microrganismos que dão origem a fermentações pútridas.
- O ácido tartárico, o principal do vinho, tem a propriedade de ativar as funções renais, pois facilita a dissolução de cálculos.

- A glicerina produz ação benéfica nas vias biliares e nos intestinos.
- Além da ação antisséptica normal do álcool, o vinho promove ação bactericida por meio do tanino e das matérias corantes, e já se descobriu um antibiótico entre os seus diversos componentes.
- O vinho contém ácido gamaidrobuxítico, um dos anestésicos mais simples e seguros que se conhecem.
- Nas doenças cardíacas, age como vasodilatador, provocando também o aumento da hemoglobina e dos glóbulos vermelhos do sangue.
- É um tônico para os nervos, especialmente pelo fósforo, que excita e alimenta as células nervosas.
- É diurético, especialmente o vinho branco.
- Em dose moderada, o vinho abre o apetite, pois estimula as secreções salivares, gástricas e pancreáticas.

DESCOBERTAS RECENTES

O paradoxo francês • O estudo que se tornou divisor de águas no campo do consumo de vinho foi o famosíssimo paradoxo francês. Esse trabalho do francês Serge Renaud causou bastante impacto tanto pela forma como foi divulgado, no programa *60 Minutes*, da rede de televisão americana CBS, em 1991, quanto pelo conteúdo.

Renaud chegou à conclusão de que o índice de morte por doenças cardíacas na França era menos da metade do índice dos Estados Unidos por causa do consumo habitual de álcool, principalmente vinho. A grande surpresa foi que os franceses comem bastante queijo, manteiga e creme, a mesma quantidade de gorduras saturadas que os americanos e têm níveis mais altos de colesterol.

Bebida saudável • Em maio de 1995, o pesquisador dinamarquês Morten Grønbaek divulgou seus estudos comprovando claramente ser o vinho a mais saudável das bebidas alcoólicas. Mesmo um moderado consumo de vinho implica uma significativa redução da mortalidade. Com três a cinco taças de vinho ao dia, o risco de doenças do coração e infarto do miocárdio diminui 60%. Logo após a sua entrevista no *60 Minutes*, as vendas de vinho nos Estados Unidos explodiram.

Demência e Alzheimer • O francês Jean-Marc Orgogozo, catedrático de neurologia na Universidade Hospital Pellegrin, em Bordeaux, divulgou em 1997 um trabalho realizado com franceses de mais de 65 anos de idade. Dos 60% que bebiam regularmente, 95% optavam por vinho, principalmente tinto. O estudo comparando os consumidores moderados de vinho com os abstêmios mostrou que essa bebida era responsável pela redução de 80% do risco de demência e de 75% do mal de Alzheimer. As quantidades de vinho consideradas moderadas foram definidas como três a quatro doses-padrão diárias para homens e duas a três para mulheres.

Cânceres • Elias Castanas, médico pesquisador da Universidade de Creta, divulgou um estudo em 2000 apregoando que o consumo moderado de apenas uma ou duas taças de vinho tinto por dia era capaz de inibir os cânceres de mama e de próstata. A ação de inibição das células cancerosas, semeadas e incubadas *in vitro* e não diretamente em humanos, era exercida pelos antioxidantes dos polifenóis, notadamente a quercetina.

Coágulos sanguíneos • A pesquisadora italiana Serenella Rotondo e sua equipe divulgaram, em 2001, uma experiência com ratos, aos quais administraram uma dieta muito rica em gorduras. Concomitantemente, acrescentaram à ração diversas bebidas: vinho tinto, vinho branco, álcool etílico e água. Os ratos que consumiram vinho tinto tiveram uma redução de cerca de 60% de coágulos no sangue, ao passo que os que tomaram vinho branco e álcool não mostraram efeitos significativos. Os primeiros ratos apresentaram uma concentração de antioxidantes três vezes maior que os demais.

Os polifenóis, muito ricos em antioxidantes, encontram-se principalmente na casca das uvas, motivo pelo qual os tintos, que são fermentados em maceração com as cascas, os possuem em abundância.

Doenças vasculares e mentais • Pesquisadores do Centro Médico Erasmus, na Holanda, reportaram em janeiro de 2002 que um consumo leve a moderado de álcool pode reduzir tanto o risco de doenças vasculares (já de conhecimento público) quanto a chance do desenvolvimento de doenças mentais senis, tais como os males de Alzheimer e de Parkinson.

Células cancerígenas • O Centro Médico da Universidade Carlos III de Getafe, em Madri, divulgou em junho de 2002 o resultado de um estudo segundo o qual os compostos encontrados no vinho tinto podem não só inibir o crescimento do câncer de próstata, como também contribuir no aniquilamento das células cancerosas.

Os responsáveis foram os flavonoides, pertencentes à família dos compostos polifenólicos. Dentre os cinco flavonoides avaliados, os que deram melhores resultados foram o ácido gálico e o ácido tânico. Em seguida, vieram a morina e a rutina e, por último, a quercetina.

Doenças reumáticas • De acordo com recente estudo de pesquisadores alemães e italianos, o vinho branco é muito indicado para prevenir o surgimento de doenças reumáticas, que afetam as articulações e os ossos. A explicação é que os brancos contêm moléculas de tirasol (anti-inflamatório) e de ácido cafeico (antioxidante) de tamanho menor que as dos rubros, fazendo que sejam mais bem absorvidas pelo sangue, potencializando o seu efeito. Conclui-se que, para ficarmos sempre saudáveis, devemos beber tanto vinhos brancos quanto tintos.

Afinal, qual a principal diferença entre vinhos brancos e tintos? Ambos são submetidos ao mesmo processo de elaboração – a fermentação alcoólica. Contudo, os tintos, diferentemente dos brancos, são vinificados com as cascas. Estas lhes proporcionam uma série de polifenóis: antocianos (matéria colorante), taninos (estrutura), resveratrol e outros compostos.

O resveratrol é um polifenol que possui propriedades antioxidantes e anticoagulantes, salutares para o sistema coronário. Ele inibe a degeneração das células; estimula a formação do colesterol bom (HDL – lipoproteínas de alta densidade) e inibe a formação do colesterol ruim (LDL – lipoproteínas de baixa densidade). O HDL transporta o colesterol das artérias ao fígado, onde é decomposto e eliminado. Dessa forma, não há a deposição nas paredes das artérias coronárias de placas gordurosas, que dificultam a circulação sanguínea.

Após todas essas considerações, você ainda precisa de algum argumento para beber vinho diariamente, em doses moderadas? Apesar de os médicos figurarem entre os seus grandes apreciadores, o vinho é muito mais do que simplesmente um elixir para o corpo: é o alimento predileto da alma!

HARMONIZAÇÃO COM COMIDAS

A combinação entre comida e vinho obedece a duas regras de ouro. A primeira delas estipula que a força do alimento seja proporcional à força da bebida – isto é, que as comidas e os vinhos mantenham entre si perfeito equilíbrio, sem que nenhum dos dois sobressaia mais que o outro.

A segunda regra flexibiliza muito a primeira, pois recomenda que o gosto de cada consumidor deve sempre prevalecer na escolha da combinação entre o prato e o vinho.

COMBINAÇÕES

A conhecida máxima que indica vinho tinto com carnes vermelhas, vinho branco com peixes e carnes brancas e vinho rosado com qualquer prato é muito simplista, embora tenha certa sabedoria popular embutida. Hoje em dia, com o advento das fusões de culinárias muito distintas, como a ocidental e a oriental, a escolha do vinho envolve uma análise mais cuidadosa. A seguir, algumas recomendações (muitas delas clássicas) de compatibilização entre pratos e vinhos.

Antepastos e entradas
- *Caesar salad* ▷ Branco acídulo seco (Sauvignon Blanc, Arinto).
- Canapés ▷ Branco seco.
- *Carpaccio* ▷ Tinto frutado (Dolcetto).
- Caviar ▷ Champagne bruto.
- *Consomé* ▷ Água.
- Frutos secos (castanhas de caju, amêndoas, nozes, avelãs etc.) ▷ Porto Tawny (meio doce), Madeira Terrantez (meio doce).
- Ovos (pratos frios) ▷ Branco seco.
- Ovos (pratos quentes) ▷ Branco encorpado seco (Chardonnay semibarricado).
- Saladas (sem vinagre) ▷ Branco seco.
- Salpicão de frango ▷ Rosado seco.
- *Sardella* ▷ Jerez Fino ou Manzanilla (secos).
- Sopa cremosa ▷ Jerez Amontillado (meio seco), Madeira Verdelho (meio seco).
- Sopa fria ▷ Próprio aperitivo.
- *Tapas* ▷ Jerez Fino ou Manzanilla (secos).

Aperitivos
- Champagne ou espumante bruto, Jerez Fino ou Manzanilla (secos), Madeira Sercial (seco), branco acídulo seco (Sauvignon Blanc, Riesling).

Aves
- *Confit de canard* ▷ Tinto (Merlot, Saint Emilion).
- *Coq au vin* ▷ Tinto macio (Pinot Noir).

- *Foie gras* ▷ Branco doce (Sauternes).
- Frango à caçadora ▷ Tinto macio (Pinot Noir).
- Frango à la Kiev ▷ Branco encorpado seco (Hermitage).
- Frango ao molho cremoso ▷ Branco meio seco.
- Galeto grelhado ▷ Branco encorpado seco, rosado seco.
- Galinha (assada, grelhada, cozida) ▷ Tinto leve, branco encorpado seco.
- Galinha-d'angola ▷ Tinto macio (Pinot Noir).
- *Magret de canard* ▷ Tinto (Priorato).
- Miúdos de galinha ▷ Tinto.
- Pasta de fígado ▷ Branco meio seco.
- Pato com laranja e à Califórnia ▷ Branco meio seco (Alsace Pinot Gris).
- Pato e ganso assados ▷ Tinto (Shiraz australiano), tinto macio (Pinot Noir), branco meio seco (Riesling).
- Peru assado ▷ Tinto leve, branco encorpado seco.
- *Poulet de Bresse avec morilles* ▷ Tinto macio (Pinot Noir), branco encorpado seco (Chardonnay barricado).
- Risoto de frango ▷ Branco meio seco.

Caças (pele)
- Coelho ao vinho e à caçadora ▷ Tinto macio (Pinot Noir).
- Coelho assado ▷ Tinto leve.
- Javali ▷ Tinto (Shiraz), branco meio seco (Riesling).
- *Terrine* de coelho ▷ Branco seco.
- Veado (guisado) ▷ Tinto (Shiraz).

Caças (pena)
- Codorna assada ▷ Tinto fino.
- Faisão (assado, grelhado) ▷ Tinto fino.
- Faisão *faisandé* ▷ Tinto (Syrah).
- Perdiz assada ▷ Tinto fino.
- Pombo assado ▷ Tinto fino.

Carnes
- *Boeuf Bourguignon* ▷ Tinto (Gévrey-Chambertin).
- Bovina (rosbife, grelhado, *tournedos*, picadinho etc.) ▷ Tinto.

- Bovina cozida ▷ Tinto leve.
- *Brasato* ao Barolo ▷ Tinto poderoso (Barolo, Barbaresco).
- Carneiro cozido ▷ Tinto robusto (Tannat).
- Coxas de rã ▷ Branco seco.
- *Escargot* ▷ Branco seco (Aligoté), tinto.
- *Goulash* ▷ Tinto.
- Leitão assado ▷ Tinto (Bairrada), espumante tinto bruto.
- Ossobuco com risoto à milanesa ▷ Tinto acídulo (Barbera), tinto poderoso (Barolo).
- Pasta de porco ▷ Tinto leve, branco seco.
- Pernil de cabrito assado ▷ Tinto poderoso (Barolo, Ribera del Duero, Douro).
- Pernil de cordeiro assado ▷ Tinto (Médoc, Rioja).
- Pernil de porco assado ▷ Branco encorpado seco (Chardonnay barricado), tinto macio (Pinot Noir).
- Pernil de vitela assado ▷ Tinto macio (Pinot Noir), branco encorpado seco (Chardonnay barricado).
- Porco (costela, lombo) ▷ Branco meio seco (Riesling), tinto leve.
- Presunto cozido ▷ Branco meio seco, tinto leve.
- Presunto cru ▷ Jerez Fino ou Manzanilla (secos).
- Presunto *tender* ▷ Branco meio seco (Alsace Riesling), tinto leve (Beaujolais).
- Rosbife ▷ Tinto leve, rosado seco.
- Vitela ao molho branco ▷ Branco encorpado seco.
- Vitela grelhada ▷ Tinto leve, rosado seco.

Comida oriental
- Chinesa ▷ Branco meio seco (Riesling spätlese), tinto macio (Pinot Noir).
- Indiana (*curry*) ▷ Branco aromático seco (Alsace Gewürztraminer).
- Japonesa (*sushi*, *sashimi*) ▷ Espumante bruto (Serra Gaúcha), Champagne bruto, branco acídulo seco (Riesling trocken).
- Tailandesa ▷ Branco meio seco (Chenin Blanc demi-sec).

Embutidos e miúdos
- *Cotecchino* ou *Zampone* com lentilhas (tipos de embutidos italianos) ▷ Tinto acídulo (Barbera), tinto frisante seco (Lambrusco).
- Fígado à veneziana ▷ Tinto frutado (Dolcetto).

SUSHI COM CHAMPANHA

Em artigo publicado em novembro de 1990 na *Revista do Vinho*, recomendei um dos melhores casamentos entre bebida e comida: espumante seco e *sushi*.

À primeira vista pode parecer que não se combinam, tendo em vista a presença de vinagre na preparação do arroz, além do efeito picante do *wasabi*. Entretanto, o espumante possui acidez alta, sobretudo pela presença de gás carbônico, o que contrabalança a ação do *wasabi*. Por outro lado, o espumante tem também características refrescantes e limpa o paladar, o que o torna perfeito para acompanhar o *sushi*.

Finalmente, existe mais um motivo para unir esse par: o *sushi* é um prato de gala no Japão, sendo servido em recepções e banquetes, e o espumante é tradicionalmente o vinho de comemorações tanto no mundo ocidental (onde se originou) como agora também no resto do globo.

- Fígado grelhado ▷ Tinto.
- Língua ao molho madeira ▷ Tinto frutado (Chinon).
- Salsicha (fria) ▷ Branco meio seco.
- Salsicha com chucrute ▷ Branco seco (Alsace Pinot Gris).
- Salsicha com repolho roxo ▷ Branco seco (Weissburgunder), tinto leve (Beaujolais cru).

Frutos do mar
- *Bisque* de camarão ▷ Branco seco.
- *Bouillabaisse* ou caldeirada ▷ Branco seco (Hermitage), rosado seco (Provence).
- Camarões e lagostas com molhos ▷ Branco meio seco.
- Camarões e lagostas cozidos ou grelhados ▷ Branco seco.
- Caranguejos e siris ▷ Branco seco.
- *Coquille Saint-Jacques* ao molho cremoso (vieira) ▷ Branco meio seco (Vouvray demi-sec).
- Lulas (à provençal, risoto etc.) ▷ Branco seco.
- Mariscos (mexilhão, vieira etc.) ▷ Branco seco.
- Ostras frescas ▷ Branco seco (Chablis), Champagne bruto.
- *Paella Marinara* ▷ Branco seco.

- *Paella Valenciana* ▷ Rosado seco (Navarra), tinto leve.
- *Plateau de fruits de mers* ▷ Branco acídulo seco (Muscadet, Sauvignon Blanc).
- Polvo ▷ Branco encorpado seco (Rioja barricado).

Leguminosas
- *Cassoulet* ▷ Tinto robusto (Cahors, Madiran, Tannat uruguaio, Tannat gaúcho).
- Feijoada ▷ Espumante tinto bruto (Bairrada, Serra Gaúcha), tinto frisante seco (Lambrusco).

Massas
- *Capeletti* de vitela ▷ Tinto frutado (Dolcetto).
- Espaguete à carbonara ▷ Branco seco (Frascati).
- Espaguete com molho de carne ou queijo ▷ Tinto frutado (Dolcetto).
- Espaguete com molho de peixe ou tomate ▷ Branco seco.
- Lasanha à bolonhesa ▷ Tinto (Sangiovese di Romagna).
- *Pappardelle alla lepre* ▷ Tinto (Sangiovese toscano).
- *Pizza* ▷ Tinto leve (Chianti), rosado seco.
- *Quiche Lorraine* ▷ Branco seco (Alsace Pinot Gris).
- Ravióli de ricota ▷ Tinto leve (Valpolicella).
- Risoto de *funghi* ▷ Tinto frutado (Dolcetto).
- *Rondelli* de presunto e queijo ▷ Branco seco (Roero Arneis), rosado seco.
- Torta de cebola ▷ Branco seco (Alsace Riesling).
- *Vol-au-vent* ▷ Branco meio seco.

Peixes
- Atum grelhado ▷ Tinto (Merlot, Pinot Noir), branco encorpado seco (Chardonnay).
- Bacalhoada ▷ Branco encorpado seco (Rioja barricado, Chardonnay barricado), tinto bem maduro (Rioja Reserva).
- *Haddock* defumado ▷ Branco seco (Bordeaux Blanc, Sémillon).
- Pasta (de atum etc.) ▷ Branco seco.
- Peixe ao forno (namorado, robalo etc.) ▷ Branco seco (Bordeaux Blanc).
- Peixe ao molho branco ▷ Branco meio seco (Vouvray demi-sec).
- Peixe ao molho de vinho tinto ▷ Tinto macio (Pinot Noir).
- Peixe cozido (badejo, cherne etc.) ▷ Branco meio seco.

- Pintado na brasa ▷ Branco encorpado seco, rosado seco.
- Posta de cação ▷ Tinto.
- Salmão defumado ▷ Branco aromático seco (Alsace Gewürztraminer), tinto leve (Barbera não barricado).
- Sardinha frita ▷ Branco seco.
- Suflê de peixe ▷ Branco seco.
- Truta e linguado grelhados ▷ Branco seco.

> **BACALHAU E VINHO**
> Vinho tinto combina com bacalhau? Nem sempre. Inúmeras degustações de que participei mostraram que o vinho que mais se harmoniza com bacalhau é o branco encorpado envelhecido em carvalho, como os barricados de Rioja (Viura) e os Chardonnay do Novo Mundo bem acarvalhados. Alguns tintos, quando pouco tânicos, isto é, macios ou bem evoluídos, também combinam bem.

Queijos
- Blue Stilton ▷ Porto Vintage (doce).
- *Fondue* de queijo ▷ Branco seco (Fendant, Chardonnay), tinto leve (Chinon).
- Gorgonzola ▷ Branco doce (Recioto di Soave), tinto doce (Recioto della Valpolicella), tinto alcoólico (Amarone).
- Massa fresca (Minas Frescal, Boursin etc.) ▷ Branco meio seco, rosado meio seco.
- Massa mole e casca florida (Brie, Camembert etc.) ▷ Branco encorpado seco (Chardonnay barricado), tinto fino.
- Massa mole e casca florida gorduroso (Chaource, Brillat-Savarin etc.) ▷ Branco acídulo seco (Chablis), tinto acídulo.
- Massa mole e casca lavada (Pont l'Évêque, Époisses etc.) ▷ Tinto bem maduro (St.-Emilion), tinto robusto.
- Massa prensada cozida e textura granulada (Parmesão, Grana Padano etc.) ▷ Branco encorpado meio seco (Alsace Pinot Gris).
- Massa prensada cozida e textura normal (Gruyère, Emmenthal etc.) ▷ Tinto fino (Bourgogne), branco seco, rosado seco.
- Massa prensada e pasta triturada (Cheddar, Cantal etc.) ▷ Tinto robusto (Hermitage).
- Massa prensada semicozida e casca lavada (Reblochon, Port-Salut etc.) ▷ Branco encorpado seco (Savoie Blanc), tinto.

- Massa prensada semicozida e casca natural (Prato, Reino, Gouda etc.) ▷ Branco seco, rosado seco, tinto fino (Bordeaux).
- Massa processada (Queijo de Manteiga, Catupiry etc.) ▷ Rosado seco.
- Munster ▷ Branco aromático seco (Alsace Gewürztraminer).
- Outros de massa azul ▷ Tinto macio e encorpado (Châteauneuf-du-Pape).
- Queijo da Serra da Estrela ▷ Tinto (Dão).
- Queijo de cabra ▷ Branco acídulo seco (Sancerre, Pouilly-Fumé), tinto leve acídulo (Chinon).
- Queijo de cabra fresco ▷ Branco leve seco (Loire Sauvignon Blanc, Chenin Blanc).
- Queijo de ovelha (Ossau Iraty, Manchego etc.) ▷ Tinto robusto (Madiran), Jerez Amontillado.
- Roquefort ▷ Branco doce (Sauternes).
- Suflê de queijo ▷ Tinto leve, rosado seco.

Sobremesas e frutas
- Doçaria (geral) ▷ Branco doce (mais adocicado que o prato), espumante meio doce.
- Frutas ▷ Branco doce (alemão Auslese, Loire demi-sec).
- *Mousse* de chocolate ▷ Tinto doce (Banyuls, Maury), Jerez P.X. (doce), Málaga.
- Panetone ▷ Branco frisante doce (Moscato d'Asti).
- Rabanada ▷ Branco doce (Moscatel de Setúbal, Moscato di Pantelleria).
- Torta de pecã ▷ Branco botritizado (Sauternes, Beerenauslese alemão ou austríaco, Tokaji).

Um interessante hábito que tem crescido entre os apreciadores é o de encomendar no restaurante, como sobremesa, o próprio vinho de sobremesa. A grande vantagem é o prazer final que fica no palato, além da diminuição do consumo de açúcar, o que é muito saudável para o organismo.

VINHOS DIGESTIVOS
Branco doce, Champagne meio doce, Porto (doce), Madeira Boal (meio doce), Madeira Malvasia (doce), Jerez Oloroso (doce), conhaque.

TODA REFEIÇÃO
O Champagne ou outro espumante pode acompanhar sozinho todas as refeições, bastando iniciar com o tipo bruto e acabar com o meio doce.

INCOMPATIBILIDADES

Determinadas comidas, tais como pratos avinagrados, frutas cítricas, alcachofra e aspargo, não se harmonizam com nenhum vinho, devendo, portanto, ser acompanhadas de água.

De resto, a água tem o seu lugar em uma refeição, pois prepara o paladar para o vinho e o prato seguintes, descansando-o das sensações anteriores.

A DEGUSTAÇÃO

Degustar é simplesmente beber vinho com atenção, o que poucas pessoas fazem. É uma análise sensorial que utiliza quase todos os nossos sentidos: visão, olfato, gosto e tato.

A percepção conjunta de olfato e gosto é a mais importante para a degustação. O francês dispõe do termo *flaveur* e o inglês de *flavor*, com essa conotação. Em português, uma designação equivalente poderia ser paladar.

A agradável prática de degustar pode ser hedônica ou técnica. A primeira forma é amadora e diz apenas se o vinho agrada ou não a determinada pessoa. A outra – usada pelos profissionais e amadores esclarecidos – é muito mais analítica, segue os passos abaixo e não prescinde do emprego de uma ficha de degustação.

O exame organoléptico é o conjunto de impressões sensoriais pelas quais se faz o julgamento da qualidade dos vinhos.

Como se pode saber o que é um bom vinho? A maneira mais prática é fazer a apreciação do produto, para verificar se ele agrada pessoalmente. Convém ressaltar que o "melhor vinho do mundo" é aquele do qual se gosta!

O teste pode ser realizado às abertas – sabendo-se qual é o vinho – ou às cegas. O mais adequado é o feito às cegas, pois não influencia o provador com eventuais rótulos famosos.

A prova de vinhos deve ser efetuada preferencialmente duas horas antes ou depois das refeições, evitando-se, assim, as sensações de fome ou de saciedade. Os melhores horários são antes do almoço (preferencial, uma vez que a cabeça está mais descansada) e antes do jantar, ainda com apetite, pois, quando já se está saciado, cai a percepção sensorial.

O ambiente ideal deve ser:

- Ventilado e com temperatura agradável.
- Bem iluminado, com paredes claras e mesa com toalhas brancas, para facilitar o exame visual.
- Privado de odores fortes e de pessoas perfumadas, para não prejudicar o exame olfativo.
- Sem fumantes no recinto.
- Sem ruídos, para facilitar a concentração.

OS GRANDES VINHOS QUE FORAM MARCOS NA MINHA VIDA

Eis os meus 50 vinhos cimeiros, descritos em ordem cronológica de desfrute:

- **Wehlener Sonnenuhr Riesling Kabinett 1971**, de **Joh. Jos. Prüm**, o primeiro grande vinho branco seco de minha vida. Esse excelente vinho alemão foi sorvido, em 1981, junto com a minha namorada de sempre, a minha esposa Maria Luiza.

- **Vega Sicilia Unico 1967**, o meu primeiro supervinho tinto degustado às cegas. Foi durante a sétima reunião do Grupo Amarante (criada com a ajuda do saudoso amigo Saul Galvão), em setembro de 1983, no restaurante Fasano.

- **Velho do Museu 1971**, que reinou absoluto nas décadas de 1970 e 1980, sendo um dos meus melhores tintos brasileiros provados até hoje. Foi numa degustação comparativa das distintas safras do vinho Velho do Museu entre 1971 e 1883. Ela ocorreu em abril de 1985, no Château Lacave, bela edificação em estilo medieval, situado em Caxias do Sul, convidado por meu amigo Juan Luiz Carrau.

- **Clos de la Coulée de Serrant 1979**, da Madame Jolie, o melhor branco da AOC Savennières que já provei, em 1986, na sede da Sociedade Brasileira dos Amigos do Vinho (SBAV).

- **Chianti Classico Villa Antinori Riserva Particolare 1982**, sorvido em outubro de 1987 no belíssimo Palazzo Antinori, com Albiera Antinori, filha do Piero, em Florença – a mais bela cidade italiana na minha opinião.

- **Barbaresco Riserva 1982**, de **Angelo Gaja**, o meu primeiro grande tinto italiano, bebido em outubro de 1987, na adega da própria vinícola, situada no Piemonte.

- **Reserva "904" 1970**, de La Rioja Alta, para mim o melhor vinho dessa vinícola, apesar de não ser o mais caro (que é o Reserva "890"), vencedor de três provas de tintos espanhóis do Grupo Amarante – em julho de 1988, em dezembro de 1990 e em julho de 1996, respectivamente.

- **Château d'Yquem 1975**, o meu primeiro ícone branco doce, desfrutado graças ao amigo José Ruy Sampaio. Eu o bebi numa das noitadas do Grupo Amarante, em setembro de 1989, no restaurante Massimo, sede constante de nosso grupo entre dezembro de 1985 e maio de 1996.

- **Romanée-Conti 1980**, o meu primeiro Romanée-Conti adquirido num consórcio de dez companheiros de viagem, organizado pelo amigo Ennio Federico e por mim. Ele foi apreciado em setembro de 1990, na belíssima e eterna Paris.

- **Château Haut-Brion Blanc 1982**, talvez o melhor branco seco que tenha me deleitado. Foi ofertado, em julho de 1995, pelo amigo Ciro Lilla, num excelente jantar preparado pelo *chef* José Ruy Sampaio – por sinal um dos melhores cozinheiros amadores que conheço.

- **Marqués de Riscal Reserva 1938**, um dos meus melhores tintos da primeira metade do século passado. Foi um dos ganhadores de uma degustação vertical de sete vinhos desse produtor, com as safras indo de 1938 a 1982, gentilmente cedidos pelo amigo Ciro Lilla. A prova, organizada pela revista Gula, realizou-se em maio de 1997, na presença de um descendente do próprio Marqués de Riscal.

- **Krug Clos du Mesnil Blanc de Blancs 1985**, talvez o meu melhor champagne, bebido num dos jantares dos membros do painel de degustação da revista Gula, ocorrido em agosto de 1997, no antigo e saudoso restaurante Roma Jardins.

- **Moscatel de Setúbal Superior 1880**, de **José Maria da Fonseca**, o vinho mais velho que provei até hoje. Aconteceu em maio de 1998, durante a Feira Boa Mesa, quando degustamos diversas safras desse soberbo vinho licoroso doce: 1880, 1900, 1920, 1930, 1947, 1955, 1965, 1975 e 1980.

- **Grange Shiraz 1989**, da Penfolds, estupendo tinto australiano e um dos vinhos ícones do hemisfério sul, vencedor de uma prova vertical do Grupo Amarante com cinco vinhos indo de 1980 a 1990. Ele foi apreciado num jantar em novembro de 1999, na residência do amigo Ennio Federico, um excelente cozinheiro amador.

- **Caymus Special Selection Cabernet Sauvignon 1994**, um dos melhores e mais consistentes tintos californianos. Vencedor de uma degustação vertical do Grupo Amarante com oito vinhos indo de 1986 a 1995, todos da adega do amigo Elie Karmann. A prova ocorreu em junho de 2000, no restaurante Fasano.

- **Pingus 1997**, excelente tinto de Ribera del Duero, atualmente, o vinho mais caro da Espanha. Ele foi servido num jantar, em agosto de 2000, na residência do confrade e amigo Belarmino Iglesias Filho, que nos agraciou também com suas excelentes carnes.

- **Château Petrus 1982**, o grande vencedor do painel de degustação dos oito Grands Crus de Bordeaux (quatro do Médoc, um de Graves, dois de Saint--Émilion e um de Pomerol) da década de 1980, levado pelo amigo Affonso Brandão Hennel. Ela aconteceu no restaurante Eau, em fevereiro de 2003, para comemorar os 20 anos do Grupo Amarante.

- **BB Bettina Bürklin Riesling Auslese trocken 1990**, de Dr. Bürklin-Wolf, primeiro colocado numa prova de Rieslings secos alemães da Confraria do Amarante (criada em 1999). A garrafa saiu da adega do amigo Milton Pasquote, grande amante dessa nobre variedade. O embate aconteceu em setembro de 2003, na acochegante casa do amigo Carlos Alves Gomes, um mestre na arte de churrasquear uma lagosta, no Lago Azul.

- **La Tâche 1979** (em garrafa double-magnum), um dos melhores Bourgogne tintos de minha existência. Foi apreciado em agosto de 2004 e aberto pelo meu amigo José Roberto Gusmão, em sua bela casa de campo, na Quinta da Baroneza.

- **Etna Rosso Guardiola 2003**, da Tenuta Terre Nere, em junho de 2005, no I Salone dei Vini da Vitigno Autoctono e Tradizionale Italiano, realizado em Nápoles. Na ocasião me surpreendi com esse maravilhoso tinto siciliano da DOC Etna Rosso, que não conhecia, produzido com uma das quatro grandes cepas escuras da Itália, a Nerello Mascalese (as outras sendo: Nebbiolo, Sangiovese e Aglianico).

- **Hermitage La Chapelle 1978**, de Paul Jaboulet, o ganhador de uma degustação vertical de sete vinhos, de safras entre 1969 e 1994. Ela ocorreu no restaurante Le Coq Hardy, em agosto de 2006, para comemorar os 7 anos da Confraria do Amarante.

- **Côte Rôtie La Landonne 1988**, da E. Guigal, que ganhou por pouco de um Côte Rôtie La Turque 1988, numa degustação de oito vinhos Côte Rôtie e Hermitage, pela Confraria do Amarante. Ele foi desfrutado em abril de 2007, no restaurante Parigi.

- **Castillo Ygay Gran Reserva 1925**, do Marqués de Murrieta, bebido em fevereiro de 2008, no restaurante Fasano, durante a comemoração dos 25 anos do Grupo Amarante. Ele foi ofertado pelo amigo Clóvis Siqueira, *chef* e dono do saudosíssimo restaurante Lacave.

- **Château Mouton-Rothschild 1929** (rearrolhado em 1980), pertencente até pouco tempo atrás à adega de Eric Rothschild e degustado em julho de 2009, graças à generosidade do amigo Affonso Brandão Hennel. Ele foi bebido em comemoração aos 10 anos da Confraria do Amarante, no restaurante Cantaloup.

- **Felton Road Block "5" Pinot Noir 2008**, considerado por muitos (inclusive por mim) o melhor Pinot Noir neo-zelandês, vencedor de um painel do Grupo Amarante de oito exemplares de Pinot Noir 2008, em junho de 2010. Atestando a supremacia deste excelente produtor, o seu Pinot Noir básico ficou na segunda colocação.

- **Richebourg 1995**, do Domaine de la Romanée-Conti, degustado na Confrarina de dezembro de 2010, tendo sido uma das mais surpreendentes e caras das quais eu já participei. Ela envolveu todos os seis grands crus de Bourgogne deste produtor, de safras da década de 1990. Ele ficou, unanimimente, à frente de um Romanée-Conti 1999 e de um La Tâche 1995.

- **Volnay Les Mitans 2004**, do Domaine de Montille, uma das minhas vinícolas prediletas de Bourgogne, ao qual dei notas altíssimas em diversas ocasiões entre dezembro de 2010 e março de 2013.

- **Quinta do Vale Meão 2008**, cujo vinhedo foi por décadas quem entrava com mais de 70% no famoso Barca Velha. Desde sua primeira safra em 1999, só vem colhendo louros e vencendo quase todos os painéis contra outros tintos do Douro. Em maio de 2011, numa degustação do Grupo Sofisa, destacou-se na primeira colocação contra seis outros grandes tintos durienses.

- **Château Laville-Haut Brion 1989**. Numa surpreendente degustação, às claras, na bem suprida adega do Roberto Baumgart, junto com o Otto Baumgart e o Alexandre Burmaian, em maio de 2011, esse grande branco bateu três grandes tintos: Château Lafite-Rothschild 1990, Château Latour

1985 e Château Cheval Blanc 1985. Para mim, esse é o meu segundo melhor vinho branco seco do mundo, logo após o seu irmão mais velho, o Château Haut-Brion Blanc.

- **Doix 2006**, do Mas Doix, produtor vencedor de todas as provas de tintos de Priorato das quais venho participando. Em agosto de 2011, na Confrarina, ele venceu quatro outros grandes regionais. Em março de 2013, um exemplar da colheita de 2001 ganhou de sete outros de topo da denominação, incluindo um Clos Mogador 2004, um Clos Erasmus 1998 e um L'Ermita 1995.

- **Château Petrus 1982,** vencedor unânime da comemoração dos 12 anos da Confraria do Amarante, em agosto de 2011. Na ocasião, Dom Affonso gentilmente patrocinou uma prova "de sonho". Ela envolveu seis safras do mítico Château Petrus, indo de 1982 a 1993. Portanto, ele entrou novamente nessa relação de vinhos marcantes.

- **Château Lafite-Rothschild 1949**, ganhador, em maio de 2012, do painel em comemoração aos dez anos da Confrarina, em que esse meu Bordeaux tinto preferido sobrepujou o Château La Conseillante 1982, o Château Figeac 1982 e o Château Figeac 1953.

- **Hermitage 1978**, do Jean-Louis Chave, considerado por muitos, inclusive por concorrentes, o melhor Hermitage. Em maio de 2012, numa prova da Confraria do Amarante, ele foi o grande vencedor, à frente dos Hermitage La Chapelle 1978, 1983 e 2001, do Côte-Rôtie La Landonne 1986 do Guigal, do Ermitage Le Pavillon 1995 e do Ermitage Le Méal 1997, sendo estes dois últimos do M. Chapoutier.

- **Vosne-Romanée Les Malconsorts Cuvée Christianne 2005**, do grande Domaine de Montille, que deu um verdadeiro show numa prova da Confraria, em dezembro de 2012.

- **Château Lafite-Rothschild 1929**. Em janeiro de 2013, o Dom Affonso gentilmente patrocinou para a Confraria do Amarante outra prova "de sonho". Ela envolveu seis safras do vinho recordista, até o momento presente, de preço em leilões, o Château Lafite-Rothschild, um dos melhores tintos de minha vida, ficando à frente das colheitas de 1982, 1961, 1990, 1986 e 1998.

- **Clos de Vougeot 2003**, do excelente produtor Méo-Camuzet, que em fevereiro de 2013 venceu outros oito Grands Crus de Bourgogne, numa degustação do Grupo Amarante. Tinha um Chambertin-Clos de Bèze, dois Chapelle-Chambertin, dois Echézeaux, um Clos de la Roche, um Corton e um Savigny La Dominode, único Premier Cru.

- **Château Musar 1969**, do laureado e saudoso enólogo Serge Hochar, em março de 2013, em comemoração do aniversário do meu amigo Ibrahim Zouein, no North Grill. Na ocasião, esse grande tinto bateu nada menos que: Château Pichon-Lalande 1972, Hermitage La Chapelle 1997, Gran Coronas Mas La Plana Gran Reserva 1989 e Aalto PS 2005!

- **Côte-Rôtie La Landonne 1990**, do E. Guigal, na comemoração do 11º aniversário da Confrarina, em abril de 2013. Na ocasião ele bateu dois outros La Landonne (1987 e 1997), um La Mouline (1998) e dois La Turque (1996 e 1997), todos eles dessa estupenda vinícola.

- **Château Latour 1961**, em mais uma das provas "de sonho", patrocinadas por Dom Affonso para a Confraria do Amarante, em maio de 2015. Nesse embate vertical, ele ficou à frente das safras de 1982, 1985, 1990, 1970 e 1966.

- **Barbaresco Gallina 2005**, do La Spinetta, único produtor piemontês quase tão laureado pela Guida Gambero Rosso quanto o mítico Gaja. Essa prova do Grupo Amarante, em julho de 2013, teve em segundo lugar outro Barbaresco do La Spinetta, no caso o Starderi 1996, seguido pelo Barolo Cannubi Boschis 1997, do Luciano Sandrone.

- **Gran Reserva "904" 1998**, do La Rioja Alta, que mudou de nome (antes era apenas Reserva "904") e já foi destacado por mim neste capítulo. Esse grande vinho, dessa vinícola que para mim é uma das três melhores de Rioja, é frequentemente um vencedor de degustações às cegas. Uma degustação do Grupo Amarante, em agosto de 2013, provou mais uma vez esse fato.

- **Barca Velha 1978**, da Casa Ferreirinha, de uma safra ainda anterior à perda do seu melhor vinhedo, o Vale do Meão, ganhou a degustação às cegas deste conceituado tinto do Douro, numa degustação da Confraria do Tucupi, em janeiro de 2014. Os outros painelistas foram os 1982, 1964, 2000, 1999, 2004 e 1983.

- **Richebourg 2010**, do Thibault Liger-Belair, em uma das melhores degustações de minha vida, em abril de 2014, pela Confraria do Tucupi. Os demais vinhos eram os também Richebourg 1991 do Mongeard-Mugneret, 2010 e

2008 do A. F. Gros, o 1997 do Domaine de la Romanée-Conti (que ficou na quinta colocação, mas com ótima nota), o 2004 da Anne Gros e, por último, o "pirata" Echézeaux 2011 do Philippe Pacalet.

- **Kiedrich Gräfenberg Riesling Ertes Gewächs 2006**, do Robert Weil, um dos três mais conceituados produtores alemães, em janeiro de 2015, numa prova da Confraria do Amarante. Esse Premier Cru (Ertes Gewächs) bateu sete outros grandes Rieslings secos (trocken) teutônicos, como um Forster Kirchenstück GC 2009, dois Forster Jesuitengarten GC "Fass 63" 2003, todos do dr. Bürklin-Wolf, um Scharzhofberger Spätlese 2007 de Egon Müller, um Bernkasteler Doctor Spätlese trocken 2011, do dr. Thanisch, entre outros.

- **La Romanée 2008**, do Domaine Liger-Belair, grandíssimo vencedor duma prova às cegas da Confraria do Amarante, em agosto de 2015, onde enfrentou, entre outros: La Tâche 2002, La Tâche 1991, Echézeaux 2009 do Pacalet, Echézeaux 2001 do A. F. Gros e Clos de Lambray 2005.

- **Corton-Charlemagne 2009**, de Joseph Drouhin, que numa degustação da Confraria do Amarante, em março de 2016, ganhou as cegas de outros cinco brancos desta AOC, que, para mim, é a melhor denominação de brancos da Bourgogne.

- **Barolo Monfortino Riserva 2000**, de Giacomo Conterno, o maior destaque num embate da Confraria do Amarante, em julho de 2016, à frente das feras: Barbaresco Gallina 1998 do La Spinetta, Barbaresco Valeirano 2001 do La Spinetta, Barbaresco Gaja 2007, Barolo Brunate 2001 do Voerzio, Barolo Dagromis 2009 e Barolo 1990 do Marchesi di Barolo.

- **Hermitage La Chapelle 2000**, de Paul Jaboulet, vencedor de uma degustação vertical às cegas de seus pares, na Confraria do Padre, em agosto de 2016, à frente do 2010, do 2004 e do 1997.

- **Côte-Rôtie La Landonne 1980**, do E. Guigal, o líder apertado, em outubro de 2016, num painel às cegas de Rhône Nord Syrah, na Confraria do Amarante. Presentes estavam: o Hermitage Chave 2004, os Hermitage La Chapelle 2000/1998/1978, o Hermitage Ex Voto 2001 do Guigal, o Cornas Domaine Saint Pierre 2009 do Jaboulet e o Côte Rôtie Les Jumelles 2009 do Jaboulet.

- **Valbuena 5º Año Reserva 1991**, do Vega Sicilia, que em março de 2017, numa degustação da Confraria do Amarante, obteve a proeza de bater os míticos Vega Sicilia Único das colheitas de 1967, 1972, 1976, 1983, 1998 e 1999.

EXAME VISUAL

É a primeira observação na apreciação do vinho, cuja importância reside no seu valor estético.

> **Técnica** • Segure o copo pela haste ou pela base da haste, apertado entre o polegar e o indicador. O exame deve ser executado inclinando o copo a cerca de 45º, com os raios de luz incidindo na taça, colocada sobre um fundo claro, para permitir boa observação visual. Analise inicialmente o fundo do copo com relação ao aspecto. Em seguida, visualize a borda oposta do líquido, para aferir a cor.

ASPECTO

A limpidez permite identificar a sanidade e o grau de transparência do vinho, sendo uma característica fundamental do vinho branco. Não se deve considerar a limpidez como fator principal da qualidade, a não ser que a quantidade de sedimentos não permita sua decantação ou que a causa da turvação seja contaminação microbiológica, oxidação ou outros defeitos graves.

Esse requisito pode apresentar-se, segundo a ordem decrescente de qualidade, como: brilhante, límpido ou turvo.

COR

Essa análise permite verificar pela cor se o vinho é tinto, rosado ou branco e o seu grau de envelhecimento.

Os vinhos tintos, à medida que envelhecem, passam do vermelho violáceo – quando jovens – ao vermelho-rubi, rubi com halo alaranjado e atijolado, isto é, eles clareiam. Os vinhos rosados possuem tonalidades que vão do rosa ao laranja. Os vinhos brancos, ao contrário dos tintos, começam sua vida mais claros, escurecendo com o passar dos anos. Podem ter diversas colorações: incolor, verde-palha-amarelado, amarelo-claro, amarelo-dourado e amarelo-âmbar. O envelhecimento e a oxidação tendem a escurecer as cores para âmbar-escuro. Só em vinhos licorosos se admite a cor forte próxima do marrom.

FLUIDEZ

O vinho pode apresentar-se fluido, denso, oleoso ou viscoso.

Ao se rodar o líquido dentro da taça, aparecem na sua parede as "lágrimas" ou "pernas" – *jambes*, como chamam os franceses. Formam-se por causa da diferença de tensão superficial entre a água e o álcool. A água, por ter uma tensão superficial menor, desce mais rápido do que o álcool. Portanto, quanto mais alcoólica a bebida, mais lacrimosa ela se mostra.

As lágrimas também dão algumas informações sobre o vinho:

- **lágrimas largas** ▷ vinhos jovens e pouco alcoólicos;
- **lágrimas numerosas e estreitas** ▷ vinhos velhos e alcoólicos.

ESPUMA

Ao servir o vinho no copo, forma-se uma espuma na superfície, a qual, conforme o seu aspecto, dá algumas indicações sobre a bebida:

- **evanescente** ▷ teor alcoólico elevado;
- **persistente** ▷ teor alcoólico reduzido;
- **brilhante** ▷ vinho alcoólico;
- **incolor** ▷ tinto velho ou branco;
- **vermelha** ▷ tinto novo rico em cor;
- **rosada** ▷ tinto novo pobre em cor;
- **esbranquiçada** ▷ vinho doente.

EFERVESCÊNCIA

A efervescência – *perlage*, em francês – é uma característica exclusiva dos vinhos espumantes. O ideal são bolhas de gás carbônico bem pequenas, numerosas e muito persistentes.

EXAME OLFATIVO

A avaliação desse atributo é muito subjetiva e pessoal, dizendo simplesmente se gostamos ou não do odor. Contudo, a liberdade de julgamento não vale para defeitos fragrantes como o *bouchonné* (cheiro de rolha) e outros químicos.

Técnica • Primeiro, inale o líquido em repouso. As fragrâncias mais leves aparecem imediatamente. Em seguida, agite o vinho com uma suave rotação da taça em intervalos regulares e sinta o aroma após cada um. Os perfumes menos leves vão sendo liberados. Os movimentos rotativos provocam o que chamamos de "amplificação da percepção dos aromas", pois criam nas paredes do bojo do copo uma fina camada de vinho, aumentando, assim, a superfície de desprendimento dos vapores. Em seguida, mexa mais energicamente, cheirando nos intervalos. Os odores mais pesados vão surgindo.

Ao final da degustação, proceda ao exame de fundo de copo, quando ele estiver inteiramente vazio, aspirando novamente para confirmar se o vinho é realmente bom. Os grandes vinhos apresentam um odor maravilhoso, assaz concentrado e com enorme persistência.

AROMAS E BUQUÊ

Os aromas do vinho são de três ordens distintas. Inicialmente, os aromas primários, formados pelos terpenos, encontrados majoritariamente na casca da fruta, dando o caráter frutado. Eles advêm, portanto, da própria variedade de uva, sendo maximizados nas chamadas aromáticas, como Gewürztraminer, Moscatel e Malvasia. Já os aromas secundários, formados durante a fermentação alcoólica, são principalmente aldeídos e ésteres. Contribuem com o caráter vinoso. Por fim, os aromas terciários, ou buquê, só existem em tintos (maioria) e brancos com estágio em barris de carvalho. Durante essa fase, aumenta a presença de compostos aromáticos, tais como aldeídos e ésteres.

ODORES

Os odores podem ser classificados nas seguintes categorias:

- **frutados** ▷ amora, framboesa, morango, cereja, cassis (cereja preta), maçã, pera, pêssego, damasco, limão, toranja, abacaxi, maracujá, banana, figo, uva-passa etc.;
- **florais** ▷ violeta, rosa, jasmim, acácia, tília etc.;
- **vegetais** ▷ grama, vegetação, menta, eucalipto, azeitona, vegetal cozido etc.;
- **ervas secas** ▷ tabaco, chá, feno cortado, tomilho etc.;
- **frutos secos** ▷ noz, amêndoa, avelã, castanha de caju, castanha-do-pará etc.;
- **especiarias** ▷ canela, noz-moscada, pimenta-do-reino, cravo, alcaçuz etc.;
- **melados** ▷ mel, melaço etc.;
- **minerais** ▷ terra, pederneira, ferro etc.;
- **mofados** ▷ mofo, cogumelo, trufa etc.;

- **balsâmicos** ▷ baunilha, carvalho, cedro, resina, terebintina, incenso, sândalo etc.;
- **vegetais especiais** ▷ trufa, âmbar etc.;
- **animais** ▷ carne assada, caça *faisandé* (um ponto antes do início da deterioração), couro, suor etc.;
- **torrefação** ▷ amêndoa torrada, café, chocolate, casca de pão, caramelo, defumado etc.;
- **químicos** (muitos são sinais de defeitos) ▷ rolha ou *bouchonné* (TCA – 2,4,6-tricloroanisol), acético (vinagre), oxidado, fermento (levedos), lático (queijo), sulfuroso (enxofre), petróleo (apetrolado, alcatrão), fenólico (medicinal), sulfídrico (ovo podre), mercaptana (cheiro de alho) etc.

É importante salientar que cada indivíduo tem mais facilidade de identificar determinada gama de odores. Portanto, em degustações coletivas, costuma ocorrer frequentemente uma contradição de opiniões a esse respeito. Algumas vezes, as impressões podem ser coincidentes.

EXAME GUSTATIVO

O sabor muitas vezes não faz mais do que confirmar as informações já recebidas pelo nariz.

Técnica • Tome um gole médio, fazendo o líquido entrar em contato com toda a superfície da boca, mas principalmente com a língua, antes de engoli-lo ou cuspi-lo (caso se trate de uma longa prova, com vários vinhos para testar).

Na realidade, esse exame pode ser dividido em três tipos de sensações, que eventualmente são concomitantes.

SENSAÇÕES GUSTATIVAS

O sentido do gosto, percebido nas papilas da língua, identifica apenas quatro sabores: doce, salgado, ácido e amargo.

Esses gostos são percebidos sequencialmente, conforme a localização das papilas gustativas correspondentes. Nota-se de imediato o sabor doce, relativamente fugaz. Logo em seguida, aparecem as impressões salgadas e ácidas (caso existam), que permanecem mais tempo. Por último, descortina-se o sabor amargo, que demora um pouco para surgir, mas é o mais persistente de todos.

Os componentes do vinho se enquadram, basicamente, nas seguintes características:

- **doce** ▷ álcool etílico, glicerina ou glicerol (álcool superior) e açúcar residual;
- **salgada** ▷ certos sais minerais (rara ou pouco perceptível);
- **ácida** ▷ devida aos ácidos naturais da uva e aos formados na fermentação: ácidos orgânicos (tartárico, málico, acético etc.) e inorgânicos (clorídrico, sulfúrico, fosfórico etc.);
- **amarga** ▷ tanino, excesso de sais minerais e alterações biológicas do vinho.

SENSAÇÕES TÁTEIS

Essas sensações são as seguintes:

- **untuosidade** ▷ glicerina;
- **corpo** ▷ extrato seco, álcool etílico e açúcares;
- **adstringência** ou **aspereza** ▷ taninos;
- **agulha** ▷ gás carbônico.

SENSAÇÕES TÉRMICAS

São transmitidas pelos seguintes elementos:

- **calor** ▷ teor alcoólico;
- **frio** ou **morno** ▷ temperatura de serviço do líquido.

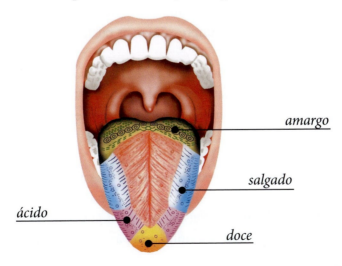

A HARMONIA

Concluindo, a análise do sabor nos diz muito pouca coisa, isto é, apenas quão doce, ácido, salgado ou amargo é o vinho. Logo, o mais importante é avaliar a harmonia do vinho, o que engloba uma análise múltipla.

Para ser harmônica, a bebida deve equilibrar todos os seus componentes. Os elementos naturalmente agradáveis, como açúcar e álcool, melhoram os gostos que por si não o são, como o ácido e o amargo.

Veja estes exemplos para saber como funciona tal equilíbrio. Comecemos por uma bebida ácida, o suco de limão. O que podemos fazer para torná-la mais agradável? Pôr açúcar. Se quisermos que fique ainda mais balanceada, devemos incluir também álcool (cachaça). E aí está a caipirinha, uma das bebidas mais equilibradas e saborosas. Lembre que o álcool é uma função química que possui sabor adocicado.

Outro exemplo é o de uma bebida amarga: o café. Para torná-la agradável, adicionamos açúcar a ela.

EXAME FINAL

O retrogosto é a sensação residual que permanece mesmo depois de termos engolido o vinho. Convém realçar que, quanto mais persistente e agradável o final de boca, melhor é o vinho.

Técnica • Tome um gole médio, circulando energicamente o líquido por toda a boca, para que a quentura dele volatilize os componentes mais leves do aroma. Em seguida, engula a bebida e aspire ar através dos lábios quase fechados. O ar leva os vapores formados direto para a cavidade retronasal, materializando dessa forma impressões mais positivas.

Na realidade, quase todas as sensações percebidas no "paladar" de um vinho são transmitidas pelo retro-olfato e não pelo gosto. Basta lembrar que, quando estamos gripados e com o nariz entupido, não percebemos "gosto" de nada!

CONFRARIAS DE VINHO

O ideal é até dez amigos interessados se juntarem para formar uma confraria de degustação. Eu mesmo sou o criador e coordenador da primeira confraria brasileira de degustação de vinhos às cegas, ativa desde fevereiro de 1983. Alguns dos maiores especialistas brasileiros de vinho dela participam ou já participaram.

A primeira vantagem é poder ratear o custo das despesas de aquisição dos diversos vinhos, para acelerar o processo de aprendizado. A segunda é provar os vinhos trocando impressões com outros participantes, fazendo que você também perceba certos detalhes apontados por outro confrade. O aperfeiçoamento é mais rápido quando confrades mais experientes participam do grupo. A vantagem final é ter o prazer da convivência com amigos ou companheiros de mesa.

FICHA DE DEGUSTAÇÃO

A principal vantagem de usar uma ficha de degustação é obrigar o provador a transformar em palavras as suas impressões sensoriais sobre o vinho, aprofundando-se, assim, em suas análises. Além disso, a ficha serve para manter registros para consultas futuras, uma vez que, após muitas degustações, só nos lembramos com certa nitidez das muito prazerosas ou das desastrosas. Todas as demais notas podem então ser recuperadas, desde que tenham sido convenientemente registradas.

É a descrição do vinho que diferencia o especialista do leigo – este diz simplesmente se gosta ou não; o conhecedor dá os porquês.

Veja a seguir a ficha de degustação que criei quando da minha gestão como diretor técnico da Sociedade Brasileira dos Amigos do Vinho. Os números representam as notas mínimas e máximas em cada qualificação.

EXAMES		Inferior	Baixo	Médio	Alto	Superior	Total
Visual	Aspecto	0 ➡ 1		2 ➡ 3		4 ➡ 5	5
	Cor	0 ➡ 1		2 ➡ 3		4 ➡ 5	5
Olfativo	Qualidade	0 ➡ 2	3 ➡ 5	6 ➡ 9	10 ➡ 12	13 ➡ 15	15
	Intensidade	0 ➡ 1	2 ➡ 3	4 ➡ 6	7 ➡ 8	9 ➡ 10	10
	Persistência	0 ➡ 1		2 ➡ 3		4 ➡ 5	5
Gustativo	Acidez	0 ➡ 1		2 ➡ 3		4 ➡ 5	5
	Adstringência	0 ➡ 1		2 ➡ 3		4 ➡ 5	5
	Amargor	0 ➡ 1		2 ➡ 3		4 ➡ 5	5
	Corpo	0 ➡ 1		2 ➡ 3		4 ➡ 5	5
	Qualidade	0 ➡ 2	3 ➡ 5	6 ➡ 9	10 ➡ 12	13 ➡ 15	15
	Intensidade	0 ➡ 1		2 ➡ 3		4 ➡ 5	5
Final	Qualidade	0 ➡ 1	2 ➡ 3	4 ➡ 6	7 ➡ 8	9 ➡ 10	10
	Persistência	0 ➡ 1	2 ➡ 3	4 ➡ 6	7 ➡ 8	9 ➡ 10	10
Total							100

Existem três requisitos para preencher a ficha de degustação: concentração (o que todos têm em maior ou menor grau), memória olfato-gustativa e vocabulário. As duas últimas se desenvolvem com a prática ⊙ VEJA NO GLOSSÁRIO, A PARTIR DA P. 615, OS TERMOS COMUMENTE USADOS EM DEGUSTAÇÃO.

TÉCNICA GERAL

Em uma prova com diversas amostras de vinho, analise primeiro cada uma delas individualmente (na vertical), na ordem apresentada, atribuindo notas na avaliação de cada quesito. Lembre que os julgamentos devem sempre considerar o tipo de vinho analisado, comparando-o com os padrões de qualidade aceitos nessa categoria.

Antes de passar para outra amostra, coma um pedaço de pão neutro e tome um gole de água, para limpar o palato.

Ao término da degustação das amostras, reavalie todos os pontos concedidos, comparando o mesmo quesito entre todos os vinhos (na horizontal).

Procure fazer uma degustação dinâmica, ou seja, levando em conta a primeira e a última impressão. Isso porque alguns vinhos evoluem, outros decaem e muitos se mantêm inalterados.

Os quesitos a serem apreciados relacionam-se com o conjunto de impressões sensoriais obtidas na prova, pelas quais se faz o julgamento da qualidade de um vinho. A avaliação é realizada com o preenchimento de notas na ficha, cuja pontuação máxima é 100.

Veja a seguir como preencher a ficha de degustação.

EXAME VISUAL

Corresponde a dois quesitos: aspecto e cor. São atributos classificados de técnicos. Geralmente, eu atribuo nota máxima a eles, a menos que perceba distorções marcantes em relação ao padrão.

- **Aspecto (5 pontos)**
Turvo: Presença de matérias em suspensão devido a contaminação microbiológica. Esse defeito é hoje em dia cada vez mais raro por causa dos grandes avanços na vinificação em todo o mundo. A turvação natural por idade é considerada normal. Se for esse o caso, o vinho deveria ter sido previamente decantado.

Límpido: Vinho com ligeiros cristais de sais de bitartarato de potássio ou depósitos grosseiros de restos de fermentação, denotando decantação insuficiente.

Brilhante: Ausência de partículas sólidas em suspensão, estando o líquido totalmente limpo. Ultimamente, os tintos não clarificados nem filtrados estão cada vez mais em voga no mercado norte-americano, podendo ser considerados normais.

- **Cor (5 pontos)**

Incorreta: Totalmente fora dos padrões de cor, que são específicos de cada classe/tipo de vinho: tinto, rosado, branco seco, branco botritizado, espumante e generoso.

Aceitável: Difere levemente dos padrões de cor.

Correta: De acordo com a categoria do vinho e seu estágio de envelhecimento.

EXAME OLFATIVO

Compõe-se de três análises: qualidade, intensidade e persistência.

- **Qualidade (15 pontos)**

É uma avaliação subjetiva, que depende, portanto, do gosto pessoal, exceto em defeitos flagrantes, como *bouchonné* (cheiro de rolha) e outros químicos.

Quanto à qualidade, o odor pode ser: defeituoso, inferior, regular, bom ou muito bom.

- **Intensidade (10 pontos)**

Esse quesito é diretamente proporcional à qualidade: se esta é boa, a intensidade é pontuada positivamente; caso contrário, perde pontos.

Possibilidades de intensidade: nula, pouco intensa, média, intensa e muito intensa.

- **Persistência (5 pontos)**

Valem as mesmas observações feitas quanto à intensidade. Mas, diferentemente desta, a avaliação da persistência deve ser deixada para o final da degustação, a fim de se ter espaço de tempo suficiente para poder julgá-la.

Ela pode ser curta, média ou longa.

EXAME GUSTATIVO

É composto basicamente de três análises: harmonia (acidez, adstringência, amargor e corpo), qualidade e intensidade.

- **Acidez (5 pontos)**

A sua presença balanceada torna o vinho equilibrado e permite vários goles sem cansaço, por limpar o palato.

Incorreta: Por excesso ("muito nervoso"), tornando o vinho "agressivo". No caso da falta de acidez ("chato"), o vinho perde frescor e torna-se desbalanceado e enjoativo. Infelizmente, o grau de acidez pouco se altera com o passar dos anos.

Aceitável.

Correta: Quando existe harmonia na quantidade de ácidos e nos demais componentes do vinho, não havendo nele nem falta nem excesso.

- **Adstringência ou tanicidade (5 pontos)**

Característica sentida nos tintos. Os brancos e os rosados normalmente não devem tê-la. Ela torna áspera a mucosa da língua e provoca a coagulação da saliva, que tem função de lubrificante bucal. Mesmo que o vinho tinto esteja ainda novo, ele só deve ser penalizado caso os taninos sejam rústicos, vindos de uma má vinificação.

Incorreta: Quando os taninos são grosseiros, ou seja, oriundos principalmente da maceração do mosto com o engaço – parte lenhosa do cacho – ou as sementes, ou também do uso excessivo de vinho de prensa.

Aceitável.

Correta: Quando os taninos são finos e não demasiadamente ásperos. Felizmente, os tintos amaciam-se, tornam-se menos duros com a idade. ⊙ VEJA A EXPLICAÇÃO DESSE FENÔMENO DE POLIMERIZAÇÃO EM "A EVOLUÇÃO", P. 31.

- **Amargor (5 pontos)**

Causado por substâncias tânicas e outras, como sulfatos presentes nas uvas verdes e no bagaço. Em tintos pode ser tolerado, desde que típico do estilo do vinho (por exemplo, o Amarone, como indica o próprio nome em italiano) e em baixo nível de percepção. É menos comum em brancos e rosados. Pode ser incorreto, aceitável ou correto.

- **Corpo (5 pontos)**

  É constituído pelas matérias do extrato seco, dos álcoois e dos açúcares. Geralmente os vinhos brancos são mais leves, e os tintos, mais encorpados.

  Incorreto: Fora do padrão para o tipo de vinho.

  Aceitável.

  Correto: Pode ser leve, de médio corpo ou encorpado, dependendo do estilo do vinho.

- **Qualidade (15 pontos)**

  O paladar é uma sensação mista de gosto e odor que se percebe na boca. Essa avaliação também é subjetiva e pessoal, exceto quando existem defeitos flagrantes, como *bouchonné* e outros químicos.

  Quanto à qualidade, o sabor pode ser defeituoso, inferior, regular, bom ou muito bom.

- **Intensidade (5 pontos)**

  Atributo também diretamente proporcional à qualidade. Vinhos defeituosos, apesar de intensos, devem ser penalizados. Existem as seguintes possibilidades: fraca, média ou pronunciada.

EXAME FINAL

Engloba a verificação de dois aspectos: qualidade e persistência.

- **Qualidade (10 pontos)**

  O retrogosto é a sensação que perdura no palato após a ingestão da bebida. É uma avaliação subjetiva. Serve para compor um balanço da qualidade do vinho, que vai de defeituosa, inferior, regular até boa e muito boa.

- **Persistência (10 pontos)**

  Outro quesito diretamente proporcional à qualidade. Vinhos com final de boca defeituoso, apesar de persistentes, devem ser penalizados. Pode ser: muito curta, curta, média, longa e muito longa.

O RESULTADO

Após a computação das notas dos vinhos, convém compará-las com a escala de avaliação da qualidade de um vinho:

Caso a nota resultante não esteja de acordo com a avaliação acima, o provador deve simplesmente alterá-la de acordo – saiba que o preenchimento da ficha de degustação não é um simples exercício de matemática. Além disso, o avaliador é o seu único juiz, logo a nota final deve refletir exatamente a sua impressão pessoal.

96 ➡ 100	Extraordinário
90 ➡ 95	Excelente
85 ➡ 89	Ótimo
80 ➡ 84	Muito bom
70 ➡ 79	Bom
60 ➡ 69	Regular
0 ➡ 59	Insatisfatório

CONSIDERAÇÕES FINAIS

Ao final da degustação, a troca de impressões com os outros provadores – principalmente com os mais evoluídos – é de fundamental importância para consolidar as impressões gerais da prova. Os grandes vinhos são reconhecidos mesmo com o copo vazio, pois a sua qualidade aromática persiste por bastante tempo.

O apanágio dos grandes vinhos é ter altíssima qualidade de retrogosto associada a longuíssima persistência retro-olfativa.

FICHA DE DEGUSTAÇÃO SIMPLIFICADA

Para ocasiões especiais de consumo, como em visitas a vinícolas, almoços e jantares com variados vinhos, e mesmo degustações informais, a ficha mais adequada é a simplificada, criada em parceria com o brilhante jornalista e amigo Saul Galvão.

EXAMES		Inferior	Médio	Superior	Total
Visual	Aspecto	0 ➡ 3	4 ➡ 6	7 ➡ 10	10
Olfativo	Qualidade	0 ➡ 6	7 ➡ 13	14 ➡ 20	20
	Intensidade	0 ➡ 3	4 ➡ 6	7 ➡ 10	10

FICHA DE DEGUSTAÇÃO SIMPLIFICADA

EXAMES		Inferior	Médio	Superior	Total
Gustativo	Harmonia	0 ➡ 6	7 ➡ 13	14 ➡ 20	20
	Qualidade	0 ➡ 6	7 ➡ 13	14 ➡ 20	20
Final	Qualidade	0 ➡ 3	4 ➡ 6	7 ➡ 10	10
	Persistência	0 ➡ 3	4 ➡ 6	7 ➡ 10	10
Total					100

A UVA

Na época em que os ancestrais do homem surgiram na face da Terra, há cerca de quatro milhões de anos, as uvas já existiam naturalmente. Sua árvore, a videira, provavelmente se originou no território que é hoje a Groenlândia e em outras regiões do hemisfério norte.

Os arqueólogos descobriram indícios de que no final da Idade da Pedra, por volta de 5000 a.C., as parreiras, até então silvestres, passaram a ser cultivadas pelo homem. Parece fora de dúvida que a viticultura teve origem na Ásia ocidental, na região situada entre os mares Negro e Cáspio e os maciços do Cáucaso, do Ararat e do Taurus – zona em que videira se refugiou durante o último período glacial, encerrado há cerca de dez mil anos.

A videira é um arbusto trepador pertencente à família botânica chamada *Vitaceae* (vitáceas) ou *Ampelidaceae* (ampelidáceas). Antigamente, o gênero *Vitis*, ao qual pertence a videira e o único que interessa para a vinicultura, era classificado em dois subgêneros: o *Euvites* – o mais importante –, com 38 cromossomos, e o *Muscadiniae*, com 40 cromossomos. Devido a essa diferença básica, as espécies de cada um deles só podem ser cruzadas ou hibridizadas entre si. Existem, contudo, várias outras divergências, a ponto de o segundo ter sido promovido a gênero, o *Muscadinia* (muscadínia).

O gênero *Vitis* abrange 36 espécies, quer cultivadas, quer selvagens. A mais importante para vinho é de longe a *Vitis vinifera*, originária da Europa e da Ásia ocidental, mas hoje difundida nos quatro cantos do planeta. Estima-se que entre cinco mil e dez mil variedades pertençam a essa espécie, porém apenas algumas centenas delas são empregadas na elaboração de bons vinhos.

As principais zonas vitícolas do mundo cultivam exclusivamente as *Vitis vinifera*, tais como Europa, Américas (Costa Oeste dos Estados Unidos, Argentina e Chile), Oceania (Austrália e Nova Zelândia) e África do Sul.

As 17 espécies leste-asiáticas até hoje não são empregadas para vinho, sendo mais ornamentais. Dentre as 18 espécies vulgarmente chamadas de "americanas", as mais importantes, tanto como porta-enxerto e matriz para hibridização quanto para a produção de vinhos, são: *V. labrusca*, *V. aestivalis*, *V. riparia*, *V. rupestris*, *V. berlandieri* e *V. cinerea*. As americanas e as híbridas – cruzamento entre europeias e americanas – são geralmente utilizadas em áreas onde as condições ambientais não são muito favoráveis à viticultura: América do Norte (Costa Leste), América Central, Brasil (infelizmente constituindo cerca de 90% de nossa produção) e outros países da América do Sul. Contudo, os vinhos provenientes de cepas americanas e híbridas não representam nem 3% da produção mundial de vinho.

Existem duas possibilidades de cruzamento entre uvas. A primeira é entre espécies (híbrido interespecífico), cujo resultado chama-se "híbrido", como, por exemplo, a Baco Noir, que se origina da variedade Folle Blanche (*V. vinifera*) com a *V. riparia*. A outra é o "cruzamento", expressão utilizada para designar apenas os descendentes de cruzamentos intraespecíficos, como os oriundos exclusivamente da espécie europeia, a exemplo da Pinotage (Pinot Noir x Cinsault).

É proibido plantar as uvas americanas na França e em outros países europeus, assim como no Chile e na Argentina, por causa da baixa qualidade do vinho gerado. Por outro lado, as variedades americanas aromáticas (Concord e Isabel), que dão maus vinhos, com odor *vulpino* ou *foxado* (lembrando o da pele da raposa), produzem os sucos de uva e geleias – graças ao antranilato de metila – mais cotados no mercado internacional.

COMPOSIÇÃO DA UVA

O cacho de uva é composto de uma parte lenhosa – o engaço – e de uma parte carnuda – os bagos. Estes são formados por uma pele de espessura variável – a película ou casca – e, na parte interna, pela polpa e pelas sementes, ou inexistentes ou até quatro, dependendo da variedade. Conforme as variedades, ou castas, os bagos variam de formato, cor e consistência.

De modo geral, as uvas apresentam a seguinte composição:

Cacho	Bagos	95 ➡ 98%
	Engaços	2 ➡ 5%
Bago	Polpa	72 ➡ 79%
	Película	18 ➡ 21%
	Sementes	2 ➡ 6%
Polpa (madura)	Água	70 ➡ 80%
	Açúcares	10 ➡ 25%
	Ácidos orgânicos	0,5 ➡ 1,5%
	Matérias minerais, pépticas e nitrogenadas	0,25 ➡ 0,4%

A parte mais importante da uva para a elaboração do vinho é justamente a polpa, ainda que a casca seja também imprescindível nos vinhos tintos, para lhes dar não só coloração, como taninos. Aliás, os engaços e as grainhas (sementes) têm muito mais taninos que as cascas, contudo de qualidade inferior.

Existem poucas uvas ditas "tintureiras", cuja polpa é também colorida. As mais difundidas são a Alicante Bouschet e a Grand Noir de la Calmette.

O VINHEDO

A idade da videira é muito importante para a qualidade do vinho. O período de implantação de uma parreira com fins comerciais, considerado desde o primeiro plantio até a produção dos primeiros frutos, demanda cerca de três anos, sendo que a produção e a qualidade se estabilizam a partir do quinto ano.

A parreira, em geral, vive em forma de cultivo rentável até 30 ou 40 anos, dependendo muito dos tratamentos culturais efetuados. No entanto, existem parreiras de mais de séculos que ainda vegetam de forma exuberante e com boa produção.

Tendo alcançado a velhice, a videira é normalmente arrancada pelas raízes e o solo deve repousar por pelo menos um ano antes de ser novamente utilizado, para que não fique exaurido.

Vinhedos situados em encostas, preferidas das videiras quando têm boa exposição solar

Velha parreira quase centenária, o que se pode comprovar pelo grande diâmetro do caule

PROPAGAÇÃO DA VIDEIRA

A propagação da videira pode ser feita de várias maneiras:

Por sementes • Método de reprodução típica por via sexual, usado pelos ampelógrafos (os botânicos estudiosos da videira) exclusivamente nas estações experimentais para a obtenção de novas variedades. Contudo, não é recomendado para a reprodução de variedades existentes, pois as plantas oriundas de sementes nunca reproduzem exatamente a variedade original, tendo, ao contrário, tendência a degenerar.

Por estacas • É o processo mais antigo usado na propagação da parreira. Ainda hoje é empregado nas videiras americanas, para a produção de porta-enxertos resistentes à filoxera (doença provocada por insetos desse gênero), e também nas variedades viníferas em lugares onde o perigo dessa praga não existe. Esse processo é realizado da seguinte forma: corta-se uma estaca, isto é, um ramo com o comprimento de cerca de 50 centímetros que tenha no mínimo quatro gemas (ou olhos). Duas gemas

Parreiral de uvas tintas após o descarte de cachos, a fim de aumentar a qualidade do vinho

Parreiras que foram desfolhadas para receber mais sol

devem ficar enterradas; as outras duas não. Ao longo dos séculos, a *Vitis vinifera* evoluiu para hermafrodita – propaga-se assexuadamente, de forma vegetativa, resultando facilmente em novas variedades ou clones. Clone é um conjunto de pés originados pela multiplicação vegetativa de um só pé selecionado inicialmente.

Por enxertos • Processo pelo qual uma gema ou uma estaca de um ou dois olhos, da variedade que se quer reproduzir, é inserida no porta-enxerto (ou cavalo) previamente plantado no ano anterior. Esse método é o mais generalizado, pois a parte inferior (porta-enxerto) dá suficiente resistência às pragas e a parte superior (enxerto) reproduz a variedade vinífera que se está multiplicando. "A enxertia praticamente em nada modifica os caracteres fundamentais da planta, apesar de haver muitas crendices em contrário", diz J. S. Inglez de Souza, com muita propriedade, em seu livro.

A filoxera (*Phylloxera vitifoliae* ou *vastratix*) – um pequeno pulgão que suga as raízes, acabando por matar a planta –, que surgiu em 1863 e persistiu até o final do século XIX, causou a desgraça de quase todos os vinhedos europeus e também chegou ao Brasil por volta de 1893. Essa praga foi introduzida na Europa com a difusão das castas americanas para centros de pesquisa.

Inicialmente, tentou-se o cruzamento entre variedades europeias e americanas para gerar fortes híbridos produtores diretos. Porém a baixa qualidade dos vinhos assim elaborados desestimulou essa rota.

A solução ideal veio com a descoberta da enxertia, após muita pesquisa e esforço, ao se encontrarem videiras americanas selvagens nas quais o inseto não causava danos de maior importância.

Depois dessa fase, tornou-se impossível prosseguir com o cultivo da videira de pé franco (enterrada diretamente no solo) na maioria das zonas vitícolas do mundo. Esse método só continua sendo empregado em microrregiões restritas onde as condições particulares de solo e clima impedem o desenvolvimento do inseto. Como exemplo dessas microrregiões, podemos citar as profundas areias de Colares (Portugal), as planícies semidesérticas irrigadas por inundação de Mendoza e San Juan (Argentina) e Valle Central (Chile), as terras semiáridas do vale do médio São Francisco (Brasil), também irrigadas, e outros ambientes similares. Isso porque a filoxera não gosta de terrenos arenosos, pois não consegue deslocar-se nele, e os vinhedos inundados por irrigação afogam o inseto.

> **PROPAGAÇÃO À CHILENA**
>
> No Chile, devido às particularidades de seu *terroir* (o conjunto de condições ambientais de uma localidade), as plantas que morrem vão sendo substituídas por meio de pés vizinhos. Estende-se um ramo da videira mais próxima, enterrando-o parcialmente e deixando a outra ponta descoberta – assim, apenas uma parte do ramo se finca à terra, fazendo o papel de raiz, e sua outra extremidade continua presa ao galho original, ficando livre ao ar. Por esse motivo, é comum a existência de vinhedos com parreiras centenárias entremeadas por videiras produtivas jovens, de até dois ou três anos de idade.

SISTEMAS DE CONDUÇÃO

A videira, por ser uma planta trepadeira, necessita de sustentação ou de poda rigorosa. O tipo de condução da parreira empregado nas principais zonas vinhateiras do mundo é a espaldeira ou cerca, pela qual os galhos são conduzidos horizontalmente ao longo dos fios, parecendo uma cerca comum, dispostos verticalmente, de modo que as uvas recebem mais a luz do sol, o que favorece uma concentração maior de açúcares durante o seu amadurecimento.

Sistema de condução em espaldeira, usado nas principais zonas vinhateiras do mundo

Na região da Serra Gaúcha, no Sul do Brasil, o sistema de condução ainda mais utilizado é aquele em forma de "latada" ou pérgola (com os arames dispostos horizontalmente), que é responsável por uma grande produção, mas impede que a uva atinja um grau glucométrico (teor de açúcar) satisfatório, devido à sombra produzida pela densa folhagem.

Sistema de condução em latada, o mais empregado no Sul do Brasil

A poda deve adaptar-se ao sistema de condução escolhido. Existem diversos sistemas de condução e poda, cada qual usado de acordo com a casta, o vigor da planta, a fertilidade do solo e o clima reinante. São eles: *gobelet* ou em vaso (mais antigo e ideal para a condução do tipo "arbusto", usado no Rhône, Sul da França, Itália, Espanha e Portugal); *guyot* ou sua variante mais corrente, o duplo *guyot* (Bordeaux); *cordon de royat* (Bourgogne e Champagne); lira (Califórnia); *scott- -henry* (muito usado no Novo Mundo); e outras denominações.

Uma variante que começa a ser empregada na Serra Gaúcha e em outros sítios carentes de luminosidade é a espaldeira em Y, que apresenta similaridades com a condução em lira.

Sistema de condução em lira aberta

Contudo, o mais diferenciado de todos os sistemas de condução é o de enforcado ou uveira, típico da região lusitana dos Vinhos Verdes. Serve-se de árvores extremamente podadas para sustentar de uma a quatro videiras. Os ramos das videiras são direcionados verticalmente e não horizontalmente, como nos outros tipos de condução. O sistema de enforcado tem como vantagens evitar a alta umidade do solo e liberar as terras dos mini- fúndios para outras culturas de subsistência. A principal desvantagem é que, para fazer a colheita dos frutos, são necessárias escadas enormes, de até 30 degraus.

Em várias das principais regiões espanholas (como Rioja e Ribera del Duero) e em outros sítios com características similares ao longo do Mediterrâneo, as plantas crescem como arbustos baixos, sem estacas e sem arames de sustentação, à moda "castelhana". A falta de chuva faz que os cachos se localizem rente ao solo, poupando ao máximo o uso do precioso líquido, visto ser proibida a irrigação.

CICLOS DA PARREIRA

O ciclo vegetativo da parreira, que não é rígido, abrange duas etapas básicas. A primeira é a dormência ou hibernação, que se inicia no final do outono, com a queda das folhas, e dura de quatro a cinco meses, durante os quais a planta realiza o seu descanso vegetativo e se alimenta da reserva de carboidratos formados na maturação da parte lenhosa do arbusto. A segunda etapa, com duração de sete a oito meses, é a de atividade da planta. O ciclo pode, no entanto, ser dividido em quatro fases:

- despertar, brotação e crescimento (primavera);
- floração e frutificação (primavera–verão);
- amadurecimento, colheita e queda das folhas (verão–outono);
- dormência (inverno).

Durante o inverno, procede-se à poda seca ou hibernal. Sua função é direcionar os galhos conforme o método de condução adotado e determinar o volume da próxima colheita, evitando o desenvolvimento excessivo das partes lenhosas e a quantidade excessiva de cachos de uvas.

O despertar acontece na primavera, quando a seiva volta a circular através da raiz, do caule e dos galhos. Em seguida, vem a brotação: as gemas rompem-se e os brotos começam a espocar nos galhos. Surgem as primeiras folhas e os ramos continuam a se espichar. No final dessa estação, após 60 a 70 dias da brotação, desponta a floração. Cerca de 10 a 15 dias depois, a floração é seguida da fecundação.

Antes da frutificação, com o surgimento dos bagos, o viticultor realiza a poda verde – o corte de galhos ou ramos que se mostrem débeis ou ainda aqueles que tendam a se desenvolver em demasia. Essa poda visa dar à planta melhores condições de frutificação, isto é, de controlar a produção tanto quantitativa como qualitativamente.

Poucos dias depois da fecundação, os frutos aparecem, ainda que de forma incipiente, coincidindo aproximadamente com o início do verão. Os bagos desenvolvem-se lentamente nesse período dito herbáceo, que leva cerca de 45 a 50 dias. Esse estágio exige bastante luz solar.

Posteriormente, inicia-se o período chamado pelos franceses de *véraison* (amadurecimento), que dura de 45 a 50 dias. Nesse ponto, os bagos (ou grãos) amolecem e iniciam simultaneamente a mudança para a sua cor definitiva, o seu enriquecimento em açúcares e o seu decréscimo de acidez. Antes disso, todas as cepas – sejam tintas, rosadas ou brancas – são de um verde opaco, devido à presença de clorofila. Os grãos escuros se pigmentam de tonalidades vermelhas a violáceas e os claros passam do verde para o amarelo translúcido.

Nesse momento, os técnicos mais conscienciosos procedem à "monda". Essa poda seletiva é empregada para os melhores vinhos tintos. Cerca de 15 dias depois de as uvas escuras "pintarem" – ou seja, tomarem cor –, providencia-se a retirada dos bagos que ainda não se coloriram no cacho, a fim de obter uvas com o mesmo estágio de maturação. É mais comum ainda efetuar a *vendange verte* (vindima verde), que é o descarte de cachos de uvas verdes excedentes para aumentar a concentração dos vinhos de alta qualidade. Ao final do amadurecimento, as uvas encontram-se prontas para ser colhidas.

O período total entre o início da vegetação e a maturação dita industrial ocorre geralmente entre 160 e 190 dias.

No Sul do Brasil e nas outras regiões do hemisfério sul, a colheita começa anualmente na primeira quinzena de janeiro, podendo estender-se até abril. Ao contrário, no hemisfério norte ela se inicia no final de julho, indo em determinados casos até dezembro. Já no vale do rio São Francisco, pode-se ter mais de uma vindima por ano ⊙ VEJA NA P. 576.

Na Serra Gaúcha, algumas cepas são colhidas do início até o final de janeiro e, por isso, chamam-se precoces, tais como a Chardonnay, a Gewürztraminer e a Pinot Noir. Outras, as intermediárias (Sémillon, Riesling Itálico e Merlot), são colhidas entre o final de janeiro e meados de fevereiro. Finalmente, as tardias, como a Trebbiano, a Moscatel Branca, a Cabernet Sauvignon e a Cabernet Franc, são vindimadas de meados de fevereiro até meados ou final de março (fim do verão e início do outono).

A título de curiosidade, em muitos anos os cachos destinados à produção de *Eiswein* ou *Icewine*, respectivamente na Alemanha e no Canadá, são colhidos no hemisfério norte ao mesmo tempo que se realiza a colheita na maioria das regiões vitícolas meridionais.

PRINCIPAIS VARIEDADES VINÍFERAS

As principais castas de uvas europeias empregadas na produção comercial de vinhos, que totalizam mais de 200, são apenas uma ínfima parcela do universo da espécie *Vitis vinifera*.

Apresentamos, na tabela a seguir, as variedades de uvas escuras e claras mais cultivadas no mundo para vinho, em área, em 2010:

Castas escuras		ha	
1º	Cabernet Sauvignon	1º	290.091
2º	Merlot	2º	267.169
3º	Tempranillo (Tinta Roriz, Aragonez)	4º	232.561
4º	Syrah (Shiraz)	6º	185.568
5º	Garnacha Tinta (Grenache Noir, Cannonau)	7º	184.735
6º	Pinot Noir (Spätburgunder, Blauburgunder)	10º	86.662
7º	Cariñena (Carignan, Mazuelo)	11º	80.178
8º	Bobal	12º	80.120
9º	Sangiovese (Nielluccio)	13º	77.709
10º	Monastrell (Mourvèdre, Mataro)	14º	69.850
11º	Cabernet Franc	17º	53.599
12º	Malbec (Côt)	21º	40.688

Castas claras		ha	
1º	Airén	3º	252.364
2º	Chardonnay	5º	198.793
3º	Sauvignon Blanc	8º	110.138
4º	Trebbiano (Ugni Blanc, St. Emilion)	9º	109.772
5º	Riesling Italico (Welschriesling, Grasevina)	15º	61.200
6º	Rkatsiteli	16º	58.641
7º	Riesling (Riesling Renano)	18º	50.060
8º	Pinot Gris (Grauburgunder)	19º	43.563
9º	Macabeo (Viura)	20º	41.046

Fonte: Kym Anderson - University of Adelaide, Austrália, 2013.

Segundo a Organização Internacional da Vinha e do Vinho (OIV), em 2015, estas foram as dez variedades finas mais plantadas, em hectares:

	Variedades	ha
1º	Cabernet Sauvignon	340.000
2º	Merlot	266.000
3º	Tempranillo	231.000
4º	Airén	218.000
5º	Chardonnay	211.000
6º	Syrah	190.000

7º	Garnacha Tinta (Grenache Noir)	163.000
8º	Sauvignon Blanc	121.000
9º	Pinot Noir (Spätburgunder)	115.000
10º	Trebbiano (Ugni Blanc)	111.000

Fonte: OIV, 2015.

Veja a seguir quais as mais importantes cepas tintas e brancas em todo o mundo, relacionadas com as regiões em que predominam ou são mais características. As de cor rosada, como a Gewürztraminer e a Pinot Gris, estão no grupo das claras, pois seus vinhos são geralmente desse tipo.

No primeiro grupamento encontram-se as variedades clássicas que geram vinhos de alta qualidade, disseminadas pelas principais regiões vitícolas do globo. Também fazem parte desse conjunto as castas que são emblemáticas de determinado país – por exemplo: Malbec, Carmenère, Tannat, Zinfandel e Pinotage (escuras); Grüner Veltliner e Torrontés (claras).

No capítulo "Panorama Mundial" e nos seguintes ⊙ VEJA DA P. 204 EM DIANTE, que tratam dos principais países vitícolas, você encontra informações suplementares sobre as clássicas 18 uvas escuras e as 17 claras.

TINTAS CLÁSSICAS

Cabernet Sauvignon • Segundo recentes estudos de DNA, ela descende da Cabernet Franc e da Sauvignon Blanc. É a variedade mais plantada no planeta, sendo considerada a tinta mais nobre do mundo, principalmente por adaptar-se maravilhosamente bem fora de seu *habitat* gaulês original. É a variedade predominante na margem esquerda do rio Gironde, nas regiões bordalesas de Haut-Médoc, Médoc, Pessac-Léognan e Graves. É a componente básica dos grandes Château Lafite-Rothschild, Château Latour, Château Margaux e outros ícones medoquianos.

É de altíssima qualidade, sendo seus vinhos escuros e tânicos quando jovens. Contudo, por terem grandes afinidades com o carvalho, quando amadurecidos tornam-se mais macios, equilibrados, longevos e fabulosamente complexos.

Outras zonas de cultivo são: França (Loire), Itália, Áustria, Espanha, Portugal, Estados Unidos (Califórnia), Canadá, Argentina, Chile, Uruguai, Austrália, Nova Zelândia, África do Sul e Brasil.

SIGLAS DOS PAÍSES NA TERMINOLOGIA DAS CASTAS

AR ▷ Argentina	ES ▷ Espanha	PT ▷ Portugal
AT ▷ Áustria	FR ▷ França	UK ▷ Reino Unido
AU ▷ Austrália	GR ▷ Grécia	US ▷ Estados Unidos
BR ▷ Brasil	HR ▷ Croácia	UY ▷ Uruguai
CH ▷ Suíça	HU ▷ Hungria	ZA ▷ África do Sul
CL ▷ Chile	IT ▷ Itália	
DE ▷ Alemanha	NZ ▷ Nova Zelândia	

Merlot • Na realidade, deveria ser chamada de Merlot Noir, pois existe uma obscura variedade branca denominada Merlot Blanc. Na sua Bordeaux nativa, é o cultivar tinto mais plantado. Ela reina soberana nas AOCs (*Appellation d'Origine Contrôlée* – Denominação de Origem Controlada) de Pomerol, Saint-Emilion, Canon-Fronsac e Fronsac, situadas na margem direita do rio Gironde, onde é geralmente suplementada pela Cabernet Franc. No outro lado da margem, ela constitui o principal coadjuvante da Cabernet Sauvignon. O local onde a Merlot melhor se adaptou é sem dúvida Pomerol, com subsolo de calcário ferroso, participando com cerca de 95% no divino Château Pétrus.

Casta de altíssima qualidade, origina vinhos aveludados, moderadamente ácidos (menos ácida dentre as bordalesas) e complexos. Tem menos taninos e acidez que os de Cabernet Sauvignon, devendo ser bebidos antes destes, porém depois dos de Cabernet Franc.

A Merlot também se encontra difundida na Itália, Espanha, Portugal, Áustria, Estados Unidos (Califórnia e Washington), Canadá, Argentina, Chile, Uruguai, Austrália, Nova Zelândia, África do Sul e Brasil (dando os melhores tintos na Serra Gaúcha).

Cabernet Franc • Cepa de alta qualidade que forma com a Cabernet Sauvignon e a Merlot o trio de ouro de Bordeaux. Ela é mais importante na AOC Saint-Emilion, onde complementa a Merlot e em alguns casos chega a ser majoritária, como no excepcional Château Cheval-Blanc. Já nas zonas de Pomerol e Médoc-Graves, ela é suplementar à Merlot e à Cabernet Sauvignon, respectivamente.

Os seus vinhos têm muita similaridade com os de Cabernet Sauvignon, tendo contudo menos cor, taninos, extrato seco – concentração – e acidez. Presta-se melhor que a sua "filha" – a Cabernet Sauvignon – para a elaboração de vinhos frutados sem estágio em madeira.

Outras áreas com plantações são: França (Loire), Itália, Estados Unidos (Califórnia), Canadá, Chile, Uruguai, Austrália, Nova Zelândia, África do Sul e Brasil.

Pinot Noir, Spätburgunder (DE), Blauburgunder (AT) ou Pinot Nero (IT) • Uma das melhores variedades tintas do mundo, dependendo do clone selecionado – dentre a infinidade disponível – e do microclima local. Na França, onde se encontra a maior superfície de vinhas dessa casta no mundo, é mais disseminada na Bourgogne e em Champagne. Na Côte d'Or, o coração borgonhês, ela produz sem dúvida alguma os melhores exemplares do globo, como o Romanée-Conti, o Musigny e o Chambertin. É um dos três cultivares empregados em Champagne. Fora de sua zona nativa, apenas poucas outras mostram alguma similaridade e padrão dignos da Bourgogne.

Origina vinhos não carregados de cor, menos tânicos (exigindo desengace apenas parcial dos cachos, para adicionar estrutura tânica) e mais nervosos que os de Cabernet Sauvignon. Entretanto, os tintos cimeiros exalam um buquê fragrante, elegante e riquíssimo de nuances, realmente fantástico. É a minha casta tinta predileta, principalmente nos caldos borgonheses.

A Pinot Noir é também cultivada na França (Alsace), Itália, Espanha (Cataluña – Cava), Alemanha, Áustria, Estados Unidos (Oregon e Califórnia), Canadá, Argentina, Chile, Austrália, Nova Zelândia, África do Sul e Brasil.

Syrah ou Shiraz (AU, ZA) • Casta francesa de altíssima qualidade, que descortina toda a sua majestade no seu nativo Rhône, particularmente na parte norte, com as classudas AOCs Hermitage e Côte Rôtie. Sob a denominação de Shiraz, essa uva tem tido recentemente grande ascensão de demanda dos consumidores, com tintos de ótima relação qualidade-preço surgidos na Austrália. Todavia, esse fenômeno iniciou-se com o surgimento do Penfolds Grange Shiraz, o mais famoso vinho desse país, um dos três melhores do hemisfério sul e um dos grandes tintos do planeta.

Seus vinhos são assaz coloridos, com olor de frutos pretos, violeta e pimenta-do-reino. No palato tem boa tanicidade, sendo encorpado e com alta concentração de frutas maduras. Os exemplares de escol costumam ser muito longevos.

Outras regiões onde ela é plantada são: França (Sul), Itália, Espanha, Portugal, Estados Unidos (Califórnia), Canadá, Argentina, Chile, Uruguai, Nova Zelândia, África do Sul e Brasil.

Malbec, Côt ou Auxerrois Noir • Cultivar de origem bordalesa, onde hoje é apenas um protagonista de segunda linha. Quando é empregada na mescla, dificilmente ultrapassa 10%, estando em declínio e sendo até menos utilizada que a Petit Verdot. Todavia, é a cepa emblemática da Argentina, onde é atualmente a escura mais difundida e tem mostrado alta qualidade. Isso é possível devido à grande disponibilidade de velhas vinhas em zonas muito elevadas. Os tintos platinos têm excelente equilíbrio entre concentração, maciez e nervo. A Malbec dá vinhos com ótima acidez e é ideal para regiões com muita insolação, como Mendoza. Dentre as bordalesas, ela só perde em níveis de acidez para a Petit Verdot.

Outras localidades de cultivo são: França (Loire e Cahors), Itália, Espanha (Ribera del Duero), Chile e Brasil.

Carmenère ou Grand Vidure • Casta francesa de alta qualidade, em clima seco adequado. Era muito plantada nos sítios bordaleses de Médoc e Graves, até antes da filoxera ⊙ VEJA NAS PP. 90-91. Devido ao seu baixo rendimento, foi alvo de pouco replantio, depois de a praga ter sido debelada, apesar de ainda ser uma das seis tintas autorizadas pelo órgão regulador da denominação. Foi levada para o Chile em cerca de 1850, onde permaneceu "escondida" com a Merlot até 1996. Hoje, é a variedade-símbolo desse país, que detém o maior parreiral do globo.

A Carmenère é similar à Merlot, contudo mais tardia, de bago mais avantajado, tendo acidez baixa e taninos mais suaves e adocicados. Seu aroma de frutos pretos e vermelhos, com notas condimentadas, é muito prazeroso.

Tannat ou Harriague (UY) • Muito boa cepa do Sudoeste francês, sendo o principal componente dos tintos da AOC Madiran. É a uva mais plantada no Uruguai, onde se confunde com a imagem vinícola do país, por ocupar cerca de um terço dos seus vinhedos.

Fornece vinhos muito escuros, quase pretos, muito tânicos (daí a origem de seu nome) quando jovens, concentrados e com ótimo poder de envelhecimento. Para moderar a sua adstringência, costuma ser cortada, no Uruguai, com a Merlot.

Também se encontra na Serra Gaúcha, onde tem produzido interessantes tintos mesclados com a Cabernet Sauvignon, dando maior estrutura ao conjunto.

Nebbiolo ou Chiavennasca • Excelente casta, talvez a melhor tinta nativa da Itália. Procedente do Noroeste italiano, atinge o clímax no sul do Piemonte, onde é responsável pelas fora de série DOCGs (Denominação de Origem Controlada e Garantida) Barolo e Barbaresco. Está também presente no norte do Piemonte (DOCG Gattinara) e no vizinho norte da Lombardia.

Seus vinhos são tipicamente avermelhados e com paladar marcante e diferenciado: encorpados, alcoólicos, muito tânicos e ácidos, demandando vários anos de guarda para atingir o topo de qualidade. O buquê é o seu ponto forte, sendo extremamente rico, complexo, com reminiscência de violeta, alcatrão, trufas e outras especiarias.

Sangiovese, Brunello, Prugnolo ou Niellucio (FR) • Segunda uva preta mais difundida na Itália, sendo originária da sua zona central. Dependendo do clone utilizado, pode gerar vinhos medíocres (pálidos, leves e ácidos) ou excepcionais (escuros, com concentração de fruta e tanino e longevos). Responde por algumas das mais nobres denominações itálicas, as toscanas Chianti Classico, Brunello de Montalcino e Vino Nobile de Montepulciano. Entretanto, alguns dos melhores tintos do país não seguem os preceitos da legislação, sendo chamados genericamente de *Supertoscanos*. Estes empregam exclusivamente a Sangiovese ou a mesclam com Cabernet Sauvignon, Merlot e Syrah.

Outras regiões com alguma disponibilidade dessa uva são França (Córsega), Estados Unidos (Califórnia) e Argentina.

Barbera • Nativa do Piemonte, é a cepa escura mais plantada na Itália. As suas expressões de maior relevo estão nas DOCs Barbera d'Asti e Barbera d'Alba, que até meados da década de 1980 serviam basicamente como vinhos de consumo diário. Foi quando o genial enólogo francês Émile Peynaud criou o projeto dos Barbera "Barricatto", isto é, amadurecidos em barricas de carvalho. Estes encontram-se entre os grandes tintos italianos da atualidade.

Os vinhos sem maturação em madeira são escuros e com um cativante aroma de frutas vermelhas. Na boca, entretanto, são pouco estruturados, muito ácidos e algo desbalanceados. Já os barricados recebem um toque mágico, introduzindo maior complexidade aromática. Contudo, no palato a mudança é ainda mais significativa: tornam-se estruturados, com concentração dos taninos advindos do carvalho (quando a planta é de baixo rendimento) e acidez um pouco mais moderada, porém ainda marcante, limpando o sabor a cada gole.

Também é cultivada nestas outras paragens: Itália (Lombardia, Emilia-Romagna), Estados Unidos (Califórnia), Argentina e Brasil.

Aglianico • Ótima variedade de origem grega, conforme atesta o seu nome – uma corruptela de "helênico" –, que foi transplantada para a Itália. É responsável pelas reputadas denominações Taurasi e Aglianico del Taburno (na Campania) e Aglianico del Vulture (em Basilicata). Estes são os melhores tintos de guarda do Sul da península.

Seus vinhos lembram de certa forma os de Nebbiolo, com intensos aromas de alcatrão e especiarias, concentrados, com alta tanicidade e nervo pronunciado, melhorando sensivelmente com o correr dos anos.

Tempranillo, Tinto Fino, Tinta del País, Ull de Llebre, Tinta de Toro, Cencibel, Tinta Roriz (PT) ou Aragonez (PT) • É a mais nobre casta ibérica e está entre as grandes pretas do planeta. Contribui com a "parte do leão" no mais famoso tinto espanhol, o Vega Sicilia, da DO (Denominación de Origen) Ribera del Duero, e nos excelentes tintos de Rioja. No vizinho Portugal, é uma das melhores cepas que entram nos lotes dos mais laureados tintos do Douro, do Dão e do Alentejo.

Produz vinhos com boa coloração, médio corpo, ótimo nervo, elegantes, assaz longevos, que se prestam ao amadurecimento em carvalho. Ela deve ter um ancestral comum com a Pinot Noir, pois velhos Rioja são difíceis de diferenciar de velhos Bourgogne.

Outras zonas com parreirais significativos são: Espanha (Cataluña, Toro, Navarra, Valdepeñas e La Mancha), Portugal (Porto), França (Sul), Argentina e Brasil.

Garnacha Tinta (ES), Grenache Noir (FR) ou Cannonau (IT) • Muita gente desconhece que a Grenache não é uma uva francesa, mas sim espanhola. É a casta escura mais plantada da Espanha. Entra como codjuvante em diversas DOs hispânicas, porém é a rainha na emergente região do Priorato, como no L'Ermita de Alvaro Palacios, o segundo vinho mais caro do país. Na França, é a segunda preta mais difundida. Participa majoritariamente no corte do Châteauneuf-du-Pape.

Essa variedade pode dar vinhos muito medíocres ou maravilhosos, quando de velhas vinhas e baixíssimos rendimentos. No primeiro caso, tem como características gerar tintos pouco carregados em cor e ricos em álcool. São também responsáveis pelos melhores rosados do globo, o Tavel francês e os rosados de Navarra. No segundo caso, dão vinhos concentrados, moderadamente taninosos e com incrível sedosidade, como os Priorato e os Châteauneuf-du-Pape.

Outras localidades de cultivo são: Espanha (Cataluña, Rioja, Navarra, Ribera del Duero e Toro), França (Rhône Sud e Sul da França), Itália (Sardegna e Campania), Estados Unidos (Califórnia) e Austrália.

PRINCIPAIS VARIEDADES VINÍFERAS

Touriga Nacional ou Tourigo • É considerada a grande uva tinta portuguesa. Ela compõe, com a outra meia dúzia de cepas recomendadas, os melhores vinhos das DOCs Porto e Douro. É também a casta mais valorizada do vizinho Dão, sua zona de origem. Atualmente, começa a ser produzida em outras regiões do Centro e do Sul de Portugal, com enorme sucesso.

É uma variedade de baixo rendimento que origina excelentes vinhos varietais, exclusivos dessa casta. Eles são bem escuros, com buquê concentrado e elegante de frutos pretos, assaz floral (esteva ou *rock rose*) e levemente animal, paladar aveludado, estrutura média, com boa acidez e fineza.

Também se encontra esse fruto em diminutos volumes em Portugal (Bairrada), Estados Unidos (Califórnia), Austrália e Brasil.

Trincadeira Preta, Tinta Amarela ou Espadeira (ES) • É o melhor cultivar do Sul de Portugal, apesar de também ser difundida no Douro, sob a designação Tinta Amarela. Ela divide com a Aragonez (ou Tinta Roriz) a excelência nos prazerosos tintos do Alentejo.

Quando não totalmente madura, costuma dar vinhos herbáceos. Porém, colhida corretamente, gera tintos de cor carregada, exalando frutas pretas, flores (violeta) e especiarias. No palato, são encorpados, ricos em taninos finos, com boa acidez, e complexos.

A sua gama de cultivo adicional abrange Portugal (Porto, Dão, Bairrada, Setúbal, Estremadura, Ribatejo e Vinhos Verdes) e Espanha (Galicia).

Zinfandel (US), Primitivo (IT) ou Crljenak (HR) • É a tinta mais plantada da Califórnia. Até pouco tempo atrás, desconhecia-se a sua real origem. No entanto, foi identificada como a italiana Primitivo, da Puglia. Mais recentemente, estudos de DNA comprovaram que essas duas são na verdade a Crljenak, da Croácia. Também é encontrada no Brasil, onde tem pouca superfície coberta.

Na América do Norte elabora-se um enorme leque de tipos de vinho: brancos (no estilo *blush*, isto é, levemente *rosé*), rosados, tintos jovens, tintos de guarda e licorosos. Os tintos amadurecidos são os produtos mais consistentes, com muito extrato, boa acidez e ligeira alcoolicidade.

Pinotage • Típico cruzamento sul-africano, desenvolvido com as variedades francesas Pinot Noir e Cinsault (esta última era conhecida antigamente na África do

Sul como Hermitage). Tornou-se, por isso, o símbolo vinícola da África do Sul, sendo a segunda escura mais plantada. É também cultivada no Brasil.

Seus melhores tintos saem da região de Stellenbosch. São de boa qualidade, escuros, com *flavores* característicos de banana, frutos pretos e vermelhos. Quando mais evoluídos, surgem odores animais, além de café e chocolate.

OUTRAS UVAS TINTAS

Variedades	Regiões
Aleatico, Allianico ou Moscatello	Itália (Puglia, Lazio, Toscana e Umbria) e França (Córsega)
Alfrocheiro Preto	Portugal (Dão, Bairrada, Alentejo, Setúbal e Estremadura) e Brasil
Alicante Bouschet [Aramon/Teinturier du Grenache] ou Garnacha Tintorera (ES)	França (Sul), Espanha, Portugal (Alentejo, Ribatejo e Estremadura), Estados Unidos (Califórnia) e Brasil
Alvarelhão, Brancelho ou Brancellao (ES)	Portugal (Vinhos Verdes, Porto, Douro e Dão) e Espanha (Galicia)
Ancellotta	Itália (Emilia-Romagna) e Brasil
Aramon ou Ugni Noir	França (Sul)
Baga	Portugal (Bairrada, Estremadura e Ribatejo)
Bastardo, Tinta Caiada [ex-Monvedro] ou Trousseau (FR)	Portugal (Porto, Douro, Dão, Bairrada, Alentejo, Setúbal, Estremadura, Ribatejo e Madeira), França (Jura) e Argentina
Blauburger [Blauer Portuguieser x Blaufränkisch]	Áustria
Blauer Portugieser ou Portugais Bleu (FR)	Áustria, Alemanha, Europa oriental e França (Sudoeste)
Blauer Wildbacher ou Schilcher	Áustria
Blauer Zweigelt ou Rotburger [Blaufränkisch x St. Laurent]	Áustria
Blaufränkisch ou Limberger (DE)	Áustria, Alemanha, Itália (Friuli) e Europa oriental
Bobal	Espanha (Valencia e Castilla La Mancha)
Bonarda (IT)	Itália (Piemonte) e Brasil
Bonarda (AR), Corbeau (FR) ou Charbono (US)	Argentina, França (Savoie) e Estados Unidos (Califórnia)
Brachetto ou Braquet (FR)	Itália (Piemonte) e França (Provence)
Camarate [ex-Castelão Nacional]	Portugal (Bairrada, Estremadura e Ribatejo)
Canaiolo Nero	Itália (Toscana)
Cariñena, Mazuelo, Carignan (FR) ou Carignano (IT)	Espanha (Cataluña, Rioja, Navarra e Aragón), França (Rhône Sud e Sul da França), Itália (Sardegna), Estados Unidos (Califórnia) e Chile

PRINCIPAIS VARIEDADES VINÍFERAS

Variedades	Regiões
Castelão, Periquita ou João de Santarém	Portugal (Porto, Douro, Setúbal, Alentejo, Estremadura e Ribatejo)
Cinsault ou Hermitage (ZA)	França (Rhône Sud e Sul da França) e África do Sul
Corvina ou Corvina Veronese	Itália (Veneto) e Argentina
Criolla (AR), País (CL) ou Mission (US)	Argentina, Chile e Estados Unidos (Califórnia)
Croatina	Itália (Lombardia e Emilia-Romagna)
Dolcetto	Itália (Piemonte)
Dornfelder [Frühburgunder/Trollinger x Portugieser/Limberger]	Alemanha
Egiodola	França (Sudoeste) e Brasil
Folle Noire ou Vidiella (UY)	Uruguai e França (Provence)
Freisa	Itália (Piemonte)
Gaglioppo	Itália (Calabria)
Gamay	França (Beaujolais e Loire), Estados Unidos (Califórnia), Canadá e Brasil
Graciano ou Morrastel (FR)	Espanha (Rioja e Navarra) e França (Sul)
Grand Noir [Aramon/Teinturier du Cher x Aramon]	França (Sul) e Portugal (Alentejo, Ribatejo e Estremadura)
Grignolino	Itália (Piemonte)
Grolleau ou Groslot	França (Loire e *rosés*)
Jaén	Portugal (Dão e Bairrada) e Espanha (Extremadura e Castilla La Mancha)
Lagrein	Itália (Trentino-Alto Adige)
Lambrusco	Itália (Emilia-Romagna e Lombardia) e Brasil
Marzemino	Itália (Trentino-Alto Adige)
Mencia	Espanha (Bierzo e Galícia)
Molinara	Itália (Veneto)
Monastrell, Mourvèdre (FR) ou Mataro (US, AU)	Espanha (Jumilla, Valencia e Cataluña), França (Rhône Sud e Sul da França), Estados Unidos (Califórnia) e Austrália
Mondeuse Noire, Refosco (IT) ou Lambrusco (AR)	França (Savoie), Itália (Friuli), Estados Unidos (Califórnia) e Argentina
Monica	Itália (Sicília)
Montepulciano	Itália (Abruzzo, Marche e Puglia)
Moreto	Portugal (Alentejo e Ribatejo)
Moristel	Espanha (Somontano)
Moscatel Roxo ou Moscatel Galego Roxo	Portugal (Setúbal)
Napa Gamay ou Valdiguié (FR)	Estados Unidos (Califórnia) e França (Sudoeste)
Negra Mole [ex-Tinta Negra Mole] ou Negramoll (ES)	Portugal (Madeira) e Espanha (Canárias)

Variedades	Regiões
Negrara	Itália (Veneto)
Negrette ou Pinot St. George (US)	França (Sudoeste) e Estados Unidos (Califórnia)
Negroamaro	Itália (Puglia)
Nerello ou Nerello Mascalese	Itália (Sicília)
Nero d'Avola ou Calabrese	Itália (Sicília)
Perricone ou Pignatello	Itália (Sicília)
Petit Verdot	França (Bordeaux), Itália (Sul), Chile e Austrália
Petite Sirah ou Durif (FR)	Estados Unidos (Califórnia) e França (Rhône)
Piedirosso	Itália (Campania)
Pineau d'Aunis ou Chenin Noir	França (Loire)
Pinot Meunier ou Schwarzriesling (DE)	França (Champagne), Alemanha e Austrália
Poulsard	França (Jura)
Prieto Picudo	Espanha (León)
Raboso	Itália (Veneto)
Ramisco	Portugal (Colares)
Rondinella	Itália (Veneto)
Rossignola	Itália (Veneto)
Ruby Cabernet [Cabernet Sauvignon x Carignan]	Estados Unidos (Califórnia), Austrália, África do Sul e Brasil
Rufete [ex-Tinta Pinheira]	Portugal (Porto, Douro, Dão, Bairrada e Estremadura) e Espanha (León)
Sagrantino	Itália (Umbria)
Sangiovese Piccolo ou S. di Romagna	Itália (Emilia-Romagna)
Schiava Grossa, Vernatsch (IT-Tirol) ou Trollinger (DE)	Itália (Trentino-Alto Adige) e Alemanha
Schioppettino ou Ribolla Nera	Itália (Friuli)
Souzão, Vinhão ou Souson (ES)	Portugal (Vinhos Verdes, Porto e Douro) e Espanha (Galicia)
St. Laurent	Áustria e Alemanha
Teroldego	Itália (Trentino-Alto Adige)
Tinta Barroca	Portugal (Porto e Douro) e África do Sul
Tinta Miúda	Portugal (Estremadura e Ribatejo)
Tinto Cão	Portugal (Vinhos Verdes, Porto, Douro e Dão)
Touriga Franca [ex-Touriga Francesa]	Portugal (Porto e Douro)

BRANCAS CLÁSSICAS

Chardonnay • Entre as uvas brancas nobres, é sem contestação aquela que no presente momento tem mais *glamour* para a maioria dos consumidores. Infelizmente, o seu sucesso tem sido tão grande que ofusca outras maravilhosas claras, particularmente a Riesling. É originária das regiões francesas da Bourgogne e de Champagne, de onde se espalhou pelos quatro cantos da Terra. Portanto, gera alguns dentre os brancos secos do mais alto nível do mundo, como os grandes da Bourgogne, dentre os quais desponta o notável Montrachet. Quando vinificada isoladamente, dá nascimento aos champanhas ditos "Blanc de Blancs".

Apresenta-se quase sempre como branco seco, seja barricado, parcialmente amadeirado ou sem contato com carvalho. Por suas características estruturais, presta-se sobremaneira a ser fermentada e criada em barricas. Fornece vinhos encorpados, com acidez de mediana a baixa, persistentes, complexos, amendoados e longevos.

Outras zonas de cultivo são Itália, Espanha, Portugal, Áustria, Estados Unidos (Califórnia e Oregon), Canadá, Argentina, Chile, Uruguai, Austrália, Nova Zelândia, África do Sul e Brasil.

Sémillon • Variedade gaulesa de altíssima qualidade em certos microclimas. É a segunda branca mais propagada na França, encontrada principalmente em Bordeaux. Na região de Pessac-Léognan, em Graves, responde por alguns dos grandes brancos secos do planeta, notadamente o sensacional Château Haut-Brion Blanc, que usa dois terços de seus frutos, mesclados com a Sauvignon Blanc. Já sob a forma botritizada, ela concebe os estupendos vinhos de sobremesa de Sauternes. O maior ícone dessa zona, o mítico Château d'Yquem, emprega 80% dela, sendo o restante de Sauvignon Blanc.

Os seus brancos secos são encorpados, complexos, com acidez mediana, beneficiando-se do aporte de ácidos e de aromaticidade da Sauvignon Blanc. Os Bordeaux brancos de topo encontram-se entre os vinhos claros mais longevos de todos. Frequentemente, só começam a atingir o ápice com 12 a 15 anos de idade.

Outros locais de ocorrência são Estados Unidos (Califórnia), Canadá, Argentina, Chile, Austrália (com ótimos exemplares em Hunter Valley), Nova Zelândia, África do Sul e Brasil.

Sauvignon Blanc ou Fumé Blanc (US) • Cultivar branco francês de alta qualidade, com dois posicionamentos. Em Bordeaux, normalmente age como fruto complementar da nobre Sémillon, tanto nos estupendos Pessac-Léognan brancos como nos incríveis Sauternes. Entretanto, no Loire ela brilha sozinha nos deliciosos Sancerre Blanc e Pouilly-Fumé. Esses brancos, quando varietais, são pálidos, leves, com acidez pronunciada, muito aromáticos e refrescantes. Dão perfeitos vinhos "de piscina", para serem consumidos jovens. Alguns preferem a sua versão amadeirada, chamada pelos californianos de Fumé Blanc.

Outras áreas de disseminação: Itália (Friuli e Alto Adige), Espanha (Rueda e Cataluña), Áustria, Estados Unidos (Califórnia), Canadá, Argentina, Chile (maior produtor mundial dessa variedade), Uruguai, Austrália, Nova Zelândia (ótimos exemplares), África do Sul e Brasil.

Riesling ou Riesling Renano (BR) • Uma das grandíssimas uvas do mundo, tendo como centro de atuação o Centro-Norte da Europa. É a minha cepa preferida dentre todas as brancas. Os melhores exemplares originam-se no mundo germânico, particularmente nas regiões de Mosel-Saar-Ruwer, Rheingau e Pfalz (Alemanha) e Wachau e Burgeland (Áustria). A franco-alemã Alsace também elabora alguns brancos dessa variedade dignos de nota.

Sua enorme virtude está em ser uma das cepas mais ecléticas do globo, junto com a Chenin Blanc. Produz vinhos excepcionais, como espumantes secos, brancos secos, brancos meio secos, brancos meio doces, brancos doces e brancos docíssimos. São elegantes, pouco alcoólicos, perfumados, com um agradável e característico "apetrolado" e com incrível equilíbrio entre doçura e acidez.

Também está espalhada por vários outros locais: Itália, Espanha (Cataluña), Estados Unidos (Califórnia e Oregon), Canadá, Argentina, Chile, Austrália, Nova Zelândia, África do Sul e Brasil. A uva simplesmente denominada "Riesling" em nosso país é invariavelmente a Riesling Itálico, que não tem nenhuma correlação com a Riesling Renano.

Gewürztraminer ou Traminer Aromatico (IT) • Variedade rosada com zona de difusão muito similar à da Riesling. É nativa do Süd Tiroler (ou Tirol Meridional), que passou como espólio de guerra para a Itália, sob a designação de Alto Adige. Embora presente na Alemanha e na Áustria, sua melhor expressão dá-se na Alsace.

Seus vinhos – sejam secos, meio secos ou doces – mostram-se com aroma fortemente moscado, de rosa e lichia, encorpados, com acidez médio-baixa e condimentados. A personalidade e aromaticidade desses vinhos são tão marcantes que quem os bebe uma vez jamais os esquece.

Outras regiões produtoras: Estados Unidos (Califórnia), Canadá, Argentina, Chile, Nova Zelândia e Brasil.

Pinot Gris [ex-Tokay d'Alsace], Grauburgunder (DE, AT), Ruländer (DE) ou Pinot Grigio (IT) • Uva rosada, conforme atesta o seu nome, oriunda de mutação da Pinot Noir. É originária da Bourgogne, onde hoje é pouco plantada. É mais cultivada na Alsace, constituindo-se numa das quatro nobres, junto com a Riesling, a Gewürztraminer e a Muscat. Confesso ser essa a minha uva alsaciana predileta.

Dá brancos de aroma rico e condimentado, muito densos, de média acidez e saborosíssimos. É uma das cepas que se encontram em ascensão no mercado mundial, notadamente no norte-americano.

Também difundidas nas seguintes localidades: França (Savoie), Itália (Friuli, Trentino-Alto Adige e Veneto), Alemanha, Áustria, Estados Unidos (Califórnia e Oregon), Canadá e Nova Zelândia.

Pinot Blanc, Weissburgunder (DE, AT), Clevner (DE) ou Pinot Bianco (IT) • Casta também resultante de mutação da Pinot Noir, só que nesse caso tem coloração branca. Na região da Bourgogne, onde ela surgiu, sua importância é cada vez mais declinante. Sua maior superfície de cultivo situa-se na Alsace.

Origina vinhos de mesa encorpados e com um delicado aroma de frutas brancas, sendo por isso muito empregada nos gostosos espumantes Crémant d'Alsace.

Outras zonas com plantações são França (Alsace), Itália (Friuli e Trentino-Alto Adige), Alemanha, Áustria, Canadá, Uruguai e Brasil.

Chenin Blanc, Pineau de la Loire ou Steen (ZA) • Cultivar típico do centro do Loire, produzindo ampla gama de brancos, de secos (despontando Savennières e Vouvray), meio secos (Vouvray) e doces botritizados (Quarts-de-Chaume, Bonnezeaux, Côteau-du-Layon e Vouvray) a espumantes naturais (Vouvray).

Seus vinhos são bastante variáveis e, dependendo do *terroir* e da safra, podem oscilar de médios a grandes. Entretanto, de forma geral possuem um perfume algo frutado-floral, sendo de médio corpo e com acidez pronunciada, imprescindível para vinhos doces e espumantes de escol.

Também presente nos Estados Unidos (Califórnia), Canadá, Argentina, Austrália, Nova Zelândia, África do Sul (maior produtor mundial dessa cepa) e Brasil.

Viognier • Variedade gaulesa de alta qualidade, mas infelizmente muito pouco cultivada por seu baixíssimo rendimento. É originária do norte do Rhône, onde gera os delicados Château Grillet e Condrieu. Pode ser adicionada em até 20% à Syrah nos tintos da Côte Rôtie, para dar maior complexidade aromática.

Fornece brancos secos, de médio corpo, de moderada acidez, com um intenso *flavor* floral, que são melhores se apreciados ainda jovens.

Outros locais de ocorrência: Estados Unidos (Califórnia), Canadá, Argentina e Chile.

Viura, Macabeo ou Macabeu (FR) • Uma das melhores cepas hispânicas, sendo a clara mais cultivada do Norte do país, seu local de origem. É a rainha branca de Rioja, com a maioria esmagadora das plantações de claras. Na Cataluña, é a mais cultivada do trio de nativas, completado pela Parellada e Xarel-lo, que servem de base para os ótimos espumantes naturais chamados de Cava.

Na elaboração de vinhos jovens e frutados, ela não descortina toda a exuberância encontrada nos exemplares barricados. Os Rioja brancos fermentados em barricas, das categorias Crianza e Reserva, denotam um amadeirado profundo, complexo e bem integrado com o *flavor* de ervas nobres e frutado. São densos, quase oleosos, nervosos e com um longo e cativante final de boca.

Também se encontra na Espanha (Navarra e Aragón) e na França (Sudoeste).

Palomino, Listán, Perrum (PT) ou Listan (FR) • Cultivar espanhol que ocupa 95% dos parreirais de Jerez, situados em terrenos muito calcários. A Palomino Fino é a responsável pelos melhores vinhos generosos secos do globo, os xerezes dos tipos Manzanilla, Fino, Amontillado Viejo, Palo Cortado Viejo e Oloroso Viejo.

Também difusa na Espanha (Rueda), Portugal (Alentejo), França (Sul), Austrália e África do Sul.

Verdejo • Cepa nativa da comunidade autônoma espanhola de Castilla y León. O Rueda Superior, com no mínimo 85% dessa variedade e seis meses em carvalho, é um dos melhores brancos barricados do país, rivalizando com os Rioja Blancos.

Seus brancos são amarelo-verdosos, com sutil e agradável aromaticidade, boa acidez e gulosos, isto é, enchem a boca prazerosamente.

Alvarinho (PT) ou Albariño (ES) • Casta de alta qualidade responsável pelos melhores brancos frutados da Península Ibérica. É cultivada na região fronteiriça entre Portugal e Espanha. No território português, encontra-se em Monção, sub-região de Vinhos

Verdes, onde origina os mais sérios e conceituados brancos dessa denominação. Na Espanha, situa-se do outro lado do rio Minho, na DO Rías Baixas, na Galicia.

Seus vinhos varietais têm excelente aromaticidade e acidez refrescante. São mais alcoólicos, mais encorpados e mais longevos que todos os demais brancos do Minho e da Galicia.

Arinto ou Pedernã • Ótima cepa lusitana disseminada por todo o país, desde a região nortista dos Vinhos Verdes até o sulino Alentejo. Entretanto, é nos solos argilo-arenosos e margosos de Bucelas que ela mostra a sua melhor faceta.

Quando de monocasta – como dizem os portugueses –, seus brancos são intensa e agradavelmente aromáticos e com ótimo nervo. Também muito empregada com outras variedades autóctones, proporcionando acidez imprescindível, pois muitas delas são carentes desse atributo.

Grüner Veltliner ou Weissgipfler • Uva nativa e típica da Áustria, propagada em um terço dos vinhedos do país. Seus vinhos são muito servidos como *heurigen*, isto é, brancos do ano, nas tavernas ao redor de Viena.

Muitos países da Europa oriental também cultivam a Grüner Veltliner, geralmente presente em brancos jovens e frutados, com aromas de maçã verde, toranja e um caráter pedregoso. Na boca eles são frescos, de médio corpo e com *flavor* apimentado. Quando elaborados numa versão mais séria, pelos melhores produtores do Wachau e Kamptal, apresentam profundidade e personalidade surpreendentes para quem não os conhece, rivalizando mesmo com os Riesling.

Furmint • Variedade emblemática húngara, associada ao melhor produto vinícola do país, os grandes vinhos de sobremesa de Tokay ou Tokaji (HU). Comporta-se da mesma forma que a Sémillon para Sauternes, contribuindo com cerca de 70% da mescla, além de também ser propícia à botritização. Tanto na Hungria quanto em outras regiões da Europa oriental, existem em versão de branco seco, contudo sem a nobreza dos adocicados.

Torrontés • Cepa originária da Galicia, onde hoje é pouco encontrada, foi transplantada para a Argentina. Nesse país é de longe a variedade branca mais cultivada, notadamente na província de Salta.

Origina brancos assaz aromáticos, lembrando a Moscatel e a Gewürztraminer no nariz, mas bem secos de sabor.

OUTRAS UVAS BRANCAS

Variedades	Regiões
Airén	Espanha (Castilla La Mancha, Extremadura e Murcia)
Albana	Itália (Emilia-Romagna)
Albillo	Espanha (Castilla y León, Castilla La Mancha e Galicia)
Alcañon	Espanha (Somontano)
Aligoté	França (Bourgogne) e Europa oriental
Altesse ou Roussette	França (Savoie)
Antão Vaz	Portugal (Alentejo)
Arneis	Itália (Piemonte)
Auxerrois Blanc	França (Alsace) e Canadá
Avesso	Portugal (Vinhos Verdes)
Bacchus [Silvaner/Riesling x Müller-Thurgau]	Alemanha e Canadá
Bical [ex-Borrado das Moscas]	Portugal (Dão, Bairrada e Alentejo)
Bourboulenc	França (Rhône e Sul)
Cape Riesling, Crouchen Blanc (FR) ou Clare Riesling (AU)	África do Sul, França (Sudoeste) e Austrália
Catarratto Bianco	Itália (Sicília)
Chasselas (FR), Fendant (CH), Gutedel (DE) ou Marzemina Bianca (IT)	Suíça, França (Savoie, Alsace e Loire), Alemanha, Itália (Liguria), Chile e Nova Zelândia
Clairette Blanc	França (Rhône e Sul), Itália (Sardegna) e África do Sul
Colombard, French Colombard (US) ou Colombar (ZA)	França (Cognac e Armagnac), Estados Unidos (Califórnia), Austrália, África do Sul e Brasil
Cortese	Itália (Piemonte, Lombardia e Veneto)
Ehrenfelser [Riesling x Silvaner]	Alemanha e Canadá
Elbling ou Alva (PT)	Alemanha (Sekt), Europa oriental e Portugal (Beiras)
Emerald Riesling [Riesling x Muscadelle]	Estados Unidos (Califórnia)
Encruzado	Portugal (Dão)
Erbaluce	Itália (Piemonte)
Faber [Müller-Thurgau x Weissburgunder]	Alemanha
Falanghina	Itália (Campania)
Fernão Pires ou Maria Gomez	Portugal (Bairrada, Estremadura, Setúbal, Ribatejo e Alentejo)
Fiano	Itália (Campania)
Flora [Gewürztraminer x Sémillon]	Estados Unidos (Califórnia) e Brasil
Folle Blanche, Gros Plant ou Picpoul	França (Loire, Cognac e Armagnac) e Estados Unidos (Califórnia)

PRINCIPAIS VARIEDADES VINÍFERAS

Variedades	Regiões
Garganega	Itália (Veneto)
Garnacha Blanca ou Grenache Blanc (FR)	Espanha (Cataluña, Rioja, Navarra e Aragón) e França (Sul)
Godello	Espanha (Galicia)
Gray Riesling ou Trosseau Gris (FR)	Estados Unidos (Califórnia), França (Jura) e Nova Zelândia
Grechetto	Itália (Umbria)
Greco ou Greco di Tufo	Itália (Campania e Calabria)
Gros Manseng	França (Jurançon)
Hárslevelü	Hungria (Tokaji)
Huxelrebe [Gutedel x Courtillier Musqué]	Alemanha
Inzolia ou Ansonica	Itália (Sicília)
Jacquère	França (Savoie)
Kerner [Trollinger x Riesling]	Alemanha e Canadá
Loureiro ou Loureira (ES)	Portugal (Vinhos Verdes) e Espanha (Galicia)
Malvasia (IT, ES, PT), Monemvasia (GR), Malvoisie (FR), Malvasier (DE, AT) ou Malmsey (UK)	Grécia, Itália (continente e ilhas), Espanha (Rioja, Valencia e Penedés), Portugal (Madeira e continente), França (Córsega), Áustria, Alemanha, Estados Unidos (Califórnia) e Brasil
Malvasia Fina, Boal ou Bual (UK) [ex-Arinto do Dão]	Portugal (Porto, Douro, Dão, Setúbal e Madeira)
Marsanne	França (Rhône e Sul) e Austrália
Merseguera	Espanha (Valencia e Tarragona)
Morio-Muskat [Silvaner x Weissburgunder]	Alemanha
Müller-Thurgau ou Rivaner [Riesling x Gutedel, e não Silvaner]	Alemanha, Áustria, Suíça, Itália (Alto Adige e Friuli), Europa oriental e Nova Zelândia
Muscadelle	França (Bordeaux – Sauternes – e Sudoeste) e Austrália
Muscadet ou Melon de Bourgogne	França (Loire)
Muscat Blanc, Muscat de Frontignan (FR), Muskuti (GR), Moscato Bianco (IT), Moscatel de Grano Menudo (ES), Moscatel Branco (PT), Muskateller (DE, AT), White Muscat (US, NZ), Brown Muscat (AU) ou Muskadel (ZA)	Grécia, França (Sul, Rhône e Alsace), Itália, Espanha, Portugal, Alemanha, Áustria, Europa oriental, Estados Unidos (Califórnia), Austrália, Nova Zelândia, Argentina, África do Sul e Brasil
Muscat de Alexandrie (FR), Moscatel de Málaga (ES), Moscatel de Setúbal (PT), Zibibbo (IT), Moscatel de Alejandria (CL), Muscat Gordo Blanco (AU) ou Hanepoot (ZA)	Grécia, Espanha (Valencia e Andaluzia), Portugal (Setúbal), França (Sul), Itália (Sul e ilhas), Estados Unidos (Califórnia), Chile, Austrália, Nova Zelândia e África do Sul
Neuburger ou Grüner Burgunder [Roter Veltliner x Silvaner]	Áustria

Variedades	Regiões
Nobling [Silvaner x Gutedel]	Alemanha
Optima [Riesling/Silvaner x Müller-Thurgau]	Alemanha
Ortega [Müller-Thurgau x Siegerrebe]	Alemanha e Canadá
Petit Manseng	França (Jurançon)
Parellada ou Montonec	Espanha (Cataluña – Cava e Penedés)
Pedro Ximenez ou P.X.	Espanha (Andaluzia, Valencia e Castilla La Mancha) e Austrália
Perle [Gewürztraminer x Müller-Thurgau]	Alemanha
Peverella ou Pfeffertraube (IT-Tirol)	Itália (Norte), Estados Unidos (Califórnia) e Brasil
Picolit	Itália (Friuli)
Picpoul Gris	França (Rhône e Sul)
Prosecco	Itália (Veneto) e Brasil
Rabo de Ovelha ou Rabigato	Portugal (Vinhos Verdes, Porto, Douro, Dão, Bairrada, Estremadura, Setúbal, Ribatejo e Alentejo)
Ribolla Gialla	Itália (Friuli) e Europa oriental
Rieslaner [Riesling x Silvaner]	Alemanha
Riesling Itálico ou Welschriesling (AT)	Áustria, Itália (Friuli e Trentino-Alto Adige), Europa oriental e Brasil
Rkatsiteli	Geórgia, Rússia e Europa oriental
Roussanne	França (Rhône e Sul)
Savagnin	França (Jura)
Scheurebe [Riesling x Silvaner]	Alemanha
Sercial, Esgana Cão ou Esganoso	Portugal (Vinhos Verdes, Porto, Douro, Estremadura e Madeira)
Siegerrebe [Madeleine Angevine x Gewürztraminer]	Alemanha
Silvaner (DE) ou Sylvaner (FR)	Alemanha (Franken), França (Alsace) e Brasil
Síria ou Roupeiro [ex-Códega]	Portugal (Porto, Douro, Setúbal e Alentejo)
Terrantez ou Folgazão	Portugal (Porto, Douro, Dão e Madeira)
Tocai Friulano, Sauvignonasse (FR) ou Sauvignon Vert (FR)	Itália (Friuli), França, Argentina e Chile
Torbato	Itália (Sardegna)
Trajadura ou Treixadura (ES)	Portugal (Vinhos Verdes) e Espanha (Galicia)
Trebbiano, Ugni Blanc (FR), Saint Emilion (FR) ou Tália (PT)	Itália (Centro), França (Sul, Rhône, Cognac e Armagnac), Portugal (Estremadura e Ribatejo), Europa oriental, Argentina, Austrália e Brasil
Trincadeira das Pratas ou Tamarez	Portugal (Estremadura, Setúbal, Ribatejo e Alentejo)

Variedades	Regiões
Verdelho ou Gouveio	Portugal (Porto, Douro, Dão e Madeira) e Austrália
Verdicchio	Itália (Marche)
Verduzzo	Itália (Friuli e Veneto)
Vermentino ou Rolle (FR)	Itália (Sardegna, Liguria e Toscana) e França (Córsega e Provence)
Vernaccia	Itália (Toscana, Marche e Sardegna)
Viosinho	Portugal (Porto e Douro)
Xarel-lo ou Pansà Blanca	Espanha (Cataluña – Cava e Alella)

O VINHO

Não se sabe quando o homem começou a fazer vinho, mas, como foram encontradas sementes de uva em cavernas pré-históricas da Ásia ocidental, presume-se que essa bebida seja muito mais velha que a escrita. É pouco provável, no entanto, que esses nossos antepassados soubessem fermentar a uva. A descoberta deve ter sido acidental, quando alguém esmagou um cacho de uva e fez-se o vinho!

Já na primeira metade do terceiro milênio antes de Cristo, artistas de Ur (antiga cidade da civilização suméria, hoje em território iraquiano) criaram um painel mostrando uma cena de libação.

As pesquisas arqueológicas mostram qual foi a rota da difusão do vinho. Do seu local de origem, na Ásia Menor, a viticultura propagou-se inicialmente pelo Oriente Médio e depois pelo Norte da África (Egito) e por todo o Mediterrâneo. Os gregos, que até tinham um deus do vinho, Dioniso, levaram a videira e a arte da vinicultura para suas colônias gregas da Sicília, ao mesmo tempo que os navegadores fenícios, cerca de 20 séculos antes da era cristã, difundiam a viticultura em Roma e entre outros povos mediterrâneos. Os romanos, mais tarde muito influenciados pela cultura grega, criaram o seu deus do vinho, Baco, à imagem de Dioniso.

Com as conquistas romanas, os vinhedos se espalharam da península itálica por toda a Europa, inicialmente na Gália, depois na Suíça, na Alemanha e até mesmo na Grã-Bretanha.

De acordo com os relatos do historiador grego Políbio, o seu povo já vendia vinhos no território em que é hoje Portugal um século antes de Cristo, sendo provável que por volta dessa época se tenha iniciado a viticultura na região.

Nos primórdios do século XVI, a viticultura constituía em Portugal importante setor de sua agricultura. Por esse motivo, os navegantes levavam consigo às terras recém-descobertas bacelos para plantá-los. Assim, iniciou-se a viticultura no Brasil.

Ao longo dos séculos o homem foi aprendendo a aprimorar as técnicas de elaboração do vinho, primeiro pelo método de tentativa e erro e depois cientificamente, com as descobertas de Louis Pasteur (1822-1895) sobre os princípios da fermentação alcoólica e as da microbiologia.

O VINHO NA BÍBLIA

Pesquisas arqueológicas indicam que o homem passou a cultivar videiras na região que hoje compreende a Geórgia, a Armênia e o Norte do Irã. De certa forma, confirmam a Bíblia, que situa o início do cultivo da videira nas encostas do Ararat (no leste da Turquia, na região conhecida historicamente por Armênia). Foi aí que Noé, ao desembarcar da arca, plantou a uva e fez o vinho. A propósito: o vinho é mencionado 155 vezes no Velho Testamento e dez vezes no Novo.

DEFINIÇÃO

As bebidas, segundo as leis brasileiras vigentes, são classificadas em:

- **Não alcoólicas (até 0,5% álcool):** fermentadas e não fermentadas

- **Alcoólicas (acima de 0,5% álcool):**
  Fermentadas (vinho, cerveja etc.)
  Por mistura (licor, amargo, *cooler*, sangria etc.)
  Fermento-destiladas:
  - Destilada (conhaque, bagaceira, uísque, rum, cachaça etc.)
  - Destilada-retificada (gim, vodca etc.)

Ainda segundo a mesma legislação, o vinho é a bebida obtida pela fermentação alcoólica, total ou parcial, do mosto (suco de uva). As leveduras – microrganismos unicelulares – que se alojam em sua casca, à medida que ela amadurece, quando em contato com o mosto produzem enzimas que convertem os açúcares fermentescíveis (glicose e frutose) em álcool etílico e dióxido de carbono (gás carbônico), que normalmente é descartado, exceto no caso dos vinhos espumantes.

COMPOSIÇÃO

Felizmente para quem o aprecia, o vinho não é apenas uma bebida hidroalcoólica, pois em sua elaboração são gerados alguns subprodutos: glicerina ou glicerol (álcool superior, que transmite untuosidade), ácidos (além dos já presentes na fruta), aldeídos e ésteres (compostos aromáticos) etc.

A fórmula que expressa a reação principal da fermentação é:

$$C_6H_{12}O_6 \xrightarrow{\text{levedos}} 2C_2H_6O + 2CO_2$$

Dessa equação resulta estequiometricamente que são necessários 16,5 gramas de açúcar para produzir 1% de álcool.

Veja quais são as principais substâncias que compõem o mosto e o vinho:

Componentes	Mosto (1 litro)	Vinho (1 litro)	Notas
Água	700 ➡ 900 g	700 ➡ 900 g	
Açúcares	100 ➡ 300 g	menos de 1,7 g	Vinho plenamente seco
		até 180 g	Vinho botritizado
Álcoois (etanol e outros)	–	44 ➡ 132 g	5,5–16,5% em volume
Álcoois superiores			
Glicerina (ou glicerol)	–	4 ➡ 12 g	Maioria dos vinhos
		14 ➡ 16 g	Vinho botritizado
Butileno-glicol	–	0,3 ➡ 1,5 g	O outro álcool superior gerado na fermentação
Ácidos orgânicos fixos			
Tartárico	5,0 ➡ 7,0 g	2,0 ➡ 5,0 g	
Málico	1,0 ➡ 8,0 g	0,25 ➡ 4,0 g	Se houver fermentação malolática, cai mais
Cítrico	0,15 ➡ 0,3 g	0,1 ➡ 0,2 g	
Succínico	–	0,5 ➡ 1,3 g	Gerado durante a fermentação
Lático	–	0,2 ➡ 0,4 g	Pela fermentação alcoólica
		1,0 ➡ 2,5 g	Se houver fermentação malolática
Ácido orgânico volátil			
Acético	–	0,3 ➡ 0,6 g	Sempre gerado
Ácidos inorgânicos	0,3 ➡ 1,0 g	0,16 ➡ 0,85	Permanecem no vinho quase totalmente sob a forma de sais neutros
Fosfórico			
Sulfúrico			
Clorídrico etc.			
Sais dos ácidos	3,0 ➡ 9,0 g	2,0 ➡ 4,0 g	Originados de ácidos minerais e orgânicos

Componentes	Mosto (1 litro)	Vinho (1 litro)	Notas
Aldeídos e ésteres	–	0,8 ➡ 1,2 g	Gerados na fermentação, aumentam com o envelhecimento
Compostos fenólicos			Absorvidos durante a maceração
Taninos		1,0 ➡ 3,0 g	Tintos (brancos, menos de 0,35 g)
Antocianos		0,2 ➡ 2,0 g	
Matérias proteicas			Diminuem na fermentação
Compostos nitrogenados	0,25 ➡ 1,4 g	0,15 ➡ 0,8	Aminoácidos, proteínas etc.
Polissacarídeos	2,5 ➡ 6,0 g	1,0 ➡ 3,0 g	Pectinas, gomas, mucilagens etc.
Vitaminas		traços	

PRINCIPAIS ELEMENTOS

Água • Trata-se de água vegetal biologicamente pura, sendo o maior componente do vinho, contribuindo com 70% a 90% de seu volume.

Açúcares • Compostos sempre presentes, mesmo em vinhos extremamente secos, que os possuem em quantidades infinitesimais. Esses açúcares redutores, originados da uva, são basicamente as hexoses (glicose e frutose) e as pentoses (arabinose e xilose). Ao final da fermentação, resta das hexoses (açúcares fermentáveis) apenas uma quantidade mínima de frutose e de glicose. Já as pentoses (açúcares não fermentáveis) mantêm-se integralmente no vinho.

Álcoois • Formam-se a partir do açúcar, representando em volume 5,5% a 16,5% do vinho. São de vital importância tanto para a longevidade como para a qualidade dos vinhos. O álcool se combina gradativamente com os ácidos para produzir os ésteres, elementos básicos do buquê. As propriedades antissépticas do álcool ajudam a inibir o crescimento de bactérias nocivas ao vinho, composto em sua quase totalidade por álcool etílico ou etanol e por uma pequeníssima fração de álcool metílico ou metanol (menos de 0,35 g/l) e outros.

Glicerina (ou glicerol) • É um álcool superior, sendo o mais importante subproduto da fermentação, transmitindo ao vinho doçura e maciez. Antigamente era tida erroneamente como responsável pelas "pernas" que aparecem na parede dos copos.

Hoje se sabe que estas resultam, na verdade, do álcool etílico. Os vinhos botritizados são os mais ricos em glicerina entre todos os vinhos.

Ácidos • Transmitem ao vinho o seu frescor. Um vinho deficiente em ácidos torna-se "chato", ao passo que com excesso de ácidos fica desarmônico. Os ácidos orgânicos transmitem à língua a sensação de uma picada de agulha. Os ácidos fixos – tartárico, málico e cítrico – diminuem sua presença no vinho, pois formam em parte sais (tartaratos, malatos e citratos) e se precipitam. Convém ressaltar que o ácido tartárico só é encontrado na uva e em nenhuma outra fruta. Os vinhos brancos são geralmente mais ácidos que os tintos. O teor de acidez varia entre 3,5 g/l expressos em ácido tartárico (valor mínimo para um vinho de mesa, conforme regulamento da União Europeia) e 16,5 g/l, presentes em vinhos muito doces, para equilibrar sua acidez. A presença de acidez volátil no vinho é normal, sendo intolerável, porém, quando em excesso. O teor máximo tolerado legalmente no Brasil é de 1,2 g/l expressos em ácido acético.

Sais dos ácidos • São os sais dos ácidos minerais ou inorgânicos e de alguns ácidos orgânicos (estes estão sujeitos a precipitações). Os mais importantes orgânicos são o bitartarato de potássio e o tartarato neutro de cálcio. Os sais minerais (carbonatos, fosfatos, sulfatos e cloretos) são principalmente dos cátions potássio, cálcio e magnésio. Esses sais transmitem o gosto salgado.

Aldeídos e ésteres • Os primeiros são formados pela oxidação dos álcoois; os segundos resultam da combinação de ácidos e álcoois. O aldeído e o éster mais importantes são respectivamente o acetaldeído e o acetato de etila. Ambos, apesar de existentes em quantidades diminutas, representam importantíssimo papel no vinho, particularmente em seu buquê.

Compostos fenólicos • Estão presentes na casca das uvas e são constituídos principalmente pelos taninos e antocianos, estes responsáveis pela cor dos vinhos tintos.

FATORES DE QUALIDADE

O vinho, por resultar da fermentação natural da uva, tem a sua qualidade influenciada diretamente pelos seguintes fatores:

- solo;
- clima;
- uva (matéria-prima);
- produtor (tecnologia).

Excetuando o segundo, todos os demais fatores podem ser, em maior ou menor grau, objeto de melhoramentos feitos pelo homem.

Os franceses cunharam a palavra *terroir* para expressar o conjunto de condições ambientais de um sítio que justifiquem a primazia de um grande vinho em relação a um produto vizinho de qualidades mais discretas. O sistema cunhado para as AOCs francesas pauta-se fortemente por esse conceito.

Portanto, o conceito de *terroir* engloba:

solo (características físicas e químicas) • tipo (calcário, granito, ardósia etc.), textura (argila, silte, areia e cascalho), estrutura ou porosidade (permeabilidade ou retenção de água), profundidade, cor (afeta a temperatura do solo) e teor de produtos químicos (acidez/alcalinidade e nutrientes);
topografia • inclinação do terreno, exposição solar e altitude;
clima • (mesoclima e microclima): temperatura, insolação, ventos, pluviosidade e irrigação.

Por outro lado, os especialistas do Novo Mundo tendem a minimizar o papel do *terroir* e valorizar bem mais o macroclima. ⊙ VEJA NA P. 123 A CLASSIFICAÇÃO DE CLIMAS.

SOLO

Os aspectos físicos do solo são mais determinantes que os seus componentes químicos, uma vez que podem ser adicionados na ausência de determinados elementos químicos, nutrientes e minerais.

O tipo de solo mais recomendado à parreira deve ser profundo, leve (muito arenoso e pouco argiloso), solto (permitindo a respiração das raízes), permeável, eventualmente pedregoso, com equilíbrio de areia (o que ocorre com a maioria), silte ou limo e argila e com pH ideal situado ao redor de 7 (neutro).

Nas regiões muito frias, a presença de pedregulhos na superfície do terreno e a proximidade de grandes volumes de água ajudam na radiação adicional de calor para as vides. Por outro lado, em regiões quentes, são desejáveis solos mais frios.

Normalmente os solos mais arenosos precisam de mais adubação orgânica que os argilosos, porém são drenados com maior facilidade. Os solos muito arenosos permitem até que as videiras sejam plantadas em pé franco, visto que a filoxera não prolifera nesse meio.

Solos muito argilosos são inadequados, pois, sendo pouco permeáveis, submetem as videiras a condições muito úmidas. Umidade no solo só é interessante no período de crescimento dos frutos. Já na maturação e na vindima, os solos secos são os que dão as melhores uvas.

O solo pedregoso ajuda a irradiar o calor para a videira

Terrenos muito ácidos, com pH abaixo de 6, devem ser corrigidos com calcário. Por outro lado, terrenos excessivamente calcários, com pH superior a 8,5, são vulneráveis à clorose calcária (doença da vinha com a qual a folhagem torna-se amarelada devido à falta de clorofila). Os solos do Rio Grande do Sul são normalmente ácidos, ao contrário dos europeus, mais alcalinos, graças à maior presença de calcário.

A videira prefere um terreno de encosta, com boa exposição solar, como aqueles que faceiam o norte (no hemisfério sul) e o sul (no hemisfério norte). Os terrenos com exposição contrária a essas não são convenientes para o cultivo da videira, pois, além de receberem pouco sol, são fustigados por ventos frios polares. Os terrenos de meia encosta (no meio da encosta) têm uma vantagem adicional: a água das chuvas acumula-se mais abaixo, no vale.

O terreno plano também é adequado, desde que esteja abrigado daqueles ventos e não seja baixo nem úmido.

Em suma, o terreno ideal para a localização de um vinhedo deve preencher os seguintes requisitos:

- ter fertilidade média a baixa (produções moderadas a baixas);
- não ser úmido demais (com boa permeabilidade);
- ser profundo;
- ser relativamente neutro (pH entre 6,5 e 8,0);
- não ser muito salgado;
- ter exposição preferencial norte ou sul, conforme o hemisfério.

CLIMA

As principais zonas vitícolas do mundo encontram-se em regiões de clima temperado, aproximadamente entre as latitudes de 30° e 50°, tanto no hemisfério norte como no hemisfério sul ⊙ VEJA O MAPA VINÍCOLA DO MUNDO NAS PP. 204-205.

Na realidade, os pontos extremos estão além e aquém dessas linhas de referência. O vinhedo mais setentrional do planeta situa-se próximo ao paralelo de 55° Norte, em Durham, na Inglaterra; o mais meridional, quase no paralelo de 45° Sul, em Central Otago, na Nova Zelândia.

Essas latitudes mais extremas dizem mais respeito às uvas claras. As castas negras necessitam climas mais ensolarados e quentes para adquirir colorações suficientemente fortes. Portanto, as latitudes ideais para a cultura das uvas escuras são mais afastadas do paralelo de 50°.

Cabe assinalar que existe uma zona vinícola brasileira localizada em pleno semiárido nordestino, cortada pelo paralelo de 9° Sul. É a região do Vale do São Francisco, que será abordada no capítulo "Brasil" ⊙ VEJA NAS PP. 576-79.

Os pesquisadores M. Amerine e A. Winkler, da Universidade da Califórnia em Davis, desenvolveram uma metodologia muito interessante para a classificação dos cinco macroclimas existentes nas regiões vitivinícolas do mundo. A escala de graus-dia (ou graus Winkler) foi criada com base na Fahrenheit, mas vamos apresentá-la convertida para graus Celsius.

O grau-dia é calculado considerando a diferença entre a temperatura média diária e o piso de 10ºC. Por exemplo:

Grau-dia = [(temperatura mais alta + mais baixa) : 2] - 10 = [(36 + 18) : 2] -10 = 27 - 10 = 17 gd

Utilizando a somatória de todos os graus-dia (gd) no período de crescimento anual da videira, isto é, nos sete meses entre 1º de abril e 31 de outubro (no hemisfério norte), obtemos o valor em graus-dia da região. A classificação adotada é a seguinte:

Região	Graus-dia (ºC)
I (fria)	abaixo de 1.390
II (moderadamente fria)	1.391 ➡ 1.666
III (moderadamente quente)	1.667 ➡ 1.945
IV (quente)	1.946 ➡ 2.222
V (muito quente)	acima de 2.223

Exemplificando a tabela, a região I engloba, por exemplo: Mosel (Alemanha), Champagne e Bourgogne (França); a região II: Bordeaux (França); a região III: Rhône (França) e Norte da Itália; a região IV: Espanha central; e a região V: Norte da África e San Joaquin Valley (Estados Unidos).

As condições climáticas influem muito na qualidade do vinho. Locais pouco ensolarados produzem vinhos ácidos, ao passo que o sol forte faz que as uvas concentrem mais açúcar e produzam vinhos com maior teor alcoólico e menor acidez. As uvas colhidas em anos chuvosos terão menos açúcares e mais ácidos, necessitando da adição de sacarose (chaptalização) para atingir o grau alcoólico mínimo à conservação do vinho. Um ano frio produzirá vinhos de baixa graduação alcoólica.

Os vinhos de mesa de qualidade são elaborados em regiões com verões amenos; verões excessivamente quentes e secos são mais propícios à produção de uvas de mesa e de vinhos licorosos de alta graduação alcoólica.

Veja como deveria ser o clima ideal para o cultivo da parreira:

- inverno suficientemente frio para permitir o repouso do arbusto;
- na época do crescimento e frutificação, muito calor, com chuvas ocasionais;
- na maturação da uva, ausência de chuvas e suficiente calor e insolação de dia, propiciando a obtenção de uvas perfeitamente – mas lentamente – maduras, com

bom balanceamento de açúcares e ácidos e isentas de doenças; à noite, contudo, temperaturas baixas, para que o fruto desenvolva aromas e polifenóis finos;
- após a colheita, com a chegada do outono, um declínio progressivo da temperatura, até o início da nova fase de repouso vegetativo da planta.

A irrigação das parreiras é proibida em certos países, como a França e grande parte dos países europeus. Entretanto, é permitida, dentro de certos limites, em regiões notadamente carentes de água, tais como Argentina e Chile. Esses dois países utilizam a abundante e barata água dos degelos dos Andes.

Dos sistemas de irrigação empregados, o mais recomendado é o de "gotejamento", que dosa a quantidade necessária por pé, em vez do arcaico método de "inundação".

Transcrevo a seguir os índices pluviométricos de determinadas regiões vitícolas.

Região	Pluviosidade (mm/ano)
Alentejo (Portugal)	657
Barossa Valley (Austrália)	502
Bento Gonçalves (Serra Gaúcha, Brasil)	1.799
Bordeaux (França)	851
Bourgogne (França)	705
Douro/Porto (Portugal)	400 ➞ 900
Mendoza (Argentina)	206
Monterey (Califórnia, EUA)	338
Mosel (Alemanha)	712
Napa (Califórnia, EUA)	860
Piemonte (Itália)	855
Rhône Sud (França)	610
Rías Baixas (Galicia, Espanha)	1.796
Rioja (Espanha)	480
Santana do Livramento (Fronteira Gaúcha, Brasil)	1.389
Santiago (Chile)	330
Toscana (Itália)	842
Vale do São Francisco (Brasil)	350
Vinhos Verdes (Portugal)	1.356
Ideal (sem irrigação)	700 ➞ 900

UVA

A uva é um fator fundamental na qualidade do vinho, pois de um bom fruto se pode obter um bom vinho, desde que o processo de elaboração seja cuidadoso. Com uvas de má qualidade é quase impossível produzi-lo.

Os seguintes procedimentos devem ser obedecidos para obter uvas de qualidade:

- escolher um terreno adequado (solo, exposição e clima);
- proceder à correção do solo (se necessário);
- plantar uvas de ótimas variedades (*Vitis vinifera* nobres);
- conduzir as parreiras com sistemas adequados (espaldeira);
- aplicar defensivos agrícolas (se necessário) que impeçam a proliferação de fungos e bactérias;
- podar as plantas a fim de evitar a proliferação de galhos em detrimento dos frutos;
- visar principalmente à qualidade e não à quantidade na produção de uvas, portanto restringindo ao máximo a produção por pé;
- colher as uvas em tempo seco e com cuidado para evitar que os bagos sejam danificados, iniciando as atividades pré-fermentativas. Além disso, é importante só colher frutos perfeitamente maduros e sãos, cujos açúcares, ácidos e polifenóis tenham atingido equilíbrio ideal.

Sem dúvida, porém, o aspecto mais importante na viticultura é o terceiro, a variedade da uva, conforme a relação apresentada no capítulo anterior, "A uva".

Uvas em passificação para elaboração de vinho Amarone

PRODUTOR

Um fator preponderante na elaboração de bons vinhos é o produtor. Como em todos os ramos das atividades humanas, existem vinícolas inferiores, medíocres (no sentido pouco utilizado no Brasil, isto é, "medianas"), boas, muito boas e excepcionais. Logo, recomendo fortemente que sejam escolhidos sempre vinhos dos produtores de destaque, ou seja, dos ótimos e dos "monstros sagrados", como diz um amigo meu.

Os melhores vinhateiros são geralmente reconhecidos nas safras inferiores, nas quais eles superam amplamente seus vizinhos menos aptos, pois fazer vinhos em colheitas favoráveis é bem mais fácil. Para isso, além dos equipamentos ideais empregados, mais importantes ainda são as tecnologias desenvolvidas tanto no campo quanto na cantina. No próximo capítulo, "A vinificação", veremos a tecnologia vínica em mais detalhe.

Cabe aqui uma pergunta: como saber se determinado produtor pertence ao grupo de elite? Você os encontra em várias publicações especializadas, nacionais e estrangeiras. A minha predileta é a revista mensal inglesa *Decanter*, que assino desde janeiro de 1987.

FUNÇÃO

Podemos dizer que um vinho é bom quando ele preenche adequadamente a função que dele se espera. Logo, existe uma ocasião mais propícia para o consumo de cada um, de acordo com sua classe e estilo.

Certas pessoas podem pensar que um bom vinho depende exclusivamente do preço – ou seja, vinho bom é vinho caro. Embora seja verdade que quanto maior o preço do vinho maior é o percentual de vinhos bons, o importante é que existem bons vinhos em quase todas as faixas de custo.

Entretanto, existe um limite inferior (cerca de US$ 5,00), abaixo do qual quase todos os vinhos são "aguadinhos", isto é, sem intensidade e cujo gosto não fica na boca. O bom vinho tem concentração de aroma e sabor e o seu retrogosto permanece perceptível por muitos segundos.

Você pode então escolher, dentro da gama de linhas disponíveis, qual o vinho mais apropriado tanto para a ocasião ideal de consumo quanto do ponto de vista econômico.

Mas faço aqui um lembrete: a questão de gosto é muito pessoal. Às vezes, o que é bom vinho para um pode não sê-lo para outro. Portanto, é bastante importante que você procure identificar (…e escrever numa pequena caderneta, para não esquecer!) quais os caldos que mais lhe agradaram em cada uma das ocasiões de consumo.

Outra forma de desenvolver e consolidar paulatinamente o seu gosto é ouvir a opinião de amigos mais experientes ou de especialistas. Na internet, por exemplo, você encontra uma série de páginas que divulgam notas de degustação para vinhos. A mais reputada é a de Robert Parker Jr. (www.erobertparker.com), conceituadíssimo crítico americano, de credibilidade inatacável, ainda que seu gosto não seja tão eclético. Outro *site* também muito visitado é o da revista americana *Wine Spectator* (www.winespectator.com), que serve de referência para muitos.

Para você que se inicia no fabuloso mundo de Baco, a ferramenta mais útil talvez seja o *Guia de Vinhos* de Hugh Johnson. Esse livro de bolso, de tiragem anual em inglês e ocasional em português, é muito prático, pois pode ser levado tanto para auxiliar sua compra de vinhos em lojas especializadas quanto para ajudar na escolha da bebida em restaurantes.

AS CLASSES DE VINHO

Na realidade, o vinho não é um produto único, mas sim composto de uma série de famílias. As principais classes, que abrangem todos os grandes vinhos do planeta, são: vinhos de mesa, vinhos espumantes naturais e vinhos licorosos/generosos.

O teor alcoólico dos vinhos varia de 5,5% a 24% em volume, dependendo da classe da bebida.

Garrafeira de vinho de uma vinícola

VINHOS DE MESA

São a bebida resultante da fermentação alcoólica do mosto da uva sã, fresca e madura. Ao término da vinificação, os vinhos de mesa podem ter um teor alcoólico entre 5,5% e 16,5% de álcool em volume. Segundo a legislação brasileira vigente, eles devem alcançar um teor alcoólico de 8,6% a 14%. Todavia, a maioria dos vinhos de mesa varia de 12,5% a 13,5% de álcool.

Como o próprio nome diz, são os mais indicados para acompanhar as refeições. Essa classe engloba a grande maioria dos vinhos produzidos no globo.

Não confunda a "classe" vinho de mesa com a "categoria" vinho de mesa, prevista na classificação de todos os países europeus. Dando como exemplo a legislação francesa, a "classe" vinho de mesa engloba todos os vinhos elaborados conforme estabelecido anteriormente, seja ele apenas um *vin de table* (da categoria vinho de mesa), seja um *vin d'AOC* (vinho de *Appellation d'Origine Contrôlée*).

Quanto ao teor de açúcar presente, eles podem ser: secos, meio secos, doces ou muito doces. Esses dois últimos estilos são mais usados como sobremesa.

A regulamentação brasileira estipula os seguintes níveis:

Vinho	Açúcar residual (g/l)
Seco	no máximo 4
Meio seco	4 ⇒ 25
Doce ou suave	25 ⇒ 80
Muito doce	no mínimo 80

Os vinhos de mesa podem ser tintos, rosados ou brancos. O vinho branco é o "patinho feio" da atualidade, mas nem sempre foi assim. Na década de 1970, o rosado era o vinho mais consumido no Brasil, seguido pelo tinto e depois pelo branco.

Nos anos 1980, os brancos passaram a ser bastante consumidos no Novo Mundo, nosso país inclusive. Essa preferência era tão acentuada que os californianos produziam, por exigência do mercado, grandes quantidades de seus White Zinfandel, que empregavam uma cepa tinta na sua elaboração, por falta de matéria-prima clara.

Finalmente, na década de 1990, começou o império dos vinhos tintos, com a implantação da preferência "colorida" sobre as outras tonalidades de vinhos. A tendência se acentuou com sérios estudos em resposta ao "paradoxo francês"

◉ VEJA NA P. 54, os quais apontaram o efeito benéfico dos caldos tintos para o coração, por reduzirem os altos índices de colesterol.

O vinho branco é um típico vinho de verão que, no entanto, também pode ser saboreado ao longo do ano. Eu mesmo confesso-me um grande apreciador dessa bebida. Diariamente, logo depois de afrouxar o laço da gravata, sirvo-me de uma dose de branco seco como aperitivo. Somente em ocasiões especiais uso outros aperitivos, tais como Jerez (Fino e Manzanilla), Champagne e outros espumantes.

Muitos se perguntam qual a diferença entre frisante e espumante. A legislação brasileira esclarece. Nela, os vinhos são classificados quanto ao teor de gás carbônico

DEZ RAZÕES PARA TAMBÉM BEBER BRANCOS

1 Mais refrescantes, ideais para o clima quente brasileiro.
2 Mais leves.
3 Mais diuréticos.
4 Mesmo efeito vasodilatador do tinto (apenas não dissolve as placas das coronárias, por não terem taninos).
5 Eficazes protetores contra doenças reumáticas.
6 Sempre prontos para beber, ao contrário de muitos tintos ainda jovens e tânicos.
7 Imensa diversidade de tipos – secos, meio secos, meio doces, doces e docíssimos –, ao contrário dos tintos, que geralmente são secos, com poucos exemplares mais adocicados.
8 Excelentes aperitivos e vinhos "de piscina" (Riesling, Sauvignon Blanc, Chenin Blanc, Grüner Veltliner, Alvarinho etc.), sem similar dentre os tintos.
9 Excelentes vinhos de sobremesa, além de disponíveis em muito maior quantidade que os tintos (estes apenas como Banyuls, Maury, Recioto della Valpolicella e outros poucos).
10 Por estarem dentre os grandes vinhos do mundo, principalmente aqueles fermentados e maturados em carvalho. Sobressaem notadamente os Bourgogne Blancs, Bordeaux Blancs, Sauternes, alemães e austríacos de Riesling, Novo Mundo Chardonnay etc.

Garrafas velhas de vinho na adega
subterrânea do Hotel Palace de Bussaco

em três categorias. O vinho de mesa pode ter no máximo 1 atmosfera de pressão, perceptível nas pequenas bolhas de ar que se veem no fundo do copo. O *vinho frisante*, uma subclasse de vinho de mesa, é ligeiramente gaseificado, com pressão entre 1,1 e 2 atmosferas. É o mais indicado para os que preferem vinhos menos gasosos. Já o *vinho espumante* natural deve ter no mínimo 4 atmosferas de pressão.

VINHOS ESPUMANTES NATURAIS

São os vinhos cujo gás carbônico (CO_2) se obtém unicamente numa segunda fermentação alcoólica. Têm, segundo as leis brasileiras, graduação alcoólica de 10% a 13%, e sua pressão mínima deve ser de 4 atmosferas. O Champagne é o espumante natural mais conhecido.

Geralmente esses espumantes têm entre 5 e 6 atmosferas, o que explica por que os espumantes são embalados em garrafas de paredes mais grossas, dimensionadas para resistir à alta pressão interna.

Existem três processos básicos de produção de espumantes naturais:

Método *champenoise* • Também chamado de clássico ou tradicional, é o processo utilizado obrigatoriamente na região francesa de Champagne e também em outras zonas do planeta, Brasil inclusive. Os melhores espumantes do mundo encontram-se nesse segmento. Consiste em realizar a segunda fermentação alcoólica e todas as operações subsequentes em garrafas, constituindo um modo artesanal.

Método de transvaso • Esse processo é uma variante mais rápida e econômica do método clássico. Inicialmente, a segunda fermentação alcoólica ocorre nas garrafas. Ao seu término, o vinho é transferido para grandes recipientes de aço, as autoclaves, onde é filtrado por pressão para eliminar as borras. Estas são formadas pelos restos dos levedos empregados junto com o açúcar para iniciar a segunda fermentação. Finalmente, o vinho é transferido de volta para as garrafas para comercialização.

Processo *charmat* • Esse procedimento, também conhecido como "de grandes recipientes", difere do método *champenoise* na segunda fermentação alcoólica, pois é realizado em autoclaves, facilitando o processamento de grandes quantidades da bebida. É o método mais aplicado no Brasil.

O Vinho Moscatel Espumante é uma subclasse de espumante que emprega o processo Asti. Ele resulta de apenas uma fermentação alcoólica do mosto de uva da variedade Moscatel, quase sempre em autoclave. O representante mais reputado desse tipo é o Asti Spumante italiano, que precisa ter entre 7% e 9,5% de álcool. Na legislação brasileira, esse vinho deve apresentar uma graduação alcoólica de 7% a 10% em volume e uma pressão mínima de 4 atmosferas de gás carbônico.

A classificação brasileira com relação ao teor de açúcar dos espumantes naturais apresenta similaridades com a de Champagne, sendo a nossa:

Espumante	Açúcar residual (g/l)
Bruto natural (*brut nature*)	no máximo 3,0
Extrabruto (*extra-brut*)	3,1 ➡ 8,0
Bruto (*brut*)	8,1 ➡ 15,0
Seco (*sec*)	15,1 ➡ 20,0
Meio seco (*demi-sec*)	20,1 ➡ 60,0
Doce (*doux*)	no mínimo 60,1

Os mais consumidos são os *bruts*, muito adequados como aperitivos, se bem que alguns fãs confessos continuem bebendo-os durante toda a refeição. Já os *demi-secs* (que, apesar do nome, já são doces) são os mais adequados às comemorações, quando acompanham com mais compatibilidade os bolos.

Os espumantes gaseificados pertencem a outra classe, sendo resultantes da introdução de gás carbônico puro, assim como se faz com os refrigerantes. Por esse motivo, trata-se de um produto de baixa qualidade.

VINHOS LICOROSOS E GENEROSOS

Vinho licoroso é aquele que recebe a adição de aguardente vínica no transcorrer da vinificação, tornando-o mais alcoólico. A legislação brasileira obriga que tenham de 14% a 18% de teor alcoólico. Contudo, situam-se entre 15% e 22% de álcool nos regulamentos europeus.

Os latinos usam o termo "vinhos licorosos" para essa classe, ao passo que os anglo-saxões preferem chamá-los de "vinhos fortificados" (*fortified wines*).

Os mais famosos de todos são produzidos na Península Ibérica, e os que têm uma DOC (Denominação de Origem Controlada) denominam-se "vinhos generosos", como Porto, Jerez, Madeira, Moscatel de Setúbal, Málaga e outros.

Outros países europeus também elaboram vinhos licorosos, tais como Muscat de Beaumes-de-Venise, Muscat de Rivesaltes, Banyuls, Maury, Vin Jaune (França) e Marsala (Itália).

Por serem bastante alcoólicos, são geralmente bebidos como aperitivos (os secos e os meio secos) ou como digestivos (os doces e os muito doces). Esses últimos ocasionalmente também são servidos com queijos ou doçaria (como é chamada a sobremesa em Portugal).

Barcos rabelo com pipas de vinho do Porto

VINHOS COMPOSTOS

São uma bebida bastarda, visto serem obtidos pela adição ao vinho de macerados ou concentrados de plantas amargas ou aromáticas, substâncias de origem animal ou mineral etc. Devem conter no mínimo 70% do seu volume como vinho de mesa.

Os seus representantes mais conhecidos são os vermutes, os vinhos quinados, os vinhos gemados, os vinhos compostos com jurubeba e outros.

DERIVADOS DO VINHO

Os derivados do vinho são obtidos por destilação. O melhor é o *brandy*, resultante de destilado alcoólico de vinho, ficando com 36% a 54% de álcool. Tão logo sai do alambique, ele é incolor, mas, após o envelhecimento em barris de carvalho, torna-se topázio. Os mais reputados *brandies* são o Cognac, o Armagnac e o Brandy de Jerez.

Outro é a bagaceira, conhecida na Itália como *grappa* e na França como *marc*. Tem limites entre 35% e 54% de álcool, sendo obtida, contudo, de destilado alcoólico de bagaço de uva fermentado. Pode ser comercializada jovem (incolor) ou envelhecida (topázio).

VINHOS ESPECIAIS

Existem determinados vinhos que seguem procedimentos especiais. Dentre os que adotam um método diferenciado de cultivo das videiras, temos os vinhos orgânicos e os biodinâmicos. Outra escola aplica processos particulares na transformação da uva em vinho, como os vinhos *kosher* e os sem álcool.

VINHOS ORGÂNICOS

Na realidade, essa designação não é totalmente correta, pois eles são obtidos simplesmente de uvas cultivadas organicamente. A filosofia da produção de vinhos orgânicos:

- proíbe produtos fabricados industrialmente, tais como fertilizantes químicos e defensivos químicos (pesticidas, inseticidas, herbicidas e fungicidas);
- proíbe o uso de organismos modificados geneticamente (OGM);
- permite uso moderado de enxofre elementar contra o oídio;
- permite uso moderado de calda bordalesa (sulfato de cobre, cal e água) contra o míldio.

A grande maioria deles traz no rótulo a declaração correta: "produzido com uvas cultivadas organicamente" ou outra expressão correlata.

Por causa do crescente interesse de muitos consumidores, cada vez mais atentos à saúde, existe a tendência de esse tipo de bebida tornar-se dominante em poucas décadas.

VINHOS BIODINÂMICOS

A viticultura biodinâmica é uma prática extrema da viticultura orgânica. Seus princípios foram definidos, em 1924, por Rudolf Steiner:

- valorização do solo e da planta em seu habitat natural, através do uso de preparações e compostos de origem vegetal, animal e mineral (parte biológica);
- aplicação das preparações e compostos em épocas precisas, levando em conta as influências astrais e os ciclos da natureza (parte dinâmica);
- outras práticas.

As preparações biodinâmicas básicas são fermentadas e aplicadas em doses homeopáticas em compostos biodinâmicos, em estrume, no solo ou diretamente na planta, após diluições e agitações, chamadas de dinamização. São elas:

- **nº 500** (chifre de estrume): estrume de vaca fermentado num chifre de vaca, sendo enterrado no solo por 6 meses, durante outono e inverno. É pulverizado no solo, ao entardecer, para estimular o crescimento das raízes e a formação de húmus;
- **nº 501** (chifre de quartzo): pó de quartzo acondicionado num chifre de vaca e enterrado no solo por 6 meses, durante a primavera e o verão. É pulverizado nas folhas, de manhã, para estimular e regular o crescimento das folhas e dar ótima frutificação.

As preparações biodinâmicas complementares são infusões de plantas medicinais usadas com duas finalidades.

- Ser misturadas aos compostos biodinâmicos:
  nº 502: Milfólio (*Achillea millefolium*)
  nº 503: Camomila (*Matricaria chamomilla*)
  nº 504: Urtiga (*Urtica dioica*)

nº 505: Casca de carvalho (*Quercus robur*)
nº 506: Dente-de-leão (*Taraxacum officinale*)
nº 507: Valeriana (*Valeriana officinalis*)
- Ser borrifada nas folhas das parreiras, para prevenir doença fúngica na planta:
nº 508: Cavalinha (*Equisetum arvense*)

Os compostos biodinâmicos são fundamentais para reciclar estrume animal e rejeitos vegetais, estabilizar o nitrogênio, criar húmus no solo e manter o solo saudável. Após o empilhamento dos materiais do composto, inoculam-se as preparações biodinâmicas complementares, cobre-se a pilha com solo e palha e deixa-se descansando por 6-12 meses.

Outras práticas empregadas são:

- Plantação de coberturas vegetais entre as fileiras de videiras, usando plantas como colza, mostarda, rabanete, chicória etc., além de outras lavouras como centeio, aveia, ervilhaca etc. Visa acumular nutrientes no solo, controlar nematoides, proteger o solo e fixar nitrogênio.
- Rotação de lavoura entre fileiras para restaurar o húmus e a matéria orgânica do solo, pois a viticultura é uma monocultura.
- Adubação verde – que consiste em incorporar ao solo qualquer lavoura ou forragem quando ainda verde, ou logo após a floração, para melhorar o solo.
- O calendário das atividades vitícolas (elaboração das preparações BD e compostos BD, quando plantar e quando colher) é baseado na conjunção dos astros e em resultados empíricos.

VINHOS *KOSHER*

Para ser *kosher* (pronuncia-se *cácher*), o vinho deve ser produzido de acordo com os preceitos da lei judaica, sob a supervisão direta de um rabino em todas as etapas dentro da cantina. Inicialmente, o vinho *kosher* era empregado pelos rabinos durante as cerimônias religiosas. Com o passar do tempo, passou também a ser consumido pela parcela de fiéis mais conservadora – a dos judeus ortodoxos —, notadamente durante o *Pessach*, a Páscoa judaica.

Pouco diferem dos outros vinhos comercializados e constam geralmente da categoria dos vinhos de mesa, sendo tintos na grande maioria. Quanto ao estilo, podem ser de secos a doces.

VINHOS SEM ÁLCOOL

Esses vinhos podem ser tintos, brancos ou rosados. Têm no Oriente Médio um formidável mercado de consumidores que professam a fé islâmica. Outros clientes potenciais são os diabéticos, principalmente dos dealcoolizados secos.

Um dos processos mais utilizados atualmente é o que emprega uma *spinning cone column* (coluna cônica giratória), desenvolvido pelos australianos. Outros métodos são a destilação a vapor e a osmose reversa.

Após a tradicional fermentação alcoólica, o vinho é submetido a dealcoolização. Essa operação ocorre numa coluna de fracionamento. Na primeira etapa, removem-se as fragrâncias leves do vinho a baixas temperaturas. Faz-se a remoção por meio de um contrafluxo de nitrogênio gasoso, que sequestra os aromas volatilizados. Essa essência é então condensada, separada e conservada. Na segunda etapa, retira-se o álcool etílico a uma temperatura levemente mais elevada.

Segue-se a reintrodução dos aromas ao vinho-base dealcoolizado. Costuma-se mesclar depois cerca de 25% a 30% de mosto não fermentado para propiciar frescor e concentração.

Com esse processo, o vinho fica com um teor alcoólico final inferior a 0,3%.

A VINIFICAÇÃO

Vinificação é todo o processo de transformação de uvas em vinho, da colheita ao engarrafamento. Envolve uma série de cuidados e técnicas especiais desenvolvidas ao longo do tempo.

A COLHEITA

A escolha da época certa para a colheita de cada variedade de uva é de extrema importância para a qualidade do vinho. Isso porque, com o decorrer da maturação, as uvas vão perdendo acidez (principalmente os ácidos málico e tartárico) e enriquecendo-se em açúcar (basicamente glicose e frutose), até atingirem um ponto em que o açúcar deixa de se formar, mas os ácidos continuam a desaparecer. É a "maturação industrial", e a vindima (*vendange*, em francês) deve então ser iniciada.

Existem, porém, cepas naturalmente mais ácidas do que outras. Percebe-se bem essa diferença em um estudo do mestre Émile Peynaud sobre o teor de ácido málico de diversas castas bordalesas colhidas maduras e cultivadas no mesmo terreno.

Variedades brancas	Ácido málico (g/l)
Sémillon	1,3
Muscadelle	2,0
Sauvignon Blanc	2,9

Variedades pretas	Ácido málico (g/l)
Merlot	1,6
Cabernet Franc	2,5
Cabernet Sauvignon	3,0
Malbec	3,3
Petit Verdot	4,7

Assim que colhidas dos pés, as uvas são colocadas em cestas ou caixas...

Diferentemente das uvas escuras, as claras podem ser colhidas em época mais precoce e mesmo assim dar vinhos bem aromáticos. Essa prática é recomendada em regiões mais mornas, para evitar a perda de acidez.

... e transferidas para um caminhão ou reboque, que as levará até a cantina

ÍNDICES DE MATURAÇÃO

É necessário realizar testes a fim de detectar o grau de maturação dos bagos e obter uvas com ótimo equilíbrio entre açúcares e ácidos. A avaliação é feita com aparelhos chamados mostímetros e refratômetros, que medem a quantidade de sólidos no suco, cuja maioria esmagadora é de açúcares. Quanto maior a quantidade de açúcares, maior a densidade relativa do mosto (a da água é de 1,000).

Os franceses e a maioria dos europeus usam densímetros calibrados em graus *baumé*. Os alemães fazem a mensuração em graus *Oechsle* (a escala mais lógica de todas, pois é igual à parte decimal da densidade relativa, como você verá adiante). Os anglo-saxões preferem graus *brix* ou *balling*, e os italianos empregam a escala *babo*, a mesma adotada no Brasil.

Para ter uma ideia de equivalência entre essas diversas unidades, para a qual existem fórmulas, analisemos um mosto com densidade relativa de 1,100. Esse valor equivale a 13,1° *baumé*, 100° *oechsle*, 23,7° *brix* e 20° *babo*.

A quantidade de açúcar nesse mosto é de:

$$20° \text{ babo} \times 10 \text{ (constante)} \times 1,100 \text{ (densidade)} = 220 \text{ g/l}.$$

Como são necessários 16,5 gramas de açúcar para produzir 1% de álcool, teremos um potencial alcoólico do vinho de:

$$220 \text{ g/l} / 16,5 \text{ g/l} = 13,3\%.$$

Existem vários outros índices de maturação para determinar a data da colheita, entre eles o grau de maturidade dos compostos polifenólicos e o nível do pH. O pH é o índice real de acidez ou alcalinidade, que considera tanto a quantidade quanto a força dos ácidos presentes. Essa escala vai de bem ácido (pH = 1) a bem alcalino (pH = 14), passando pela neutralidade (pH = 7). O pH dos vinhos varia de 2,8 a 3,9.

RENDIMENTO MÁXIMO

A produção de uma videira depende de uma série de fatores, como quantidade e peso dos cachos, variedade, idade, fertilidade do solo, clima etc. O mais importante deles é o número de cachos, que pode ser programado por meio da poda de inverno e do maior ou menor descarte de cachos durante a *vendange verte* ⊙ VEJA NA P. 95.

A legislação francesa da *Appellation d'Origine Contrôlée* (AOC) ⊙ VEJA EM "FRANÇA", P. 213 fixa limites máximos para o cultivo de uvas. A restrição deve-se ao fato de menores rendimentos por pé darem uvas mais concentradas, portanto de melhor qualidade. Os franceses consideram o rendimento das vinhas em hectolitros (hl) – ou seja, 100 litros – por superfície de plantação, medida em hectare (ha) – 10 mil metros quadrados, equivalentes, por exemplo, a um terreno de 100 x 100 metros (cerca de um quarteirão numa cidade).

Vejamos alguns valores determinados para cada região de origem:

AOC	hl/ha
Sauternes e Barsac (Bordeaux)	25
Pomerol (Bordeaux)	42
Pauillac e Saint-Emilion (Bordeaux)	45
Côte d'Or Grand Cru tinto (Bourgogne)	35 (maioria) ou 37
Côte d'Or Grand Cru branco (Bourgogne)	40
Côte d'Or Premier Cru ou Comunal tinto (Bourgogne)	40
Côte d'Or Premier Cru ou Comunal branco (Bourgogne)	45
Condrieu (Rhône)	37
Châteauneuf-du-Pape (Rhône)	36
Côte-Rôtie e Hermitage (Rhône)	40
Quarts-de-Chaume (Loire)	25
Sancerre (Loire)	40
Pouilly-Fumé (Loire)	45
Grand Cru (Alsace)	60
Outros (Alsace)	80 ➡ 100

Na Serra Gaúcha, são comuns as colheitas de 8 a 30 toneladas de uvas por hectare, em vinhedos em pérgola. Esse valor significa altíssimos rendimentos, da ordem de 56 a 210 hl/ha, usando um coeficiente de 0,7 litro de mosto por 1 quilograma de uva (ou seja, 7 hl/ha para 1 ton/ha), em níveis de Alemanha e Alsace.

DENSIDADE DE PLANTAÇÃO

A densidade de plantio varia de região para região, conforme o microclima e a tradição local, sendo regulamentada por lei nas regiões de denominação de origem.

Algumas zonas têm densidade muito elevada, de 8 mil a 10 mil plantas por hectare, como as francesas da Bourgogne e de Champagne. Outras, como as de Médoc e Haut-Médoc, também na França, têm densidade alta a muito alta, de respectivamente 5 mil a 10 mil e 6.500 a 10 mil pés por hectare. As de Rioja e Ribera del Duero (Espanha) apresentam uma média baixa, de 2.850 a 4 mil pés por hectare.

Já os plantios pouco densos, de 1.500 a 2.500 pés por hectare, eram adotados anteriormente em muitas regiões do Novo Mundo, mas esses valores têm sido paulatinamente incrementados para 4 mil a 5 mil pés por hectare. A Serra Gaúcha utiliza uma densidade de 1.600 a 3.300 plantas por hectare. Por fim, as densidades mais esparsas, abaixo de 1.500 pés por hectare, são empregadas em zonas de condições muito especiais, como a de Vinhos Verdes (Portugal).

Geralmente a densidade dos vinhedos do Novo Mundo é inferior à da Europa, por vários motivos: menor valor do terreno, maior espaçamento entre vinhas para possibilitar o trânsito de tratores, clima mais morno e mais seco e outros aspectos relacionados com a tradição. Contudo, uma densidade mais elevada induz uma salutar concorrência entre os pés, limitando a sua produção individual.

PRODUÇÃO POR PÉ

A tendência moderna dos viticultores mais esclarecidos é aumentar a densidade de plantas e diminuir a produção por vinha. Por exemplo, antigamente se plantavam mil pés por hectare e se colhiam cinco quilos de uva por planta. Atualmente, procura-se ter 10 mil pés por hectare e apenas meio quilo de fruta por videira.

Tomando por base a conceituada região de Haut-Médoc e conjugando a densidade de plantação acima e o rendimento máximo por área (45 hl/ha), teríamos uma produção máxima consentida por planta de apenas 400 a 615 ml, isto é, entre um pouco mais de meia garrafa e menos de uma garrafa por pé.

Porém, se pegarmos o Château d'Yquem, o "rei" dos Sauternes, que costuma manter um rendimento da ordem de apenas 10 hl/ha, para 10 mil plantas por hectare obteríamos tão somente 100 ml, ou seja, um cálice por pé!

A VINDIMA

É recomendável que a colheita seja praticada cedo pela manhã, quando a temperatura ainda não está alta. Porém, os cachos não devem estar molhados nem conter bagos deteriorados, sob pena de resultar vinho de qualidade inferior.

Nos melhores vinhedos, a colheita é manual: os cachos são cortados com uma tesoura pelo pedúnculo e em seguida recolhidos aos cestos ou preferencialmente caixas plásticas de pequeno porte (até 25 kg), para evitar que as uvas sejam esmagadas durante o transporte e comecem a fermentar antes do momento adequado.

As uvas são levadas imediatamente para a cantina, em carroças puxadas por animais, tratores ou caminhões.

VINHO DE MESA TINTO

Em geral, os vinhos tintos são elaborados apenas com uva tinta, embora em algumas regiões – sobretudo Chianti (Itália) e Côte Rôtie (França) – haja mistura de uvas tintas com brancas.

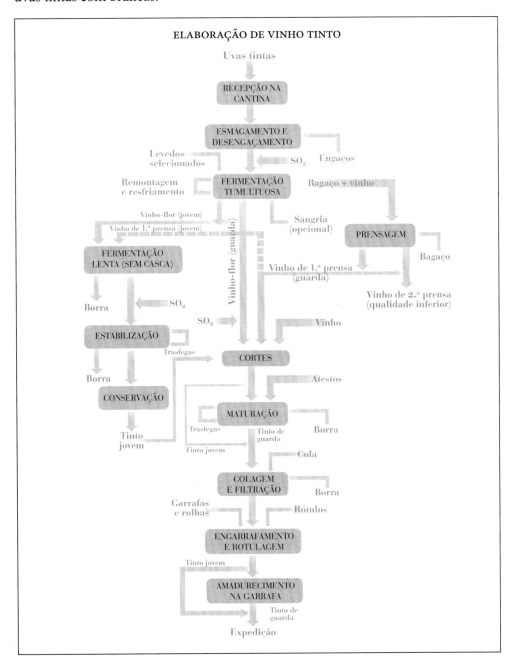

RECEPÇÃO NA CANTINA

Logo após a chegada das uvas à cantina, elas são classificadas, separadas por variedade, pesadas e analisadas segundo o grau glucométrico médio do lote. Os melhores produtores também fazem uma seleção na entrada, em mesas de triagem (*table de tri*), rejeitando uvas inferiores e sujeiras vindas do campo.

Em seguida, são despejadas em tanques de recolhimento de aço inoxidável, ou mais frequentemente de concreto revestidos de ladrilhos, distintos para cada tipo de uva. Esses tanques têm o fundo inclinado com uma abertura na qual se localiza uma rosca sem fim, que encaminha as uvas ao esmagador (*fouloir*), onde são imediatamente esmagadas.

As uvas chegam à cantina, onde serão classificadas, pesadas e analisadas

ESMAGAMENTO E DESENGAÇO

Geralmente, os cachos sofrem, junto com o esmagamento, também um desengaço. Esse procedimento apresenta mais vantagens do que desvantagens.

Vantagens do desengaço
▲ Gera vinho mais aveludado e em condições de ser bebido mais cedo, pois os taninos do engaço são grosseiros e muito adstringentes.
▲ Evita o gosto herbáceo do engaço se este se encontrar verde.
▲ Aumenta ligeiramente o teor alcoólico e a acidez do vinho, porque o engaço retém álcool e cede água ao mosto.
▲ Origina vinho mais brilhante e límpido.
▲ Economiza volume na cuba de fermentação.
▲ Permite que o vinho fermente a temperaturas mais baixas, pois os engaços absorvem calorias.

Desvantagens do desengaço
▼ O mosto com engaço tem maior superfície de contato, facilitando a fermentação alcoólica.
▼ A matéria adstringente contida no engaço, principalmente tanino, gera, quando novo, um vinho duro e desagradável, garantindo-lhe, contudo, longa conservação.
▼ Facilita a prensagem posterior do bagaço.

Antigamente os vinhos eram elaborados sem desengaço, porém atualmente ele é praticado nas melhores regiões vinícolas do mundo. Em Bordeaux, essa prática é obrigatória. Já na Bourgogne, parte dos engaços (cerca de 25%) normalmente é retida, visando dar mais estrutura à Pinot Noir, por ser essa uma cepa menos tânica. No Brasil, é também aconselhado o desengaço na elaboração de tintos.

Os cachos de uvas são encaminhados ao esmagador-desengaçador (*fouloir-égrappoir*), que amassa os cachos sem, contudo, esmagar as sementes, separando os engaços do mosto e do bagaço. As sementes não devem ser rompidas, pois possuem taninos amarguíssimos.

Ao serem retirados da massa, os engaços (*rafles*) possuem um mínimo de líquido; por esse motivo, torna-se antieconômica a sua recuperação. Os engaços são utilizados como adubo e cobertura do solo para evitar erosão.

Normalmente, antes do bombeamento para as cubas de fermentação, adiciona-se ao mosto dióxido de enxofre (SO_2), cuja finalidade será explicada mais adiante. A sulfitação, apesar de muito eficaz, só foi desenvolvida no início do século passado.

CONCENTRAÇÃO DO MOSTO

A União Europeia autorizou recentemente a prática de concentração do mosto, que elimina parte da água com evaporadores sob vácuo ou pelo processo de osmose reversa.

Essa metodologia não altera a estrutura da uva, principalmente quando a qualidade dos bagos se encontra acima dos padrões normais. Outra utilização recomendada é em colheitas muito pluviosas.

Alguns enólogos de primeira linha procedem, no estágio inicial da maceração com as cascas, a uma sangria (*saignée*). Consiste em retirar parte do líquido, entre 3% e 15% do mosto, para concentrar ainda mais os vinhos de topo da vinícola. O mestre português Luís Pato usa essa porção descartada como matéria-prima para a elaboração de seu excelente espumante de uva Baga. Outros a aproveitam para fazer rosados.

FERMENTAÇÃO ALCOÓLICA

O mosto com as cascas é levado para cubas (*cuves*) de fermentação, devendo ser providenciada a sua correção ⊙ VEJA "PRÁTICAS ENOLÓGICAS LÍCITAS", P. 180, caso necessária e após análises, antes de se iniciar a cubagem, isto é, a fermentação tumultuosa. Na realidade, a vinificação de vinho tinto engloba dois processos que ocorrem simultaneamente: a fermentação alcoólica e a maceração com as cascas.

$$\text{açúcar} \xrightarrow{\text{levedos}} \text{álcool etílico} + CO_2 + \triangle \text{ (calor)}$$

SUBPRODUTOS
- glicerina
- ácidos
- aldeídos
- ésteres

Em Bordeaux, tradicionalmente se utilizavam grandes cubas, em geral de carvalho, embora algumas vinícolas tenham mudado para concreto revestido (ladrilhos de cerâmica ou de vidro ou resina epoxídica), aço revestido (esmalte vitrificado ou resina epoxídica) ou mesmo aço inoxidável. Tal é o caso do Château Latour, cujo mosto foi um dos primeiros fermentados em vasos de aço inoxidável, os melhores de todos para essa função. Contudo, nos anos 1990 teve início um movimento, da parte de alguns produtores mundiais de primeira linha, de abdicar das cubas de aço inoxidável em prol de recipientes de carvalho abertos com controle de temperatura para vinhos tintos de qualidade.

Cubas de fermentação de aço inoxidável, os melhores para fermentação

Cubas de madeira, utilizadas tradicionalmente em Bordeaux

Em Bordeaux e nas novas regiões vinhateiras do Novo Mundo, costuma-se empregar cubas cilíndricas fechadas, ao passo que na Bourgogne é tradicional o uso de vasos abertos.

Antes do início da fermentação, é necessário sulfitar o mosto, por meio da adição de dióxido de enxofre (SO_2). Esse composto age seletivamente, inibindo bactérias e fungos que se desenvolvem na fase pré-fermentativa. Funciona também como agente antioxidante e dissolvente da matéria corante na elaboração de vinhos tintos, além de permitir a seleção das leveduras alcoógenas, que atuam na fermentação alcoólica.

Nas novas zonas vinhateiras, normalmente se adiciona em seguida uma cultura especial de levedos que favoreçam melhor fermentação. Já nas zonas tradicionais europeias, privilegiam-se as leveduras da própria fruta. Um dos levedos preferidos é o *Saccharomyces cerevisae ellipsoideus*, que tem a faculdade de resistir a fortes doses de gás sulfuroso, ao passo que outras leveduras o toleram só em pequena quantidade. Outra levedura muito empregada em vinhos licorosos e brancos secos de alto teor alcoólico é a *Saccharomyces oviformis*, também chamada de *S. bayanus*.

A fermentação alcoólica ocorre em duas fases distintas: a primeira, rápida e tumultuosa, é aquela que se efetua logo após a vindima, durante poucos dias; a segunda fase realiza-se mais suavemente, por mais tempo que a primeira.

Durante a fermentação tumultuosa, as polpas e cascas flutuam, passadas mais ou menos 24 horas, para o topo do vaso vinificador, formando um extrato rígido chamado chapéu (*chapeau*), pressionado para cima pelo gás carbônico liberado. É necessário, então, remontar o mosto, isto é, bombear o líquido da parte inferior da cuba fechada, dispersando-o por sobre o chapéu superficial. Nos vasos abertos, providencia-se ainda o antigo processo de pisagem (*pigeage*), isto é, a imersão manual regular da camada sobrenadante para o fundo da cuba. Uma variante mais moderna desse último sistema é o processo de chapéu submerso, realizado com uma peneira circular automática de aço inoxidável, que força a manta para baixo.

A primeira remontagem de homogeneização é feita sem arejamento, nas cubas fechadas. É indispensável, durante a fermentação, efetuar outras remontagens, arejando o líquido, favorecendo a multiplicação das leveduras.

A fermentação dos vinhos tintos, que dura de quatro a dez dias, é realizada a temperaturas bem mais elevadas do que a dos brancos, normalmente entre 24ºC e 32ºC (sendo a ideal de 28ºC a 32ºC, para os tintos de guarda). Se a temperatura subir (acima de cerca de 33ºC) ou baixar muito (abaixo de 10ºC), os levedos cessam seu trabalho, interrompendo a fermentação. Por esse motivo e por ser a fermentação alcoólica uma reação exotérmica (gerando 13 calorias por 100 gramas de açúcar), as vinícolas mais modernas possuem cubas com controle automático de temperatura. Os tintos jovens são vinificados a temperaturas mais baixas (entre 24ºC e 26ºC) para se manterem mais frutados.

Na Bourgogne, a temperatura ótima de fermentação dos tintos é mantida em 30ºC-32ºC, e em Bordeaux, em 28ºC-30ºC. Temperaturas mais elevadas garantem uma extração maior de cor e de compostos fenólicos.

Nos vinhos tintos, o mosto fermenta em contato com as cascas por um tempo variável, dependendo do tipo de vinho, das características específicas da safra e da tradição da região. As cascas fornecem, por maceração, as matérias corantes (antocianos), as substâncias odorantes, os componentes do extrato (substâncias nitrogenadas, minerais, polissacarídeos etc.) e os polifenóis (como os taninos).

A descuba – isto é, a retirada do mosto da cuba – pode dar-se antes do fim da fermentação alcoólica (encubação curta), logo após a fermentação (encubação média) ou com maceração prolongada vários dias após o término da fermentação (encubação longa).

Em Bordeaux, o estilo tradicional era submeter os vinhos a uma encubação (*cuvaison*) longuíssima, isto é, deixá-los nas cubas de fermentação bastante tempo (por até quatro semanas) com o bagaço, mesmo após o término da fermentação alcoólica. Modernamente, tanto em Bordeaux quanto na maioria das regiões produtoras, a encubação é longa para os vinhos de guarda de qualidade – de dez a 21 dias – e média para os vinhos de nível médio – de seis a oito dias.

Na Bourgogne, a prática é diferente, pois desde o início do século XX os vinhos tintos são encubados por um tempo médio, sendo considerado um período ótimo cerca de seis a oito dias, no qual a duração da maceração equivale à da fermentação alcoólica. Contudo, os melhores tintos de guarda são encubados por oito a 12 dias.

Uma encubação curta, de três a quatro dias, de uvas escuras bem maduras resulta em um tinto colorido, mais leve, mais macio e pronto para ser bebido mais cedo, uma vez que ele passa a tomar menos tanino das cascas.

Uma prática cada vez mais difundida é a da micro-oxigenação (*microbullage*), que consiste na alimentação contínua da cuba de fermentação com uma pequena dosagem de oxigênio, durante a etapa de maceração pós-fermentativa. Esse procedimento favorece a fixação da cor, o mascaramento de eventuais aromas herbáceos e o amaciamento dos taninos, possibilitando que o vinho tinto seja consumido mais cedo.

A descuba é geralmente executada quando a densidade do vinho atinge cerca de 1,010 a 1,020. A diminuição gradual da densidade indica o desaparecimento do açúcar, isto é, a sua transformação em álcool e gás carbônico. Atualmente, as vinícolas mais modernas costumam usar aparelhos – cromatógrafos – para verificar quando o mosto atingiu a cor desejada, ou seja, o máximo de cor e o mínimo de tanino.

O vinho proveniente da descuba é bombeado para barris ou grandes vasos, onde a fermentação se concluirá ou ele será conservado.

Talhas de argila (ânforas) para vinho, típicas da região do Alentejo

Caso continue o consumo dos açúcares ainda contidos no líquido, no período de fermentação lenta, o recipiente – ao contrário daquele da fase de fermentação tumultuosa – deve ter uma saída para o gás carbônico que ao mesmo tempo impeça a entrada de ar. Para tanto, existem diversos dispositivos, porém o mais empregado é o batoque hidráulico, que contém água no interior, permitindo a saída de gás e impedindo a entrada de ar.

O cuidado nessa fase resume-se ao controle da temperatura e do teor de açúcar ainda presente. Sob condições normais, a fermentação alcoólica lenta continua até que todo o açúcar da uva tenha sido convertido em álcool.

SISTEMAS ALTERNATIVOS DE VINIFICAÇÃO

Maceração carbônica • Enche-se com bagos de uva inteiros um vaso hermético, sem a presença de oxigênio e previamente aspergido com CO_2 (ou empregando o próprio gás gerado posteriormente pela fermentação) para evitar oxidação. As enzimas da própria decomposição das uvas vão processando o açúcar em álcool e gás carbônico, numa fermentação alcoólica intracelular, que ocorre dentro dos bagos. Nessas condições, há também uma diminuição brutal de ácido málico – sem que haja formação de ácido málico –, tornando o vinho menos ácido.

Mantém-se o vaso a uma temperatura mais alta do que a empregada normalmente, da ordem de 33ºC a 35ºC, por cerca de oito a 14 dias, durante os quais se formam de 2% a 3% de álcool. Em seguida, drena-se o vaso, prensam-se os bagos e continua-se a fermentação alcoólica sem as cascas, conforme normalmente é feito, a uma temperatura pouco acima de 20ºC, até que o vinho atinja seu teor alcoólico definitivo.

Convive com esse método o processo clássico de fermentação alcoólica por leveduras daqueles bagos situados no fundo da cuba, que são esmagados pelo peso dos demais.

Esse é o processo utilizado na elaboração do Beaujolais Nouveau e de outros tintos "novos", pois ele é o que preserva melhor as características frutadas da uva e permite que os vinhos sejam apreciados apenas poucos meses após a sua elaboração.

Fermentador rotativo (*roto-fermenter*, em inglês) • É um vaso metálico horizontal que emprega um procedimento diferente no contato entre as fases líquida e sólida. O mosto circula horizontal e suavemente junto com o chapéu, movido pelas pás do dispositivo rotativo interno. Como a superfície de contato entre as duas fases é maior do que nas cubas usuais, ocorre aceleração das etapas de fermentação e maceração e melhor extração de cor e aromas.

Esse processo tem a vantagem adicional de facilitar a polimerização do ácido tânico, pelo maior tempo de contato de maceração com as cascas. Em consequência, há uma aglomeração de moléculas, aumentando o peso molecular do produto e amaciando a tanicidade do vinho.

O fermentador rotativo tem sido muito utilizado na França (região da Bourgogne), na Austrália e em outros países do Novo Mundo para obter tintos mais coloridos, ricos em paladar, que podem ser bebidos mais cedo.

Flash détente • Essa técnica de vinificação foi criada em 1993 por pesquisadores franceses. Visa maximizar o rendimento de extração dos compostos polifenólicos contidos nas cascas da uva escura. Dessa forma, o vinho adquire mais coloração (antocianos), mais estrutura tânica e mais matérias aromáticas.

O processo é realizado em duas etapas. Na primeira, faz-se um tratamento de aquecimento da uva inteira, sem a presença de oxigênio, até se atingir uma temperatura máxima de 95ºC, que é mantida por alguns minutos. Na fase final, a uva quente é transferida rapidamente para um vaso a vácuo. A brusca queda de pressão implica a imediata liberação de vapor rico em compostos voláteis. Essa corrente é então encaminhada para um condensador, que extrai os aromas concentrados, os quais, em seguida, são reincorporados à colheita para que esta seja submetida a uma vinificação tradicional.

Os vinhos tintos assim produzidos são escuros, perfumados, estruturados e macios, apesar do maior teor de taninos, ficando prontos para consumo mais jovens.

Pisa em lagares • Um dos procedimentos mais arcaicos de todos, usado desde o começo dos tempos. Apesar disso e ainda que trabalhoso e custoso, é empregado principalmente em Portugal na produção de vinhos de mesa tintos de alta gama e Porto Vintage.

O lagar é um tanque retangular ou quadrado de granito, de paredes baixas, onde as uvas são pisadas e fermentadas. As principais vantagens são duas. Primeiramente, facilita a extração de cor e de taninos, que é extremamente importante no caso do Porto, cuja fermentação dura apenas 48 horas, antes da fortificação. Isso acontece porque o recipiente é baixo e extenso, tendo maior superfície de contato entre o mosto e as cascas. Em segundo lugar, os blocos de granito ajudam a manter a temperatura de fermentação sob controle, por não serem bons condutores de calor.

Em 1998, o grupo Symington criou um lagar de aço inoxidável, com calcadores automáticos e com controle de temperatura, que tem funcionado suficientemente bem.

Piso de uvas em lagar de aço inoxidável

Autovinificador • Equipamento desenvolvido pelos franceses na Argélia, para regiões carentes de energia elétrica. Hoje esse sistema só é relativamente empregado na produção de vinho do Porto Vintage de qualidade média, pois possibilita a extração do máximo de cor num período curtíssimo de tempo.

Termovinificação • Procedimento não usado com tintos de qualidade, pois o aquecimento brusco e rápido do mosto a 65°C-75° C, por cerca de 15-20 minutos, transmite ao vinho um caráter de queimado.

FERMENTAÇÃO MALOLÁTICA

Muitos vinhos sofrem uma fermentação secundária, após a primeira (alcoólica), provocada por bactérias (e não levedos) láticas presentes naturalmente ou exógenas – *Micrococus malolacticus*, *Leuconostoc oenos* ou outra –, que transformam o ácido málico (dicarboxílico ou biácido) em ácido lático (monocarboxílico ou monoácido), de sabor mais aveludado, e em dióxido de carbono.

$$C_4H_6O_5 \xrightarrow{\text{bactérias}} C_3H_6O_3 + CO_2$$

Ela pode ocorrer ao final da fermentação alcoólica, quando o vinho ainda não foi descubado ou então quando já foi trasfegado – isto é, bombeado – para cascos de madeira ou vasos de aço inoxidável. A temperatura deve ser mantida em cerca de 18ºC-20ºC, para que as bactérias iniciem sua ação.

No caso dos vinhos tintos, é conveniente que a fermentação malolática ocorra logo após a primeira. Do contrário, ela poderá realizar-se de seis a nove meses depois, na primavera, quando a temperatura aumenta, com o risco de continuar nas garrafas de vinhos jovens, nas quais o gás é confinado, tornando-os frequentemente turvos e desagradáveis.

Em regiões mais quentes, o ácido málico deve permanecer no vinho, tendo em vista sua pobreza em ácidos, para manter seu frescor, sob pena de tornar-se "chato". Atualmente, os países importadores exigem que os vinhos tenham passado por fermentação malolática, pois esta lhes dá estabilidade biológica.

Esse não é o caso das frias e úmidas regiões sulinas brasileiras, onde, por motivos de origem climática, frequentemente se obtêm vinhos tintos com elevada acidez – que dessa forma se beneficiarão da segunda fermentação, que reduz a acidez (desacidificação biológica).

A fermentação malolática é normalmente desejável nos vinhos tintos e brancos de guarda porque, além de moderar a acidez, proporciona maior complexidade vinosa. Por outro lado, não é desejável nos tintos jovens e nos brancos frutados, exceto os bem ácidos. Para evitá-la, sulfita-se o vinho logo após a fermentação alcoólica. Essa fermentação é sempre desejada nos tintos de Bordeaux e da Bourgogne.

PRENSAGEM DO BAGAÇO

Quando a encubação está concluída, o vinho-flor (*vin de goutte*) é drenado da cuba de fermentação e pela parte inferior retira-se o bagaço. Esse resíduo segue para uma prensa (*pressoir*), onde é prensado para recuperar o vinho nele contido. O vinho de primeira prensagem (cerca de 10% do volume total), mais tânico que o vinho-flor, pode ser envelhecido isoladamente ou misturado com o vinho-flor. O da segunda prensagem (5% do total) é processado em vinhos mais ordinários ou então serve para o consumo do pessoal da cantina ou para destilação.

Depois de prensado, o bagaço ainda retém certa quantidade de vinho. Para aproveitá-la, o bagaço costuma ser destilado.

Após a destilação, para produzir a bagaceira (*marc*, em francês, e *grappa*, em italiano), o bagaço ainda constitui um rico despejo, abundante em substâncias alimentares e elementos fertilizantes para o solo, sendo então usado como adubo natural. Diferentemente da bagaceira, o primo rico dos destilados de uva é o *brandy*, que provém do vinho branco.

A semente também pode ser utilizada na produção de azeite de uva, que contém alto teor de ácidos insaturados, tornando-se aconselhável para consumo. No Brasil, ainda não existe produção industrial desse azeite, pela escassa quantidade de matéria-prima.

ESTABILIZAÇÃO

Após o término da fermentação alcoólica lenta, o vinho tinto jovem é bombeado para grandes vasos, onde deverá passar pelo processo de estabilização. Esses recipientes normalmente são de concreto revestido de resina epoxídica, de plástico reforçado com fibra de vidro ou de aço inoxidável (melhores).

A estabilização consiste em permitir que o vinho se mantenha em repouso, para que as partículas residuais da fermentação se depositem vagarosamente no fundo. As temperaturas invernais mais baixas também favorecem a sedimentação.

No decorrer da estabilização, é necessário trasfegar o vinho para outro vaso esterilizado, deixando a borra para trás. A operação de trasfega é geralmente executada no mínimo três vezes nesse processo. A primeira ocorre cerca de um mês após a descuba, liberando o vinho das impurezas mais grosseiras; a segunda, no início do inverno, depois que o frio tenha precipitado o excesso de cremor de tártaro; a última, logo após o inverno, antes que a temperatura se eleve, provocando a ativação dos fermentos para uma nova fermentação.

A borra que se deposita no fundo das cubas é constituída de cristais de bitartarato de potássio, tartarato de cálcio, complexos tanoproteicos, substâncias pépticas, fragmentos de tecido vegetal, células de levedos e bactérias. Junto com essa borra, normalmente se depositam bactérias nocivas que poderiam infectar o vinho.

As borras, recolhidas juntas e por decantação, nas pequenas cantinas, ou mesmo por filtração, nas grandes, fornecem ainda pequena quantidade de vinho, de qualidade inferior, usualmente para o consumo do pessoal da própria cantina. Outros preferem destilar o líquido e juntá-lo à produção de bagaceira.

A matéria seca pode ser vendida a indústrias químicas interessadas em sua riqueza em tartaratos, para a extração do ácido tartárico.

Essas operações de estabilização e conservação levam no mínimo cerca de seis meses, quando então se inicia a operação de corte.

CORTE

O corte consiste na mistura de vinhos diferentes – de várias safras, de diversas variedades, de vinhedos distintos ou mesmo de várias cubas –, a fim de obter um produto superior e/ou uniforme.

Essa operação – chamada lotação em Portugal – é muito importante na elaboração de vinhos de qualidade e é executada pelo enólogo da cantina que, apenas com a ajuda dos sentidos, comanda todo o processo.

Normalmente o corte é realizado logo antes da maturação, porém, em determinados casos, também pode ser efetuado após o amadurecimento.

MATURAÇÃO

Após o corte, os tintos jovens que não serão amadurecidos são preparados para o engarrafamento. Deve-se evitar na sua elaboração qualquer contato com o ar, preservando intactos, portanto, os delicados aromas frutados das uvas de que provêm.

Os vinhos de vida curta a média podem ser conservados, por pouco tempo, em vasos de aço inoxidável, concreto revestido de resina epoxídica, aço-carbono revestido de resina epoxídica ou plástico reforçado com fibra de vidro. Os de média guarda são amadurecidos em madeira por seis a oito meses.

Geralmente se usa o termo "amadurecimento" para a fase oxidativa do estágio em madeira, na presença de oxigênio, e "envelhecimento" para a fase redutiva na garrafa, na ausência de oxigênio.

Os tintos de guarda, que são aqueles com potencial de envelhecimento, contudo, são bombeados para pipas ou barris de madeira para ser maturados por mais de 12 meses. Procede-se então ao ajustamento da concentração do dióxido de enxofre.

Nos vinhos tintos jovens, brancos frutados e rosados, o amadurecimento é bastante reduzido ou mesmo inexistente, mas nos tintos de guarda é fundamental para o pleno desenvolvimento de todas as suas características organolépticas.

Os recipientes de madeira – isto é, madeira dura, sendo a mais recomendável o carvalho – são insubstituíveis no envelhecimento de vinhos de guarda, vinhos licorosos e destilados. ⊙ VEJA TAMBÉM O CAPÍTULO "A MADEIRA E O VINHO", NA P. 183.

No Brasil, por causa do alto custo do carvalho, muitas cantinas mais modestas ainda usam a nativa grápia – revestida com parafina para evitar o sabor amargo que ela confere ao vinho. Porém, nesse caso, o recipiente age como se fosse inerte.

É importante a evolução do vinho em madeira, pois muitas das reações que devem ocorrer necessitam da presença de oxigênio – que entra pelos poros da madeira –, do qual o vinho será privado quando engarrafado. Periodicamente, também são feitas trasfegas, isto é, a transferência do vinho para outros barris, visando aerar o vinho, eliminar borras, dióxido de carbono e odores desagradáveis de redução e estabilizar a cor.

Em seus *Études sur le vin*, Pasteur observou que, sem oxigênio, o vinho não pode amadurecer nem reduzir sua aspereza inicial.

O buquê dos vinhos é, contudo, obtido do contraste entre a fase oxidante do armazenamento em carvalho (lenta passagem de ar através dos poros e aerações periódicas) e a fase redutora do estacionamento em garrafa (presença muito restrita de ar). A esterificação – combinação dos ácidos com os álcoois – é um dos fenômenos do envelhecimento em meio isento ou pobre em oxigênio.

Quando o vinho estagia em barril de madeira, sua concentração alcoólica usualmente muda. Se a umidade for baixa, a água evaporará a uma taxa maior do que o álcool; se alta, acontecerá o inverso.

Por causa dessa evaporação, há necessidade de os barris serem mantidos sempre bem cheios, repondo pelo tampão todo o vinho evaporado. Essa operação, chamada atesto (*ouillage*), é feita normalmente duas vezes por mês no inverno e uma no verão. O vinho a ser utilizado deve ser de qualidade superior ou, no mínimo, igual ao contido no barril.

Evita-se que o nível de vinho no barril fique baixo para impedir que surja um espaço com ar, no qual bactérias indesejáveis possam proliferar, aumentando a acidez volátil do vinho, isto é, o odor acético.

À medida que os meses passam, o vinho vai perdendo um pouco da adstringência causada pelo tanino e torna-se gradativamente mais aveludado ao paladar.

Os grandes vinhos tintos de Bordeaux recebem parte do tanino, que lhes confere grande longevidade, das barricas novas de carvalho de 225 litros renovadas a cada safra, nos melhores estabelecimentos. Até uns 60 anos atrás, os Bordeaux tintos eram sempre mantidos em madeira por no mínimo três anos. Hoje em dia, todos os *châteaux* engarrafam o vinho após 18 a 30 meses, a maioria deles no vigésimo quarto mês.

Na Bourgogne, os vinhos tintos são envelhecidos de 18 a 24 meses – os mais finos em barricas de carvalho com 228 litros de capacidade.

Distintamente dos melhores franceses, os vinhos espanhóis de Rioja costumam ser comercializados apenas quando se encontram prontos para consumo. Para tanto, os "Crianza" devem permanecer em barricas de carvalho por no mínimo um ano e estocados em garrafa por mais um ano; os "Reserva" e "Gran Reserva", por, respectivamente, um e dois anos de madeira e mais dois e três anos no vasilhame.

No Brasil, os vinhos mais finos são normalmente engarrafados entre 12 e 24 meses de permanência nas cantinas. Porém, infelizmente, a maioria é envelhecida em grápia, e não em carvalho – pelo alto custo mencionado. Além disso, muitos são envelhecidos em pipas de grande capacidade, em vez de em pequenos barris, como nas principais regiões vinícolas do mundo. Entretanto, de uma década para cá, algumas das melhores adegas sulinas passaram a empregar barricas de carvalho, geralmente americano e não francês, nos seus tintos de escol.

Dentre os tintos finos nacionais, a participação dos de guarda e dos frutados tem aumentado. Infelizmente, grande parte deles ainda é representada por vinhos mais ou menos oxidados que perderam o seu frutado – mas não pelo processo de oxidação lenta, e sim por causa da porosidade da madeira.

CLARIFICAÇÃO FINAL

Para obter um vinho totalmente límpido, além da depuração natural da estabilização e da maturação, é necessário complementar o processo com a colagem, a filtração ou a centrifugação, dependendo do meio empregado pelos diferentes produtores.

Colagem • Consiste na adição ao vinho de substâncias denominadas clarificantes ou colas, que agregam os materiais em suspensão, mesmo os de tamanho menor, provocando sua precipitação e garantindo ao vinho uma limpidez perfeita. A colagem favorece também a estabilização da bebida com a precipitação de certas proteínas, assim como a estabilização da cor ou material polifenólico.

As colas são matérias coloidais de origem animal ou mineral, tais como albumina ou clara de ovo (adotada nos melhores tintos), albumina seca de ovo e de sangue (proibida no Brasil), sangue fresco, caseína (proteína do leite), colas de peixe (ictiocolas), colas de osso (osteocolas), bentonita, gelatina etc.

Em geral, a colagem dos tintos de guarda é realizada na própria barrica de carvalho.

Antigamente, os vinhos tintos eram macerados longamente com os bagaços, e o excesso de tanino retirado posteriormente por meio da colagem. Hoje em dia, atravessamos a era da enologia preventiva – em consequência, há a preocupação de controlar a extração dos antocianos (pigmentos vermelhos) com o mínimo de absorção de taninos. Dessa forma, é possível elaborar excelentes vinhos usando a colagem somente em casos excepcionais, como, por exemplo, nos vinhos de prensa.

Filtração • Promove a clarificação final dos vinhos, retirando deles, por meios mecânicos, as partículas em suspensão. Usualmente, são submetidos a filtração os vinhos que já tenham sofrido a depuração natural e a colagem.

Os vinhos de guarda passam por uma leve filtração ou às vezes nenhuma, dependendo do tempo de maturação e do número de trasfegas efetuadas.

Em algumas modernas adegas europeias e brasileiras, a colagem é considerada obsoleta, sendo substituída pela filtração e complementada por práticas mais racionais de produção. O objetivo da filtração é clarificar o vinho com a menor exposição ao ar possível. Em outras grandes cantinas são usadas centrífugas para clarificar rapidamente vinhos que devam ser comercializados o mais depressa possível (isto é, alguns meses após a fermentação). O procedimento nessas fábricas é de trasfegar e centrifugar o vinho várias vezes, colocá-lo em um vaso mantido frio por uma ou duas semanas, voltar a centrifugá-lo, filtrá-lo e engarrafá-lo.

Os filtros mais usados são os de placas, por serem os mais eficientes. As placas são fabricadas de fibras vegetais (celulose e outras) ou membranas orgânicas do tipo *milipore* (acetato de celulose). Estas últimas, pela sua fina porosidade (0,20 a 0,60 mícrons), permitem até a esterilização dos vinhos.

Na filtração que antecede imediatamente o engarrafamento, podem ser utilizados dois tipos de placa, conforme o caso: clarificantes ou esterilizantes. Com vinhos tintos utilizam-se geralmente placas clarificantes.

Certos mercados, notadamente o norte-americano, têm privilegiado ultimamente os tintos comercializados sem colagem nem filtração. Essa ausência é claramente atestada no rótulo ou no contrarrótulo, informando que o caldo pode apresentar depósitos naturais por causa dessa opção. Cada vez mais produtores de grandes tintos adotam tal prática, por acharem que ela fornece vinhos mais "naturais", sem a perda de nenhum de seus constituintes originais. Sem dúvida, são vinhos mais concentrados, mas, em contrapartida, não apresentam o aveludado dos caldos que seguem a receita tradicional.

ENGARRAFAMENTO

Nenhum vinho deve ser bebido imediatamente depois de ter sido engarrafado. Deve-se deixá-lo repousar de um a três meses, conforme o seu tipo, para readquirir o equilíbrio.

O engarrafamento, por mais cuidadoso que tenha sido, causa um choque no vinho. A aeração vigorosa atenua momentaneamente seu frutado e seu buquê. Quando cessa o efeito oxidante do ar, o vinho reencontra o equilíbrio.

Os vinhos de guarda passam por um envelhecimento adicional em garrafa, mais ou menos longo, antes de serem comercializados. Os campeões costumam ser os espanhóis Rioja e Ribera del Duero da categoria "Gran Reserva", que envelhecem por no mínimo três anos.

No Brasil, os vinhos finos normalmente são comercializados em garrafas de 750 ml, mais raramente em quartos de garrafa de 187 ml, meias garrafas de 375 ml ou *magnum* de 1.500 ml, e com os vinhos comuns dá-se preferência aos garrafões de três ou cinco litros.

VINHO DE MESA BRANCO

Os vinhos brancos podem ser doces, meio secos ou secos, dependendo de quão completa foi a conversão de açúcar em álcool ou da quantidade de açúcar adicionada. Podem ser jovens, de média guarda ou barricados. Dessa forma, os modos de elaborá-los são diferentes.

BRANCOS SECOS

É mais difícil elaborar vinhos brancos do que os tintos, pois necessitam de maiores cuidados. A presença de oxigênio na elaboração dos brancos é muito danosa, pois pode alterar a cor e prejudicar o aroma frutado.

Atividades pré-fermentativas. Na elaboração de vinho branco proveniente de uvas brancas ou mesmo tintas, as uvas passam por um esmagador imediatamente após a chegada à cantina.

Nos vinhos brancos, não se deve fazer o desengaço, para não dificultar a prensagem, se esta for realizada logo em seguida ao esmagamento, o que é o correto; caso contrário, é recomendável que se proceda a ele.

O esgotamento do bagaço é a operação que, em algumas adegas, antecede a prensagem da massa e tem lugar no esgotador (*égouttoir*). Os mais indicados são os esgotadores mecânicos, que separam rapidamente a maior parte do sumo – liberado pelo esmagador – do bagaço. Esse mosto-flor, que representa a maior parte do mosto, é encaminhado diretamente para o vaso de decantação, e o bagaço, para a prensa.

Com algumas cepas aromáticas, como Sauvignon Blanc e Chenin Blanc, procede-se durante várias horas a uma maceração a frio (de 4ºC a 5ºC) entre o suco e as cascas. Esse método facilita a dissolução dos compostos aromáticos presentes na película da uva, além de dar mais corpo. A transferência deve ser efetuada com o mínimo de extração de substâncias fenólicas, que podem dar amargor ao vinho.

Hoje em dia, são bastante utilizadas as prensas horizontais de comando automático ou as prensas pneumáticas horizontais, nas quais a prensagem (*pressurage*) do bagaço é feita suavemente, sem quebrar as sementes, evitando assim o gosto desagradável.

Recomenda-se fazer a prensagem em duas etapas. Na primeira, não atingida a pressão máxima, extrai-se a maior parte do mosto. Na segunda, aproveita-se o líquido resultante para a elaboração de vinho de categoria inferior. Os vinhos finos são produzidos apenas com o mosto proveniente da primeira prensagem.

É preciso estocar o bagaço para que se realize a fermentação da fração de líquido ainda presente. Só depois o vinho obtido será destilado para a produção de bagaceira.

O mosto de primeira prensagem é então bombeado para juntar-se ao mosto-flor no vaso de decantação, equipado com batoque hidráulico. Lá eles permanecem em descanso por cerca de 12 a 24 horas, sendo a fermentação retardada pela sulfitação imediata com gás sulfuroso.

A fim de elaborar vinhos da mais alta qualidade, é importante que o mosto seja isento de sólidos suspensos antes do início da fermentação. A prática tradicional consiste em permitir que a depuração (*débourbage*) seja feita por decantação natural dos sólidos suspensos, providenciando depois a trasfega do líquido para a cuba de fermentação. Faz-se isso para evitar a presença de polifenóis e a suscetibilidade de evolução oxidativa no vinho, escurecendo-o e madeirizando-o, isto é, oxidando-o.

De uns tempos para cá, as centrífugas têm sido bastante utilizadas como depuradores nas cantinas mais modernas que processam volumes mais significativos. A centrífuga, apesar de mais rápida, não é tão eficiente quanto a sedimentação por gravidade. Por esse motivo, adota-se muitas vezes um sistema misto, no qual se faz a centrifugação das borras decantadas após as trasfegas, assim como do mosto de primeira prensagem. Outras adegas também usam nessa fase a filtração para complementar a clarificação natural.

Alguns produtores procedem ainda à refrigeração entre 8°C e 12°C antes da clarificação, visando facilitar a deposição de matérias em suspensão e impedir o início da fermentação. Outros utilizam ainda, após a depuração, determinados agentes clarificantes, como a bentonita – uma argila coloidal –, para eliminar proteínas do mosto, evitando problemas da doença chamada *casse* proteica.

Ao mosto decantado aplicam-se as correções que se fizerem necessárias: chaptalização, acidificação, desacidificação etc. ⊙ VEJA NA P. 180.

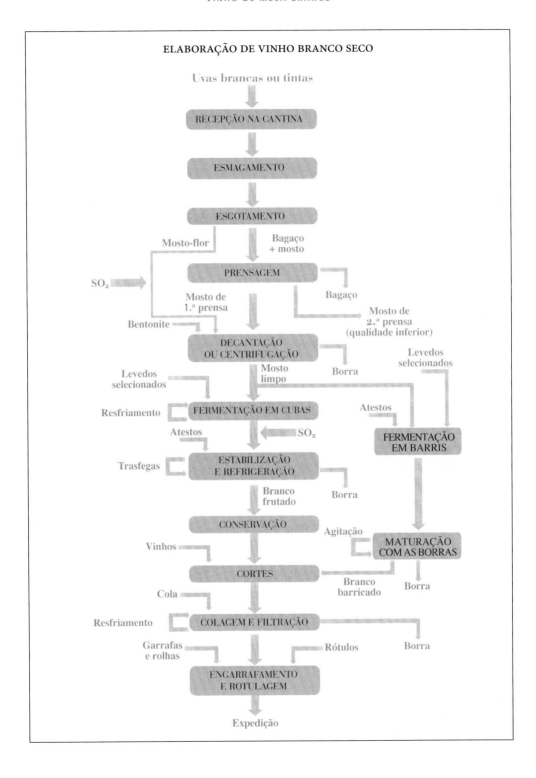

Na preparação de vinhos de uvas tintas procede-se ainda à descoloração do mosto, empregando-se, durante o período de sua depuração, quantidades mínimas de carvão fortemente particulado.

Fermentação alcoólica • Os vinhos brancos são fermentados tanto em grandes cubas de materiais diversos quanto em barris de madeira. O segredo de um branco fino está em uma fermentação lenta, fria e controlada. As baixas temperaturas favorecem a conservação dos aromas primários advindos da uva e maior riqueza de aromas secundários, notadamente de ésteres.

Os grandes brancos da Bourgogne e de outras zonas vinhateiras mundiais são gerados da fermentação alcoólica realizada somente em barricas novas de carvalho francês de 228 ou 225 litros de volume. Normalmente, apenas certas variedades de uvas claras podem seguir essa rota, como a Chardonnay, a Sémillon, a Viura e poucas outras.

Esses recipientes têm a vantagem de dissipar facilmente o aumento de temperatura da vinificação. Para tanto, devem ser instalados em locais com temperatura ambiente abaixo de 20°C. Nessas condições, a fermentação alcoólica dura de duas a quatro semanas, às vezes cinco. Outro dos seus pontos positivos é favorecer o arejamento das leveduras, tanto pelos poros da madeira quanto pelo orifício do batoque. Seus inconvenientes são de ordem econômica (elevado custo das barricas) e excessivo trabalho braçal necessário.

De início, as barricas não devem ser inteiramente cheias, até a boca, pois na fase de fermentação tumultuosa poderia vazar espuma do mosto. Posteriormente, já na etapa de fermentação lenta, enche-se aos poucos o casco por meio de atestos.

Na produção desses brancos barricados, segue-se em geral uma fermentação malolática, que propicia maior complexidade ao vinho. Para tanto, o vinho deve ser aquecido a 18°C-20°C para disparar a reação.

Alguns brancos de meia-guarda são parcialmente fermentados em cascos de carvalho e em cubas de aço inoxidável, para manterem parte da acidez e do frutado da uva. Nesse caso, costumam ser também submetidos parcialmente a fermentação malolática.

Na elaboração de brancos jovens ou frutados, é imprescindível o emprego de cubas de fermentação de concreto revestido (chamadas de piletas), de aço revestido ou de aço inoxidável.

As cantinas mais modernas estão empregando grandes vasos de aço inoxidável com toda a aparelhagem necessária para o controle de temperatura e sistemas para evitar o contato com o oxigênio. Usualmente, utilizam-se para tal fim injeção de nitrogênio, gás carbônico ou uma mistura de ambos.

As cubas de fermentação são cheias apenas parcialmente, para permitir que o mosto se expanda sob o efeito do gás formado e que quantidades de espuma e de partículas subam para a superfície sem transbordar.

Quando a fermentação tumultuosa se encerra, a borra começa a se sedimentar e logo em seguida se realiza uma cuidadosa trasfega, a fim de não remover os levedos mortos junto com os vivos. Também no fim da fermentação tumultuosa, os recipientes são atestados (ou seja, cheios até o nível máximo) com vinho e fechados com batoques especiais até que termine a fermentação lenta.

Além dessas trasfegas moderadas, controla-se a fermentação pela temperatura. A maioria dos especialistas acha que uma temperatura entre 18ºC e 20ºC é a ideal, porém alguns preferem temperatura ainda mais baixa (14ºC-18ºC). A fermentação vagarosa a baixa temperatura mantém todas as qualidades do fruto, resultando em vinhos com maior fineza do que os oriundos de fermentações apressadas, impedindo também a volatilização de compostos aromáticos.

Após a fermentação alcoólica, cuja duração é de sete a 21 dias, dependendo do tipo da bebida e da temperatura, os vinhos são resfriados e transferidos para vasilhames de estabilização, sendo, no caso dos brancos frutados, previamente sulfitados para evitar o disparo da fermentação malolática.

Atividades pós-fermentativas • Após a fermentação malolática, os brancos barricados passam por um estágio de maturação com as borras (*sur lie*). Durante esse período o vinho é submetido diversas vezes a uma *bâtonnage* – como o próprio nome em francês indica, é uma agitação realizada com um bastão de madeira, introduzido pelo orifício da barrica.

A agitação das borras presentes visa injetar oxigênio no meio, impedindo que desenvolvam odores malcheirosos de sulfeto de hidrogênio e mercaptanas, facilmente gerados em ambientes redutores. Uma vantagem adicional é fornecer brancos menos coloridos e com menos polifenóis do que os não misturados.

Os grandes vinhos brancos da Bourgogne e de outras regiões mundiais são envelhecidos em barris de carvalho por cerca de 12 a 20 meses. Outros bons brancos barricados ficam com as borras por um período menor, de seis a dez meses.

No caso dos brancos não barricados que tenham sido bombeados para o vaso de estabilização, eles são submetidos a refrigeração durante sete a 15 dias, a temperatura próxima da congelação, isto é, pouco abaixo de 0°C.

Os tartaratos e outras substâncias – mais presentes nos brancos do que nos tintos – precipitam melhor a baixas temperaturas, fazendo que o vinho fique perfeitamente límpido. Apesar de todos esses cuidados, às vezes aparecem partículas suspensas de bitartarato de potássio, formando cristais que, embora não tenham gosto, prejudicam a aparência do vinho. Porém, se o vinho é mantido a baixa temperatura e não é engarrafado muito cedo, permitindo que as partículas se depositem, os cristais não aparecem.

Os vinhos brancos não barricados são em seguida transferidos para o vaso de conservação.

Nas adegas mais modernas, os brancos frutados são conservados em vasos de aço inoxidável cobertos com um lençol de gás inerte (nitrogênio ou dióxido de carbono), para prevenir qualquer oxidação, sendo estabilizados e engarrafados tão logo possível.

Geralmente todas as etapas, da estabilização ao engarrafamento, de um branco não barricado levam cerca de seis a 12 meses.

Antes do polimento final (colagem e filtração) dos vinhos brancos, são realizados os cortes necessários para garantir a qualidade e/ou a uniformidade do produto.

A colagem dos vinhos brancos, assim como dos tintos, somente deve ser realizada se o paladar ou testes químicos ou então testes físicos indicarem sua necessidade. Vinhos brancos são frequentemente colados com caseína, cola de peixe (ictiocola) ou bentonita.

Na filtração a baixa temperatura dos vinhos brancos secos, são indicadas placas clarificantes, e com os meio doces, nos quais a eventual presença de levedura pode consumir o açúcar residual provocando uma refermentação na garrafa, recomenda-se o uso de placas esterilizantes após uma filtração convencional prévia. Em vez da filtração, algumas cantinas submetem os brancos meio doces a centrifugação com a adição de conservante químico (sorbato de potássio).

O engarrafamento deve ser o mais cuidadoso possível, para evitar o contato da bebida com o oxigênio. As mais modernas adegas seguem o método mais recomendado de engarrafamento de vinhos brancos, que consiste basicamente em, primeiro, criar vácuo no interior da garrafa; em seguida, introduzir nitrogênio; por fim, enchê-la de vinho. Este vai expulsando paulatinamente o nitrogênio – que é recuperado –, até que o gás permaneça apenas na porção entre o vinho e a rolha, protegendo-o de qualquer contato com o ar.

BRANCOS DOCES

Os melhores representantes dessa categoria de vinho são naturalmente doces, mantendo parte do açúcar da uva pela interrupção da fermentação alcoólica. Eles podem ser produzidos por vários métodos distintos:

1 Usando uvas tão ricas em açúcar de modo que todo ele não se converta em álcool, pois acima de 15 a 16ºGL a fermentação normalmente se encerra. Esse procedimento dá os grandes brancos de sobremesa do mundo.

Brancos botritizados • Empregam uvas com características muito raras, só encontradas em Sauternes, Loire e Alsace (França), nos Beerenauslese e nos Trockenbeerenauslese (Alemanha e Áustria), em Tokay (Hungria) e em outros poucos microclimas, onde seus bagos são atacados pelo fungo *Botrytis cinerea* (*pourriture noble*, ou podridão nobre), que rompe a casca, provocando a evaporação de parte da água contida na fruta, enriquecendo o teor de açúcar do mosto e gerando grande quantidade de glicerina, responsável pelo seu caráter viscoso.

Brancos congelados • Processo empregado exclusivamente em regiões ultrafrias, nas quais as uvas são colhidas muito tardiamente, já em pleno inverno, a temperaturas inferiores a 7ºC negativos, totalmente congeladas, conforme regulamento da União Europeia. Ao ser prensadas, o gelo é descartado, sobrando um sumo muito rico em açúcares. São os vinhos Eiswein (Alemanha e Áustria) e Icewine (Canadá).

Brancos passificados • Outra maneira de obter resultado similar, apesar de levemente inferior, é secar as uvas em esteiras de palha, como se pratica em certos locais da França, Itália (Passitos) e Espanha. Alguns tintos também são obtidos desse modo.

2 Fortificando o vinho, antes ou durante a fermentação, com álcool vínico, para interromper a fermentação alcoólica e preservar açúcares. Nesse caso os vinhos obtidos não serão de mesa, e sim licorosos – como Porto, Madeira ou Jerez.

3 Esgotando o meio de fontes nutritivas nitrogenadas para a obtenção de bons vinhos doces de mesa. O processo consiste, basicamente, em deixar crescer as leveduras e retirá-las, provocando, assim, um empobrecimento de nutrientes nitrogenados, que gera uma condição de estabilidade biológica, isto é, baixa suscetibilidade a refermentação, sem necessidade de adicionar substâncias antifermentativas em grandes quantidades. Para retirar sucessivamente as populações de leveduras, que são as que sequestram o nitrogênio do meio em fermentação, pode-se utilizar centrifugação, filtração, leveduras floculantes (que tendem a decantar rapidamente) ou combinações desses recursos. Esse método foi aplicado originalmente na região de Asti, na Itália. Já está sendo empregado por algumas das mais avançadas cantinas sul-rio-grandenses.

4 Utilizando uma filtração esterilizante, que elimina os levedos antes que a fermentação se conclua.

5 Procedendo à pasteurização, que consiste em aquecer o mosto acima de 45ºC, aniquilando os levedos.

6 Trasfegando o vinho diversas vezes durante a fermentação, assim como gelando-o até cerca de 0ºC, interrompendo a ação dos levedos.

7 Interrompendo artificialmente a fermentação com a adição de dióxido de enxofre, que inibe os fermentos. Consiste, contudo, numa prática enológica não recomendada, pois a adição desse agente em grandes quantidades transmite ao vinho aroma e gosto desagradáveis, o que ocorre frequentemente em vinhos doces e meio doces ordinários.

8 Acrescentando mosto concentrado gerado por amuo, isto é, fortificação com aguardente vínica. É pouco usado, pois traz muitos problemas.

9 Edulcorando brancos secos com certa dosagem de mostos frescos parcialmente fermentados, filtrados esterilizadamente e conservados abaixo de 8ºC a 10ºC, do tipo *süssreserve* (reserva adocicada), método muito empregado nos conhecidos brancos alemães Liebfraumilch, para, além de deixá-los meio doces, aportar maior odor de uva fresca.

10 Adicionando, finalmente, açúcar ao vinho seco. Essa prática é a menos recomendada, pois com frequência gera vinhos não perfeitamente equilibrados.

No Brasil, os vinhos suaves geralmente são elaborados de acordo com os últimos métodos. Às vezes recebem também pequena adição de gás carbônico para ficar levemente frisantes. Recebem ainda pequena quantidade de sorbato de potássio para a sua conservação. Aqueles que não são bem elaborados, ou seja, cuja quantidade de sorbato de potássio acrescentada é excessiva, ficam com odor de gerânio (o que demonstra um defeito, conforme descrito no "Glossário", no final deste livro).

VINHO DE MESA ROSADO

Os vinhos rosados, que constituem um tipo intermediário entre o tinto e o branco, podem ser gerados de diversas maneiras, tais como:

1 Elaborados como vinhos brancos feitos com uvas tintas, com uma rápida separação das cascas, usualmente não mais do que 24 horas, evitando dessa forma que a cor fique muito pronunciada. Esse método é chamado de vinificação em *rosé*.

2 Obtidos da sangria de uma pequena parte de mosto de uvas tintas, em que a maceração com as cascas foi curta.

Esses dois primeiros processos são empregados nos melhores vinhos rosados do mundo, em geral da cepa Garnacha ou Grenache, tais como o Tavel (considerado o melhor *rosé* francês) e os excelentes rosados espanhóis de Navarra e Rioja.

3 Elaborados como vinhos tintos feitos de uma mistura de uvas tintas e brancas. Nesse caso, é necessária uma quantidade de uvas brancas para que o vinho fique claro, com a cor rosada. Um exemplo clássico são os *Rotling* alemães.

4 Obtidos de vinhos tintos que são objeto de descoloração com carvão ativo. Esse método praticamente não é utilizado.

5 Finalmente, elaborados por meio de cortes entre vinhos tintos e brancos, a fim de obter a cor desejada. Esse método, apesar de muito usual, gera normalmente um vinho de qualidade inferior à atingida por meio do primeiro método.

No Brasil, o último método está bem difundido, sobretudo para os meio doces. O único rosado de qualidade elaborado por essa mescla de tipos é o Champagne *rosé*.

Existem determinados vinhos brancos originados de uvas tintas ou rosadas que têm uma ligeira cor rosada; os americanos os chamam de *blush wine*. Um estilo de vinho entre o rosado e o tinto é o "clarete", conforme ele é chamado na Península Ibérica. Pode ser classificado como um tinto claro ou mesmo um rosado escuro.

VINHOS ESPUMANTES

Existem basicamente quatro rotas de elaboração de vinhos espumantes naturais, isto é, aqueles cujo gás carbônico seja resultante unicamente da fermentação alcoólica: método *champenoise*, método de transvaso, processo *charmat* e processo Asti.

MÉTODO *CHAMPENOISE*

Esse é o método tradicional da região de Champagne, na França. Segundo a legislação francesa, um vinho espumante só poderá ser chamado de *champagne* se for originário dessa região; todo e qualquer outro, mesmo que tenha sido elaborado pelo método *champenoise*, levará apenas a indicação de *vin mousseux*.

Os vinhos-base para *champagne* são elaborados com a mescla de cepas tintas e brancas, vinificadas como branco. As únicas variedades permitidas pela lei francesa são as escuras Pinot Noir – predominante na região – e Pinot Meunier e a clara Chardonnay. Diferentemente dos vinhos de mesa, as uvas ideais para a champanização são as mais ácidas.

Na maioria dos *champagnes* predominam as uvas tintas, porém existem alguns elaborados apenas com a Chardonnay, sendo então chamados de "Blanc de Blancs".

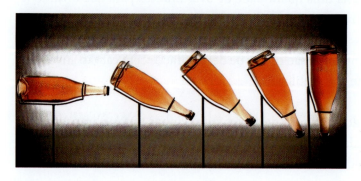

Várias posições da garrafa, durante o manuseio do Champagne

Púlpitos para manuseio do Champagne

Estes são mais leves e refrescantes que os demais. Os oriundos apenas de uvas tintas são por sua vez denominados de "Blanc de Noirs", sendo bastante raros.

Em Champagne, o processo se inicia com a colheita de uvas próprias ou a aquisição, pelos negociantes, das uvas ou do mosto recém-prensado dos agricultores.

Os maiores negociantes possuem grandes prensas espalhadas por toda a região. A colheita é levada para os *vendangeoirs* espalhados pela área, onde se encontram as prensas. Preferencialmente, os bagos das cepas escuras, e também das claras, vão intactos para a prensa champanhesa. Esta tem superfície extensa e baixa altura, possibilitando uma prensagem bem suave das uvas, evitando que o mosto adquira muita cor existente na casca das uvas tintas.

A prensagem é feita em três etapas: a primeira dá o vinho de *cuvée* – a parte mais valorizada, que é usada sozinha nos grandes *champagnes*; a segunda, os vinhos de *premières tailles*; e a terceira, os vinhos de *deuxièmes tailles*. Recentemente, a *deuxième taille* foi obrigada a ser descartada do vinho com direito à denominação *champagne*.

O mosto prensado, depois de passar por uma decantação (*débourbage*) de cerca de dez horas, para clarificá-lo, é transportado em caminhões-pipa para os *celliers* das *maisons* (as instalações das vinícolas) a fim de ser fermentado.

Na preparação dos vinhos-base, a primeira fermentação é realizada geralmente em imensas cubas de aço inoxidável. Nessa etapa, descarta-se o gás carbônico formado na fermentação. Geralmente, as variedades de uvas são vinificadas separadamente, assim como os seus correspondentes *crus* (vinhedos).

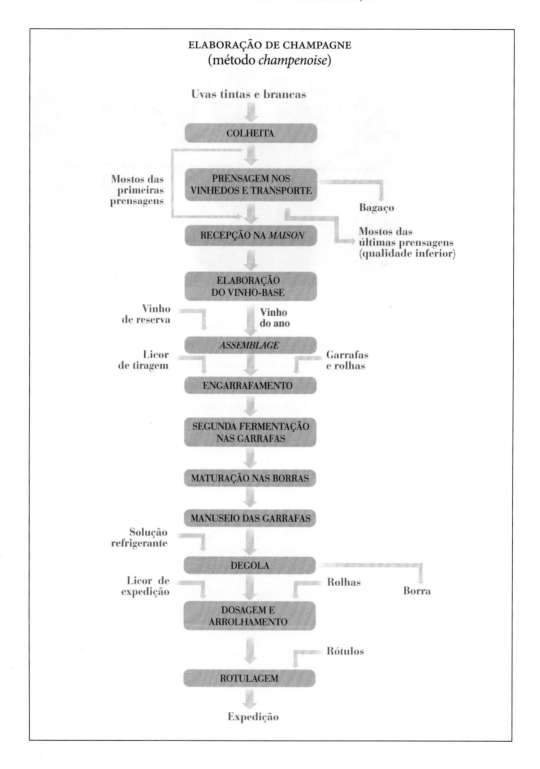

Na fase tumultuosa, a temperatura é mantida constante entre 18ºC e 20ºC. Ao término de cerca de três semanas, com a diminuição do borbulhamento, faz-se a temperatura cair a 0ºC e trasfega-se o vinho para separá-lo dos depósitos. Logo em seguida inicia-se a fermentação lenta, também a 20ºC. Em muitos casos a fermentação malolática é desejável. Toda essa primeira etapa tem duração de três meses a três meses e meio. Posteriormente, volta-se a resfriar o vinho a 0ºC e procede-se a uma nova trasfega para clarificá-lo.

Ao fim desse período começa o delicado processo de mistura de vinhos dos diversos barris existentes. Essa operação – chamada *assemblage* – é das mais importantes, pois definirá a personalidade de cada *champagne*. O objetivo da mescla é que o todo seja igual a mais do que a soma das partes.

São tomadas amostras e levadas para uma sala de prova especial, onde os provadores tentarão obter um *vin de cuvée* com a personalidade característica de cada *maison*. Após exaustivas degustações de diferentes mesclas dos vinhos das cubas, decide-se quais as proporções finais a serem empregadas, obtendo-se o *vin de cuvée*.

Ao *vin de cuvée* do ano adiciona-se então um pouco de vinho velho chamado *vin de réserve*, proveniente de colheitas anteriores. Essa providência visa melhorar a mescla e principalmente dar homogeneidade e transmitir a personalidade típica de cada *maison*. Porém, nos anos em que o vinho elaborado é muito bom, não se executa tal procedimento, e o vinho é comercializado declarando sua safra; é o chamado *champagne millésimé*.

Em seguida, inicia-se a fase dita de champanização ou de tomada de espuma (*prise de mousse*), sendo o vinho engarrafado junto com um *liqueur de tirage* (licor de tiragem), usualmente uma solução de açúcar de cana, fermentos selecionados dissolvidos em vinho velho. A adição de açúcar é em geral calculada em 20 a 26 gramas por litro de vinho a ser fermentado. A refermentação gera cerca de mais 1,5% de álcool etílico e uma pressão acima de 5 a 6 atmosferas de gás carbônico. As garrafas e rolhas utilizadas são especialmente fabricadas para suportar essas pressões.

Antigamente, havia um tipo chamado *crémant*, a que se adicionava menos licor, resultando num *champagne* que possuía pressão menor. Atualmente, esse termo é reservado para espumantes de outras regiões francesas.

A segunda fermentação é realizada muito lentamente, devido à baixa temperatura reinante (cerca de 12ºC) nas *caves* subterrâneas existentes na região. Apesar de ela durar apenas cerca de dois a três meses, o período de amadurecimento dos vinhos com as borras (*sur lie*) nas frias *caves* pode durar anos.

Essa fase é de suprema importância na qualidade do produto. Na autólise, as células de levedos mortas após a segunda fermentação se decompõem na garrafa, dando as borras. Estas servem para maturar o vinho, fazendo que ele perca o verdor e a forte acidez, além de lhe adicionarem complexidade de *flavores*. O tempo de estocagem nas *caves* deve ser, por lei, de no mínimo um ano para os *non millésimés* (no mínimo nove meses nas borras) e de três anos para os *millésimés*. Contudo, os produtores mais conscienciosos guardam seus não datados por cerca de três anos, seus safrados por cinco a seis anos, seus *rosés* por seis a sete anos e alguns *cuvées de prestige* por oito a dez anos. As borras servem ainda para proteger velhos *champagnes* do envelhecimento, pois eles fenecem rapidamente tão logo retirados delas.

Os vinhos espumantes de qualidade superior de outras denominações de origem europeias devem permanecer pelo menos nove meses em contato com as borras, a fim de adquirir maior personalidade.

Ao final desse estágio de amadurecimento, os vinhos estão prontos para a *remuage*, isto é, o manuseio das garrafas. Para tal, as garrafas são colocadas em *pupitres* (púlpitos) de madeira. Diariamente, são giradas vivamente em um oitavo de volta, com ligeira trepidação, e progressivamente levadas à posição vertical, atingida após cerca de dois meses. Dessa forma, os sedimentos vão sendo encaminhados lentamente para os gargalos, junto às rolhas. Um bom *remueur* maneja uma média de 30 mil garrafas por dia!

A próxima etapa é o *dégorgement* (degola), que consiste em retirar os sedimentos da garrafa. Modernamente, os gargalos das garrafas são mergulhados, com as rolhas para baixo, em uma solução refrigerante de salmoura a cerca de 20ºC negativos. As garrafas são então postas em pé e desarrolhadas, e a pressão interna expele os cilindros de gelo contendo as impurezas, ocasionando pequena perda de líquido.

A seguir, o líquido perdido é reposto com vinho da mesma *cuvée* e recebe a adição do *liqueur d'expédition* (licor de expedição), que é uma mistura de vinho velho ou aguardente vínica e açúcar de cana.

De acordo com a dosagem efetuada, obtêm-se os vários estilos de *champagne*: *brut nature* ou *dosage zéro* (até 3 gramas por litro), *extra brut* (até 6 g/l), *brut* (até 12 g/l, antes era 15 g/l), *extra sec* (12 a 17 g/l, ante era 12 a 20 g/l), *sec* (17 a 32 g/l, antes era 17 a 35 g/l), *demi-sec* (33 a 50 g/l) e *doux* (acima de 50 g/l).

Usualmente, apenas os vinhos de melhor qualidade são destinados aos *champagnes bruts*, visto que qualquer defeito pode ser mascarado com a adição de açúcar. Hoje, o *brut* não safrado responde por 90% do mercado.

O gás carbônico presente nos espumantes serve, em parte, de proteção contra possíveis fermentações do açúcar contido no líquido.

Conclui-se o processo com o *bouchage* (colocação da rolha definitiva), o *muse-letage* (aplicação do filamento de ferro que prende a rolha) e a *habillage* (colagem da etiqueta).

Em seguida, as garrafas são deixadas em repouso, por pouco tempo, antes de serem comercializadas.

Os *champagnes* elaborados são normalmente brancos, porém também se produzem pequenas quantidades de *rosés*, geralmente *bruts*, que, diferentemente dos outros vinhos rosados, são altamente reputados.

As principais *maisons* costumam também comercializar um *Champagne Millésimé* dito *Cuvée de Prestige*. São os melhores produtos de cada casa, sempre *bruts*, que empregam exclusivamente uvas de vinhedos *Grand Cru* e *Premier Cru*, isto é, dos melhores sítios segundo a classificação oficial da AOC (*Appellation d'Origine Contrôlée*) Champagne.

Os *champagnes* são comercializados em garrafas de vários tamanhos, desde *quarts* (de 187 ml), passando por *demie-bouteille* (375 ml), pelas *bouteilles* (750 ml), pelas garrafas *magnum* (1.500 ml) e chegando às garrafas gigantes. Estas últimas são: *jéroboam* (3 l), *réhoboam* (4,5 l), *mathusalem* (6 l), *salmanazar* (9 l), *balthazar* (12 l) e *nabuchodonosor* (15 l).

Várias outras regiões vinícolas do globo passaram a fazer também ótimos espumantes empregando o processo *champenoise*, chamando-os de método clássico ou tradicional, já que *champenoise* é termo exclusivo dos espumantes franceses da região champanhesa.

Para quem não sabe: após a França, a Espanha é o segundo maior produtor mundial de espumantes naturais de dupla fermentação. Também para quem não sabe: Cava, nesse país, designa o espumante natural elaborado com a refermentação em garrafas. Ele emprega as castas nativas Macabeo, Xarel-lo e Parellada, eventualmente complementadas pela Pinot Noir e pela Chardonnay.

Os catalães – os maiores produtores de *cava* – desenvolveram os "giraflores" (*gyropalettes*), dispositivos octogonais para 504 garrafas, para substituir o manuseio individual das garrafas. Muitas casas até de Champagne os adotaram.

Na Europa, outros países produzem espumantes clássicos, mas alguns dos mais próximos em estilo aos *champagnes* são italianos. Dentre estes, os mais famosos são os espumantes lombardos da DOCG (*Denominazione di Origine Controllata e*

Garantita) Franciacorta. Eles adotam, por lei, o mesmo processo do francês, além de utilizarem as cepas francesas Pinot Bianco, Chardonnay e Pinot Nero.

Os melhores espumantes naturais do mundo são elaborados por esse processo. Por causa do seu alto custo, esse método é pouco empregado no Brasil.

MÉTODO DE TRANSVASO

É uma variante mais rápida e econômica do método *champenoise*. Consiste em despejar todo o líquido das garrafas, após a segunda fermentação, dentro de autoclaves de aço inoxidável, mantidas pressurizadas com gás carbônico ou nitrogênio.

Adiciona-se o licor de expedição, resfria-se e providencia-se a filtração das borras do espumante. Essa prática substitui o manuseio das garrafas e a degola. Isso feito, o vinho retorna às garrafas sob pressão.

PROCESSO *CHARMAT*

O Brasil também elabora espumantes, na sua grande maioria, pelo processo *charmat* (ou *cuve close*), no qual a segunda fermentação ocorre em grandes recipientes.

Atualmente, no nosso mercado, estão bastante em voga os Proseccos. O Prosecco é um espumante italiano da DOC (*Denominazione di Origine Controllata*) Prosecco. Ele é elaborado no Veneto, com a casta de mesmo nome, e está disponível nos estilos seco – mais usual – ou doce. Emprega quase sempre o econômico processo *charmat*, sendo o espumante mais consumido na Itália.

Após a elaboração do vinho-base para espumante, este é conservado em vasos de aço inoxidável, piletas de cimento revestidas internamente ou então tanques de outros materiais.

Nesses recipientes, o vinho-base fica armazenado por meses ou mesmo por um ano, sendo muito comum que os melhores espumantes sejam elaborados de vinhos provenientes da safra anterior.

Na produção de espumantes pode ser empregado apenas um vinho ou um corte de vinhos, conforme a tecnologia de cada adega.

O vinho-base é então bombeado para as autoclaves, adicionando-se a seguir o licor de tiragem, que se compõe de açúcar de cana, levedos e vinho velho de qualidade superior.

As autoclaves são vasos de pressão, normalmente de aço inoxidável, projetados para suportar em seu interior pressões de até 7 atmosferas. Possuem também dispositivos de controle automático de temperatura, que possibilitam

VINHOS ESPUMANTES

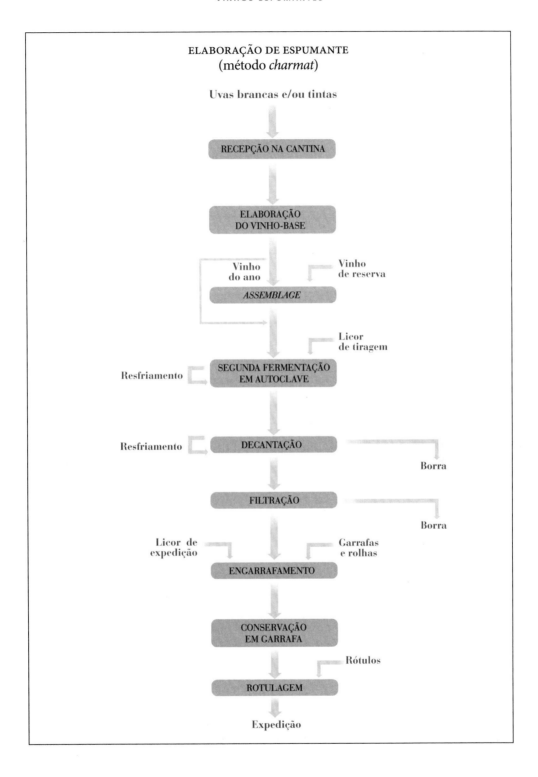

manter a temperatura da fermentação entre 10ºC e 14ºC, elaborando dessa forma produtos mais aromáticos.

A segunda fermentação perdura por 20 a 60 dias, dependendo do tipo de produto que se queira. Ao término da refermentação, o espumante – assim como o gás carbônico gerado – está perfeitamente confinado no interior das autoclaves.

A seguir, o espumante passa pelas operações de decantação e filtração, para que sejam separados os sedimentos oriundos da fermentação. A única diferença com relação ao vinho branco é que essas operações são realizadas a baixas temperaturas e sob uma pressão de cerca de 5 atmosferas.

Antes do engarrafamento, o espumante recebe a adição do licor de expedição, responsável pelo teor de açúcar do produto final, originando estilos similares aos do método *champenoise*, indo dos mais secos aos mais adocicados.

No processo *charmat*, caso se prefira, a adição do licor de expedição pode ser omitida, desde que maior quantidade de açúcar seja adicionada junto com o licor de tiragem. Contudo, essa prática deve ser bastante cuidadosa, para evitar que a pressão interna da autoclave seja muito elevada.

Em seguida, o líquido é engarrafado ainda gelado e sob pressão, para não perder o gás, arrolhado e colocado para descansar e restabelecer o equilíbrio com a temperatura ambiente, antes de ser encaminhado para a rotulagem e expedição.

PROCESSO ASTI

Esse processo, originário da cidade de Asti, no Piemonte (Itália), é utilizado na elaboração de vinho Asti Spumante, resultante de uma única fermentação alcoólica de mosto de uvas Moscatel, quase sempre em autoclave.

É um espumante natural de baixa graduação alcoólica (7% a 10%), aromático por causa da uva empregada e doce devido à interrupção da fermentação ainda com boa dose de açúcar residual (60 a 100 gramas) da própria uva. Faz-se a interrupção por meio do esgotamento de nutrientes nitrogenados.

O Brasil também dispõe de um produto similar, elaborado em grandes recipientes, com boa aceitação do mercado.

VINHOS LICOROSOS E GENEROSOS

Os vinhos dessa classe têm em comum serem alvo de fortificações com aguardente vínica, motivo pelo qual são chamados pelos anglo-saxões de *fortified wines*. Os franceses os denominam genericamente de *vin de liqueur* (também conhecidos como *vin doux naturel* – V.D.N.) e os ibéricos, de vinhos licorosos. Em Portugal e Espanha, os melhores vinhos licorosos são oriundos de regiões demarcadas e por isso são titulados de vinhos generosos.

A prática de adicionar aguardente surgiu para proteger o vinho em viagens marítimas, para ser consumido no Norte da Europa.

Você sabe quem produz os grandes vinhos generosos do mundo? Se pensou na França, errou. Diferentemente dos vinhos de mesa, nos quais a liderança francesa vem sendo contestada paulatinamente por vinhos de altíssima qualidade surgidos nos quatro quadrantes do globo, e dos vinhos espumantes, nos quais ela ainda reina absoluta, quando se trata de vinhos licorosos, os generosos ibéricos são os líderes incontestes. Portugal gera o Porto, o Madeira e o Moscatel de Setúbal. Já a Espanha tem como ícones o Jerez (ou Xerez, Xérèz e Sherry, respectivamente em português, em francês e em inglês), o Montilla-Moriles e o Málaga.

Outros países europeus também elaboram vinhos licorosos, tais como: Muscat de Beaumes-de-Venise, Muscat de Rivesaltes, Banyuls, Maury, Vin Jaune etc. (França) e Marsala (Itália).

PORTO

O vinho do Porto é um vinho generoso gerado pela interrupção da fermentação alcoólica por meio da fortificação do mosto com aguardente vínica. Sua característica principal é amadurecer oxidativamente, de um ano e meio a mais de 40 anos.

Na sua imensa maioria, eles são tintos e invariavelmente elaborados com o corte de diversas castas, cada uma delas contribuindo com um atributo particular. Normalmente, trata-se de misturas de uvas de vários vinhedos.

As cepas mais usadas são as escuras Touriga Nacional, Tinta Roriz, Tinta Barroca, Tinta Cão, Touriga Franca e Tinta Amarela; as claras Malvasia Fina, Viosinho, Donzelinho Branco, Gouveio e Rabo de Ovelha.

O vinho do Porto pode ser vinificado em lagares, em autovinificadores ou em cubas metálicas. O recipiente mais tradicional de fermentação é o lagar, ainda utilizado na região para alguns dos melhores produtos.

No momento em que a fermentação alcoólica atingiu o ponto desejado, o mosto-vinho é descubado, prensado e fortificado com a adição ao mosto de aguardente vínica a 77ºGL. O vinho do Porto é um vinho de alta graduação alcoólica, de 19% a 22% para os tintos e no mínimo 16,5% para os brancos.

Dependendo do grau de doçura que se deseje, a adição de aguardente vínica é realizada no meio da fermentação, no caso dos doces, quando então a fermentação alcoólica é interrompida, preservando-se parte do açúcar natural da própria uva. Para os mais secos, espera-se que a fermentação alcoólica tenha consumido quase todo o açúcar, para só então adicionar a aguardente.

Conforme a legislação vigente, o envelhecimento em casco de madeira mínimo para exportação é de 24 meses, exceto para o Vintage, que é de apenas 18 meses. São empregadas pipas de carvalho de 550 litros usadas.

De acordo com a cor e a forma de envelhecimento, temos os diversos estilos de vinho do Porto.

Os envelhecidos em casco de madeira podem ser consumidos logo após o engarrafamento. Dividem-se nos produtos padrão (Branco, *Ruby* e *Tawny*) e especial (Colheita e *Tawny* com Indicação de Idade).

Os envelhecidos em casco e em garrafa apresentam características intermediárias às das outras duas categorias.

Finalmente, os vinhos envelhecidos em garrafa (Vintage Character e Vintage) devem ser quase sempre decantados antes de servidos, pois não passam por filtragem antes de ser engarrafados e acumulam depósitos durante o longo envelhecimento em garrafa. ⊙ VEJA MAIS INFORMAÇÕES SOBRE ESSES ESTILOS NO CAPÍTULO "PORTUGAL", ITEM "PORTO", P. 317.

JEREZ

O Jerez é um vinho generoso de castas brancas, oriundo total ou parcialmente de uma criação (*crianza*) biológica por leveduras, que formam um véu superficial de flor, protegendo o vinho do oxigênio. A flor transmite ao vinho um *flavor* único e inigualável. Nascem sempre secos (dentre os melhores aperitivos do mundo), podendo posteriormente ser meio secos, meio doces ou doces.

As cepas empregadas são a Palomino Fino, a Moscatel de Alejandria e a Pedro Ximénez. Essas últimas costumam ser *soleadas*, isto é, colocadas em esteiras, para que os raios solares concentrem açúcares.

As uvas colhidas são prensadas, empregando-se apenas o mosto de primeira prensa. Os mostos das prensagens subsequentes são descartados e usados para destilação.

Em seguida, o mosto recebe uma leve adição de dióxido de enxofre. Geralmente, é também submetido a acidificação com ácido tartárico. O mosto sofre uma depuração antes de ser vinificado.

A vinificação é feita em cubas de aço inoxidável com temperatura entre 22ºC e 24ºC. Após a fermentação alcoólica, os vinhos são secos, com cerca de 12% de álcool. Descansam em vasos até janeiro após a colheita, quando são selecionados.

Os vinhos recém-vinificados são então classificados previamente, antes do amadurecimento. Os *una raya* são adequados para maturação como Finos, Manzanillas e Amontillados. Os *una raya e un punto*, de mais corpo, são ideais para amadurecimento como Olorosos. Já os *dos rayas* são para desenvolvimento não como Finos e a serem definidos numa segunda prova, após o amadurecimento. Finalmente, os *tres rayas* apresentam deficiências, sendo destinados a destilação.

Os *una raya* são *encabezados* (fortificados) com aguardente vínica até 15,0%-15,5% e vão para os barris. Os *una raya e un ponto* são levados até 17,5%, o que impede o desenvolvimento pleno da flor.

A maturação é efetuada em *botas* (barris) de carvalho, geralmente americano, de 490 a 600 litros. Os cascos são enchidos parcialmente (85% do volume), permitindo contato com o ar, o que, com o passar do tempo e o clima da região, propicia o surgimento da flor. Após a *crianza*, faz-se a classificação definitiva, surgindo os dois tipos básicos: os Finos, criados protegidos do ar sob um véu de flor, e os Olorosos, criados com pouca flor ou sem ela, portanto em contato com o oxigênio. Nos barris onde se forma a flor, os vinhos serão Finos. Os outros, os Olorosos, são refortificados para 18%-19%.

Estes são os vinhos de *añada* (de apenas uma safra), que serão alimentados no topo das *soleras* (maioria) ou comercializados (minoria). Usam preferencialmente o sistema tradicional de afinamento chamado *solera*. A *solera* tem em média cinco níveis de barris; os vinhos mais jovens vão refrescando os mais velhos, situados nas *criaderas* abaixo, até chegarem à *solera*, ou seja, a última fileira. A fileira mais alta é a *añada*. O vinho a ser engarrafado é extraído da *solera*, normalmente cerca de uma terça parte do casco.

Antes do engarrafamento, o vinho é estabilizado por meio dos conhecidos processos de clarificação e filtração e comercializado após um envelhecimento em cascos de no mínimo três anos.

Derivados dos dois tipos básicos, temos os principais estilos. Do "Fino" resultam o Manzanilla ou Manzanilla Fina, o Fino, o Manzanilla Pasada, o Amontillado e o Pale Cream. Do "Oloroso" são gerados o Oloroso, o Cream, o Moscatel e o Pedro Ximenez. O Palo Cortado é um tipo intermediário entre os dois básicos. ⊙ VEJA MAIS INFORMAÇÕES SOBRE ESSES ESTILOS DE XEREZ NO CAPÍTULO "ESPANHA", ITEM "JEREZ", P. 297.

O Jerez é um dos ícones espanhóis. Todavia, a França também produz um vinho envelhecido durante anos na presença de flor. É o *vin jaune* do Jura, cujo principal representante é o Château-Châlon.

PRÁTICAS ENOLÓGICAS LÍCITAS

Em todas essas práticas existem limites máximos regulados por lei, que variam em cada país.

CHAPTALIZAÇÃO

É a adição moderada de açúcar a mostos – nunca a vinhos – deficientes de açúcar, a fim de garantir que o vinho atinja o teor alcoólico mínimo para a sua conservação. Essa prática é muito usada na Alemanha (exceto nos vinhos QmP) e na Bourgogne e também adotada em Bordeaux. O acréscimo de açúcar é proibido nas zonas onde há insolação suficiente, como nas regiões mediterrâneas (inclusive algumas francesas), na Califórnia, na Argentina, no Chile, na Austrália, na África do Sul etc.

No Brasil, esse procedimento é normalmente utilizado, exceto em safras excepcionais, quando as uvas para vinhos finos atingem um teor de açúcar tal que dispensem a adição de sacarose.

A sacarose pura adicionada, em meio ácido e também por ação da enzima invertase, transforma-se em partes iguais de glicose e frutose, que são os açúcares fermentáveis básicos encontrados no mosto da uva.

A adição de álcool a vinhos é não só desaconselhável, mas também prática defeituosa na elaboração de vinhos de mesa de qualidade. O ideal é corrigir o mosto com açúcar.

DESACIDIFICAÇÃO

Quando as uvas são muito ácidas, normalmente em climas mais frios, pode-se utilizar corte com vinhos menos ácidos ou então acrescentar carbonato de cálcio, tartarato neutro de potássio ou bicarbonato de potássio, que neutralizam os ácidos (basicamente o tartárico) em excesso, depositando-os.

No Brasil, é lícita a adição ao mosto de carbonato de cálcio ou de tartarato neutro de potássio.

O processo de desacidificação mais recomendável, contudo, é aquele que faz uso da fermentação malolática ou da maceração carbônica.

ACIDIFICAÇÃO

No caso inverso, em que as uvas possuam pouca acidez, normalmente em regiões quentes, pode-se fazer o corte com os vinhos mais ácidos ou então adicionar ácido tartárico (mais indicado) ou ácido cítrico ao mosto ou vinho, para evitar que o vinho fique "chato", isto é, sem frescor.

No Brasil, é lícito adicionar ao mosto os ácidos tartárico ou cítrico.

DESCOLORAÇÃO

Se um vinho branco se colore de tinto, remove-se a cor por meio da clarificação com carvão ativado.

SULFITAÇÃO

O dióxido de enxofre ou gás sulfuroso (SO_2) pode ser adicionado como solução de metabissulfito de potássio ou aplicado pelo próprio gás liquefeito ou sob a forma de solução. É usado para proteger o vinho de deterioração, por causa de sua ação antisséptica, microbicida e também antioxidante. Sua aplicação deve ser feita sempre antes de despertada a fermentação, logo na saída do esmagamento.

Esse preservador tem origem bem antiga, mas o seu emprego de forma sistemática e generalizada é relativamente novo. Convém ressaltar que nenhum vinho do mundo destinado a amplo consumo prescinde dessa proteção.

Nos primórdios da Antiguidade, o homem tinha o hábito de acrescentar terebintina (resina do pinheiro) ao vinho. Apesar de não saber ao certo o motivo, ele verificou que esse composto inibia a presença de bactérias que avinagravam o vinho. A prática sobreviveu até os dias de hoje em alguns vinhos gregos que usam a *retsina*. Confesso não ser um apreciador desse estilo, que talvez exija a formação de um paladar específico.

Anteriormente, o dióxido de enxofre era declarado no rótulo como "Conservante PV". Atualmente, adotou-se o código internacional "INS-220".

SORBATAÇÃO

Na elaboração dos vinhos suaves, como já visto, pode-se adicionar sacarose, mosto *süssreserve* ou mosto concentrado ao mosto ou ao vinho.

Além disso, utiliza-se o sorbato de potássio para impedir que levedos que tenham porventura passado pela filtração amicróbica atuem sobre o açúcar. O emprego de sorbato de potássio é mais recomendável, por ser mais solúvel, que o de ácido sórbico, o seu princípio ativo.

A adição de sorbato deve ser muito cuidadosa, pois, quando em excesso, continua atacando os levedos, impedindo nova fermentação. Porém esse composto pode ser atacado pelas bactérias, gerando nos vinhos brancos suaves um odor de gerânio, o que é um defeito. Isso acontece quando não existe suficiente dióxido de enxofre no vinho.

Antigamente, sua presença quando do engarrafamento era indicada no rótulo por "Conservante PIV". Hoje se usa o código internacional "INS-202".

PASTEURIZAÇÃO

A aplicação desse método de preservação ainda causa muita polêmica. Vários entendidos o acham muito prejudicial ao vinho, assim como outros acreditam que isso acontece somente sob certas condições. A pasteurização consiste em aquecer o vinho a cerca de 40ºC-45ºC por alguns minutos ou a cerca de 100ºC por alguns segundos para aniquilar todos os microrganismos presentes. Nas regiões de vinhos finos, essa prática é evitada, mas muito usada em vários países, antes ou durante o engarrafamento de vinhos de mesa doces ou meio doces.

Algumas grandes cantinas sul-rio-grandenses também utilizam esse método para vinhos comuns.

A MADEIRA E O VINHO

Até a primeira metade do século XX, ainda se usavam na Europa numerosos tipos de madeira para tonelaria, tais como carvalho, castanheiro, robínia, freixo, faia, álamo e outras mais. No curso dos anos, com a exigência de melhores barris, passou-se a utilizar praticamente só o carvalho e o castanheiro, porque, além de terem características físicas excepcionais, modificam favoravelmente as características olfativas e gustativas dos vinhos.

Na América do Sul, costumava-se empregar duas outras madeiras. O *raulí*, ou faia chilena, era muito utilizado no Chile até os anos 1970, quando seus melhores vinhos o abandonaram e adotaram o carvalho. No Brasil, até hoje se usa a grápia, madeira totalmente equivocada, pois transmite sabores desagradáveis ao vinho. Por isso, é preciso revesti-la, o que fecha os seus poros e a torna inadequada para o estágio de maturação do vinho. Só estão a seu favor as suas características físicas, como resistência e estética.

Na atualidade, para bebidas de alta qualidade em todo o globo, emprega-se apenas o carvalho, restringindo-se o uso do castanheiro a alguns vinhos europeus médios e econômicos. Mais ainda, na tanoaria para vinhos e destilados de alta categoria usam-se apenas algumas espécies de carvalho, todas elas da seção *Lepidobalanus*: *Quercus petrae* e *Q. robur* (europeias); *Q. alba*, *Q. prinus* e *Q. garryana* (americanas).

O CARVALHO

O carvalho é uma árvore folhosa da família das *Fagaceae* (ex-*Cupulifera*), dividida em duas subfamílias. A primeira, a *Castaneoideae*, engloba, entre outros, o gênero *Castanea*, cujo principal representante é o castanheiro. A segunda subfamília, chamada *Fagoideae*, é a mais significativa, possuindo cerca de meia dúzia de gêneros. Os mais importantes deles são o *Quercus* (do carvalho), o *Fagus* (da faia) e o *Nothofagus* (do raulí, ou faia chilena).

O gênero *Quercus* compõe-se de 250 a 500 espécies, dependendo do cientista catalogador, e subdivide-se em dois subgêneros. O *Cyclobalanopsis*, dos carvalhos da Ásia Oriental e do Sudeste da Ásia, é o menos significativo deles. Já o *Euquercus* é representado por diversos carvalhos da Eurásia, do Norte da África, da Ásia Central e das Américas do Norte e Central. Segundo A. Camus (*Apud* Vivas, 1998), classifica-se em seis seções. Faz parte da seção *Cerris* o sobreiro (*Quercus suber*), cuja casca é usada para fazer cortiça, a matéria-prima da rolha.

Todavia, a seção *Lepidobalanus* é de longe a mais importante do ponto de vista da utilização para o vinho. Abrange os principais carvalhos europeus (*Q. petrae, Q. robur, Q. illex, Q. pubescens* e outros) e também os *white oaks* norte-americanos (*Q. alba, Q. garryana, Q. prinus* e outros).

O *habitat* natural dos carvalhos é o hemisfério norte temperado e subtropical. Essas árvores vivem vários séculos – algumas até mil anos –, chegando a atingir portes de 30 a 50 metros. São cortadas para fazer barris quando têm de 150 a 250 anos, pois nessa faixa etária atingem as dimensões ideais de cerca de 30 metros de altura e 80 centímetros de diâmetro.

CARVALHOS EUROPEUS

Estas são as principais espécies de carvalhos europeus:

Carvalho-séssil (*Q. petrae, sessiliflora* ou *sessilis*) • O *chêne rouvre* francês, encontrado na zona Centro-Norte da Europa e também na Ásia Ocidental. A sua maior superfície de florestas encontra-se na França. É o melhor carvalho para maturar vinho.

Carvalho-pedunculado ou carvalho-comum (*Q. robur* ou *pedunculata*) • O *chêne pédonculé* francês, com difusão na Europa até os Urais, o Cáucaso, a Armênia e a Ásia Menor, exceto na zona mediterrânea e no Norte da Escandinávia. É o carvalho mais encontrado na Europa, inclusive na França. Costuma ser mais usado para amadurecer destilados de vinho.

Azinheira ou carvalho-verde (*Q. ilex, rotundifolia* ou *sempervirens*) • O *chêne vert* da França, que cresce no Sul desse país, no Centro e no Sul da Espanha, no Sul de Portugal, na Itália, na Grécia, nos Bálcãs, na Ásia Menor e no Norte da África. A Espanha, onde é chamado *encina*, é o primeiro país em superfície dessa espécie, cuja madeira é mais dura e mais pesada que a dos dois anteriores, sendo difícil de secar, propensa a rachar e problemática de ser trabalhada.

Carvalho-pubescente (*Q. pubescens, humilis* ou *lanuginosa*) • Denominada *chêne pubescens* em francês. Tem *habitat* no Sul da França, Norte da Espanha, Sul da Europa, Ásia Menor, Cáucaso e Crimeia. É o terceiro carvalho mais plantado na França.

CARVALHOS AMERICANOS

As espécies de carvalhos americanos mais cultivadas para tanoaria são:

Carvalho-americano ou branco (*Q. alba*) • Conhecido pelos norte-americanos como *white oak*. Sua área de difusão situa-se no Leste dos Estados Unidos. É a madeira mais importante do grupo dos *white oaks*, em oposição aos *red oaks* (da seção *Erythrobalanus*), sendo usada para aduelas de barris. Diversas espécies orientais, do grupo dos carvalhos-brancos, são comercializadas sob a designação geral de *white oak*, por associação com o *Q. alba*, este sempre presente majoritariamente. Têm similaridades com essa última espécie, e entre elas se destacam *Q. bicolor*, *Q. durandii*, *Q. lyrata*, *Q. macrocarpa*, *Q. michauxii*, *Q. muehlenbergii* e *Q. stellata*. O carvalho-americano é empregado para maturar vinhos e também uísques e *bourbons*.

Carvalho-castanheiro (*Q. prinus* ou *montana*) • Chamado *chesnut oak* no Leste dos Estados Unidos, seu *habitat* original. Tem crescimento mais lento que o do *Q. alba*. Costuma também ser vendido, ao lado de várias espécies, como *white oak*. Entretanto, segundo a tonelaria World Cooperage, ele propicia um *flavor* mais próximo ao do carvalho francês.

Carvalho-do-oregon (*Q. garryana*) • Denominado em inglês *Oregon oak*, o carvalho de maior relevância do Oeste dos Estados Unidos, nativo da zona costeira entre a ilha de Vancouver, no Canadá, e o sul da Califórnia. É a árvore principal do Oregon. Madeira densa, que em geral cresce lentamente e com o cerne no mínimo tão durável quanto o do *Q. alba*. Recentemente passou a ser empregada para fazer barris.

A TANOARIA

A invenção do barril de madeira foi obra dos gauleses, povo celta que habitava o território da atual França. Os romanos introduziram o cultivo de uva para vinho na Gália, no século I d.C. No transcurso do século III da nossa era, os gauleses passaram a exportar seus vinhos para Roma em barris. A madeira adotada por eles foi o carvalho, árvore do gênero *Quercus*, que em celta significa: "*quer*" (fina) e "*cuez*" (árvore). Tinha a seu favor ser bem dura, resistente, durável, maleável e impermeável, apresentando incontáveis vantagens em relação à frágil ânfora até então empregada.

Com o passar do tempo, o carvalho realmente comprovou ser a madeira ideal para a fabricação de barris e tonéis, por causa desta série de características vantajosas:

- ser bem duro e com boa resistência mecânica;
- fornecer recipientes não tão pesados em relação ao volume;
- ter facilidade de fendimento por cunhagem (os europeus);
- ser maleável ao curvamento pela aplicação de calor;
- possibilitar a formação de vários compostos odoríferos por aquecimento;
- ter boa isolação térmica;
- ser muito durável e resistente a ataques de microrganismos;
- aportar taninos finos ao vinho;
- ser levemente poroso, impermeável a líquidos, mas permeável a uma micro-oxidação controlada.

Barricas novas de carvalho francês da tanoaria Saury e da tanoaria Demptos

A COMPOSIÇÃO DO CARVALHO

A parte mais valiosa do carvalho para a tanoaria é o caule. Fazendo-lhe um corte transversal, notam-se claramente os cernes, cada um dos quais representa um ano de vida da árvore. A velocidade de crescimento da árvore determina a largura do cerne. Ela é influenciada pelo clima e pelo solo – origem geográfica –, assim como pela espécie.

O cerne dos carvalhos é composto por 85% de macromoléculas polissacarídicas (celulose e hemicelulose) e polifenólicas (ligninas). Como complemento, há 10% de taninos e 5% de substâncias voláteis, minerais e outras.

Os taninos do cerne do carvalho pertencem ao grupo de taninos hidrolisáveis, que compreendem os galotaninos e os elagitaninos, liberando respectivamente ácido gálico e ácido elágico após hidrólise ácida. Nos carvalhos europeus predominam os elagitaninos, e o carvalho-americano apresenta majoritariamente galotaninos. Já os taninos condensados originam-se exclusivamente da uva.

Os compostos odoríferos mais importantes do carvalho não tostado são a metiloctolactona, o eugenol e a vanilina. O primeiro, um éster também chamado uísque-lactona, possui aroma característico de madeira, coco e folhagem úmida de bosque. O segundo, um fenol volátil, tem odor de cravo e especiarias. Finalmente, o último, o aldeído chamado vanilina, exala perfume de baunilha.

AS FLORESTAS FRANCESAS

A França possui a maior superfície carvalhal da Europa, com cerca de 5 milhões de hectares. É o primeiro produtor europeu de barris de carvalho e o segundo mundial, após os Estados Unidos. As três espécies mais difusas são o *chêne pédonculé* (Q. robur), o *chêne rouvre* (Q. petrae) e o *chêne pubescens* (Q. pubescens). Em quantidades bem menores existem o *chêne vert* (Q. ilex), o *chêne liège* (Q. suber) e o *chêne tauzin* (Q. pyrenaica).

As principais espécies de carvalho, o *Q. petrae* e o *Q. robur*, convivem em proporções variáveis em cada uma das florestas do Centro e do Leste da França. Por esse motivo, faz mais sentido classificar as madeiras em tipos do que simplesmente falar de origem geográfica. Os carvalhos pertencentes a determinado tipo compartilham certos parâmetros comuns, tais como a granulosidade e a composição da madeira.

O estudioso francês Nicolas Vivas propõe agrupá-los em três tipos básicos – Limousin, Vosges e Centre France.

No tipo Limousin predomina fortemente o *chêne pedonculé* (Q. robur). A floresta-símbolo desse tipo é justamente a que lhe dá o nome. O *chêne pedonculé* dá uma madeira muito porosa, de rápido crescimento do cerne e de grãos grossos ou abertos. Com relação à composição da madeira, é a mais rica em extrato seco hidrossolúvel e em taninos e possui menos metiloctolactonas e menos ainda eugenol. Resumindo, o tipo Limousin é rico em compostos fenólicos e taninos, mas pobre em compostos aromáticos. Distingue-se dos outros dois por um fraco teor em ligninas facilmente extraíveis e pela tendência para ser mais rico em polissacarídeos. Por causa da sua porosidade, é o que permite maior oxigenação da bebida. Destina-se quase exclusivamente à afinação dos nobres *brandies* de Cognac e Armagnac.

O tipo Vosges tem uma significativa maioria de *chêne rouvre* (Q. petrae), carvalhos provenientes basicamente das matas de Vosges (na Alsace-Lorraine), da Bourgogne, de Nevers e de Bertranges. As florestas de Nevers e Bertranges localizam-se no departamento de Nièvre, que é um dos quatro que compõem a Bourgogne.

Porém, no que se refere a aduelas para tanoaria, às vezes são agrupadas com as do Centre France, outras vezes com as da própria Bourgogne. Por sinal, sob a denominação Bourgogne também se encontram as madeiras da vizinha Franche-Comté. As toras da região de Champagne são vendidas às vezes como Vosges. É uma madeira de média rapidez de crescimento do cerne e de grãos médios. Tem teores de compostos fenólicos comparáveis aos do tipo Limousin, porém é muito mais rica em compostos aromáticos. É pobre em eugenol, mas rica em metiloctolactonas. Resumindo, o tipo Vosges é rico em substâncias odoríferas, mas pobre em compostos fenólicos e taninos.

Finalmente, o tipo Centre France apresenta uma predominância quase absoluta de *chêne rouvre*, madeira pouco porosa, de lento crescimento do cerne e de grãos finos ou fechados. Ele tem teores de compostos aromáticos comparáveis aos do tipo Vosges, porém é mais pobre em compostos fenólicos. Portanto, dá mais aromas e menos polifenóis. Os carvalhos desse tipo são os mais pobres em taninos e em extrato seco hidrossolúvel, mas os mais ricos em metiloctolactonas e eugenol. Por terem grãos fechados, são os que impedem melhor o excesso de oxigenação no vinho. Dividem-se em dois subtipos:

Grãos cerrados • Os representantes desse subtipo são extraídos do Centre France e também de Vosges, floresta das mais heterogêneas do país.

Grãos muito cerrados • Os carvalhos desse subtipo são ainda mais pobres que os do anterior em taninos e extrato seco hidrossolúvel. A floresta de Tronçais, situada no departamento de Allier, é a mais famosa do país, tendo carvalhos com grãos ainda mais finos que os de Allier. É a melhor madeira para vinificar vinhos brancos. Já o carvalho de Allier é o ideal para a maturação dos grandes vinhos tintos.

Refletindo sobre o exposto acima, temos que as madeiras mais valiosas e caras procedem do Centre France, sendo as campeãs as exploradas nos departamentos franceses de Indre, Sarthe e Allier.

OUTRAS FLORESTAS EUROPEIAS
Europa ocidental • Portugal tem a maior extensão mundial de sobreiros (*Q. suber*), de onde se extrai a cortiça para as rolhas. Outros carvalhos encontrados em suas florestas são a azinheira (*Q. ilex*), o carvalho-cerquinho ou carvalho-português (*Q.*

faginea ou *lusitanica*), o carvalho-negral (*Q. pyrenaica* ou *toza*) e o carvalho-pedunculado (*Q. robur*).

Na Espanha, o carvalho mais plantado é a própria azinheira, lá chamada *encina*, da qual o país possui as maiores superfícies mundiais. Seguem-se o *alconorque* (*Q. suber*), o *melojo* (*Q. pyrenaica*), o *rebollo* (*Q. faginea*), o *roble pubescente* (*Q. pubescens*), o *roble común* (*Q. robur*) e o *roble albar* (*Q. petrae*).

A árvore sobreiro, ou *Quercus suber*, da qual se extrai a cortiça para a fabricação de rolhas

A Itália tem uma disponibilidade mais modesta de carvalho, conhecido genericamente no país como *quercia*. Os principais são o *roverella* (*Q. pubescens*), o *cerro* (*Q. cerris*), o *farnia* (*Q. robur*), o *rovere* (*Q. petrae*) e o *leccio* (*Q. ilex*).

O sobreiro após a retirada da casca   Folhas de cortiça empilhadas

Europa central e oriental • As florestas de carvalho mais significativas encontram-se na Alemanha Setentrional (Báltico), Polônia, República Tcheca, Eslováquia, Áustria, Hungria, ex-Iugoslávia (Bósnia, Sérvia, Eslovênia), Romênia, Bulgária e Rússia Meridional (Cáucaso).

Os carvalhos da ex-Iugoslávia são chamados genericamente de carvalho-esloveno. Nas planícies, a maioria é de *Q. robur*, e nas zonas de colina predomina o *Q. petrae*. A qualidade dessa madeira é ótima, porque provém de árvores altas, retas e com poucos nódulos. Ela tem sido uma fonte histórica na fabricação de aduelas para tonéis de grande capacidade empregados em toda a Itália.

A tonelaria francesa Séguin-Moreau vem ultimamente explorando com sucesso uma floresta de carvalho situada na Rússia Meridional, na República Adjária, no Cáucaso, composta de *Q. robur* e *Q. petrae*. Em degustações comparativas promovidas por aquela tanoaria, esses últimos não têm apresentado diferenças significativas em relação ao carvalho-séssil francês.

FLORESTAS AMERICANAS

Os Estados Unidos são os líderes mundiais na produção de produtos de tanoaria. Os carvalhos mais empregados são o *Q. alba* e outros *white oaks* do Leste do país, além do *Q. garryana*, do Oregon.

Os carvalhos-americanos (*Q. alba*), dependendo da origem geográfica, mostram diferenças na taxa de crescimento do cerne. Encontram-se desde grãos cerrados (Missouri) até grãos abertos (Wisconsin e Ohio), apesar de antigamente serem considerados exclusivamente grosseiros. Os carvalhos do Sul do Missouri, aqueles que portam largura de cerne similar à dos tipos Centre France, são considerados de grãos cerrados e muito cerrados. Os grãos dos carvalhos do Norte do Missouri são ligeiramente menos cerrados do que os do Sul.

O *Q. alba*, comparado com as duas principais espécies francesas, tem um conteúdo nitidamente inferior em extrato seco, compostos fenólicos e taninos, contudo é muito rico em compostos odoríferos, particularmente em metiloctolactonas. Possui um conteúdo de vanilina quase igual, mas a metade de eugenol.

O carvalho-americano tem basicamente dois usos, um bem mais nobre do que o outro. O primeiro é afinar os grandes tintos espanhóis de Tempranillo – notadamente em Rioja – e os também grandes Shiraz australianos, duas cepas particularmente favorecidas por essa madeira. O segundo se presta àqueles que objetivem um rápido e pronunciado efeito em vinhos menos complexos. É recomendado para amadurecimento breve ou médio de vinhos (seis a nove meses), para não ficarem muito acarvalhados, devido à sua poderosa aromaticidade. Seus maiores mercados são Espanha, Austrália e América do Sul.

O carvalho-do-oregon (*Q. garryana*), abundante nos estados de Oregon e Washington, tem grãos médios, situados entre os do Norte e do Sul do Missouri, porém significativamente mais fechados que os da maioria dos *Q. alba*. Possui um teor de taninos superior ao *Q. alba*, mais próximo do teor dos europeus. Já é um produto consolidado no mercado, apesar de as primeiras barricas comercializadas só datarem de meados da década de 1990. A tonelaria François Frères seca-o ao ar por dois anos e emprega uma técnica híbrida de serragem em quatro e rachadura das toras ⊙ VEJA "CORTE", P. 193).

Testes de degustação realizados com diversas espécies de carvalhos norte-americanos na Universidade da Califórnia em Davis, no início dos anos 1980, classificaram o carvalho-do-oregon como o de sabor mais parecido com o francês. Ele combina muito bem com os tintos de Pinot Noir do Oregon, adicionando *flavores* de especiarias. Alguns conhecidos produtores californianos de Pinot Noir também têm manifestado forte interesse por ele.

Um novo maciço florestal que vem mostrando resultados promissores em pesquisas para tonelaria é o da Costa Rica. O carvalho centro-americano (*Q. oocarpa*) apresenta bom volume, homogeneidade suficiente, além de ter uma estrutura comparável à dos carvalhos franceses. É assaz homogênea a largura dos seus cernes, que se encontram na categoria de grãos cerrados. Acima de tudo, a qualidade gustativa dos seus extrativos (os produtos químicos transmitidos da madeira nova para o vinho) situa-se ao nível do *Q. petrae* e acima do *Q. robur* e do *Q. alba*.

ADUELAS PARA TONELARIA

No presente, as principais tonelarias francesas e norte-americanas abastecem-se de matéria-prima nas fontes a seguir.

O carvalho-séssil (*Q. petrae*), de todos o mais procurado e caro, pode vir da França ou de outros países europeus. As florestas francesas que mais contribuem com toras são as de Allier, Tronçais, Centre France, Vosges, Bourgogne, Nevers e Bertranges.

Os outros maciços florestais europeus localizam-se principalmente na Rússia (Cáucaso), ex-Iugoslávia, Romênia, Bulgária, Hungria, Áustria, Alemanha (Norte), República Tcheca e Eslováquia.

O carvalho-pedunculado (*Q. robur*) vem especialmente do Limousin francês.

Por sua vez, o carvalho-americano (*Q. alba*), muito explorado pelo baixo custo e farta disponibilidade, origina-se dos estados do Leste dos Estados Unidos. São encontrados sobretudo em Missouri, Illinois, Indiana, Ohio, Pensilvânia, Minnesota, Kentucky, Virgínia, Tennessee e Arkansas. Dessa mesma zona é extraído o carvalho-castanheiro (*Q. prinus*), comercializado separadamente do carvalho-americano por poucas tonelarias.

Finalmente, o carvalho-do-oregon (*Q. garryana*) cada vez mais vem sendo apreciado e explorado nas florestas nativas dos Estados de Oregon e Washington.

A tonelaria francesa Demptos tem oferecido um produto inovador. É uma barrica composta por aduelas mistas, sendo 50% de carvalho-séssil francês e 50% de carvalho-americano.

FABRICAÇÃO DE BARRIS

Seleção • As madeiras de *merrain* – termo francês referente exclusivamente àquelas destinadas a tonelaria – devem obedecer a uma série de severas exigências. São selecionadas de troncos retos, com ausência de nós, pouco alburno e cernes compactos.

As toras devem ter diâmetro de 40 a 60 centímetros e comprimento de 1,05 a 1,10 metro ou múltiplos desse valor. Esse é o comprimento de uma aduela (*douelle*), uma das placas estruturais do barril.

Corte • Utilizam-se dois procedimentos para cortar as toras de madeira: a rachadura (fendimento ao longo dos veios) ou a serragem. A serragem – método mais econômico por desperdiçar menos madeira – só pode ser usada nos carvalhos-americanos, que possuem fibras de espessura suficientemente grossa, permitindo a estanqueidade da placa, mesmo após a serragem.

O nobre carvalho-séssil e o carvalho-pedunculado, no entanto, só devem ser fendidos, pois suas fibras são finas. Se fossem serrados, não assegurariam a estanqueidade da madeira, dando um barril com vazamentos. Por esse motivo, as barricas de carvalho francês costumam custar mais que o dobro das feitas de carvalho-americano.

Para o fendimento, usavam-se machados especiais, mas hoje se empregam cunhas mecânicas. Inicialmente, consiste em cortar a tora (*grume*) em pedaços (*billons*). Estes são então rachados, seguindo o alinhamento das fibras, em quatro pedaços de madeira (*doublons*). Em seguida, os *doublons* são limpos, descartando-se a casca, o líber, o alburno – estes dois muito macios e porosos – e a medula.

O fendimento desperdiça cerca de 80% da tora. Necessita-se, portanto, de 5 m³ de toras para obter por rachadura 1 m³ de aduelas. Esse volume de aduelas é suficiente para fabricar até dez barricas e dez tampos de barricas.

Amadurecimento da madeira • A primeira etapa do amadurecimento da madeira é a secagem – uma operação fundamental, caso contrário as dimensões iniciais da madeira se modificariam e ela perderia estanqueidade.

A secagem pode ser realizada em estufas ou ao ar livre, que é a preferida. A secagem natural possibilita, além do mais, a maturação da madeira pela ação de microrganismos que alteram sua composição química.

Junto com a secagem ao ar livre, ocorre outra etapa de amadurecimento: a lixiviação da madeira pela ação da água da chuva, que pode carrear uma parte diminuta das substâncias hidrossolúveis, especialmente taninos mais grosseiros. Acontecem ao mesmo tempo reações de oxidação e hidrólise química e enzimática, que levam à formação de taninos mais condensados, portanto menos adstringentes.

A secagem ao ar dura de 24 a 36 meses. Ao fim desse período, a madeira perde umidade, dos 65% a 75% originais para apenas 12% a 15%.

Queima • Após a secagem, inicia-se a montagem do barril. Inicialmente, as aduelas são ajustadas todas para uma mesma dimensão. Segue-se a lixação, que garante uma superfície uniforme para a junção das aduelas e a estanqueidade do barril. Depois vem uma série de outras pequenas operações preparatórias para a montagem das aduelas no interior de um círculo provisório.

O próximo estágio é a queima de aquecimento, que dá as formas definitivas das peças componentes, vergando as aduelas sem quebrá-las. As aduelas são aquecidas lentamente, com um fogareiro aceso colocado no interior, antes de serem curvadas. Esse dispositivo pode queimar lenha ou gás ou ser aquecido por serpentinas de vapor d'água. A etapa da queima de aquecimento é a mais longa: dura de 25 a 30 minutos.

O último estágio é a queima de tostadura. A tostadura afeta a madeira de diversas formas. Degrada os compostos glicosídeos (celulose e hemicelulose) e polifenólicos (lignina e taninos), liberando numerosas moléculas odoríferas, do tipo baunilha, amêndoa torrada, defumado, especiarias, coco etc. Diminui também a extração de taninos da madeira pelos vinhos. Por último, aporta compostos marrom-amarelados, participando na cor dos destilados – que antes da maturação em cascos são sempre totalmente incolores.

A tostadura pode ser realizada em quatro níveis de intensidade. A tostadura ligeira (L) leva cerca de cinco minutos a 120ºC-130ºC. A tostadura média (M) dura dez minutos a 160ºC-170ºC e a média escura (M+), 15 minutos a 180ºC-190ºC. Finalmente, a tostadura forte (F) demora 20 minutos a 200ºC-210ºC.

Geralmente, as tostaduras mais usadas no carvalho-séssil são a "M", para os vinhos tintos, e a "M+", para os brancos. No carvalho-americano, empregado quase exclusivamente para tintos, a ideal é a média prolongada, pois atenua os taninos.

A tostadura ligeira, por ser a menos intensa, provoca apenas modestas transformações e poucos compostos odoríferos, ao passo que as duas queimas médias são as que geram mais compostos. Ao inverso, a tostadura forte faz diminuir nitidamente a quantidade desses compostos.

Fechamento • Os tampos são formados de várias peças de madeira não queimadas, unidas com pregos sem cabeça. A estrutura das aduelas tostadas e os tampos sofrem operações de talhamento e chanfradura, para serem ajustados e montados.

A etapa final da montagem é o fechamento com aros metálicos e de madeira, cintando as aduelas e assegurando a estanqueidade do conjunto. Os mais modernos são totalmente de aros de ferro galvanizado.

TAMANHO DOS BARRIS

Veja no quadro a seguir a capacidade dos barris (*fût*) adotados tradicionalmente através do planeta.

Região	Barril	Volume (litros)
Bordeaux	*Barrique*	225
Bourgogne	*Pièce*	228
Beaujolais	*Pièce*	215
Champagne	*Pièce*	205
Midi	*Demi-Muid*	500 ➞ 700 (a maioria, 600)
Mosel	*Fuder*	1.000
Mosel	*Halbfuder*	500
Reno	*Stück*	1.200
Reno	*Halbstück*	600
Portugal	Meia pipa	200 ➞ 275
Porto	Pipa	534 ➞ 550
Madeira	Pipa	600 ➞ 650
Jerez	*Bota*	490 ➞ 600
Cognac	*Fût*	270 ➞ 450 (a maioria, 350)
Armagnac	*Fût*	400
Novo Mundo	Barrica (*barrique*)	225 ou 250
	Hogshead	300

Os tonéis (*foudres* e *tonneaux*) são recipientes de madeira maiores, com capacidades de 5 a 1.500 hectolitros (500 a 150 mil litros) ou mais.

VOLUME DA BARRICA

Atualmente, quase todas as regiões do mundo empregam barricas de cerca de 225 litros. Volumes menores oxidam excessivamente o vinho e em maiores não se atinge a perfeição. Aquele volume:

- permite uma micro-oxigenação ideal durante o período de maturação dos tintos, enriquecendo o seu buquê;
- facilita a estabilização da cor pela lenta chegada do oxigênio ao interior do barril;
- acelera as precipitações de partículas em suspensão, para propiciar limpidez;
- recebe uma satisfatória contribuição dos taninos do carvalho para reforçar a complexidade do vinho;
- possibilita a obtenção de 24 caixas de 12 garrafas de 750 mililitros, totalizando 216 litros. Os nove litros de diferença até 225 litros servem para cobrir as perdas por evaporação.

SISTEMAS ALTERNATIVOS DE CARVALHO

Diversas tonelarias também comercializam uma série de dispositivos de carvalho bem mais econômicos do que barricas novas. Utilizam-se as mesmas madeiras empregadas nas barricas, ou seja, carvalho francês, carvalho-americano ou carvalho-castanheiro.

O Sistema de Placas para Tanques permite que placas novas de carvalho sejam montadas nas paredes internas de vasos ou cubas de aço inoxidável. Uma alternativa mais sofisticada a esse método acopla, além das placas, um dosador de oxigênio, para imitar o papel da micro-oxigenação possibilitada pelos poros dos barris. Nesse recipiente, os tintos ficam prontos para consumo em apenas cerca de seis meses da colheita. Outros ainda usam adicionalmente um emissor especial de micro-ondas, para acelerar o amadurecimento do vinho.

O Sistema de Placas para Barricas é a instalação de placas novas de carvalho dentro de barricas velhas. As placas podem ser montadas nas laterais da barrica ou então cruzadas ao longo de toda a sua seção, para aumentar a superfície de contato do vinho com a madeira.

Também têm sido utilizados vasos de aço inoxidável com um compartimento especial para pedaços, cavacos ou serragem novos de carvalho. Uma variante são cubas de aço inoxidável que empregam cavacos novos de carvalho para realizar a fermentação alcoólica. Nesse caso, obtém-se em algumas semanas uma intensidade de caráter acarvalhado, que demoraria mais de um ano para ser alcançada em barricas.

Outra sistemática é a raspagem interna de barricas usadas, eliminando-se a camada tocada pelo vinho para expor uma camada profunda mais fresca. O problema é que a madeira mais profunda não secou tanto quanto a superficial, além de não ter sido tostada. A aplicação posterior de um tratamento térmico, isto é, requeimá-la, pode trazer alguns benefícios, apesar de haver o risco de dar características de asfalto e borracha queimada ao vinho, por pirólise do líquido residual nos poros.

Todos esses dispositivos vêm sendo empregados fundamentalmente para vinhos mais baratos que queiram mostrar um ligeiro toque acarvalhado. Claro que esses caldos ficam pouco complexos quando comparados com o método tradicional em barricas. Por enquanto, o Novo Mundo pode usar mais facilmente produtos alternativos de carvalho, mas na Europa em geral é proibido empregá-los em vinhos de denominação de origem.

PREÇOS DAS BARRICAS

As tonelarias de primeira linha cobram os seguintes preços FOB (*free on border*, isto é, na origem) por barricas novas de carvalho com volume de 225 litros:

Carvalho	US$
Séssil francês	600 ➡ 700
Séssil russo	515
Oregon	450
Americano	200 ➡ 330

MATURAÇÃO EM BARRIS

Como vimos em "A composição do carvalho" (p. 180), os compostos aromáticos mais importantes do carvalho não tostado são a metiloctolactona (ou uísque-lactona), o eugenol e a vanilina. O primeiro deles é o composto aromático que mais contribui para o amadeirado (o *boisé* dos franceses e o *oaked* dos anglo-saxões).

Um barril novo transmite impressões mais fortes de carvalho que um usado. A vida útil de um barril, do ponto de vista da extração de *flavores* e do aporte de taninos hidrolisáveis da madeira, é de cerca de três anos. Os aromas do carvalho liberam-se regularmente no vinho durante três a quatro anos. Por outro lado, os odores de tostadura confinados aos primeiros milímetros internos da aduela são rapidamente desprendidos durante o primeiro ano, fornecendo cerca da metade do *flavor* total da barrica. Dessa forma, após dois anos de uso, poucas características da queima ainda agem no olfato dos vinhos.

Pilha de barricas de carvalho para maturação de vinho

Ao final de cinco anos, uma barrica usada não cede ao vinho mais nenhum tanino hidrolisável. A redução de aporte de componentes odoríferos também cai significativamente. A metiloctolactona reduz-se a cerca de 8%, o eugenol, a 15% e a vanilina, a 13% dos valores originais. Outro efeito que ocorre com o passar dos anos é a colmatagem dos poros da madeira, diminuindo significativamente a passagem do oxigênio. Portanto, a barrica torna-se não mais que um simples vasilhame.

Velhas pipas param de dar *flavores* de madeira aos Portos do tipo *Tawny*, todavia continuam contribuindo na oxidação do vinho.

Os grandes vinhos tintos do globo são quase sempre afinados exclusivamente em barricas novas de carvalho. Após o uso, estas ou são usadas em linhas menos caras ou vendidas para outras vinícolas. Uma opção relativamente empregada com tintos de qualidade e de bom preço é a fórmula de um terço de barricas novas, um terço de segundo ano e um terço de terceiro ano. Desse modo, um terço dos barris são renovados anualmente.

O FENÔMENO

Primeiramente, a barrica age pelo efeito da admissão lenta e contínua do oxigênio do ar para o seu interior, possibilitando uma oxigenação controlada do vinho. Posteriormente, a madeira cede ao líquido, em quantidades moderadas, compostos fenólicos extraíveis (ligninas, taninos hidrolisáveis, ácidos fenólicos e outros) e aromáticos (metiloctolactonas, eugenol, vanilina etc.). Essas numerosas substâncias bonificadoras, responsáveis pelo amadeirado que o vinho adquire, são específicas da madeira ou formam-se durante a tostadura das barricas.

No contato com a madeira, o vinho sofre profundas modificações. Inicialmente, o aroma evolui para buquê, tornando-se mais complexo. Posteriormente, a madeira atua sobre a estrutura dos taninos e as características olfato-gustativas do vinho, assim como sobre a cor e sua estabilização. Portanto, deve-se considerar esse modo de criação (*élevage*, em francês, e *crianza*, em espanhol) como um meio de estabilização e de melhoramento da bebida.

Há um enriquecimento do vinho em ácidos fenólicos – principalmente o ácido gálico – devido à hidrólise dos taninos do carvalho e à degradação da lignina.

A oxigenação controlada diminui o teor de CO_2 presente, permitindo uma lenta evolução de compostos fenólicos para a formação de aromas terciários, e contribui também para suprimir os odores de redução. Em contato com o líquido, o oxigênio se transforma em peróxidos, provocando a degradação oxidativa dos polifenóis do vinho, amaciando-o.

Paralelamente, a condensação dos taninos entre si gera polímeros de longas cadeias e elevado peso molecular, que, sendo insolúveis, precipitam com o tempo. A polimerização dos taninos conduz à diminuição de sua adstringência.

Os tintos afinados em madeira são geralmente mais ricos em taninos condensados, por isso menos tânicos, mais estruturados e macios que os mesmos vinhos mantidos em tanque de aço inoxidável ou em grandes tonéis de madeira.

Os antocianos (pigmentos coloridos vindos da casca da uva) formam copolímeros com os taninos hidrossolúveis da madeira e com os taninos do vinho. A formação desses complexos fenólicos do tipo taninos-antocianos modifica e estabiliza a cor dos vinhos tintos. A tonalidade do vinho tinto evolui para um vermelho-arroxeado. A proporção de taninos e de antocianos deve ser relativamente equilibrada para que não aconteçam reações de degradação oxidativa. A degradação dos antocianos leva a uma diminuição da cor vermelha; ao contrário, a degradação parcial dos taninos aumenta a cor amarela do vinho, tornando-o atijolado prematuramente.

A conjugação das reações de polimerização dos taninos e de condensação de taninos-antocianos e também os fenômenos de oxidação tornam a tonalidade do vinho tinto menos intensa do que a inicial, fazendo a cor ficar mais estável e resistente ao envelhecimento posterior em garrafa.

Os vinhos ricos em antocianos, como os de Cabernet Sauvignon, permanecem por mais tempo com a tonalidade vermelho-rubi, evoluindo muito lentamente para tons acastanhados. Diferentemente, os tintos mais pobres nesse componente, como os de Pinot Noir, tornam-se atijolados mais rapidamente.

A clarificação espontânea que também ocorre resulta da floculação de pequenas partículas coloidais em suspensão e da perda progressiva da matéria corante. Juntamente com essa ação, há uma estabilização tartárica do vinho pela precipitação dos bitartaratos de potássio formados, provocada pelo frio de inverno. O ácido tartárico é o principal ácido orgânico do vinho e o potássio, o principal cátion do vinho.

AMADURECIMENTO DE VINHOS TINTOS

As maneiras de lidar com os vinhos tintos em barrica podem variar. Na Bourgogne, a fermentação alcoólica ocorre na cuba, enquanto a malolática é induzida após a trasfega para as barricas. O posterior amadurecimento em madeira leva de 12 a 18 meses. Já em Bordeaux, os tintos são transferidos para maturar em madeira, tão logo encerrada a fermentação malolática. Nesses recipientes o vinho permanece afinando por cerca de 18 a 24 meses.

Alguns poucos enólogos estão trasfegando a mistura mosto-vinho tinto, ainda com um pouco de açúcar, para terminar a fermentação alcoólica no barril. Essa prática, usada com os brancos secos desde o início da vinificação, visa dar uma complexidade adicional a eles.

Os vinhos tintos devem ser bombeados para as barricas o mais cedo possível, antes ou após a fermentação malolática. Como o vinho jovem necessita de oxigênio, deve-se providenciar aerações mais frequentes, durante os três a quatro primeiros meses, e depois diminuí-las aos poucos. Nesse estágio, as borras em suspensão liberam tanto polissacarídeos, fonte de maciez e de gordura, quanto proteínas, com poder redutor, protegendo o vinho dos efeitos danosos de uma oxidação muito ativa.

A primeira etapa da criação deve ser realizada com a abertura para cima (*bonde-dessus*), para favorecer a descarbonificação (perda de gás carbônico das fermentações) do vinho e a penetração do oxigênio. Nesse período, é necessário atestar diversas vezes a barrica com o mesmo vinho, para compensar a perda decorrente tanto da absorção do vinho pela madeira quanto da evaporação da água e do álcool. Cerca de seis meses depois, as barricas são viradas com a abertura de lado (*bonde-de-côté*), para facilitar as várias operações de trasfega, necessárias para limpar o vinho do material depositado no fundo.

Na criação de vinhos tintos em barricas, além da aromatização, a madeira possui a capacidade de transformar profundamente a composição e a qualidade do vinho. As transformações trazidas por ela estão ligadas essencialmente aos fenômenos de oxirredução. A oxirredução constitui um conjunto de reações químicas nas quais o oxigênio é o causador do fenômeno e os compostos fenólicos são os carburantes. O teor de oxigênio dissolvido no vinho possibilita determinado potencial de oxirredução. Com o tamponamento (fechamento) progressivo dos poros da madeira, após cinco anos de uso do barril, há grande queda do potencial de oxirredução, aproximando-o das condições de conservação de vinhos em vasos de aço inoxidável.

200% DE CARVALHO NOVO

A técnica revolucionária de tratar os vinhos com 200% de carvalho novo foi desenvolvida, em meados dos anos 1990, por Dominique Laurent, antigo *pâtisseur* que migrou para o mundo do vinho.

Curiosamente, ele passou a exercer uma profissão única até então, a de "criador" (*éleveur*). Isso porque não cultiva uvas nem vinifica vinhos, apenas realiza a maturação dos vinhos em barricas, de sua própria tonelaria. Contudo, só a executa com os vinhos do nível *Grand Cru*, de velhas parcelas de vinhedo, da sua Bourgogne natal.

A primeira etapa de maturação do tinto acontece num conjunto de barricas novas. Ao término de cerca de um ano, o vinho é transferido para um segundo lote de barricas novas, para a segunda fase de maturação, até completar 18 meses. O vinho evolui, em ambos os estágios, na presença de finas borras, mas sem a *bâtonnage*. É engarrafado sem colagem e sem filtração, para ficar mais concentrado.

As barricas de carvalho têm de ser mantidas em ambientes com temperatura média constante de 15ºC a 18ºC, para limitar o aumento da acidez volátil durante a criação. A higrometria do local deve ter umidade de 70% a 85%. Não pode ser excessivamente alta, pois provocaria perda de álcool. Com efeito, a evaporação de álcool apenas é possível quando o ar está muito saturado de vapor d'água.

AMADURECIMENTO DE VINHOS BRANCOS

A técnica de vinificação dos grandes brancos da Bourgogne consiste em fermentar o vinho diretamente em barricas. Em seguida, ele passa pelo primeiro estágio de amadurecimento, que é realizado na própria barrica em contato com as borras (*lies*). Essa fase dura por volta de sete a oito meses. Posteriormente, o vinho é trasfegado e colocado novamente em madeira, para o segundo estágio de maturação, por um período de cerca de seis a oito meses. Esse procedimento é hoje seguido pelos grandes brancos secos do planeta.

As barricas possibilitam que o vinho fermente a temperaturas relativamente baixas, em razão da ótima dissipação do calor gerado através da superfície proporcionalmente alta das paredes de madeira em relação ao pequeno volume de vinho da barrica.

A diferença preponderante da vinificação e criação em carvalho de vinhos brancos em comparação com os tintos é a ação das leveduras e sua interação com a própria madeira.

Ao término da fermentação alcoólica, as células mortas das leveduras sofrem uma autólise, isto é, uma autodegradação enzimática, que leva à solubilização no vinho de certas substâncias. Os compostos progressivamente liberados são polímeros glicídicos, como os glicanos, que são polissacarídeos, e as manoproteínas.

Junto com o amadurecimento do vinho nas borras, é necessário usar a técnica de *bâtonnage*, que consiste em usar um bastão de madeira para remover as borras do fundo e recolocá-las em suspensão. Esse procedimento favorece o enriquecimento do vinho em compostos nitrogenados (aminoácidos e outros), polissacarídeos e manoproteínas, todas substâncias que provêm da autólise das leveduras. O vinho fica mais gordo e estruturado.

Essas substâncias combinam-se com os compostos fenólicos do vinho, provocando uma rápida diminuição dos polifenóis totais. Portanto, um vinho criado em barricas é sempre menos rico em polifenóis, ficando com taninos menos adstringentes, que um mesmo vinho maturado em vaso de aço inoxidável.

A madeira da barrica nova transmite ao vinho certo número de substâncias que ajudam na ação da micro-oxidação. Além dos compostos aromáticos liberados pela vinificação e criação dos brancos secos em barricas, a madeira cede ao vinho taninos hidrolisáveis. Essas substâncias fenólicas são muito mais sujeitas à oxidação do que a maioria dos compostos naturais do vinho. Assim, consomem prioritariamente o oxigênio dissolvido, protegendo dessa forma os outros constituintes do vinho.

Durante a maturação nas borras, a cor amarela do vinho amaina, tornando-o mais claro. As manoproteínas desempenham uma ação protetora muito eficaz, notadamente em relação à cor. Sem a sua presença, o ácido gálico liberado pelos taninos do carvalho conduziria a uma forte oxidação da cor, levando o vinho a ficar com tons amarelos assaz acentuados.

O caráter amadeirado de um vinho branco seco vinificado e maturado em barrica com as borras é mais atenuado do que o de um bombeado para a madeira logo após a fermentação alcoólica. A causa deve-se essencialmente à capacidade das paredes das leveduras mortas e seus colóides glicídicos de fixar certas moléculas aromáticas. Dessa maneira, há uma ação de redução causada pelas leveduras, durante a fermentação, garantindo a transformação do aromático aldeído vanílico (vanilina) no inodoro álcool vanílico.

É fato que os vinhos maturados na presença das leveduras e usando a *bâtonnage* adquirem sempre um aroma mais fino, marcante e complexo. Com o revolvimento das borras, os vinhos se enriquecem suficientemente de aminoácidos. Essas substâncias geram, por via enzimática, diversos álcoois superiores e ésteres, compostos assaz odoríferos, responsáveis pelo incremento da intensidade e da complexidade aromática do vinho.

A maturação dos brancos com as borras tem uma ação limitante nos fenômenos de oxirredução. A conservação de um vinho em cubas com as borras, ocasiona queda do potencial de oxirredução, por falta do aporte de oxigênio. Esse fato permite o rápido surgimento de compostos leves de enxofre, típicos cheiros desagradáveis de redução. Ao contrário, um branco criado em barrica nova pode permanecer vários meses com as borras, pois estas limitam o impacto das reações de oxidação, por serem fonte de poder redutivo.

Entretanto, é importante evitar a permanência muito prolongada do vinho com as borras, pois o meio fortemente reduzido causado pelas leveduras permitiria o aparecimento de vários compostos sulfurosos nauseantes. Por esse motivo, a segunda fase da criação de brancos secos em barricas deve ocorrer na ausência das borras.

Panorama Mundial

PANORAMA MUNDIAL

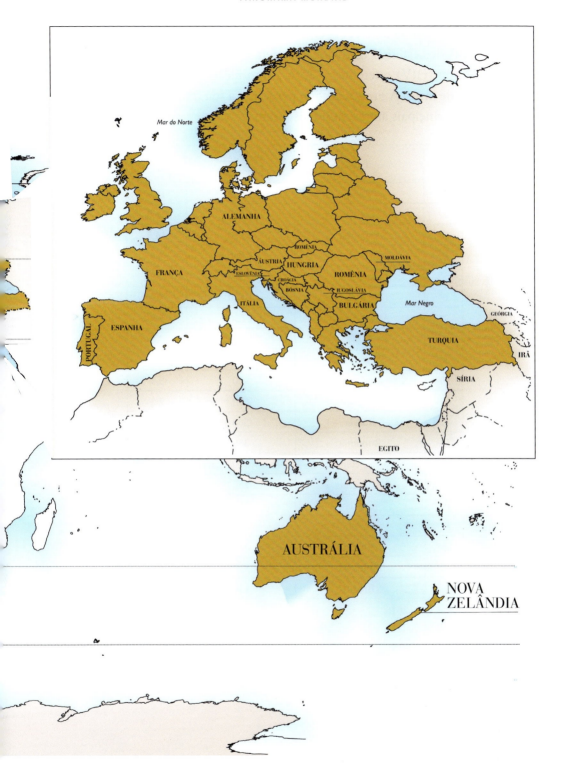

PRODUÇÃO DE VINHO NO MUNDO

Segundo dados estatísticos divulgados pela Organização Internacional da Vinha e do Vinho (OIV) referentes a 2016, a produção mundial de vinho atingiu 26,88 bilhões de litros. A França acabou perdendo a sua tradicional liderança para a Itália. Os 20 principais atores mundiais foram:

	País	Produção (milhões de litros)	%
1º	Itália	5.090	18,9
2º	França	4.520	16,8
3º	Espanha	3.930	14,6
4º	Estados Unidos	2.360	8,8
5º	Austrália	1.310	4,9
6º	China	1.140	4,2
7º	África do Sul	1.050	3,9
8º	Chile	1.010	3,8
9º	Argentina	940	3,5
10º	Alemanha	900	3,3
11º	Portugal	600	2,2
12º	Rússia	560	2,1
13º	Romênia	330	1,2
14º	Nova Zelândia	310	1,1
15º	Hungria	280	1,0
16º	Grécia	260	1,0
17º	Sérvia	230	0,9
18º	Áustria	200	0,7
19º	Moldávia	150	0,6
20º	Brasil	130	0,5

Fonte: OIV, 2016.

SUPERFÍCIE MUNDIAL DE VINHEDOS

A área total do planeta cultivada com vinhas em 2016 era de 7,52 milhões de hectares. Os países assinalados abaixo com a nota "Uva de mesa" produzem exclusivamente ou majoritariamente uvas para consumo *in natura*.

	País	Superfície (mil ha)	Nota
1º	Espanha	975	
2º	China	847	uva de mesa
3º	França	785	
4º	Itália	690	
5º	Turquia	480	uva de mesa
6º	Estados Unidos	443	
7º	Argentina	224	
8º	Iran	223	uva de mesa
9º	Chile	214	
10º	Romênia	191	
11º	Portugal	190	
12º	Austrália	148	
13º	Moldávia	140	
14º	África do Sul	130	
15º	Usbequistão	127	uva de mesa
16º	Índia	120	uva de mesa
17º	Grécia	105	
18º	Alemanha	102	
19º	**Brasil**	85	
20º	Argélia	74	uva de mesa
21º	Egito	69	uva de mesa
22º	Hungria	68	

Fonte: OIV, 2016.

CONSUMO MUNDIAL DE VINHO

Os mais importantes países consumidores de vinho são, além de produtores, de origem latina. O Brasil, nesse quesito, é um participante muito discreto, com apenas 2 litros anuais por pessoa.

	País	Consumo anual (litros/pessoa)
1º	Portugal	54,0
2º	França	51,8
3º	Itália	41,5
4º	Suíça	40,3
5º	Áustria	32,4
6º	Argentina	31,6
7º	Bélgica	31,6
8º	Suécia	29,6
9º	Alemanha	27,8
10º	Austrália	27,0
11º	Hungria	26,4
12º	Grécia	25,7
13º	Espanha	25,4
14º	Holanda	24,5
15º	Romênia	23,9
16º	Reino Unido	23,9
17º	Canadá	16,2
18º	Chile	14,7
19º	Estados Unidos	11,9
20º	África do Sul	11,0
21º	Rússia	7,8
22º	Japão	3,2
23º	Brasil	2,0
24º	China	1,4

Fonte: OIV, 2015.

EXPORTAÇÃO MUNDIAL DE VINHO

Em 2016, as exportações de vinho somaram 10,4 bilhões de litros. Os três maiores exportadores são também os três maiores produtores de vinho. A França foi recentemente ultrapassada pela Espanha, que também acabou de bater a Itália. Já o quarto colocado (Chile) mostrou ótima performance, pois é apenas o oitavo produtor mundial.

	País	Exportações (milhões de litros)	%
1º	Espanha	2.290	22,0
2º	Itália	2.060	19,8
3º	França	1.410	13,6
4º	Chile	910	8,8
5º	Austrália	750	7,2
6º	África do Sul	430	4,1
7º	Estados Unidos	380	3,7
8º	Alemanha	360	3,5
9º	Portugal	280	2,7
10º	Argentina	260	2,5
11º	Nova Zelândia	210	2,0
12º	Moldávia	120	1,2

Fonte: OIV, 2016.

IMPORTAÇÃO BRASILEIRA DE VINHOS

As importações de vinhos e espumantes pelo Brasil, nos últimos 20 anos, tiveram um incremento de 23,8 milhões de litros para 120,3 milhões de litros. ⊙ VEJA A TABELA NA PÁGINA SEGUINTE. Nota-se um avanço significativo dos vinhos sul-americanos em detrimento dos tradicionais países exportadores europeus. A Argentina era em 1998 apenas a sexta colocada, tornando-se em 2017 o segundo maior exportador para o Brasil. O Chile, que em 1998 era o quarto colocado, passou em 2017 para a primeira posição.

IMPORTAÇÕES BRASILEIRAS DE VINHO

	País	2017*		2016		2015	
1º	Chile	51.461,4	42,8	43.518,7	1º	36.923,2	1º
2º	Argentina	16.052,1	13,3	14.456,5	2º	12.955,6	2º
3º	Portugal	15.673,3	13,0	10.938,8	3º	10.011,8	3º
4º	Itália	13.547,4	11,3	9.027,6	4º	9.278,8	4º
5º	França	6.736,7	5,6	5.003,0	5º	4.959,0	5º
6º	Espanha	7.788,9	6,5	4.824,2	6º	3.924,1	6º
7º	Uruguai	2.931,9	2,4	2.223,6	7º	1.401,3	7º
8º	EUA	1.147,2	1,0	738,2	8º	793,7	8º
9º	África do Sul	1.123,6	0,9	586,2	9º	763,0	9º
10º	Austrália	327,2	0,3	498,5	10º	395,0	10º
11º	Alemanha	83,3	0,07	161,8	11º	98,8	11º
12º	Grécia	---	---	6,7	12º	55,7	12º
	Outros	143,7		126,2		231,39	
	Total (mil litros)	120.354,3		92.137,7		81.791,4	

* Nota: valores preliminares

IMPORTAÇÕES BRASILEIRAS DE VINHO

	País	2014		2013		2012	
1º	Chile	35.613,2	1º	28.411,2	1º	30.396,9	1º
2º	Argentina	14.244,7	2º	13.435,8	2º	15.577,4	2º
3º	Portugal	9.795,6	3º	9.365,6	4º	9.792,2	4º
4º	Itália	9.661,9	4º	9.287,0	3º	11.644,0	3º
5º	França	4.823,7	5º	4.756,4	5º	5.033,9	5º
6º	Espanha	3.686,3	6º	3.622,5	6º	3.593,6	6º
7º	Uruguai	1.238,5	7º	1.372,3	7º	1.324,0	7º
8º	EUA	815,8	8º	534,6	9º	394,8	10º
9º	África do Sul	741,4	9º	502,3	10º	747,3	8º
10º	Austrália	236,7	10º	553,2	8º	615,3	9º
11º	Alemanha	120,9	11º	116,1	11º	114,5	11º
12º	Grécia	24,2	12º	13,2	12º	69,0	12º
	Outros	224,6		253,5		237,9	
	Total (mil litros)	81.227,7		72.223,9		79.541,2	

IMPORTAÇÕES BRASILEIRAS DE VINHO

	País	2011		2010		2009	
1º	Chile	26.709,5	1º	26.510,2	1º	22.516,2	1º
2º	Argentina	17.671,0	2º	18.052,3	2º	14.797,3	2º
3º	Portugal	8.610,1	4º	8.075,2	4º	5.915,9	4º
4º	Itália	13.163,4	3º	13.002,8	3º	9.080,9	3º
5º	França	5.132,0	5º	4.264,0	5º	3.503,2	5º
6º	Espanha	2.831,6	6º	2.134,9	6º	1.508,0	6º
7º	Uruguai	1.264,4	7º	1.254,5	7º	751,2	7º
8º	EUA	374,4	10º	221,9	10º	92,5	10º
9º	África do Sul	528,2	9º	974,4	8º	503,5	8º
10º	Austrália	824,4	8º	411,1	9º	270,9	9º
11º	Alemanha	198,8	11º	194,0	11º	57,2	11º
12º	Grécia	82,2	12º	42,4	12º	52,5	12º
	Outros	239,2		186,4		76,5	
	Total (mil litros)	77.629,3		75.324,1		59.125,8	

IMPORTAÇÕES BRASILEIRAS DE VINHO

	País	2008		2007		2006		2005	
1º	Chile	18.747,3	1º	18.894,9	1º	15.224,0	1º	11.685,4	2º
2º	Argentina	15.433,1	2º	16.177,5	2º	13.653,0	2º	11.981,1	1º
3º	Itália	10.775,0	3º	10.414,5	3º	9.393,8	3º	7.102,8	3º
4º	Portugal	6.276,3	4º	6.846,1	4º	5.971,3	4º	5.193,4	4º
5º	França	3.457,9	5º	3.817,2	5º	3.658,0	5º	2.603,0	5º
6º	Espanha	1.257,7	6º	1.116,3	7º	1.222,3	6º	721,6	6º
7º	Uruguai	922,2	7º	2.395,0	6º	726,3	7º	513,2	7º
8º	África do Sul	324,6	8º	386,4	8º	359,2	8º	407,9	8º
9º	Alemanha	295,9	9º	236,0	9º	315,9	9º	254,6	9º
10º	EUA	78,4	10º	82,6	10º	63,1	10º	55,9	10º
	Outros	344,0		507,9		359,9		419,5	
	Total (mil litros)	57.912,4		60.874,4		50.946,8		40.938,4	

IMPORTAÇÕES BRASILEIRAS DE VINHO

	País	2004		2003		2002		2001	
1º	Chile	11.160,0	2º	7.971,7	1º	6.206,6	2º	5.175,9	3º
2º	Argentina	11.210,8	1º	5.863,6	3º	3.884,4	3º	2.618,0	5º
3º	Itália	7.224,2	3º	6.446,5	2º	7.363,7	1º	9.142,0	1º
4º	Portugal	4.181,4	4º	3.361,4	4º	3.061,9	4º	5.245,3	2º
5º	França	2.838,7	5º	2.923,4	5º	3.024,9	5º	3.820,5	4º
6º	Espanha	813,7	6º	574,6	8º	601,8	8º	766,8	8º
7º	Uruguai	660,7	7º	1.097,8	6º	1.248,8	6º	1.678,1	6º
8º	África do Sul	303,5	9º	162,8	10º	32,2	10º	49,2	10º
9º	Alemanha	442,9	8º	576,3	7º	766,7	7º	909,1	7º
10º	EUA	79,5	10º	174,9	9º	140,7	9º	374,6	9º
	Outros	242,0		176,0		222,5		236,3	
	Total (mil litros)	39.157,3		29.329,3		26.554,2		30.015,9	

IMPORTAÇÕES BRASILEIRAS DE VINHO

	País	2000		1999		1998	
1º	Chile	5.570,5	2º	4.330,9	4º	3.146,3	4º
2º	Argentina	2.839,4	5º	2.562,7	6º	1.373,8	6º
3º	Itália	8.750,0	1º	6.686,3	1º	5.745,7	1º
4º	Portugal	5.023,6	3º	4.423,6	3º	4.452,2	3º
5º	França	4.411,3	4º	4.688,3	2º	4.557,8	2º
6º	Espanha	761,7	8º	647,9	9º	598,7	7º
7º	Uruguai	1.963,4	6º	1.712,0	7º	327,3	9º
8º	África do Sul	17,6	10º	–		–	–
9º	Alemanha	1.165,8	7º	2.578,5	5º	2.967,7	5º
10º	EUA	426,5	9º	674,7	8º	381,2	8º
	Outros	200,8		143,6		229,4	
	Total (mil litros)	31.131,1		28.448,7		23.780,1	

Fonte: Decex/Uvibra.

FRANÇA

- **PRODUÇÃO:** 4,52 bilhões de litros (2016) ▲ 2ª do mundo
- **ÁREA DE VINHEDOS:** 785 mil hectares (2016) ▲ 3ª do mundo
- **CONSUMO PER CAPITA:** 51,8 litros/ano (2016) ▲ 2º do mundo
- **LATITUDES:** 49ºN (Champagne) • 43ºN (Roussillon)

Os vinhos franceses sempre estiveram entre os melhores do mundo. As suas grandes castas têm sido exportadas para os quatro cantos do globo. Praticamente todos os países do mundo – mesmo os europeus – dispõem de Cabernets, Merlots, Pinot Noirs e Chardonnays em profusão.

Logo após a Segunda Guerra Mundial, a cada nova década, a liderança gaulesa vem sendo cada vez mais contestada, tanto pelos outros países europeus tradicionais quanto pelas regiões vinícolas emergentes do Novo Mundo. O segmento de vinhos mais caros continua tendo alta demanda, pela excelente qualidade, apesar de seus preços de marajá. Nos segmentos médio e baixo, a participação francesa no mercado mundial vem caindo anualmente, pois quase sempre, em determinada faixa de preço, há opções de vinhos de outras origens de melhor valor.

Em termos climáticos, o Norte e o Sul do país são muito distintos. As regiões são classificadas quanto ao clima, segundo a legislação europeia, em:

Zona A (a mais fria)	Nenhuma
Zona B	Alsace, Champagne e Lorraine
Zona C1a	Bordeaux, Bourgogne, Rhône e parte da Provence
Zona C2	Languedoc-Roussillon e a outra parte da Provence
Zona C3b (a mais quente)	Córsega

Dessa forma, a chaptalização – suplementação de açúcar ao mosto – é autorizada em todo o território francês. As exceções ficam por conta das zonas meridionais: Rhône Sud, Provence, Languedoc-Roussillon e Córsega.

A regulamentação vinícola francesa foi pioneira no mundo, datando de 1936, sendo a base da europeia de hoje.

LEGISLAÇÃO

- **VdT – *Vin de Table*.** O "Vinho de Mesa" corresponde à classificação mais básica de todas. (9% da produção em 2013)
- **IGP – *Indication Géographique Protégée*.** O "Vinho Regional" era antes conhecido como VdP - Vin de Pays. Necessita empregar uvas recomendadas e colhidas dentro do território delimitado. (28%)

- **VDQS – *Vin Délimité de Qualité Supérieure.*** O "Vinho Delimitado de Qualidade Superior" é uma categoria algo provisória, cujos vinhos tendem com o tempo a ser promovidos a "AOC". Ela foi suprimida em 2011, sendo os seus vinhos abrigados como "VdP" ou "AOC".
- **AOC – *Appellation d'Origine Contrôlée.*** O vinho de "Denominação de Origem Controlada" representa a elite do país, incluindo quase a totalidade dos grandes vinhos gauleses. São cerca de 400 denominações. (46%)
Nota: os 17% complementares referem-se aos vinhos destinados à elaboração de destilados vínicos (Cognac e Armagnac).

É importante notar que o sistema de AOC não garante qualidade, a qual sempre depende do produtor. Garante autenticidade e tipicidade, regulando: área delimitada de produção; variedades de uvas autorizadas e suas proporções; métodos viticulturais; rendimento máximo de uva por superfície; teor alcoólico mínimo; condições de amadurecimento; e outros métodos de vinificação.

As principais regiões demarcadas francesas são Bordeaux, Bourgogne/Beaujolais, Rhône, Loire, Alsace, Jura, Provence, Languedoc-Roussillon, Sud-Ouest e, é claro, Champagne.

BORDEAUX

Bordeaux (Bordéus) constitui-se na maior região de alta qualidade não só da França como do mundo. Ocupava, em 2010, uma área de vinhedos de 115 mil hectares, ou seja, cerca de 25% da superfície vitícola AOC do país. Localizada no departamento da Gironde, a região divide-se geograficamente em três grandes zonas. A zona do Médoc e de Graves – centrada na cidade de Bordeaux – é conhecida como "margem esquerda" por situar-se entre a margem esquerda do estuário do Gironde e do seu tributário Garonne e o Atlântico. A zona do Libournais (sobretudo Saint-Emilion e Pomerol) e das Côtes de Bourg e de Blaye – centrada na cidade de Libourne – é chamada "margem direita" por se localizar na margem direita dos rios Gironde e Dordogne (também tributário do anterior). Por último, tem-se a zona central, onde sobressai a AOC Entre-Deux-Mers, cujo nome significa "Entre-Dois-Mares", a qual produz refrescantes brancos econômicos de boa qualidade.

O clima é atlântico temperado, com forte influência do mar e dos rios que cortam o território. Os solos são predominantemente de cascalho sobre argila, areia e calcário (na margem esquerda); essencialmente argilocalcários (no centro); e diversificados (na margem direita).

OS SEGREDOS DO VINHO • *FRANÇA*

As uvas tintas permitidas na região são as hoje mundialmente reputadas Merlot (a mais plantada), Cabernet Sauvignon e Cabernet Franc. São complementadas por Petit Verdot (dá cor, taninos e alta acidez), Malbec (cor e corpo) e Carmenère (cor). Algumas das brancas empregadas também não são menos conhecidas, como a Sémillon (a líder em cultivo), a Sauvignon Blanc e a Muscadelle.

Os vinhos tintos, que representaram 89% da produção, em 2010, deram fama à região. Entretanto, excelentes brancos (secos e doces) são também aí elaborados.

Tudo em Bordeaux é grandioso. Dentro de seus limites estão implantados mais de 9 mil *châteaux* (castelos ou propriedades vinícolas) produtores de vinho. A região é composta por 60 AOCs – as mais importantes são relacionadas a seguir.

As AOCs regionais têm em tese menor padrão de qualidade, englobando vinhos tintos (T), brancos (B) e rosados (R), tais como: Bordeaux (T/B/R), Bordeaux Supérieur (T/B) e Crémant de Bordeaux (B/R). O termo *crémant* era antes usado apenas em Champagne, em referência a um espumante com menor pressão. Atualmente, a regulamentação francesa o emprega com o significado de espumante pelo método tradicional.

MÉDOC

O Médoc, cujo nome significa "Terra do Meio", contempla apenas vinhos tintos, sendo dividido em duas AOCs sub-regionais: o Médoc (máximo de 50 hectolitros por hectare) e o Haut-Médoc. O Haut-Médoc, o mais conceituado, engloba uma parte com essa denominação (máximo de 48 hl/ha) e outra parte repartida entre as AOCs comunais (máximo de 45 hl/ha): Saint-Estèphe, Pauillac, Saint-Julien, Margaux, Moulis-en-Médoc e Listrac-Médoc.

Os Margaux são os mais leves e elegantes; os Saint-Estèphe, os mais encorpados e estruturados; os Saint-Julien, medianamente encorpados e com fino buquê, situando-se em estilo entre os Margaux e os Pauillac. Estes constituem para muitos a quintessência dos Médoc, com incrível equilíbrio e classe.

A distribuição típica das variedades de uvas dentre os castelos líderes é: 60% de Cabernet Sauvignon, 25% de Merlot, 10% de Cabernet Franc e 5% de Petit Verdot. Os tintos classificados são engarrafados entre 18 e 24 meses, em geral no vigésimo quarto.

Em 1855, as propriedades foram classificadas qualitativamente num sistema que perdura até os dias de hoje:

Crus Artisans • São geralmente pequenas propriedades de não mais de sete hectares. Em 2006, 44 propriedades, após passarem por degustações de um juri profissional, obtiveram o direito de portar essa menção no rótulo.

Crus Bourgeois, Crus Bourgeois Supérieur e Crus Bourgeois Exceptionnels • São vinícolas acima de sete hectares. A antiga classificação, revisada em 1932, caducou. Uma nova ordenação, que valeria desde a safra de 2003 e seria revista decenalmente, aprovou 247 castelos dentre os 490 participantes. Em 2009, após várias reclamações na justiça, a classificação de 2003 foi anulada e decidiu-se que anualmente será publicada a seleção oficial dos *Crus Bourgeois du Médoc*.

Grands Crus Classés • Compreendem os castelos mais conceituados, segmentados em cinco níveis: *Cinquièmes* (18 castelos), *Quatrièmes* (dez), *Troisièmes* (14), *Deuxièmes* (14) e *Premiers* (cinco).

PREMIERS GRANDS CRUS CLASSÉS
Ch. Lafite-Rothschild (Pauillac), Ch. Margaux (Margaux), Ch. Latour (Pauillac), Ch. Haut-Brion (localizado fora do Médoc, em Pessac-Léognan) e Ch. Mouton-Rothschild (Pauillac). O último castelo foi alçado a essa honraria apenas em 1973, por decreto ministerial.

SUPERSEGUNDOS
São alguns dos outros *Grands Crus Classés*, atualmente vendidos por preços logo abaixo dos *Premiers Grands Crus Classés*: Ch. Palmer (Margaux), Ch. Léoville-Las Cases (Saint-Julien) e Ch. Pichon-Lalande (Pauillac).

OUTROS DESTAQUES
Ch. Ducru-Beaucaillou (Saint-Julien), Ch. Cos d'Estournel (Saint-Estèphe), Ch. Léoville-Barton (Saint-Julien), Ch. Pichon-Longueville-Baron (Pauillac), Ch. Lynch-Bages (Pauillac), Ch. Montrose (Saint-Estèphe), Ch. Gruaud-Larose (Saint-Julien), Ch. Rauzan-Ségla (Margaux), Ch. Calon-Ségur (Saint-Estèphe), Ch. Léoville-Poyferré (Saint-Julien), Ch. Grand-Puy-Lacoste (Pauillac) e Ch. Pontet-Canet (Pauillac).

---

* Devido ao número de castelos bordaleses mencionados, uso "Ch." como abreviatura de "Château".

Recentemente, os castelos mais importantes passaram a comercializar os seus *Seconds Vins*. São caldos que foram elaborados com uvas abaixo de dez anos de idade, de parcelas do vinhedo menos favorecidas ou de lotes que não atingiram a excelência requerida para serem *Grands Vins*. Alguns exemplos: Carruades de Lafite, Pavillon Rouge du Ch. Margaux, Les Forts de Latour e Le Petit Mouton.

Tive a felicidade de degustar muitos grandes tintos do Médoc. A performance de alguns deles foi tão marcante que se torna quase impossível eleger o melhor de todos. Cabe ressaltar: Ch. Latour 66, Ch. Mouton-Rothschild 29 e 53, Ch. Margaux 83 e Ch. Lafite-Rothschild 82. Dentre os "supersegundos" destacaram-se: Ch. Pichon-Lalande 85, Ch. Palmer 82, Ch. Léoville-Las Cases 82, Ch. Ducru-Beaucaillou 61, Ch. Cos d'Estournel 85, Ch. Pontet-Canet 90, Ch. Léoville-Barton 82, Ch. Gruaud-Larose 61, Ch. Lynch-Bages 85, Ch. Calon-Ségur 82, Ch. Pichon-Baron 89, Ch. Rauzan-Ségla 89, Ch. Grand-Puy-Lacoste 76, Ch. Montrose 61, Ch. Léoville-Poyferré 90, Ch. Beychevelle 85 e Ch. Kirwan 96.

GRAVES

A zona de Graves foi dividida em 1987 em duas AOCs sub-regionais: Graves e Pessac-Léognan. A segunda sub-região localiza-se na parte norte, englobando dez comunas e todos os castelos *Crus Classés*. Além disso, em Pessac-Léognan os rendimentos máximos são menos tolerantes, de 45 e 48 hl/ha para tintos e brancos, respectivamente, em comparação com os 50 hl/ha de Graves, tanto para os escuros quanto para os claros.

Diferentemente do Médoc, aqui são gerados, além de ótimos tintos, pequenos volumes de excelentes brancos secos. Os ditos *Graves Supérieures* são brancos doces, originados de zonas próximas a Sauternes e Barsac.

A mescla de uvas tintas é similar à de Médoc, assim como a característica dos vinhos, embora os Pessac-Léognan sejam mais encorpados que os primeiros. Os vinhos brancos secos empregam sobretudo Sémillon e Sauvignon Blanc, alguns usando majoritariamente a primeira, outros a segunda. Os brancos classificados são engarrafados após nove a 18 meses, em geral no 12º mês. São muito longevos e só começam a mostrar a sua classe após cerca de dez anos de idade.

A classificação de propriedades em Graves foi muito mais recente, tendo-se iniciado em 1953 e sendo concluída em 1959. Foram contemplados 13 vinhos tintos e nove brancos.

> **CRUS CLASSÉS**
> Ch. Haut-Brion (T), Ch. La Mission-Haut-Brion (T), Ch. Laville-Haut-Brion (B), Ch. Latour-Haut-Brion (T), Domaine de Chevalier (T/B), Ch. Pape-Clément (T), Ch. Carbonnieux (T/B), Ch. Bouscaut (T/B), Ch. Haut-Bailly (T), Ch. de Fieuzal (T), Ch. Olivier (T/B), Ch. Malartic-Lagravière (T/B), Ch. La Tour-Martillac (T/B), Ch. Smith-Haut-Lafitte (T), Ch. Couhins-Lurton (B) e Ch. Couhins (B).

O grande campeão dentre os tintos dessa denominação foi o Ch. Haut-Brion 55, um dos três melhores bordaleses que bebi até hoje. Outros destaques: Ch. Haut-Brion 61, Ch. La Mission-Haut-Brion 78, Ch. Pape-Clément 85, Domaine de Chevalier 85 e Ch. Fieuzal 96.

O Ch. Haut-Brion Blanc 82 talvez tenha sido o melhor branco que já degustei. Num patamar ligeiramente abaixo ficou o Ch. Laville-Haut-Brion 94. Esses brancos estão entre os meus prediletos. Também se saíram muito bem o Ch. Carbonnieux Blanc 94 e o Ch. Fieuzal Blanc 90.

Sauternes e Barsac • As duas denominações vizinhas de Sauternes e Barsac estão encravadas em Graves. A primeira é uma AOC sub-regional, englobando, além da comuna de Sauternes, outras três. Já Barsac é uma comuna que tem a opção de declarar o seu nome ou o de Sauternes. Por serem brancos botritizados de sobremesa, os seus rendimentos máximos autorizados são bem baixos, de apenas 25 hl/ha.

A *assemblage* de uvas-padrão é algo como 80% de Sémillon (a mais suscetível de botritizar, dando corpo, complexidade e longevidade), 15% de Sauvignon Blanc (aroma e acidez) e 5% de Muscadelle (toque moscatado). Os classificados ficam em barricas de carvalho por 12 a 24 meses. São brancos muito doces, assaz untuosos, com acidez balanceada e um *flavor* amendoado, de mel, laranja e acácia. Estão entre os maiores vinhos de sobremesa do mundo, sendo seguramente dos mais caros.

Apenas Sauternes e Médoc tiveram a honra de ver suas melhores propriedades classificadas em 1885, aqui distribuídas em três níveis ascendentes de qualidade:

Deuxièmes Crus Classés • 15.
Premiers Crus Classés • 11.
Grand Premier Cru Classé • 1.

> *GRAND PREMIER CRU CLASSÉ*
> Ch. d'Yquem.
>
> *PREMIERS CRUS CLASSÉS*
> Ch. La Tour-Blanche, Ch. Lafaurie-Peyraguey, Ch. Clos Haut-Peyraguey, Ch. de Rayne-Vigneau, Ch. Suduiraut, Ch. Coutet, Ch. Climens, Ch. Guiraud, Ch. Rieussec, Ch. Rabaud-Promis e Ch. Sigalas-Rabaud.

O mais suntuoso Sauternes que já bebi foi o exuberante Ch. d'Yquem 75. Outros destaques foram: Ch. Climens 76, Ch. Rieussec 83, Ch. Suduiraut 95, Ch. Coutet 82 e Ch. Giraud 89.

SAINT-EMILION

A belíssima vila murada de Saint-Emilion já valeria por si só uma visita. A produção local é exclusivamente de vinhos tintos, cujo corte típico teria, diferentemente dos distritos da margem esquerda, uma predominância de Merlot (55%-70%), complementada por 25%-40% de Cabernet Franc e 5%-10% de Cabernet Sauvignon. O rendimento máximo permitido é de 45 hl/ha. Entre os grandes tintos bordaleses, são aqueles mais carnudos, macios e amigáveis, ficando prontos mais cedo.

Essa sub-região da margem direita, que contém nove comunas, abrange quatro níveis de AOCs. Uma particularidade dela é que desde a primeira ordenação das propriedades, em 1955, realiza-se uma reclassificação decenal. A última ocorreu em 2012, estabelecendo:

Saint-Emilion
Saint-Emilion *Grands Crus* • Essa classe não corresponde a uma superfície determinada, mas sim a uma seleção de vinhos por uma comissão. É dentre os castelos desse grupo que são escolhidos os *Grands Crus Classés* e os *Premiers Grands Crus Classés*.

Saint-Emilion *Grands Crus Classés* • 64.
Saint-Emilion Premiers *Grands Crus Classés* • 18, sendo quatro como "A" e 14 como "B", em que "A" e "B" são classificações de qualidade.

> *PREMIERS GRANDS CRUS CLASSÉS*
> **(A)** Ch. Angélus, Ch. Ausone, Ch. Cheval Blanc e Ch. Pavie.
> **(B)** Ch. Beau-Séjour-Bécot, Ch. Beauséjour (Duffau-Lagarosse), Ch. Belair-Monange, Ch. Canon, Ch. Canon-La Gaffelière, Ch. Figeac, Ch. La Gaffelière, Ch. Larcis-Ducasse, Ch. Pavie-Macquin, Ch. Troplong-Mondot, Ch. Trottevieille, Clos Fourlet e La Mondotte.

O melhor Saint-Emilion que eu sorvi foi o Ch. Ausone 83. Também mostraram ótima performance os castelos: Ch. Cheval Blanc 79, Ch. Angélus 85, Ch. Valandraud 94, Ch. Canon-La Gaffelière 82, Ch. Figeac 98, Ch. Canon 82, Ch. Pavie 82 e Clos Fourtet 95.

POMEROL
Essa sub-região da margem direita é uma das menores AOCs de Bordeaux. Também é uma zona produtora de caldos escuros, sendo o teor de Merlot da ordem de 70%-90% (95% no Ch. Pétrus) e o complemento de Cabernet Franc. São tintos perfumados, opulentos, aveludados e sensuais, que conquistaram uma legião de fãs, entre os quais me incluo.

Até hoje, os vinicultores locais não demonstraram interesse em classificar as suas propriedades. Mesmo assim, os seus vinhos geralmente alcançam os maiores preços de todos os bordaleses em razão das pequenas dimensões das propriedades, do menor índice de rendimento máximo permitido (42 hl/ha) e da alta qualidade.

> **ELITE**
> Ch. Pétrus, Ch. Le Pin, Ch. Trotanoy, Ch. Lafleur, Ch. Clinet, Vieux-Châteaux-Certan, Ch. L'Église-Clinet, Ch. Gazin, Ch. La Conseillante, Ch. L'Évangile, Ch. La Fleur-Pétrus, Ch. Latour-à-Pomerol, Ch. Hosanna e Ch. Le Gay.

Entre todos os tintos dessa AOC, os que mais me impressionaram foram os Ch. Pétrus 71 e 82. O último, aliás, foi o campeão da degustação de comemoração dos 20 anos da Confraria do Amarante. Também tiveram altas notas em provas os vi-

nhos: Ch. Trotanoy 66, Ch. Lafleur 82, Vieux-Château-Certan 88, Ch. L'Église-
-Clinet 88, Ch. La Conseillante 82, Ch. L'Évangile 85, Ch. La Fleur-Pétrus 89, Ch.
Hosanna 00, Ch. Latour-à-Pomerol 82, Ch. Le Gay 00 e Ch. Beauregard 82.

Outras denominações do Libournais • Na margem direita existem outras AOCs sub-regionais que elaboram vinhos tintos de ótimo padrão, também com predominância de Merlot e Cabernet Franc. Algumas delas são superiores a muitas de suas vizinhas mais conceituadas de Saint-Emilion e Pomerol. São elas: Saint-Emilion "Satélites" (Lussac, Montagne, Puisseguin e Saint-Georges), Lalande-de-Pomerol, Fronsac e Canon-Fronsac.

BOURGOGNE

A Bourgogne (Borgonha) verdadeira subdivide-se em cinco partes: Chablis, Côte de Nuits, Côte de Beaune, Côte Chalonnaise e Mâconnais. Entretanto, o Beaujolais, apesar de não se localizar geograficamente na Bourgogne política, em termos vinícolas e históricos (fazia parte da Grande Bourgogne) é geralmente considerado como tal. A superfície total em 2010 era de 47 mil hectares, correspondendo a 29 mil hectares a Bourgogne e 18 mil hectares o Beaujolais.

O território ocupado tem um formato longilíneo e descontínuo, estendendo-se a Bourgogne de Auxerre a Mâcon e o Beaujolais daquela até Lyon. O clima é temperado. O solo é predominantemente de argila e calcário, sendo granítico em parte do Beaujolais.

As castas tintas empregadas são Pinot Noir e Gamay Noir (nas AOCs Beaujolais, Mâcon e Bourgogne Passe-Tout-Grain, essa última associada ao Pinot Noir). As brancas são Chardonnay e Aligoté (nas AOCs Bourgogne Aligoté e Bouzeron).

A Bourgogne propriamente dita adota quatro níveis de denominações de origem: o Regional (51,7% da produção em 2010), o Comunal, o de vinhedos *Premier Cru* e o de vinhedos *Grand Cru* (apenas 1,4%). Para complicar ainda mais a leitura dos rótulos, essa região possui uma centena de AOCs, ou seja, um quarto do total do país. A produção praticamente se divide entre brancos (61%) e tintos (31%), com uma quantidade diminuta de rosados e espumantes.

As designações regionais, produzidas em toda a extensão do território, envolvem vinhos tintos, brancos, rosados e espumantes. As mais conhecidas são: Bourgogne (T/B/R), Bourgogne Passe-Tout-Grains (T/B), Bourgogne Aligoté (B) e Crémant de Bourgogne (B/R).

Na Bourgogne, diferentemente de Bordeaux, os vinhedos é que são contemplados na classificação e não as propriedades. Os vinhedos locais foram muito parcelados, por causa da Revolução Francesa. Portanto, mais do que em outras regiões, aqui é fundamental o nome do produtor como atestado de qualidade do vinho.

CHABLIS

Chablis localiza-se mais perto de Champagne do que do resto da Bourgogne. Engloba as comunas de Chablis e algumas outras vizinhas do departamento de Yonne. O clima é continental e os solos são argilocalcários e pedregosos.

Nessa região só se elaboram vinhos brancos de Chardonnay. Têm como característica ser bem secos, nervosos, medianamente encorpados, minerais e odorantes.

Chablis compreende quatro AOCs, em ordem ascendente de qualidade:

Petit Chablis • Pouco exportada.
Chablis • Representa o grosso da produção.
Chablis Premiers Crus • 40 vinhedos.
Chablis Grand Cru • Denominação dividida em sete vinhedos: Vaudésir, Les Clos, Grenouilles, Bougros, Valmur, Les Preuses e Blanchot. Os melhores vinhedos são Vaudésir e Les Clos. O rendimento máximo permitido é de 40 hl/ha. São vinhos de guarda.

> **MELHORES PRODUTORES**
> Raveneau, R. & V. Dauvissat, J. P. Droin, Billaud-Simon, Laroche, Long-Depaquit, William Fèvre, G. & JH. Goisot, Grossot e Servin.

CÔTE D'OR

É o coração borgonhês, onde se originam os mais valiosos caldos, exclusivamente das nobres Pinot Noir e Chardonnay. É a área mais setentrional do globo na produção de grandes tintos. Apresenta grande diversidade de *terroirs*.

A zona vitivinícola do departamento da Côte d'Or vai de Dijon a Santenay, sendo dividida em duas partes: a Côte de Nuits e a Côte de Beaune. A elas correspondem as seguintes AOCs sub-regionais: Côtes de Nuits-Villages (T/B), Côte de Beaune (T/B), Côtes de Beaune-Villages (T), Bourgogne Hautes-Côtes de Nuits (T/R/B) e Bourgogne Hautes-Côtes de Beaune (T/R/B).

Em grau de importância, seguem-se as denominações comunais, sendo as principais, de norte a sul: Gevrey-Chambertin (T), Morey-Saint-Denis (T/B), Chambolle-Musigny (T), Vougeot (T/B), Vosne-Romanée (T), Nuits-Saint-Georges (T/B), Aloxe-Corton (T/B), Beaune (T/B), Pommard (T), Volnay (T) – ótimo valor –, Meursault (B), Puligny-Montrachet (T/B) e Chassagne-Montrachet (T/B).

Criou-se o mau hábito de juntar ao nome da comuna o do seu mais famoso vinhedo, causando tremenda balbúrdia, difícil de ser decifrada pelos iniciantes. Se não, vejamos: Gevrey-Chambertin (comuna), Gevrey-Chambertin Les Gazetiers (vinhedo de Primeira Colheita) e Charmes-Chambertin (vinhedo de Grande Colheita).

Finalmente, no cimo há duas categorias de AOCs de vinhedos. Os 684 *Premiers Crus* levam o nome da comuna seguido do nome do vinhedo, como Chambolle--Musigny Les Amoureuses. Quando o nome da vila segue-se apenas da menção *Premier Cru*, significa que o vinho foi elaborado com uvas de vários vinhedos da categoria Primeira Colheita.

No entanto, os *Grands Crus*, em número de 32, prescindem do nome da comuna, sendo uma AOC de *per si*. A superfície perfazia apenas 457 hectares, em 2010, sendo que a grande maioria dos vinhos tintos se situa na Côte de Nuits e a dos brancos, na Côte de Beaune. O rendimento máximo desses vinhos é muito baixo: 35 hl/ha (tintos, exceto as Grandes Colheitas secundárias de Chambertin, com 37 hl/ha) e 40 hl/ha (brancos). Os vinhedos *Grands Crus* são estes:

Tintos • Chambertin (o favorito de Napoleão), Chambertin-Clos de Bèze (pode, se quiser, chamar-se Chambertin), Chapelle-Chambertin, Charmes-Chambertin ou Mazoyères-Chambertin, Griotte-Chambertin, Latricières-Chambertin, Mazis--Chambertin, Ruchottes-Chambertin, Clos Saint-Denis, Clos de La Roche, Clos des Lambrays, Clos de Tart, Bonnes-Mares, Musigny (que é o predileto dos especialistas e também produz um pouco de branco), Clos de Vougeot, Échézeaux, Grands Échézeaux, Romanée-Conti (o mais caro vinho francês em safras recentes), La Romanée, Romanée-Saint-Vivant, Richebourg, La Tâche, La Grande Rue e Corton (uma denominação e diversos vinhedos).

Brancos • Corton-Charlemagne, Charlemagne (denominação em desuso, englobada por Corton-Charlemagne), Montrachet (o melhor branco borgonhês), Chevalier-Montrachet, Bâtard-Montrachet, Bienvenues-Bâtard-Montrachet e Criots--Bâtard-Montrachet.

Os melhores tintos são ricos, carnudos e perfumados, com grande complexidade aromática, necessitando de tempo de garrafa para descortinar toda a sua plenitude. A criação em barris de carvalho é de 12 a 24 meses. Confesso que os grandes borgonhas tintos estão entre os meus prediletos. São vinhos que possuem uma tipicidade única. Por ser a Pinot Noir uma casta muito problemática, erra-se muito, mas de vez em quando bebem-se de joelhos algumas preciosidades.

Os brancos são encorpados, complexos e de guarda. Empregam a fermentação e a maturação em barris de carvalho, por oito a 16 meses.

Os melhores tintos com os quais eu tive a oportunidade de me regalar foram: Romanée-Conti 80, La Tâche 79 (em *double-magnum*), Richebourg 91 e Romanée-Saint-Vivant 80 (Domaine Romanée-Conti), Clos de Vougeot 00 (Leroy), Musigny Vieilles Vignes 92, Bonnes Mares 89 e Chambolle-Musigny Les Amoureuses 93 (Comte de Vogüé), Clos de la Roche 85, Clos Saint-Denis 96 e Charmes-Chambertin 92 (Dujac), Clos de Vougeot 04 e Vosne-Romanée Les Chaumes 04 (Méo-Camuzet), Romanée-Saint-Vivant 95 e Clos de Vougeot 99 (J. J. Confuron), Chambertin-Clos de Bèze 03 (B. Clair), Chapelle-Chambertin 89 (Ponsot), Clos de Vougeot 99 (J. Grivot), Chambertin 95 (J. Prieur), Gevrey-Chambertin Lavaux-St. Jacques 05 (P. Pacalet), Grands Échezeaux 89 e Échezaux 90 (J. Drouhin), Corton Clos des Cortons 89 (Faiveley) e Clos de Vougeot 90 (L. Jadot). Dois tintos também inesquecíveis foram o Clos de Vougeot 76 e o Clos de la Roche 78 do produtor G. Vadey, infelizmente hoje fora de funcionamento.

Os destaques brancos foram: Montrachet 88 (Domaine Romanée-Conti), Montrachet Marquis de Laguiche 90 (J. Drouhin), Montrachet 83 (Ramonet), Montrachet 93 (Baron de Thénard), Corton-Charlemagne 89 (Bonneau du Martray), Meursault-Charmes 99 (Comtes Lafon), Chevalier-Montrachet 86 (L. Latour), Bâtard-Montrachet 92 (Verget) e Puligny-Monrachet Les Perrières 97 (L. Carillon).

> **MELHORES PRODUTORES DA CÔTE D'OR E SEUS VINHOS MAIS MARCANTES**
> Domaine Romanée-Conti (Romanée-Conti, La Tâche, Richebourg e Montrachet), Comte de Vogüé (Musigny, Bonnes-Mares e Chambolle-Musigny Les Amoureuses), Leroy (Romanée-Saint Vivant e Richebourg), Dujac (Clos de la Roche, Clos Saint-Denis e Charmes-Chambertin), Dominique Laurent ▶

(Clos de Vougeot e Chambertin-Clos de Bèze), Domaine Leflaive (Montrachet), Bonneau du Martray (Corton-Charlemagne), Comtes Lafon (Meursault), Domaine d'Auvenay (Meursault), B. Dugat-Py (Chambertin), D. Mortet (Chambertin e Clos de Vougeot), Jean Grivot (Clos de Vougeot e Vosne-Romanée Les Beaux Monts), Henri Gouges (Nuits-Saint-Georges Les Saint-Georges), Marquis d'Angerville (Volnay Clos des Ducs), Anne Gros (Richebourg e Clos de Vougeot), Méo-Camuzet (Vosne-Romanée Cros Parantoux), Bruno Clair (Chambertin-Clos de Bèze), J. F. Mugnier (Musigny), Domaine de Montille (Volnay Les Taillepieds), Faiveley (Corton Clos des Cortons), G. Roumier (Chambolle-Musigny Les Amoureuses), J. Trapet (Chambertin e Chapelle-Chambertin), Ramonet (Montrachet), J. J. Confuron (Romanée-Saint-Vivant), J. Confuron-Contetidot (Clos de Vougeot), J. Drouhin (Montrachet Marquis de Laguiche, Grands-Échezaux e Échezeaux), E. Sauzet (Puligny-Montrachet Les Combettes), Ch. de la Tour (Clos de Vougeot), Perrot Minot (Chambertin), Domaine de Courcel (Pommard Grand Clos de Epenots), Chandon de Briailles (Corton-Charlemagne), J. M. Morey (Bâtard-Montrachet e Santenay Grand Clos Rousseau), Comte Armand (Pommard Clos des Épeneaux), Verget (Bâtard-Montrachet), J. Prieur (Corton-Bressandes), Baron Thénard (Montrachet), A. Rousseau (Chambertin), S. Bize (Savigny-les-Beaune Vergelesses), L. Carillon (Puligny--Montrachet Les Perrières), Clos de Tart (Clos de Tart), Domaine des Lambrays (Clos des Lambrays), J. M. Boillot (Pommard Cru Jarollières), Ponsot (Clos de la Roche e Chapelle-Chambertin), L. Jadot (Clos de Vougeot), L. Latour (Chevalier-Montrachet), P. Javillier (Meursault Les Narvaux), G. Roulot (Meursault Tessons Clos de Mon Plaisir), Bouchard Père & Fils (Chevalier-Montrachet), A. Grivault (Meursault Clos des Perrières), J. F. Coche-Dury (Meursault Genevrières) e Ch. de Pommard (Pommard).

CÔTE CHALONNAISE

Esse distrito, situado no departamento de Saône-et-Loire, tem participação na produção de 55% de brancos e 45% de tintos. Utiliza as cepas Pinot Noir, Chardonnay e Aligoté – esta, apenas em Bouzeron. A Aligoté é uma variedade extremamente ácida, suavizada com a adição de licor de cassis, dando o típico aperitivo borgonhês chamado *kir*.

A designação sub-regional é Bourgogne Côte Chalonnaise, para vinhos tintos, rosados e brancos.

Essa zona é repartida em cinco AOCs comunais: Bouzeron (B), Rully (T/B), Mercurey (T/B), Givry (T/B) e Montagny (B). Com exceção de Bouzeron, todas as outras vilas possuem vinhedos *Premiers Crus*, totalizando 130.

Os vinhos mais reputados provêm da comuna de Mercurey, sendo os seus Primeiras Colheitas. Isso porque o rendimento máximo regulamentado aqui é o mais baixo da zona, de 40 e 45 hl/ha para tintos e brancos, respectivamente. Faiveley produz ótimos exemplares.

MÂCONNAIS

É a zona mais meridional da Bourgogne, localizada no departamento de Saône-et-Loire e vizinha a Beaujolais. Os tintos e rosados são de Gamay ou Pinot Noir e os majoritários brancos, (85%), de Chardonnay. Entretanto, indo contra a tendência internacional, as vinhas de Gamay estão sendo substituídas por Chardonnay.

As AOCs sub-regionais são: Mâcon (T/B/R), Mâcon Supérieur (T/B/R) e Mâcon-Villages (B). As denominações comunais, todas de brancos, são: Pouilly-Fuissé, Pouilly-Loché, Pouilly-Vinzelles, Saint-Véran e a nova Viré-Clessé.

Os seus vinhos mais afamados são os brancos, notadamente o Pouilly-Fuissé, que não deve ser confundido com o Pouilly-Fumé do Loire, que, aliás, é feito com Sauvignon Blanc. O rendimento máximo permitido é de 50 hl/ha. São brancos de guarda, poderosos, frutados e florais. Os mais expressivos exemplos saem de Verget, J. Ferret, Guffens-Heynen e Ch. de Fuissé.

BEAUJOLAIS

O clima é continental moderado. No Norte, parte mais favorecida, os solos são graníticos; no Sul, argilocalcários.

A quase totalidade da produção é de tintos de cepa Gamay Noir, complementada por brancos de Chardonnay. São elaborados pelo método de maceração carbônica, descrito no capítulo "A vinificação" ⊙ P. 144.

A denominação mais básica da sub-região é a de Beaujolais (T/B), cujo grosso da área fica ao sul. São tintos leves, muito frutados e fáceis de beber mesmo jovens. Várias comunas da zona norte podem usar a designação superior Beaujolais-Villages em seus tintos.

Os Beaujolais *Nouveau* ou *Primeur* são os vinhos tintos Beaujolais ou Beaujolais-Villages, colocados no mercado mundial na terceira quinta-feira de novembro. Representam um terço da produção total do distrito. São alegres e descomplicados, encarados mais como vinhos festivos.

As elites dos Beaujolais são as dez comunas nortistas ou *crus*: Saint-Amour, Juliénas, Chénas, Moulin-à-Vin, Fleurie, Chiroubles, Morgon, Régnié, Côte de Brouilly e Brouilly. Dessas, as mais valiosas são Fleurie, Saint-Amour e Moulin-à-Vin. Não podem ultrapassar 58 hl/ha de rendimento. Diferentemente dos demais Beaujolais, esses tintos são mais encorpados e longevos.

RHÔNE

A região de Côtes du Rhône margeia o rio Ródano, entre as cidades de Vienne, no norte, e Avignon, no sul. Os vinhos AOCs da Vallée du Rhône ocupavam uma área de vinhedos de 75 mil hectares, em 2010, só perdendo para a de Bordeaux. Ela compreende duas partes bem distintas: o Rhône Nord (Setentrional) e o Rhône Sud (Meridional).

As AOCs da Côte du Rhône são em três níveis hierárquicos: a regional Côtes du Rhône (T/B/R), a Côtes du Rhône Villages (T/B/R) – com ou sem o nome da comuna – e as AOCs de Crus, relacionadas mais adiante. As duas primeiras representam 79% da produção da Côte du Rhône e 60% da produção total da Vallée du Rhône.

Recentemente, o Comité Interprofessionnel des Côtes du Rhône foi ampliado para incluir também a Vallée du Rhône, juntando as denominações AOC du Die, Coteaux du Tricastin, Côtes du Ventoux, Côtes du Luberon e Costières de Nîmes.

Os vinhos da Vallée du Rhône, em 2013, eram esmagadoramente tintos (79%). Os rosados representavam 15% da produção e os brancos, apenas 6%.

RHÔNE NORD

Situado entre Vienne e Valence, tem um clima continental moderado. Os parreirais são instalados em encostas íngremes, em solos graníticos.

As variedades de uvas autorizadas são a nobre Syrah (escura) e as claras Viognier, Roussanne e Marsanne.

A Côte-Rôtie é uma das mais insignes AOCs rodanianas, cuja particularidade é utilizar a tinta Syrah (mínimo de 80%) e a branca Viognier (máximo de 20%). Divide-se em Côte Blonde e Côte Brune, em 276 hectares (em 2013). O subsolo é granítico, tendo a primeira uma camada silicocalcária e a outra de argila e óxido de ferro. O rendimento máximo permitido é de 40 hl/ha. Amadurecem em barris de 18 meses a três anos, originando tintos perfumados e os mais elegantes de toda a Vallée du Rhône.

As AOCs brancas Condrieu e Château Grillet – zona enquistada na anterior – empregam exclusivamente a cepa Viognier. O Condrieu pode estagiar em recipientes de madeira ou aço inoxidável, contudo o Château Grillet deve envelhecer por pelo menos dois anos em barril de carvalho. O rendimento máximo permitido é de 37 hl/ha. São brancos de odores aromáticos e sutis, os mais delicados do Rhône.

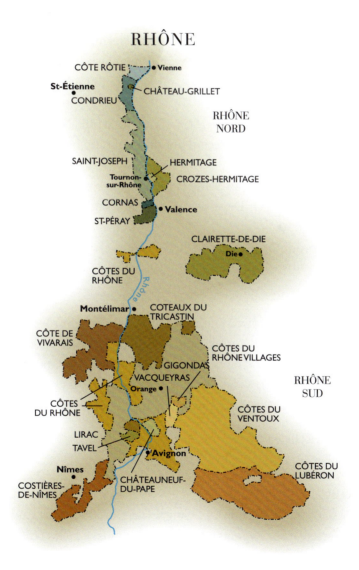

Saint-Joseph é uma denominação mista, produzindo tintos e brancos. Usa Syrah nos tintos (eventualmente com 10% de Roussanne ou de Marsanne) e Roussanne e Marsanne nos brancos. Não pode ultrapassar 40 hl/ha de rendimento. Os tintos maturam em barris de carvalho ou castanheira de dez a 24 meses. No Rhône Nord, são os que ficam prontos mais cedo. Os brancos envelhecem alguns meses.

Hermitage ou Ermitage rivaliza com Côte-Rôtie na elaboração dos melhores tintos rodanianos e com Condrieu e Château Grillet nos brancos. O seu vinhedo, em 2013, era de meros 136 hectares. Os tintos são de Syrah (sendo autorizado até 15% de Marsanne ou de Roussanne); os brancos, de Roussanne e Marsanne. O limite máximo é de 40 hl/ha.

A zona de Crozes-Hermitage é vizinha de Hermitage, tendo seus vinhos às vezes características próximas aos desta. Utiliza o mesmo leque de variedades que Hermitage, com as mesmas proporções, mas, diferentemente desta, o rendimento autorizado é superior, de 45 hl/ha.

A AOC Cornas só gera tintos 100% da casta Syrah. Não podem ultrapassar 40 hl/ha de rendimento. Amadurecem por dois anos em barris de madeira, dando tintos longevos.

Finalmente, a denominação Saint-Péray pode ser usada para vinhos brancos ou espumantes (*mousseux*). Deve ser de uvas Marsanne ou Roussanne, com no máximo 46 hl/ha.

Os melhores produtores e seus melhores caldos são os seguintes:

CÔTE-RÔTIE
Ch. d'Ampuis/E. Guigal (La Mouline, La Landonne e La Turque), M. Chapoutier (La Mordorée e Les Bécasses), Jamet (Côte Brune), (R. Rostaing (La Landonne), Clusel-Roch (Les Grandes Places), J. M. Gerin (Les Grandes Places), G. Vernay (Maison Rouge), Vidal-Fleury (La Chatillone), Yves Cuilleron (Terres Sombres), Bonnefond (Les Rochains) e F. Villard (La Brocarde).

CHÂTEAU GRILLET
Neyret-Gachet (único dono do Château Grillet).

CONDRIEU
G. Vernay (Côteau de Vernon), E. Guigal (La Doriane), Yves Cuilleron (Les Chaillets, Vertige e Les Ayguets), F. Villard (Poncins) e Delas (Clos Boucher).

SAINT-JOSEPH
M. Chapoutier (Les Granits), E. Guigal (Vignes de l'Hospices), Jean-Louis Chave, P. Jaboulet (Le Grand Pompée), Yves Cuilleron (Les Serines), F. Villard (Reflets), Pierre Gaillard, Pierre Gonon e B. Gripa (Le Berceau).

HERMITAGE
Jean-Louis Chave (Cuvée Cathelin, Rouge e Blanc), P. Jaboulet (La Chapelle, Le Pied de la Côte e Chevalier de Stérimberg Blanc), M. Chapoutier (L'Ermite, Le Pavillon, Le Méal, La Sizeranne, de L'Orée Blanc, Le Méal Blanc e Chante-Alouette Blanc), Delas (Les Bessards e Marquise de Tourette), Marc Sorel (Le Gréal) e Tardieu-Laurent.

CROZES-HERMITAGE
Alain Graillot (La Guiraude e Rouge), P. Jaboulet (Raymond Roure e Thalabert), M. Chapoutier (Les Varonniers) e Domaine du Colombier (Gaby).

CORNAS
A. Clape (Rouge e Renaissance), J. L. Colombo (Les Ruchets), Tardieu-Laurent (Vieilles Vignes), T. Allemand (Les Reynards e Chaillot) e A. Voge (Vieilles Vignes).

SAINT-PÉRAY
A. Voge (Fleur de Crussol), B. Gripa (Les Figuiers), J. L. Colombo (La Belle de Mai) e P. Jaboulet.

Meus vinhos prediletos foram: Côte-Rôtie La Mouline 87 e La Landonne 86, de Guigal, no estilo internacional, e Hermitage La Chapelle 78 e 83, no estilo tradicional. Os primeiros têm aromas intensos e concentrados, mesclando o coco do carvalho com frutas maduras, defumado e algo animal. São enormemente estruturados, complexos e persistentes. O La Chapelle 83 mostrou buquê concentrado e estupendo, de luxo decadente (no bom sentido), tabaco, couro, café e floral. O sabor é encorpado, evoluído, muito fino e adocicado. O retrogosto é complexo e muito longo.

Outros destaques foram os tintos Côte-Rôtie La Turque 88, Ermitage Cuvée Cathélin 03, Côte-Rôtie La Mordorée 89, Côte-Rôtie Les Bécasses 99, Hermitage Chave 98, Ermitage L' Ermite 98, Ermitage Le Pavillon 91, Ermitage Le Méal 96,

Cornas Clape 01, Cornas Allemand 04, Hermitage M. de la Sizeranne 97, Hermitage Le Pied de la Côte 98, Crozes-Hermitage Les Varonniers 96, Crozes-Hermitage La Guiraude 98, Crozes-Hermitage Thalabert 82 e Saint-Joseph Les Granits 97.

Dentre os brancos bebidos, sobressaíram o Hermitage Blanc Chave 94 e o Ermitage Blanc de L'Orée 93.

RHÔNE SUD

Zona localizada entre Montélimar e Avignon, com clima mediterrânico, por onde sopra o violento vento mistral. Os solos são calcários, recobertos de pedregulhos.

As principais cepas empregadas são as tintas Grenache Noir, Syrah e Mourvèdre. As secundárias são Cinsault Noir, Carignan Noir (em declínio), Counoise Noire, Muscardin Noir, Camarèse, Vaccarèse Noir, Picpoul Noir e Terret Noir. Poucos sabem, mas as castas Grenache, Mourvèdre e Carignan são de origem espanhola. Entre as brancas e rosadas, as básicas são Grenache Blanc, Clairette Blanche e Bourboulenc. As coadjuvantes são Ugni Blanc, Picpoul Blanc, Grenache Gris e Clairette Rose.

Châteauneuf-du-Pape é a região mais valiosa do Sul do Rhône, com 3.156 hectares em 2013. Ela pode escolher entre até 13 variedades autorizadas, todavia as mais empregadas são Grenache, Cinsault, Mourvèdre, Syrah, Muscardin e Counoise. Com Gigondas e Vacqueyras, possui o menor rendimento máximo, de 36 hl/ha. Isso se deve ao fato de a Grenache só mostrar sua alta qualidade quando em baixa produção. São tintos macios e gulosos. A pequena quantidade de brancos, alguns deles ótimos, é elaborada basicamente com Clairette e Bourboulenc.

A denominação Gigondas usa Grenache (máximo de 80%), Syrah e Mourvèdre (mínimo de 15%) e outras cepas das Côtes du Rhône (máximo de 10%), exceto a Carignan. Possui características similares às do Châteauneuf-du-Pape. Elabora também mínimas quantidades de rosado e branco.

Os Vacqueyras tintos representam 95% da produção, com brancos e rosados fechando o balanço. Adotam o seguinte corte: Grenache (mínimo de 50%), Syrah e Mourvèdre (mínimo de 20%) e outras cepas das Côtes du Rhône (máximo de 10%), exceto a Carignan. Muito parecidos com os Gigondas, são encorpados e estruturados.

As AOCs de Tavel e Lirac são mais conhecidas pelos rosados. Tavel é conceituado como o melhor *rosé* francês. Ambos usam majoritariamente a Grenache na mescla.

Aqui também são produzidos dois *Vins Doux Naturels* (Vinhos Doces Naturais), o Rasteau e o Beaumes-de-Venise. O segundo é mais reputado, sendo elaborado 100% com a Muscat à Petits Grains. As uvas devem ter um teor sacárico de no mínimo 252 g/l, sendo o rendimento máximo de 30 hl/ha. O Beaumes-de-Venise é um delicioso vinho licoroso doce, com no mínimo 15% de álcool e 110 g/l de açúcar residual.

Os destaques sulinos são:

CHÂTEAUNEUF-DU-PAPE
Ch. de Beaucastel (Hommage à Jacques Perrin, Rouge e Vieilles Vignes Blanc), Ch. Rayas (Réservé e Pignan), M. Chapoutier (Barbe-Rac, La Bernardine), Ch. La Nerthe (Les Cadettes e Rouge), Clos des Papes, Domaine du Vieux-Télégraphe, André Brunel (Domaine Les Cailloux), Domaine de Beaurenard, Ch. La Gardine, Domaine de la Janasse, Domaine de Marcoux, Domaine de la Vieille Julienne, Ch. Fortia e Tardieu-Laurent.

GIGONDAS
Tardieu-Laurent, Domaine des Bousquets, Ch. de Saint-Cosme, Domaine Les Gourbets, Domaine du Cayron, Domaine Raspail Ay, Domaine Saint-Gayan, Domaine de La Tourade e Ch. du Trignon.

VACQUEYRAS
Tardieu-Laurent, Domaine des Amouriers e Ch. des Tours.

CÔTES DU RHÔNE/CÔTES DU RHÔNE VILLAGES
Ch. de Fonsalette, Gourt de Mautens, Domaine La Réméjeanne, Domaine de L'Oratoire Saint-Martin e Domaine Marcel Richaud.

BEAUMES-DE-VENISE
Domaine des Bernardins e P. Jaboulet.

O vinho do Rhône Meridional que mais me impressionou foi o Châteauneuf-du-Pape Hommage à Jacques Perrin 95, do Ch. Beaucastel. O buquê é de frutas pretas, tostado, condimentado e defumado. O palato é assaz sedoso e luxuriante.

Outros tintos de primeira linha provados foram os Châteauneufs-du-Pape: Ch. Rayas Réservé 97, Barbe-Rac 95, La Bernardine 97 e Domaine du Vieux-Télégraphe 88.

LOIRE

Conhecido como jardim da França, o Val de Loire é célebre pela beleza de seus inúmeros castelos. Ocupa extensa superfície ao longo do rio Loire, indo da Bourgogne, no centro do país, até o oceano Atlântico. Divide-se em quatro partes: Nivernais e Berry; Touraine; Anjou e Saumur; e Pays Nantais.

O clima é globalmente temperado, sendo oceânico no Nantais e em Anjou. Em Saumur e Touraine sofre influências atlânticas e continentais. Finalmente, no Nivernais e em Berry é meio-continental. Os solos são bastante variados. A superfície total cultivada era de 52 mil hectares em 2010.

As uvas brancas plantadas são Chenin Blanc (ou Pineau de la Loire), Sauvignon Blanc, Muscadet (ou Melon de Bourgogne), Chasselas e outras. As tintas são Cabernet Franc, Gamay, Pinot Noir, Cabernet Sauvignon, Grolleau (ou Groslot), Côt (ou Malbec) e Pineau d'Aunis (ou Chenin Noir).

As AOCs regionais do Vale do Loire são Rosé de la Loire (R) e Crémant de Loire (B/R).

No Nivernais e em Berry a casta mais importante é a Sauvignon Blanc, responsável pelas denominações líderes de Sancerre (máximo de 40 hl/ha) e de Pouilly Fumé (45 hl/ha). Esses ótimos brancos são mais secos e nervosos que os Bordeaux Blancs.

As propriedades mais reputadas são: Didier Dagueneau (Pouilly-Fumé), Ch. du Nozet/De Ladoucette (Pouilly-Fumé e Sancerre), Alphonse Mellot (Sancerre), Henri Bourgeois (Sancerre), Pascal Jolivet (Pouilly-Fumé e Sancerre), Vacheron (Sancerre), Vincent Pinard (Sancerre), Ch. de Tracy (Pouilly-Fumé), François Cotat (Sancerre), Pascal Cotat (Sancerre) e Maison Guy Saget (Pouilly-Fumé e Sancerre).

Outras AOCs dessa zona são Sancerre (T/R), Pouilly-sur-Loire (B), Reuilly (T/B/R), Quincy (B), Menetou-Salon (T/B/R), Châteaumeillant (T/R) e Coteaux du Giennois (T/B/R).

Na Touraine sobressaem as denominações Vouvray e Montlouis. Ambas estão limitadas a 52 hl/ha de rendimento máximo. A Chenin Blanc – a rainha local – é uma variedade muito eclética, dando vinhos espumantes, secos, meio secos, doces e botritizados. Estes são muito finos e longevos.

Os produtores mais conceituados são: Domaine Huët (Vouvray), Clos Naudin (Vouvray), Domaine de la Taille aux Loups (Montlouis) e François Chidaine (Montlouis). Uma ótima pedida é o delicioso Vouvray Clos du Bourg Demi-sec 96 do Huët.

A Touraine também apresenta os melhores tintos do Loire: Chinon, Bourgueil e Saint-Nicolas de Bourgueil. São vinhos de Cabernet Franc, com no máximo 10% de Cabernet Sauvignon e exigindo rendimentos-limite de 55 hl/ha. São na maioria leves e aromáticos, mas com alguns mais complexos, parecendo até um Saint-Emilion.

Vale a pena provar vinhos de um destes produtores: Charles Joguet (Chinon), Yannick Amirault (Bourgueil), Domaine de la Butte (Bourgueil), Philippe Alliet (Chinon), Bernard Baudry (Chinon) e Domaine de la Chevalerie (Bourgueil).

O melhor tinto do Loire que provei foi o Chinon Les Varennes du Grand Clos 95, de Charles Joguet.

Outras AOCs da Touraine: Chinon (B/R), Bourgueil (R), Saint-Nicolas de Bourgueil (R), Touraine (T/B/R), Touraine Amboise (T/B/R), Touraine Mesland (T/B/R), Touraine Azay-le-Rideau (B), Cheverny (B), Coteaux du Loir (T/B/R) e Jasnières (B).

Em Anjou e Saumur, a Chenin Blanc também reina absoluta. A AOC Savennières elabora um dos ótimos brancos secos franceses. Tem como exigência um limite máximo de 50 hl/ha. As propriedades mais valiosas são Coulée de Serrant e Domaine des Baumard.

O vinho branco seco do Loire que até hoje mais me impressionou foi o Clos de la Coulée de Serrant 79, de A. Joly. Outro foi o Baumard Trie Spéciale 03.

Alguns brancos botritizados de Chenin Blanc, rivalizando com os de Sauternes e Barsac, são aí gerados. Trata-se das denominações Quarts-de-Chaume, Bonnezeaux, Coteaux du Layon-Chaume e Coteaux du Layon. O rendimento máximo autorizado para esses vinhos é muito baixo, de apenas 25 hl/ha para os três primeiros. Já o último é de 30 hl/ha, quando seguido do nome da vila, e de 37 hl/ha, quando não mencionada a vila.

Os produtores de escol são: Domaine des Baumard (Quarts-de-Chaume e Coteaux du Layon), Ch. Pierre Bise (Coteaux du Layon), Ch. de Fesles (Bonnezeaux), Ch. Bellerive (Quarts-de-Chaume), Domaine de la Sansonnière (Bonnezeaux), Ch. La Varière (Coteaux du Layon e Quarts-de-Chaume), Domaine des Petits Quarts (Bonnezeaux), Ogereau (Coteaux du Layon), Jo Pithon (Coteaux du Layon) e Domaine des Sablonnettes (Coteaux du Layon).

O mais magnífico branco de sobremesa do Loire que bebi foi o Quarts-de--Chaume 97, do Domaine des Baumard.

Os melhores tintos da zona são os Saumur-Champigny de uvas Cabernet Franc. Os produtores de destaque são: Clos Rougeard, Domaine des Roches Neuves, Domaine de Saint-Just, Ch. du Hureau, Ch. Yvonne, René-Noël Legrand e Ch. de Villeneuve.

Outras AOCs dessa zona são: Anjou (T/B), Anjou-Villages (T), Anjou Gamay (T), Anjou-Coteaux de la Loire (B), Cabernet d'Anjou (R), Rosé d'Anjou (R), Saumur (T/B), Coteaux de Saumur (B), Cabernet de Saumur (R) e Coteaux de l'Aubance (B).

O Pays Nantais, situado próximo do oceano Atlântico, é a terra da Muscadet. Os brancos secos dessa casta são jovens, frutados e acídulos, às vezes levemente frisantes, propícios para acompanhar ostras e outros mariscos. Os *sur lie* são mais característicos e longevos, pois permanecem após a vinificação mais quatro a cinco meses em contato com as borras. As AOCs existentes são: Muscadet (máximo de 65 hl/ha), Muscadet-Coteaux de la Loire, Muscadet-Côtes de Grandlieu e a mais cotada Muscadet de Sèvre et Maine (máximo de 55 hl/ha).

Os especialistas em Muscadet de Sèvre et Maine são: Domaine de l'Ecu, Bréjeon e J. Landron.

ALSACE

O clima é meio-continental, protegido das influências oceânicas pelo maciço de Vosges. Tem um dos menores índices pluviométricos anuais do país, de 450 a 500 mm. Os solos são bem diversos, variando entre granito, calcário, xisto, argila, aluvião, areia e outros. Em 2010, a superfície cultivada era de 16 mil hectares.

Essa zona tem forte influência germânica. Localiza-se às margens do rio Reno, faceando a região vinícola alemã de Baden. Os nomes das pessoas, das cidades e dos vinhedos são quase exclusivamente de origem alemã, bem como as variedades de uvas empregadas.

Uma pequena quantidade de vinhos tintos – alguns barricados – e rosados são oriundos da Pinot Noir, mas a região é sobretudo de brancos (92%).

As uvas brancas são plenamente majoritárias, sendo classificadas como:

- Nobres: Riesling (mais plantada, com 22% em 2012), Gewürztraminer, Pinot Gris (ex-Tokay d'Alsace) e Muscat d'Alsace.
- Finas: Sylvaner e Pinot Blanc.

Existem apenas três AOCs na região: Alsace, Alsace Grand Cru e Crémant d'Alsace. A indicação do nome da comuna é pouco usada.

A denominação Alsace, diferentemente das outras francesas, traz no rótulo uma casta que necessita entrar com 100% na composição do vinho – portanto, bem acima das exigências mínimas da União Europeia, de 85% da variedade declarada. Podem também ser elaborados com cortes de uvas brancas, levando a menção *Edelzwicker*. O limite máximo de rendimento é um dos mais altos do país, de 80 hl/ha (tintos e brancos) e 100 hl/ha (mescla brancos e rosados).

Apesar de a Riesling ser considerada a melhor cepa regional, confesso preferir os exemplares alemães e austríacos, pela elegância. Os vinhos de Gewürztraminer têm personalidade única, que atrai bastante os iniciantes pelo seu intenso floral. Já os meus prediletos são os brancos secos de Pinot Gris, que se apresentam ricos de aromas, opulentos e muito prazerosos.

Recentemente, os 51 melhores vinhedos foram alçados à categoria de *Grands Crus* (GC). São sempre safrados e devem utilizar apenas as quatro cepas nobres. O rendimento máximo autorizado é de 55 hl/ha. Alguns dos vinhedos mais conhecidos são: Altenberg (Bergheim), Schoenenbourg (Riquewihr), Sporen (Riquewihr), Geisberg (Ribeauvillé), Brand (Turckheim), Hengst (Kintzheim), Goldert (Gueberswchwihr), Kitterlé (Guebwiller) e Rangen (Thann).

O Crémant d'Alsace precisa ser elaborado pelo método clássico, empregando principalmente a Pinot Blanc, mas também Auxerrois, Pinot Gris, Pinot Noir, Riesling ou Chardonnay. São os espumantes naturais líderes do mercado francês, logo após o Champagne.

Com relação ao teor de açúcar, existem dois estilos: o seco ou meio seco, quando não há na etiqueta nenhuma das duas menções abaixo, que só são produzidas nos anos mais favoráveis:

Vendange Tardive (VT) • São os vinhos "Colheita Tardia", só de uvas nobres, já afetadas pelo *Botrytis cinerea*.

Sélection de Grains Nobles (SGN) • São os vinhos "Seleção de Grãos Nobres", elaborados com uvas nobres já totalmente botritizadas.

Melhores produtores: Zind-Humbrecht, Marcel Deiss, Weinbach, Trimbach, Dopff au Moulin, Hugel, Albert Mann, Paul Blanck, Schlumberger, Josmeyer, André Kientzler, Léon Beyer, Albert Boxler, Ernest Burn, Dirler-Cadé, René Muré/Clos St.-Landelin, Bott-Geyl, Martin Schaetzel, Schoffit e Ostertag.

As minhas maiores notas foram para os vinhos Zind-Humbrecht Tokay Pinot Gris Clos Jebsal SGN 93, Deiss Gewürztraminer Quintessence SGN 88, Weinbach Tokay Pinot Gris Cuvée Ste Catherine 96, Trimbach Riesling Clos Ste Hune 81, Dopff-au-Moulin Riesling ou GC Schoenenbourg 98, Dopff-au-Moulin Tokay Pinot Gris de Riquewihr 95 e Josmeyer Tokay Pinot Gris GC Hengst SGN 89.

JURA

Os vinhos emblemáticos do Jura são os *vins jaunes* (vinhos amarelos). A mais prestigiosa dentre as AOCs é a pequena Château-Chalon. Esses brancos especiais são elaborados com a cepa Savagnin, com rendimentos muito baixos, de apenas 30 hl/ha. Devem amadurecer por no mínimo seis anos em barris selados, sem atestos, antes do engarrafamento. No transcorrer do processo, forma-se uma película de flor, fazendo que o envelhecimento seja biológico. É a resposta francesa ao Jerez seco espanhol, se bem que a um preço muito elevado. Como amante incondicional dos xerezes secos, esses vinhos raros também me encantam.

Jean-Marie Courbet sempre foi o grande nome dessa denominação. Ultimamente, surgiu Jean Macle.

Outros vinhos do Jura que vem me encantando ultimamente são os seus brancos de Chardonnay. Os melhores, produzidos pelo Domaine A&M Tissot e Domaine Ganevat, são pouco amadeirados, com ótima acidez e equilibrados.

MIDI

Os terrenos situados no Sul (Provence e Languedoc-Roussillon) e no Sudoeste do país formam um mar de vinhas. O grosso da produção é de *Vin de Pays* (VdP), que sobrepuja os AOCs.

Contudo, algumas joias raras são elaboradas nesses campos. Veja quais as propriedades mais destacadas, por região.

- **Provence**
  AOC Bandol (T/R): Ch. Pibarnon, Ch. Pradeaux, Ch. Vannières, Tampier e Domaine de la Tour de Bon.
  VdP des Bouches-du-Rhône (T/B): Domaine de Trévallon.
  AOC Palette (T/B/R): Ch. Simone.
  AOC Coteaux d'Aix en Provence (T/B/R): Domaine des Béates (pertence a M. Chapoutier).

AOC Les Baux de Provence (T/B/R): Mas de la Dame.
AOC Côtes de Provence (T/B/R): Gavoty.

- **Languedoc**
  VdP de l'Hérault (T/B): Mas de Daumas Gassac.
  AOC Faugères (T): Ch. des Estanilles.
  AOC Saint-Chinian (T/B/R): Mas Champart.
  AOC Minervois (T/B/R): Domaine L' Oustal Blanc.
  AOC Corbières (T/B/R): Ch. d' Aussières e Ch. La Voulte-Gasparets.
  AOC Fitou (T): Bertrand-Bergé.
  AOC Coteaux du Languedoc Pic Saint-Loup (T/R): Clos Marie.
  AOC Coteaux du Languedoc (T): Prieuré de St. Jean de Bebian, Mas Jullien, Peyre-Rose, Domaine de Mont Calmès e Ch. Puech Haut.

- **Roussillon**
  AOC Côtes du Roussillon (T/B): Gauby, Domaine de Cazenove, Domaine du Clos des Fées e Sarda-Malet.
  AOC Muscat de Rivesaltes (B doce): Domaine Cazes.
  AOC Rivesaltes (T/B doce): Domaine Cazes.
  AOC Banyuls (T doce): Mas Blanc, Domaine de la Rectorie e M. Chapoutier (Terra Vinya).
  AOC Maury (T doce): Mas Amiel.

- **Sud-Ouest**
  AOC Madiran (T): Ch. Montus, Ch. Bouscassé, Berthomieu, Ch. d'Aydie, Chapelle Lenclos e Primo Palatum (Mythologia).
  AOC Cahors (T): Ch. du Cèdre, Ch. Lamartine, Ch. Lagrézette, Cosse Maisonneuve e Primo Palatum (Mythologia).
  AOC Bergerac (T/B): Ch. Tour des Gendres e Vignobles des Verdots.
  AOC Monbazillac (B doce): Ch. Tirecul La Gravière.
  AOC Jurançon (B doce): Domaine Cauhapé, Domaine de Souch, Clos de Thou e Clos Uroulat.

CHAMPAGNE

É a região de qualidade mais setentrional do país, perfazendo 33 mil hectares em 2010. O clima continental, com influências oceânicas, é bastante frio. Os índices pluviométricos estão entre 650 e 700 mm anuais. Os subsolos são calcários, ajudando a irradiar os fracos raios solares.

Reza a lenda que esse vinho foi descoberto no século XVII pelo monge beneditino dom Pérignon, cujo nome se imortalizou em uma das *griffes* mais famosas dessa bebida. Diz-se que o nascimento do vinho foi saudado de maneira muito efusiva. "Venham todos! Depressa! Venham ver! Estou bebendo estrelas!" – teria dito o monge.

A zona é repartida em várias sub-regiões, das quais as quatro mais importantes são Montagne de Reims, Côte des Blancs, Vallée de la Marne e Côte des Bar (em Aube). As três primeiras são as mais calcárias e, portanto, as de melhor *terroir*.

Os vinhos-base para Champagne são elaborados com a mescla de cepas tintas e brancas, vinificadas como branco. As únicas variedades permitidas são as escuras Pinot Noir e Pinot Meunier e a clara Chardonnay. A Pinot Noir dá aroma de frutas vermelhas, corpo e longevidade. Representava 38% dos parreirais em 2012, sendo majoritária na Montagne de Reims e na Côte des Bar. A Chardonnay – a menos plantada, com apenas 30% – contribui com notas florais, frescor e fineza. É encontrada principalmente na Côte des Blancs. Já a mais rústica Pinot Meunier, que geralmente não entra nos produtos do topo de gama, dá o frutado e o arredondado, evoluindo mais rápido que as outras duas uvas. Provém sobretudo da Vallée de la Marne, tendo 32% dos vinhedos.

A região tem apenas uma AOC, a de Champagne, que, diferentemente de todas as demais, não necessita discriminar no rótulo a expressão *Appellation Contrôlée*. Seus vinhos podem ser brancos ou rosados. O rendimento máximo permitido é de 72,8 hl/ha.

Os tipos de Champagne são:

Assemblage • Vinho básico que procura anualmente reproduzir o estilo de cada *maison*. Emprega uma mescla de diferentes cepas, de diversos vinhedos (*crus*) e de vários anos (vinhos de *réserve*).

Millesimé • Safrado, só disponível nos grandes anos.

Blanc de Blancs • 100% de Chardonnay, sendo o mais leve de todos.

Blanc de Noirs • 100% de uvas pretas, sendo assaz raros.

Rosé • Apesar de poder ser elaborado com uma mistura de vinhos brancos e tintos, é reputado como o único grande vinho rosado do mundo. Normalmente é também *Millesimé*.

Premier Cru • Elaborado apenas com frutos de 44 comunas com pontuação entre 90% e 100%. A escala se inicia em 80%.

Grand Cru • Gerado apenas em 17 comunas com 100% de pontuação, sendo elas: Verzenay, Verzy, Bouzy, Ambonnay, Cramant, Avize, Le Mesnil-sur-Oger e outras.

Cuvée de Prestige (ou *Cuvée Spéciale*) • São assim chamados os vinhos cimeiros de cada casa, como, por exemplo, o Dom Pérignon, da Moët & Chandon. São geralmente safrados.

Veja mais informações sobre o método de produção desse vinho no capítulo "A vinificação" ⊙ P. 138.

O tempo de permanência nas *caves* antes da comercialização é de no mínimo 15 meses da tiragem (sendo de 12 meses "sur lie") para os não datados e de três anos para os *Millesimés*. As *Cuvées Spéciales* ou *Cuvées de Prestige* ficam bem mais tempo (até dez anos), apesar de não haver exigências de duração.

> **CASAS MAIS PRESTIGIOSAS E SUAS *CUVÉES SPÉCIALES***
> Krug (Clos du Mesnil), Bollinger (Vieilles Vignes e R. D.), Salon (só produz o vinho Le Mesnil, que é a própria *Cuvée de Prestige*), Louis Roederer (Cristal), Veuve Clicquot Ponsardin (La Grande Dame), Pol Roger (Cuvée Sir Winston Churchill), Taittinger (Comtes de Champagne), Egly-Ouriet (Cuvée Prestige), Jacques Selosse (Grand Cru), Charles Heidsieck (Blanc des Millénaires), Laurent-Perrier (Grand Siècle), Deutz (Amour de Deutz), Jacqueson (Grand Cru Avise), Ruinart (Dom Ruinart), Henriot (Cuvée des Enchanteleurs), De Sousa (Grand Cru Caudalies), Gosset (Celebris), Billecart-Salmon (Nicolas François e Elizabeth Salmon Rosé), Larmandier-Bernier (Grand Cru Cramant) e Moët & Chandon (Dom Pérignon).

Quanto ao teor de açúcar, o Champagne pode ser: *brut nature* ou *dosage zéro* (até 3 gramas por litro), *extra-brut* (máximo de 6 g/l), *brut* (o líder de mercado, no máximo 15 g/l), *extra-sec* (12-17 g/l, antes o limite superior era 20 g/l), *sec* (17-32 g/l, antes 35 g/l), *demi-sec* (33-50 g/l) e *doux* (mínimo de 50 g/l).

Apesar de existirem quase 5 mil viticultores com rótulos próprios em 2008, o mercado externo foi amplamente dominado (86%) pelas grandes *maisons*.

Os mais divinos *bruts* com os quais me deleitei foram: Krug Clos du Mesnil Blanc de Blancs 85, Salon Le Mesnil Blanc des Blancs 82, Bollinger Grande Année 95, Bollinger Grande Année Rosé 99, Bollinger R.D. 85, Dom Pérignon 61, Cuvée Sir Winston Churchill 85, Cristal 86, Pierre Moncuit Grand Cru 95, Charles Heidsieck Blanc des Millénaires 85, Comtes de Champagne Blanc de Blancs 88, La Grande Dame Rosé 88 e Elizabeth Salmon Rosé.

Dentre as mais econômicas, me agradaram bastante: Drappier Carte d'Or Brut e Piper-Heidsieck Brut.

Poucos sabem, mas os maiores consumidores do Champagne são as mulheres, com 70% das preferências. Portanto, essa bebida festiva é o néctar ideal para ser desfrutado a dois.

ITÁLIA

- **PRODUÇÃO:** 5,09 bilhões de litros (2016) ▲ 1ª do mundo
- **ÁREA DE VINHEDOS:** 690 mil hectares (2016) ▲ 4ª do mundo
- **CONSUMO PER CAPITA:** 41,5 litros/ano (2016) ▲ 3º do mundo
- **LATITUDES:** 47ºN (Trentino-Alto Adige) • 37ºN (Sicília)

245

É uma das viticulturas mais antigas da Europa. Da Grécia, a videira foi levada para as colônias gregas da Sicília. Da Península Itálica, com as conquistas romanas, os vinhedos espalharam-se por toda a Europa Ocidental.

A Itália possui grande diversidade de microclimas, pois cerca de 75% do seu território é de colinas e montanhas. Assim, a altitude é frequentemente mais importante que a latitude.

Do Sul, bastante quente, passa-se pela região central, de clima geralmente ameno, e chega-se às zonas setentrionais, onde há climas muito frios nas encostas dos Alpes.

Em 2011, a Itália ultrapassou a França em volume exportado, tornando-se a segunda maior exportadora. Em 2016, continua nessa posição com 2,06 bilhões de litros, ou seja, 44,5% de sua produção total.

Os vinhos italianos são os que recebem o maior número de rejeições entre os iniciados. Alguns provadores experientes os apreciam e outros os abominam. Eu me situo no meio dessa polêmica. Acho que alguns poucos são de primeira grandeza mundial. Mas, infelizmente, a grande maioria – mesmo muitos DOCs e DOCGs – fica bem abaixo da expectativa.

LEGISLAÇÃO

A legislação vinícola italiana data de 1963, com posteriores modificações, principalmente em 1992, para adequar-se às normas europeias.

- **VdT –** *Vino da Tavola.* O "Vinho de Mesa" é a categoria mais simples de todas, englobando os vinhos de mais baixo nível.
- **IGT –** *Indicazione Geografica Tipica.* O vinho com "Indicação Geográfica Típica" corresponde a um vinho de mesa com indicação geográfica. Deve empregar uvas recomendadas e colhidas na zona. Em 2015, os vinhos dessa categoria eram em número de 118.
- **DOC –** *Denominazione di Origine Controllata.* O vinho com "Denominação de Origem Controlada" pertence à categoria que abrange a grande maioria dos vinhos de qualidade do país. As 332 DOCs (existentes em 2015) podem advir de diversas origens – folclóricas (Est! Est!! Est!!!), uva e localidade (Sangiovese di Romagna), zona geográfica (Valpolicella) – ou mesmo se referir a vários tipos de vinhos de distintas variedades de uvas originadas numa mesma zona (Collio).
- **DOCG –** *Denominazione di Origine Controllata e Garantita.* O vinho com "Denominação de Origem Controlada e Garantida" representa a elite dos vi-

nhos DOCs. Nem todas as 73 denominações (2015) merecem fazer parte desse seleto grupo, pois algumas foram incluídas por pressão política. (Mais adiante, teço mais considerações sobre cada uma delas.)

É fundamental saber que o sistema de DOC, pautado no de AOC francês, não garante de forma alguma a qualidade. Garante tão somente autenticidade e tipicidade, ficando a garantia de qualidade sempre com o produtor.

Todas as 20 regiões administrativas italianas produzem vinhos. Justifica-se dessa maneira o termo *Enotria* (Terra do Vinho), que era como os gregos chamavam o país.

Climatologicamente, as regiões italianas são classificadas pela legislação europeia em:

Zona C1b	Trentino-Alto Adige e Valle d'Aosta
Zona C2	Piemonte, Lombardia, Veneto, Friuli, Emilia-Romagna, Toscana, Umbria, Marche, Abruzzo, Molise, Lazio e Campania
Zona C3b	Calabria, Basilicata, Puglia, Sardegna e Sicília

Entretanto, as melhores delas são Piemonte, Toscana e Veneto, para tintos (que representam a grande maioria da produção), e Friuli, para brancos.

PIEMONTE

Possui o maior número de vinhos DOCs e DOCGs (17 dos 73), totalizando 59. As melhores DOCs e DOCGs são: Barolo, Barbaresco, Gattinara, Ghemme e Nebbiolo d'Alba (tintos de Nebbiolo), Barbera d'Asti, Barbera d'Alba, Barbera del Monferato Superiore, Dogliani ou Dolcetto di Dogliani Superiore, Dolcetto d'Alba, Dolcetto d'Asti e Dolcetto di Ovada Superiore (outros tintos), Langhe, Monferrato, Roero (tinto e branco), Gavi ou Cortese di Gavi (branco) e Asti Spumante/Moscato d'Asti (espumantes e frisantes doces).

É uma região principalmente de tintos – dentre os mais conceituados da "bota" italiana – e espumantes.

O Piemonte está para a Bourgogne assim como a Toscana está para Bordeaux. As duas primeiras empregam apenas uma variedade de uva em seus tintos, diferentemente das duas últimas. Além disso, os seus vinhedos são mais parcelados, como na Bourgogne, em oposição às grandes e "nobres" propriedades toscanas e bordalesas.

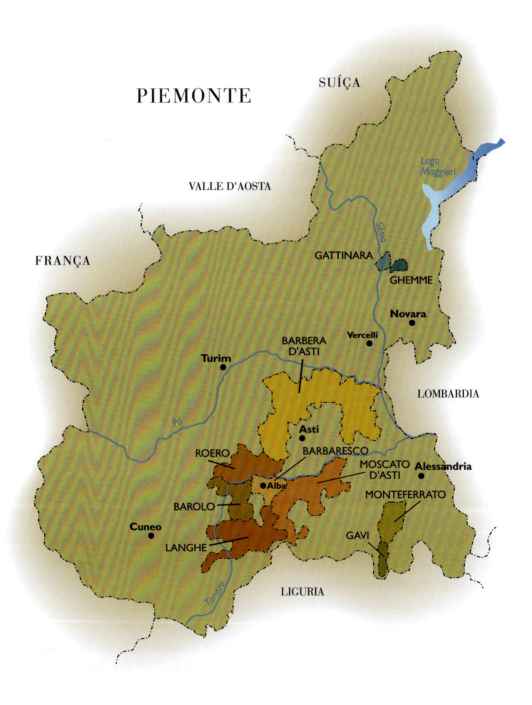

BAROLO

Barolo é um vinho DOCG, dentre os melhores tintos itálicos. É elaborado com a cepa Nebbiolo, com rendimento máximo de 56 hl/ha. Deve ter no mínimo 13% de álcool. Disponível em duas versões: *Rosso* (no mínimo 38 meses de maturação, sendo pelo menos 18 em tonel de madeira) e *Riserva* (pelo menos 62 meses de estocagem).

Compreende 11 comunas na província de Cuneo, sendo cinco as mais importantes. A zona Oeste é de solo argilocalcário e rico em magnésio e manganês, abrangendo as comunas de La Morra e Barolo. Originam o estilo dito *tortoniano*, com vinhos mais perfumados, elegantes e de maturação mais precoce. A zona Leste possui também solo argilocalcário, mas rico em ferro, e engloba as comunas de Castiglione Falletto, Monforte d'Alba e Serralunga d'Alba. Nesse caso, o estilo é chamado *helveciano*, dando vinhos mais escuros, poderosos, encorpados e longevos.

MELHORES PRODUTORES

A quantidade de bons produtores de Barolo é imensa, contudo os mais reputados são:
Elio Altare (Arborina), Domenico Clerico (Ciabot Mentin Ginestra, Pajana e Percristina), Paolo Scavino (Bric del Fiasc e Rocche dell'Annunziata), Aldo Conterno (Gran Bussia, Bussia Cicala e Bussia Colonello), Roberto Voerzio (Cerequio e Brunate), Luciano Sandrone (Cannubi Boschis e Le Vigne), Giacomo Conterno (Cascina Francia e Monfortino), Bricco Rocche/Ceretto (Bricco Rocche e Prapò), Bruno Giacosa (Falletto e Collina Rionda), Vietti (Villero Riserva), Gaja (Langhe Sperss, que antes era Barolo e Langhe Conteisa, que antes também era Barolo), Conterno-Fantino (Sorì Ginestra e Vigna del Gris), Pio Cesare (Ornato), Prunotto (Bussia e Cannubi), Michele Chiarlo (Cerequio), Elio Grasso (Gavarini Vigna Chiniera), Silvio Grasso (Bricco Luciani), Rocche dei Manzoni (Vigna Cappella di S. Stefano), Cordero di Montezemolo (Enrico VI), Renato Ratti (Marcenasco Rocche), Gianfranco Alessandria (S. Giovanni), Mauro Molino (Conca), Azelia (Bricco Fiasco), Seghesio (La Villa), Giuseppe Contratto (Cerequio Tenuta Secolo), Armando Parusso (Bussia Munie e Bussia Rocche), Fratelli Revello (Rocche dell'Annunziata), G. Manzone (Le Gramolere) e Marcarini (Brunate).

O Barolo tem uma das maiores riquezas aromáticas de todos os vinhos escuros. Possui altos teores de extrato seco, tanino e acidez, sendo, portanto, austero e longevo. Mas o seu perfume é maravilhosamente complexo. Beneficia-se consideravelmente de aeração prévia. Os melhores exemplares são os originados em um só vinhedo.

O Cannubi Boschis 97, do Sandrone, foi o maior Barolo que já provei. Ele apresenta classe e elegância impensáveis para um Barolo cerca de 20 anos atrás. Outros que me deleitaram foram: Altare Arborina 96, Aldo Conterno Bussia Soprana 82, Aldo Conterno Bricco Bussia Bussia Cicala 89, Clerico Ciabot Mentin Ginestra 97, Bricco Rocche Brunate 90, Bruno Giacosa Collina Rionda 93, Vietti Villero Etichetta d'Autore Riserva 90, Langhe Nebbiolo Sperss 96, Langhe Nebbiolo Conteissa 99, Giacomo Conterno Monfortino 97, Pio Cesare Ornato 95, Prunotto Cannubi Riserva 82, Seghesio La Villa 95, Manzone Le Gramolere 93, Ratti Marcenasco Rocche 90 e Parusso Bussia Rocche 93.

BARBARESCO

Barbaresco é um tinto DOCG da casta Nebbiolo, similar, mas geralmente mais leve que o Barolo. O rendimento máximo é de 56 hl/ha, porém a graduação alcoólica mínima exigida é de apenas 12,5%. O tipo *Rosso* deve ter no mínimo 26 meses de maturação, sendo pelo menos nove em tonel de madeira; já o *Riserva* tem pelo menos 50 meses de vinícola.

A sua zona de produção abrange quatro comunas (Barbaresco, Nèive, Treiso e Alba), na província de Cuneo. Aí o clima é ligeiramente mais quente e seco do que em Barolo. Portanto, as uvas amadurecem mais cedo e com mais uniformidade.

> **MELHORES PRODUTORES**
> Muitos dos produtores de elite de Barbaresco também elaboram vinhos de Barolo e de outras designações piemontesas. Os destaques são: Gaja (Langhe Sorì San Lorenzo, Langhe Costa Russi e Langhe Sorì Tildìn – antes eram Barbaresco), La Spinetta (Gallina, Starderi e Valeirano), Bruno Giacosa (Asili e Gallina), Bricco Asili/Ceretto (Bricco Asili), Marchesi di Gresy (Martinenga Gaiun), Albino Rocca (Brich Ronchi e Loreto), Paitin (Sorì Paitin), Moccagatta (Cole e Bric Balin), Bruno Rocca (Rabajà), Sottimano (Pajoré e Cottà), Pio Cesare (Bricco), Fontana--bianca (Sorì Burdin), Vietti (Masseria) e Cigliuti (Serraboella).

Geralmente são vinhos mais leves, menos alcoólicos, menos tânicos, mais frutados e mais fáceis de beber do que os *Baroli* helvecianos. Entretanto, a diferença dos *Barbareschi* e dos *Baroli* tortonianos é menos perceptível. Podem também ser sublimes.

Os meus destaques foram Gaja Sorì San Lorenzo 82 e La Spinetta Starderi 96 (estupendos), mas também se sobressaíram La Spinetta Gallina 98, Langhe Nebbiolo Sorì San Lorenzo 97, Bruno Giacosa Santo Stefano 96, Bruno Giacosa Rabajà 04, Marchese di Gresy Camp Gros Martinenga 00 e Vietti Masseria 97.

BARBERA

Corresponde a duas DOCGs: Barbera d'Asti (a mais prestigiosa) e Barbera del Monferato Superiore; e duas DOCs: Barbera d'Alba e Barbera del Monferato.

O território do Barbera d'Asti está espalhado pelas províncias de Asti e Alessandria. É elaborado com Barbera e no máximo 15% de Freisa, Grignolino e Dolcetto. O tipo *Superiore* deve apresentar um amadurecimento de 14 meses, com no mínimo seis meses em tonel de madeira. Não pode ultrapassar 63 hl/ha de rendimento. São reconhecidas as seguintes subzonas: Nizza, Tinella e Colli Astiani ou Astiano.

O Barbera d'Alba é exclusivamente de cepa Barbera, sendo originado nas colinas de Alba, na província de Cuneo. Não há exigência quanto ao envelhecimento, exceto no caso do tipo *Superiore*, com no mínimo um ano em tonel de madeira. O rendimento máximo é de 70 hl/ha.

A Barbera é a uva mais cultivada no Piemonte, sendo a terceira tinta itálica mais plantada depois da Sangiovese e da Montepulciano. Antigamente, era um vinho difícil de beber. Todavia, nos anos 1980, o grande catedrático bordalês Émile Peynaud sugeriu que os vinhos feitos com ela fossem afinados em barricas de carvalho. Milagre! Assim surgiu o Barbera *barricatto*. A madeira aportou tanicidade, da qual essa casta carece, mas sobretudo moderou a sua alta acidez. Outra evolução deu-se no campo, com a colheita de baixos rendimentos para concentrar os vinhos. Eles são perfumados e complexos, estando entre os melhores negros italianos. Sou fã incondicional desses tintos, pois aprecio bastante vinhos com nervo marcante.

Os campeões desses caldos foram: Scarrone Vigna Vecchia 99 e 01 (Vietti) – os melhores que bebi –, Riserva di Famiglia 98 e Pomorosso 97 (Coppo), Langhe Larigi 93 (Altare), Gallina 96 e Superiore 98 (La Spinetta), Quorum 97 (Hastae), Carati 93 (Scavino), Bricco dell'Uccellone 91 (Braida), Ai Suma 00 (Braida), La Court 04 (Chiarlo), Trevigne 99 (Clerico), Gepin 99 (A. Rocca), Ornati 95 (Parusso), La Cresta 01 (Rocche dei Malzoni) e Torriglione 97 (Ratti).

> **MELHORES PRODUTORES**
> La Spinetta (Gallina e Superiore), Luigi Coppo (Riserva della Famiglia e Pomorosso), Vietti (Scarrone Vigna Vecchia), Hastae (Quorum), Elio Altare (Langhe Larigi "Barbera"), Braida (Bricco dell'Uccellone), Cascina La Barbatella (La Vigna dell'Angelo), Matteo Correggia (Bricco Marùn), Giuseppe Contratto (Solus AD), G. Corino (Pozzo), Franco Martinetti (Montruc), Prunotto (Costamiòle), Seghesio (Vignetto della Chiesa), Mauro Molino (Gattere), Paolo Scavino (Carati), Domenico Clerico (Trevigne), Albino Rocca (Gepin), Gianfranco Alessandria (Vittoria), Rocche dei Manzoni (La Cresta), Fratelli Revello (Ciabot du Ré), Giulio Accornero (Bricco Battista), Armando Parusso (Superiore e Ornati), Renato Ratti (Torriglione) e Cascina Chicco (Bric Loira).

OUTROS TINTOS

A DOC Langhe cobre vinhos tintos e brancos. Seu território compreende 94 comunas da província de Cuneo. O Langhe Rosso equivale a um superpiemontês, tendo sido criado para abrigar vinhos originados de uva Nebbiolo ou de Nebbiolo cortada com Barbera, Cabernet Sauvignon e outras, colhidas na região, mas sem seguir os preceitos das DOCs tradicionais.

Monferrato também é uma DOC para tintos e brancos. O Monferrato Rosso é o superpiemontês para uma centena de comunas das províncias de Asti e Alessandria. A mescla de uvas utilizadas é a mesma do Langhe Rosso, principalmente de Barbera, Nebbiolo e Cabernet Sauvignon.

Roero é um tinto DOC produzido em 19 comunas da província de Cuneo. Sua fórmula leva 95% a 98% de Nebbiolo, com 2% a 5% da cepa branca Arneis. Guardadas as medidas, parece com a receita do Cote-Rôtie, no qual predomina uva tinta com um pequeno corte de brancas, para dar elegância. Só pode ser comercializado após 1º de junho do ano seguinte ao da colheita. Pode trazer a designação *Superiore* se a graduação alcoólica for acima de 12%.

O Nebbiolo d'Alba é um tinto DOC que se origina numa parte do território da província de Cuneo. É vinificado com a mesma casta de Barolo e Barbaresco, sendo, porém, menos envelhecido (apenas um ano) e complexo. Apenas uns poucos são dignos de maiores destaques.

Gattinara é um tinto DOCG da comuna de mesmo nome, na província de Vercelli, situada no norte do Piemonte. É elaborado com uva Nebbiolo (chamada localmente de

Spanna) e até 10% de Vespolina e Bonarda. É ligeiramente mais rústico que os sulinos Barolo e Barbaresco. Comercializado em duas versões: *Rosso* (três anos de maturação, sendo pelo menos dois em tonel de madeira) e *Riserva* (quatro anos de idade).

Os maiores nomes desses vinhos são:

LANGHE ROSSO
Domenico Clerico (Arte), Elio Altare (Arborina e La Villa), Aldo Conterno (Favot Nebbiolo), Gaja (Darmagi Cabernet Sauvignon), Conterno-Fantino (Monprà), Roberto Voerzio (Vignaserra), Rocche dei Malzoni (Quatr Nas), San Fereolo (Brumaio), Luigi Einaudi (Rosso), Armando Parusso (Rosso Bricco Rovella), Cá Viola (Bric du Luv), Fiorenzo Nada (Seifile) e Attilio Ghisolfi (Alta Bussia).

MONFERRATO ROSSO
La Spinetta (Pin), Cascina La Barbatella (Sonvico), Franco Martinetti (Sul Bric) e Villa Sparina (Rivalta).

ROERO
Matteo Corregia (Ròche d'Ampsèj), Malvirà (Superiore) e Filippo Gallino (Superiore).

NEBBIOLO D'ALBA
Matteo Correggia (La Val dei Preti) e Cascina Chicco (Mompissano).

GATTINARA
Antoniolo (Osso S. Grato, San Francesco e Castelle) e Travaglini (Tre Vigne).

Dos vinhos acima, os que mais me marcaram foram: Langhe Arte 97 (Clerico), de 90% de Nebbiolo e 10% de Barbera; Langhe Nebbiolo Favot 95 (A. Conterno), de Nebbiolo; Langhe Vigna Arborina (Altare), de 100% Nebbiolo; Monferrato Pin 97 (La Spinetta), de 80% de Barbera e 20% de Nebbiolo; Gattinara San Francesco 03 (Antoniolo); e Darmagi Cabernet Sauvignon 99.

Outros vinhos tintos muito produzidos na região são os Dolcetto, reunidos em duas DOCGs (Dolcetto di Dogliani Superiore e Dolceto di Ovada Superiore) e sete DOCs, das quais as mais importantes são: Dolcetto d'Alba, Dolcetto d'Asti e Dolcetto di Dogliani. São secos – apesar de o nome da cepa Dolcetto sugerir outra coisa –, leves e frutados, para ser bebidos jovens. São muito agradáveis acompanhando massas. O que mais me agradou foi o Dolcetto di Dogliani Superiore Papà Celso 05 (M. Abbona).

BRANCOS

A DOCG Gavi é para um branco de uvas Cortese. A zona produtiva engloba a comuna de Gavi e várias vizinhas na província de Alessandria. É seco, delicado e fresco, para ser bebido jovem. Parece-me que o galardão de DOCG é muito alto para esse vinho. Todavia, os expoentes dessa denominação são os produtores Franco Martinetti (Minaia – antes era DOCG Gavi), La Scolca (d'Antàn) e Villa Sparina (Mone Rotondo).

O branco DOC Roero Arneis é um vinho claro, seco e fresco de cepa Arneis, deliciosamente aromático e levemente amargo.

O Langhe Bianco é uma DOC que emprega geralmente as castas Chardonnay ou Sauvignon. Ele apresenta complexidade maior que o anterior.

Alguns dos melhores Chardonnay da região encontram-se na DOC Piemonte, como o Riserva di Famiglia, do Coppo, que concorre com o Langhe Gaja & Rey, do Gaja, como o melhor piemontês. Essa denominação, que também abriga tintos, abrange inúmeras comunas das províncias de Alessandria, Asti e Cuneo. Os brancos Piemonte Chardonnay devem ter no mínimo 85% dessa casta.

TOSCANA

Possui 51 DOCs e DOCGs (11). As melhores DOCs e DOCGs são: Chianti Classico, Chianti, Brunello di Montalcino, Rosso di Montalcino, Vino Nobile di Montepulciano, Rosso di Montepulciano, Bolgheri Sassicaia, Bolgheri, Morellino di Scansano e Carmignano (tintos), Vernaccia di San Gimignano (branco), Vin Santo del Chianti Classico, Vin Santo del Chianti, Vin Santo di Montepulciano e Vin Santo di Carmignano (doces).

Muito reputada por seus tintos, que rivalizam com os piemonteses como os melhores itálicos, é a terra da escura Sangiovese e da clara Trebbiano Toscana, duas das castas mais plantadas em toda a "bota". A Trebbiano Toscana foi recentemente ultrapassada pela siciliana Catarratto Bianco Comune.

SUPERTOSCANOS

Os tintos chamados pelos anglo-saxões de "supertoscanos" começaram a aparecer na década de 1970. Por não seguirem os preceitos exigidos pela DOC, principalmente em relação às castas empregadas, eram classificados apenas como *Vino da Tavola*. Esse movimento surgiu na zona do Chianti Classico, estendendo-se depois para as demais regiões vizinhas. A receita tradicional desses tintos exigia o corte obrigatório de Sangiovese e Canaiolo com até 15% das variedades brancas Trebbiano

Toscano e Malvasia Bianca. Os produtores mais conscienciosos não queriam empregar as brancas, além de optarem por também utilizar castas francesas não permitidas, como Cabernet Sauvignon, Merlot e Syrah. Contudo, por serem os vinhos mais caros de cada vinícola, receberam dos críticos aquela designação. Na década de 1990, criou-se a IGT Rosso di Toscana para abrigá-los. Também foram flexibilizadas as exigências quanto às uvas na denominação Chianti Classico. Poucos exemplares optaram por passar para a DOCG Chianti Classico, como o Grosso Sanese. A maioria preferiu o guarda-chuva protetor da IGT.

Esses vinhos existem em diversos estilos. Os majoritariamente de Sangiovese complementada por Cabernet Sauvignon têm como modelo o Tignanello, o primeiro, de 1971. O oposto (com predomínio da Cabernet Sauvignon sobre a Sangiovese) é representado pelo Solaia. O primeiro 100% Sangiovese foi o Le Pergole Torte, lançado em 1977. Também existem os exclusivamente de cepas francesas, como: Maestro Raro (Cabernet Sauvignon), Vigna L'Apparita (Merlot) e Collezione de Marchi (Syrah, além de outro também com 100% de Cabernet Sauvignon).

> **MELHORES PRODUTORES**
> Antinori (Solaia e Tignanello), Castello di Ama (Vigna L'Apparita), Tua Rita (Redigaffi), Isole e Olena (Collezione de Marchi Cabernet Sauvignon, Collezione de Marchi Syrah e Ceparello), Querciabella (Camartina), Sezzana (La Spinetta), Montepeloso (Gabbro), Argiano (Solengo), Castello di Fonterutoli (Siepi), Riecine (La Gioia), Felsina (Maestro Raro e Fontalloro), Ruffino (Romitorio di Santedame e Cabreo Il Borgo), Banfi (Summus), Castello di Rampolla (Vigna di Alceo e Sammarco), Fontodi (Flaccianelo delle Pieve), San Giusto a Rentennano (La Ricolma e Percarlo), Montevertine (Le Pergole Torte), Badia a Coltibuomo (Sangioveto), Poliziano (Le Stanze), Col d'Orcia (Olmaia), Le Pupille (Saffredi), Marchese di Frescobaldi (Mormoreto), Andrea Costanti (Ardingo Calbello), Avignonesi & Capanelle (50 & 50 Avignonesi e Capanelle), Capanelle (Solare), Castellare di Castellina (I Sodi di San Niccoló), Castello di San Polo (Cetinaia), La Brancaia (Brancaia), Castello di Montepò/Biondi-Santi (Schidione), San Fabiano Calcinaia (Cerviolo Rosso), Castello del Terriccio (Lupicaia), Tenuta di Trinoro, Villa Cafaggio (Cortaccio), Castello di Vicchiomaggio (Ripa delle More), Barone Ricasoli (Casalferro), L. D'Alessandro (Il Bosco Syrah), Moris Farms (Avvoltore), Castello Querceto (Il Querciolaia), Petrolo (Galatrona) e Poggiopiano (Rosso di Sera).

Os meus tintos vencedores foram: Solaia 85, Vigna L'Apparita Merlot 85, Collezione de Marchi Cabernet Sauvignon 97, Camartina 88, Tignanello 81, Lupicaia 01, Sezzana 01, Gabbro 01, Lupicaia 00, 50&50 99, Sangioveto 90, Cetinaia 85, Percarlo 98, Rosso Argiano 88, Il Querciolaia 91, Mormoreto 83, La Gioia 96, Schidione 98, Fontalloro 93, Tenuta di Trinoro 06, Solare 99, Sodi di San Niccoló 01,

Cepparello 05, Saffreddi 00, Il Bosco Syrah 04, Le Stanze 94, Flacianello della Pieve 93 e Ardingo Calbello 98.

CHIANTI CLASSICO E CHIANTI
O território dos vinhos Chianti Classico, situado no coração da antiga terra dos etruscos, abrange nove comunas entre as cidades de Siena e Firenze, nas províncias de mesmo nome. A zona do *Gallo Nero* (Galo Negro) – emblema do consórcio que controla os vinhos dessa região – tem uma nobre e majestosa paisagem, uma das mais belas da Itália. Nela sobressaem colinas entremeadas de parreiras, oliveiras e ciprestes. O clima é continental, com 800 a 900 mm de chuvas anuais.

Talvez seja o vinho tinto italiano mais famoso. Foi a primeira região vinícola do mundo a ser delimitada, em 1716. Contudo, a primeira regulamentada foi a do vinho do Porto. Atualmente, essa DOCG emprega a seguinte receita: Sangiovese (80%-100%), e outras tintas autorizadas (0%-20%), tais como Canaiolo Nero, Cabernet Sauvignon, Merlot e Syrah. Curiosamente, as brancas Trebbiano Toscano e Malvasia Bianca, que foram o "pomo da discórdia" da separação dos Supertoscanos, passaram a ser proibidas desde a safra de 2006.

Em 2013, houve uma reclassificação do vinho Chianti Classico, que passou a ser produzido nos tipos *Annata*, *Riserva* e *Gran Selezione*. O primeiro não tem exigências de tempo de maturação. Já o *Riserva* deve maturar por dois anos em tonel de madeira, dos quais três meses em garrafa, além de ter no mínimo 12,5% de álcool. O rendimento máximo permitido é de 52,5 hl/ha. A nova categoria criada no topo da pirâmide de qualidade foi a Gran Selezione. Nesse caso, o vinho deve ser produzido de um único vinhedo ou de uma seleção das melhores uvas da propriedade. Deve amadurecer por 30 meses em tonel de madeira, dos quais três meses em garrafa, além de ter no mínimo 13% de álcool. Dezenas deles já se encontram no mercado, inclusive o ótimo Chianti Classico Gran Selezione San Lorenzo 2010, do Castello di Ama.

Várias denominações italianas trazem o termo "Classico". Significa que elas equivalem à zona central histórica, geralmente a de melhor qualidade. As outras ficam na periferia, tendo sido criadas ao longo dos anos por pressão política.

A DOCG Chianti ocupa uma vasta zona que envolve a de Chianti Classico, incluindo comunas nas províncias de Arezzo, Firenze, Pisa, Pistoia, Prato e Siena. É composta por sete sub-regiões: Colli Aretini, Colli Fiorentini, Colli Senesi, Colline Pisane, Montalbano, Montespertoli – a mais recente – e Rùfina. As melhores denominações sub-regionais são: Rùfina, Colli Fiorentini e Montespertoli.

A receita é quase igual à de Chianti Classico, utilizando Sangiovese (75%-100%), Canaiolo Nero (0%-10%), as brancas Trebbiano Toscano e Malvasia Bianca (0%-10%) e outras tintas autorizadas (0%-15%).

O Chianti está disponível nas versões *Rosso*, *Superiore*, *Riserva* e Sub-Regional. O *Rosso* não pode ultrapassar 63 hl/ha e seu limite inferior de álcool é de 10,5%. Varia desde os mais comuns, comercializados em garrafas do tipo *fiasco* empalhado, até os mais sérios, em garrafas bordalesas. O *Superiore* deve alcançar um mínimo de 11,5% de álcool e no máximo 52,5 hl/ha de rendimento. O *Riserva* deve envelhecer por dois anos em tonel de madeira, sendo no mínimo três meses em garrafa. Finalmente, os Sub-Regionais devem ter o mesmo nível de maturação do *Riserva*, graduação alcoólica de 11%-12,5% e rendimento de 56 hl/ha.

Os mais conceituados produtores e seus vinhos mais marcantes são:

CHIANTI CLASSICO
Castello di Ama (Bellavista e La Casuccia), Antinori (Riserva Tenute Marchese Antinori), Castello di Fonterutoli (Riserva), Felsina (Riserva Rancia), Ruffino (Riserva Ducale Oro), Isole e Olena, Fontodi (Vigna del Sorbo Riserva), Querciabella (Riserva), Montevertine (Riserva), Riecine (Riserva), La Massa (Giorgio Primo), Castello dei Rampolla, Castellare di Castellina, Brancaia, A. & G. Folonari, Badia a Coltibuono (Riserva), Podere Il Palazzino (Grosso Sanese), Poggio al Sole (Casasilia), Machiavelli (Vigna di Fontalle Riserva) e Barone Ricasoli (Castello di Brolio).

CHIANTI
Marchese di Frescobaldi (Chianti Rùfina Montesodi).

Daqueles que degustei, os que mais apreciei foram: La Casuccia 97, Bellavista 95, Vigna del Sorbo Riserva 90, Badia a Coltibuono Riserva 98, Giorgio Primo 01, Villa Antinori Riserva Particolare 82 e Montesodi 82.

BRUNELLO DI MONTALCINO
Região situada em colinas na comuna de Montalcino, na província de Siena. O terreno é moderadamente arenoso, rico em calcário, entremeado por solos vulcânicos. O clima é tipicamente mediterrânico, com média anual de 700 mm de chuva.

O Brunello di Montalcino é um vinho DOCG, originado exclusivamente de um clone da Sangiovese (conhecido localmente como Brunello). Disponível em dois tipos: *Rosso* e *Riserva*. O primeiro deve ter cinco anos de maturação, sendo pelo menos dois em tonel de carvalho (antes eram três anos) e quatro meses em garrafa. O *Riserva* é destinado ao vinho com mais de seis anos de envelhecimento, sendo dois deles em tonel e seis meses em garrafa. O rendimento máximo permitido é de 54,4 hl/ha.

São tintos secos robustos e tânicos, necessitando de tempo para abrir o *flavor*. São quase sempre decepcionantes, devido aos altos preços – mais ainda nos anos difíceis e dos produtores menos hábeis, quando costumam ser sem frutas e com taninos ressecados.

A DOC Rosso di Montalcino é a versão júnior do Brunello di Montalcino, com apenas um ano de amadurecimento e 63 hl/ha de rendimento máximo. Para ser bebido mais jovem e levemente mais refrescado que o seu primogênito.

> **PRODUTORES RENOMADOS**
> Altesino (Montosoli), Pieve Santa Restituta/Gaja (Sugarille e Rennina), Banfi (Poggio all'Oro), Casanova di Neri, Case Basse/Soldera (Riserva Intistieti), Argiano (Riserva), Siro Pacenti (Riserva), Ciacci Piccolomini d'Aragona (Pianrosso), Eredi Fuligni (Cottimelli), Andrea Costanti (Riserva), Val di Suga (Vigna del Lago e Vigna Spuntali), Col d'Orcia (Poggio al Vento), Tenuta Capparzo (La Casa), Mastrojanni (Schiena d'Asino) e Tenuta di Collosorbo.

Os tintos de Brunello di Montalcino que mais me impressionaram foram Siro Pacenti 98, Pieve Santa Restituta Rennina 99, Altesino Montosoli 93, Andrea Constanti Riserva 94, Pertimali Riserva 01, Ciacci Pianrosso 93, Tenuta di Collosorbo 95 e Val di Suga Riserva 77.

Para qualificar todos os vinhos produzidos na comuna de Montalcino, foi criada em 1996 a DOC Sant'Antimo para tintos, brancos e *Vin Santo*. Os tintos – tentativa de dar guarida aos supertoscanos locais – podem ser apresentados como varietais (no mínimo 85% da cepa declarada: Cabernet Sauvignon, Merlot e Pinot Noir) ou como *Rosso*. Nesse caso, pode empregar as três castas mencionadas, além de Cabernet Franc, Sangiovese, Canaiolo Nero e outras. Os tintos devem ter no máximo 56 hl/ha de rendimento. Um ótimo exemplar de Sant'Antimo Rosso é o delicioso Fabius da Ciacci Piccolomini d'Aragona, baseado na variedade Syrah.

BOLGHERI

Este é o novo Eldorado italiano, localizado em torno da vila de mesmo nome, na comuna de Castagneto Carducci, na província de Livorno. A proximidade do mar Mediterrâneo modela seu clima ameno.

Essa pequena DOC foi reformulada em 1994 e em 2001 para abrigar alguns dos melhores *vini da tavola* supertoscanos.

Em 1968, aí nasceu o célebre Sassicaia, hoje DOC Bolgheri-Sassicaia, a primeira e única denominação de origem para uma só propriedade. Além dessa designação sub-regional, a DOC Bolgheri compreende outras designações para tintos (90% da produção), brancos e rosados.

Todos os outros grandes tintos nomeiam-se Bolgheri Superiore ou Bolgheri Merlot. O *Superiore* deve ser elaborado com Cabernet Sauvignon (10%-80%), Merlot (0%-70%), Sangiovese (0%-70%) e outras escuras (máximo 30%), com exigência de envelhecimento de no mínimo dois anos, dos quais um em tonel de carvalho e seis meses em garrafa.

> **LÍDERES EM BOLGHERI**
> Tenuta San Guido (Sassicaia), Tenuta dell'Ornellaia (Ornellaia Superiore e Masseto Merlot), Le Macchiole (Paléo Superiore, Cabernet Franc e Messorio Merlot), Grattamacco (Grattamacco Superiore) e Tenuta Belvedere/Antinori (Guado al Tasso Superiore).

As minhas maiores notas foram para os vinhos Sassicaia 97 (80% Cabernet Sauvignon e 20% Cabernet Franc), Masseto Merlot 04, Ornellaia Superiore 00, Guado al Tasso 01 e Grattamacco Superiore 98 (Cabernet Sauvignon, Sangiovese e Merlot).

Várias outras conhecidas vinícolas italianas são recém-chegadas à zona, tais como Gaja (Cá Marcanda) e Allegrini. Gostei muito do Camaracanda 03 (Bolgheri), do Cá Marcanda Magari 01 e do Cá Marcanda Promis 00, que trazem no rótulo a IGT Toscana, em vez de Bolgheri.

OUTROS TINTOS

Vino Nobile di Montepulciano (DOCG) • Zona na comuna de Montepulciano, na província de Siena. Tinto de no mínimo 70% de Sangiovese (chamado no local de Prugnolo Gentile), Canaiolo Nero (0%-20%), Mammolo e outras cepas autorizadas (0%-20%), sendo as brancas no máximo 10%. O rendimento mínimo é de 56 hl/ha. Versões: *Rosso* (dois anos de maturação, com um em tonel de madeira) e *Riserva* (três anos de amadurecimento e no mínimo 13% de álcool).

Esse vinho guarda grande semelhança com os Chianti, contudo com menos produtores de topo.

Rosso di Montepulciano (DOC) • É a versão mirim do Vino Nobile di Montepulciano, com apenas seis meses de maturação.

Carmignano (DOCG) • Da comuna de mesmo nome e outra vizinha na província de Prato, próximas de Florença. Tinto cuja mescla de castas prevê Sangiovese (mínimo 50%), Canaiolo Nero (0%-20%), Cabernet Sauvignon e/ou Cabernet Franc (10%-20%) e Trebbiano Toscano e/ou Canaiolo Bianco e/ou Malvasia Bianca (0%-10%). O rendimento não pode ultrapassar 56 hl/ha. Comercializado como *Rosso* (21 meses de maturação, com pelo menos oito meses em tonel de madeira) e *Riserva* (três anos, dos quais 12 meses em tonel). Essa denominação é muito antiga, sendo que as Cabernets são cultivadas na zona desde o século XVIII.

Barco Reale di Carmignano (DOC) • É a alternativa jovem do Carmignano, sem exigências de envelhecimento.

Morellino di Scansano (DOCG) • Nova região que engloba a comuna de Scansano e seis outras na província de Grosseto, perto do Mediterrâneo. É um tinto de Sangiovese (no mínimo 85%), complementado por outras escuras autorizadas. Existem os tipos *Rosso* e *Riserva* (dois anos de maturação, com um ano em tonel de madeira).

● ● ● DESTAQUES

Vino Nobile di Montepulciano
Poliziano (Vigna Asinone), Avignonesi (Riserva Grandi Annate), Nottola (Vigna del Fatore), Valdipiatta (Riserva) e Tenuta Trerose (Simposio).

Carmignano
Capezzana (Trefiano e Villa di Capezzana), Enrico Pierazzuoli (Le Farnette Riserva) e Ambra (Elzana Riserva e Le Vigne Alte Montalbiolo Riserva).

Morellino di Scansano
Le Pupille (Poggio Valente), Lohsa/Poliziano (Mandrone), Moris Farms (Riserva) e Castello di Montepò (Riserva) – pertencente à Biondi Santi.

Os vinhos aos quais concedi as maiores notas foram o Poliziano Vigna Asinone 96 (um corte de 90% de Sangiovese e 10% de Canaiolo Nero e Mammolo), o Avignonesi Riserva Grandi Annate 04, o Mandrone di Lohsa 01, o Villa di Capezzana Carmignano 05, o Nottola Vigna del Fattore 00 e o Poggio Valente 00, ambos de 100% de Sangiovese.

BRANCOS
Vernaccia di San Gimignano (DOCG) • Território localizado na bela comuna de San Gimignano, na província de Siena. Vinho elaborado com a cepa Vernaccia (no mínimo 90%) e outras claras autorizadas. Existem os tipos *Bianco* e *Riserva*, este amadurecido por 12 meses, dos quais quatro em garrafa. Apesar de DOCG, na minha opinião é um branco sem maiores destaques.

Os melhores brancos regionais são da cepa Chardonnay. O Batàr da Querciabella é considerado o melhor branco toscano pelo *Gambero Rosso*, o mais famoso guia anual italiano. Os por mim provados foram: I Sistri Chardonnay 93 (Felsina), Pomino Il Beneficio Chardonnay 85 (Frescobaldi) e Vigna al Poggio Chardonnay 97 (Castello di Ama).

Vin Santo • O *Vin Santo* é representado por quatro DOCs: del Chianti Classico, del Chianti, di Montepulciano e di Carmignano.

O Vin Santo del Chianti Classico é um vinho originado de Trebbiano Toscano e Malvasia Bianca (no mínimo 70%), complementado por uvas claras e escuras autorizadas. Pode ser *secco* ou *amabile* (mais típicos). Os cachos colhidos são submetidos a um *appassimento* natural entre 1º de dezembro e 31 de março. Posteriormente, passa por um estágio obrigatório em *caratelli* (pequenos barris de madeira) por três anos (Regular) e quatro anos (*Riserva*). Tem coloração acastanhada, sendo alcoólico (no mínimo 16%) e adocicado, este o mais consumido.

Um tipo especial de vinho santo é o *Occhio di Pernice*, produzido com Sangiovese (no mínimo 50%) e o saldo com tintas e brancas autorizadas. Deve atingir 17% de álcool e envelhecer por três anos (Regular) e quatro anos (*Riserva*). Apresenta coloração rosada de "olho de perdiz" e gosto adocicado. Um exemplar ideal para provar é o do Vin Santo di Montepulciano Occhio di Pernice, do produtor Avignonesi.

VENETO
É o maior produtor de vinhos DOCs e DOCGs, totalizando 42 deles. O trio de Verona – os escuros Valpolicella e Bardolino e o claro Soave – está entre os vinhos

mais produzidos e exportados da Itália. Deles, pouquíssimos apresentam qualidade acima da média. Estes são alguns dos classificados de Classico Superiore.

AMARONE

O território do Amarone della Valpolicella, que é o mesmo ocupado pelo Valpolicella, situa-se na província de Verona. O clima se avizinha ao mediterrânico, com vários microclimas, por causa das colinas. A pluviosidade anual varia de 500 a 850 mm. Os solos são argilocalcários com manchas vulcânicas.

Esse tinto DOC utiliza as mesmas variedades do Valpolicella, porém com uvas semissecas, obtidas pelo processo de *appassimento* – os cachos de uva são colocados para secar em casas com as largas janelas abertas, para permitir o livre fluxo de ar, responsável pela secagem. Após três a quatro meses, as uvas perdem de 35% a 40% de peso, enriquecem-se de açúcar e são afetadas pelo *Botrytis cinerea*.

A mescla prevê Corvina Veronese (40%-80%), Rondinella (5%-30%), com eventual acréscimo de Molinara Rossignola, Negrara, Barbera e Sangiovese e de outras negras autorizadas (no máximo 15%). A Corvina Veronese responde pelo aroma e riqueza, a Rondinella traz cor e taninos e a Molinara, maciez. O rendimento máximo permitido é de 48 hl/ha, e o envelhecimento mínimo é de dois anos.

O Amarone – o mais valorizado dos vinhos veroneses – divide a opinião dos enófilos. É seco, mas com uma leve impressão de adocicado, concentrado, aveludado, de baixo nervo, alcoólico (no mínimo 14%) e de retrogosto amarguinho, como indica o próprio nome do vinho. As restrições a esse estilo são principalmente com relação aos seguintes pontos: docinho e amarguinho, baixas acidez e tanicidade. Tal conjunção de fatores torna-o um tanto enjoativo.

Os vinhos ditos de *Ripasso* são submetidos a uma técnica antiga, resgatada pela Masi, em 1964. Consiste em colocar um vinho Valpolicella selecionado nas borras do Amarone. Obtém-se um tinto seco mais complexo que o Valpolicella e mais elegante que o Amarone. Para muitos, ele é melhor que o caro Amarone.

A DOC Recioto della Valpolicella é a versão *amabile* (adocicada) do Amarone.

A menção "Classico" é destinada, entre todos esses vinhos, apenas àqueles gerados na zona histórica, a mais antiga e de melhor qualidade.

> **MELHORES PRODUTORES E SEUS MELHORES CALDOS**
>
> **Amarone**
> Romano Dal Forno (Vigneto di Monte Lodoletta), Allegrini, Stefano Accordini (Acinatico e Il Fornetto), Giuseppe Quintarelli (Monte Cá Paletta), Serègo Alighieri (Vaio Armaron), Masi (Campolongo di Torbe e Mazzano), Tommaso Bussola (Vigneto Alto), Villa Monteleone (Campo San Paolo), Zenato, Luigi Brunelli (Campo del Tìtari), Villa Erbice e Fratelli Speri (Monte Sant'Urbano).
>
> **Ripasso**
> Masi (Brolo di Campofiorin e Campofiorin).
>
> **Recioto della Valpolicella**
> Allegrini, Tommaso Bussola, Fratelli Speri (La Roggia), Romano dal Forno, Michele Castellani (Cá del Pipa) e Masi (Riserva degli Angeli).

Dos vinhos acima, os que obtiveram maior pontuação foram: Amarone 89 (Dal Forno), Amarone Vaio Armaron 95 (Alighieri), Amarone Mazzano 97 (Masi), Amarone 91 (Villa Erbice) e Ripasso Brolio di Campofiorin 95 (Masi).

OUTROS TINTOS
Afora os vinhos mencionados, os tintos que merecem atenção no Veneto ou são IGTs ou das DOCs Breganze e Colli Euganei. Essas denominações de origem, situadas respectivamente nas províncias de Vicenza e Padova, também cobrem vinhos brancos secos e doces.

> **VINHOS MAIS CARACTERÍSTICOS**
> Allegrini (La Poja), Maculan (DOC Breganze Cabernet Fratta), Serafini & Vidotto (Rosso dell'Abazia), Vignalta (DOC Colli Euganei Rosso Gemola), Masi (Osar e Toar), Fratelli Tedeschi (Rosso della Fabriseria) e Cecilia Beretta/Pasqua (Morago Millenium Cabernet Sauvignon).

O vinho mais marcante que bebi foi o La Poja 97, tinto feito exclusivamente de Corvina Veronese. Gostei também muito dos vinhos Rosso dell'Abazia 95 (Cabernet Sauvignon, Cabernet Franc e Merlot), Maculan Breganze Cabernet Fratta 83 e Masi Osar 96 (80% de Oseleta e 20% de Corvina Veronese).

BRANCOS

Soave Superiore (DOCG) e Soave (DOC) • Branco seco de Garganega (mínimo de 70%), eventualmente adicionado de Pinot Bianco e/ou Chardonnay e/ou Trebbiano di Soave, para ser bebido jovem. Os melhores são: Pieropan (Soave La Rocca e Soave Calvarino), Anselmi (Soave Capitel Croce e Soave Capitel Foscarino), Inama (Soave Vigneto du Lot, Soave Foscarino e IGT Sauvignon Vulcaia Fumé) e Gini (Soave La Froscà e Soave Contrada Salvarenza). Dei ao Pieropan La Rocca 86 a maior nota.

Dois vinhos de sobremesa são bem conceituados: Anselmi (DOCG Recioto di Soave I Capitelli) e Maculan (DOC Breganze Torcolato Acininobili).

FRIULI-VENEZIA-GIULIA

O Friuli-Venezia-Giulia (mas conhecido apenas por Friuli) é reputado por elaborar alguns dos melhores brancos italianos. As três melhores zonas – Collio, Colli Orientali del Friuli e Isonzo – encontram-se na fronteira com a Eslovênia (ex-Iugoslávia). Aliás, em muitas estradas vínicas veem-se placas bilíngues em italiano e esloveno.

COLLIO

O Collio ou Collio Goriziano situa-se em encostas na província de Gorizia, protegidas ao norte pelos Pré-Alpes Giule e temperadas pela proximidade do Adriático. Os solos são argilocalcários (marnosos) e arenosos. Essa DOC abrange brancos e tintos. Os excelentes brancos secos estão disponíveis em vários tipos: Tocai Friulano, Sauvignon, Pinot Grigio, Pinot Bianco, Chardonnay, Riesling, Riesling Italico, Traminer Aromatico (ou Gewürztraminer), Müller-Thurgau, Malvasia, Ribolla Gialla e Bianco. O termo *Riserva* é exclusivo dos vinhos varietais com no mínimo 12% de grau alcoólico e 20 meses de amadurecimento.

Desde 2008, os vinhos italianos exportados não podem mais trazer no rótulo a menção Tocai Friulano, para não confundir com o vinho húngaro Tokaji. Essa cepa, que é a Sauvignon Vert ou Sauvignonasse, está sendo chamada, por algumas vinícolas friulanas, de "Friulano".

Os tintos são frescos e elegantes e também existem em diversas versões: Cabernet Franc, Cabernet Sauvignon, Cabernet (mescla das duas cepas), Merlot, Pinot Nero e *Rosso*. Os varietais podem levar a designação *Riserva* quando tiverem mais de 12% de álcool e 30 meses de maturação, dos quais pelo menos seis meses em tonel de madeira.

COLLI ORIENTALI DEL FRIULI

O território do Colli Orientali del Friuli (COF), como o próprio nome indica, localiza-se nas colinas orientais do Friuli, na província de Udine. O solo é similar ao do Collio e o clima também não é muito diferente. Assim como o Collio, é uma DOC multitipos, nas versões branca, tinta e rosada. As denominações para brancos secos são as mesmas do Collio, exceto que não contam com Riesling Italico e Müller-Thurgau. Já a casta Verduzzo Friulano dá vinhos meio doces e doces.

Os vinhos tintos são comercializados com os mesmos tipos do Collio, além dos varietais com as nativas Refosco dal Pedunculo Rosso, Pignolo, Schioppettino e Tazzelenghe.

Nos vinhos COF, a menção *Riserva* pode ser empregada quando com um envelhecimento mínimo de dois anos.

A denominação Colli Orientali dispõe de três subzonas. A Ramondolo é apenas para brancos doces de cepa Verduzzo Friulano, cujo produtor de melhor expressão é Dario Coos. As subzonas Rosazzo e Cialla podem declarar umas poucas castas nativas brancas e tintas.

ISONZO

A DOC Isonzo é a terceira do trio de ouro friulano. Abrange 21 comunas da província de Gorizia, banhadas pelo rio Isonzo. Produz brancos, tintos e rosados. Os tipos produzidos são os mesmos que alguns das duas DOCs anteriores. Os mais conceituados são os brancos.

● ● ● DESTAQUES

Brancos
Jermann (Vintage Tunina e Capo Martino – não DOCs), Mario Schiopetto (Collio Pinot Bianco Amrità e COF Sauvignon Blumeri), Vie di Romans (Isonzo Sauvignon Vieris, Isonzo Pinot Grigio Dessimis e Isonzo Sauvignon Piere), Villa Russiz (Collio Sauvignon de La Tour), Livio Felluga (COF Terre Alte), Miani (COF Bianco Miani, COF Sauvignon e COF Tocai Friulano), Girolamo Dorigo (COF Chardonnay Ronc di Juri), Josko Gravner (Collio Ribolla), Russiz Superiore (Collio Sauvignon e Collio Tocai Friulano), Ronco Del Gelso (Isonzo Tocai Friulano, Isonzo Pinot

••• DESTAQUES

Grigio e Isonzo Sauvignon), Borgo Del Tiglio (Collio Studio di Bianco), Venica & Venica (Collio Sauvignon Ronco delle Mele), Le Vigne di Zamò (COF Tocai Friulano), Lis Neris (Isonzo Sauvignon Don Picòl e Isonzo Pinot Grigio Gris), Livon (Braide Alte – não DOC), La Castellada (Bianco della Castellada – não DOC) e Borgo San Daniele (Isonzo Pinot Grigio e Isonzo Tocai Friulano).

Tintos
Miani (COF Rosso Miani e COF Merlot), Livio Felluga (COF Refosco e COF Sossó Merlot), Villa Russiz (Collio Graf de La Tour Merlot), Girolamo Dorigo (COF Montsclapade Merlot), Josko Gravner (Rosso Gravner – não DOC), Russiz Superiore (Collio Rosso Riserva degli Orzoni), Le Vigne di Zamò (COF Merlot Vigne Cinquant' Anni), Volpe Pasini (COF Focus Merlot) e Le Due Terre (COF Rosso Sacrisassi).

O melhor branco seco que bebi foi o Vintage Tunina 86 de Jermann, um corte de Sauvignon Blanc e Chardonnay, mais Ribolla Gialla, Malvasia e Picolit. Outros destaques foram o COF Terre Alte 96, de Tocai Friulano, Pinot Bianco e Sauvignon Blanc, e o Isonzo Sauvignon Vieris 06.

Dos tintos, o que mais me impressionou foi o COF Rosso Miani 96, elaborado com 60% de Merlot, 25% de Cabernet Sauvignon e Franc e 15% de Refosco e Tazzelenghe. Outro muito bom: Sossò Merlot Riserva 01.

O tipo feito com a cepa Picolit é um branco doce dentre os mais conceituados e caros da Itália, podendo ser coberto pelas DOCs Colli Orientali del Friuli ou Collio. Experimente os Picolit de Rocca Bernarda (COF Riserva), Livio Felluga (COF Riserva), Primosic (Collio Riserva) e Girolamo Dorigo (COF Vigneto Montsclapade).

OUTROS VINHOS
LOMBARDIA

O mesmo território do espumante DOCG Franciacorta, descrito mais adiante, produz o DOC Curtefranca, antes chamado de Terre di Franciacorta. O tipo *Rosso* emprega Cabernet Sauvignon (10%-35%), Merlot (mínimo de 25%), Cabernet Franc e/ou Carmenère (mínimo de 20%) e outras negras autorizadas (máximo de 15%). O *Bianco* usa cepas Chardonnay e/ou Pinot Nero e Pinot Bianco (máximo de 50%).

O maior destaque da denominação é o Curtefranca Chardonnay, da Cá del Bosco, um dos grandes italianos dessa casta, tendo sido o da safra de 1993 o melhor branco da Itália que pude degustar. O seu Carmenero 98, elaborado 100% com a cepa Carmenère, também se portou muito bem numa prova.

Valtellina Superiore (DOCG) • Tinto elaborado com 90% de Nebbiolo e outras escuras. Subzonas: Grumello, Inferno, Maroggia (nova), Sassella e Valgella. O *Rosso* deve ter envelhecimento de dois anos, sendo um em tonel de madeira. O *Riserva* matura por três anos.

Valtellina (DOC) • Ocupando o mesmo território existe a DOC Valtellina. Esses tintos também usam a Nebbiolo (no mínimo 90%) e passam por amadurecimento obrigatório de seis meses. Um tipo bem característico é o DOCG *Sforzato* ou *Sfursàt di Valtellina*, feito por *appassimento* das uvas. Deve ter mais de 14% de álcool e envelhecer por dois anos.

Os melhores tintos são: Nino Negri (Sfursàt 5 Stelle), Aldo Rainoldi (Sfurzat Fruttaio Cá Rizzieri) e Conti Sertoli Salis (Sforzato Canua).

TRENTINO-ALTO ADIGE

Alto Adige ou Südtirol "AA" (DOC) • É a melhor denominação da região. Abriga grande gama de rótulos para tintos, brancos, rosados e mesmo espumantes.

Teroldego Rotaliano "TR" (DOC) • Tinto de casta Teroldego, apresentado como *Rosso* e *Superiore*.

A DOC Trentino é menos importante que as duas outras para brancos e tintos.

> **MELHORES TINTOS**
> Foradori (TR Granato), Colterenzio (AA Cabernet Sauvignon Lagoa), San Leonardo (IGT San Leonardo), Pojer & Sandri (IGT Rosso Faye), Alois Lageder (AA Cabernet Sauvignon Cor Römigberg), Santa Maddalena (AA Lagrein Scuro Taberhof), Cantina Terlano (AA Lagrein Porphyr), Cortaccia (AA Cabernet Freienfeld e AA Merlot Brenntal), Hofstätter (AA Pinot Nero S. Urbano), Elena Walch (AA Cabernet Sauvignon Riserva Castel Ringberg, Cantina Convento Muri-Gries (AA Lagrein Scuro Abtei Riserva), Abbazia di Novacella (Lagrein Praepositus Riserva) e Casón Hirschprunn (AA Casón).

> **MELHORES BRANCOS**
> San Michele Appiano (AA Sauvignon St. Valentin), Colterenzio (AA Chardonnay Cornell), Josef Niedermayr (IGT Aureus), Cantina Terlano (AA Sauvignon Quarz), Cortaccia (AA Gewürztraminer Brenntal), Hofstätter (AA Gewürztraminer Kolbenhof), Cantina Termeno (AA Gewürztraminer Nussbaumerhof), Elena Walch (AA Bianco beyond the Clouds), Cantina di Caldaro (AA Sauvignon Premstalerhof), Abbazia di Novacella (AA Valle Isarco Pinot Grigio) e Casòn Hirschprunn (AA Contest).

Dentre os tintos sobressaíram-se: San Leonardo 00, Granato 95 e Cantina Terlano Porphyr Lagrein Riserva 01. O melhor branco foi o Cantina Terlano Quartz Sauvignon Blanc 02.

EMILIA-ROMAGNA

Albana di Romagna Passito (DOCG) • É a versão mais valorizada dessa DOCG, que emprega a variedade Albana, exigindo seis meses de envelhecimento e mais de 15,5% de teor alcoólico. As outras são: *secco, amabile* e *dolce*. O Scacco Matto Passito da Zerbina é um dos grandes brancos de sobremesa do país.

A Zerbina, melhor vinícola da Emilia-Romagna segundo diversos críticos, também produz um ótimo tinto, o IGT Marzieno, corte de 60% de Sangiovese e 40% de Cabernet Sauvignon.

Sangiovese di Romagna (DOC) • Tinto encorpado de Sangiovese (85%-100%). Os melhores são *Superiore Riserva*, quando acima de 12,5% de álcool e com dois anos de maturação. Despontam aqui o Pietramora da Zerbina e o Pruno da Drei Dona.

Lambrusco • As três DOCs Lambrusco (Grasparossa di Castelvetro, di Sorbara e Salamino di Santa Croce) contam com vinhos frisantes tintos e rosados, da cepa Lambrusco, em todos os estilos entre seco e doce. Existe à disposição um mar de vinhos, geralmente muito medíocres. Uma exceção é o Lambrusco Grasparossa di Castelvetro Semi Secco da Pederzana, que é um ótimo acompanhamento para a difícil feijoada.

UMBRIA

Montefalco Sagrantino (DOCG) • Tinto de uva Sagrantino, sendo normalmente seco. Contudo há uma pequena produção do tipo *passito*. Deve ter mais de 13% de álcool e 30 meses de afinamento, sendo no mínimo 12 meses em tonel de madeira.

A DOC Montefalco lida com tintos de Sangiovese e Sagrantino e também brancos.

Torgiano Rosso Riserva (DOCG) • Tinto em que predominam a Sangiovese e a Canaiolo Nero, com adição de no máximo 10% de Trebbiano Toscano e outras tintas autorizadas. Deve maturar por mais de três anos.

A DOC Torgiano envolve vinhos tintos, brancos, rosados e até espumantes.

> **MELHORES TINTOS**
> Arnaldo Caprai (Montefalco Sagrantino 25 Anni), La Palazzola (IGT Rubino e IGT Merlot), Còlpetrone (Montefalco Sagrantino), Palazzone (IGT Armaleo), La Carraia (IGT Fobiano) e Lungarotti (Torgiano Rosso Riserva – safras mais antigas).

Orvieto • É uma DOC para brancos secos e doces, abrangendo terras da Umbria e do Lazio. Usa as variedades Trebbiano Toscano, Verdello, Grecchetto, Canaiolo Bianco (ou Drupeggio) e Malvasia Bianca. Os vinhos DOCs gerados nessa zona não merecem maiores destaques. Dignos de nota são os brancos IGTs Cervaro della Sala (seco) e Muffato dela Sala (doce botritizado), vinificados pelo Castello della Sala.

LAZIO

No capítulo dos caldos escuros, as menções honrosas vão para Falesco (IGT Marciliano e IGT Montiano) e Colle Picchione (IGT Vigna del Vassallo, de uvas Montepulciano e Merlot). O Montiano Merlot 97 foi um dos grandes tintos itálicos que bebi, no nível de um supertoscano cimeiro. O Marciliano Cabernet 00 também causou grande impacto.

Frascati (DOC) • É um dos brancos secos mais conhecidos do país, sendo o "vinho de Roma". É produzido com Malvasia di Candia e Trebbiano Toscano e eventual acréscimo de Greco, Malvasia del Lazio e outras. Nos sabores seco até adocicado, são vinhos para refeições simples.

MARCHE

Conero (DOCG) e Rosso Conero "RC" (DOC) • Tintos de Montepulciano, a segunda casta negra itálica mais cultivada, com eventual participação de até 15% de Sangiovese. Quando acima de 12,5% de álcool e com um período de afinamento de mais dois anos, pode titular-se *Conero Riserva*.

Rosso Piceno "RP" (DOC) • Tinto de Montepulciano (35%-70%) e Sangiovese (30%-50%), ao qual podem ser juntadas outras escuras autorizadas. O *Superiore* deve ter no mínimo 12% de álcool e envelhecimento de um ano.

> **MELHORES TINTOS**
> Boccadigabbia (IGT Akronte Cabernet Sauvignon), Oasi degli Angeli (IGT Kurni), Le Terrazze (IGT Chaos Montepulciano/Syrah/Merlot e Conero Riserva Sassi Neri), Alexandro Moroder (RC Dorico) e Saladini Pilastri (RP Monteprandone).

Verdicchio dei Castelli di Jesi "VCJ" (DOC) • Branco de Verdicchio (85%-100%) e uvas claras autorizadas. Tipos: *Bianco* (seco), *Riserva* (seco), *Spumante* e *Passito* (doce). Já o *Classico*, originário da zona mais antiga, quando acima de 12% de álcool pode ser nomeado *Superiore* e de 12,5%, *Riserva*.

Verdicchio di Matelica "VM" (DOC) • Branco de casta Verdicchio, ao qual podem ser adicionadas Trebbiano Toscano e Malvasia Bianca. Também disponível nas versões *Bianco*, *Riserva*, *Spumante* e *Passito*.

> **MELHORES BRANCOS**
> Garofoli (VCJ Classico Superiore Podium), Sartarelli (VCJ Contrada Balciana), La Monacesca (IGT Mirum e VM La Monacesca), Vallerosa Bonci (VCJ S. Michele) e Umani Ronchi (VCJ Casal di Serra).

ABRUZZO

Montepulciano d'Abruzzo (DOC) • Tinto encorpado de Montepulciano (85%-100%), com eventual acréscimo de outras escuras autorizadas. O *Rosso* tem um estágio mínimo de cinco meses. O *Riserva* exige mais de 12,5% de álcool e dois anos de maturação, sendo pelo menos nove meses em tonel de madeira. Também disponível sob a forma de *Cerasuolo*, que é um clarete.

> **OS ESPECIALISTAS NOS TINTOS**
> Edoardo Valentini (Montepulciano d'Abruzzo), Gianni Masciarelli (Montepulciano d'Abruzzo Villa Gemma) e Dino Illuminati (IGT Controguerra Lumen).

Trebbiano d'Abruzzo (DOC) • Branco de Trebbiano d'Abruzzo ou Bombino Bianco e/ou Trebbiano Toscano, além de até 15% de outras claras autorizadas. A uva Trebbiano costuma dar vinhos medíocres, exceto o do Valentini, um dos conceituados brancos secos do país.

> **OS ESPECIALISTAS NOS BRANCOS**
> Edoardo Valentini (Trebbiano d'Abruzzo) e Gianni Masciarelli (Trebbiano d'Abruzzo Marina Cvetic).

CAMPANIA

Taurasi (DOCG) • Foi durante um bom tempo o único vinho DOCG do Sul da "bota", além de ser considerado um dos grandes tintos meridionais. É vinificado com uvas Aglianico (85%-100%) e outras negras autorizadas. Versões: *Rosso* (três anos de maturação, sendo um em tonel de madeira) e *Riserva* (quatro anos de envelhecimento, com 18 meses de madeira e 12,5% de álcool).

Aglianico del Taburno "AT" (DOC) • Tinto ou rosado de uvas de mesmo nome e até 15% de outras escuras autorizadas. O *Rosso* exige dois anos de maturação. O *Riserva*, além de ter 12,5% de álcool, deve envelhecer por três anos.

> **MELHORES TINTOS**
> Mastroberadino (Taurasi Cento Trenta Riserva Radici e IGT Naturalis Historia), Montevetrano (IGT Montevetrano – supervinho de 60% de Cabernet Sauvignon, 30% de Merlot e 10% de Aglianico), Feudi di San Gregorio (Taurasi Piano di Montevergine e IGT Irpinia Serpico), Cantina del Taburno (AT Bue Apis e AT Delius), Villa Matilde (IGT Vigna Camarato), ▶

Antonio Caggiano (Taurasi Macchia dei Gotti e IGT Irpinia Salae Domini) e Salvatore Molitieri (Taurasi Cinque Querce).

Maiores pontuações: Taurasi Radici Riserva 97, Naturalis Historia 00, Aglianico del Taburno Bue Apis 01, Taurasi Macchia dei Gotti 95 e Taurasi Cinque Querce Riserva 01.

Fiano di Avellino ou Apianum "FA" (DOCG) • É um dos brancos secos mais conceituados da Itália meridional, de uvas de mesmo nome e eventual acréscimo de até 15% de Greco, Coda di Volpe Bianca e Trebbiano Toscano.

Greco di Tufo "GT" (DOCG) • Branco seco de castas Greco (mínimo de 85%) e Coda di Volpe Bianca (máximo de 15%). Também disponível como espumante.

> **MELHORES BRANCOS**
> Mastroberardino (FA More Maiorum e GT Nova Serra), Feudi di San Gregorio (FA Campanaro e FA Pietracalda V.T.), Clelia Romano (FA Colli di Lappio) e Benito Ferrara (GT Vigna Cicogna).

BASILICATA
Aglianico del Vulture • Único vinho DOC dessa região, elaborado com a cepa de origem grega Aglianico. O *Rosso* deve ter um ano. É chamado de *Vecchio* quando acima de 12% de álcool e com três anos de guarda, sendo dois em madeira. O *Riserva* deve ficar acima de 12,5% e ter cinco anos na vinícola, sendo também dois em madeira. Também existe um *Spumante Naturale*.

Os melhores exemplares são: Paternoster (Don Anselmo Riserva), Cantina del Notaio (La Firma) e D'Angelo (Caselle Riserva).

PUGLIA
Primitivo di Manduria (DOC) • Tinto de casta Primitivo, conhecida na Califórnia pelo nome de Zinfandel. Deve sobrepujar 14% de álcool e afinar por no mínimo nove meses. Cobre também tintos doces e licorosos.

Salice Salentino "SS" (DOC) • Denominação para tintos, brancos, rosados, tintos doces e licorosos. O *Rosso* é produzido com Negroamaro (80%-100%) e Malvasia Nera. O *Riserva* necessita 12,5% de álcool e dois anos de envelhecimento.

Castel del Monte "CM" (DOC) • Abrange tintos, brancos e rosados. O *Rosso* é de cepas Uva di Troia ou Aglianico ou Montepulciano e até 35% de outras negras autorizadas. O *Riserva* deve ter dois anos de maturação, sendo um em tonel de madeira.

> **MELHORES TINTOS**
> Cosimo Taurino (IGT Patriglione), Tormaresca / Antinori (CM Bocca di Lupo Anglianico e IGT Masseria Maìme Negroamaro), Felline (IGT Vigna del Feudo e Primitivo di Manduria), Leone de Castris (SS Rosso Donna Lisa Riserva), Sinfarosa (Primitivo di Manduria), Conti Zecca (IGT Nero) e Santa Lucia (CM Riserva Le More).

SICÍLIA

A Sicília é uma região sem vinhos DOCG. Além disso, seus melhores vinhos secos, ao contrário das demais zonas, são quase todos IGTs em vez de DOCs. A uva regional mais conhecida é a Nero d'Avola, entretanto, a grande cepa é a Nerello Mascalese, que disputa com a Aglianico a honra de ser a melhor casta negra do Sul do país. Os IGTs tintos seguem uma destas receitas: 100% de Nero d'Avola; Nero d'Avola acrescida das francesas Cabernet Sauvignon e/ou Merlot e/ou Syrah; 100% de Syrah; 100% de Cabernet Sauvignon; ou corte bordalês.

> **MELHORES TINTOS**
> Duca di Salaparuta (IGT Duca Enrico Nero d'Avola), Principi di Spadafora (IGT Sole dei Padri Syrah), Tasca d'Almerita (Rosso del Conte Nero d'Avola), Planeta (IGT Santa Cecilia Nero d'Avola/Syrah), Feudo Principi di Butera (IGT Deliella Nero d'Avola e IGT San Roco Cabernet Sauvignon), Palari (DOC Faro), Morgante (IGT Don Antonio Nero d'Avola), COS (IGT Scyri Nero d'Avola), Firriato (IGT Camelot Cabernet Sauvignon/Merlot), Cusumano (IGT Noà Nero d'Avola/Merlot/Cabernet Sauvignon), Donnafugata (Mille e una Notte Nero d'Avola) e Abbazia Santa Anastasia (IGT Litra Cabernet Sauvignon/Nero d'Avola).

> **MELHORES BRANCOS**
> São majoritariamente IGTs de cepa Chardonnay, tais como: Planeta (IGT Chardonnay – excelente), Tasca d'Almerita (IGT Chardonnay), Cusumano (IGT Cubia Inzolia) e Donnafugata (DOC Contessa Entelina Chiarandà del Merlo).

Etna (DOC) • Nova, fria e promissora região, situada entre 450-1.000 metros de altura, em solos vulcânicos. Recentemente, vem surpreendendo pela incrível qualidade de alguns de seus vinhos, dentre os melhores do sul da Itália. São disponíveis como tintos, rosados e brancos "EB". Os claros usam Carricante (mínimo de 60%) e Catarrato Bianco Comune – a casta clara mais cultivada no país – e/ou Catarrato Bianco Lucido (0%-40%). Entretanto, as estrelas são os tintos "ER", que chegam a lembrar de certa forma os borgonheses, sendo de Nerello Mascalese (mínimo de 80%) e Nerello Cappuccio (0%-20%).

> **MESTRES DO ETNA**
> Terre Nere (ER Prephylloxera, ER Santo Spirito, ER Guardiola, ER Feudo di Mezzo, ER Calderara Sottana e EB Le Vigne Niche), Passopisciaro (IGT Franchetti Petit Verdot/Cesanese, IGT Passopisciaro Nerello Mascalese e IGT Guardiola Chardonnay) e Benanti (ER Serra della Contessa, ER Rovitello e EB Superiore Pietramarina).

Encantaram-me os tintos: IGT Passopisciaro Nerello Mascalese 05, ER Prephylloxera 07, ER Guardiola 03, ER Santo Spirito 07, ER Feudo di Mezzo 05, ER Calderrara Sottana 03, ER Serra della Contessa 00, ER Rovitello 00 e IGT Franchetti 06. Dentre os brancos sobressaíram-se: IGT Guardiola Chardonnay 08, EB Le Vigne Niche 07 e EB Superiore Pietramarina 99.

A ilha da Sicília tem grande tradição de vinhos licorosos adocicados, como o DOC Marsala. Os outros são:

Moscato di Pantelleria (DOC) • Branco da variedade Moscatel de Alexandria (conhecida localmente como Zibibbo). Tem diversas versões: *Naturale*, *Spumante*, *Passito* e *Liquoroso*.

Malvasia delle Lipari (DOC) • Branco elaborado com a clara Malvasia di Lipari e uma pequena quantidade da escura Corinto Nero. Disponível nos tipos *Bianco*, *Passito* e *Liquoroso*.

> **MELHORES VINHOS DE SOBREMESA**
> Salvatore Murana (DOC Moscato Passito di Pantelleria Martingana), Marco de Bartoli (DOC Moscato Passito di Pantelleria Bukkuran) e Carlo Hauner (DOC Malvasia delle Lipari).

SARDEGNA

Cannonau di Sardegna "CSa" (DOC) • Tinto de Cannonau, que é a espanhola Garnacha Tinta, também conhecida no Sul da França como Grenache Noir. Permite uma eventual adição de 10% de outras escuras autorizadas. Os tipos existentes são tinto, rosado e licoroso. O *Rosso* tem sete meses de maturação obrigatória. O *Riserva* exige 13% de álcool e dois anos de afinamento.

Carignano del Sulcis "CSu" (DOC) • Tinto da cepa hispânica Cariñena (85%-100%), conhecida no Sul da França por Carignan e como Carignano na Sardegna, e outras negras autorizadas. Em vários estilos: tinto, rosado e passito. O *Riserva* e o *Superiore* têm, respectivamente, no mínimo 12,5% e 13,0% de grau alcoólico. O envelhecimento mínimo de ambos é de dois anos, sendo ao menos seis meses em garrafa.

Alghero (DOC) • É uma denominação guarda-chuva, englobando tintos, brancos, frisantes, espumantes, passificados e licorosos. O *Rosso* pode empregar qualquer uma das cepas escuras autorizadas para a designação e não tem obrigações de afinamento.

> **MELHORES TINTOS**
> Antonio Argiolas (IGT Turriga e CSa Costera), Santadi (CSu Superiore Terre Brune) e Sella & Mosca (Alghero Marchese di Villamarina).

A grande casta branca sarda é a Vermentino. Ela entra com 95%-100% no Vermentino di Galura, o único vinho DOCG da Sardegna. O *Superiore* deve apresentar 13%. Outro branco dessa cepa é o DOC Vermentino di Sardegna, com 85%-100%. Este pode ser tranquilo ou espumante, nos sabores *secco* ou *amabile*.

> **MELHORES BRANCOS**
> Antonio Argiolas (IGT Angialis), Santadi (Vermentino di Sardegna Cala Silente e IGT Villa di Chiesa – Vermentino e Chardonnay), Sella & Mosca (Alghero Le Arenarie) e Tenute Capichera (Vermentino di Gallura Vendemmia Tardiva).

VINHOS ESPUMANTES

A Itália tem uma escola de espumantes naturais das mais reputadas da Europa. Como não podia deixar de ser, em razão do clima mais propício, os exemplares cimeiros desses vinhos são gerados nas regiões setentrionais do país.

FRANCIACORTA

A denominação Franciacorta é a única DOCG italiana para espumantes pelo método clássico. É originária da província lombarda de Brescia. A mescla compõe-se das castas Chardonnay e/ou Pinot Bianco e/ou Pinot Nero. Com afinação obrigatória por 25 meses, dos quais 18 em garrafa, esses vinhos podem ser brancos ou rosados. Quando elaborados apenas com as uvas Chardonnay e/ou Pinot Bianco, são designados *Satèn*, equivalendo ao termo francês "Blanc de Blancs". Quando o ano é favorável, produz-se o tipo *Millesimato* (safrado), que exige envelhecimento por 37 meses, sendo 30 nas borras.

Os exemplares de escol são da Cá del Bosco (Cuvée Annamaria Clementi – Chardonnay, Pinot Bianco e Pinot Nero) e da Bellavista (Vittorio Moretti e Gran Cuvée). Outros destaques: Uberti (Comarì del Salem e Satèn Magnificentia), Cavalleri (Collezione) e Monte Rossa (Cabochon).

OUTROS ESPUMANTES CLÁSSICOS

O vinho DOC Trento Giulio Ferrari Riserva del Fondatore, 100% Chardonnay e oito anos de maturação com as borras, da vinícola trentina Ferrari, disputa com o Cuvée Annamaria Clementi, da Cá del Bosco, a honra de gerar o melhor espumante clássico bruto itálico. O Ferrari Brut 82, que bebi na Itália, ainda hoje me traz ótimas lembranças.

Outras vinícolas com espumantes cimeiros são: Giuseppe Contratto (Riserva Millesimata – 50% Chardonnay e 50% Pinot Nero), do Piemonte; Bruno Giacosa (Extra Brut – Pinot Nero), vinificado no Piemonte com uvas da Lombardia, um dos meus favoritos; e Dorigatti (Methius Riserva), da DOC Trento, no Trentino.

ASTI E MOSCATO D'ASTI

Asti Spumante (DOCG) • Espumante branco doce de uvas Moscato Bianco, elaborado pelo processo Asti ⊙ VEJA NA P. 176. Um bom exemplar é o Asti de Miranda, de Giuseppe Contratto.

Moscato d'Asti (DOCG) • É a versão frisante (com menos gás que o espumante) do Asti. É um delicioso acompanhante de sobremesas delicadas.

PROSECCO

Prosecco di Conegliano-Valdobbiadene ou Prosecco di Conegliano ou Prosecco di Valdobiaddene (DOCG) • Espumante vêneto de cepa Prosecco (85%-100%) e eventual adição de Verdiso, Perera, Bianchetta e Prosecco Lungo, nos sabores *secco*, *amabile* e *dolce*. O mesmo vinho, quando elaborado na zona denominada de Cartizze e com teor alcoólico acima de 11,5%, pode ser designado *Superiore di Cartizze*. Existe também a versão *Frizzante*.

> **PRODUTORES MAIS CONFIÁVEIS**
> Bisol (Desiderio di Bisol), Adriano Adami (Vigneto Giardino), Ruggeri (Cartizze), Nino Franco (Cartizze), Le Colture (Cartizze), Tanoré (Cartizze) e Col Vetoraz (Millesimato).

A grande maioria dos outros Proseccos, notadamente os mais econômicos encontrados em supermercados, são aguadinhos e sem graça. Mais vale optar por um bom espumante da Serra Gaúcha.

Espanha

- **PRODUÇÃO:** 3,93 bilhões de litros (2016) ▲ 3ª do mundo
- **ÁREA DE VINHEDOS:** 0,98 milhão de hectares (2016) ▲ 1ª do mundo
- **CONSUMO PER CAPITA:** 25,4 litros/ano (2016) ▲ 13º do mundo
- **LATITUDES:** 43ºN (País Vasco) • 36ºN (Jerez)

OS SEGREDOS DO VINHO • **ESPANHA**

A Espanha é um país realmente deslumbrante, de riquíssimas tradições, culturas e gastronomia. Não é à toa ser ela a vice-campeã mundial de turismo, só recebendo menos visitantes que a França. Eu me confesso um apaixonado extremado (e minha esposa também) pelos vinhos e pela culinária desse colorido país.

Administrativamente, a Espanha compõe-se de 17 *comunidades autónomas*, algumas delas com língua própria, como o País Basco (País Vasco), a Catalunha (Cataluña) e a Galicia. A *comunidad autónoma* é dividida em províncias e estas, por sua vez, em *términos municipales*.

Fato pouco conhecido da grande maioria das pessoas é que a Espanha é o terceiro país com altitude média mais alta da Europa. O valor de 600 metros só é superado pela Suíça e pela Áustria, ambas situadas nos Alpes.

Em termos vitivinícolas, um dado que assombra é o baixíssimo rendimento médio do país como um todo, de apenas 32,4 hectolitros por hectare. Esse valor situa-se abaixo do tinto *Grand Cru* da Bourgogne, que adota como máximo 35 hl/ha.

Em 2011, a Espanha ocupava a segunda colocação (logo atrás da Itália) em exportação. Em 2016, foi a líder, tendo exportado 58% de toda a sua produção.

LEGISLAÇÃO

É a seguinte a legislação espanhola de vinhos, baseada nos regulamentos CE nº 479/2008 e UE nº 401/2010, que alteraram um pouco a terminologia anterior:

a) Vino de Mesa
- **VM** – *Vino de Mesa*. Equivale ao francês *Vin de Table*. Constitui a base da pirâmide de qualidade. Esse vinho não pode declarar safra nem uva.

b) Vino con IGP – Indicación de Origen Protegida
- **VdlT** – *Vino de la Tierra*. Equivale ao francês *Vin de Pays*. Tem um nível de exigências pouco acima do VM. Também não tem grandes pretensões de qualidade.

c) Vinos con DOP – Denominación de Origen Protegida
- **VCIG** – *Vino de Calidad con Indicación Geográfica*. Equivale ao francês *Vin Delimité de Qualité Supérieure*. Deve ter uma vigência mínima de cinco anos antes de poder ser promovido a DO. O Guia Peñin 2008 relaciona apenas seis denominações.

- **DO – *Denominación de Origen*.** Equivale à italiana *Denominazione di Origine Controllata*. Essa categoria engloba a maioria dos vinhos de alta qualidade do país, abrangendo 63 denominações.
- **DOCa – *Denominación de Origen Calificada*.** Equivale à italiana *Denominazione di Origine Controllata e Garantita*. Até o presente, apenas Rioja e Priorato receberam essa honra. Acho que outras poucas denominações também deveriam ser promovidas a essa categoria, particularmente Ribera del Duero.
- **VP – *Vino de Pago*.** É uma especificidade espanhola criada pela recente legislação, sendo a categoria superior. *Pago* quer dizer, em espanhol, "sítio rural". Quando a propriedade estiver totalmente incluída numa região DOCa, o vinho aí produzido poderá ser denominado *Vino de Pago Calificado* (VPCa).

ZONAS VINÍCOLAS

O panorama vinícola espanhol pode ser resumido a três zonas principais. A Norte responde pela maioria esmagadora dos vinhos de mesa de alta qualidade e dos espumantes Cavas. Da Central origina-se grande parte dos vinhos de mesa do país, geralmente bem alcoólicos, muitos deles vendidos a granel. Finalmente, a Sul é a terra dos reputados vinhos generosos de Jerez, Málaga e Montilla-Morilles.

Essas faixas correspondem aproximadamente às zonas climáticas do país, conforme classificação da legislação europeia:

Zona C1a	Galicia (parte)
Zona C2	Galicia (parte), Rioja, Ribera del Duero, Rueda, Navarra, Cariñena e Cataluña
Zona C3b	Outras regiões

As principais regiões espanholas produtoras de vinho de mesa são: Rioja, Ribera del Duero, Priorato, Penedès, Costers del Segre, Monsant, Conca de Barberà, Toro, Rueda, Bierzo, Cigales, Navarra, Somontano, Campo de Borja, Calatayud, Rías Baixas, Valdeorras, La Mancha, Jumilla e Alicante. A elas devem-se acrescentar os vinhos das denominações Cava e Jerez.

RIOJA

É a região espanhola mais famosa, tendo sido a primeira DO do país, em 1926. Em 1991, tornou-se também a primeira promovida a *Denominación de Origen Cali-*

ficada (DOCa). Abrange terrenos das três comunidades autônomas de La Rioja, País Vasco e Navarra. Seu nome provém do rio Oja, pequeno riacho que deságua no rio Tirón, tributário do Ebro, que por sua vez corta a região de oeste para leste.

Foi desenvolvida em finais do século XIX por enólogos bordaleses, que introduziram, entre outras, a técnica de maturação em barricas de carvalho. Esses profissionais instalaram-se em Rioja quando fugiam da filoxera, que assolava sua região natal.

É limitada ao norte pela Sierra Cantabria e ao sul pela Sierra de Demanda. O clima é ameno, com verões curtos e invernos raramente severos. De oeste para leste, o clima se torna mais seco e quente, devido às influências do Mediterrâneo.

Os solos da zona são argilocalcários (os melhores), argiloferrosos e aluviais (os piores).

Rioja divide-se em três sub-regiões, raramente declaradas nos rótulos dos vinhos, sendo as duas primeiras consideradas as melhores. Rioja Alta, a maior localiza-se em La Rioja. Tem clima atlântico, com 450 mm de pluviosidade anual e altitudes de 400 a 800 metros. Seus tintos têm álcool médio, bom corpo e acidez elevada, sendo aptos para criação em madeira.

A segunda é Rioja Alavesa, a menor, situada no País Vasco. Tem clima atlântico-mediterrânico, com os mesmos índices pluviométricos e as mesmas altitudes da sub-região anterior. É a que tem o maior percentual plantado da uva Tempranillo. Seus tintos têm álcool e acidez médios, prestando-se tanto para criação quanto para tintos jovens de maceração carbônica, como era tradicional na zona.

Por último, Rioja Baja, a sub-região mais oriental, em La Rioja e Navarra, já tem clima mediterrânico, sendo a mais quente e seca, com apenas 370 mm de pluviosidade anual. Possui também altitude média mais baixa, de 300 metros. De todas, é a que tem o maior percentual de Garnacha Tinta, dando tintos com álcool e extrato altos e baixa acidez. Esses vinhos são mais empregados para cortes com tintos das outras sub-regiões e para ótimos rosados secos.

Em 2014, a produção de 293,5 milhões de litros teve a seguinte composição: tintos (87,9%), brancos (6,9%) e rosados (5,2%). As uvas escuras eram francamente majoritárias, com 94% dos parreirais em 2014, de um total de 61.645 ha. A predominante é a nobre Tempranillo, com 85%, sendo a grande uva tinta hispânica, aportando à mescla elegância, concentração e complexidade. Segue-se a Garnacha Tinta, com 10%, dando álcool e corpo, mas tendo baixa acidez. A Mazuelo ou Cariñena (2,6%), conhecida como Carignan na França, entra com a cor, a tanicidade e a acidez. Finalmente, a ótima nativa Graciano (1,7%) tem boa acidez e ótimo perfume. Pena que esta seja tão pouco cultivada, por seus baixos rendimentos.

A Viura ou Macabeo é a branca mais cultivada, com 95% dos vinhedos. Presta-se muito bem à criação em madeira, tendo boa acidez e um complexo *flavor* de ervas nobres e frutado. As duas outras claras são a Malvasía Riojana e a Garnacha Blanca. Em 2007, novas variedades foram autorizadas: Maturana Tinta, Maturana Parda ou Maturano e Monastel (não confundir com a Monastrell), tintas; Maturana Blanca, Tempranillo Blanco, Turruntés, Verdejo, Sauvignon Blanc e Chardonnay, brancas.

A densidade de vinhedos varia de 2.850 a 4.000 pés por hectare. A maioria das videiras cresce como arbusto, sem estacas e sem arames de sustentação, à moda castelhana. Por causa da deficiência hídrica, as plantas devem ficar próximas ao solo.

O rendimento máximo é de 45,5 hl/ha para as uvas pretas e de 63,0 hl/ha para as brancas. No entanto, as médias de rendimentos anuais ficam sempre bem abaixo desses limites.

A legislação prevê quatro tipos de vinho:

- O *Garantia de Origen* (sem trazer no rótulo nenhuma menção complementar) engloba tanto os vinhos jovens quanto aqueles cujo processo de envelhecimento não se enquadra em nenhuma das categorias abaixo.
- O *Crianza* tinto prevê no mínimo 12 meses de maturação em barrica de 225 litros, seguindo-se um estágio em garrafa de no mínimo seis meses e totalizando pelo menos 24 meses em *bodega*, antes da comercialização. Para rosados e brancos, o mínimo em barrica é de apenas seis meses.
- O *Reserva* tinto tem exigências similares às do *Crianza* tinto, exceto que o tempo total de estocagem deve ser de no mínimo 36 meses. Para rosados e brancos, o mínimo em barrica é de seis meses e o mínimo de armazenagem, 24 meses.
- O *Gran Reserva* tinto deve passar no mínimo 24 meses em barrica, 36 meses em garrafa e 60 meses na *bodega*. Para rosados e brancos, o mínimo em barrica é de seis meses e na vinícola, 48 meses.

Os tintos, na versão tradicional, são mais claros, devido à grande quantidade de trasfegas realizadas durante a criação, maior do que alhures. Empregam normalmente barricas usadas de carvalho, para as longas maturações. Os melhores exemplares mostram um buquê rico em perfumes e aromas evoluídos. No palato são de médio corpo, com bom nervo, com um gostoso amadeirado e um retrogosto muito longo e elegante.

Atualmente, muitas vinícolas estão abandonando a classificação acima e empregando o rótulo *Garantia de Origen*, antes utilizado só para o *Jóven*. Passaram a usar barricas novas, diminuindo, portanto, o período de criação. Os vinhos são mais escuros, mais encorpados, priorizando mais a concentração de fruta e o equilíbrio desta com o carvalho, isto é, seguindo mais a corrente internacional. Adoro ambos os estilos, contudo torço enormemente para que o tradicional também seja preservado, pois ele é único no mundo! Infelizmente, há uma tendência cada vez mais acentuada para padronizações draconianas, a fim de agradar ao gosto algo unidirecional de um famoso crítico de vinho.

> **PRINCIPAIS ARTÍFICES DE RIOJA E SEUS MELHORES VINHOS**
> Artadi (Grandes Añadas, Viña El Pison e Pagos Viejos), Marqués de Riscal (Barón de Chirel, Gran Reserva e Reserva), La Rioja Alta (Reserva "890", Reserva "904" e Viña Ardanza – as velhas safras), Roda (Cirsión e Roda I), Benjamín Romeo (Contador, La Viña de Andrés Romeo e La Cueva del Contador), Marqués de Vargas (Hacienda Pradolagar e Reserva Privada), Contino (Viña del Olivo, Graciano, Gran Reserva e Reserva), Marqués de Murrieta (Dalmau, Castillo Ygay, Gran Reserva, Castillo Ygay Blanco, Gran Reserva Blanco e Capellania Reserva), Sierra Cantabria (Finca El Bosque e Amancio), Viñedos de Páganos (La Nieta), Finca Allende (Aurus e Calvario), Granja Remelluri (Colección Jaime Rodríguez, Gran Reserva e Blanco), Telmo Rodríguez (Altos de Lanzaga e Lanzaga), Palacios Remondo (2 Viñedos), Bodegas Valdemar (Inspiración Valdemar Edición Limitada, Vendimia Seleccionada Gran Reserva, Conde de Valdemar Blanco Barrica e Conde de Valdemar Rosado), Finca Valpiedra (Reserva), CVNE (Real de Asúa, Imperial Gran Reserva e Viña Real Gran Reserva), Muga (Torre Muga, Aro e Prado Enea), R. López de Heredia (Viña Tondonia Gran Reserva Blanco), San Vicente (San Vicente), Pujanza (Pujanza Norte), Ostatu (Gloria de Ostatu), Baigorri (Baigorri de Garage), Lan (Culmen), Marqués de Cáceres/Unión Viti-Vinícola (Gaudium), Viña Salceda (Conde de la Salceda), Bodegas Bilbainas (La Vicalanda de Viña Pomal), Marqués del Puerto (Selección Especial) e Campo Viejo (Marqués de Villamagna).

Os vinhos tintos riojanos que mais me impressionaram foram dois. O Artadi Grandes Añadas Reserva 94 – melhor no estilo moderno – é muito escuro, com um buquê finérrimo, se bem que ainda algo fechado. O palato é aveludado, com ótimo nervo, levemente tânico e assaz concentrado e complexo. Já o Marqués de

Riscal Reserva 64 – melhor no estilo tradicional – tem *flavores* maravilhosamente complexos, ricos, com o típico amadeirado, mas equilibrado com o frutado e a acidez, e um cativante final de café e torrefação.

Outros tintos de primeira linha provados foram: Marqués de Riscal Reserva 38, Artadi Viña El Pison Reserva 98, Artadi Pagos Viejos 96, Barón de Chirel Reserva 88, Reserva "904" Gran Reserva 70, Reserva "890" Gran Reserva 85, Viña Ardanza Reserva 76, Marqués de Villamagna Gran Reserva 73, Dalmau Reserva 96, Castillo Ygay Gran Reserva 25, Contador 04, La Viña de Andrés Romeo 03, Sierra Cantabria Cuvée Especial 01, Altos de Lanzaga 00, Viña del Olivo Reserva 96, Contino Graciano 99, Contino Gran Reserva 96, Real de Asúa Reserva 95, Imperial Gran Reserva 82, Conde de la Salceda Gran Reserva 95, Hacienda Pradolagar Reserva 01, Marqués de Vargas Reserva Privada 01, Colección Jaime Rodriguez 00, Remelluri Gran Reserva 89, Prado Enea Gran Reserva 91, Torre Muga Reserva 95, Inspiración Valdemar Edición Limitada 03, Martinez Bujanda Gran Reserva 68, Pujanza Norte 05, Gloria de Ostatu 05, Baigorri de Garage 03, La Vicalanda de Viña Pomal Reserva 97 e Roda I Reserva 95.

Dentre os brancos, destacaram-se o Castillo Ygay Blanco Gran Reserva 62, o Viña Tondonia Gran Reserva Blanco 81, o Capellania Reserva 01, o Remelluri Blanco 06 e o Conde de Valdemar Blanco Fermentado en Barricas 93. Este tem um tom amarelo-dourado. Seu aroma é amadeirado, complexo e com um toque de mostarda. Na boca é encorpado, com ótimo nervo, concentrado e com uma sutil impressão de adocicado. O retrogosto é ótimo e longuíssimo. Prove-o com bacalhau!

Um dos melhores rosados espanhóis mostrou-se o Conde de Valdemar Rosado 07.

RIBERA DEL DUERO

Região que concorre com Rioja na elaboração dos melhores tintos espanhóis de Tempranillo. Foi classificada como *Denominación de Origen* (DO) apenas em 1982, se bem que já produzia grandes vinhos muito antes disso – os da Vega Sicilia, desde os anos 1860, e os da Pesquera, no final da década de 1970.

Está situada na comunidade autônoma de Castilla y León, a leste da cidade de Valladolid, que foi capital do país no século XVII. É o berço da língua castelhana. Castilla Vieja é a *Tierra de los Castelos*, pois fez por séculos fronteira entre cristãos e mouros.

É cortada de leste a oeste pelo rio Duero, o mesmo rio Douro que deságua em Portugal. Fica no grande planalto ou meseta do Norte, entre 700 e 850 metros de altitude. Tem clima continental com influências atlânticas. Seus invernos são úmidos, rigorosos e longos. Já os verões são secos, com grandes oscilações térmicas entre o dia e a noite, chegando a 15ºC-20ºC. A pluviosidade média anual é de 427 mm.

Os solos são soltos, de escassa fertilidade e ricos em calcário; o subsolo é xistoso, como no Douro lusitano.

A casta mais importante, que entra com no mínimo 75% do lote, é a Tinta del País ou Tinta Fina, clone mais concentrado da Tempranillo. Em 2014, ela tinha 96% da área plantada, que totalizava 21.993 ha. Segundo Mariano Garcia, que foi por décadas enólogo da vinícola Vega Sicilia e hoje está à frente da Bodega Mauro, nos grandes anos um tinto só com Tinta del País é melhor do que um mesclado com outras uvas.

As variedades tintas francesas Cabernet Sauvignon, Merlot e Malbec são permitidas na região, visto serem cultivadas no local pela Vega Sicilia há mais de 150 anos. Completam o leque a Garnacha Tinta e a branca Albillo ou Blanca del País, que contribuem com no máximo 5% do lote – essa última para aportar perfume ao conjunto.

A densidade das plantações varia de 2.000 a 4.000 pés por hectare. A maioria das videiras cresce também como arbusto, sem estacas e sem arames de sustentação, à moda castelhana. O rendimento máximo é de 49 hl/ha.

Os vinhos são disponíveis nas versões *Jóven*, *Crianza*, *Reserva* e *Gran Reserva*. Seguem as exigências de Rioja, exceto que só são gerados na DO tintos e um pouco de rosados. Os tintos são em geral mais coloridos e estruturados que os da rival Rioja, sendo mais próximos do novo estilo riojano. Nas modernas *bodegas* há uma profusão de barricas novas de carvalho francês, diferentemente de Rioja, que costumava empregar barricas usadas de carvalho-americano.

> **VINÍCOLAS E VINHOS DE PRIMEIRA GRANDEZA**
> Vega Sicilia (Único Reserva Especial Gran Reserva, Único Gran Reserva e Valbuena 5º Año Reserva), Pingus (Pingus e Flor de Pingus), Alión (Reserva), Mauro* (Terreus e Vendimia Seleccionada), Aalto* (PS e Aalto), Pesquera (Janus Gran Reserva, Gran Reserva e Reserva), Condado de Haza/Pesquera (Alenza), Dominio de Atauta (Llanos del Almendro e Valdegotiles), Bodegas Leda* (Viñas Viejas), Sastre (Pesus e Regina Vides), Hacienda Monasterio (Reserva Especial), Abadía Retuerta* (Petit Verdot e Pago Negralada Gran

---

* Essas vinícolas não estão localizadas dentro dos limites da DO, mas, pela proximidade, são consideradas como se o fossem.

Reserva), Emilio Moro (Malleolus de Valderramiro), Pago de Carraovejas (Cuesta de las Liebres), Reyes (Teofilo Reyes Reserva), Montebaco (Selección Especial), Telmo Rodriguez (Alto Matallana), Pérez Pascuas (Gran Selección Gran Reserva e Viña Pedrosa Gran Reserva), Conde de San Cristóbal/Marquês de Vargas, O. Fournier (O. Fournier), Montecastro (Llanahermosa), Finca Villacreses/Cuadrado García (Nebro e Celsus), Vermillon (Gran Vino Vermillon), Peñalba López (Torremilanos Gran Reserva e Torre Albeniz Reserva), Arzuaga-Navarro (Arzuaga Gran Reserva) e Ismael Arroyo (Val Sotillo Gran Reserva).

Os grandes vinhos Vega Sicilia valem uma menção especial. Já tive a felicidade, ao longo dos anos, de provar mais de 80 exemplares de Único Gran Reserva, com safras de 1962 a 1998 – até em cerca de meia dúzia de degustações verticais (mesmo vinho, de várias safras) às cegas. Posso afirmar ser este um dos realmente grandes tintos do globo, por sua altíssima qualidade, assim como por sua imbatível consistência. Das garrafas bebidas, prefiro destacar a de 1967, por ter sido não a melhor, mas a primeira que me deleitou, em 1983.

Outros tintos de Ribera del Duero a que atribuí altas notas foram os seguintes: Mauro Vendimia Seleccionada Reserva 94 (estupendo), Mauro Terreus 96, Pingus 97, Flor de Pingus 03, Alión Reserva 94, Pesquera Janus Gran Reserva 95, Abadia Returta Petit Verdot 99, Pago Negralada 96, Alenza Crianza 96, Alto Matallana 99, Valbuena 5º Reserva 98, Aalto PS 03, Aalto 03, Dominio de Atauta 05, Pesus 03, Regina Vides 01, O. Fournier 04, Conde de San Cristóbal 04, Montecastro Llanahermosa 03, Nebro 04, Arzuaga Gran Reserva 01, Pérez Pascuas Gran Selección Gran Reserva 91 e Torremilanos Gran Reserva 89.

O tinto de melhor preço-benefício que provei dessa região foi o delicioso Cepa Gavilán 01, da Pérez Pascuas.

PRIORATO

É uma denominação da comunidade autônoma da Cataluña, com registro de DO desde 1954. Em 2002, tornou-se a segunda *Denominación de Origen Calificada* (DOCa).

Tem clima mediterrânico, se bem que com temperaturas mais extremadas por causa da altitude entre 200 e 1.000 metros. A pluviosidade média anual é baixa, de 380 mm.

É uma zona de extrema beleza selvagem, no sopé da Sierra del Monsant, com terrenos em encostas íngremes, como no Douro. Os solos são pobres em calcário e ricos em *llicorella* (ardósia), como no Mosel.

No século XII, os monges cartusianos fundaram o Priorat Scala Dei, que deu nome à região (*priorat* significa "priorado" em catalão), e introduziram o vinho. Era uma zona de produção de vinhos licorosos e *rancios* – vinhos guardados por mais de quatro anos em tonéis de madeira, tornando-se oxidados.

Contudo, no final da década de 1980, a região decolou na produção de vinhos tintos de alta qualidade. Isso se deveu à instalação na zona de jovens enólogos oriundos de famílias vinícolas de outras paragens espanholas, que fundaram as cinco *bodegas* pioneiras: Alvaro Palacios, Mas Martinet, Clos Erasmus e Costers del Siurana, lideradas pela Clos Mogador.

Hoje, um pequeno número de vinícolas produz tintos em quantidades diminutas, mas formam com Rioja e Ribera del Duero o trio de ouro dos tintos hispânicos. Apesar de o rendimento máximo permitido ser de 42 hl/ha, os melhores tintos situam-se por volta de um quarto desse limite.

Diferentemente das suas outras denominações, o Priorato tem por base as cepas Garnacha Tinta e Cariñena ou Mazuelo. Ambas, isoladamente ou mescladas, de velhíssimas vinhas com rendimentos muito baixos, respondem por cerca de três quartas partes do lote e tinham 67% dos parreirais tintos em 2014. O restante advém de variedades francesas plantadas desde a chegada dos pioneiros, tais como Cabernet Sauvignon, Merlot e Syrah.

Complementando a fórmula, empregam-se tão somente barricas de carvalho francês, geralmente novas, para os produtos cimeiros. Em resultado, obtêm-se tintos assaz concentrados e elegantes, com uma sedosidade e opulência dignas de um Pomerol de estirpe. Pena que sejam tão caros. Só para se ter uma ideia, o L'Ermita é o segundo vinho espanhol de maior preço.

●●● DESTAQUES DOS NOVOS SUPERVINHOS

Alvaro Palacios (L'Ermita e Finca Dofí), Clos Mogador (Clos Mogador), Daphne Glorian (Clos Erasmus), Mas Doix (Doix), Cims de Porrera (Classic), Mas Martinet (Clos Martinet), Vall Llach (Embruix e Vall Llach), Costers del Siurana (Clos de l'Obac e Miserere), Vilella Cartoixa (Fra Fulcó), Clos Figueras (Clos de Figueres), Mas d'En Gil (Clos Fontá), Fuentes Hernández (Gran Clos), Ònix (Selecció), Mas Igneus (Costers de Poboleda e FA "112" Reserva), Rotllan Torra (Tirant e Amadís) e Clos dels Llops (Manyetes).

●●● DESTAQUES DOS NOVOS SUPERVINHOS

Como os vinhos de topo citados são bem caros, relaciono a seguir os tintos mais em conta para aqueles que queiram iniciar-se nessa maravilhosa região: Alvaro Palacios (Les Terrasses), Mas Martinet (Martinet Bru), Mas Doix (Salanques), Cims de Porrera (Solanes), Clos Figueras (Font de la Figuera), Ònix (Evolució), Mas d'En Gil (Coma Vella), Mas Igneus (FA "206" Crianza) e Pasanau (Finca La Planeta).

Os meus tintos prediletos provados foram: L'Ermita 98 e 99 (o meu campeão), Clos Erasmus 97 (muito marcante), Doix 01 (estupendo), Cims de Porrera Classic 96, Finca Dofí 99, Clos Mogador 97, Fra Fulcó 96 e 97, Clos Martinet 96, Clos Figueres 00, Manyetes 00, Ònix Selecció 00, Embruix 01, Gran Clos 96 e Les Terrasses 98 (excelente valor).

OUTROS VINHOS
CATALUÑA

Além do Priorato, a Cataluña tem outras denominações de origem dignas de nota, tais como Penedès, Costers del Segre, Monsant e Conca de Barberà. Foi também criada uma nova DO, a de Cataluña, para acolher qualquer vinho produzido nessa comunidade autônoma.

Penedès • Os vinhos de Penedès constituem a maior DO da Cataluña. Situa-se nas proximidades de Barcelona e, portanto, do mar Mediterrâneo. É uma região produtora de ótimos tintos, rosados e brancos. Contudo, a grande maioria das uvas é destinada aos espumantes Cava ⊙ VEJA NA P. 296.

As cepas brancas mais cultivadas são: Xarel-lo, Macabeo ou Viura, Parellada, Chardonnay, Moscatel, Sauvignon Blanc, Riesling e Gewürztraminer. Para vinhos tintos são Ull de Llebre ou Tempranillo, Cabernet Sauvignon, Merlot, Cariñena ou Mazuelo, Garnacha Tinta, Monastrell ou Mourvèdre, Pinot Noir, Cabernet Franc e Syrah.

As vinícolas de topo dessa zona são: Miguel Torres (Mas La Plana Cabernet Sauvignon, Reserva Real, Fransola Blanco Barrica e Gran Viña Sol Blanco Barricado), Can Ràfols dels Caus (Caus Lubis Ad Fines e Vinya El Rocallís), Jean León (Gran Reserva, Cabernet Sauvignon Reserva e Chardonnay Barrica), Jané Ventura (Mas Vilella Gran Reserva e Finca Els Camps Crianza) e René Barbier (Selección Crianza e Chardonnay Barrica).

O melhor vinho de Penedès que já degustei foi o Gran Coronas Gran Reserva Etiqueta Negra Cabernet Sauvignon 73. Um dos seus exemplares, da safra de 1970, foi o vencedor na categoria tintos da famosa Olimpíada de Vinhos do Guia Gault-Millau, em 1979. Infelizmente, no final da década de 1980, esse vinho mudou de nome para Gran Coronas Mas La Plana e, depois, simplesmente para Mas La Plana. Junto com a mudança de nome, sofreu também uma inexplicável queda de qualidade. Outros destaques foram: AD Fines Pinot Noir 01 e Caus Lubis 04.

Um excelente branco dessa região foi o Vinya El Rocallís 01, elaborado 100% com Incroccio Manzoni, um cruzamento italiano de Riesling e Pinot Bianco.

Costers del Segre • A região de Costers del Segre tem como maior particularidade o clima quase desértico, razão pela qual é uma das únicas DOs espanholas que permite a irrigação. A maioria é de cepas brancas, que servem de matéria-prima para os Cavas.

A zona é muito nova, datando de 1988, e tem apenas poucas *bodegas* importantes, mas com vinhos de ótima qualidade e muito prazerosos: Raimat/Codorníu (Vallcorba, El Molí, Mas Castell e Abadía Reserva), Celler de Cantonella (Cérvoles Selección en Viña, Cérvoles Tinto e Cérvoles Blanco), Castell del Remei ("1780", Oda e Gotim Bru), Tomás Cusiné (Geol e Auzelles Blanco) e Vall de Baldomar (Cristari Crianza).

Os vinhos que provei e mais apreciei foram: Cérvoles Tinto 98 (Tempranillo, Cabernet Sauvignon, Garnacha e Merlot), Castell del Remei "1780" 96 (Cabernet Sauvignon, Tempranillo e Garnacha), Geol 05 e Cristari Crianza 99 (Merlot e Cabernet Sauvignon). No capítulo de ótima relação qualidade-preço, foram os Gotim Bru Crianza 96 e 98 (Tempranillo, Cabernet Sauvignon e Merlot), o Raimat Tempranillo Crianza 94 e o Raimat Cabernet Sauvignon Crianza 93.

Monsant • A DO Monsant é recentíssima, tendo sido criada do desmembramento da sub-região de Falset da DO Tarragona. Essa vizinha do Priorato tem muitas afinidades com ele, tanto no clima quanto nas principais castas usadas, também de velhas videiras. A diferença é o seu solo de calcário.

As melhores vinícolas dessa nova zona são: Europvin Falset (Laurona Selecció de 6 Vinyes e Laurona Tinto), Espectacle, Celler de Capçanes (Cabrida Crianza, Mas Tortó, Flor de Primavera e Costers del Gravet Crianza), Can Blau (Mas de Can Blau), Acústic (Braó) e Falset-Marçà (Castell de Falset Crianza).

Os meus preferidos da DO Monsant foram: Laurona Selecció de 6 Vinyes 99 (Cariñena e Garnacha Tinta), Espectacle 04 (Garnacha), Cabrida Crianza 98 (100%

de Garnacha Tinta), Laurona Tinto 99 (Cariñena, Garnacha Tinta, Syrah, Merlot e Cabernet Sauvignon), Mas de Can Blau 05 e Flor de Primavera 99 – o melhor vinho *kosher* que já bebi.

Conca de Barberà • É onde a vinícola Miguel Torres produz dois ótimos vinhos. O branco Milmanda Chardonnay Barrica e o tinto Gran Muralles, um corte de Monastrell ou Mourvèdre, Garnacha Tinta, Cariñena e outras duas nativas.

CASTILLA Y LEÓN
Ribera del Duero é a DO mais reputada de Castilla y León, porém essa comunidade autônoma tem regiões com vinhos de qualidade: Toro, Rueda, Bierzo e Cigales.

Toro • A DO Toro produz majoritariamente vinhos tintos (93% em 2014), que apenas recentemente vêm despontando, com muito potencial para explodir. Apresentam algumas similaridades com os tintos de Ribera del Duero. Isto porque ambas as regiões são bem próximas e cortadas pelo rio Duero, com climas parecidos e empregando a mesma cepa principal, a Tempranillo. Esta é chamada regionalmente de Tinta de Toro, contribuindo com no mínimo 75% do corte. O restante é de Garnacha Tinta, sendo que a Cabernet Sauvignon não é oficialmente permitida, apesar de plantada.

Várias *bodegas* novas têm surgido de um tempo para cá, muitas delas com famosos donos de Ribera del Duero. As melhores são: Vega Sicilia (Pintia), Maurodos/Mauro (Viña San Román), Fernández-Rivera/Pesquera[*] (Dehesa La Granja), Telmo Rodríguez (Pago La Jara e Gago), Numanthia Termes (Termanthia e Numanthia), J.&F. Lurton (El Albar Excelencia), Viñedo Dos Victorias (2V Premium), Bodegas Leda (Bienvenida Sitio de El Palo), Toresanas (Puerta Adalia Crianza e Amant), Vega Sauco (Wences e Vega Sauco Reserva), Finca Sobreño (Selección Especial Reserva) e Frutos Villar (Gran Muruve Reserva).

Meus destaques de Toro foram o Termanthia 04, o Pintia 01 e o Viña San Román 98 (os melhores vinhos tintos dessa DO que bebi, lembrando muito Ribera del Duero), o Numanthia 05, o Pago La Jara 00, o El Albar Excelencia 02, o Bienvenida Sitio de El Palo 02, o Wences 98, o Finca Sobreño Selección Especial Reserva 99 e o Gago 99.

---

[*] A Fernández-Rivera/Pesquera tem vinhedos localizados parcialmente dentro dos limites da DO, sendo considerada como de Toro.

Rueda • Os brancos de Rueda fizeram a fama da região e estão entre os melhores da Espanha. Recentemente, foi permitida a inclusão de tintos e rosados nessa DO, porém se tratou mais de uma decisão política do que técnica, já que ainda não existe nenhum tinto de gabarito. Neste mesmo regulamento 1405/2008 foi cancelado o tipo branco Rueda Superior.

Duas cepas compõem a elite dos seus vinhos: a majoritária Verdejo, característica dessa zona (no mínimo 85% no tipo Rueda Verdejo e 50% no Rueda), e a Sauvignon Blanc (no mínimo 85% no tipo Rueda Sauvignon). Os brancos Rueda Verdejo têm cor pálida e intensa aromaticidade. São encorpados, enchendo a boca prazerosamente, com acidez moderada e final longo e complexo.

Os líderes de qualidade na região são: Naia (Naiades e Naia), Vinos Blancos de Castilla/Marqués de Riscal (Reserva Limousin, Rueda Superior e Rueda Sauvignon), Castilla La Vieja (Palacio de Bornos Vendimia Seleccionada, Palacio de Bornos Blanco Barrica e Bornos Sauvignon), Belondrade y Lurton (Blanco Barrica), Telmo Rodríguez (Basa), Aura, Félix Solís Avantis (Analívia Verdejo), José Pariente (Dos Victoria) e Cerrosol (Doña Beatriz Sauvignon e Doña Beatriz Rueda Superior).

O melhor branco de Rueda que já bebi foi o Naiades 05. Outros muito bons foram: Belondrade y Lurton 06, Naia 06, Analívia Verdejo 06 e Marqués de Riscal Reserva Limousin 86 (100% de Verdejo barricado). Contudo, o de melhor custo-benefício foi o delicioso e refrescante Basa 00 (Verdejo, Sauvignon Blanc e Viura).

Bierzo • A DO Bierzo produz vinhos das três cores, todavia os tintos de Mencía são os mais característicos. Essa variedade talvez seja relacionada com a Cabernet Franc; outros dizem com a Jaen lusitana. No presente, a região dispõe de apenas um supervinho, o Corullón, produzido por Alvaro Palacios e um primo seu. O exemplar de 1993, 100% de velhas vinhas de Mencía, é espetacular em sua textura aveludada, mostrando perfume de ervas silvestres e frutas maduras. O Descendientes de J. Palacios San Martín, o Mengoba Mencía de Espanillo, o Raul Pérez Ultreia de Valtuille e o Dominio de Tares Cepas Viejas também merecem destaque.

Cigales • É uma zona digna de ser observada. Telmo Rodríguez produz aqui o Viña "105", um tinto não barricado de uvas Tempranillo e Garnacha Tinta. Ele enche a boca gulosamente, por um preço muito competitivo. O Traslanzas, de Tempranillo, é bem promissor. Excelente é o César Príncipe Tempranillo Barrica.

ZONA NORTE

Outras vinícolas de primeira linha da Zona Norte estão situadas nas DOs Navarra; Somontano, Campo de Borja e Catalayud (Aragón) e Rías Baixas e Valdeorras (Galicia).

Navarra • A denominação Navarra é vizinha de Rioja e abrange todos os municípios dessa comunidade autônoma, exceto oito deles, que optaram por juntar-se a Rioja. Devido à proximidade e ao emprego de praticamente o mesmo leque de uvas, os vinhos navarros mostram alguma similaridade com os riojanos.

A maioria deles é tinta, com uns poucos bons brancos. Alguns dos mais afamados rosados espanhóis são elaborados aí, com 100% de Garnacha Tinta, como o *best-seller* Gran Feudo Rosado, de Julián Chivite. Experimente-o com uma *paella*!

Os destaques regionais são: Pago de Arinzano/Julián Chivite (Vino de Pago), Julián Chivite (Colección "125" Gran Reserva, Colección "125" Reserva, Colección "125" Blanco Barrica e Colección "125" Vendimia Tardia), Otazu (Vitral, Altar e Palacio de Otazu Chardonnay), Artazu (Santa Cruz de Artazu), Guelbenzu (Lautus Reserva e Evo Crianza) – que desistiu de pertencer a essa DO –, Viña Magaña (Calchetas), Ochoa (Vendimia Seleccionada, Gran Reserva, Reserva e Tempranillo) e Castillo de Monjardin (Finca Los Carasoles Reserva, Deyo Merlot e Reserva Chardonnay).

Os vinhos tintos que provei e mais apreciei foram: Pago de Arinzano 00, Santa Cruz de Artazu 02, Vitral 03, Altar 03, Chivite Colección Gran Reserva 94, Finca Los Carasoles Reserva 01, Deyo Merlot 05, Calchetas 05 e Lautus Reserva 96. Dentre os brancos gostei muito dos: Colección "125" Blanco Barrica 99 (100% de Chardonnay), um dos melhores brancos espanhóis dessa casta, Castillo de Monjardín Reserva Chardonnay 05 e Palacio de Otazu Chardonnay 07.

Somontano • A região de Somontano, no sopé dos Pireneus, na comunidade autônoma de Aragón, era até há pouco uma grande desconhecida, mas passou a elaborar vinhos de boa relação qualidade-preço, no estilo internacional, sendo a maioria de tintos.

As *bodegas* que sobressaem na zona são: Viñas del Vero (Blecua, Secastilla, Gran Vos Reserva e Clarión Selección Blanco), Enate (Reserva Especial, Merlot-Merlot, Reserva Cabernet Sauvignon e Chardonnay Barrica) e Bodega Pirineos (Marboré e Señorio de Lazán Reserva).

Meus destaques foram o Blecua 00, Secastilla 01, o Gran Vos Reserva 99 e o Enate Merlot-Merlot 99.

Aragón (outras regiões) • Excelentes são os tintos 100% Garnacha: Aquilon 05 e Alto Moncayo 04 (Bodega Alto Moncayo, em Campo de Borja) e Atteca Armas 06 (Bodega Ateca, em Calatayud).

Rías Baixas • É a principal DO da Galicia, de forte herança céltica e com vinhos e história muito irmanados aos de Portugal. Nesse clima úmido, a casta Albariño é a rainha, com 100% na denominação Rías Baixas Albariño. Ela se parece com a Riesling, com a qual teria raízes comuns. Seus brancos rivalizam com os de Rueda como os melhores do país. A versão não barricada me agrada mais, dando brancos claros, assaz aromáticos, bem secos, nervosos e delicadamente refrescantes.

Rías Baixas tem uma grande gama de vinhos que merecem destaque: Pazo de Señorans (Selección de Añada e Pazo de Señorans), Nora (Nora de Neve), Forjas del Salnés (Leirana Albariño), Adegas Galegas (Tempo, Gran Veigadares Barrica, Veigadares Barrica, Rubines, Don Pedro de Soutomaior e Dionisos), Martín Códax (Organistrum Barrica, Burgáns e Martín Códax), Pazo de Barrantes/Marqués de Murrieta (Pazo de Barrantes), Lagar de Fornelos/La Rioja Alta (Lagar de Cervera), Pazo de San Mauro/Marqués de Vargas (Sanamaro e Albariño), Lusco do Miño (Lusco), Palacio de Fefiñanes (Fefiñanes Blanco Barrica e Fefiñanes Blanco) e Granja Fillaboa (Selección de Familia e Fillaboa).

Dos vinhos que bebi, estes foram os meus favoritos: Pazo de Señorans Albariño 00 (o predileto), Pazo de Señorans Selección de Añada Albariño 99, Nora de Neve Albariño 05, Albariño de Fefiñanes 06, Sanamaro 05, Pazo de Barrantes Albariño 94, Lagar de Cervera Albariño 04 e Organistrum Albariño Barrica 96.

Valderroas • Aqui é a terra da ótima cepa clara Godello. Os exemplares mais marcantes são: Rafael Palacios As Sortes Godello Barricado (que ainda não degustei), Godeval Cepas Vellas Godello 06, Viña Somoza Selección Godello 06 e Gaba do Xil Godello 08, do Telmo Rodríguez.

ZONA CENTRAL

A Zona Central do país compreende as comunidades autônomas de Castilla-La Mancha, Comunidad Valenciana, Región de Murcia e Estremadura. Nessa faixa do país, grassa a medíocre branca Airén, cujo único mérito é ser a uva branca mais plantada do universo. Apesar de essa zona ser responsável pela maioria esmagadora dos vinhos de mesa do país, em grande parte simplesmente potáveis, existem algumas joias esparsas que merecem atenção.

D. O. de Pago • As duas primeiras *Denominaciónes de Origen de Pago* criadas foram a D. O. Dominio de Valdepusa e a D. O. Finca Elez, ambas na comunidade autônoma de Castilla-La Mancha. A primeira pertence a Marqués de Grignon (Emeritus Gran Reserva, Dominio de Valdepusa Syrah Reserva e Dominio de Valdepusa Petit Verdot Reserva) e a outra a Manuel Manzaneque (Gran Reserva e Chardonnay Barrica). A terceira dessa zona foi a Dehesa del Carrizal (Colección Privada).

Me agradou bastante o Marquês de Grignon Petit Verdot 01.

La Mancha • Essa D. O., localizada na comunidade autônoma de Castilla-La Mancha, constitui o maior grupamento vitícola do planeta, com 165.206 ha em 2014, comparável a toda a superfície vitícola da Austrália. O mar de vinhos produzidos só tem importância local. Poucas são as vinícolas de destaque, dentre elas Finca Antigua/Martínez Bujanda (Clavis e Finca Antigua Crianza), Pesquera (El Vínculo) e Mano a Mano (Venta La Ossa e Mano a Mano).

Os meus prediletos foram o Clavis 03, o El Vínculo 99, de 100% de Tempranillo, chamada na região de Cencibel e o Mano a Mano Tempranillo 07.

Castilla-La Mancha (outras denominações) • Agradou bastante o Finca Sandoval 06 (DO Manchuela), do conhecido crítico Victor de La Serna. Gostei também destes *Vinos de la Tierra*: Fontana Quercus 02, Casa Quemada Ama Syrah 04 e Pago del Vicario Agio 04.

Jumilla • Essa região espalha-se pelas comunidades autônomas de Castilla-La Mancha e Murcia. Os vinhedos são predominantemente (87%) da escura espanhola Monastrell, conhecida no Sul da França como Mourvèdre. Essa casta dá bons tintos, com muito boa relação custo-benefício.

Gostei muito do El Nido 03 e do Clio 04, ambos da Bodega El Nido e do Agapito Rico Carchelo Crianza 96, mescla de Tempranillo, Monastrell e Cabernet Sauvignon.

Alicante • Típica zona do Levante, quase toda ela na província de Alicante, na Comunidad Valenciana, e uma pequena porção na vizinha Murcia. Aqui também a Monastrell ou Mourvèdre é a rainha, com 66% da superfície total.

As *bodegas* mais destacadas dessa região são: El Sequé/Artadi + Agapito Rico (El Sequé), Sierra Salinas (Salinas "1237"), Bernabé Navarro (Beryna Selección), Telmo Rodríguez (Al Muvedre) e Enrique Mendoza (Santa Rosa Reserva, Shiraz Crianza, Peñon de Ifach Reserva e Cabernet Sauvignon Reserva).

Os que mais agradaram foram o El Sequé 05 e o Beryna Selección 04. O Almuvedre 01, elaborado exclusivamente com a Monastrell, é perfumado, frutado e aveludado, por um preço muito interessante.

Islas Baleares • Os vinhos de Mallorca da vinícola Anima Negra são elaborados com castas nativas, sendo surpreendentemente bons: Son Negre 04, Àn Anima Negra 03 e o branco Quíbia 07.

ZONA SUL

Na Zona Sul do país, afora Jerez e Manzanilla, os vinhos que mais me impressionaram foram o Málaga Molino Real 98, de Telmo Rodríguez, um branco de sobremesa muito fragrante e delicado e o Ordoñez Málaga Viñas Viejas 05.

CAVA

O espumante Cava provém principalmente da comunidade autônoma da Cataluña e representa mais de 99% da produção. Só a região catalã de Penedès responde por mais de 95% da produção de Cava. Ele também pode ser elaborado em La Rioja, País Vasco, Navarra, Aragón, Comunidad Valenciana e Estremadura.

O Cava é um espumante branco (maioria) ou rosado elaborado com a segunda fermentação em garrafa. Deve permanecer em contato com as borras por no mínimo nove meses, sendo comercializado só após 12 meses da elaboração. Os produtos de escol são o Cava Reserva, que precisa ficar nas borras por no mínimo 15 meses, e o Cava Gran Reserva, que estagia por no mínimo 30 meses.

A Espanha, por sinal, é o segundo maior produtor mundial de espumante pelo método tradicional, logo depois da França, com 228 milhões de garrafas em 2008. É mais consumido em Barcelona. Ao se visitar a cidade, pode-se aferir essa preferência não só nos bares, após o expediente, mas também como item obrigatório do café da manhã de alguns hotéis de luxo.

As castas empregadas nos cortes dos vinhos são basicamente as nativas Macabeo ou Viura, Xarel-lo e Parellada. A primeira entra com o frutado; a segunda com acidez e potência; por fim, a Parellada – a mais prestigiada – aporta aroma floral e sutil, além de ter acidez equilibrada. As francesas Chardonnay e Pinot Noir, há pouco autorizadas, participam da mescla de vários produtos de topo.

Comparando os dois mais importantes espumantes naturais clássicos da Terra, o Champagne e o Cava, constata-se que o primeiro é mais elegante e complexo. O Cava, porém, é mais fácil de ser bebido.

As megafirmas Codorníu e Freixenet elaboram, juntas, quase 75% de todos os Cavas.

> **MELHORES *CAVES* E SEUS ESPUMANTES (*BRUT* OU *BRUT NATURE*)**
> Codorníu (Jaume Codorníu, Gran Codorníu, Non Plus Ultra Cuvée Reina M.ª Cristina e Anna de Cordoníu Reserva), Josep Maria Raventos i Blanc (Gran Reserva Personal, Gran Reserva e Reserva), Freixenet (Reserva Real, Cuvée D. S. e Barroco Reserva), Can Ràfols dels Caus (Gran Caus Reserva Especial e Gran Caus Reserva), Juvé y Camps (Gran Juvé y Camps Gran Reserva, Millesimé Gran Reserva e Reserva de la Familia), Segura Viudas (Reserva Heredad Gran Reserva, Torre Galimany, Vintage e Aria), Gramona (Lustros Gran Reserva Burt Nature), Agustí Torelló Mata (Kripta Gran Reserva, Gran Reserva e Reserva), Jané Ventura (Gran Reserva e Brut Nature) e Nadal (Salvatge Extra Brut).

Dos espumantes que provei, o que mais me impressionou foi o Jaume de Cordoníu Brut, mescla de Chardonnay (50%), Macabeo e Parellada. Outros destaques foram: Juvé y Camps Reserva de la Familia Brut Nature 01, Agusti Torelló Mata Gran Reserva Brut Nature 00, Jané Ventura Gran Reserva Brut Nature 03 e Gran Caus Reserva Brut Nature 02.

JEREZ

A zona situa-se na comunidade autônoma de Andalucía, no extremo sul do país, na costa atlântica. É a terra do flamenco e da tourada. É a Espanha mais moura de todas. O seu nome advém da cidade mais importante da região, Jerez de la Frontera. Esta, durante muitos anos, serviu de campo de batalha entre os cristãos e muçulmanos espanhóis.

O Consejo Regulador de la Denominación de Origen (DO) Jerez recentemente cingiu-se em duas denominações, mantendo-as juntas, porém, na mesma sede. São elas: Jerez e Manzanilla de Sanlúcar de Barrameda, a segunda sendo um estilo particular de *Fino*, produzido na mesma região original.

A zona tem um clima mediterrânico influenciado pelo oceano, que traz ventos úmidos, atenuando os meses secos e quentes do verão. A pluviosidade anual média é de 600 mm.

O melhor solo é o *albariza*, muito calcário e bem branco (rico em carbonato de cálcio, argila e sílica), que retém bastante a umidade e ajuda a refletir os raios solares.

A branca nativa Palomino Fino, com 95% dos parreirais, é a melhor variedade, sendo empregada sozinha nos vinhos secos e meio secos. A clara Moscatel de Alejandria costuma ser *soleada*, isto é, colocada em esteiras, por no mínimo dois a 20 dias, para que os raios solares concentrem açúcares e aromas. É empregada pura nos adocicados do tipo Moscatel ou cortadas com outras cepas no *Cream*. Por fim, existe a cepa branca local Pedro Ximénez, que costuma também ser *soleada*. É utilizada no tipo Pedro Ximénez, ou PX, o mais adocicado de todos, ou mesclada no *Cream*.

O Jerez (xerez) é um vinho generoso com criação (total ou parcial) biológica por leveduras, que formam um véu superficial de flor. A flor, além de proteger o vinho do oxigênio, transmite a ele um *flavor* único e inigualável. Nascem sempre secos, podendo posteriormente ser meio secos, meio doces ou doces. ⊙ SAIBA MAIS SOBRE O MÉTODO DE PRODUÇÃO DE JEREZ NO CAPÍTULO "A VINIFICAÇÃO", P. 172.

Um dos grandes enigmas da natureza acontece após a *crianza* (criação), quando surgem apenas dois tipos básicos de vinho: os *Finos*, criados protegidos do ar, sob um véu de flor, e os *Olorosos*, criados em contato com o ar. Derivam desse material básico os estilos a seguir.

Manzanilla (ou Manzanilla Fina) • Claro, muito seco, bem leve e de baixo teor alcoólico, pois recebe menos aguardente (15%-17,5%). Equivale a um *Fino* peculiar, com aroma mais elegante e sabor mais seco, mais ácido, mais leve e com um ligeiro toque salgado. É produzido em Sanlúcar de Barrameda, com forte influência da brisa marítima. Domina amplamente o mercado interno.

Fino (ou *Pale Dry*, para exportação) • Claro, seco, menos ácido, leve e de baixo teor alcoólico (15%-17,5%). Tipo no qual a flor desenvolveu-se bem, evitando a oxidação e transmitindo personalidade ao produto. Poderoso e delicado aroma amendoado. Deve ser bebido jovem, gelado e consumido tão logo aberta a garrafa. De todos, é o mais produzido e o segundo mais exportado.

Manzanilla Pasada • Âmbar, seco e meio encorpado (15,5%-18%). É um *Manzanilla* maturado por anos em barris, equivalendo a um *Fino-Amontillado*, que é um estágio anterior ao *Amontillado*.

Amontillado • Âmbar, seco e meio encorpado (16%-18%). É um *Fino* que recebeu maiores adições de álcool vínico ou foi mais envelhecido, sem rejuvenescimento com vinhos mais jovens. Os mais envelhecidos são os melhores e mais caros, levando o termo *Viejo*. Aroma pujante de avelãs. Consumido como aperitivo tanto gelado quanto à temperatura ambiente.

Medium Dry • É um *Amontillado* meio seco barato, sendo o campeão de exportação.

Palo Cortado • Caoba (cor de mogno), seco e encorpado (18%-20%). Começa como *Fino*, mas logo perde a flor. Tipo intermediário, muito raro, com a fineza de aroma de um *Amontillado* e o encorpado palato do *Oloroso*. Os *Viejos* são os melhores. Consumido como aperitivo tanto gelado quanto à temperatura ambiente.

Oloroso • Âmbar ou caoba, inicialmente seco – podendo tornar-se meio seco ou doce – e encorpado (18%-20%). Tipo no qual a flor desenvolveu-se pouco, permitindo oxidação moderada, devido à adição de maior quantidade de álcool. Tem um aroma muito intenso de nozes, conforme seu nome, que significa "cheiroso". Os *Olorosos Viejos* são os melhores. Foi criado também um tipo similar, o *Manzanilla Oloroso*.

Raya • É um *Oloroso* mais rústico, com aroma menos delicado, geralmente usado para cortes.

Vino Dulce • Procede de uvas muito maduras ou *soleadas*. Essa categoria engloba:
- **Pale Cream** – Pálido, doce e meio encorpado (17,5%-20%). É um *Fino* que foi adocicado com *dulce apagado*, vinho feito com a adição de aguardente antes do final, para deixá-lo doce;

- *Cream* – Escuro, muito doce e encorpado (17%-20%). É um *Oloroso* ou *Raya* que foi adocicado com vinho doce de Pedro Ximénez ou de Moscatel *soleadas*;
- *Moscatel* – Adocicado monovarietal da zona de Chipiona;
- *Pedro Ximénez* – Caoba-escuro, o mais adocicado de todos e encorpado (17%-20%), com profundo aroma de passificação. É conceituado e feito apenas de uvas Pedro Ximénez, ou PX, *soleadas*. Combina bem com o difícil chocolate.

Em 2000, finalmente foi oficializada a categoria Jerez com indicação de idade, no lugar da antiga prática de nomear certos vinhos simplesmente de *Viejos*. Apenas vinhos dos tipos *Amontillado*, *Palo Cortado*, *Oloroso* e *Pedro Ximénez* poderão portar uma destas designações:

- *20 Years Old* "VOS", que significa *Vinum Optimum Signatum* (Vinho de Ótima Designação, em latim);
- *30 Years Old* "VORS", que significa *Vinum Optimum Rare Signatum* (Vinho de Ótima e Rara Designação, em latim). Alguns deles são bem mais velhos do que esse limite inferior.

O Jerez Datado, ou Sherry Vintage, é muito raro e caro.

Uma curiosidade regional são os vinhos de *almacenistas*, alguns realmente ótimos. São geralmente secos, produzidos e maturados por amadores, com uvas de pequenos vinhedos.

● ● ● DESTAQUES DE CADA ESTILO DE JEREZ

- *Manzanilla* – Hidalgo (La Gitana), Barbadillo (Solear), Emilio Lustau (Papirusa Solera Reserva).
- *Fino* – González Byass (Tio Pepe), Pedro Domecq (La Ina*), Osborne (Fino Quinta), Emilio Lustau (Puerto Fino Solera Reserva), Garvey (San Patricio), Valdespino (Inocente) e Croft (Delicado).
- *Manzanilla Pasada* – Hidalgo (Viñedo Pastrana).
- *Amontillado* – Hidalgo (Amontillado Viejo e Viñedo Pastrana), Pedro Domecq (51 – 1ª VORS**), González Byass (Del Duque VORS), Osborne (Solera AOS), Emilio Lustau (VOS 20 Years e Escuadrilla Solera Reserva Rare), Garvey (Oñana), Valdespino (Coliseo) e Barbadillo (Relíquia Barbadillo e 30 VORS).

- **Palo Cortado** – Pedro Domecq (Capuchino VORS**), González Byass (Apóstoles VORS), Osborne (Solera P Delta P), Hidalgo (Palo Cortado Viejo e Palo Cortado VOS) e Emilio Lustau (Península Solera Reserva).
- *Oloroso* – Pedro Domecq (Sibarita VORS** e Rio Viejo VORS*), González Byass (Añada 1968, Solera Millenium e Matusalem dulce VORS), Osborne (Solera India), Hidalgo (Oloroso Viejo), Emilio Lustau (VORS 30 Years e Emperatriz Eugenia Solera Reserva Rare), Barbadillo Relíquia Barbadillo e 30 VORS seco e Valdespino (Solera 1842).
- **Pedro Ximénez** – Pedro Domecq (Venerable VORS**), Osborne (PX Viejo VORS), González Byass (Noé VORS), Emilio Lustau (San Emilio Solera Reserva), Garvey (Gran Orden), Valdespino (Solera Superior) e Barbadillo (Reliquia Barbadillo).

Nota: Os vinhos da Pedro Domecq foram vendidos para a Caballero/E. Lustau (*) e para a Osborne (**).

O xerez mais marcante que já tive a oportunidade de provar foi o Valdespino Coliseo nº 802, um velhíssimo *Amontillado* maturado por mais de 90 anos, somente de Palomino. Tem cor acobreada. O nariz é excepcionalmente concentrado, sobressaindo abricó, mel e especiarias. O sabor é acidulado, com frutas maduras, avelãs e notas queimadas. O retrogosto é impressionantemente longo e sensual.

Os vinhos de Jerez figuram entre os grandes do universo, apesar de menos conhecidos do que deveriam ser e com preços subavaliados. Para o meu paladar, os tipos secos (*Fino* e *Manzanilla*) são os aperitivos prediletos, junto com o Champagne. Já os *Viejos Amontillado*, *Palo Cortado* e *Oloroso* são excelentes vinhos de meditação, ou seja, que prescindem de alimentos.

PORTUGAL

- **PRODUÇÃO:** 600 milhões de litros (2016) ▲ 11ª do mundo
- **ÁREA DE VINHEDOS:** 190 mil hectares (2016) ▲ 11ª do mundo
- **CONSUMO PER CAPITA:** 54 litros/ano (2016) ▲ 1ª do mundo
- **LATITUDES:** 42ºN (vinhos verdes) • 37ºN (Algarve)

LEGISLAÇÃO

Portugal continental compõe-se administrativamente de 11 províncias, sem semelhança com a estrutura brasileira, sendo quase estados. Um nível abaixo encontram-se os distritos, que não são divisões exatas das províncias – também sem equivalência no Brasil, mas como se fossem divisões de estados. Os distritos são divididos em concelhos, que equivalem aos nossos municípios. Esses, por sua vez, são subdivididos em freguesias, que seriam como os distritos brasileiros.

Assim como a Espanha, Portugal apresenta baixíssimos rendimentos médios, de apenas 23,4 hectolitros por hectare, em 2011.

LEGISLAÇÃO

- **VM – Vinho de Mesa.** Equivale ao francês *Vin de Table*. Categoria mais baixa, representando 23% da produção em 2014.
- **IPG – Indicação Geográfica Protegida, podendo ser rotulado de VR – Vinho Regional.** Equivale ao francês *Vin de Pays*. Abrange os vinhos com indicação geográfica. Exige um mínimo de 85% de uvas colhidas na região. Em 2014, as 14 denominações abragiam 28% do total produzido de vinho. Alguns deles são de excelente qualidade, seguindo preceitos menos rígidos que os de uma DOC específica e/ou permitindo um leque maior de castas.
- **DOC – Denominação de Origem Controlada** ou **DOP – Denominação de Origem Protegida.** Equivale à francesa *Appellation d'Origine Contrôlée*. Chamada antigamente de "Região Demarcada", é a categoria magna, que engloba a maioria dos vinhos de alta qualidade do país, sendo 31 denominações, responsáveis por 49% da produção, em 2014.

Com relação ao tempo de envelhecimento, os vinhos de mesa classificam-se em dois tipos: Reserva e Garrafeira. Dependendo da região, as exigências são mais ou menos severas. Antigamente, os "Garrafeiras" representavam o melhor vinho da adega, com uvas provenientes de regiões distintas.

AS REGIÕES E SEUS VINHOS

As principais regiões vinícolas lusitanas que produzem vinho de mesa DOCs são: Douro, Dão, Alentejo, Vinhos Verdes, Bairrada, Lisboa (ex-Estremadura), Tejo (ex-Ribatejo) e Península de Setúbal. As DOCs líderes dos vinhos generosos são Porto, Madeira e Moscatel de Setúbal.

Até poucas décadas atrás, quando se falava em vinhos portugueses no Brasil, vinham logo à lembrança os brancos Vinhos Verdes, os rosados adocicados e alguns poucos tintos, notadamente do Dão. Esse panorama vem mudando, felizmente, devido à "Revolução de Qualidade" que ocorre no mundo vinícola nos últimos 30 anos. Portugal, em razão da sua relativa importância no setor, não poderia ficar fora desse saudável movimento. Assim, passaram a surgir alguns produtos de ponta, graças à obra de alguns poucos artesãos muito respeitados internacionalmente.

A riqueza vitícola portuguesa é enorme, muito mais expressiva que a da vizinha Espanha. Compõe-se de uma sinfonia de nomes autóctones pouco vistos noutras paragens. A título de curiosidade, listo algumas variedades com nomes muito pitorescos: Bastardinho, Borrado-das-Moscas, Cornifesto, Donzelinho, Esgana-Cão, Negra Mole, Rabo-de-Ovelha e Vinhão.

Por causa disso, começou a aparecer na década de 1990 uma série de vinhos varietais entre os que antes eram loteados (termo lusitano para "cortados"). É uma fase em que o público internacional não só passa a conhecer as castas nativas como também o local. Mas acredito que em breve, nas regiões mais tradicionais, volte a prática de mesclar as melhores castas nos vinhos de topo.

Portugal é notadamente um país de tintos. Em 2014, 70% da produção foi de tintos e rosados contra apenas 30% de brancos. O enólogo Rui Reguinga apresenta assim os três mais reputados: "[...] os mais elegantes vêm do Dão, os mais concentrados do Douro e os mais suaves do Alentejo". Contudo, o país também elabora brancos, rosados, espumantes e generosos – estes, entre os melhores do globo.

As zonas climáticas portuguesas, conforme a legislação europeia, são as seguintes:

Zona C1a	Vinhos Verdes
Zona C3b	Demais regiões

DOURO

O Douro corresponde à mesma região demarcada para o vinho do Porto, abrangendo as províncias do Alto Douro e de Trás-os-Montes. A DOC Douro engloba apenas os vinhos não-generosos, que foram 53% da produção total em 2014. Computando as duas denominações juntas, elas tinham 40.378 ha plantados nesse ano, representando 50,8% da superfície total de vinhedos DOC de Portugal.

A zona é de uma beleza selvagem embriagadora. Os vinhedos são cultivados em encostas íngremes, de difícil acesso e trabalho, margeando o rio Douro, de onde advém o nome do vinho. Essa geografia acidentada é rica em microclimas.

O clima continental é submetido a oscilação térmica muito acentuada. O verão é muito quente e seco, porém o inverno é assaz frio e chuvoso. A Serra do Marão, a oeste, é uma barreira natural contra as chuvas do Atlântico, influenciando a pluviosidade média anual. De oeste para leste, o clima fica mais seco e quente. Na ocidental Régua chove em média 900 mm e em Barca de Alva, na fronteira com a Espanha, apenas 400 mm.

Os solos são pouco férteis e geralmente compostos de uma camada xistosa sobre uma massa granítica. O teor de xisto aumenta no sentido oeste-leste.

O Douro compõe-se de três sub-regiões, raramente descritas nos rótulos. O Baixo Corgo é a mais ocidental e menos conceituada. A mais reputada é a sub-região do Cima Corgo. O Douro Superior, a mais oriental, com menor produção e maior área, é também a mais quente.

Existem três tipos de armação do terreno dos vinhedos. Os socalcos são terraços murados ou não, difíceis para um trabalho mecanizado. A densidade é de cerca de 6.000 pés por hectare. É o sistema mais tradicional da região. As velhas vinhas estão plantadas em socalcos, com as diversas castas miscigenadas. Os patamares são terraços terraplenados em taludes de terra, com uma ou duas linhas de videiras, que aceitam trabalho mecanizado. Esse método, surgido em fins dos anos 1960, emprega densidades de 3.000 a 3.500 pés/ha. Por último, há as vinhas no alto, consistindo de plantações verticais, que são mecanizáveis. A densidade é de 4.500 a 5.000 pés/ha. Esse método é ainda mais novo.

Recentes estudos do Centro Nacional de Estudos Vitivinícolas (CNEV) mostraram que as melhores variedades escuras são: Touriga Nacional, Tinta Roriz (ou Aragonez), Tinta Barroca, Tinta-Cão e Touriga Franca (ex-Touriga Francesa). Atualmente, as novas plantações de cepas tintas preferem as acima mencionadas, além da Tinta Amarela (Trincadeira). Com relação às brancas, as eleitas são: Malvasia-Fina (ou Boal), Viosinho, Donzelinho-Branco, Gouveio (ou Verdelho) e Rabo-de-Ovelha (ou Rabigato).

Os vinhos resultantes são, na maioria, tintos complexos e longevos, de guarda, estando sem dúvida entre os melhores do país. O rendimento máximo permitido para tintos e rosados é de 55 hl/ha e para brancos, de 65 hl/ha.

> **PRINCIPAIS ADEGAS DO DOURO E SEUS MELHORES CALDOS**
> Ferreira (Barca Velha e Quinta da Leda), Quinta do Vale Meão (Quinta do Vale Meão), Niepoort (Batuta, Charme, Redoma Reserva Branco, Tiara e Redoma Rosado), Symington (Chryseia), Pintas e Guru, Quinta do Côtto (Grande Escolha), Ramos Pinto (Duas Quintas Reserva), Quinta do Crastro (Xisto, Vinha da Ponte e Vinha Maria Teresa), Quinta do Vesúvio, Lemos & Van Zeller (Quinta do Vale D. Maria), José Maria da Fonseca & Van Zeller (Domini Plus), Quinta de Roriz (Quinta de Roriz Reserva), Quinta do Fojo (Fojo e Vinha do Fojo), Quinta dos Quatro Ventos/Caves Aliança (Reserva), Quinta da Gaivosa (Vinha de Lordelo), Sogrape (Douro Reserva), Quinta de la Rosa (Reserva), Quinta do Portal (Reserva), Quinta do Vallado (Reserva), Baga de Touriga (Gouvyas Vinhas Velhas), Quinta Seara d'Ordens, Quinta do Vale da Perdiz (Cistus Grande Reserva), Lavradores de Feitoria (Poeira e Três Bagos Grande Escolha), Quinta da Carvalhosa (Campo Ardosa RRR), Quinta de Macedos e Quinta da Touriga Chã.

Há 30 anos, o tinto Barca Velha não tinha nenhum rival. O primeiro a confrontar essa liderança foi o Quinta do Côtto Grande Escolha. Lembro-me até hoje com deleite do primeiro que degustei, em Portugal, que era da safra de 1982. Todavia, a partir dos anos 90 começaram a surgir excelentes tintos que o ofuscaram.

O tinto duriense que mais me impressionou até o momento foi o Quinta do Vale Meão 1999, apesar de eu também ter gostado muito do 2000. Durante décadas, essa quinta forneceu a maioria dos frutos para o Barca Velha. Contudo, a marca foi vendida em 1999 para a Sogrape – mas a família Olazábal ficou com os vinhedos. Sua mescla é de Touriga Nacional (50%), Touriga Franca, Tinta Roriz, Tinta-Cão e Tinta Barroca. Tem uma coloração rubi bem escura. O fino buquê é etéreo, de frutas vermelhas adocicadas e sândalo. No palato, é aveludado, com bom nervo, concentrado, perfumado, fino e muito elegante.

Contrariamente ao másculo Quinta do Vale Meão, o Fojo 96 tem um soberbo estilo feminino e elegante, que também me impressionou bastante.

Outros tintos de primeiríssima linha que bebi foram: Barca Velha 64, Quinta do Côtto Grande Escolha 82, Batuta 00, Charme 02, Xisto 05, Quinta do Crasto Vinha da Ponte 03, Quinta do Crasto Vinha Maria Teresa 03, Quinta de Roriz Reserva 00, Duas Quintas Reserva 94, Quinta do Vale D. Maria 99, Chryseia 01, Pintas 01, Quinta da

Gaivosa Vinha Lordelo 05, Poeira 04, Quinta do Vesúvio 07, Quinta da Leda 05, Domini 03, Quinta dos Quatro Ventos Reserva 01, Gouvyas Vinhas Velhas 03, Quinta de la Rosa Reserva 99, Quinta do Portal Reserva 94, Campo Ardosa 01 e Vallado 98.

No capítulo dos vinhos claros destacou-se o Redoma Reserva Branco 97. O Redoma Reserva é, desde o seu lançamento, em 1997, o branco lusitano mais laureado, sendo considerado o melhor do país. O que mais impressiona nesse vinho barricado é ser elaborado exclusivamente com velhas parreiras nativas, cultivadas em vinhedos altos. São elas: Rabo-de-Ovelha, Gouveio, Viosinho, Donzelinho-Branco, Arinto e Cercial. Sua roupagem é de um amarelo-médio. O intenso buquê é amendoado e amanteigado. O sabor é encorpado, macio, intenso e com bom nervo. O complexo final de boca é muito persistente. Lembra um fino borgonha! Os Tiara 06, Guru 05 e Redoma Branco 99 também mostraram muita qualidade.

O Redoma Rosado 01, produzido em madeira como se fosse um branco barricado, foi o melhor vinho de mesa rosado que bebi até o momento.

DÃO

Essa famosa região foi demarcada em 1908. Concorre com o Douro na elaboração dos melhores tintos do Norte do país. Situa-se na província de Beira Alta. Várias serras protegem-na dos ventos marítimos e continentais, dentre as quais sobressai a Serra da Estrela, famosa por gerar o melhor queijo de ovelha do mundo. O clima tem influências atlânticas. Os solos são graníticos.

Apesar de os estatutos revisados preverem a possibilidade de explicitar nos rótulos as sub-regiões, a prática ainda não "pegou". As sete previstas são: Alva, Besteiros, Castendo, Serra da Estrela, Silgueiros, Terras de Azurara e Terras de Senhorim.

As melhores castas e as únicas permitidas nos vinhos da categoria Nobre são as tintas: Touriga Nacional (ex-Tourigo, no mínimo 15% do corte), Tinta Roriz (ou Aragonez), Alfrocheiro, Jaen e Rufete (ex-Tinta Pinheira). As brancas equivalentes são: Encruzado (no mínimo 15% do corte), Bical (ex-Borrado-das-Moscas), Malvasia-Fina (ou Boal, ex-Arinto-do-Dão), Cercial e Gouveio (ou Verdelho).

A densidade das plantações não deve ser inferior a 3.000 plantas por hectare. O rendimento máximo é de 60 hl/ha para os tintos e de 80 hl/ha para os brancos.

Os tintos – a grande maioria da produção – são mais conceituados que os brancos, sendo elegantes, aveludados (muita glicerina), complexos e muito longevos. São engarrafados tradicionalmente em garrafas borgonhesas, diferentemente de seus vizinhos bairradinos, que empregam garrafas bordalesas.

Os vinhos tintos existem atualmente em sete versões, o que, convenhamos, é um tremendo exagero. Os melhores são teoricamente os nobres. O Nobre Garrafeira deve ser maturado por 48 meses, sendo 18 meses em garrafa. O Nobre Reserva e o Nobre Tinto só podem ser comercializados após um estágio de 42 e 36 meses, respectivamente. O Garrafeira necessita amadurecer por 36 meses, dos quais 12 em garrafa. O Reserva e o Tinto estagiam por, respectivamente, 24 e 12 meses. Finalmente, o Novo pode ser comercializado rapidamente, mas deixa de ter validade após 31 de agosto do ano seguinte à respectiva colheita.

O Dão tenta libertar-se dos grilhões que por muito tempo o impediram de demonstrar todo o seu potencial. Até pouco tempo, quase toda a sua produção provinha de cooperativas, o que o tornava mediocremente nivelado. Ainda hoje as cooperativas respondem por cerca de 60% da produção. Apenas recentemente começou a surgir uma série de vinhos de quinta, isto é, de vinhedos específicos, de alta qualidade.

> **VINÍCOLAS E VINHOS DE ESCOL DO DÃO**
> Quinta da Pellada (Carrocel, Estágio Prolongado, Pape, Touriga Nacional e Tinta Roriz), Quinta dos Carvalhais (Touriga Nacional e Encruzado), Quinta dos Roques (Reserva e Encruzado), Casa de Santar (Touriga Nacional), Quinta dos Maias, Quinta de Cabriz/Dão Sul (Touriga Nacional), Quinta do Corujão (Garrafeira), Quinta do Perdigão (Touriga Nacional), Quinta da Fonte do Ouro (Touriga Nacional), Quinta da Falorca (Garrafeira), Vinha Paz (Touriga Nacional), Borges (Trincadeira) e Vale do Dão (Pipas Reserva Tinto e Branco).

Dei notas altas a vários tintos, sobressaindo o Quinta da Pellada Estágio Prolongado 00 e o Quinta dos Carvalhais Touriga Nacional 95. Outros tintos de destaque foram: Quinta da Pellada Touriga Nacional 96, Quinta da Pellada Tinta Roriz 99, Pape 03, Quinta do Perdigão Touriga Nacional Reserva 01, Quinta do Corujão Garrafeira 00, Quinta Fonte do Ouro Touriga Nacional 00, Quinta dos Roques Reserva 97, Quinta da Falorca Garrafeira 00, Casa de Santar Touriga Nacional 00 e Pipas Reserva Tinto 83.

Os célebres enólogos portugueses Álvaro Castro, da Quinta da Pellada, e Dirk Niepoort lançaram um supertinto chamado Dado, elaborado com uvas do Dão e do Douro, razão do nome do vinho, cuja safra de 2001 saiu-se muito bem.

Alguns vinhos brancos do Dão mostram características que muito me agradam, tais como ótimo corpo e acidez, além de opulência, complexidade e enorme longevidade. Os dois que mais me impressionaram foram o Quinta dos Carvalhais Encruzado 97 e o Pipas Reserva Branco 83.

ALENTEJO

Uma das regiões portuguesas mais dinâmicas, o Alentejo vem produzindo grande gama de tintos de agrado internacional. Situa-se nas províncias do Alto Alentejo e do Baixo Alentejo.

A paisagem alentejana é praticamente uma planície, com a mais baixa densidade populacional do país. É a terra do sobreiro, espécie de carvalho que fornece a cobiçada cortiça das rolhas. O clima tem características bem mediterrânicas e algumas zonas continentais, com verões muito quentes e secos. Alguns sítios chegam a usar irrigação. A precipitação de chuvas diminui de norte para sul, variando de 800 mm (Portalegre) a 500 mm (Moura). Os solos são extremamente variados: graníticos em Portalegre, calcários em Borba e xistosos em Reguengos e Vidigueira.

As oito sub-regiões oficiais são, de norte a sul: Portalegre, Borba, Redondo, Évora, Reguengos, Granja-Amareleja, Vidigueira e Moura. A denominação complementar sub-regional exige que as uvas sejam colhidas exclusivamente no local declarado. Os melhores produtores têm propriedades em Borba, Évora, Portalegre, Reguengos e Vidigueira.

As cepas responsáveis pela excelência da região são a Aragonez (ou Tinta Roriz, a famosa Tempranillo espanhola) e a Trincadeira (ou Tinta Amarela). São suplementadas pela Castelão (ou Periquita) – a mais plantada e não usada nos melhores tintos –, Alicante Bouschet, Alfrocheiro, Tinta Caiada, Moreto e Cabernet Sauvignon. As variedades brancas recomendadas são: Síria (ou Roupeiro), Rabo-de-Ovelha (ou Rabigato) – as duas mais cultivadas –, Antão Vaz – a melhor –, Arinto (ou Pedernã), Perrum, Fernão Pires (ou Maria Gomes) e Trincadeira das Pratas (ou Tamarez).

Hoje, os tintos alentejanos são os melhores do país ao lado dos durienses. A vantagem deles em relação aos do Douro é ficarem prontos mais cedo, sendo bastante gordos, macios e prazerosos, mesmo quando jovens. Os vinhos brancos são encorpados e com média acidez. O rendimento máximo permitido é de 55 hl/ha e 60 hl/ha, respectivamente para tintos e brancos.

O sistema tradicional regional era o de fermentar e guardar os vinhos tintos em talhas de barro (ânforas). Ainda hoje, uns poucos vinhos seguem essa velha receita, como o José de Souza Mayor.

●●● VINHOS DE DESTAQUE DO ALENTEJO

João Portugal Ramos (Marquês de Borba Reserva e Vila Santa), Herdade de Coelheiros (Tapada dos Coelheiros Garrafeira e Chardonnay), Herdade do Esporão (Garrafeira, Reserva e Private Selection Branco), Quinta da Terrugem/Caves Aliança ("T" de Terrugem), Tapada de Chaves (Reserva), Fundação Eugênio Almeida (Pêra Manca Tinto e Branco e Cartuxa Tinto), Herdade do Mouchão (Mouchão Tonel nº "3-4"), Herdade Grande (Colheita Seleccionada), Quinta do Carmo (Reserva), Cortes de Cima (Incógnito e Reserva), Herdade do Peso/Sogrape (Alfrocheiro), D'Avillez/José Maria da Fonseca (Garrafeira), José de Souza/José Maria da Fonseca (Mayor), Bacalhôa ex-J. P. Vinhos (Tinto da Ânfora Grande Escolha), Eborae (Dolium Selectio Touriga Nacional e Dolium Escolha Branco), Quinta do Mouro (Quinta do Mouro), Herdade do Perdigão (Reserva), Vinha d'Ervideira (Conde d'Ervideira Garrafeira), Baron de B. (Reserva), Cooperativa de Borba (Cinquentenário Grande Escolha) e Cooperativa de Reguengos (Garrafeira dos Sócios).

Para mim, o melhor tinto alentejano é o Marquês de Borba Reserva, das safras de 1997, 1999 ou 2000. Emprega uma mescla de 70% de Trincadeira e Aragonez e 30% de Cabernet Sauvignon e Alicante Bouschet. O da colheita de 1997 é colorido. O buquê é fino, elegante, complexo, com concentração de fruta madura e um leve adocicado. Na boca é aveludado, com ótimo nervo, harmônico, com frutas vermelhas e pretas adocicadas e um longo retrogosto amendoado e complexo. Em suma, um excelente tinto, equilibradíssimo e elegantérrimo.

Outros tintos prediletos que provei foram: Tapada dos Coelheiros Garrafeira 01 (tem imenso prestígio em Portugal), Esporão Garrafeira 87, Esporão Reserva 86 (ótima qualidade-custo), Quinta do Carmo Reserva 05, Cortes de Cima Reserva 98, "T" de Terrugem 99, Tapada de Chaves Reserva 96 (gosto muito), Mouchão Tonel nº 3-4 01, Vila Santa 97, Herdade Grande Colheita Seleccionada 99, Herdade do Perdigão Reserva 00, Herdade do Peso Alfrocheiro 00, Dolium Selectio Touriga Nacional 03, Cooperativa de Borba Cinquentenário Grande Escolha 2003, Tinto da Ânfora Grande Escolha 99 e Quinta do Mouro 97.

Na minha opinião, o tinto Pêra Manca apresenta uma das piores relações qualidade-preço do país. É muito caro e tem uma reputação que não se justifica, faltando sempre elegância. Em todas as diversas degustações às cegas em que eu tive a oportunidade de prová-lo, ele sempre ficou entre os últimos colocados.

Os brancos do Alentejo em geral estão num patamar inferior ao dos tintos. O único deles realmente empolgante por mim provado do Sul do país foi o Esporão Private Selection 01, um atípico corte entre Sémillon (50%), Marsanne, Roussanne e Arinto. Lembrou mais um ótimo Pessac-Léognan do que um Hermitage Blanc.

Outros exemplares de bom nível foram: Pêra Manca Branco 99 (bem melhor que o tinto), Dolium Escolha Branco 01, Esporão Reserva Branco 98, Tapada dos Coelheiros Chardonnay 02 e Quinta do Carmo Branco 00.

OUTROS VINHOS

Além do trio de ouro lusitano do Douro, do Dão e do Alentejo, o país dispõe de outras regiões demarcadas dignas de menção. Contam com vinhos tintos, brancos e generosos.

VINHOS VERDES

É a maior região demarcada de Portugal, oficializada em 1908. Localiza-se no extremo norte do país, na fronteira com a Espanha, nas províncias do Minho e do Douro Litoral. Recentemente, a zona cresceu de seis para nove sub-regiões, sendo elas, de norte a sul: Monção (a melhor), Lima, Cávado, Ave, Basto, Sousa, Amarante (notada pelos tintos), Baião e Paiva.

Vinhos Verdes é a zona mais populosa do país, de onde partiu a maioria dos emigrantes que vieram para o Brasil, inclusive grande parte dos meus antepassados.

Uma das suas maiores particularidades é o clima excessivamente chuvoso, com índice médio de cerca de 1.500 mm anuais. Os solos são graníticos, tendo uma camada superior arenosa e ácida. Quanto à condução da vinha, o enforcado ou uveira é a forma mais tradicional, com as vinhas trepando pelas árvores, evitando a umidade do solo, mas exigindo a colheita em longas escadas.

Dentre as cepas brancas recomendadas para a região, as de melhor qualidade, segundo a Comissão dos Vinhos Verdes, são Alvarinho (a melhor, só em Monção), Loureiro, Trajadura, Arinto (ou Pedernã) e Avesso. O rendimento máximo é de 60 hl/ha para a Alvarinho e de 80 hl/ha para as outras variedades.

Os vinhos brancos são secos (os melhores), acídulos, aromáticos, leves, pouco alcoólicos (mínimo de 8%) e levemente frisantes (agulha). Contudo, os mais conceituados, de Alvarinho, são de médio corpo, mais alcoólicos (mínimo de 11,5%) e mais complexos. Os melhores declaram as safras. A produção de vinhos tintos tem caído anualmente, sendo pouco exportados.

Ainda hoje, Vinhos Verdes constitui a segunda região exportadora, logo atrás da do vinho do Porto.

O melhor produtor atual de Vinho Verde branco é o Soalheiro, que tem dois brancos, 100% da casta Alvarinho: o Soalheiro Primeiras Vinhas e o jovem Soalheiro. O Soalheiro Primeiras Vinhas Alvarinho 07 foi o melhor vinho dessa região que já degustei. Tem coloração amarelo-pálida. O aroma é fino, perfumado, fresco e típico da cepa. No palato é intenso, macio, com acidez equilibrada, refrescante e guloso.

Durante muito tempo a primazia na produção foi exercida pelo Palácio da Brejoeira Alvarinho, que hoje se encontra fora de forma.

Além dos já citados, há outros Alvarinhos de qualidade: Muros de Melgaço – também excelente, no estilo barricado –, Deu-la-Deu (Cooperativa de Monção), Quinta de Alderiz, Encostas de Paderne, Dona Paterna, Solar de Serrade, Vinha Antiga (Provam) e Portal do Fidalgo (Provam).

Alguns brancos verdes de destaque elaborados com outras castas são: o barricado Quinta do Amel Escolha, o frutado Quinta do Amel Loureiro, o Quinta de Azevedo (Sogrape), o Covela Colheita Selecionada (Quinta da Covela), o Quinta da Covela e o Conde da Carreira (Casa de Villar).

BAIRRADA

A região situa-se na província de Beira Litoral. O clima é mediterrâneo-atlântico. Os solos são argilocalcários (os "barros", os melhores) e arenosos.

A Baga é a melhor e mais plantada cepa escura, devendo contribuir com no mínimo 50% do lote. As outras principais tintas são: Camarate (ex-Castelão Nacional), Rufete (ex-Tinta Pinheira), Alfrocheiro, Bastardo, Touriga Nacional, Trincadeira e Jaen. Dentre as claras encontram-se a Fernão Pires (ou Maria Gomes, a mais cultivada), a Bical (a melhor), a Cercial, a Rabo-de-Ovelha, a Arinto e outras.

Mais de 80% dos vinhos da região são tintos, complementados por poucos brancos. Apresentam ótimo buquê de frutas vermelhas (seu ponto alto), sendo relativamente tânicos quando jovens. Seu estágio mínimo é de 18 meses da elaboração, com rendimento máximo de 55 hl/ha. Para os brancos, o limite é de 70 hl/ha.

O grande Luís Pato, talvez o mais conceituado e respeitado enólogo lusitano do momento, define os grandes Bairradas como um misto de Barolo e Bourgogne.

Isso porque, no início, eles realçam taninos similares aos da Nebbiolo e, quando maduros, descortinam a riqueza aromática da Pinot Noir.

As adegas regionais líderes de qualidade são: Luís Pato (Quinta do Ribeirinho Baga Pé Franco, Vinha Barrosa, Vinha Pan e Vinha Formal Branco), Quinta da Bágeiras (Garrafeira e Reserva), Campolargo (Diga?, Campolargo e Calda Bordalesa), Hotel Palace de Bussaco (Reserva Tinto e Reserva Branco), Sidónio de Sousa (Garrafeira), Quinta de Baixo (Garrafeira e Reserva), Quinta da Dôna, Caves São João (Caves São João Reserva, Quinta do Poço do Lobo e Frei João Reserva), Casa de Saima (Garrafeira) e Caves Aliança (Quinta das Baceladas e Garrafeira Particular).

O mais impactante vinho que provei dessa denominação foi o Quinta do Ribeirinho Baga Pé Franco 95, com cepas cultivadas em solos arenosos e rendimento inferior a 10 hl/ha. Tem tez vermelho-rubi. O estupendo buquê (seu ponto alto) é intenso, aromático, complexo, algo animal, de couro, de torrefação e adocicado. O sabor é aveludado, com taninos macios e um final de boca persistente e adocicado.

Outros tintos que provei e apreciei foram: Vinha Barrosa 97, Vinha Pan 98, Diga? Petit Verdot 04, Campolargo Pinot Noir 03, Bussaco Reserva 58, Quinta das Bágeiras Reserva 00, Quinta das Baceladas 01, Casa de Saima Garrafeira 97, Caves São João Reserva 64 e Frei João Reserva 80.

O Vinha Formal Branco 99 é o melhor branco da região e um dos maiores brancos lusitanos, vinificado exclusivamente com uvas Bical, em pipas novas de 650 litros, de carvalho francês. Exala um fino aroma floral, terroso e de mel. No palato é encorpado, elegante, fresco e bem persistente. Outros ótimos brancos são o Campolargo Bical 04 e o Bussaco Reserva Branco 69 (longevo e marcante).

Um fato que poucos conhecem: a Bairrada é a maior região produtora de espumantes pelo método clássico de Portugal. São geralmente secos e encorpados, sendo brancos (alguns apenas de Baga), rosados e tintos. O estágio mínimo é de nove meses do enchimento da garrafa.

O bom espumante Luís Pato Tinto Bruto 94, exclusivamente de casta Baga, é bastante indicado para acompanhar o famoso leitão pururuca da Bairrada, bem como nossa rica feijoada.

Os muito bons tintos da Quinta de Foz de Arouce são produzidos perto dessa região, mas portam a denominação "Vinho Regional das Beiras".

LISBOA EX-ESTREMADURA

Das diversas denominações de origem que compõem a região de Lisboa, chamada até 2009 de Estremadura, normalmente responsável por um mar de vinhos de média qualidade, destacam-se duas DOCs: a de Alenquer e a de Bucelas. Antigamente, aqui reinavam os vinhos de Colares, que hoje estão em via de extinção.

Surgiram ultimamente alguns surpreendentes vinhos na zona de Alenquer, de ambas as colorações. As vinícolas mais atuantes e seus vinhos de destaque são: Quinta do Monte d'Oiro (Homenagem a António Carqueijeiro, Quinta do Monte d'Oiro Reserva, Aurius, Têmpera e Vinho da Nora Reserva), Quinta da Chocopalha (Chocopalha), Quinta de Pancas (Premium, Touriga Nacional Special Selection e Tinta Roriz Special Selection), Quinta da Cortezia (Reserva e Touriga Nacional), Casa Santos Lima (Touriz e Arinto) e Cia. Vinhas São Domingos (Palhas Canas Tinto e Branco). A DFJ, sediada no Ribatejo, também faz bons vinhos na Estremadura, da marca Grand'Arte, sobressaindo o Touriga Nacional e o Alvarinho/Chardonnay.

O Quinta do Monte d'Oiro Homenagem a António Carqueijeiro 99 foi um dos melhores tintos lusitanos que degustei. É espetacular!

Outros vinhos preferidos, também de Alenquer, foram o Quinta do Monte d'Oiro Reserva 00 e o Quinta de Pancas Touriga Nacional Special Selection 97. O primeiro, elaborado com uma mescla de Syrah (96%) e Viognier (4%), mostra-se sedoso e finérrimo. O Touriga Nacional tem buquê amplo, intenso, perfumado, inebriante, floral (violeta e jasmim), de frutas vermelhas, animal, adocicado, fino e delicado – em suma: ótimo. O sabor é encorpado, aveludado, enchendo a boca, com bom nervo, levemente tânico, bem elegante, evoluído, de frutas vermelhas, animal e complexo. O final de boca, de média persistência, é amendoado e muito prazeroso.

O Quinta de Pancas Premium 00, do mesmo produtor, também apresentou um bom padrão. É uma mescla de 60% de Touriga Nacional e 40% de Syrah. Outros tintos destacados foram o Chocopalha 00 (Touriga Nacional, Tinta Roriz, Castelão e Alicante Bouschet), Aurius 01 (55% de Touriga Nacional, 30% de Syrah e 15% de Petit Verdot), Têmpera 01 (100% de Tinta Roriz) e Vinho da Nora Reserva 00.

Um ótimo branco é o Madrigal Viognier 04, da Quinta do Monte d'Oiro.

Em Bucelas originam-se deliciosos brancos da casta Arinto – variedade que se encontra disseminada por todo o país, mas nesse microclima potencializa todas as suas qualidades. O grande artífice dessa cepa é a Quinta da Romeira, por intermédio do Morgado de Sta. Catherina Arinto e do Prova Régia Arinto. Esse último branco apresenta um louvável bom valor.

TEJO EX-RIBATEJO

O Tejo, chamado até 2009 de Ribatejo, é a segunda maior província produtora de vinhos, logo atrás de Lisboa. Apenas alguns bons vinhos destacam-se de toda a enorme gama regional. São os tintos dos produtores: Falua (Conde de Vimioso e Tercius), Casa Cadaval (Trincadeira e Merlot), Quinta da Lagoalva de Cima (Lagoalva de Cima Syrah e Lagoalva de Cima Alfrocheiro), Quinta da Alorna, Quinta do Alqueve, Companhia das Lezírias e Quinta do Falcão (Reserva).

O vinho dessa região que mais me impressionou foi o Conde de Vimioso Reserva 00, criado pelo grande João Portugal Ramos. É feito com uma mescla de Touriga Nacional (30%), Aragonez (30%), Trincadeira (30%) e Cabernet Sauvignon (10%). Sua cor é púrpura-escuro. O buquê é amplo, profundo, fino, leve cítrico, de lavanda e frutas vermelhas vinosas maciças. No palato é encorpado, aveludado, com taninos muito finos e bom nervo, elegante e muito harmônico. O retrogosto é persistente, refrescante, cítrico/lavanda e ligeiramente amendoado.

Também muito bons são o Lagoalva de Cima Syrah 00 e o Lagoalva Alfrocheiro 01.

PENÍNSULA DE SETÚBAL

Os vinhos não fortificados da Península de Setúbal abrigam-se na DOC Palmela ou como Vinho Regional Terras do Sado. As firmas José Maria Fonseca e Bacalhôa, ex-J. P. Vinhos, são as campeãs da zona.

Os tintos que devem ser provados são: José Maria da Fonseca (Hexagon, Garrafeira CO, Garrafeira FSF, Coleção Privada DSF Touriga Nacional, Coleção Privada DSF Trincadeira e Primum Touriga Nacional/Touriga Franca), Bacalhôa ex-J. P. Vinhos (Palácio Bacalhôa, Má Partilha, Quinta da Bacalhôa e Meia Pipa), Casa Ermelinda Freitas (Touriga Nacional e Syrah) e Adega de Pegões (Colheita Selecionada).

O meu predileto foi o Hexagon 03 (Touriga Nacional, Touriga Franca, Tinto Cão, Trincadeira, Syrah e Tannat), colorido, frutado, estruturado e complexo. Outros destaques foram: o Palácio da Bacalhôa 00, de Cabernet Sauvignon, Merlot e Petit Verdot e o Garrafeira CO 94, um tinto de 100% de Castelão ou Periquita.

Entre os brancos destacam-se: José Maria da Fonseca (Coleção Privada DSF Viosinho, Coleção Privada DSF Sauvignon e Primum Arinto/Viosinho) e Bacalhôa ex-J. P. Vinhos (Quinta da Bacalhôa Branco, Cova da Ursa e Catarina).

MOSCATEL DE SETÚBAL

"Setúbal" é o termo coletivo da DOC, demarcada desde 1907 na Península de Setúbal. Engloba as designações tradicionais, com DOCs específicas: o branco Moscatel de Setúbal e o tinto Setúbal Moscatel Roxo.

O clima da zona é subtropical e mediterrânico, influenciado pela proximidade do mar. Os solos são argilocalcários e arenosos.

A principal uva plantada é a branca recomendada Moscatel Graúdo ou Moscatel-de-Setúbal, um clone da Moscatel-de-Alexandria. Outras claras autorizadas são: Fernão Pires (ou Maria Gomes), Arinto (ou Pedernã), Boal-de-Alicante, Olho-de-Lebre, Malvasia-Fina (ou Boal), Rabo-de-Ovelha, Tália, Tamarez (ou Trincadeira-das-Pratas) e Vital. Também se cultivam diminutas quantidades da escura Moscatel-Galego-Roxo ou simplesmente Moscatel-Roxo. O rendimento máximo permitido é de 70 hl/ha.

O Setúbal pertence à categoria dos vinhos generosos, sendo alcoólicos (16,5%-22,0%), por sofrerem adição de aguardente vínica. São majoritariamente brancos, sempre adocicados, com no máximo 200 e 280 gramas por litro de açúcar natural para vinhos abaixo e acima de 20 anos, respectivamente. Devem ser envelhecidos por no mínimo 24 meses em casco. Estão entre os melhores vinhos generosos doces do país, junto com o Porto e o Madeira.

O branco tem coloração dourada, que vai do topázio-claro ao âmbar. O *flavor* é floral, com notas de tâmaras, laranja e mel. O tinto tem aroma doce, porém mais seco que o do branco, sendo complexo e longevo.

As designações básicas são as seguintes:

Moscatel-de-Setúbal • Termo reservado para os vinhos elaborados com pelo menos 85% da casta branca Moscatel Graúdo.

Setúbal-Moscatel-Roxo • Exige-se a presença de no mínimo 85% da cepa tinta Moscatel-Galego-Roxo.

As designações complementares previstas na lei são:

Colheita • Vinho de uma só colheita.

10 Anos • Vinhos que tenham no mínimo dez anos.

20 Anos • Vinhos que tenham no mínimo 20 anos.

Superior • Menção reservada a vinho de alta qualidade que se destaque em prova efetuada aos dois anos de idade e confirmada aos cinco anos de idade. Após a maturação em casco, é estocado em bombona de vidro por muitos anos antes de ser engarrafado.

Os melhores produtos são da José Maria da Fonseca (Trilogia, Setúbal Superior Safrado e Setúbal Moscatel Roxo 20 Anos), a maior, melhor e mais antiga vinícola local. Outra firma que vem se firmando é a Bacalhôa, ex-J. P. Vinhos.

O Setúbal Superior 1880, da José Maria da Fonseca, foi talvez o melhor dessa denominação que eu tenha tomado, ao lado dos 1900 e 1955. Todavia, foi seguramente o vinho mais antigo que já tive a oportunidade de beber.

PORTO

A região do vinho do Porto foi a primeira demarcada e regulamentada no mundo. Tal fato ocorreu em 1756, pela chancela do famoso marquês de Pombal, que criou a Companhia Geral da Agricultura das Vinhas do Alto Douro, e com o início da instalação dos "marcos pombalinos". Foi também o primeiro vinho a ser engarrafado datado (Vintage 1775) no mundo. Ao longo dos séculos, essa DOC tornou-se a joia da coroa da vinicultura lusitana.

As castas empregadas são praticamente as mesmas recomendadas para a DOC Douro. O rendimento máximo permitido é de 55 hl/ha.

O vinho do Porto pertence à categoria de "vinhos generosos", ou seja, vinhos de alta graduação alcoólica (entre 19%-22% para os tintos e no mínimo 16,5% para os brancos) produzidos com interrupção da fermentação alcoólica pela adição ao mosto de aguardente vínica.

Esses vinhos são feitos no médio vale do Douro e seus afluentes e envelhecidos em Vila Nova de Gaia, para onde são transportados em caminhões-tanque (antigamente, seguiam nos tradicionais barcos rabelos) e exportados pela vizinha cidade do Porto. Na sua imensa maioria, são tintos e invariavelmente elaborados com o corte de diversas castas, cada uma delas contribuindo com um atributo particular. Normalmente, trata-se de misturas de uvas de vários vinhedos, com raras exceções, como os vinhos de quinta (por exemplo, o Quinta do Noval). É obrigatório um estágio mínimo de três anos antes da comercialização. ⊙ VEJA MAIS INFORMAÇÕES SOBRE O MÉTODO PRODUTIVO NO CAPÍTULO "A VINIFICAÇÃO", P. 138.

Os estilos de vinho do Porto derivam da cor e da forma de envelhecimento:

Branco • Mistura de vinhos brancos de diversas origens e de vários anos. É mais leve, menos alcoólico e engarrafado mais cedo do que os tintos. Tradicionalmente era doce ou muito doce, mas recentemente foram introduzidos o seco e o extrasseco, para aperitivo.

Ruby • Mescla de vinhos tintos de diversas origens e anos. Geralmente é envelhecido em casco de grande volume, por cerca de três anos, adquirindo a característica tonalidade tinto-alourada (ou *Ruby*, no mercado de exportação). Representa o grosso da produção, sendo doce, encorpado, escuro e com acentuado aroma frutado.

Tawny • Mistura de vinhos tintos de diversas origens e anos. Essa categoria abrange o tipo-padrão envelhecido por cerca de três anos. Os *Tawnies* são mais claros, mais leves e ligeiramente menos adocicados que os *Rubies*, variando entre doces e meio doces.

Colheita • Categoria especial de *Tawny* de vinhos tintos de uma só colheita, de um ótimo ano e envelhecimento em casco por no mínimo sete anos. Deve declarar no rótulo as datas da colheita e do engarrafamento e que foi envelhecido em casco (para diferenciá-lo do *Vintage*). É aveludado e complexo.

Indicação de idade • Outra categoria especial de *Tawny*, de vinhos tintos de anos diversos, com envelhecimento em casco por 10, 20, 30 ou mais de 40 anos. Deve também trazer no rótulo a data do engarrafamento e declarar que foi envelhecido em casco. São *Tawnies* muito caros, com poucos deles originários de um só vinhedo. Durante a maturação em casco, os aromas jovens, frutados e frescos vão evoluir para um buquê em que sobressaem noz, avelã, amêndoa, "vinagrinho", torrefação, madeira e especiarias, que é o seu ponto alto. São os preferidos dos portugueses e franceses.

Late Bottled Vintage (LBV) • Vinho tinto de uma só colheita, de um bom ano, mas que não é um de *Vintage* "declarado". O rótulo deve portar a data da colheita e a do engarrafamento, que geralmente ocorre entre o quarto e o sexto ano. Quando comercializado, já se encontra pronto para ser bebido, não necessitando decantação. É encorpado, macio e com aromas marcadamente frutados.

Garrafeira • Vinho tinto muito original, de uma só colheita, que, depois de envelhecer em casco de madeira durante pelo menos sete anos, permanece armazenado nas *caves*, durante décadas, em bombonas de vidro de cerca de 10 litros. Antes da comercialização, é decantado e transferido para garrafas menores. Tem características intermediárias entre um velho *Tawny* e um *Vintage*. O tipo Garrafeira é assaz raro e o vinho mais caro da Niepoort, um dos poucos produtores que ainda o elaboram.

Vintage Character ou Crusted Port • Originado de mescla de vinhos tintos de vários anos. É produzido de forma similar ao *Vintage*, ficando, porém, um pouco mais de tempo em casco (de quatro a seis anos) e não tendo a mesma longevidade daquele. Nesse tipo de Porto, nem sempre se vê nos rótulos menção à sua categoria (Graham's Six Grapes, Fonseca Bin 27, Noval LB etc.). Dependendo do estilo, necessita ou não ser decantado.

Vintage • Vinho tinto de uma só colheita, de safra de reconhecida qualidade. Permanece em casco, sendo engarrafado entre o segundo ano (após 1º de julho) e o terceiro ano (até 30 de julho). Deve ser aprovado pelo Instituto do Vinho do Porto aos dois anos de idade. Representa, junto com os *Tawnies* com Indicação de Idade, os Colheitas e os Garrafeiras, a elite dos vinhos do Porto. Alguns deles são exclusivamente de um único vinhedo (Quinta do Noval, Graham's Quinta dos Malvedos, Quinta do Vesúvio etc.). É um vinho retinto, encorpado e com sabor acentuado de fruta. Idealmente bebido entre 15 e 30 anos da colheita, deve ser consumido tão logo aberta a garrafa e decantado, para não perder as suas singulares características. É o preferido dos ingleses e americanos.

As melhores casas de vinho do Porto, relacionadas em ordem alfabética como "Classe A" no guia do João Paulo Martins, o mais vendido em Portugal, são: Dow, Ferreira, Fonseca Guimaraens, Graham, Niepoort, Quinta do Noval, Quinta do

Vesúvio e Taylor. Alguns novos produtores também têm mostrado ótimo potencial, tais como Quinta de Roriz, Quinta do Vale Meão e Quinta do Vale D. Maria.

MADEIRA

É uma das mais antigas denominações de origem portuguesas, oficializada em 1913. Engloba a ilha da Madeira, situada bem ao sul do continente europeu, já nas costas do Marrocos, na África. O clima é temperado. Os solos são basálticos, de origem vulcânica.

As principais uvas nobres brancas são: Malvasia-Cândida, Boal (ou Malvasia-Fina), Sercial (ou Esgana-Cão), Verdelho (ou Gouveio) e Terrantez (ou Folgazão). Entretanto, de longe a vinífera mais plantada é a tinta Negra Mole, cruzamento de Pinot Noir e Grenache, sendo importante para cortes e nos tipos-padrão. Foi recentemente algo enobrecida, podendo gerar vinhos do estilo Colheita, contudo sem poder estampar o seu nome no rótulo. O sistema de condução utilizado é 99% de latada, ideal para o clima local. O rendimento máximo permitido é de 80 hl/ha.

O Madeira pertence à categoria dos vinhos generosos, sendo assaz alcoólicos (mínimo de 17%), por sofrerem a adição de aguardente vínica. Pode ser tinto ou branco, seco ou doce. Todavia, recentemente começaram a ser produzidos os primeiros vinhos de mesa madeirenses, com incentivo do Instituto do Vinho da Madeira.

Diferentemente do Porto, o Madeira é submetido a um processo especial de amadurecimento para deixá-lo como se fosse de "torna-viagem" – com características adquiridas após uma longa viagem para os trópicos, isto é, com sabor peculiar de caramelo queimado e amargo. O sistema de canteiro, no qual o vinho envelhece lentamente em casco, é o empregado com os melhores produtos. Nos "vinhos de canteiro", o estágio obrigatório, antes do engarrafamento, é de 36 meses após a última alcoolização. No sistema de estufagem, tem-se uma oxidação acelerada. Coloca-se o vinho em estufas, que são grandes tanques especiais de aquecimento envolvidos por serpentinas de água quente. Nesse ambiente, o vinho é submetido à temperatura de 45ºC por pelo menos três meses. Os "vinhos de estufagem" só podem ser comercializados 12 meses após o processo.

São estas as designações básicas dos Madeiras, que exigem a presença de no mínimo 85% da casta declarada:

Sercial • Seco (*very dry*), leve, acídulo e mais claro, para beber gelado, como aperitivo. Rivaliza com o Jerez Fino ou Manzanilla. Mas, ao contrário deste, precisa de no mínimo dez anos para desabrochar. Os vinhos Madeira que mais me impressionaram foram o Blandys Sercial 1940 e o Blandys Sercial 1962.

Verdelho • Meio seco (*dry*), dourado, aroma amendoado, meio encorpado e de fina textura. Servido como aperitivo ou com sopas.

Terrantez • Meio doce e meio encorpado, com características entre o Verdelho e o Boal. Ótimo para ser acompanhado com frutos secos. É o mais raro, geralmente safrado. Suas velhíssimas garrafas safradas recebem altos lances em leilões.

Boal ou *Bual* (em inglês) • Meio doce (*medium*) e encorpado. Geralmente bebido com a sobremesa ou queijos azuis.

Malvasia ou *Malmsey* (em inglês) • Muito doce (*rich*), encorpado, escuro e bem aromático. Acompanha o difícil chocolate. Rivaliza com o Porto.

As designações complementares permitidas são as seguintes:

Seleccionado • O vinho deve ter um estágio mínimo de 36 meses. Equivale a dizer que ele é um vinho de canteiro.

Reserva ou *5 Years Old* • O vinho mais jovem deve ter no mínimo cinco anos. A casta nobre declarada precisa participar com no mínimo 85% do lote.

Reserva Velha ou *10 Years Old* • O vinho deve ter no mínimo dez anos.

Reserva Extra ou *15 Years Old* • O vinho deve ter no mínimo 15 anos. Essa categoria foi abolida da nova legislação.

Colheita • Nova categoria de vinhos safrados. Deve estagiar em casco por cinco anos e mais um ano em garrafa.

Solera • Nova categoria, podendo ou não ser safrada. Deve estagiar por no mínimo cinco anos em casco. De cada casco só poderá ser retirada anualmente, no máximo, 10% da quantidade de vinho existente.

Garrafeira ou Frasqueira • Vinho de uma só e ótima colheita. Antes chamado *Vintage*, deve estagiar por no mínimo 20 anos em casco e mais dois anos em garrafa, antes da comercialização. Provém de produções diminutas e 100% de varietais nobres. Talvez os Garrafeiras sejam os vinhos mais duráveis de todos, mantendo-se em excelentes condições por 150 anos ou mais.

As firmas mais reputadas da Madeira são Artur Barros e Sousa, Blandy, Cossart Gordon e Henriques & Henriques.

Esse vinho era muito conceituado em séculos anteriores. Reza a lenda que George, duque de Clarence e irmão de Eduardo IV, rei da Inglaterra, acusado do crime de lesa-majestade, escolheu afogar-se num tonel de vinho da Madeira, na Torre de Londres.

Alemanha

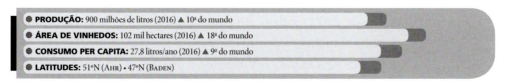

- **PRODUÇÃO:** 900 milhões de litros (2016) ▲ 10ª do mundo
- **ÁREA DE VINHEDOS:** 102 mil hectares (2016) ▲ 18ª do mundo
- **CONSUMO PER CAPITA:** 27,8 litros/ano (2016) ▲ 9º do mundo
- **LATITUDES:** 51ºN (Ahr) • 47ºN (Baden)

O início do cultivo de uvas na Alemanha é muito antigo. Data do período após a conquista romana das terras até o rio Reno, em cerca de 100 a.C. No século VIII, o imperador germânico Carlos Magno foi um grande incentivador e regulador do vinho.

Na Idade Média, as ordens monásticas preservaram o cultivo da uva e a produção de vinhos. Em 1803, com a conquista da região renana por Napoleão, os vinhedos da Igreja foram divididos e vendidos a particulares e governos regionais.

Excetuando a região de Baden, classificada como Zona B da União Europeia, e com clima similar ao da vizinha Alsace, todas as demais regiões alemãs estão na Zona A, a mais fria, favorecendo os vinhos brancos.

Os tipos de solo existentes são bastante variados: de ardósia e rico em minerais (Mosel), de loesse e marga (Rheingau), de pedra calcária e marga (Pfalz), de loesse, arenito e pedra calcária (Franken), entre outros.

Os vinhos brancos alemães apresentam qualidades diversas, indo desde o mais simples Liebfraumilch (QbA), que utiliza uvas menos nobres, até alguns dos melhores brancos do mundo, notadamente os *Prädikatsweine* da nobre casta Riesling. Estes costumavam atingir, no século XIX, preços mais elevados que os dos *Premiers Grands Crus Classés* de Bordeaux.

Eu me confesso grande apreciador dos brancos alemães, sobretudo os da variedade Riesling de primeira grandeza. Pena que essa uva, sem dúvida uma das poucas claras realmente grandes do globo, esteja recebendo atualmente atenção muito abaixo do seu mérito. Para mim, os tipos mais secos são os melhores vinhos "de piscina" existentes.

LEGISLAÇÃO
TRADICIONAL

A legislação vinícola germânica é tão complexa e extensa que merece um tópico à parte. Foi estabelecida pela lei de 1971 e revisada em 1994, para adequar-se às normas da União Europeia. Privilegiava sobretudo os vinhos adocicados e contempla as seguintes categorias:

- ***Tafelwein* "TW"** (Vinho de Mesa). Vinho engarrafado na Alemanha, exclusivamente de outros países da União Europeia ou destes misturados com alemães.
- ***Deutscher Wein* "DW", antes *Tafelwein* "DTW"** (Vinho de Mesa Alemão). Vinho de uvas normalmente maduras, 75% delas oriundas de uma das cinco macrorregiões previstas. Desde 2009, podem declarar variedades de uvas no rótulo. Dependendo da zona climática, a densidade mínima do mosto, medida por hidrômetro, varia de 44º-50º *Oechsle*, equivalendo à densidade de 1,044-1,050. O

teor alcoólico mínimo deve ser de 8,5%. Essa categoria permite que o teor alcoólico do vinho seja reforçado, seja por concentração do mosto ou por seu enriquecimento (chaptalização). São mais consumidos no país do que no exterior.
- **Deutscher Landwein "DLW"** (Vinho Regional Alemão). Vinho de uvas maduras, com mais caráter que os anteriores, oriundas de uma das 19 terras alemãs previstas. Equivale ao *Vin de Pays* francês. A densidade mínima do mosto é de 47°-55°Oe. O teor alcoólico mínimo deve ser de 9%. Também permite a chaptalização. Apenas disponível nos tipos seco e meio seco. Os vinhos dessa categoria raramente são exportados.
- **Qualitätswein bestimmter Anbaugebiete "QbA"** (Vinho de Qualidade das Regiões de Cultivo Determinadas). É o vinho produzido numa das 13 regiões vinícolas, com variedades de uvas aprovadas e suficientemente maduras. A densidade mínima do mosto varia de 50°-72°Oe, dependendo da uva e da região. O teor alcoólico mínimo deve ser de 7%. É admitida a chaptalização do mosto. Também se permite, dentro de certos limites, o uso de *Süssreserve*, isto é, a adição de mosto de uva ao vinho recém-fermentado, para adocicá-lo um pouco e fornecer o típico *flavor* de uva fresca. O rótulo deve declarar região, casta, safra e produtor. É a categoria que inclui a grande maioria dos vinhos alemães, para serem bebidos jovens.
- **Qualitätswein garantierten Ursprungs "QgU"** (Vinho de Qualidade de Origem Garantida). Categoria especial de QbA, criada em 1994. Vinho produzido em distrito, vila ou vinhedo específico, que apresente perfil degustativo consistente, associado à sua denominação de origem. É submetido a padrões mais severos de testes analíticos e sensoriais. O primeiro oficializado foi um *Obermosel Elbling trocken*. Apesar de prevista em lei, a categoria quase não é empregada.
- **Prädikatswein** (desde a safra de 2007), antes chamada de **Qualitätswein mit Prädikat "QmP"** (Vinho de Qualidade com Predicados). Abrange a elite dos vinhos germânicos, feita com uvas maduras, muito maduras e supermaduras. Deve ser produzido em um *Bereich* (distrito) pertencente a uma das 13 regiões determinadas. Essa categoria não admite a chaptalização. Deve declarar região, casta, safra e produtor. Os seis atributos são determinados pelo grau de maturação da uva, em ordem ascendente de maturação da uva e, de certa forma, também de valor pecuniário:

    Kabinett "Kt" (Gabinete ou Reserva). As uvas são colhidas plenamente maduras, com densidade mínima do mosto de 67°-82°Oe, dependendo da uva e da região. São os mais secos e leves dos *Prädikatweine*, geralmente também os menos alcoólicos.

***Spätlese* "SL"** (Colheita Tardia). As uvas são recolhidas após a colheita normal, com densidade mínima do mosto de 76º-90ºOe, dependendo da uva e da região. São de *flavores* mais intensos e concentrados, mas não necessariamente doces.
***Auslese* "AL"** (Colheita Selecionada). A colheita seleciona no pé os cachos com uvas muito maduras – descartando as verdes e as estragadas –, com densidade mínima do mosto de 83º-100ºOe, dependendo da uva e da região. Com aroma e sabor intensos, usualmente mas não sempre doces, esses vinhos podem maturar por décadas. Ultimamente, apareceram ótimos *Auslese trocken*, que são secos, encorpados, plenos de fruta e teor alcoólico mais elevado, combinando bem com comida.*
***Beerenauslese* "BA"** (Colheita de Bagos Selecionados). Colheita selecionada de bagos de uvas supermaduras afetadas pelo *Botrytis cinerea*. Esse fungo nobre (*Edelfäule*) rompe a pele das uvas, evaporando a água, concentrando os açúcares e gerando mais glicerina. A densidade mínima do mosto é de 110º-128ºOe, dependendo da uva e da região. O teor alcoólico mínimo deve ser de 5,5%. São vinhos doces, encorpados e muito longevos.
***Trockenbeerenauslese* "TBA"** (Colheita de Bagos Secos Selecionados). Colheita selecionada de bagos, na adega, de uvas supermaduras e secas, em estado de passa, atacadas pela botritização. A densidade mínima do mosto é de 150º-154ºOe, dependendo da uva e da região. O teor alcoólico mínimo deve ser de 5,5%. São vinhos com aroma de mel, muito doces, xaroposos, luxuriantes e extraordinariamente longevos.
***Eiswein* "EW"** (Vinho de Gelo). As uvas são colhidas e prensadas ainda congeladas. Geralmente a colheita é realizada em dezembro, sendo o Sankt Nikolaus Eiswein o vinho de uvas pegas no dia 25 desse mês. A densidade mínima do mosto é equivalente à de um "BA", ou seja, de 110º-128ºOe, dependendo da uva e da região. O teor alcoólico mínimo deve ser de 5,5%. São vinhos doces, mas com ótimo equilíbrio de acidez.

NOVAS DESIGNAÇÕES DE VINHOS SECOS

Haviam sido feitas tentativas para popularizar os vinhos *trocken* (secos) e *halbtrocken* (meio secos), nos níveis QbA, *Kabinett*, *Spätlese* e *Auslese*. A criação dos vinhos *Classic* e *Selection* foi aprovada em 1º de dezembro de 2000 pelo governo

---

* Os tipos QbA, Kt, SL e AL não são determinados pelo grau de doçura do vinho, mas pelo de maturação da uva. O adocicado de um vinho depende do tipo de vinificação. Logo, eles podem ser secos, meio secos ou doces.

alemão. Segundo a definição da lei, que entrou em vigor já na safra de 2000, trata-se de vinhos harmoniosamente secos que demonstram caráter varietal.

- **Classic.** O objetivo é abranger os vinhos alemães secos de média qualidade. As origens permitidas são região e *Bereich* (distrito) – esta, só para proprietários de vinhedos. É proibido mencionar *Grosslage* (grupo de vinhedos), vila ou vinhedo. São vinhos elaborados com a variedade tradicional, típica da região, apenas para uma cepa, sendo proibido declarar mescla de uvas. O mosto deve ter 8ºOe acima do teor mínimo de maturação da respectiva casta. O grau alcoólico mínimo é de 11,5% (Mosel) e 12,0% (outras regiões). O estilo é harmoniosamente seco, com no máximo 15 g/l de açúcar residual. É obrigatória a menção no rótulo de região, uva (mais o termo *Classic*) e safra. Porém é proibido declarar *trocken* ou *halbtrocken*. Exemplo: Franken Silvaner Classic 2000.
- **Selection.** A meta é abrigar os melhores vinhos secos alemães. A origem deve ser um vinhedo registrado em região especificada. São vinhos elaborados com a variedade tradicional, típica da região, apenas para uma cepa, sendo proibido declarar mescla de uvas. O mosto deve ser de no mínimo 90ºOe ou nível de maturação de *Auslese*. O rendimento máximo permitido é de 60 hl/ha. A colheita deve ser manual. O estilo é seco, com no máximo 9 g/l de açúcar residual, exceto para Riesling, cujo máximo é de 12 g/l. É obrigatória a menção no rótulo de região, uva (mais o termo *Selection*), vinhedo e safra. Porém é proibido declarar *trocken* ou *halbtrocken*. Tem como exigência a necessidade de prova às cegas adicional à oficial. A comercialização só pode ser realizada a partir de 1º de setembro do ano seguinte ao da colheita. Exemplo: Rheingau Riesling Selection Kiedricher Gräfenberg 2000.

UVAS

O acervo vitícola alemão é composto de cerca de cem variedades de uva (*rebe*) produtivas ou experimentais. Muitas delas são cruzamentos criados no país.

BRANCAS

As brancas respondiam em 2013 por 61% da superfície total. Portanto, estão em decréscimo, já que em 1980 respondiam por 89% do total.

Riesling • Variedade mais nobre, sendo de baixo rendimento e amadurecimento bem tardio (outubro/novembro). Por isso, só deve ser cultivada nos melhores sítios. Dá vinho frutado, fino, bastante longevo, pela pronunciada acidez. (22,7%)

Müller-Thurgau (ou Rivaner) • Cruzamento de Riesling com Gutedel e não com Silvaner, como se pensou durante muito tempo. Os melhores exemplares são cada vez mais comercializados pelo sinônimo Rivaner. Até recentemente, era a cepa mais cultivada. Muito produtiva e de amadurecimento precoce, em final de setembro. Seu vinho é leve, menos ácido que o de Riesling, com *flavor* levemente moscatado. Para consumir jovem. (12,6%)

Silvaner • Até algum tempo atrás, era a uva mais plantada. Amadurece cerca de duas semanas antes da Riesling. Resulta em vinho encorpado, de aroma neutro, com pouca acidez e sem muito caráter, exceto em Franken, onde se produzem ótimos brancos secos. Para consumir jovem. Cepa tradicional em Franken, Rheinhessen e Baden (distrito de Kaiserstuhl). (5%)

Grauburgunder (ou Ruländer) • A versão seca Grauburgunder vem substituindo cada vez mais a doce Ruländer. Dentre as melhores variedades alemãs, é a Pinot Gris francesa, preferindo climas mais mornos, como o de Baden. Gera vinho encorpado, macio, com *flavor* marcante e de mel. Vem sendo cada vez mais vinificada em carvalho novo. É mais plantada em Baden e Pfalz. (5,2%, ultrapassando a Silvaner)

Weissburgunder (ou Clevner) • A área de parreiras da Pinot Blanc francesa tem aumentado paulatinamente. É de amadurecimento tardio e dá um vinho com buquê menos pronunciado e relativamente neutro, ainda que mais ácido que o de Grauburgunder. No estilo seco, pode estar dentre os melhores teutônicos, sendo muito popular com comida. Muitos produtores a têm em maior conceito do que a Grauburgunder. Mais cultivada em Baden e Pfalz. (4,5%)

Kerner • É o mais plantado dos novos cruzamentos, oriundo da negra Trollinger com a verde Riesling. Comparando-a com a Riesling, pode ser cultivada em sítios menos favoráveis e é mais produtiva e de amadurecimento precoce. Dá vinho similar ao de Riesling, com buquê levemente moscatado, de bom corpo e viva acidez. Mais cultivada em Pfalz, Rheinhessen, Württemberg e Mosel. (2,9%)

Bacchus • Novo cruzamento, importante em Franken e em Baden (distrito de Bodensee), criado da Silvaner/Riesling com a Müller-Thurgau. É boa produtora, com mostos em geral com mais açúcar que os de Müller-Thurgau. Seu vinho é frutado e moscatado, lembrando o de Scheurebe. Mais encontrada em Pfalz, Rheinhessen, Franken e Nahe. (1,8%)

Scheurebe • Novo e valioso cruzamento de Riesling com Silvaner. Só é recomendado para os melhores sítios, mas origina vinhos de alta qualidade. Amadurece desde o início de outubro, porém é muito indicada para os *Prädikatweine*. O vinho é encorpado, com buquê refinado de groselha, acidez similar à do Riesling e caráter pronunciado. É mais encontrada em Pfalz, Rheinhessen e Nahe. (1,4%, tendo sido sobrepujada pela Chardonnay)

> **OUTRAS UVAS BRANCAS ALEMÃS**
> Faberrebe (Weissburgunder x Müller-Thurgau), Gutedel (ou Chasselas ou Fendant), Huxelrebe (Gutedel x Courtillier Musqué), Ortega (Müller-Thurgau x Siegerrebe), Morio-Muskat (Silvaner x Weissburgunder), Elbling, Gewürztraminer, Chardonnay, Reichensteiner (Müller-Thurgau x Madeleine Angevine/Calabreser-Fröhlich), Ehrenfelser (Riesling x Silvaner), Optima (Silvaner/Riesling x Müller-Thurgau), Siegerrebe (Madeleine Angevine x Gewürztraminer), Regner (Luglienca x Gamay Früh), Würzer (Gewürztraminer x Müller-Thurgau), Nobling (Silvaner x Gutedel), Auxerrois, Muskateller (ou Moscato), Perle (Gewürztraminer x Müller-Thurgau), Rieslaner (Silvaner x Riesling) etc.

TINTAS
As uvas escuras já atingiram o patamar de 39% das videiras alemãs.

Spätburgunder • A Pinot Noir francesa é a melhor e mais plantada casta tinta. É de amadurecimento tardio, como indica o nome *spät*. O seu vinho é mais claro, menos encorpado e com menos taninos e mais acidez que os de regiões mais quentes. Ultimamente, surgiram versões mais concentradas e maturadas em barricas de carvalho novo. É mais cultivada em Baden (distritos de Ortenau e Kaiserstuhl) e Ahr. (11,5%)

Dornfelder • Nova casta criada a partir dos cruzamentos Frühburgunder/Trollinger com Portugieser/Lemberger. É prolífica e de amadurecimento relativamente precoce. Dá vinho mais colorido que os outros negros do país, encorpado, fragrante, complexo, com boa acidez tânica. As suas versões barricadas atingem altos preços. É mais plantada em Pfalz e Rheinhessen. (7,9%)

Portuguieser • Cepa antiga que parece ser de origem portuguesa, mas chegou à Alemanha vinda da vizinha Áustria. É prolífica e amadurece cedo. Dá vinho claro, leve, macio e fácil. Mais cultivada em Pfalz, mas também presente no Rheinhessen e Ahr. (3,6%)

> **OUTRAS UVAS TINTAS ALEMÃS**
> Trollinger (ou Schiava ou Vernatsch), Schawrzriesling (ou Müllerrebe ou Pinot Meunier), Lemberger (ou Blaufränkisch), Regent, Saint Laurent, Dunkelfelder, Domina, Heroldrebe, Frühburgunder etc.

VINHOS

Os vinhos teutônicos, mais leves e delicados no Norte e mais encorpados no Sul, podem ser brancos, tintos ou rosados, e se produzem bons espumantes. O branco (*Weisswein*) é o mais produzido de todos e só pode ser elaborado com uvas brancas; é de baixa graduação alcoólica, leve e delicado, com incrível equilíbrio entre o doce e o ácido. Os brancos de sobremesa também se destacam no panorama mundial.

O vinho tinto (*Rotwein*) é originado apenas de uvas tintas. Atualmente, por causa da demanda do mercado, plantam-se cada vez mais uvas escuras. Cerca de 91% dos vinhos tintos são oriundos das regiões de Württemberg, Baden, Pfalz e Rheinhessen. Os tintos alemães de Spätburgunder (Pinot Noir) são delicados e fragrantes.

Curiosamente, existem três tipos de vinhos rosados no país. O *roséwein* é um rosado elaborado apenas com uvas tintas. O *Weissherbst* é um rosado de apenas uma uva tinta, sendo no mínimo da categoria QbA. Finalmente, o *rotling* é um rosado feito de uma mistura de uvas tintas e brancas, esmagadas juntas.

Para ser varietal, o vinho deve ter no mínimo 85% da variedade declarada, conforme exigências da legislação vínica da União Europeia. A declaração de duas variedades é permitida, devendo ser em ordem ascendente, se forem exclusivas.

É opcional a declaração de estilo, o qual pode ser decidido pelo produtor. Os teores de açúcar estão associados a graus máximos de acidez. Para algumas categorias, permite-se o uso de *Süssreserve* (mosto de uvas não fermentadas), que é doce. Os melhores vinhos não empregam esse artifício.

Com o movimento de retomada dos sabores menos adocicados, iniciado nos anos 1980, atualmente quase dois terços dos vinhos germânicos são secos ou meio secos.

Teores de açúcar residual previstos (g/l)	
Trocken (seco)	< 9
Halbtrocken (meio seco)	9 ➡ 18
Lieblich (suave)	18 ➡ 45
Süss (doce)	> 45

Os vinhos QbA e QmP devem trazer o "número de registro" (A.P.Nr), que é o certificado de qualidade do produto emitido pelo órgão controlador. As exigências são teste de madureza da uva, análises laboratoriais do vinho e prova às cegas.

No século XIX, o rendimento médio do país era de aproximadamente 20 hl/ha e dobrou nos anos 1950. Em 1971, chegou a 80 hl/ha. Infelizmente, desde a década de 1980, tornou-se prática comum ser acima de 100 hl/ha.

As empresas que lidam com vinho são a vinícola (*Weingut*) e a cooperativa (*Winzergenossenschaft*).

Quando engarrafado pelo produtor, o vinho traz no rótulo a menção *Erzeugerabfüllung*. Se tiver sido engarrafado na propriedade (desde 1993, com mais exigências), aparece o termo *Gutsabfüllung*. Já a menção de *Abfüller* é reservada para vinho simples de engarrafador.

Os vinhos alemães são comercializados em garrafas renanas, isto é, de formato comprido. São verdes no Mosel e marrons nas regiões renanas. Em Franken usam-se as tradicionais garrafas bojudas (*Bocksbeutel*).

DENOMINAÇÕES

Quanto mais precisa for a localização geográfica dos *Qualitätsweine*, mais eles apresentarão caráter individual. Com exceção da região, as demais declarações são opcionais.

Gebiet (Região) • Os vinhos regionais podem pertencer a uma das 13 regiões vinícolas. Exemplo: Mosel.

Bereich (Distrito) • Divisão das regiões, totalizando 42. Sempre trazem o termo "*Bereich*" à frente do nome do distrito. Exemplo: Bereich Bernkastel.

Gemeind (Vila) • Nome da comuna adicionado do possessivo "er". Exemplo: Bernkasteler.

Grosslage (Grupo de vinhedos) • Às vezes engloba várias vilas, totalizando 163. Nome da vila + er + designação do grupo de vinhedos. No mínimo 85% das uvas devem provir do local assinalado. Infelizmente, essa categoria provoca muita confusão com a seguinte; por isso, deveria ser como *Bereich*, explicitando também que é um *Grosslage*. Alguns dos grupos de vinhedos mais comuns são: Zeller Schwarze Katz, Niersteiner Gutes Domtal, Kröver Nacktarsch, Piesporter Michelsberg e Oppenheimer Krötenbrunnen.

Einzellage (Vinhedo) • Antigamente eram mais de 30 mil, sendo atualmente 2.715, com no mínimo cinco hectares. Nome da vila + er + designação do vinhedo. No mínimo 85% das uvas devem provir do vinhedo assinalado. Exemplo: Bernkasteler Doktor. Os vinhos de vinhedo são geralmente designados por duas palavras, exceto alguns vinhedos célebres, tais como Schloss Johannisberg, Schloss Vollrads, Steinberg e Scharzhofberg.

Algumas particularidades regionais importantes são:

Liebfraumilch • QbA produzido em Rheinhessen, Rheingau, Nahe ou Pfalz, cuja menção no rótulo é agora obrigatória. Proíbe-se qualquer menção varietal. É um corte com 70% das uvas, sendo Riesling, Müller-Thurgau, Silvaner ou Kerner. Deve ser *lieblich* (suave) com no mínimo 18 g/l de açúcar. A maioria tem de 22 a 35 g/l. Quase não é consumido no país, representando cerca de um terço das exportações alemãs.

Moseltaler • QbA do Mosel, equivalendo ao Liebfraumilch. Proíbe-se qualquer menção varietal. É um corte com 70% das uvas, sendo Riesling, Müller-Thurgau, Elbling ou Kerner. É praticamente um *lieblich*, com 15-30 g/l.

CLASSIFICAÇÃO DE VINHEDOS
VDP

Fundada em 1910, a VDP (Verband der Deutschen Prädikatsweingüter – Associação das Vinícolas Alemãs Produtoras de Vinhos com Predicados) é um consórcio de produtores de vinhos voltados claramente para a qualidade. Em 2013, faziam parte 199 propriedades cimeiras, de todas as regiões do país. Elas possuem apenas cerca de 5% da superfície total coberta com vinhas, mas a quase totalidade dos grandes vinhos.

A sua insígnia é uma estilização da águia alemã com um cacho de uvas no peito. Esse logotipo, obrigatório na cápsula ou no rótulo das garrafas, é uma garantia real de qualidade para o consumidor.

Desde 1987 foram realizadas diversas tentativas de classificação dos vinhos dos associados. Acabou resultando no importante Acordo VDP de 2012, que estabeleceu os critérios de classificação dos vinhos secos e botritizados dos associados, determinando quatro níveis de qualidade (espelhada na de Bourgogne): *VDP Grosse Lage, VDP Erste Lage, VDP Ortswein* e *VDP Gutswein*. O grande mérito desse acordo foi não só simplificar as complexas denominações dos vinhos teutônicos, como sobretudo abolir a confusão decorrente da menção de nomes de menor relevância, tais como os de *Bereich* (distrito), *Grosslage* (grupo de vinhedos) e mesmo vinhedos de segunda classe.

Como essa posição é frontalmente contrária à legislação atual, que considera possível a elaboração de grandes vinhos em qualquer vinhedo do país, os associados são obrigados a usar dois rótulos: o principal, com as indicações exigidas pelo Acordo VDP de 2012, e o contrarrótulo, com as informações exigidas legalmente.

1 VDP Grosse Lage (Vinho de Grande Sítio) • Equivalem aos vinhos Bourgogne Grand Cru, sendo os vinhos de topo de qualidade secos. Correspondem a 3,1% da produção total dos membros da VDP.
Os critérios básicos de produção são os seguintes:
- Origem restrita a vinhedos ou parcelas de vinhedos classificados.
- Escolha da variedade de uva restrita às tradicionais locais.
- Práticas viticulturais sujeitas a determinados controles.
- Rendimento máximo de 50 hl/ha.
- Densidade do mosto no mínimo equivalente à de Spätlese.
- Colheita seletiva e manual.
- Vinhos submetidos a uma prova sensorial pela VDP.
- Vinhos maturados antes de serem comercializados: os Prädikatswein até 1º de maio do ano seguinte à colheita, os brancos secos até 1º de setembro, a um ano da colheita, e os tintos até 1º de setembro, a dois anos da colheita.

As garrafas devem ser entalhadas com o logotipo "GG" próprio. A nomenclatura é limitada ao nome do vinhedo e da variedade.
Os vinhos secos dessa classificação entram na seguinte categoria: VDP Grosses Gewächs (no singular) e Grosse Gewächse (no plural), sendo sempre um Qualitätswein trocken. Os adocicados podem ser de uma destas Prädikatswein: Kabinett, Spätlese, Auslese, Beerenauslese, Trockenbeerenauslese ou Eiswein.

2 VDP Erste Lage (Vinho de Primeiro Sítio) • Equivale aos vinhos *Bourgogne Premier Cru*.
Os critérios básicos de produção são os seguintes:
- Origem restrita a vinhedos ou parcelas de vinhedos classificados.
- Escolha da variedade de uva tradicional local, além de novos cruzamentos selecionados.
- Práticas viticulturais sujeitas a determinados controles.
- Rendimento máximo de 60 hl/ha.
- Densidade do mosto no mínimo equivalente à de *Spätlese*.
- Colheita seletiva e manual.
- Vinhos maturados antes de serem comercializados: os brancos até 1º de maio do ano seguinte à colheita.

A nomenclatura é limitada ao nome do vinhedo e da variedade. Os vinhos secos e meio-secos dessa classificação entram na seguinte categoria: *Qualitätswein Trocken* (seco), *Halbtrocken* ou *Feinherb* (ambos meio-seco). Os adocicados podem ser de uma dessas: *Prädikatswein* (*Kabinett*, *Spätlese*, *Auslese*, *Beerenauslese*, *Trockenbeerenauslese* ou *Eiswein*).

3 VDP Ortsweine (Vinho de Vila ou Região) • Eles equivalem a um Bourgogne Village. A classificação dos vinhedos – ou parcelas deles – é de responsabilidade das associações regionais, em cooperação com os membros cujos vinhedos já tenham sido classificados. No futuro, a designação de vinhedo pelos membros da VDP se restringirá aos sítios regionais mais finos que venham a ser classificados. Não se poderá declarar nenhum outro nome de vinhedo.
Os critérios básicos de produção são os seguintes:
- No mínimo 80% das vinhas da vinícola serem plantadas com variedades tradicionais da região.
- Escolha da variedade de uva determinada pelas associações regionais.
- Rendimento máximo de 75 hl/ha.
- Frutos colhidos plenamente maduros.
- Colheita seletiva.

Os vinhos secos dessa classificação entram na categoria *Qualitätswein*. Os adocicados podem ser de uma destas: *Prädikatswein* (*Kabinett*, *Spätlese*, *Auslese*, *Beerenauslese*, *Trockenbeerenauslese* ou *Eiswein*).

4 VDP Gutswein (Vinho da Casa ou Regional) • Esses vinhos – os mais básicos de cada produtor – devem ser rotulados com o nome do proprietário. Eles equivalem a um Bourgogne Régional.

Os critérios básicos de produção são os seguintes:
- No mínimo 80% das vinhas da vinícola serem plantadas com variedades tradicionais e típicas da região.
- Práticas viticulturais prescritas.
- Rendimento máximo de 75 hl/ha.
- Densidade mínima do mosto – superior à prevista na lei – determinada pela associação regional.
- Colheita manual para vinhos de nível igual ou mais maduro que *Auslese*.
- Vinhos sujeitos a exames durante inspeções da vinícola pela VDP.

Os vinhos secos dessa classificação entram nas seguintes categorias: *Qualitätswein*, *Kabinett* ou *Spätlese*. Os adocicados podem ser de uma destas: *Qualitätswein* ou *Prädikatswein* (*Kabinett*, *Spätlese*, *Auslese*, *Beerenauslese*, *Trockenbeerenauslese* ou *Eiswein*).

As associações VDP regionais podem fixar regulamentos ainda mais restritivos do que os critérios básicos acima.

REGIÕES

Veja no quadro a seguir quais são as 13 regiões (ordenadas nos sentidos norte-sul e oeste-leste) em que os vinhos QbA, QmP, *Classic* e *Selection* podem ser produzidos. Nelas estão incluídas as duas regiões da ex-Alemanha Oriental (Saale-Unstrut e Sachsen), que por sinal não são das melhores do país.

Cerca de dois terços dos vinhedos ficam no *Länder* (estado) de Rheinland-Pfalz. São os vinhedos finos mais setentrionais do globo, que precisam brigar pela vida, pois estão quase no limite de cultivo. Normalmente se encontram em colinas, os melhores com exposição sul, margeando os rios. Os cursos d'água funcionam como refletores de calor. A colheita ocorre entre o final de setembro e novembro, às vezes entrando em dezembro, bem depois dos outros países europeus.

As sete principais regiões são descritas a seguir.

Região	Estado
Ahr	Rheinland-Pfalz
Mittelrhein	Rheinland-Pfalz e Nord Rheinland-Westfallen
Mosel-Saar-Ruwer	Rheinland-Pfalz e Saarland
Nahe	Rheinland-Pfalz
Rheinhessen	Rheinland-Pfalz
Pfalz	Rheinland-Pfalz
Rheingau	Hessen
Hessische Bergstrasse	Hessen
Franken	Bayern
Württemberg	Baden-Württemberg
Baden	Baden-Württemberg
Saale-Unstrut	Thüringen
Sachsen	Sachsen

MOSEL

Era chamada, até 2006, de Mosel-Saar-Ruwer. A região é cortada pelos rios Mosel e seus tributários Saar e Ruwer e divide-se em seis *Bereiche*, sendo os de Bernkastel, Saar e Ruwer os melhores. Nesses distritos os solos são de encostas de ardósia, pouco férteis e ricos em minerais.

Em 2013, a região estava plantada com 8.776 hectares de vinhedos. As variedades brancas perfaziam 91% e as tintas, apenas 9%. As principais variedades são: Riesling (61%), Müller-Thurgau (12%), Elbling (6%) e Kerner (4%).

As uvas autorizadas legalmente para o *Classic* da região são: Riesling, Elbling, Rivaner, Grauburgunder e Weissburgunder. Para o *Selection*, permite-se apenas a Riesling. A única variedade também permitida pelo VDP-Mosel para os *Grosse Gewächse* (Grandes Colheitas) é a Riesling.

As melhores vilas estão ordenadas de norte a sul, com a relação dos seus melhores vinhedos (em negrito, os destaques).

Mosel • A melhor sub-região é o Mittelmosel, onde se encontra o Bereich Bernkastel.
- Winninguen (**Uhlen** e Röttgen)
- Erden (**Treppchen**, **Prälat** e Herrenberg).
- Ürzig (**Würzgarten**).
- Zeltingen (Sonnenuhr e Schlossberg).

- Wehlen (**Sonnenuhr**) – Sonnenuhr é o segundo vinhedo mais conceituado do Mosel.
- Graach (Himmelreich, Josephshöfer e Dompobst).
- Bernkastel (**Doktor**, Graben, Lay e Bratenhöfchen) – Doktor é o mais famoso e caro vinhedo alemão.
- Brauneberg (**Juffer-Sonnenuhr** e Juffer).
- Piersport (**Goldtröpchen**, Domherr, Schuberslay, Falkenberg e Günterslay).

Saar • O clima é muito marginal (quase no limite apropriado ao cultivo), logo existem pouquíssimas boas safras. Todavia, alguns entendidos acham que aí se originam os melhores Riesling do mundo.
- Kanzem (**Altenberg** e Hörecker).
- Wiltingen (**Scharzhofberg**, Braune Kupp e Hölle) – Scharzhofberger, que não traz o nome da comuna, é bastante conceituado.
- Ayl (Kupp).
- Ockfen (Bockstein e Herrenberg).
- Serrig (Herrenburg, Saarstein, Schloss Saarstein e Würzberg).

Ruwer • Zona muito pequena. Quando o clima é favorável, produz os brancos alemães mais delicados.
- Eitelsbach (**Karthäuserhofberg**, subdividido em cinco parcelas de vinhedos: Burgberg, Kronenberg, Orthsberg, Sang e Stirn, que desde 1985 não constam mais nos rótulos).
- Mertesdorf/Maximin Grünhaus (**Abtsberg**, Herrenberg e Bruderberg).
- Kasel (**Nies'chen** e Kehrnagel).

O Mosel é talvez a melhor região alemã. Os seus vinhos, os mais delicados do país, são elegantes, frescos, florais e frutados. Os de sobremesa são raríssimos e reputadíssimos.

Os melhores vinhos que provei: Wehlener Sonnenurh Auslese Rielsing 95 (Joh. Jos. Prüm), Bernkastler Doktor Auslese Riesling 88 (Wwe. Dr. H. Thanisch), Brauneberger Juffer Sonnenuhr Auslese Riesling 06 (Fritz Haag), Ürziger Würzgarten Kabinett Riesling 05 (Dr. Loosen), Zeltinger Sonnenubr Spätlese Riesling trocken 03 (Selbach-Oster), Winningen Uhlen Roth Lay Riesling 03 (Heymann-Löwenstein), Ürziger Würzgarten Spätlese Riesling 90 (R. Eymael), Pündericher Nonnengarten Spätlese Riesling 71 (G. Mergler) e Wehlener Sonnenurh Spätlese Riesling 89 (S.A. Prüm).

> **VINÍCOLAS DE DESTAQUE**
> Joh. Jos. Prüm, Fritz Haag, Dr. Loosen, Egon Müller-Scharzhof, von Schubert-Maximin Grünhaus, Karthäuserhof, Schloss Lieser, Joh. Jos. Christoffel Erben, Grans-Fassian, Reinhold Haart, Heymann-Löwenstein, Karlsmühle, R. Knebel, Markus Molitor, Sankt Urbans-Hof, Selbach-Oster, Willi Schaefer, Reichsgraf von Kesselstatt, Erben von Beulwitz, Clüsserath-Weiler, Franz Josef Eifel, von Hövel, Kees-Kieren, Kirsten, Carl Loewen, Milz-Laurentiushof, Mönchhof-Robert Eymael, Paulinshof, Max Ferd. Richter, Josef Rosch, Heinz Schmitt, Dr. Pauly-Bergweiler Nicolay, J. Wegeler-Guthaus Bernkastel, Dr. F. Weins-Prüm e Wwe. Dr. H. Thanisch.

RHEINGAU

A região localiza-se entre o rio Reno, ao sul, e as florestas das colinas Taunus, ao norte. É constituída por apenas um *Bereich*, o Johannisberg. Os vinhedos, com exposição sul, recebem os reflexos solares do rio Reno, sendo ao mesmo tempo protegidos dos ventos nortistas pelo Taunus. Os solos são variados, de loesse e marga.

Em 2013, a sua área de parreirais totalizava 3.166 hectares. As brancas representavam 85% e as tintas, 15%. As mais plantadas cepas são as claras Riesling (79%), Spätsburgunder (12%) e Müller-Thurgau (2%).

A única uva autorizada legalmente para o *Classic* do Rheingau é a Riesling. Para o *Selection*, pode-se usar, além da clara Riesling, a escura Spätburgunder. As variedades permitidas pela VDP-Rheingau para os *Grosse Gewächse* (Grandes Colheitas) também são apenas a Riesling e a Spätburgunder.

Os melhores vinhedos estão listados a seguir, com as vilas ordenadas de oeste a leste e os destaques em negrito.

- Assmannshausen (**Höllenberg**).
- Rüdesheim (**Berg Rottland**, Berg Schlossberg e Berg Roseneck).
- Geisenheim (Kläuserweg e Rothenberg).
- Johannisberg (**Schloss Johannisberg**, Hölle e Klaus) – O Schloss Johannisberg é o vinhedo regional mais famoso.
- Winkel (**Schloss Vollrads**, Hansensprung e Jesuitengarten).
- Oestrich (Doosberg e Lenchen).
- Hallgarten (**Jungfer** e Schönhell).

- Hattenheim (**Steinberg**, Nussbrunnen, Wisselbrunnen, Mannberg, Engelmannsberg, Pfaffenberg e Hassel).
- Erbach (**Markobrunn**, Siegelsberg, Steinmorgen, Hohenrain e Schlossberg).
- Kiedrich (**Gräfenberg**, Wasseros e Sandgrub).
- Rauenthal (**Baiken**, Nonnenberg, Gehrn, Wülfen e Rothenberg) – Baiken é o mais caro parreiral da região, dando o vinho predileto dos alemães.
- Eltville (Sonnenberg).
- Hochheim (Domdechaney, Hölle, Kirchenstück e Reichestal).

O Rheingau é a região mais aristocrática de todas. Disputa com o Mosel a primazia de melhor região produtora. Seus vinhos são refinados, com um pouco mais de corpo e de concentração que os do Mosel. Demoram um pouco mais que os de Rheinhessen, Pfalz e Nahe para atingir o pico.

> **VINÍCOLAS DE DESTAQUE**
> Robert Weil, Georg Breuer, August Kesseler, Peter Jakob Kühn, Josef Leitz, Franz Künstler, Domdechant Werner, Schloss Johannisberg, Schloss Vollrads, Langwerth von Simmern, Schloss Schönborn, Kloster Eberbach, Graf von Kanitz, Prinz von Hessen, J. B. Becker, Johannishof, Jakob Jung, Krone, Hans Lang, Josef Spreitzer, J. Wegeler-Guthaus Oestrich e Prinz.

Os melhores vinhos brancos que provei: Kiedrick Gräfenberg Kabinett Riesling trocken 06 (Robert Weil) – um dos melhores alemães degustados, Rheingau Spätlese Trocken Riesling 97 (Robert Weil), Rauenthaler Baiken Spätlese Riesling 88 (Langwerth von Simmern), Hochheimer Domdechaney Eiswein Riesling 91 (Domdechant Werner), Hochheimer Kirchenstück Spätlese Riesling 96 (Domdechant Werner), Hattenheimer Engelmannsberg Spätlese Riesling 71 (Staatsweingüter), Rüdesheimer Berg Schlossberger Kabinett Riesling 82 (Staatsweingüter) e Schloss Vollrads Charta Kabinett Riesling 93. Dentre os tintos de sobressaiu o Assmannshäuser Höllenberg Spätburgunder trocken 03 (August Kesseler).

PFALZ

A palavra "*Pfalz*" vem do latim *palatium*. Até 1992, a região era conhecida por Rheinpfalz. Localiza-se entre as montanhas Haardt (extensão dos Vosges), a oeste, o rio Reno, a leste, o Rheinhessen, ao norte, e a Alsace, ao sul. Tem dois *Bereiche*, sendo bem melhor o de Mittelhaardt-Deutsch Weinstrasse. O Pfalz é ensolarado e de clima seco, com solos de pedra calcária e marga.

Em Bad Dürckheim, principal cidade do Mittelhaardt, existe o maior tonel de madeira do mundo, com 1,7 milhão de litros, que abriga toda uma taverna.

É a maior região produtora, com cerca de um quarto da produção total. Em 2013, representava a segunda maior área de vinhedos, com 23.567 hectares. As cepas tintas atingem 38%, em comparação com 62% das brancas. As uvas mais expressivas são: Riesling (24%, sendo cerca de 75% no Bereich Mittelhaardt), Dornfelder (13%), Müller-Thurgau (9%), Portuguieser (8%), Spätburgunder (7%) e Kerner (5%).

As uvas legalmente autorizadas para o *Classic* dessa região são: Riesling, Grauburgunder, Weissburgunder e Rivaner (verdes); Dornfelder e Spätburgunder (negras). Para o *Selection* podem ser usadas as claras Chardonnay, Gewürztraminer, Grauburgunder, Rieslaner, Riesling e Weissburgunder e as escuras Saint Laurent, Spätburgunder e Scharzriesling. As variedades permitidas pela VDP-Pfalz para os *Grosse Gewächse* são Riesling, Weissburgunder e Spätburgunder.

As melhores vilas e vinhedos, todos no Mittelhaardt, ordenadas de norte a sul e com os destaques em negrito, são:

- Kallstadt (Saumagen).
- Wachenheim (Goldbächel, Gerümpel, Rechbächel, Altenburg e Böhlig).
- Forst (**Kirchenstück**, **Jesuitengarten**, **Ungehuer**, **Pechstein** e Freudenstück). Essa vila é a única com solos de basalto em todo o Mittelhardt. O vinhedo Kirchenstück é reputado como o mais valioso do Pfalz.
- Deidesheim (**Hohenmorgen**, Kalkofen, Langenmorgen, Grainhübel, Kieselberg e Leinhölle).
- Ruppertsberg (**Gaisböhl**, Reiterpfad, Hoheburg, Lisenbusch, Nussbien e Spiess).
- Königsbach (**Idig** e Ölberg).
- Gimmeldingen (**Mandelgarten**).
- Haardt (**Bürgengarten**).

A região é considerada uma estrela em ascensão. Os seus vinhos adocicados (Riesling, Scheurebe e Muskateller) são dos mais famosos do país, graças ao clima mais seco e ao sol. Os brancos secos também podem ser de classe mundial, especialmente os de Riesling, Scheurebe, Weissburgunder e Grauburgunder.

> **VINÍCOLAS DE DESTAQUE**
> Müller-Catoir, Dr. Bürklin-Wolf, Ökonomierat Rebholz, Dr. von Bassermann-Jordan, Reichsrat von Buhl, A. Christmann, Koehler-Ruprecht, Georg Mosbacher, Dr. Wehrheim, Dr. Deinhard, Friedrich Becker, Bergdolt, Bernhart, Josef Biffar, Knipser, Herbert Messmer, Münzberg, Pfeffingen-Fuhrmann-Eymael, Karl Schaefer, Siegrist, Wilhelmshof, J. L. Wolf, Weegmüller e Ullrichshof-Familie Faubel.

Os melhores vinhos brancos que provei: BB Bettina Bürklin Auslese Trocken Riesling 90 (Dr. Bürklin-Wolf) – estupendo; Forster Jesuitengarten Fass "63" Riesling 03 (Dr. Bürklin-Wolf), Forster Jesuitengarten Spätlese Riesling 79 (Dr. von Bassermann-Jordan); Haardter Bürgergarten Spätlese Riesling trocken 04 (Müller-Catoir), Wachenheimer Mandelgarten Trockenbeerenauslese Scheurebe 89 (Dr. Bürklin-Wolf); Friedelsheimer Rosengarten Eiswein Scheurebe 91 (A. Bonnet); e Forster Ungeheuer Kabinett Trocken Riesling 96 (Eugen Müller). Mostrou-se excelente o tinto Bürklin Estate Pinot Noir "S" 05 (Dr. Bürklin-Wolf).

NAHE

A região é cortada pelo rio Nahe e seus tributários. Situa-se entre o rio Reno, ao norte, o Mosel, a oeste, e o Rheinhessen, a leste. Possui apenas um *Bereich*, o Nahetal. A cidade de Bad Kreuznach é a capital do vinho de Nahe.

Em 2013, os seus parreirais montavam a 4.187 hectares, sendo 75% de claras e 25% de escuras. As variedades mais cultivadas são: Riesling (28%), Müller-Thurgau (13%), Dornfelder (11%) e Spätburgunder (6%).

As uvas legalmente autorizadas para o *Classic* da região são: Riesling, Grauburgunder, Weissburgunder, Rivaner, Scheurebe, Müller-Thurgau e Silvaner (brancas); Spätburgunder, Dornfeldder e Portugieser (tintas). Para o *Selection* podem-se empregar apenas as claras Grauburgunder, Riesling e Weissburgunder e a escura Spätburgunder. A única variedade permitida pela VDP-Nahe para os *Grosse Gewächse* é a Riesling.

As melhores vilas, de norte a sul, e seus melhores vinhedos, com os destaques em negrito, são:

- Münster-Sarmsheim (**Dautenpflänzer** e **Pittersberg**).
- Dorsheim (**Burgberg**, **Goldloch** e **Pittermännchen**).

- Burg Layen (Schlossberg e Schlosskapelle).
- Laubenheim (**St. Remigiusberg**).
- Langenlosheim (**Rothenberg**)
- "Bad" Kreuznach (**Brückes, Krötenpfuhl**, Kahlenberg, Narrenkappe e Kauzenberg).
- Traisen (**Bastei** e Rotenfels).
- Norheim (**Kirschheck** e **Dellchen**).
- Niederhausen (**Hermannshöhle, Hermannsberg, Kertz**, Rosenheck, Steinberg e Felsensteyer).
- Oberhausen (**Brücke**).
- Schlossböckelheim (**Kupfergrübe**, Felsenberg, Königsfels e In den Felsen) – Kupfergrübe é o sítio mais afamado de Nahe.
- Monzingen (**Halenberg**).

Os vinhos de Nahe apresentam estilos similares aos do Mosel, Rheingau e Rheinhessen, dependendo da proximidade do vinhedo em relação a essas regiões. São menos conhecidos, tendo alguns um ótimo custo-benefício.

Os melhores vinhos que provei: Burg Layer Schlosskapelle Kabinett Riesling 81 (F. Pieroth), Burg Layer Schlosskapelle Kabinett Kerner 94 (M. Schäffer) e Niederhäuser Hermannsberg Spätlese Halbtroken Riesling 90 (Staatliche Weingüter).

> **VINÍCOLAS DE DESTAQUE**
> Hermann Dönnhoff, Emrich-Schönleber, Schlossgut Diel, Dr. Crusius, Niederhausen-Schlossböckelheim, Prinz zu Salm-Dalberg Schloss Wallhausen, Göttelmann, Korrell-Johanneshof, Kruger-Rumpf, Oskar Mathern, Schäfer-Fröhlich e Tesch.

RHEINHESSEN

A região encontra-se entre o rio Reno, a norte e a leste, o rio Nahe, a oeste, e o Pfalz, ao sul. É dividida em três *Bereiche*: Bingen, Nierstein – o melhor – e Wonnegau. Os solos são de loesse, pedra calcária e arenito.

É a zona de origem do Liebfraumilch, que surgiu em vinhedos circundantes à igreja de Liebfrauenkirche.

Tem a maior superfície de vinhedos, com 26.582 hectares, sendo a segunda maior produtora alemã. A razão de uvas brancas para tintas é de 69% para 31%. As cepas que lideravam as estatísticas, até há pouco tempo, eram as apenas medianas Müller-Thurgau (16%) e Silvaner (9%), base dos Liebfraumilch locais. As outras importantes são: Riesling (16,1%, em ascensão), Dornfelder (13%), Portuguieser (5%), Spätburgunder (5%) e Grauburgunder (5%).

As uvas legalmente autorizadas para o *Classic* dessa região são: Rivaner, Silvaner, Grauburgunder, Weissburgunder e Riesling (verdes); Spätburgunder, Dornfelder e Portuguieser (rubras). Para o *Selection* podem entrar as claras Chardonnay, Gewürztraminer, Grauburgunder, Riesling, Silvaner e Weissburgunder e as escuras Portuguieser, Frühburgunder e Spätburgunder. As únicas variedades permitidas pela VDP-Rheinhessen para os *Grosse Gewächse* são Riesling e Spätburgunder.

As melhores vilas, ordenadas de oeste a leste e de norte a sul, e seus melhores vinhedos, com os destaques em negrito, são:

- Bingen (**Scharlachberg** e Kirchberg).
- Nackenheim (**Rothenberg**).
- Nierstein (**Hipping**, **Pettenthal**, **Orbel**, **Ölberg**, Brüdersberg, Glöck, Heiligenbaum e Kronzberg) – Hipping é o vinhedo mais afamado da região.
- Oppenheim (**Säcktrager**, **Herrenberg** e Kreuz).
- Westhofen (**Kirschpiel**).
- Dalsheim (**Bürgel** e **Hubacker**).
- Worms (**Liebfrauenstift-Kirchenstück**).

A maioria dos vinhos do Rheinhessen é de segunda classe – basta ver que cerca de metade da produção é de vinhos de *Grosslage* (grupo de vinhedos) –, exceto no Rheinfront, terras próximas ao rio Reno, onde os melhores vinhos de Riesling estão no nível dos do Rheingau. São vinhos macios, de médio corpo, fragrantes e com moderada acidez.

Os melhores vinhos provados: Binger Scharlachberg Kabinett Riesling 80 (Villa Sachsen), Wormer Liebfrauenstift-Kirchenstück Kabinett Riesling trocken 06 (P. J. Valckenberg) e Oppenheimer Herenberg Beerenauslese Optima/Huxelrebe 83 (E. Jungkern).

> **VINÍCOLAS DE DESTAQUE**
> Keller, Gunderloch, Freiherr Heyl zu Herrnsheim, Wittmann, Wagner--Stempel, Villa Sachsen e Georg Albrecht Schneider.

FRANKEN

Única região da Baviera – estado grande produtor de cerveja –, cortada pelo rio Main e seus tributários. Compõe-se de três *Bereiche*: Steigerwald, Maindreieck e Mainviereck. A tardia Riesling não se dá bem aqui, pois chove mais no final do verão. Os solos são de loesse, arenito e pedra calcária.

Antigamente, os vinhos de Franken eram chamados *Steinwein*, em razão do nome do mais famoso vinhedo regional, o Stein.

Dos 6.125 hectares presentes em 2013, 81% correspondiam a castas brancas e 19% a tintas. As mais expressivas são: Müller-Thurgau (28%), Silvaner (23%) – que origina vinhos de primeira grandeza apenas nessa região – e Bacchus (12%).

As uvas legalmente autorizadas para o *Classic* de Franken são: Müller-Thurgau, Silvaner, Weissburgunder e Domina (brancas) e Spätburgunder (tinta). Para o *Selection* podem ser as verdes Grauburgunder, Riesling, Rieslaner, Silvaner e Weissburgunder, além da negra Spätburgunder. As variedades permitidas pela VDP-Franken para os *Grosse Gewächse* são Riesling, Silvaner, Weissburgunder e Spätburgunder.

As melhores vilas, de leste a oeste e de norte a sul, e seus melhores vinhedos (destaques em negritos) são:
- Castell (**Schlossberg**, Kugespiel e Bausch).
- Rödelsee (**Küchenmeister** e Schanleite).
- Iphöfen (**Julius-Echter-Berg**, **Kalb** e Kronsberg) – o vinhedo Julius-Echter-Berg é o segundo mais conceituado da região.
- Escherndorf (**Lump**).
- Volkach (Ratsherr).
- Frickenhäusen (Kapellenberg).
- Sommerhäusen (Steinbach).
- Randersacker (**Pfülben**, Teufelskeller, Marsberg e Sonnenstuhl).
- Würzburg (**Stein**, **Innere Leiste**, **Stein-Harfe**, Abtsleite, Kirchberg e Pfaffenberg) – o Stein é o melhor e de longe o mais famoso vinhedo da região.
- Thüngersheim (Johannisberg).
- Homburg (**Kallmuth**).
- Burgstadt (**Centgrafenberg**).
- Klingenberg (**Schlossberg**).

Os vinhos de Franken são normalmente secos, encorpados, com aromaticidade discreta e terrosos. São os mais masculinos de todos. Os QmP doces são muito raros. Os melhores secos são de Silvaner e Riesling. Os brancos doces de Rieslaner podem ser muito bons. Perto de quatro quintos da produção desses vinhos são consumidos no Sul da Alemanha.

> **VINÍCOLAS DE DESTAQUE**
> Rudolf Fürst, Horst Sauer, Hans Wirsching, Fürstlich Castell'sches Domänenamt, Juliusspital, Glaser-Himmelstoss, Johann Ruck, Schmitt's Kinder, Am Stein, Störrlein, Zehnthof, Fürst Löwenstein-Franken e Burgerspital.

Os melhores vinhos que provei: Würzburger Stein Spätlese Trocken Weissburgunder 94 (Burgerspital), Iphöfer Domherr Spätlese Müller-Thurgau 82 (Juliusspital), Iphöfer Julius-Echter-Berg Spätlese Riesling trocken 04 (Hans Wirsching), Iphöfer Kronsberg Spätlese Trocken Riesling 99 (Hans Wirsching), Rödelseer Küchenmeister QbA Trocken Silvaner 91 (Juliusspital) e Würzburger Stein QbA Trocken Perle 82 (Staatliche Würzburg).

BADEN

Na realidade, trata-se de um agrupamento político de diversas regiões vinícolas, localizadas no estado de Baden-Württemberg, entre as margens do rio Reno, a oeste – que o separa da Alsace –, e a belíssima Floresta Negra, a leste. Divide-se em nove *Bereiche*. O distrito de Kaiserstuhl produz um terço de todos os vinhos. Desfruta o clima mais quente do país (Zona B europeia). Os solos são de loesse, marga e basalto.

Tem o terceiro maior acervo vitícola da Alemanha, que montava a 15.822 hectares em 2013. Aqui as castas escuras ocupam 42% da superfície e as claras 58%. A variedade mais encontrada é a tinta Spätsburgunder (35%). Seguem-se: Müller-Thurgau (16%), Grauburgunder (12%), Weissburgunder (9%), Riesling (7%) e Gutedel (7%).

As uvas legalmente autorizadas para o *Classic* nessa região são: Riesling, Rivaner, Silvaner, Gutedel, Grauburgunder e Weissburgunder (brancas) e Spätburgunder (tinta). Para o *Selection* podem ser usadas as claras Auxerrois, Chardonnay, Grauburgunder, Gutedel, Müller-Thurgau, Riesling, Silvaner e Weissburgunder e as escuras Saint Laurent, Schwarzriesling e Spätburgunder. As variedades permitidas pela VDP-Baden para os *Grosse Gewächse* são Riesling, Weissburgunder, Grauburgunder e Spätburgunder.

Os melhores *Bereiche*, listados de norte a sul, e suas melhores vilas, com os destaques em negrito, são:

- Kraichgau (Michelfeld e Sulzfeld).
- Ortenau (**Durbach**, Fessenbach, Oberkirch, Bühl e Neuweier) – é um bolsão de qualidade.
- Kaiserstuhl (**Ihringen**, Achkarren, Oberrotweiler, Bischoffingen, Bötzingen e Burkheim) – distrito de solo vulcânico, sendo o mais seco e quente da Alemanha.

O estado de Baden não tem grandes vinhos, apenas alguns ótimos, mas pouco exportados. As cooperativas respondem por 85% da produção. Os brancos são aromáticos, condimentados, fragrantes e encorpados. A região produz certa quantidade de tintos. O Bereich Kaiserstuhl é responsável pela produção de alguns dos melhores Spätburgunder do novo estilo barricado.

> **VINÍCOLAS DE DESTAQUE**
> Dr. Heger, Bercher, Bernhard Huber, Karl H. Johner, Andreas Laible, R. Schneider, Salwey, Schloss Neuweier, Graf Wolff Metternich, Schloss Ortenberg, Abril, Aufricht, Burg Ravensburg, Duijn, Fischer, Freiherr von Gleichenstein, Ernst Heinemann, Keller Schwarzer Adler, Lämmlin-Schindler, Michel, Hartmut Schlumberger, Seeger e Stigler.

Os meus brancos mais marcantes foram: Ihinger Winklersberg Grauburgunder trocken 06 (Dr. Heger), Husarenkappe Riesling trocken 06 (Burg Ravensburg), Löchle Weissburgunder trocken 04 (Burg Ravensburg) e Löchle Grauburgunder trocken 04 (Burg Ravensburg). Dentre os tintos se mostraram excelentes: Ihinger Winklersberg Spätlese Spätburgunder trocken 03 (Dr. Heger), Löchle Spätburgunder trocken 03 (Burg Ravensburg) e Burg Ravensburg Lemberger trocken 06.

SEKT

A indústria de *Sekt* (espumante) é muito importante na Alemanha, produzindo o dobro do volume da de Champagne. Os vinhos frisantes são chamados *Perlwein*, tendo de 1 a 2,5 atmosferas de pressão.

CLASSIFICAÇÃO

Sekt (ou *Schaumwein*) • Vinho espumante engarrafado no país, seja estrangeiro, seja misturado com estrangeiro. Geralmente elaborado pelo processo *charmat*. Corresponde a cerca de 85% de toda a produção.

Deutscher Sekt • Vinho espumante natural 100% alemão. A maioria é elaborada pelo método de transvaso.

Sekt bestimmter Anbaugebiete (ou *Qualitätsschaumwein b. A.*) • Espumante produzido nas regiões determinadas.

Winzersekt • Espumante elaborado somente pelo método clássico e apenas com uvas de vinhedos do produtor. É varietal, safrado e de topo.

MÉTODOS

Clássico • Traz os dizeres *Flaschengärung nach dem traditionellen Verfahren*, ou seja, "fermentado nesta garrafa segundo o método tradicional".

Transvaso • O termo *Flaschengärung* quer dizer "fermentado na garrafa". A filtração é realizada em vasos de aço e não em garrafa.

Charmat • Fermentado em cubas, sendo a grande maioria da produção.

Tipo	Açúcar residual (g/l)
Natur Herb (bruto natural)	< 3
Extra Herb (extrabruto)	< 6
Herb (bruto)	< 15
Extra Trocken (extrasseco)	12 ➡ 20
Trocken (seco)	17 ➡ 35
Halbtrocken (meio seco)	33 ➡ 50
Süss (doce)	> 50

Os alemães adoram os espumantes, a ponto de, além de consumirem um enorme volume da produção local, serem um dos maiores importadores de Champagne.

ÁUSTRIA

A Áustria era habitada por tribos celtas, que já empregavam o vinho em seus rituais. Com a conquista romana, antes da era cristã, a cultura do vinho floresceu. Durante a Idade Média, os mosteiros preservaram a cultura da vinha e do vinho. No final do século XX, teve início a fase de alta qualidade dos vinhos austríacos.

O clima é continental temperado, incluindo-se na Zona B da classificação climática europeia. Os Alpes exercem influência decisiva tanto no clima quanto no terreno. O país se situa na mesma faixa de latitude da Alsace e de Baden, portanto ideal para vinhos brancos.

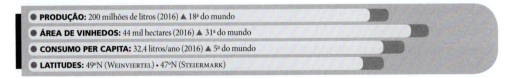

- **PRODUÇÃO:** 200 milhões de litros (2016) ▲ 18ª do mundo
- **ÁREA DE VINHEDOS:** 44 mil hectares (2016) ▲ 31ª do mundo
- **CONSUMO PER CAPITA:** 32,4 litros/ano (2016) ▲ 5º do mundo
- **LATITUDES:** 49ºN (Weinviertel) • 47ºN (Steiermark)

As áreas de Wachau, Kamptal e Kremstal são mais frias. Burgenland é mais quente e seca. Weinviertel é bem árida (400 mm de índice pluviométrico anual). Steiermark (Estíria) é a mais úmida de todas (800 mm).

Reputo que os grandes Riesling austríacos e alemães (por sinal, mais elegantes que os alsacianos) estão dentre os melhores vinhos brancos secos e meio secos do mundo. Sou fã confesso desses estilos de vinho. Não se pode também esquecer a Grüner Veltliner, a uva nacional austríaca, capaz de gerar brancos altaneiros e prazerosos.

A Áustria tem, ainda, alta reputação em vinhos brancos botritizados, rivalizando com os melhores exemplares alemães.

LEGISLAÇÃO

As leis vinícolas austríacas datam de 1985, tendo sido revisadas em 1999 e em 2000. Apresentam muitas similaridades com a legislação alemã. Assim como essa, também se estruturam em diversos níveis de designação:

- *Tafelwein* (Vinho de Mesa). Nível mais baixo.
- *Landwein* (Vinho Regional). Pertence à categoria de *Tafelwein*, contudo deve originar-se de uma região vinhateira determinada.
- *Qualitätswein* (Vinho de Qualidade). Categoria que deve indicar uma das regiões de origem. Permite a chaptalização.
- *Kabinett* (Reserva). Diferentemente da lei alemã, ele é classificado como *Quälitatswein*, mas não pode ser chaptalizado. Deve ter uma densidade de no mínimo 17 graus *Klosterneuburger Mostwaage* (KMW) e no máximo 9 g/l de teor de açúcar residual.
- *Prädikatswein* (Vinho com Predicado). Categoria mais elevada de todas, devendo nomear a região de origem. Além de não poder ser chaptalizado, não pode receber adição de *Süssreserve*, isto é, mosto concentrado, para adocicá-lo. Os predicados previstos são:
    Spätlese (Colheita Tardia). No mínimo 19ºKMW, de uvas maduras.
    Auslese (Colheita Selecionada). No mínimo 21ºKMW, de uvas plenamente maduras.
    Beerenauslese (Colheita de Bagos Selecionados). No mínimo 25ºKMW, de uvas supermaduras ou botritizadas.
    Strohwein (Vinho de Palha). No mínimo 25ºKMW, contudo originado de uvas passificadas por no mínimo três meses em esteiras de palha. É um dos predicados típicos da Áustria.

Eiswein (Vinho de Gelo). Também no mínimo 25ºKMW, de uvas colhidas congeladas no pé. O mosto ganha maior concentração de açúcar, ao passo que o gelo e as cascas ficam retidos na prensa.

Ausbruch (equivalente à palavra húngara "*aszú*" – botritizado). No mínimo 27ºKMW, correspondendo a um predicado intermediário aos de *Beerenauslese* e *Trockenbeerenauslese*, tipicamente austríaco.

Trockenbeerenauslese (Colheita de Bagos Secos Selecionados). No mínimo 30ºKMW, exclusivamente de uvas supermaduras, naturalmente secas e afetadas pelo *Botrytis cinerea*.

Cada uma das categorias anteriores tem certo nível de exigência de densidade mínima do mosto, medida por hidrômetro em escala KMW (*Klosterneuburger Mostwaage*). Para converter aproximadamente grau KMW em grau *Oechsle* (o usado na Alemanha), deve-se multiplicar o primeiro por cinco.

DAC (*DISTRICTUS AUSTRIA CONTROLLATUS*)

A recente introdução do sistema DAC privilegia a denominação regional em detrimento da varietal. Os vinhos devem estar conforme a definição legal de um *Qualitätswein*, com no mínimo 12% de álcool, e passar por prova de tipicidade. Apenas uma casta será escolhida para representar determinada região.

Na colheita de 2002, surgiram os primeiros exemplares desses vinhos, todos trazendo o rótulo Weinviertel DAC, típicos brancos de Grüner Veltliner. A região de Weinviertel foi a primeira a implantar um comitê regional para oficializar esse tipo de vinho.

Em 2011, eram sete as DACs: Weinviertel, Mittelburgenland, Traisental, Kremstal, Kamptal, Leithaberg e Eisenberg.

UVAS

Existem atualmente na Áustria mais de 30 castas de uva permitidas para a produção de vinhos de qualidade (*Qualitätswein*). Muitas delas são variedades ou cruzamentos tipicamente austríacos.

BRANCAS

Em 2009, as brancas ainda respondiam por 66% da superfície total. A Grüner Veltliner (ou Weissgipfler), com 13.518 ha ou 29,4% da superfície, é de longe não só a branca, mas a variedade mais plantada. É nativa do país e cultivada principalmente na Baixa Áustria (11.873 hectares, representando 88% dos vinhedos) e no Burgenland. Geralmente, fornece brancos jovens, com acidez refrescante e um característico *flavor* de maçã e pimenta. Contudo, os melhores exemplares do Wachau, Kamptal e Kremstal se preservam por décadas.

A Welschriesling – velha conhecida no Brasil pelo nome de Riesling Itálico – é a segunda clara mais difundida, com 8% dos vinhedos. Adaptou-se muito bem ao Burgenland, à Baixa Áustria (Weinviertel) e também à Serra Gaúcha. Disponível em dois estilos: branco seco, frutado, com boa acidez e doce botritizado.

A quinta cepa verde mais encontrada é a Riesling (ou Rheinriesling), com 4,1%, sendo uma das grandes castas austríacas. É plantada 83% na Baixa Áustria, particularmente ao longo do rio Danúbio. Nas melhores regiões (Wachau, Kamptal e Kremstal) é uma séria concorrente dos brancos do Reno, do Mosel e da Alsace. Possui o nervo do Mosel, com o corpo e concentração do Pfalz. Elegante buquê de frutas (pêssego, abricó e cítricos), bem nervoso e delicado.

Outras brancas plantadas são:

Weissburgunder (ou Klevner ou Pinot Blanc) • Ocupa uma superfície de 4,3%, ficando em quarto lugar. Fornece alguns dos melhores brancos austríacos, que são encorpados, nervosos e amendoados.

Chardonnay (ex-Feinburgunder ou Morillon) • É plantada na Estíria desde o século XIX. Disponível nas versões com madeira, sem madeira e mesmo como colheita tardia.

Müller-Thurgau (ou Rivaner) • É um cruzamento de Riesling com Gutedel, sendo a terceira mais vista, com 4,5% da superfície plantada, porém em queda e sem vinhos de destaque.

Mais variedades de brancas: Neuburger (ou Grüner Burgunder; apesar do nome, é um cruzamento de Roter Veltliner com Sylvaner), Frühroter Veltliner (ou Malvasier, cruzamento de Roter Veltliner com Sylvaner), Muskat-Ottonel, Gewürztraminer, Bouvier, Sauvignon Blanc (ex-Muskat-Sylvaner), Goldburger, Grauburgunder (ou Ruländer ou Pinot Gris), Roter Veltliner (talvez seja uma prima da Grüner, com pele rosada), Zierfandler (Spätrot), Rotgipfter (Gewürztraminer x Roter Veltliner), Sylvaner (Grüner Sylvaner), Gelber Muskateller (Muscat Blanc), Scheurebe (Riesling x Sylvaner), Furmint etc.

TINTAS

As uvas rubras ocupavam, em 2009, 34,4% do parreiral austríaco e, em 1960, apenas 9,2%. A Blauer Zweigelt (ou Zweigelt ou Rotburger) é a cepa escura mais disseminada, com 14,1%. É um cruzamento de St. Laurent com Blaufränkisch. Possui um atrativo aroma de cereja, levemente condimentado, é encorpada, com boa acidez e rica em taninos. Muito cultivada no Burgenland e em outras regiões mais frias da Baixa Áustria, com alguns tintos agradáveis.

A segunda tinta mais plantada – até recentemente era a campeã – é a Blaufränkisch (ou Limberger ou Lemberger), com 7%. Foi confundida por um tempo com a Gamay, mas é mais provável que seja originária da Hungria, que faz fronteira com o Burgenland, onde é muito cultivada sob o nome de Kékfrankos. Possui aromas de frutos pretos, boa acidez e firme tanicidade, exigindo tempo para amaciar.

Outras escuras cultivadas são:

Blauer Portugieser • A terceira mais vista, com 3,5%. Parece ser de origem lusitana, conforme atesta o seu nome. Dá vinho frutado, pouco ácido, macio e de baixa alcoolicidade, para ser bebido jovem.

Blauburger • Quarta em área, com apenas 1,9%. É um cruzamento de Blauer Portugieser com Blaufränkisch. Em termos de aromas e sabores ela lembra a Blaufränkisch, sendo contudo mais intensa, mais alcoólica e com mais extrato.

St. Laurent • Quinta mais encontrada, com 1,7% da área colhida. É a variedade nativa de melhor qualidade, porém de difícil cultivo. Talvez seja relacionada com a Pinot Noir, pois possui algumas similaridades de *flavores*, mas dá tintos mais encorpados, aveludados e coloridos.

Blauer Burgunder (ou Pinot Noir) • Apenas a sexta mais difundida, com 1,2%, apesar do seu alto potencial em alguns sítios.

São também plantadas: Blauer Wildbacher (Schilcher), Cabernet Sauvignon, Merlot, Cabernet Franc, Syrah etc. As três bordalesas só foram autorizadas em 1986 e a Syrah em 2001.

VINHOS
Conheça outras particularidades austríacas.

Bergwein • É um vinho produzido de vinhedos com inclinações acima de 26% ou em terraços.

Reserve • Termo destinado a tintos com maturação de no mínimo 12 meses e a brancos de quatro meses.

Ried • Termo que designa "vinhedo", normalmente associado ao nome da vila onde se localiza.

Heuriger • Essa menção tem dois significados. Por um lado, é uma taverna no campo, cujo dono é um produtor local que serve exclusivamente vinhos seus. Por outro, é também um vinho novo servido *heuriger* (este ano), isto é, entre 11 de novembro e 31 de dezembro do ano seguinte. A maioria é elaborada com Grüner Veltliner.

Os vinhos austríacos podem ser brancos, tintos ou rosados. O branco é o mais produzido de todos. A sua característica mais almejada, assim como nos vinhos alemães, é o perfeito equilíbrio entre o doce e o ácido. Os brancos botritizados também se destacam no panorama mundial.

O rendimento máximo permitido é de 67,5 hl/ha. Para ser varietal, o vinho deve ter no mínimo 85% da variedade declarada, de acordo com o limite mínimo fixado também pela legislação europeia. Para citar duas castas, elas devem perfazer 100% do lote. O limite inferior de 85% também é válido para a rotulagem de safra e de origem, seja ela região, vila ou vinhedo.

O nome dos vinhos pode ser regional (por exemplo, Wachau), comunal (nome da vila + er; por exemplo, Weissenkirchener) ou de vinhedo. Os vinhos de vinhedo são designados por duas palavras, o nome da vila seguido pelo do vinhedo (por exemplo, Weissenkirchner Steinriegl).

Os estilos de vinhos, conforme o teor de açúcar residual, são os seguintes:

Tipo	Açúcar residual (g/l)
Extratrocken (extrasseco)	< 4
Trocken (seco)	< 9
Halbtrocken (meio seco)	9 ⇒ 12
Lieblich (suave)	12 ⇒ 45
Süss (doce)	> 45

REGIÕES

A Áustria divide-se em quatro regiões de cultivo, que compreendem 16 áreas vinícolas.

Região	Estado	Área
Weinland Österreich (Terra dos Vinhos na Áustria)	Niederösterreich (Baixa Áustria)	Weinviertel
		Wachau
		Kamptal
		Kremstal
		Traisental
		Donauland
		Carnutum
		Thermenregion
	Burgenland	Neusiedlersee
		Neusiedlersee-Hügelland
		Mittelburgenland
		Südburgenland
Steierland	Steiermark (Estíria)	Süd-Oststeiermark
		Südsteiermark
		Weststeiermark
Wien	Wien (Viena)	Wien
Bergland Österreich	Todos os cinco estados restantes	

Em 2010, a Áustria tinha uma superfície total plantada de 43.663 hectares. As maiores áreas produtoras, todas situadas na parte oriental do país, na fronteira com a Hungria, são: Weinviertel (29%), Neusiedlersee (17%), Neusiedlersee-Hügelland (7%) e Kamptal (8%). Além dessas, em termos de qualidade, não se pode esquecer de Kremstal (5,5%) e Wachau (2,9%).

A região de Weinland Áustria engloba os estados de Niederösterreich e Burgenland, que respondem por 90% do total da superfície com vinhedos.

WEINVIERTEL

É a maior região produtora do país, com 12.876 hectares, tendo cerca de um terço de todos os vinhedos. Origina brancos – a maioria de Grüner Veltliner, seguida de Welschriesling – e tintos leves, secos e acídulos, para consumo imediato.

A melhor vinícola regional é a Graf Hardegg, com ótimos brancos, tintos e botritizados.

WACHAU

Pequena região, com apenas 1.296 hectares, cortada pelo rio Danúbio. Os vinhedos estão plantados em terraços situados em encostas íngremes e rochosas. Constitui sem dúvida a melhor região austríaca para vinhos brancos secos. As uvas brancas correspondem a 89% do total, sobressaindo a Grüner Veltliner e a Riesling.

A Vinea Wachau Nobilis Districtus, associação regional fundada em 1983, criou designações regionais especiais de categorias para vinhos secos, proibindo a chaptalização. São elas:

Steinfelder (nome de uma grama regional, a *Stipa pennata*) • Equivale a um *Qualitätswein* especial, com densidade de mosto de no mínimo 15ºKMW e no máximo 11% de grau alcoólico. É leve, fragrante e refrescante.

Federspiel (Falcoaria) • Equivale a um *Kabinett* especial, com no mínimo 17ºKMW e entre 11,5% e 12,5% de álcool. É elegante, frutado e de médio corpo.

Smaragd (Esmeralda) • Equivale a um *Spätlese* especial, com no mínimo 18,2ºKMW e no mínimo 12,5% de grau alcoólico. Procede apenas dos melhores sítios, em bons anos. É maduro, concentrado e encorpado.

> **VINÍCOLAS MAIS EXPRESSIVAS**
> Franz Xaver Pichler (brancos), Franz Hirtzberger (brancos), Franz Prager (brancos e botritizados) – dentre as melhores vinícolas de brancos secos do país.

OUTRAS RECOMENDADAS
Emmerich Knoll (brancos e botritizados), Leo Alzinger (brancos), Josef Högl (brancos), Karl Lagler (brancos), Freie Weingärtner Wachau (brancos), Josef Jamek (brancos), Dinstlgut Loiben (botritizados) e Rudi Pichler (brancos).

Os melhores vinhos brancos que provei foram: Weissenkirchner Steinriegl Smaragd Riesling 97 (Prager), Weissenkirchner Klaus Smaragd Riesling 97 (Prager), Dürnsteiner Hollerin Smaragd Riesling 96 (Prager), Weissenkirchner Weitenberg Smaragd Grüner Veltliner 97 (Prager) e Weissenkirchner Achleiten Smaragd Grüner Veltliner 97 (Prager).

KAMPTAL
A região toma o nome do rio Kamp. Os seus 3.641 hectares estão cobertos principalmente com a Grüner Veltliner e a Riesling. Produz ótimos brancos secos dessas duas cepas e também de Weissburgunder e Chardonnay.

VINÍCOLA MAIS EXPRESSIVA
Willi Bründlmayer (brancos e botritizados) – uma das melhores austríacas.

OUTRAS RECOMENDADAS
Jurtschitsch (brancos), Ludwig Hiedler (brancos), Josef Hirsch (brancos) e Fred Loimer (brancos).

Gostei muito dos brancos: Langeloiser Loiser Berg Beerenauslese Grüner Veltliner 95 (Bründlmayer), Lageloiser Gelber Muskateller Trockenbeerenauslese 02 (Bründlmayer), Langeloiser Spiegel Grauburgunder/Weissburgunder trocken 96 (Bründlmayer), Langeloiser Steinmassel Riesling Trocken 02 (Bründlmayer), Langeloiser Berg Vogelsang Grüner Veltliner trocken 04 (Bründlmayer) e Langeloiser Loiserberg Grüner Veltliner trocken 95 (Jurtschitsch).

Os tintos que mais sobressaíram foram: Cuvée Cécile Blauburgunder 95 (Bründlmayer) e Langeloiser Dechant Blauburgunder/Merlot 95 (Bründlmayer).

KREMSTAL

O Kremstal situa-se entre o Wachau e o Kamptal, em volta da cidade de Krems, na confluência dos rios Danúbio e Krems. Elabora vinhos de características parecidas com as de seus dois vizinhos. Seus 2.434 hectares estão cultivados principalmente com a Grüner Veltliner e a Riesling. A tinta Roter Veltliner é uma especialidade local.

> **VINÍCOLAS RECOMENDADAS**
> Franz Proidl (brancos e botritizados), Gerald Malat (brancos e botritizados), Martin Nigl (brancos) e Mantlerhof (brancos).

NEUSIEDLERSEE

É a segunda maior região austríaca, localizada na planície entre a margem leste do lago Neusiedl e a fronteira com a Hungria. Seus 7.360 hectares de vinhas são dominados pelas variedades tintas Blauer Zweigelt e Blaufränkisch e brancas Welschriesling e Grüner Veltliner.

A existência desse lago tem um importante papel na regularização do clima local, oferecendo condições ideais para o desenvolvimento anual da podridão nobre. Apesar de a região também produzir ótimos tintos e brancos secos, origina os melhores brancos botritizados do país.

> **DESTAQUE DAS VINÍCOLAS**
> Alois Kracher (botritizados) – a melhor vinícola de vinhos adocicados do país.
>
> **OUTRAS RECOMENDADAS**
> Josef Pöckl (tintos e botritizados), Gernot Heinrich (tintos), Juris-Stiegelmar (brancos, tintos e botritizados), Hans Nittnaus (tintos), Paul Achs (tintos), Helmut Lang (botritizados) e Velich (brancos).

Os brancos que receberam minhas maiores notas foram: Grande Cuvée Trockenbeerenauslese Nr "10" Nouvelle Vague 98 (Kracher) – um dos melhores vinhos botritizados que já bebi –, Cuvée Eiswein 03 (Kracher), Paul Achs Trockenbeerenauslese Chardonnay/Sauvignon Blanc 95 e Donnerskirchner Sonnenberg Trockenbeerenauslese Weissburgunder 76 (St. Martinus).

NEUSIEDLERSEE-HÜGELLAND

Essa região de 3.168 hectares localiza-se nas colinas da margem esquerda do lago Neusiedl. As cepas mais encontradas são: Grüner Veltliner, Welschriesling, Weissburgunder, Chardonnay, Blaufränkisch e Blauer Zweigelt. Os seus vinhos tintos e brancos doces estão entre os líderes do país, assim como alguns brancos secos.

> **VINÍCOLAS RECOMENDADAS**
> Kollwentz-Römerhof (brancos, tintos e botritizados), Feiler-Artinger (botritizados), Ernst Triebaumer (botritizados), Engelbert Prieler (brancos e tintos) e Heidi Schröck (botritizados).

Eis alguns bons brancos que bebi: Trockenbeerenauslese Chardonnay 95 (Kollwentz-Römerhof), Ruster Ausbruch 95 (Feiler-Artinger) e Oxhoft Weiss Chardonnay trocken 96 (Paul Braunstein).

Estes tintos também se saíram bem: Zweigelt 95 (Kollwentz-Römerhof) e Oxhoft Rot Cabernet Sauvignon/Blaufränkisch/Zweigelt 93 (Paul Braunstein).

SÜDSTEIERMARK

É a maior região vinícola da Estíria, com 2.029 hectares. Situa-se na fronteira com a Eslovênia. As cepas mais significativas são Welschrieling, Sauvignon Blanc, Weissburgunder e Chardonnay (chamada aqui de Morillon). Os seus brancos secos estão entre os melhores do país.

> **VINÍCOLAS RECOMENDADAS**
> Manfred Tement (brancos), Erich & Walter Polz (brancos) e Sattlerhof (brancos).

OUTRAS REGIÕES

As vinícolas meritórias dos outros estados e regiões são:

Niederösterreich • Thermenregion: Karl Alphart (brancos) e Heribert Bayer (tintos); Carnantum: Gerhard Markowitsch (brancos e tintos).

Burgenland • Mittelburgenland: Gesellmann (tintos e botritizados) e Franz Weninger (tintos); Südburgenland: Hermann Krutzler (tintos).

Steierland • Süd-Oststeiermark: Albert Neumeister (brancos).

Wien • Wien: Fritz Wieninger (brancos).

Os tintos de que gostei: Opus Eximium Cuvée nº 8 Blaufränkisch/Cabernet Sauvignon/Blauer Burgunder/St. Laurent 95 (Gesellmann) e Deutschkreuzer Hochacker Blaufränkisch 95 (Gesellmann).

HUNGRIA

A Hungria foi dividida pela lei de 1997 em 22 regiões vinícolas, das quais a mais importante mundialmente é a de Tokaj-Hegyalja.

TOKAJ

Tokay ou Tokaji (em húngaro, que é uma língua fino-ugriana e não eslava como muitos supõem) é o vinho mais famoso da Hungria, tendo sido o primeiro vinho do mundo produzido com uvas botritizadas, isto é, submetidas a um fungo que resseca os bagos, aumentando o seu teor de açúcar. Data de 1571 a primeira menção a vinhos *aszú* (botritizados).

- **PRODUÇÃO:** 280 milhões de litros (2016) ▲ 15ª do mundo
- **ÁREA DE VINHEDOS:** 68 mil hectares (2016) ▲ 22ª do mundo
- **CONSUMO PER CAPITA:** 26,4 litros/ano (2016) ▲ 11º do mundo
- **LATITUDES:** 48ºN (Tokaj)

A região de Tokaj-Hegyalja tem 5.967 hectares, abrangendo 27 comunas situadas no Nordeste do país, quase na fronteira com a Eslováquia. "Tokaji" é o termo genérico para esse tipo de branco. Apenas os vinhos da vila de Tokaj podem se chamar simplesmente "Tokaj".

O clima alterna invernos frios, verões quentes e outonos longos, suaves e úmidos. Os montes Cárpatos cortam a região. Os microclimas locais, decorrentes de encostas ensolaradas de exposição sul/sudeste e da proximidade dos rios Tisza e Bodrog, incentivam o surgimento da podridão nobre. A pluviosidade média é de 525 mm anuais. Os subsolos da zona são vulcânicos, com solos argilosos ou calcários.

VINHEDOS

Em 1737, a área de cultivo foi delimitada por decreto real. Em 1772, nasceu o primeiro sistema mundial de classificação de vinhedos, que previa: Grande Cru, Primeiro Cru, Segundo Cru, Terceiro Cru e não classificados. Em 1995, foi estabelecida uma nova classificação de vinhedos.

A colheita se inicia, tradicionalmente, no dia 28 de outubro, prolongando-se às vezes até o final de novembro.

UVAS

São três as cepas brancas que entram na composição do Tokaji. A Furmint é a principal matéria-prima, representando cerca de 60% a 70% das plantações da região. É de maturação tardia, dando vinhos de buquê marcante e elevada acidez. Nos anos favoráveis, ela é muito suscetível à podridão nobre.

A segunda mais importante é a Hárslevelü (folha de tília), com cerca de 25% a 30% dos parreirais. Ela transmite um finíssimo e característico perfume de mel, tília e especiarias, além de dar um vinho robusto e encorpado. É menos atacada pela botritização. Após anos de envelhecimento, apresenta excelente qualidade.

Finalmente, a Sárga Muskotály (ou Muscat de Lunel ou Muscat Blanc à Petits Grains), que é uma Moscatel "amarela", conforme o seu nome húngaro, contribui com elegante e intensa fragrância. Geralmente participa de cerca de 5% a 10% do lote.

VINHOS

O Tokaji, ao contrário do que muitos pensam, é elaborado não em apenas um estilo, mas em cinco estilos diferentes de vinho branco. Os tipos de alta qualidade

– *Szamorodni*, *Aszú* e *Aszú-Eszencia* – são engarrafados em botelhas especiais de 500 ml, transparentes e com longos gargalos.

Dry Wines (Száraz Borok) • Vinhos secos comercializados mencionando a respectiva variedade produtiva: Tokaji Furmint, Tokaji Hárslevelü e Tokaji Sárga Muskotály. Esses tipos, ditos *Ordinarium*, são vinhos de qualidade. São engarrafados em botelhas normais de 750 ml.

Late Harvest (Késói Szüret) • Vinhos de colheita tardia, similarmente aos *Szamorodni*, elaborados com cachos parcialmente botritizados, tendo, portanto, certo teor de açúcar residual. Esses vinhos não estão regulamentados, causando alguma confusão para os consumidores.

Szamorodni • O nome provém de uma palavra de origem polonesa, significando "como ele cresceu". São vinhos feitos com cachos parcialmente botritizados, porém sem seleção de bagos botritizados (*aszú*). Existem nas versões *Száraz Szamorodni* (seca) e *Édes Szamorodni* (doce). Evoluem em barris de madeira por dois a três anos.

O *Tokaji Száraz Szamorodni* é o clássico branco seco húngaro. Tem coloração dourado-amarronzado, com um buquê de oxidação típico dos Tokaji, sendo untuoso e com boa acidez. O *Tokaji Édes Szamorodni* pode ser elaborado quando a presença de uvas botritizadas garanta que o mosto contenha acima de 25% de açúcar.

Aszú • Os vinhos mais tradicionais, que fizeram a fama da região. O seu processo produtivo é *sui generis*, sendo realizado em duas etapas. Os bagos não afetados pelo *Botrytis cinerea* são prensados e fermentados. Os bagos botritizados (*aszú*) são selecionados individualmente e depois esmagados cuidadosamente em um equipamento especial. O mosto-flor (ou a pasta *aszú*) gerado é então macerado por 24 a 36 horas com o vinho-base. Após nova prensagem, o vinho-mosto é refermentado nos barriletes de carvalho húngaro, chamados *gönci*, em frias *caves*, por meses ou mesmo anos.

O envelhecimento inicial desse vinho é realizado por um a três meses em barriletes cheios apenas 80% a 90% da sua capacidade. Diferentemente do Jerez, essa oxidação a baixas temperaturas não forma muita flor, mas reduz o teor alcoólico e aumenta o conteúdo de aldeídos e ésteres responsáveis pelo buquê do vinho. A maturação total deve levar um mínimo de três a oito anos, dependendo do tipo de *Aszú*. Já os *Aszú-Eszencia* das melhores colheitas são envelhecidos até 15 anos.

As extensas *caves* de envelhecimento são encravadas em rocha sólida, providenciando condições ambientes ideais de maturação do vinho, com temperatura por volta de 10ºC-12ºC e umidade de cerca de 80%-95%, causando a formação de fungos nas paredes.

Dependendo da proporção dos bagos *aszú* – adicionados por cestos de madeira de 20 a 25 quilos chamados *puttonyos* –, para cada barrilete de 136-137 litros de vinho-base, existem os seguintes níveis de qualidade:

Tipo	Açúcar residual (g/l)
Aszú 3 Puttonyos	> 60
Aszú 4 Puttonyos	> 90
Aszú 5 Puttonyos	> 120
Aszú 6 Puttonyos	> 150
Aszú-Eszencia	> 200

Os *Aszú* vão de dourado-claro a dourado-amarronzado. Têm um buquê de mel e flores intenso e complexo, com *flavores* de mel, terroso e amendoado, além de outros mais complexos.

Eszencia • Constituem um raro e denso néctar oriundo exclusivamente do mosto-flor de uvas cujos bagos foram totalmente afetados pelo *Botrytis cinerea*. Uma cesta de uvas totalmente botritizadas fornece apenas de 500 a 1.500 ml de *Eszencia*. Devem ter no mínimo 6% de grau alcoólico e 250 g/l de açúcar residual. Por serem bastante doces, praticamente não fermentam. Desde a lei de 1997, devem permanecer em barris de madeira por no mínimo cinco anos.

Os húngaros os consideram, muito mais que simplesmente um vinho, uma rara experiência epicurista. Eu os acho excessivamente doces, preferindo, por exemplo, um *Aszú 5 Puttonyos*.

> **VINÍCOLAS DE DESTAQUE**
> Oremus (pertence à Vega Sicilia), Royal Tokaji (capital húngaro-anglo-dinamarquês), Disznókö (capital francês), Château Pajzos (capital húngaro-francês), Château Megyer (capital húngaro-francês), Hétszölö (Suntory + franceses), István Szepsy, Bodrog-Várhegy (capital francês) e Királydvar.

Melhores vinhos que provei: Aszú 5 Puttonyos 99 (Oremus) – o melhor Tokaji que bebi até hoje –, Aszú 6 Puttonyos 95 (Oremus) e Aszú 5 Puttonyos Betsek 90 (Royal Tokaji).

GRÉCIA

Na mitologia grega, Dionísio, o Baco dos romanos, era o deus do vinho. Ele era quase sempre retratado bebendo vinho em uma taça rasa (*kylix*, em grego), geralmente com duas asas.

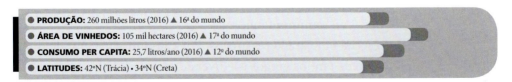

- **PRODUÇÃO:** 260 milhões litros (2016) ▲ 16ª do mundo
- **ÁREA DE VINHEDOS:** 105 mil hectares (2016) ▲ 17ª do mundo
- **CONSUMO PER CAPITA:** 25,7 litros/ano (2016) ▲ 12º do mundo
- **LATITUDES:** 42ºN (Trácia) • 34ºN (Creta)

Parece ter sido no século XV a.C. (1600 a.C.), com o início da Civilização Micênica, que a viticultura começou na Grécia – totalizando, até hoje, 35 séculos de cultivo ininterrupto.

Na Grécia Antiga (776-323 a.C.) os vinhos gregos já eram vendidos em ânforas de 400 litros com o nome da região estampado. Os mais famosos eram: *Chíos* (Quios), *Lésvos* (Lesbos) e *Thásos* (Tasos), no Egeu Setentrional; *Santoríni* (Thíra) e *Thráki* (Trácia).

Krasí é termo grego moderno para vinho. Ele provém de *kratistos oínos*, designação dada à mistura de água ao vinho que os antigos gregos faziam para beber mais sem ficar ébrios. Esse procedimento era muito empregado nas reuniões (*symposion/symposiá*, singular e plural em grego) para a troca de ideias.

No século VIII a.C., os gregos levaram o vinho para suas colônias no sul da Itália, que passaram a chamar de Enotria ("terra do vinho").

No período otomano (1453-1832), durante os séculos de dominação turca, apesar de não ser proibido o consumo para os cristãos, o vinho não se desenvolveu por causa dos altos impostos cobrados.

Na década de 1970, cinco grandes firmas dominavam o mercado: Achaïa Clauss, Cambás (hoje pertencente à Boutári), Kourtákis, Boutári e Tsántali.

Nos anos 1980, emergiu no país a primeira geração de enólogos formados fora, dando então um grande impulso à qualidade do vinho grego.

O clima da Grécia é mediterrânico (centro e sul) e continental (norte e zona montanhosa do Peloponeso). Apesar de muita insolação na maior parte do país e de todas as regiões vitivinícolas situarem-se na zona climática C III, a mais quente da Europa, as altas encostas e a proximidade do mar causam um benéfico efeito resfriador.

As chuvas aumentam nos sentidos este-oeste e sul-norte. A prefeitura de Ática, cuja capital é Atenas, é uma das regiões mais quentes e secas do país, com 414 mm de pluviosidade. Alexandroúpoli, na Trácia, tem 553 mm e Kérkyra, nas Ilhas Jônicas, tem 1.097 mm.

Os solos são variados e no geral pobres e rochosos. Apenas 28% das terras helenas são aráveis. A geografia da *Elláda* (Grécia na língua helênica) é muito peculiar, com 20% da área composta de ilhas. Possui mais de 14.880 km de costas e 85% dos terrenos são montanhosos ou semimontanhosos.

A língua grega é escrita em caracteres gregos. Por causa disso, a grande dificuldade para o estudioso de vinhos gregos é a diversidade de grafias encontradas em livros, revistas e internet, em várias línguas, para as diversas palavras. Visando uma padronização das palavras em grego, procurei adotar sempre que possível a transliteração e/ou a transcrição oficial para caracteres romanos, conforme a norma ISO 843.

LEGISLAÇÃO

As leis de denominação foram criadas em 1971-1972, sendo revisadas em 1981 – quando o país entrou na União Europeia. O programa é administrado pelo KEPO – Comitê Central de Proteção à Produção de Vinho, do Ministério da Agricultura.

VINHOS DE MESA

Em 1999, segundo a União Europeia, representavam 81,6% dos vinhedos.

- ***Epitrapézios Oínos* (EO).** Vinho de Mesa. Não pode declarar safra, uva e local geográfico. Comercializados sob uma marca comercial.
- ***Topikós Oínos* (TO).** Vinho Regional, equivalente ao *Vin de Pays* francês. Criada em 1989, totaliza atualmente 93 zonas. Tem três níveis de abrangência: município, prefeitura e "periferia" (as 13 principais divisões administrativas do país). Alguns são tão bons quantos os OPAP/OPE abaixo.
- ***Onomasía katá Parádosi* (OkP).** Denominação por Tradição. Categoria especial de vinho de mesa, que inclui os vinhos Retsína e Verntéa. O primeiro, com 15 distintas OkP, é o popular e "único" vinho com resina de pinho, produzido há mais de 3 mil anos. O segundo é o Verntéa Zakýnthou, um branco seco da ilha jônica de Zákynthos.

VINHOS DE QUALIDADE PRODUZIDOS EM REGIÃO DETERMINADA (VQPRD)

Em 1999, 18,4% dos vinhedos, segundo a União Europeia.

- ***Onomasía Proeléfseos Anotéras Poiótitos* (OPAP).** Denominação de Origem de Qualidade Superior, equivalente ao francês VDQS. São 20 denominações (ou 25 separando-se vinhos tintos e brancos). A maioria é de vinhos tintos e brancos secos.
- ***Onomasía Proeléfseos Elenchómeni* (OPE).** Denominação de Origem Controlada, equivalente ao francês AOC. São oito denominações, todas para vinhos doces.

UVAS

Muitas uvas (*stafylión/stafýlia*, singular e plural em grego) nativas são cultivadas desde tempos bem antigos, mas ainda são relativamente desconhecidas fora da Grécia. No "Greek Vitis Database" estão cadastradas 270 variedades, sendo 237 delas nativas. Porém, muitas são apenas de interesse local – ou para uso na mesa ou como passas. As castas mais usadas para vinhos são apenas cerca de 50. Entretanto, as melhores variedades, segundo o famoso especialista grego Nico Manessis, são as seguintes: Assýrtiko e Rodítis (claras não aromáticas); Malagousiá e Moschofílero (claras aromáticas); e Agiorgítiko e Xinómavro (tintas).

BRANCAS

Aïdáni ou Aïdáni Áspro (áspro significa uva branca) • Zona de cultivo: Cíclades, Egeu Setentrional e Creta. É encontrada notadamente em Santoríni e Páros. Tem muito menos acidez e álcool que a Assýrtiko, com a qual é usualmente cortada, contribuindo com um exótico aroma floral, reminiscente de jasmim.

Asproúda/Asproúdes • Termo genérico, no singular e plural, usado para variedades brancas cultivadas e colhidas mescladas.

Assýrtiko • Zona de cultivo: Cíclades (maioria), Egeu Setentrional e Calcídica (na Macedônia). É considerada, sem dúvida, a melhor cepa branca grega. Tem 1.150 hectares de parreiras no país. No solo vulcânico de Santoríni, de onde se originou, produz vinhos com uma rara combinação de mineralidade, extração, bom corpo e alta acidez. Em outras regiões ela é mais aromática, cheia de frutas e flores, porém mais leve.

Athíri ou Athíri Áspro • Zona de cultivo: Cíclades, Creta, Dodecaneso, Calcídica (na Macedônia) e Lacônia (no Peloponeso). Cepa similar à Greco Bianco. Tem perto de mil hectares plantados. Em Ródos, aparece como varietal, dando um apetitoso, leve ainda que complexo, branco seco frutado, cada vez mais popular, além de espumantes. Em Santoríni, dá um vinho frutado de melão, redondo, médio alcoólico, com pouca acidez, que corta muito bem com a Assýrtiko nos secos. Contudo, não pode entrar nos doces, talvez por sua baixa acidez.

Dafniá ou Dafni • Zona de cultivo: Creta Oriental. Seu nome significa "louro". Cepa tradicional, salva da extinção. Tem potencial para produzir os melhores vinhos brancos cretenses.

Debína • Zona de cultivo: Ioánnina (no Épiro). Tem 750 hectares de parreiras no país. É difícil de ser encontrada fora de sua área de produção original. Entretanto, nessas altas terras dá um excelente e elegante vinho frutado, com aroma cítrico e maçã discreta, moderadamente baixo em álcool e com uma vibrante acidez.

Lagórthi • Zona de cultivo: Acáia e Arcádia (no Peloponeso); Lefkáda, Zákynthos e Kérkyra (nas Ilhas Jônicas). Apesar de pouco utilizada, pois foi revivida recentemente, é olhada como uma das melhores castas brancas gregas. Seu vinho é elegante, mineral, moderadamente aromático, de teor alcoólico entre baixo e médio, acidez viva e levemente cremoso.

Malagousiá ou Malagouziá • Zona de cultivo: Etólia-Acarnânia (na Grécia Central), Acáia (no Peloponeso) e Tessalônica (na Macedônia). Foi salva recentemente da extinção. É uma das variedades gregas mais aromáticas. Resulta em aroma e *flavor* exótico, moscatado moderado, pêssego, abricó, pimenta verde, alcoólico, de média acidez, redondo e complexo, com grande afinidade para ser barricado.

Monemvasiá (Malvasia) • Zona de cultivo: Eubeia (na Grécia Central), Egeu Setentrional, Cíclades, Lacônia (no Peloponeso) – cujo porto de mesmo nome talvez tenha sido seu local de origem – e Macedônia. Seu nome *moni emvassis* significa "só entrada". Hoje ela é cultivada majoritariamente em Páros. Dá um típico branco aromático, alcoólico e de média acidez.

Moscháto Alexandreías ou Moscháto Chondro (Muscat d'Alexandrie) • Zona de cultivo: Límnos (no Egeu Setentrional), Macedônia, Tessália, Eubeia (na Grécia Central) e Ilhas Jônicas. Tem 700 hectares de parreiras no país, sendo bem menos plantada que a Moscháto Áspro. Apesar de ser considerada inferior à Moscháto Áspro, adaptou-se maravilhosamente em Límnos.

Moscháto Áspro ou Moschoúdi (Muscat Blanc à Petit Grains) • Zona de cultivo: Sámos (no Egeu Setentrional), Ródos (no Dedecaneso), Kefallinía (nas Ilhas Jônicas) e Acáia (no Peloponeso). Os exemplares barricados de Sámos, após décadas na garrafa, tornam-se um dos melhores vinhos do mundo.

Moschofílero • Zona de cultivo: Arcádia e Élida (no Peloponeso). Cepa rosada (*grízon* em grego). Especulações de parentesco com a Gewürztraminer mostraram-se erradas. Apesar disso, tem um estilo entre a Moschátó e a Gewürztraminer. Gera um dos melhores vinhos brancos aromáticos da Grécia, floral, frutado, leve, nervoso e extremamente elegante. Dá também um delicioso rosado, com boa acidez.

Robóla • Zona de cultivo: Itháki, Lefkáda, Kérkyra e Kefallinía (nas Ilhas Jônicas); Préveza (no Épiro); Arcádia (no Peloponeso). Pensava-se que fosse um clone da Ribolla Gialla friulana, mas estudos genéticos recentes negaram tal fato. Tem 500 hectares de parreiras no país. Com relação à qualidade, é a casta mais importante das Ilhas Jônicas. Tem um natural rendimento baixo, dando um vinho notavelmente cítrico, mineral, alcoólico e de acidez entre média e boa.

Rodítis • Zona de cultivo: Norte do Peloponeso (maioria); Tessália; Eubeia, Ática e Beócia (na Grécia Central); Cíclades. Cepa rosada, composta de vários clones variando de rosa a mais escuros – o mais conceituado é o clone escuro Alepoú. Seu nome vem de *rodon*, que significa "rosa" em grego. Plantada em 32 das 51 prefeituras (subdivisão das "periferias") do país. Associada no passado com vinhos de baixa qualidade. Só produz bons vinhos em *terroirs* especiais, como os altos vinhedos de Pátra com solos pobres e exposição norte. Fica então com aroma que lembra pêssego e melão, corpo leve e elegante, álcool médio a alto e acidez balanceada.

Savatianó • Zona de cultivo: principalmente em Ática, Beócia e Eubeia (na Grécia Central) e Páros (nas Cíclades). Também cultivada em Fócida, Ftiótida e Etólia-Acarnânia (na Grécia Central), Sámos (no Egeu Setentrional), Peloponeso, Tessália, Macedônia, Trácia, Creta e Cíclades Oriental. Seu nome vem de "sabbath". É a cepa grega mais plantada, com mais de 18 mil hectares. Uva resistente a clima quente e seco, dando vinhos alcoólicos e de baixa acidez. Tem um característico aroma floral de flor de laranjeira. Junto com a Rodítis, é muito usada para produzir os vinhos Retsína.

Vilána • Zona de cultivo: Creta Oriental. É a principal variedade branca em Creta. Tem 350 hectares de parreiras no país. Produz vinhos florais e frutados, de moderada alcoolicidade e acidez, para ser sorvidos jovens.

TINTAS

Agiorgítiko • Zona de cultivo: Coríntia, Messínia e Argólida (no Peloponeso). Seu nome vem da antiga vila de Ágios Georgios, isto é, "São Jorge", em Coríntia. É uma das duas melhores cepas escuras gregas junto com a Xinómavro. É a casta tinta mais plantada no país, com 2 mil hectares. Os produtores de Neméa costumam compará-la, de uma certa forma, com a Merlot. Escura, poderosa, mas graciosa, rica, concentrada, tânica, mas sempre aveludada. Dá também ótimos tintos frutados, leves e nervosos. Também gera elegantes rosados e, inclusive, tintos doces.

Kotsifáli • Zona de cultivo: Irákleio (em Creta) e Cíclades. Seu conceito está começando a subir, principalmente no que diz respeito aos vinhos oriundos de velhas vinhas. Tende a dar vinhos com halo laranja, aromáticos, alcoólicos, mas de baixa acidez. Ideal para ser cortada com a escura e tânica Mandilariá.

Liátiko • Zona de cultivo: Creta Oriental e Milon (nas Cíclades). O nome deriva da palavra grega para "julho", pois ela é precoce. Apesar de também produzir tintos secos, os tintos doces de Liátiko é que estão começando a surpreender, por seu alto padrão. Tem um aroma floral de rosa.

Limnió • Originária de Límnos, ilha do Mar Egeu. Zona de cultivo atual: Thásos e Trácia continental; Macedônia; Tessália; Lésvos (no Egeu Setentrional) e Eubeia (na Grécia Central). É uma cepa tardia que produz vinhos herbáceos com aroma de sálvia, louro e pimenta, de muito corpo, álcool, extração e média acidez. Boa para cortes com cepas bordalesas.

Mandilariá • Zona de cultivo: principalmente em Creta e Ródos (no Dodecaneso); mas também em Páros e Santoríni (nas Cíclades); Egeu Setentrional; Ática, Eubeia e Beócia (na Grécia Central); Calcídica (na Macedônia); Acáia, Élida e Messínia (no Peloponeso). É a cepa escura mais plantada no Mar Egeu, com 1.500 hectares.

Geralmente usada para corte, pois é muito escura, pouco frutada, tânica, pouco alcoólica e com moderada acidez.

Mavrodáfni • Zona de cultivo: Acáia e Élida (no Peloponeso); Kefallinía, Itháki, Lefkáda e Kérkyra (nas Ilhas Jônicas) e Calcídica (na Macedônia). Parece ser originária das Ilhas Jônicas. Seu nome significa "louro negro". Tem 650 hectares de parreiras no país. Em estilo, seu vinho fica entre um Porto Tawny e um Banyuls. Os exemplares doces envelhecidos em carvalho por oito anos ou mais podem ser extremamente elegantes, sedosos e multifacetados.

Mavroúdi / Mavroúdia • Termo genérico, no singular e plural, usado para variedades tintas cultivadas e colhidas mescladas.

Negóska • Zona de cultivo: Gouménissa (na Macedônia). Seu nome vem da palavra eslava para Náoussa, "Negush". Acredita-se que seja parente próxima da Xinómavro. Tem apenas 70 hectares cultivados. É ideal para arredondar a austera Xinómavro, devido a sua cor escura, seu alto teor alcoólico, taninos macios e média acidez.

Vertzámi (Marzemina) • Zona de cultivo: Lefkáda e Kérkyra (nas Ilhas Jônicas); Etólia-Acarnânia (na Grécia Central); Préveza (no Épiro) e na área oeste da Grécia Central. O nome vem de "violeta escuro". Cepa originária da Itália, representando 90% da superfície vitícola de Lefkáda. É considerada a Mandilariá do oeste, apesar de ter mais potencial que ela. Dá um dos tintos gregos mais escuros, com intenso aroma de frutas vermelhas, alto teor de taninos macios, alcoólico e com acidez entre moderada e alta.

Xinómavro ou Xynómavro • Zona de cultivo: Macedônia; Lárisa (na Tessália). Seu nome significa "ácida e preta". É uma das duas melhores cepas pretas helenas, junto com a Agiorgítiko. É a segunda casta tinta mais plantada do país, com 1.800 hectares. Segundo muitos, lembra a Pinot Noir e a Nebbiolo. No entanto, tem mais similaridade com a segunda. Bastante temperamental, depende muito da qualidade da colheita para mostrar sua grandeza. Tem uma cor mais clara. Seu complexo aroma não apresenta muita fruta, mas flores e especiarias. No palato é tânico e com alta acidez.

VINHOS

Atualmente, cerca de 70% são vinhos brancos e 30% vinhos tintos e rosados. A chaptalização é proibida. São difíceis de pronunciar, mas fáceis de beber. Os tipos de vinhos são os seguintes:

- *Lefkós*: branco
- *Erythrós*: tinto
- *Erythropó* ou *Rozé*: rosado
- *Afródis*: espumante
- *Imíafrodis*: frisante
- *Liastós*: vinho OPE/OPAP/TO apassivado

Para poder nomear no rótulo uma cepa, o vinho deve conter no mínimo 85% da variedade declarada, conforme norma europeia. Para declarar uma safra específica, o vinho deve ser pelo menos 85% proveniente dela.

DECLARAÇÕES DE MATURAÇÃO DE VINHOS

- *Néos Oínos* ou *Nearos Oínos* (Vinho Novo). Criada em 2005, aplica-se apenas aos vinhos OPE/OPAP no estilo "nouveau", que podem ser vendidos até o dia 10 de dezembro do ano seguinte à colheita.
- *Epilegménos* ou *Epilogí* (Selecionado ou *Réserve*). Criada em 1988 para vinhos OPE/OPAP. Os brancos devem ser maturados por um ano, com no mínimo seis meses em barril e três meses em garrafa, e os tintos por dois anos, com no mínimo 12 meses em barril e seis meses em garrafa.
- *Eidiká Epilegménos* (Especialmente Selecionado ou *Grande Réserve*). Criada também em 1988 para vinhos OPE/OPAP. Os brancos devem ser maturados por pelo menos dois anos, com no mínimo 12 meses em barril e seis meses em garrafa, e os tintos por pelo menos quatro anos, com no mínimo 18 meses em barril e 18 meses em garrafa. Os brancos *Réserve* e *Grande Réserve* são quase exclusivamente vinhos de sobremesa.
- *Káva* (Cava). Criada em 1989 para vinhos TO, significa adegado. Os brancos devem ser maturados por dois anos, com no mínimo seis meses em barril e seis meses em garrafa, e os tintos por pelo menos três anos, com no mínimo 12 meses em barril e 24 meses em garrafa. Não confundi-la com os espumantes espanhóis Cava.

- ***Orimasse se varéli*** (Maturado em barril). Criada em 2005 para vinhos OPE/OPAP/TO tintos com seis meses de carvalho e vendidos 12 meses após a colheita. Pode ser seguida de *gia eksi mínes* (por seis meses). Também para brancos e rosados com três meses de carvalho e vendidos seis meses após a colheita. Pode ser seguida de *gia treis mínes* (por três meses). Por sinal, carvalho em grego é *dris* e *néa dris* é carvalho novo.
- ***Oinopoiithike kai orimasse se varéli*** (Vinificado e maturado em barril). Criada em 2005 para vinhos TO/OPE/OPAP brancos e rosados barricados.
- ***Palaiotheís Epilegménos*** (*Vieille Réserve*). Denominação permitida só para vinhos licorosos.

DECLARAÇÕES PARA ESPUMANTES E FRISANTES

- ***Lefkós apó lefká stafýlia*** (*Blanc de blancs*). Vinhos espumantes OPE/OPAP/TO brancos secos, meio secos e meio doces produzidos apenas com variedades brancas.
- ***Lefkós apó erythrá stafýlia*** (*Blanc de noir*). Vinhos espumantes TO brancos secos, meio secos e meio doces elaborados exclusivamente com vides escuras.
- ***Lefkós apó erythropá stafýlia*** ou ***Lefkós apó kokina stafýlia*** (*Blanc de gris*). Vinhos espumantes e frisantes OPE/OPAP/TO brancos secos, meio secos e meio doces oriundos de cepas tintas e rosadas ou cinzentas.

DECLARAÇÕES DE VINHEDOS

- ***Ampelónas, Ampelónes*** (Vinhedo, Vinhedos). Só pode ser usada no rótulo para vinho OPE/OPAP/TO e quando o vinhedo pertencer integralmente ao produtor.
- ***Palaión Ampelónon*** ou ***Apó Palia Krasabela*** ou ***Apó Palaiá Klímata*** (Velhos Vinhedos ou Velhas Vinhas). Só para vinhedos OPE/OPAP/TO com mais de 40 anos.
- ***Oreinós Ampelónas, Oreinói Ampelónes*** (Vinhedo Montanhoso, Vinhedos Montanhosos). Só pode ser usado no rótulo para vinho OPE/OPAP/TO de vinhedos acima de 500 metros.

DECLARAÇÕES ESPECIAIS

Todas elas apenas para vinhos OPE/OPAP/TO produzidos na propriedade: ***Ktíma*** (Propriedade); ***Pýrgos*** (Castelo), termo similar a *Ktíma*, com a diferença de que é necessário existir na propriedade uma edificação que se pareça com um castelo; ***Kástro*** (Castelo), para propriedades com ruínas de um castelo histórico; ***Monastíri*** (Monastério); ***Villa*** ou ***Archontikó*** (Mansão).

Com relação ao teor de açúcar residual, o vinho pode ser:

Tipo	Açúcar residual (g/l)
Xirós (seco)	< 4
Imíxiros (meio seco)	4,1-15
Imíglykos (meio doce)	15,1- 25
Glykós, Glykýs (doce)	> 25

DECLARAÇÃO DE VINHOS DOCES

- ***Oínos Glykós*** (Vinho Doce). Vinho doce. *Erythrós Glykós* (tinto doce) e *Lefkós Glykýs* (branco doce).
- ***Oínos Fysikós Glykýs*** (Vinho Naturalmente Doce). Vinho OPE/OPAP de uvas supermaduras ou secadas ao sol, tendo até 14% de álcool e não sendo fortificado. *Erythrós Fysikós Glykós* (tinto naturalmente doce) e *Lefkós Fysikós Glykýs* (branco naturalmente doce).
- ***Oínos Glykós Fysikós*** (Vinho Doce Natural). Vinho OPE/OPAP licoroso doce, tendo acima de 14% de álcool e sendo fortificado. *Erythrós Glykós Fysikós* (tinto doce natural) e *Lefkós Glykýs Fysikós* (branco doce natural).

PRINCIPAIS REGIÕES

As 11 principais regiões vinícolas (seguem, de certa forma, a divisão política) produtoras de variedades para vinho, em 2000, foram as seguintes:

Região	Área (ha)
Trácia [Thráki]	*400*
Macedônia [Makedonía]	*7.210*
Épiro [Ípeiros]	*700*

Região	Área (ha)
Tessália [Thessalía]	4.410
Grécia Central [Stereá Elláda]	20.900
Peloponeso [Pelopónnisos]	21.850
Ilhas Jônicas [Iónia Nisiá]	3.560
Egeu Setentrional [Vóreio Aigaío]	2.810
Cíclades [Kykládes]	4.100
Dodecaneso [Dodekánisos]	1.450
Creta [Kríti]	10.100
Total	77.490

As Ilhas Egeias (*Nisiá Aigaíou*), englobando Egeu Setentrional, Cíclades e Dodecaneso, totalizam 8.360 hectares e são o quarto maior parreiral do país.

MACEDÔNIA (*MAKEDONÍA*)

Região mais importante do norte do país, tanto em quantidade (7.210 hectares) quanto em qualidade. Predominam os vinhos tintos, sendo a Xinómavro a mais plantada.

Principais denominações

- OPAP (4) – Náoussa, Gouménissa e Amýntaio são as mais importantes.
- OPE – nenhuma.
- TO (22) – Epanomí, Pangeón e Dráma são as principais.

Náoussa (OPAP) • Foi a primeira região grega a ter uma denominação. Situada no município de Náousa e outros vizinhos na prefeitura de Imathía, numa área de cerca de 700 hectares. Das três OPAPs onde a Xinómavro predomina, essa é a intermediária no que se refere à temperatura. É considerada a melhor região macedônica e uma das melhores de todo o país. Produz vinho tinto seco (principalmente), meio seco ou meio doce, exclusivamente da nobre cepa Xinómavro. O tinto seco deve ser maturado em barris de carvalho por pelo menos um ano. Os tintos secos são densos, ácidos, alcoólicos, tânicos, tendo muita semelhança com o Barolo. São os tintos secos mais longevos do país.

VINÍCOLAS DE DESTAQUE
Boutári, Kir-Yiánni e Dalamáras.

Meu predileto foi o perfumado e marcante Náoussa Grande Réserve 01, da Boutári. O Boutári Syrah 03, da TO Imathías, também mostra muitas qualidades.

Gouménissa (OPAP) • Localizada no município de Gouménissa e outros vizinhos na prefeitura de Kilkís, numa área de 328 hectares. É um pouco mais morna e seca que Náoussa. As uvas empregadas são Xinómavro e Negóska (mínimo 20%). Produzem apenas vinho tinto seco, sendo maturado em barricas de carvalho por pelo menos um ano. Seus tintos são mais amigáveis porém menos elegantes que os de Náoussa.

VINÍCOLA DE DESTAQUE
Boutári.

Amýntaio (OPAP) • Situada no município de Amýntaio e outros vizinhos na prefeitura de Flórina, numa área de cerca de 550 hectares. Essa prefeitura é a produtora de uvas mais fria do país, tendo clima continental, com invernos frios e úmidos e verão morno. Elabora vinhos, exclusivamente da casta Xinómavro, nos tipos tinto seco, meio seco e meio doce; rosado seco, meio seco e meio doce; espumante natural rosado seco e meio doce. Única denominação grega em que o rosado é importante. Em relação ao Náoussa, ele usualmente é mais floral, mais leve e não tão tânico.

VINÍCOLA DE DESTAQUE
Alpha Estate / Ktíma Alpha (uma das cinco melhores do país).

Epanomí (TO) • Vinho regional da prefeitura de Tessalônica, com ótimos vinhos tintos secos de cepas francesas (Syrah, Grenache e Merlot). Entretanto, o maior excitamento aqui são os brancos secos de Assýrtiko e Malagousiá (recuperada da extinção), além de Chardonnay e Sauvignon Blanc.

> **VINÍCOLA DE DESTAQUE**
> Gerovassilíou (uma das duas melhores do país, junto com a Gaía).

Um dos grandes tintos gregos que eu provei foi o Gerovassilíou Syrah 03. Outros tintos destacados são: Avaton 03, da Gerovassilíou (mescla das castas nativas Limnió, Mavroúdia, Mavrotraganó) e Gerovassilíou Red 03 (80% Syrah e 20% Merlot). Dentre os vinhos brancos, me impressionou o Gerovassilíou Malagousiá 05, seguido do Gerovassilíou Chardonnay 05, do Gerovassilíou Fumé Blanc 05, do Gerovassilíou Viognier 05 e do Gerovassilíou White 05 (50% Malagousiá e 50% Assýrtiko).

Pangeón (TO) • Vinho regional da prefeitura de Kavála, com 630 hectares. A ilha de Thásos, outrora famosa, pertence a essa prefeitura. A prefeitura de Kavála forma junto com Dráma a Macedônia Oriental, sendo possivelmente as mais excitantes novas regiões gregas. Hoje podem ser consideradas o Bordeaux grego, sendo Dráma a margem esquerda, com vinhos levemente mais austeros e elegantes. Já Kavála seria a margem direita, mais temperada pela proximidade do mar, com vinhos mais macios. Os brancos secos são de 35% Rodítis, 10% Assýrtiko e outras. Os rosados secos são de 50% Cabernet Sauvignon, 15% Limnió e outras. Os tintos secos são de 50% Cabernet Sauvignon, 15% Merlot e outras.

> **VINÍCOLA DE DESTAQUE**
> Biblia Chóra / Oinopedion (uma das cinco melhores do país).

Dráma (TO) • Vinho regional abrangendo toda a prefeitura de Dráma, uma das líderes de qualidade do país. Os brancos secos são de Sauvignon Blanc (mínimo 40%), Sémillon (mínimo 15%), Assýrtiko, Rodítis, Moscháto Alexandreías, Chardonnay e Ugni Blanc. Os rosados secos são de Cabernet Sauvignon (mínimo 55%), Rodítis, Grenache e Merlot. Os tintos secos são de Cabernet Sauvignon (mínimo 40%), Merlot (mínimo 15%), Limnió, Cabernet Franc e Syrah.

> **VINÍCOLAS DE DESTAQUE**
> Domaine Costa Lazarídi e Château Nico Lazarídi.

GRÉCIA CENTRAL (*STEREÁ ELLÁDA*)

Compreende as regiões históricas de Ática (*Attikí*), Eubeia (*Évvoia*), Beócia (*Voiotía*), Fócida (*Fokída*), Etólia (*Aitolía*), Acarnânia (*Akarnanía*) e outras. Seu nome significa "Grécia Sólida".

É a segunda maior região vinícola grega, com 20.900 hectares. Só as três prefeituras orientais de Ática, Eubeia e Beócia juntas têm 18.919 hectares. Geralmente, o extremo calor não favorece a produção de vinhos de qualidade, sendo a terra dos vinhos Retsína. As uvas mais cultivadas são brancas. A Savatianó é a mais plantada, seguida de Rodítis, Assýrtiko e Athíri.

Principais denominações
- OPAP – nenhuma.
- OPE – nenhuma.
- OkP (15) – elas são compostas da palavra Retsína seguida do local de origem.
- TO (22) – Attikós é a mais significativa.

Retsína (OkP) • Os antigos gregos usavam resina de pinho para selar o topo de suas ânforas, nas quais os vinhos eram estocados e transportados, impedindo o contato com o ar. Até hoje, eles também adicionam ao mosto resina da conífera *Pinus halepensis*, bastante comum na prefeitura de Ática. Os vinhos Retsína são feitos principalmente com a Savatianó, usando no máximo 1 kg/hl (1%) de resina de pinho. Entretanto, os melhores são de Rodítis. São vinhos resinados brancos e rosados, elaborados há milênios. Têm um *flavor* mentolado distinto, que resfria o palato. Atualmente, seu consumo vem caindo no país. É um gosto adquirido, que não me atraiu em nenhuma das vezes que provei. Um bom Retsína combina bem com os leves frutos do mar de um *meze/mezédes* (antepasto/antepastos) – combinação de pequenos pratos de legumes, queijo e frutos do mar, acompanhados de pão –, servidos como aperitivo. Esse vinho é muito servido nas tavernas (*kapilia* em grego) atenienses. Disponível nos tipos: **Retsína Nearí** ou **Retsína Fréskia** (Nova ou Fresca), para ser bebido bem jovem; **Retsína Varelísia** (Barricada), vinificada em barrica, bem mais rara.

O Ritinitis Nobilis Retsína 05, da Gaía, exclusivamente de uvas Rodítis, é considerado o *benchmark* dos Retsína gregos, tendo sido também o que me pareceu melhor.

Attikós (TO) • Fica na Ática, que tem 11.540 hectares de vinhas, sendo não só a maior prefeitura vitícola da Grécia Central como de todo o país. Possui o clima mais quente e seco do país. Os vinhos brancos dominam plenamente, com mais de 90% da cepa Savatianó, seguida da Rodítis, Assýrtiko, Athíri e Malagouziá. Produz alguns tintos secos de Cabernet Sauvignon, Grenache, Merlot e Syrah.

> **VINÍCOLAS DE DESTAQUE**
> Mátsa (comercialização pela Boutári), Cambás (hoje pertence à Boutári), Kourtákis e Semeli / Kokotos.

Gostei muito do Mátsa Malagouziá 05, da TO Pallini.

PELOPONESO (*PELOPÓNNISOS*)
Engloba as regiões históricas de Coríntia (*Korinthía*), Acáia (*Achaïa*), Argólida (*Argolída*), Arcádia (*Arkadía*), Élida (*Ileía*), Lacônia (*Lakonía*) e Messínia (*Messinía*).

É a maior região grega, com 21.850 hectares, e também uma das melhores. Cerca de 50% dos parreirais são para uvas de mesa e passas. No geral é uma zona muito montanhosa. O clima é mediterrânico, com invernos suaves e verões mornos e secos. A pluviosidade aumenta de este para oeste, sendo de 410 mm em Neméa e 920 mm em Pyrgos.

Principais denominações
- OPAP (3) – Neméa, Mantinía e Pátra.
- OPE (3) – Mavrodáfni Patrón, Moscháto Patrón e Moscháto Ríou Patrón.
- TO (18) – Letrinón é a principal.

Neméa (OPAP) • Localizada nos municípios de Neméa, Archaia Neméa e outros 12 vizinhos na prefeitura de Coríntia, além de dois municípios na prefeitura de Argólida, numa área de 2.123 hectares e 165 hectares, respectivamente. O clima é de invernos suaves e chuvosos e verão quente. É uma das zonas mais secas do Peloponeso, com 410 mm de pluviosidade. Tem uma grande variedade de solos e de microclimas. É dividida em três zonas. A primeira, com vinhedos situados entre 230-450 metros, é a mais quente e com os solos mais ricos. A inclusão de vinhos doces na denominação é por sua causa. A segunda, com vinhedos situados a uma altitude de 450-650 metros, é a mais apta para o novo estilo de Neméa. Nessa zona fica o município mais reputado pela qualidade, o de Koutsi. A terceira fica a 750-900 metros, sendo a mais fria, com ótimos rosados não OPAP; além disso produz alguns excelentes Neméa de clima frio. É a maior denominação grega para vinho tinto. Talvez seja a denominação mais importante da Grécia, rivalizando com a de Náoussa. Vinhos exclusivamente de Agiorgítiko, sendo tinto secos (principalmente), meio doces e doces (raros).

> **VINÍCOLAS DE DESTAQUE**
> Gaía (uma das duas melhores do país, junto com a Gerovassilíou), Papaïoánnou, Skoúras e Boutári.

O grande vinho da OPAP Neméa e um dos melhores tintos gregos degustados foram os excelentes Gaía Estate 03 e 04. Outros que agradaram bastante foram: Agiorgítiko by Gaía 04 e Boutári Neméa 04. Uma grande curiosidade, além de ótimo vinho doce, é o Anatolikos Neméa 00, da Gaía. Outro vinho que vale a pena experimentar é o refrescante Gaía 14-18h Agiorgítiko Rosé 05, da TO Pelopónnisos.

Mantinía (OPAP) • Localizada no município de Artemisio (antiga Mantinía) e outros vizinhos na prefeitura de Arcádia, numa área de 621 hectares. Vinhedos elevados situados a uma altitude média acima de 600 metros, sendo o parreiral com o período de crescimento mais frio do Peloponeso. É a segunda OPAP mais importante do Peloponeso, só atrás de Neméa. Uvas: Moschofílero (mínimo 85%) e Asproúdes (isto é, brancas regionais mescladas). Vinhos: brancos secos, frutados, florais e nervosos, para serem bebidos jovens. Também são produzidos rosados muito distintos.

> **VINÍCOLAS DE DESTAQUE**
> Antonópoulos (uma das dez melhores do país), Tsélepos, Spirópoulos, Boutári e Cambás.

Apresentaram-se deliciosos o Antonópoulos Mantinía Moschofílero 05 e o Boutári Mantinía Moschofílero 06.

Pátra (OPAP) • Fica no município de Pátra e muitos outros vizinhos na Acáia, a prefeitura que possui os mais extensos parreirais do Peloponeso. A uva Rodítis, a mais plantada do Peloponeso, dá um vinho branco seco, denso, com acidez equilibrada e *flavor* cítrico e de mel.

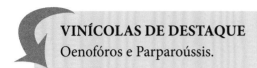

VINÍCOLAS DE DESTAQUE
Oenofóros e Parparoússis.

Alguns excelentes vinhos são produzidos nessa região pela Antonópoulos sob rótulos de vinhos regionais e de mesa. Dentre os tintos sobressai principalmente o Cabernet-Nea Dris 03 (70% Cabernet Sauvignon e 30% Cabernet Franc), um dos melhores do país. Dentre os brancos me agradou mais o Gerodoklima Rematias Gris de Noir 05, de casta Moschofílero, seguido do Ádoli Ghis 05 (45% Lagórthi, 30% Asproúdes, 15% Rodítis e 10% Chardonnay).

Mavrodáfni Patrón (Mavrodaphne de Patras) (OPE) • Baseada em três zonas próximas do município de Pátra. Uvas: Mavrodáfni (mínimo 51%) e Korinthiakí. Vinhos: tinto doce e tinto doce natural. O primeiro tem no mínimo 200 g/l de açúcar e o segundo cerca de 160 g/l. É um dos melhores vinhos doces gregos, principalmente os envelhecidos em carvalho. Os não datados, a maioria, são produzidos por "solera" e os datados geralmente são meio oxidados. Uma das denominações mais famosas da Grécia, tanto internamente quanto no exterior. É um dos vinhos mais exportados.

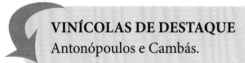

VINÍCOLAS DE DESTAQUE
Antonópoulos e Cambás.

Sem dúvida o melhor provado foi o Mavrodaphne of Patras 00, da Antonópoulos.

Moscháto ou Moschátos Patrón (Muscat de Patras) (OPE) • Implantada numa zona próxima do município de Pátra. Aqui a cepa Moscháto Áspro dá vinhos branco doce, branco naturalmente doce, branco doce natural e branco doce natural de vinhas selecionadas.

Moscháto Ríou-Patrón (Muscat Rion de Patras) (OPE) • Elaborado numa zona entre os municípios de Pátra e Rio, na prefeitura da Acáia. Produz os mesmos estilos de vinho que a Moscháto ou Moschátos Patrón, também de Moscháto Áspro.

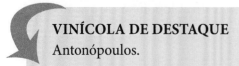

VINÍCOLA DE DESTAQUE
Antonópoulos.

Letrinón (TO) • Localizada na prefeitura de Élida, na zona mais úmida do Peloponeso. Elabora um tinto com 85% Refosco e 15% Mavrodáfni.

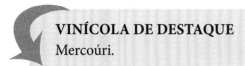

VINÍCOLA DE DESTAQUE
Mercoúri.

ILHAS JÔNICAS (*IÓNIA NISIÁ*)

São sete ilhas, mas apenas quatro delas têm alguma importância. Nunca caíram no jugo otomano. Têm forte influência italiana, pois de 1386 a 1797 pertenceram a Veneza. É uma das regiões mais úmidas do país, com 3.556 hectares plantados.

Principais denominações
- OPAP (1) – Robóla Kefallinías.
- OPE (2) – Mavrodáfni Kefallinías e Moscháto Kefallinías.
- OkP (1) – Verntéa Zakýnthou.
- TO (6) – nenhuma importante.

Robóla Kefallinías (OPAP) • Situada na zona sul da ilha de Kefallinía (Cefalônia), na prefeitura de mesmo nome. São 1.105 hectares de vinhas, incluindo a ilha de Itháki (a famosa Ítaca, terra natal do herói grego Ulisses). É o maior parreiral das Ilhas Jônicas. Vinhedos situam-se a uma altitude de 200-800 metros. Dão os melhores vinhos da ilha, brancos secos, exclusivamente da cepa Robóla, sendo frescos, encorpados e minerais.

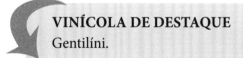

VINÍCOLA DE DESTAQUE
Gentilíni.

Mavrodáfni Kefallinías (Mavrodaphne de Céphalonie) (OPE) • Localizada em algumas zonas da ilha de Kefallinía e na zona sul da ilha de Itháki. Vinhedos situados a uma altitude de 200-800 metros. Seu tinto doce natural é da variedade Mavrodáfni.

Moscháto Kefallinías (Muscat de Céphalonie) (OPE) • Situada na zona oeste da ilha de Kefallinía. Vinhedos situados a uma altitude de 200-800 metros. Usam a uva Moscháto Áspro para elaborar vinho branco doce, branco naturalmente doce, branco doce natural e branco doce natural de vinhas selecionadas.

EGEU SETENTRIONAL (*VÓREIO AIGAÍO*)

Abrange as ilhas do norte do Mar Egeu, sendo cinco as mais importantes: Límnos, Lésvos, Chíos, Sámos e Ikaría. Tem 2.810 hectares plantados. Clima típico do Mar Egeu, com verões quentes, secos e ventosos (menos que nas Cíclades) e invernos relativamente suaves (menos que no Egeu Meridional).

Principais denominações
- OPAP (1) – Límnos.
- OPE (2) – Moscháto Límnou e Sámos.
- TO (2) – nenhuma importante.

Límnos (OPAP) • Implantada na ilha de Límnos, na prefeitura de Lésvos. Vinhos de cepa Moscháto Alexandreías nos estilos branco seco, meio seco e meio doce. O Moscatel seco é um dos melhores brancos frutados gregos, sendo delicioso, fresco e leve, mas guloso.

VINÍCOLA RECOMENDADA
Límnos Cooperative.

Moscháto Límnou (Muscat de Lemnos) (OPE) • Também situada na ilha de Límnos. São vinhos de Moscháto Alexandreías nos estilos branco doce, branco naturalmente doce, branco doce natural e branco doce natural de vinhas selecionadas (*vin doux naturel Grand Cru*).

Sámos (OPE) • Estabelecida em quatro zonas de Sámos, ilha de maior renome da região, na prefeitura de mesmo nome. Os vinhedos ficam em encostas com 150-900 metros de altitude. O clima é de invernos suaves e verões quentes. São todos vinhos de Moscháto Áspro nos estilos branco doce, branco naturalmente doce, branco doce natural e branco doce natural de vinhas selecionadas (*vin doux naturel Grand Cru*). O branco naturalmente doce é de uvas apassivadas, podendo chegar a cerca de 130 g/l de açúcar residual. O branco doce natural de vinhas selecionadas é de vinhedos plantados acima de 400 metros de altitude, sendo fortificado e tendo no final menos de 150 g/l de açúcar. É considerado o melhor Moscatel doce do Mar Egeu, diferente de outros países, onde a perda de frescor é compensada pela opulência.

VINÍCOLAS DE DESTAQUE
Sámos Cooperative e Boutári.

Ótimo foi o Sámos Anthemis Muscat Blanc 98, da Sámos Cooperative, que provei na feira Vinoble 2004.

CÍCLADES (*KYKLÁDES*)

Abrange as 18 ilhas Cíclades, dispostas como um círculo (*cyclos* em grego), situadas no sudoeste do Mar Egeu. Tem 4.100 hectares plantados. A sua economia principal vem do turismo. É uma das regiões mais ventosas do país.

Principais denominações
- OPAP (2) – Páros e Santoríni.
- OPE – nenhuma.
- TO (3) – nenhuma importante.

Páros (OPAP) • Localizada na ilha de Páros, na prefeitura das Cíclades. Os melhores vinhedos ficam a 250-400 metros de altitude. Tem muito vento, mas menos que em Santoríni. Os brancos secos de Monemvasiá (Malvasia) são considerados superiores aos tintos. É a única denominação grega que permite vinificar uvas tintas misturadas com brancas, dando um tinto seco de Mandilariá (66%) e Monemvasiá (33%).

VINÍCOLA RECOMENDADA
Moraïtis.

Santoríni (OPAP) • Situada nas ilhas de Thíra e Thirasía, na prefeitura das Cíclades, numa área com cerca de 1.200 hectares. Os vinhedos ficam a uma altitude de 300 metros. O clima é de invernos suaves com pouca chuva e verões quentes e secos. Tem muito vento. A pluviosidade anual é de 200 mm. Em cerca de 1500 a.C., sofreu uma grande erupção vulcânica que colapsou parte da ilha (existe inclusive uma teoria alegando que essa era a lendária Atlântida descrita por Platão). O solo é vulcânico e muito pobre, com um subsolo de xisto, calcário coberto por cinza, lava e pedra-pome. Uvas: Assýrtiko (70%), Mandilariá (20%) e Aïdáni e Athíri (10%). Vinhos: branco seco, branco doce (*vin de liquer*), branco doce natural (*vin *doux naturel*), branco naturalmente doce (*vin naturellement doux*). Os tipos produzidos são:

- **Branco Seco.** É considerado o melhor branco do país, nos estilos barricado e sem maturação em madeira. É mineral, tendo um excelente balanço entre densidade e acidez metálica.
- **Nychtéri.** Tradicional termo para vinho branco seco OPAP produzido na ilha de Santoríni, com no mínimo 13,5% de álcool. Ele deve ser barricado e com no mínimo três meses de madeira.
- **Vinsánto.** Branco doce apassivado, durante 7 a 14 dias, de uvas Assýrtiko (no mínimo 51%) e Aïdáni, podendo ser ou não fortificado. Fica com 200-240 g/l de açúcar residual. Deve ser maturado por pelo menos dois anos em carvalho (tradicionalmente em barris de 500 litros e maiores) antes de ser comercializado. Esse termo é usado desde a época bizantina, portanto sendo mais antigo do que os Vin Santo italianos. Estão entre os melhores vinhos de sobremesa do país, principalmente à medida que envelhecem, sendo intensos, vigorosos e complexos.
- **Mezzo.** Tinto doce de Santoríni equivalente ao Vinsánto, feito com uvas Mandilariá apassivadas.

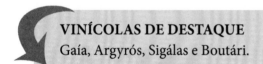

VINÍCOLAS DE DESTAQUE
Gaía, Argyrós, Sigálas e Boutári.

Os OPAP Santoríni que mais me encantaram foram: o Thalassitis Assýrtiko 05, da Gaía, ligeiramente melhor que a sua versão barricada, o Thalassitis Assýrtiko Oak Fermented 05. Já os vinhos de sobremesa que mais me impressionaram foram o Sigalás Vinsánto 01 e principalmente o Argyrós Vinsánto 84.

DODECANESO (*DODEKÁNISOS*)

Abrange as 12 ilhas Dodecaneso situadas no sudeste do Mar Egeu. Tem 1.450 hectares plantados. Seu nome significa "doze (*dodeca*) ilhas (*nisos*)". O clima é quente, com invernos suaves, chuvosos e curtos. Muito vento também. A ilha de Ródos, dentre todas as regiões gregas, é a que tem os mais longos períodos de insolação e os mais curtos períodos chuvosos.

Principais denominações
- OPAP (1) – Ródos.
- OPE (1) – Moscháto Ródou.
- TO (2) – nenhuma importante.

Ródos (OPAP) • Situada na ilha de Ródos, na prefeitura do Dodecaneso. Os vinhedos ficam nas terras baixas (Mandiliariá, chamada nessa ilha de Amorgianó) e nas encostas norte-nordeste do Monte Attaviros (Athíri). Vinhos: branco seco e tinto seco. O tinto é colhido de uvas plantadas em baixas altitudes, mas com exposição norte e expostas aos ventos oceânicos. Dá então vinhos com boa graduação alcoólica, não comum na Mandilariá, e de boa acidez.

VINÍCOLA RECOMENDADA
Emery.

Moscháto Ródou (Muscat de Rhodes) (OPE) • Localizada também na ilha de Ródos. Uvas: Moscháto Áspro e Moscato di Trani (introduzida pelos venezianos). Vinhos: branco doce, branco naturalmente doce, branco doce natural e branco doce natural de vinhas selecionadas (*vin doux naturel Grand Cru*). É considerado inferior ao de Sámos, mas superior ao de Límnos.

CRETA (*KRÍTI*)
É a terceira maior região vinícola, com 10.100 hectares plantados. Uma cadeia de montanhas corta a ilha longitudinalmente, protegendo a parte norte dos ventos quentes vindos do norte da África. Portanto, a zona norte é mais fria que a sul. O clima é de invernos suaves e chuvosos e verões quentes.

Principais denominações
- OPAP (4) – Sitía, Archánes, Pezá e Dafnés.
- OPE – nenhuma.
- TO (4) – nenhuma importante.

Sitía (OPAP) • Situada no município de Sitía e outros vizinhos na prefeitura de Lasíthi, a mais quente e seca da ilha, numa área de 689 hectares. Uvas tintas: Liátiko (80%) e Mandilariá (20%). Uvas brancas: Viláña (mínimo 70%) e Thrapsathíri. Vinhos: tinto seco, tinto doce natural, tinto naturalmente doce e branco seco.

VINÍCOLA RECOMENDADA
Económou.

Archánes (OPAP) • Implantada nos municípios de Ano Archánes, Kato Archánes e outros vizinhos na prefeitura de Irákleio, numa área de 500 hectares. Uvas: Kotsifáli (60%) e Mandilariá (40%). Dá um ótimo tinto seco frutado.

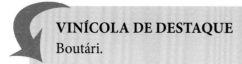

VINÍCOLA DE DESTAQUE
Boutári.

Bem poderoso e aromático mostrou-se o Domaine Skaláni 04, da Boutári, na TO Heraklión, de uvas Kotsifáli e Mandilariá.

Pezá (OPAP) • Fica no município de Pezá e outros vizinhos na prefeitura de Irákleio, numa área de 800 hectares. É de longe a OPAP com a maior área de vinhas e também a única comercialmente relevante na ilha. Uvas tintas: Kotsifáli (80%) e Mandilariá (20%). Uvas brancas: Viláña (principal casta colhida na ilha). Vinhos: tinto seco e branco seco. Dá um ótimo tinto frutado, melhor que o de Archánes.

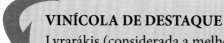

VINÍCOLA DE DESTAQUE
Lyrarákis (considerada a melhor vinícola cretense) e Creta Olympias.

Dafnés (OPAP) • Situada no município de Dafnés e outros vizinhos também na prefeitura de Irákleio. Vinhos: tinto seco e tinto doce de casta Liátiko. Os exemplares doces são mais promissores.

VINÍCOLA RECOMENDADA
Doloufakis / Cretan Wines.

Estados Unidos

Em 1769, o padre Junípero Serra produziu o primeiro vinho da Califórnia, com a uva vinífera Mission, trazida pelos espanhóis. Em 1833, o francês Jean-Louis Vignes levou viníferas francesas para o estado. Em 1857, Agoston Haraszthy importou uma grande coleção de vinhas europeias para a Califórnia, sendo conhecido desde então como o "pai" do vinho californiano.

Dois episódios atrapalharam a natural evolução dos vinhos californianos. Primeiro, a disseminação da filoxera pelos vinhedos do estado, em fins do século XIX. O outro, já no início do século XX, foi a Grande Depressão econômica associada à Lei Seca (1920-1933), que proibia a produção e o consumo de bebidas alcoólicas.

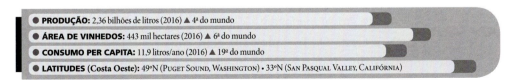

- **PRODUÇÃO:** 2,36 bilhões de litros (2016) ▲ 4ª do mundo
- **ÁREA DE VINHEDOS:** 443 mil hectares (2016) ▲ 6ª do mundo
- **CONSUMO PER CAPITA:** 11,9 litros/ano (2016) ▲ 19º do mundo
- **LATITUDES (Costa Oeste):** 49°N (Puget Sound, Washington) • 33°N (San Pasqual Valley, Califórnia)

O verdadeiro renascimento da indústria vinícola californiana aconteceu logo após a Segunda Guerra Mundial, no final da década de 1940, acentuando-se nos anos 70. Hoje, os Estados Unidos são os maiores produtores de vinho fora da Europa.

O renome do vinho californiano firmou-se após a célebre prova às cegas realizada na Académie du Vin, em Paris, em 1976, organizada pelo experiente Steven Spurrier, com a presença exclusiva de degustadores franceses. Na primeira bateria, de quatro Borgonhas contra seis Chardonnays californianos, o vencedor foi o Château Montelena Napa Chardonnay 1973, ficando em segundo lugar o Meursault Charmes 1973, de Roulot. No capítulo dos tintos, quatro Bordeaux de topo cotejaram seis Cabernets Sauvignons californianos. O campeão foi o Stag's Leap Wine Cellars Napa Cabernet Sauvignon 1972, seguido pelo Château Mouton-Rothschild 1970, pelo Château Haut-Brion 1970 e pelo Château Montrose 1970.

Mas atenção! Quando se diz que os vinhos da Califórnia são de ótima qualidade, estão implícitos Napa e outras poucas regiões de escol, pois o grosso da produção vem do Central Valley. Esta última é reconhecidamente de qualidade medíocre, apta quase exclusivamente a vinhos de consumo diário.

LEGISLAÇÃO
Em 1978, foi criada a lei para englobar as designações de origem do país.

- **AVA** – *American Viticultural Area.* É definida como uma área delimitada de cultivo de uva. É um tipo de AO (*Appellation of Origin*), mas nem todas as AOs são AVAs. Uma AO pode ser o nome de um estado ou estados, de um condado (equivalente ao nosso município) ou de condados de um mesmo estado. Já as AVAs são AOs híbridas, as menores consistindo em uma parcela de condado e as maiores englobando uns poucos estados. As AVAs situam-se num estado ou podem encontrar-se em dois ou mais estados. A diferença entre a AO e a AVA fica mais clara no item "Vinhos" ⊙ VEJA NAS PP. 404-05. O governo americano não considera a AVA uma designação de qualidade, e sim de origem. Em 2015, estavam oficializadas 230 AVAs, 183 das quais na Califórnia. Infelizmente, muitas se sobrepõem às outras, permitindo que em certas zonas determinado produtor possa optar entre diversas denominações possíveis. Atualmente, a grande maioria dos estados americanos cultiva uvas e produz vinhos. Entretanto, podemos dividir o país, *grosso modo*, em Costa Leste – local das variedades americanas nativas – e Costa Oeste – plantada com viníferas trazidas da Europa. Por esse motivo, analiso aqui apenas os vinhos da porção ocidental do país.

CALIFÓRNIA

O clima californiano é influenciado pelas águas frias do oceano Pacífico e pelas altas montanhas da Coast Range (Cordilheira Costeira). Ele é extremamente variável, podendo ser quente e muito quente (regiões IV e V de Winkler) – principalmente no Central Valley –, por causa da barreira à umidade exercida pela Coast Range. Contudo, os melhores vinhedos estão localizados em áreas de clima temperado a frio (regiões I, II e III de Winkler – ⊙ VEJA NA P. 123), em vales dessa cordilheira, nos condados costeiros, tais como os de Napa, Sonoma, Santa Barbara e Monterey.

Algumas regiões, por serem bastante secas, são obrigadas a praticar a irrigação.

REGIÕES CALIFORNIANAS E SUAS PRINCIPAIS AVAs

Região (AVA)	Distrito (AVA)	Subdistrito (AVA)	Condado
North Coast	Mendocino	Redwood Valley	Mendocino
	Anderson Valley		Mendocino
	Clear Lake		Lake
	Sonoma Coast		Sonoma
	Northern Sonoma		Sonoma
	Dry Creek Valley		Sonoma
	Alexander Valley		Sonoma
	Knights Valley		Sonoma
	Russian River Valley	Chalk Hill	Sonoma
		Sonoma County Green Valley	Sonoma
	Sonoma Valley	Sonoma Mountain	Sonoma
	Carneros (ou Los Carneros)		Sonoma/Napa
	Napa Valley	Diamond Mountain District	Napa
		Spring Mountain District	Napa
		Mount Veeder	Napa
		Calistoga (não-AVA)	Napa
		Saint Helena	Napa
		Rutherford	Napa
		Oakville	Napa
		Yountville	Napa
		Stag's Leap District	Napa
		Oak Knoll District (não AVA)	Napa
		Howell Mountain	Napa
		Atlas Peak	Napa
		Pope Valley (não AVA)	Napa
Central Coast	San Francisco Bay		Diversos
	Livermore Valley		Alameda
	Santa Cruz Mountains		San Mateo/Santa Cruz/Santa Clara
	Santa Clara Valley		Santa Clara
	Mount Harlan		San Benito
	Chalone		Monterey/San Benito
	Monterey		Monterey
	Carmel Valley		Monterey

REGIÕES CALIFORNIANAS E SUAS PRINCIPAIS AVAs			
Região (AVA)	Distrito (AVA)	Subdistrito (AVA)	Condado
Central Coast	Santa Lucia Highlands		Monterey
	Arroyo Seco		Monterey
	Paso Robles		San Luis Obispo
	Edna Valley		San Luis Obispo
	Arroyo Grande Valley		San Luis Obispo
	Santa Maria Valley		Santa Barbara/ San Luis Obispo
	Santa Ynes Valley		Santa Barbara
South Coast			San Bernardino, Riverside, San Diego
Sacramento Valley (não AVA)	Dunningan Hills		Yolo
	Clarksburg		Yolo/Solano/ Sacramento
Central Valley ou San Joaquin Valley (não AVA)	Lodi		Sacramento/ San Joaquin
Sierra Foothills	El Dorado		El Dorado
			Amador

O estado da Califórnia produz mais de 90% de todo o vinho dos Estados Unidos. De longe, a região mais importante é o Central Valley ou San Joaquin Valley, que em 2015 colheu 66,7% das uvas para vinho do estado. É seguida pela Central Coast, com 14,4%, e pela North Coast, com 14,3%. As demais ficaram com apenas 5,6%.

NORTH COAST

A North Coast (Costa Norte) é a região mais glamorosa da Califórnia em qualidade, porém não em quantidade, na qual é a terceira, tendo em vista que representou apenas 14,3% do total das uvas colhidas no estado em 2014. É uma AVA regional formada pelos condados de Mendocino, Lake, Sonoma, Napa, Marin (parte) e Solano (parte).

A melhor AVA, excetuando os condados de Napa e de Sonoma, é a de Anderson Valley, no condado de Mendocino. Esse vale muito frio, classificado como região I, está localizado próximo do Oceano Pacífico e elabora com Chardonnay e Pinot Noir alguns dos melhores espumantes estadunidenses. As firmas champanhesas Roederer e Pommery (Pacific Echo) aí se instalaram. Anderson Valley também elabora ótimos Riesling e Gewürztraminer. As vinícolas líderes de qualidade em vinhos de mesa dessa AVA são Greenwood Ridge e Navarro.

Na AVA Clear Lake, no condado de Lake, está instalada a *winery* Steele, com ótimos Chardonnay, Pinot Blanc e Pinot Noir.

No condado de Marin, ao sul de Sonoma, localizam-se as muito boas vinícolas Kalin Cellars e Sean Thackrey.

Napa • A AVA Napa Valley, a primeira oficializada, em 1981, é a mais valiosa do país. Foi a que deu projeção mundial aos vinhos da Califórnia. Em 2014, o condado de Napa colheu apenas 5,1% da safra estadual para vinhos. Apesar de viticolamente pequena, Napa abriga cerca de 30% das vinícolas californianas, dentre as 2.843 existentes em 2008. Além disso, os seus terrenos são os que atingem os maiores preços dentre todos os do Novo Mundo.

O clima de Napa é, de forma geral, um dos mais mornos e secos de toda a zona costeira. O condado de Napa, pela grande diversidade de solo, microclima e topografia, pode ser zoneado em três partes, correspondentes às regiões III, II e I.

A primeira, a mais morna, é composta pelas AVAs Diamond Mountain District e Howell Mountain e pelas não AVAs Calistoga e Pope Valley.

A intermediária, de clima moderado, abrange as AVAs Spring Mountain District, Saint Helena, Rutherford, Oakville e Chiles Valley. A maioria dos melhores Cabernet Sauvignon do condado se originam de Rutherford a Oakville.

Por último, a zona mais fria é composta pelas AVAs Mount Veeder, Yountville, Stag's Leap District, Oak Knoll District (AVA em oficialização), Atlas Peak, Wild Horse Valley e Carneros. Esta, situada parte em Napa e parte em Sonoma, produz alguns dos melhores Chardonnay e Pinot Noir do estado, além de ótimos espumantes.

O condado de Napa é primordialmente terra de cepas escuras, que perfaziam 79,3% do total em 2014. Dentre elas sobressaem Cabernet Sauvignon (56,3%), Merlot (15,3%), Pinot Noir (7,8%), Zinfandel (3,3%), Cabernet Franc (3%) e Syrah (2,8%). As castas claras mais disseminadas são Chardonnay (58,7%) e Sauvignon Blanc (29%), Sémillon (5,1%) e Pinot Gris (1,2%).

Os vinhos mais reputados são os tintos de Cabernet Sauvignon – sem dúvida os melhores do país e dentre os grandes do mundo –, de Merlot e os *Red Meritage*. Os brancos de Sauvignon Blanc também demonstram tipicidade, apesar de essa casta não mais ser plantada em Napa. Diferenças de clima e de solo fazem os Cabernet

Sauvignon do norte, como, por exemplo, de Calistoga (Château Montelena), serem mais encorpados do que os do sul, como Stag's Leap District (Stag's Leap Wine Cellars). Os do centro em geral apresentam um estilo intermediário – o mais reputado –, como os de Rutherford (Caymus) e Oakville (Dalla Valle).

As principais vinícolas de Napa, por AVAs, são:

- Diamond Mountain District: Diamond Creek e Schramsberg.
- Spring Mountain District: Cain Cellars, Kongsgaard, Newton, Philipp Togni, Pride Mountain e Stony Hill.
- Mount Veeder: Hess Collection e Mayacamas.
- Calistoga (não AVA): Araujo, Château Montelena, Colgin, Sterling (pertence à Seagram) e Switchback Ridge.
- Saint Helena: Abreu (consultor), Beringer (pertence à australiana Mildara-Blass), Bryant Family, Crocker-Starr, Duckhorn, Flora Springs, Freemark Abbey, Grace Family, Heitz, Joseph Phelps, Markham, Ramey, Spottswoode, Turley e Turnbull.
- Rutherford (a AVA mais prestigiada): Bacio Divino, Beaulieu, Caymus, Chappellet (vizinha à AVA), Grgich Hills, Mumm Napa, Neyers (vizinha à AVA), Niebaum-Coppola e Quintessa (pertence ao chileno Agustin Huneuus).
- Oakville (a grande rival de Rutherford): Dalla Valle, Far Niente, Groth, Harlan Estate, Robert Mondavi, Opus One (associação entre Mondavi e Château Mouton-Rothschild), Screaming Eagle, Paul Hobbs, Schrader e Silver Oak.
- Yountville: Domaine Chandon (pertence à francesa Moët & Chandon), Dominus (pertence à família francesa Moueix) e S. Anderson.
- Stag's Leap District (entre as três AVAs mais reputadas): Clos du Val, Pine Ridge, Shafer, Silverado Vineyards e Stag's Leap Wine Cellars.
- Oak Knoll District (não AVA): Del Dotto, Luna, Signorello e Trefethen.
- Howell Mountain: Château Woltner, Dunn e La Jota.
- Atlas Peak: Atlas Peak Vineyards (pertence à Allied-Domecq, com vinhedos da italiana Antinori), Pahlmeyer (vizinha à AVA) e Selene.
- Carneros: Acacia (do grupo Chalone), Codorníu Napa (pertence à espanhola Codorníu), Domaine Carneros (pertence à francesa Taittinger), Saintsbury e Truchard.
- Napa City: Étude, Jade Mountain (do grupo Chalone), Mendelson, Patz & Hall e Robert Biale.

Sonoma • O condado de Sonoma apresenta condições mais variadas que as de Napa e também pode ser dividido em três zonas climáticas.

A primeira, a mais morna, engloba as AVAs Dry Creek Valley, Alexander Valley (regiões II/III) e Knights Valley. Os achocolatados Cabernet Sauvignon de Alexander Valley são bastante prazerosos, com destaque também para os seus Zinfandel. Já os Zinfandel da vizinha Dry Creek Valley estão entre os melhores do estado; os seus Syrah e Sauvignon Blanc mostram potencial. Knights Valley, situada entre Alexander Valley e Napa Valley, como não poderia deixar de ser, também produz ótimos Cabernet Sauvignon.

A segunda, com clima moderado, abrange as AVAs Northern Sonoma, Chalk Hill e Sonoma Mountain – esta, capaz de fornecer finos Cabernet Sauvignon.

Finalmente, a zona mais fria é composta pelas AVAs Sonoma Coast, Russian River Valley, Green Valley, Sonoma Valley e Carneros. Sonoma Coast é terra de bons Chardonnay e Pinot Noir. Russian River Valley (região I) é especialista em Pinot Noir (estupendos) e Chardonnay, do primeiro time do país. Já a sulina Sonoma Valley, que corre paralelamente à Napa Valley, com clima típico das regiões I/II, dá ótimos Merlot e Cabernet Franc.

O condado de Sonoma produz um pouco mais de uvas que o de Napa, tendo sido de 6,6% do total estadual, na colheita de 2014. As mais plantadas são as rubras, com 56,3%, sobressaindo a Pinot Noir (33,1%), que passou a segunda, a Cabernet Sauvignon (31,8%), a Merlot (11,8%) e a Zinfandel (10,8%). A Syrah, com 3,2%, é cada vez mais plantada. As verdes mais encontradas são Chardonnay (80,8%), Sauvignon Blanc (12,8%) e Pinot Gris.

As melhores *wineries* do condado de Sonoma são:

- Northern Sonoma: Gallo Sonoma.
- Dry Creek Valley: Ferrari-Carano, Nalle e Seghesio.
- Alexander Valley: Château Souverain (pertence à australiana Mildara-Blass), Clos du Bois (pertence à Allied-Domecq), Geyser Peak, Jordan e Murphy-Goode.
- Knights Valley: Peter Michael.
- Sonoma Coast: Aubert, Flowers e Marcassin.
- Chalk Hill: Chalk Hill.
- Russian River Valley (a AVA mais reputada): Carlisle, Davis Bynum, Dehlinger, DeLoach, Gary Farrell, Hartford Court (do grupo Kendall-Jackson), J. Rochioli, Kistler, Lynmar, Martinelli, Pax Wines, Sonoma-Cutrer e Williams-Selyem.
- Green Valley: Iron Horse e Marimar Torres (pertence à espanhola Torres).

- Sonoma Mountain: Benziger e Laurel Glen.
- Sonoma Valley: Arrowood (do grupo Mondavi), Carmenet (do grupo Chalone), Château St. Jean (pertence à australiana Mildara-Blass), Kunde, Landmark, Matanzas Creek (do grupo Kendall-Jackson), Ravenswood e St. Francis.
- Carneros: Cline Cellars e Gloria Ferrer (pertence à espanhola Freixenet).

CENTRAL COAST

A Central Coast (Costa Central) é a segunda região mais destacada em qualidade, atrás apenas da North Coast. É também a segunda em volume, tendo ficado em 2014 logo atrás do Central Valley, com 14,4% do total de uvas colhidas para vinho. Essa AVA regional é composta pelos condados de San Francisco, Contra Costa, Alameda, San Matteo, Santa Cruz (parte), Santa Clara, San Benito, Monterey, San Luis Obispo e Santa Barbara.

San Francisco Bay é uma AVA sub-regional que abrange a parte norte da região, a leste e a sul da cidade de San Francisco, onde se localizam os sete primeiros condados acima mencionados. Em termos quantitativos, ela é pouco significativa, com apenas 0,6% da produção estadual de uvas. Em San Francisco se encontra o bom produtor Lewis, e em Alameda a JC Cellars.

Também no condado de Alameda, a AVA Livermore (região III) produz alguns dos melhores Sémillon do país, além de Sauvignon Blanc. É daí que saem os econômicos vinhos da Wente Vineyards.

A superfície onde vigora a AVA Santa Clara Valley está em declínio por causa da presença do Vale do Silício em seu interior, exceto a zona de Hecker Pass (não AVA), no sudoeste, sede da ótima Sarah's Vineyard.

A AVA mais famosa da seção setentrional da zona da Central Coast é a de Santa Cruz Mountains, que por lei não faz parte nem da AVA San Francisco Bay nem da AVA Central Coast. Ela é montanhosa, fria e de clima marítimo do tipo região I. As principais castas cultivadas são Chardonnay, Pinot Noir e Cabernet Sauvignon. Aí estão instaladas algumas tradicionais vinícolas do estado: Ahlgen, Bonny Doon, David Bruce, Mount Eden Vineyards e Ridge.

San Benito só dispõe de uma vinícola de respeito, a Calera, localizada na alta AVA Mount Harlan, a mais conceituada do condado, com bons Pinot Noir.

O condado de Monterey, bastante frio na sua porção norte (região I), é propício para brancos, sendo as mais significativas variedades: Chardonnay, Riesling, Pinot Noir, Merlot, Pinot Blanc, Chenin Blanc e Sauvignon Blanc. As *wineries* de destaque são: Morgan (AVA Monterey), Mer Soleil (do grupo Caymus) e Robert Talbott (AVA Santa Lucia Highlands), Chalone (AVA Chalone) e Jekel (AVA Arroyo Seco).

Carmel Valley, AVA situada no alto, ao contrário da maioria das outras zonas do condado de Monterey, produz alguns *Red Meritage* muito bons, como os da Bernardus.

Paso Robles (região III), no condado de San Luis Obispo, uma das mais extensas AVAs, é principalmente plantada com Cabernet Sauvignon e Zinfandel (dando saborosos caldos). A seção ocidental é a melhor, por ser mais alta, mais fria e ter solos menos férteis. As vinícolas que sobressaem são: Tablas Creek (associação entre o francês Château Beaucastel e californianos), Saxum James Berry, Justin, Wild Horse, Kunin e Seven Peaks (*joint venture* entre a australiana Southcorp e viticultores locais). A vinícola J. Lohr, produtora de bons e econômicos caldos, tem sede aí.

Duas outras AVAs, mais frias e situadas perto do mar, destacam-se em San Luis Obispo: Edna Valley e Arroyo Grande Valley. A primeira elabora ótimos Chardonnay, além de alguns dos melhores Viognier e Pinot Blanc da Califórnia. As melhores firmas são: Alban Vineyards, Sine Qua Non e Edna Valley Vineyards (do grupo Chalone). A vizinha Arroio Grande Valley prima pelos Chardonnay e Pinot Noir, principalmente os da Talley Vineyards.

O condado de Santa Barbara, o mais meridional e um dos mais frios da Central Coast, é também o mais prestigiado. As castas mais encontradas são Chardonnay (de longe a líder, rivalizando com os exemplares de Carneros e Russian River Valley) e Pinot Noir (entre as melhores do estado), que aqui dão estupendos resultados. A parte ocidental do condado é muito fria e úmida, favorecendo as cepas borgonhesas, a Sauvignon Blanc e a Riesling. A leste, a Syrah vem mostrando bom potencial.

A AVA mais fria de Santa Barbara é a de Santa Maria Valley, onde imperam Au Bon Climat/Qupé, Byron (do grupo Mondavi), Belle Glos (do grupo Caymus) e Foxen. A vizinha AVA Santa Ynez Valley, mais ao sul, tem um perfil parecido, com algumas ótimas vinícolas como: Babcock, Brewer-Clifton (vizinha à AVA), Fess Parker, Gainey, Longoria, Palmina (vizinha à AVA), Sanford e Zaca Mesa.

No condado de Ventura, o mais sulino da zona da Central Coast, fica sediada a reputada Ojai.

OUTRAS REGIÕES

O San Joaquin Valley – ou Central Valley, como alguns o chamam, apesar de englobar apenas a sua seção centro-sul – não é uma AVA. Representa, de longe, a maior região produtora estadual de uvas para vinhos, com 66,7% da safra em 2014. Também cultiva enormes volumes de uvas para mesa e passas. Essa longa região ocupa terras dos condados de Sacramento (parte), San Joaquin (parte), Stanislaus, Merced, Madera, Fresno, Kings, Tulare e Kern. A zona é muito ensolarada e de clima quente, do tipo regiões IV/V, com solos férteis, não favorecendo a produção de vinhos de qualidade. Nesse vale estão sediados alguns dos grandes grupos do país, como a gigantesca E&J Gallo – maior vinícola do mundo –, a Heublein e a Almadén.

A AVA mais cotada é a de Lodi, localizada no extremo norte, na zona chamada por alguns de Delta, em terrenos dos condados de Sacramento e San Joaquin. Com clima não tão quente, resfriado pelas brisas marítimas, ela origina um rio de encorpados, macios e baratos tintos de Zinfandel. Daí partem os econômicos vinhos Woodbridge, do grupo Mondavi.

A extensa região de Sacramento Valley/Northern California abrange a porção norte do Central Valley, referente a Sacramento Valley e aos condados nortistas. Em 2014, 5% da produção estadual de uvas nessa zona foi colhida para vinificação. Aqui sobressai a sulina AVA Clarksburg, situada no Delta, encravada em terras dos condados de Yolo, Sacramento e Solano. Por causa do seu clima ainda mais ameno que o de Lodi e pela influência marítima da baía de San Francisco, são gerados alguns dos melhores brancos de Chenin Blanc do país.

Em Southern California, que engloba a AVA South Coast e terras dos condados sulinos, é plantada apenas 0,13% da produção do estado. No sul da Califórnia está instalado o vinhedo mais caro do país, no fino subúrbio de Bel Air, na Grande Los Angeles. Aqui a Moraga gera um dos Cabernet Sauvignon mais caros dos Estados Unidos, apesar de não ser do primeiro time.

Por fim, na região de Sierra Foothills, no sopé da Sierra Nevada, estão as melhores áreas do interior, apesar de ter representado apenas 0,5% da colheita estadual de 2014. Essa AVA, situada a leste do Central Valley, abrange os condados interioranos de Yuba (parte), Nevada, Placer, El Dorado, Amador, Calaveras, Tuolomne e Mariposa. A cepa mais empregada é, com ampla maioria, a Zinfandel.

A AVA El Dorado, no condado de mesmo nome, dispõe de diversos vinhedos situados a elevadas altitudes – os mais altos do estado –, que vêm prometendo. As uvas que sobressaem são Zinfandel (vinhos menos corpulentos e mais frescos que os de Amador), Barbera, Sangiovese, Syrah e Riesling. As melhores *wineries* são Sierra Vista, Lava Cap e Madroña.

De velhos vinhedos no vizinho condado de Amador, algo mais quente, saem alguns tintos de Zinfandel poderosos, encorpados e com sabor de uvas passas. A Domaine de la Terre Rouge, nesse mesmo condado, é especialista em Syrah e Grenache. A Ironstone Vineyards, do grupo Krautz, produz bons Cabernet Franc no condado de Calaveras.

OREGON

Depois da Califórnia, o Oregon é o estado da costa do Pacífico com o maior número de vinícolas, superando em muito o de Washington. Em 2011, os 8.256 hectares de vinhedos estavam plantados com: Pinot Noir (62%), Pinot Gris (13%) – que assumiu o segundo lugar em 2000 –, Chardonnay (4,6%), Riesling (3,4%), Cabernet Sauvignon (3,1%), Syrah (2,6%), Merlot (2,2%) e outras.

A viticultura está disseminada em três zonas bem distintas: AVA Willamette Valley, AVA Southern Oregon (englobando as AVAs Umpqua Valley e Rogue Valley) e a terceira zona na parte oriental engloba regiões dos Estados de Oregon e Washington.

O Willamette Valley, com seis sub-regiões é a maior e melhor das regiões, perfazendo 75% das plantações totais. Essa fria AVA, de influência marítima e localizada a oeste e a sul de Portland, é a de maior conceito fora da Califórnia. O seu *terroir* é propício a castas borgonhesas e alsacianas. Entretanto, as uvas emblemáticas regionais são a Pinot Noir e a Pinot Gris. A primeira dá tintos mais macios e mais precoces que os borgonheses. Nas condições vigentes, as variações de safras são tão significativas quanto as do Norte europeu. A Pinot Gris dá cativantes brancos secos com um estilo ligeiramente mais aromático que os de Chardonnay, que muito me agradam.

Das 395 vinícolas do estado, 170 estão sediadas no Willamette Valley, sendo as melhores delas: Domaine Drouhin (pertence à borgonhesa Joseph Drouhin), Archery Summit (do grupo Pine Ridge), Brick House, Argyle, Beaux Frères (o crítico Robert Parker é coproprietário), Bethel Heights, Chehalem, Cristom, Domaine Serene, Elk Cove, Erath, Evesham Wood, Eyrie Vineyards, Ken Wright, Panther Creek, Ponzi, Rex Hill e Willakenzie Estate.

O Umpqua Valley tem a menor área de cultivo, onde predominam Pinot Noir, Chardonnay, Cabernet Sauvignon e Pinot Gris. A estrela local é a firma Abacela.

A zona sul é a mais quente e seca do estado, favorecendo o uso de variedades bordalesas e Syrah, além de Pinot Gris e Chardonnay. No Rogue Valley fica a Foris, que produz bons Pinot Gris e Pinot Blanc.

WASHINGTON

O estado de Washington tem cerca de o dobro do Oregon de área plantada com vinhas, 17.745 ha em 2011, só perdendo em viníferas para a Califórnia. Há dois polos vitícolas: o ocidental, na costa em volta de Seattle, e o oriental, a leste das montanhas Cascade.

A AVA Pudget Sound fica no primeiro polo. O clima é frio e chuvoso, não ideal para uvas finas, por isso apenas cerca de 1% delas estão aí plantadas. As vinícolas instaladas aí costumam comprar cachos de uva na parte leste. As que mais se destacam são: DeLille Cellars, Quilceda Creek, Andrew Will, Château Ste. Michelle (maior vinícola estadual) e McCrea.

O polo oriental compõe-se principalmente das AVAs Columbia Valley (uma pequena parte estende-se pelo Oregon), Yakima Valley, Red Mountain e Walla Walla Valley (com uma pequena porção também no Oregon). As três últimas estão situadas dentro dos limites de Columbia Valley.

Todas essas AVAs têm em comum o clima continental, além de serem semidesérticas, devido à barreira à umidade criada pela Cascade Range. O rio Columbia corta a zona. Os solos são arenosos, possibilitando que a maioria dos vinhedos seja plantada de pé franco. Por ser a parte mais quente e seca do estado, empregam-se a irrigação e cepas bordalesas e, mais recentemente, Syrah.

Yakima Valley é a mais fria das AVAs, estando coberta por Chardonnay e Syrah. A empresa líder de qualidade é a Hogue Cellars. A vizinha e minúscula Red Mountain é a de clima mais quente, e lá se destaca a firma Hedges.

Estão sediados em Columbia Valley dois bons empreendimentos: Bookwalter e Columbia Crest, este do grupo Château Ste. Michelle. A Col Solare é uma *joint venture* entre o Ste. Michelle e a italiana Antinori, que emprega uvas da região.

Finalmente, temos a AVA Walla Walla Valley, a mais glamorosa do estado. Com verão morno e inverno muito frio, dá tintos acídulos de respeito. A Merlot é a uva emblemática da região. Os seus ótimos tintos são elaborados com ela e com Cabernet Sauvignon, Cabernet Franc e Syrah ou uma mescla dessas. Também se produzem bons brancos de Chardonnay.

Dentre as vinícolas que maximizam qualidade, destacam-se: Leonetti, Canoe Ridge (do grupo Chalone), Dunham Cellars, Glen Fiona, L'École No. 41, Reininger, Waterbrook e Woodward Canyon.

Isolada no extremo leste, na cidade de Spokane, está instalada a boa firma Arbor Crest.

UVAS

A Califórnia é de longe o maior estado produtor de uvas. Em 2014, colheu 4,14 milhões de toneladas, sendo 3,06 milhões para vinificação (96%), o que representa mais de 90% do total de uvas dos Estados Unidos.

Os condados de Sonoma e Napa vêm sendo parcialmente replantados, por causa da ocorrência da doença de Pierce, causada pela bactéria *Xylella fastidiosa* e transmitida por um inseto. Ela é letal para as cepas viníferas, mas não para as variedades americanas.

BRANCAS

O parreiral californiano de cepas claras atingiu, em 2014, 44,1% do total colhido para vinho. A variedade mais plantada do estado, qualquer que seja a sua cor, é a Chardonnay, representando quase a metade de todas as brancas (40,9%). Os mais típicos exemplares de primeira linha seguem a receita borgonhesa: fermentação e maturação em barricas, com agitação das borras e fermentação malolática total. Os condados onde ela sobressai, todos costeiros, são Napa, Sonoma, Monterey e Santa Barbara. É também utilizada nos espumantes.

Entre as claras de qualidade, a terceira posição (quinta no geral) é ocupada pela Sauvignon Blanc (ou Fumé Blanc), com 6,3% da superfície. Existem, *grosso modo*, três versões: a frutada, a barricada (Fumé Blanc) e a mesclada com Sémillon – esta quase sempre também passa em madeira. As zonas onde ela mostra melhor adaptabilidade são Napa, Sonoma, Santa Barbara e Livermore Valley.

Outras cepas brancas e rosadas importantes:

French Colombard (17,6%) • A segunda branca mais cultivada, tendo sido ultrapassada pela Chardonnay em 1991. Ainda muito vista no Central Valley, por dar vinho com boa acidez em zona muito quente.

Pinot Gris (10,4%) • Em 2002, era apenas a oitava colocada, tendo passado para o terceiro lugar em 2014. Começa a receber atenção redobrada dos produtores, tendo em vista o seu sucesso no Oregon e a demanda no mercado estadunidense.

Chenin Blanc (2,5%) • A sétima clara mais empregada, normalmente em cortes mais econômicos. A AVA Clarksburg tem reputação de fazer o melhor branco californiano dessa variedade.

Riesling (ou Johannisberg Riesling) (2,1%) • Esse nobre cultivar já teve muito mais importância na Califórnia – hoje apenas na décima segunda posição –, entretanto alguns produtores ainda o mantém vivo. No presente, os melhores sítios de clima frio têm sido Santa Barbara, Monterey (Arroyo Seco), Sonoma (Russian River Valley), Mendocino (Anderson Valley) e El Dorado.

Complementam o acervo vitícola das brancas: Muscat of Alexandria (9%), Burger (ou Monbadon), Malvasia Bianca, Sémillon, Gewürztraminer, Viognier – muito em voga no momento –, Symphony (Grenache Gris x Muscat of Alexandria), Muscat Blanc (ou Muscat Canelli), Pinot Blanc, Emerald Riesling (Muscadelle x Riesling), Gray Riesling (ou Trousseau Gris) e outras.

TINTAS

As castas escuras são majoritárias na Califórnia, tendo representado 55,9% das uvas colhidas em 2014 para vinificação.

A Cabernet Sauvignon é a primeira tinta mais difundida, com 23,9% do parreiral rubro. Napa Valley produz a grande maioria dos supertintos californianos, exclusivamente de Cabernet Sauvignon ou com participação majoritária dela. São eles os maiores desafiantes dos *Grands Crus Classés* da margem esquerda de Bordeaux. Outros ótimos exemplares, se bem que em menor proporção, vêm de Sonoma, notadamente de Alexander Valley, Knights Valley e Sonoma Mountain. Na Central Coast, mostram algum potencial as regiões de Carmel Valley e de Paso Robles.

A verdadeira uva "nacional" americana é a Zinfandel, que voltou recentemente para o segundo lugar (16,6%), ultrapassada pela Cabernet Sauvignon. A sua origem foi descoberta há pouco tempo, sendo a Primitivo da Puglia, no Sul da Itália, chamada pelos croatas de Crljenak. Disponível numa infinidade de estilos de vinho, de tintos licorosos a tintos secos, rosados e mesmo brancos. Dá tintos poderosos e gulosos quando proveniente dos sítios mais adequados – Sonoma (Dry Creek Valley, Russian River Valley e Sonoma Valley) e Mendocino. Outros locais com bons Zinfandel, mais encorpados e fáceis, são San Luis Obispo (Paso Robles), Sierra Foothills (condado de Amador) e Central Valley (Lodi).

Na terceira posição está a Merlot (13,2%), em decréscimo, visto não ser mais a uva tinta da moda dos americanos. Tem boa performance tanto como varietal de topo quanto como mesclada minoritariamente com a Cabernet Sauvignon e outras bordalesas, nos *Red Meritage*. As zonas que têm demonstrado melhores condições para a versão solo são Stag's Leap District (Napa), Russian River Valley (Sonoma) e Santa Ynez Valley (Santa Barbara).

Apesar de apenas classificada no quarto lugar, a Pinot Noir (11,5%) californiana ombreia com os melhores tintos do mundo elaborados com esse cultivar, vindos da Bourgogne, Nova Zelândia e Oregon. Os distritos frios líderes de qualidade têm-se mostrado os de Carneros (Napa-Sonoma), Russian River Valley e Sonoma Coast (Sonoma), Santa Ynez Valley e Santa Maria Valley (Santa Barbara). Ela também é usada para espumantes.

As seguintes cepas tintas também possuem volumes relevantes:

Rubired (ou Tintoria) (11,3%) • Cruzamento entre a tintureira Alicante Gazin e a Tinto Cão portuguesa, é a quinta mais cultivada. Popular como uva de corte, pela boa cor e alto rendimento, sendo disseminada pelo Central Valley.

Syrah (ou Shiraz) (5,3%) • Em vias de tornar-se uma coqueluche no estado, já é a sexta mais difundida, com estilo mais próximo ao dos australianos que dos rodanianos. Tem-se dado bem no Dry Creek Valley, na parte oriental do condado de Santa Barbara e em El Dorado.

Grenache (2,5%) • Em queda, com 98% das vinhas encontradas no Central Valley.

Barbera (2,1%) • A grande maioria plantada no Central Valley, pela acidez intrínseca.

Outras castas escuras empregadas são: Ruby Cabernet (Cabernet Sauvignon x Carignan) (3,2%), Carignane (ou Carignan), Cabernet Franc, Petite Sirah (ou Duriff), Sangioveto (ou Sangiovese), Mission, Napa Gamay (ou Valdiguié), Mataro (ou Mourvèdre), Pinot St. George (ou Négrette) etc.

VINHOS

As exigências quanto às denominações das AOs (*Appellation of Origin*) e AVAs (*American Viticultural Area*) são:

United States (Estados Unidos) • Essa *American AO* exige que 100% das uvas sejam americanas.

State (Estado) • No mínimo 75% das cepas devem ser do estado, exceto na Califórnia, que estipula 100%.

Multistate (Multiestados) • 100% dos frutos da zona declarada, com dois ou no máximo três estados contíguos. A porcentagem de cada estado deve constar do rótulo.

County (Condado) • No mínimo 75% das uvas do condado – por exemplo, Sonoma County (é obrigatória a menção *County*).

Multicounty (Multicondados) • 100% das cepas originadas em dois ou no máximo três condados do mesmo estado. A porcentagem de cada condado deve constar do rótulo.

Viticultural Area (AVA) • No mínimo 85% dos frutos devem ser colhidos na área – por exemplo, Napa Valley.

Multiviticultural Area (bi-AVA) • No mínimo 85% das uvas devem provir da zona. Exigência cabível para quando existe sobreposição entre áreas – por exemplo, Napa Valley/St. Helena.

Vineyard Designation • No mínimo 95% das cepas do vinhedo. Não é considerada uma "denominação".

Pela legislação, o vinho, para declarar determinada casta – isto é, ser varietal –, precisa ser de uma AO/AVA. O monovarietal deve ter no mínimo 75% da uva declarada, toda ela da AO. No caso do multivarietal, se todas as usadas são as declaradas, as respectivas proporções devem estar especificadas no rótulo. Para os vinhos multivarietais e multicondados, as proporções de cada variedade em cada condado devem também ser especificadas no rótulo, assim como as proporções de cada variedade em cada estado.

A rotulagem de safra só é permitida em vinhos com AOs/AVAs que não sejam nacionais, isto é, *American AO*. O limite mínimo é de 95% de frutos da colheita indicada.

A declaração *Estate Bottled* é reservada para vinhos com AVAs de vinhedos dentro da AVA. Além disso, a vinícola engarrafadora deve estar situada dentro da AVA, elaborando toda a vinificação e engarrafamento.

BRANCOS

Dentre os brancos estadunidenses sobressaem os tradicionais de Chardonnay e Sauvignon Blanc. Outros brancos que se mostram promissores são os de Pinot Gris, Pinot Blanc e Viognier.

Todos os vinhos mencionados a seguir são originados no estado da Califórnia, a menos que expressamente assinalado como sendo do Oregon ou de Washington.

Chardonnay • Os brancos de Chardonnay destacados no quadro provêm, na maioria, das AVAs Napa Valley e Carneros (Napa), Russian River Valley, Sonoma Valley e Sonoma Coast (Sonoma), Santa Ynez Valley e Santa Maria Valley (Santa Barbara), Santa Lucia Highlands (Monterey), além de vinícolas no Oregon e em Washington.

●●●● GRANDES DESTAQUES

Beringer (Sbragia Limited Release), Mer Soleil, Chalone (Reserve), Kistler (vinhedos), Marcassin (vinhedos), Patz & Hall (vinhedos), Peter Michael (vinhedos) e Robert Talbott (vinhedos).

●●● DESTAQUES

Arrowood (Réserve Spéciale), Aubert (Lauren), Beringer (Private Release), Château Montelena, Château St. Jean (Reserve), Gainey (Limited Selection), J. Rochioli (vinhedos), Kongsgaard (The Judge), Martinelli (Martinelli Road), Matanzas Creek (Journey), Mount Eden Vineyards (Estate), Newton, Pahlmeyer, Ramey (vinhedos), Robert Mondavi (Reserve), Saintsbury (Reserve) e Williams-Selyem (Allen).

● OUTROS RECOMENDADOS

Argyle (Oregon), Au Bon Climat, Babcock, Brewer-Clifton, Byron, Château Ste. Michelle (Washington), Château Souverain, Chehalem (Oregon), Dehlinger, DeLoach, Domaine Drouhin (Oregon), Ferrari-Carano, Flowers, Foxen, Gary Farrell, Joseph Phelps, Hartford Court, Hogue Cellars (Washington), La Jota, Landmark, L'École No. 41 (Washington), Lewis, Neyers, Pine Ridge, Ridge, Sanford, Sarah's Vineyard, Shafer, Signorello, Silverado Vineyards (Limited Reserve), Stag's Leap Wine Cellars, Steele, Talley Vineyards, Truchard e Woodward Canyon (Washington).

Minhas maiores notas foram para os vinhos Mer Soleil Chardonnay 95, Kistler Cuvée Cathleen Chardonnay 97, Kistler McCrea Chardonnay 97 e Kistler Dutton Ranch Chardonnay 92. Também com boa performance: Beringer Private Reserve Chardonnay

81, Matanzas Creek Journey Chardonnay 92, Domaine Drouhin Oregon Chardonnay 97, Jordan Chardonnay 82 e Kendall-Jackson Reserve Chardonnay 94.

Sauvignon Blanc • Os exemplares mais típicos e saborosos vêm de Napa Valley, seguidos pelos do condado de Sonoma e por Santa Ynez Valley.

● ● ● DESTAQUES

Caymus, J. Rochioli (Old Vines), Peter Michael (L'Après Midi) e Robert Mondavi (To Kalon Fumé Blanc).

● OUTROS RECOMENDADOS

Babcock (Eleven Oaks), Bernardus, Crocker-Starr, Duckhorn, Ferrari-Carano (Reserve), Flora Springs (Soliloquy), Gainey (Limited Selection), Kalin Cellars (Reserve), Matanzas Creek, Murphy-Goode (II La Deuce), Navarro, Robert Mondavi (Reserve Fumé Blanc), Stag's Leap Wine Cellars e Spottswoode.

Impressionei-me mais com os vinhos Caymus Sauvignon Blanc 97, Stag's Leap Wine Cellars Sauvignon Blanc 04 e Robert Mondavi Fumé Blanc 95.

Mesclas brancas • Os brancos cortados mais característicos do país são os *White Meritage*, elaborados com as castas bordalesas Sémillon e Sauvignon Blanc.

● ● ● DESTAQUES

Beringer (Sémillon/Sauvignon Blanc), Caymus (Conundrum White) e Kongsgaard (Roussanne/Viognier).

● OUTROS RECOMENDADOS

Talomas (Chardonnay/Viognier), Venezia (Bianco Nuovo Mondo White Meritage) e Woodward Canyon (Washington Sémillon/Sauvignon Blanc).

Um caldo tão inusitado quanto delicioso é o Caymus Conundrum 96, produzido com Chardonnay, Sauvignon Blanc, Sémillon, Viognier e Muscat. Outro muito bom é o Talomas Chardonnay/Viognier 02.

Pinot Gris/Pinot Blanc • A Pinot Gris tem-se mostrado com maior potencial que a Pinot Blanc. Comercializada como Pinot Gris ou Grigio, tem como expoente maior a AVA Willamette Valley, no Oregon.

● ● ● DESTAQUES

Arrowood (Pinot Blanc), Chalone (Pinot Blanc Reserve), Elk Cove (Oregon Pinot Gris), Luna (Pinot Grigio) e Mendelson (Pinot Gris).

● OUTROS RECOMENDADOS

Byron (Pinot Blanc), Chehalem (Oregon Reserve Pinot Gris), Étude (Pinot Blanc), Foris (Oregon Pinot Gris e Pinot Blanc), Palmina (Pinot Grigio), Ponzi (Oregon Reserve Pinot Gris), Rex Hill (Oregon Reserve Pinot Gris), Steele (Pinot Blanc), Wild Horse (Pinot Blanc) e Willakenzie Estate (Oregon Pinot Blanc).

Vale provar o Ponzi Oregon Reserve Pinot Grigio 92.

Viognier • A proliferação da cepa Viognier é um fenômeno recente na Califórnia.

● ● ● DESTAQUES

Arrowood, Calera e Jade Mountain.

● OUTROS RECOMENDADOS

Alban Vineyards, Beringer, Château St. Jean, Cristom (Oregon), Elk Cove (Oregon), Fess Parker, Foxen, Hogue Cellars (Washington), Kunde, Kunin, La Jota, Ojai, Pride Mountain, Qupé e Waterbrook (Washington).

Outras castas brancas • Alguns bons brancos vêm sendo elaborados com Chenin Blanc, Riesling, Roussanne e Sémillon.

● ● RECOMENDADOS

Alban Vineyards (Roussanne), Arrowood (Riesling), Beringer (Riesling), Chalone (Chenin Blanc Reserve), Chappellet (Chenin Blanc), Château Montelena (Riesling), Château Ste. Michelle-Dr. Loosen (Washington Riesling), Cline (Roussanne), Clos du Val (Sémillon), Foxen (Chenin Blanc), Hogue Cellars (Washington Sémillon), Kalin Cellars (Sémillon), La Petite Vigne (Chenin Blanc), L'École No. 41 (Washington Sémillon), Signorello (Sémillon), Tablas Creek (Roussanne) e Turley (Roussanne).

Gostei do Cline Roussanne 96.

TINTOS

Os melhores tintos do país são de Cabernet Sauvignon ou *Red Meritage* (cortes de Cabernet, Merlot e outras bordalesas). Num patamar mais abaixo, temos os ótimos Pinot Noir entre os da elite mundial.

Cabernet Sauvignon • A região de Napa dispõe de diversas microvinícolas que produzem ínfimas quantidades de *cult wines*, disponíveis apenas para milionários. Felizmente, existe também uma série de *wineries* de primeiríssima linha que produzem Cabernet Sauvignon em quantidades mais comerciais e por preços menos escorchantes. O condado de Napa lidera folgadamente os vinhos dessa cepa, extremamente concentrados e imensamente complexos. Recentemente, alguns deles têm-se tornado também assaz elegantes.

●●●● GRANDES DESTAQUES

Abreu (Madrona Ranch), Araujo (Eisele), Bryant Family, Caymus (Special Selection), Colgin (Herb Lamb e Tychson Hill), Screaming Eagle, Paul Hobbs (Beckstoffer To Kalon) e Shafer (Hillside Selection).

●●● DESTAQUES

Château Montelena (Estate), Dalla Valle, Abreu (Thorevilos), Paul Hobbs (outros vinhedos), Schrader, Diamond Creek (vinhedos), Dunn, Étude, Grace Family, Heitz (Martha's Vineyard), La Jota (Anniversary), Leonetti (Washington Reserve), Pride Mountain (Reserve), Quilceda Creek (Washington), Page (The Stash), Chimney Rock (Reserve), Robert Mondavi (Reserve), Silver Oak (Bonny's Vineyard e Napa Valley), Spottswoode e Stag's Leap Wine Cellars (Fay e SLV).

● OUTROS RECOMENDADOS

Andrew Will (Washington), Arrowood (Réserve Spéciale), Beaulieu (Georges de Latour), Beringer (Private Reserve), Caymus, Paul Hobbs, Viader, Chimney Rock, Château St. Jean, Chappellet, Duckhorn, Flora Springs (Reserve), Groth (Reserve), Hess Collection (Reserve), Joseph Phelps (Backus), Laurel Glen, L'École No 41 (Washington), Chatêau Ste Michelle (Washington Reserve), Columbia Crest (Washington Grand Estates), Newton, Philipp Togni, Ridge (Monte Bello) e Silver Oak (Alexander Valley).

Ganharam ótimas notas minhas os tintos: Caymus Special Selection Cabernet Sauvignon 94 (grande campeão de uma prova vertical às cegas com sete outras safras dele), Abreu Madrona Ranch Cabernet Sauvignon 03, Dalla Valle Cabernet Sauvignon 93, Château Montelena Estate Cabernet Sauvignon 95, Paul Hobbs Beckstoffer To Kalon Cabernet Sauvignon 05, Pager The Stash Cabernet Sauvignon 03, Viader Cabernet Sauvignon 02, Diamond Creek Gravelly Creek Cabernet Sauvignon 94, Diamond Creek Red Rock Terrace 94, Diamond Creek Volcanic Hill Cabernet Sauvignon 92, Heitz Martha's Vineyard Cabernet Sauvignon 83, Spottswoode Cabernet Sauvignon 94, Silver Oak Bonny's Vineyard Cabernet Sauvignon 90, Silver Oak Napa Valley Cabernet Sauvignon 92, Robert Mondavi Reserve Cabernet Sauvignon 86, Stag's Leap Wine Cellars Fay Vineyard 92, Beaulieu Georges de Latour Cabernet Sauvignon 84, Caymus Cabernet Sauvignon 94, Chimney Rock Cabernet Sauvignon 05, Dunn Cabernet Sauvignon 86, Groth Cabernet Sauvignon 85, Silver Oak Alexander Valley Cabernet Sauvignon 88 e Jordan Alexander Valley Cabernet Sauvignon 80. De Washington gostei muito destes: Leonetti Cabernet Sauvignon 95, Quilceda Creek Cabernet Sauvignon 02, Château Ste Michelle Reserve Cabernet Sauvignon 91 e Columbia Crest Grand Estates Cabernet Sauvignon 00.

Mesclas tintas • São as grandes rivais dos Cabernet Sauvignon. Assim como os varietais dessa casta, alguns *cult wines* majoritariamente de Cabernet Sauvignon estão nessa categoria. As vinícolas de Napa também sobressaem. Os tintos cortados são quase apenas de cepas bordalesas, trazendo a denominação *Red Meritage*.

●●●● GRANDES DESTAQUES

Dalla Valle (Maya Red), Dominus (Red), Colgin (Red), Harlan Estate (Red), Colgin (Red), Opus One (Red) e Stag's Leap Wine Cellars (Cask "23" Red).

●●● DESTAQUES

Bacio Divino (Red), Colgin (Cariad Red), Harlan (The Maiden), DeLille Cellars (Washington Chaleur Red), Joseph Phelps (Insignia Red), Pahlmeyer (Red) e Pride Mountain (Reserve Claret).

● OUTROS RECOMENDADOS

Andrew Will (Washington Sorella Red), Bernardus (Meritage), Bonny Doon (Le Cigare Volant), Cain Cellars (Five Red), Château Ste. Michelle (Washington Meritage), Château Woltner (Red), Flora Springs (Red), Heges (Washington

Reserve Red), Justin (Red), L'École No 41 (Washington Meritage), Niebaum-Coppola (Rubicon Red), Pazzo (Red), Peter Michael (Les Pavots Red), Ridge (Geyserville), Saxum James Berry (Grenache/Mourvèdre/Syrah) e Talomas (Syrah/Cabernet Sauvignon).

Os que obtiveram as minhas mais altas pontuações foram: Dalla Valle Maya 93, Stag's Leap Wine Cellars Cask "23" 93, Opus One 94, Harlan The Maiden 05, Pahlmeyer Red 95, Joseph Phelps Insignia Cabernet Sauvignon/Merlot/Cabernet Franc 85, Dominus 90 e Bacio Divino Cabernet Sauvignon/Sangiovese/Petite Sirah 99. Outros que agradaram: Pazzo Sangiovese/Cabernet Sauvignon/Zinfandel 00 (delicioso), Ridge Geyserville Zinfadel/Cabernet Sauvignon 03, Bonny Doon Le Cigare Volant Grenache/Mouvèdre/Syrah 02 e Talomas Syrah/Cabernet Sauvignon 01.

Merlot • A Merlot vem reinando principalmente nos vinhedos do estado de Washington, se bem que ótimos caldos californianos também estejam disponíveis.

●●●● GRANDES DESTAQUES

Leonetti (Washington), Matanzas Creek (Journey) e Pahlmeyer.

●●● DESTAQUES

Behrens & Hitchcock, Beringer, Duckhorn, Matanzas Creek, Newton, Pride Mountain, Quilceda Creek (Washington), Shafer e St. Francis.

● OUTROS RECOMENDADOS

Andrew Will (Washington), Arrowood (Réserve Spéciale), Bookwalter (Washington), Château St. Jean, Château Ste. Michelle (Washington), Dehlinger, DeLille Cellars (Washington), Étude, Hogue Cellars (Washington), Jade Mountain, Kongsgaard, L'École No 41 (Washington), Lewis, Markham, Robert Mondavi (Carneros), Selene, Switchback Ridge e Waterbrook (Washington).

Até agora gostei mais dos seguintes vinhos: Matanzas Creek Journey Merlot 91, Matanzas Creek Merlot 91, Whitehall Lane Merlot 95, Robert Mondavi Carneros Merlot 97, Behrens & Hitchcock Merlot 99, Markham Merlot 97 e Kendall-Jackson Reserve Merlot 94.

Cabernet Franc • Casta não tão difundida quanto as suas primas Cabernet Sauvignon e Merlot, mas alvo de cuidadoso tratamento de algumas vinícolas.

● ● ● DESTAQUES
La Jota e Pride Mountain.

● OUTROS RECOMENDADOS
Andrew Will (Washington), Benziger, Beringer, Château St. Jean, Columbia Crest (Washington), Del Dotto, Étude e St. Francis.

Pinot Noir • No Oregon, em Willamette Valley, onde os vinhedos localizam-se majoritariamente em áreas de clima bem frio (região I de Winkler), a Pinot Noir origina talvez o melhor vinho estadudinense da variedade. Na Califórnia, os laureados vêm de Russian River Valley, Sonoma Coast e Carneros (Sonoma) e Santa Ynez Valley e Santa Maria Valley (Santa Barbara).

● ● ● ● GRANDES DESTAQUES
Archery Summit (Oregon), Domaine Drouhin (Oregon Cuvée Louise), J. Rochioli (Reserve), Kistler (vinhedos), Marcassin (vinhedos) e Williams-Selyem (vinhedos).

● ● ● DESTAQUES
Acacia (vinhedos), Au Bon Climat (Bien Nacido), Belle Glos (Taylor Lane e Clark & Telephone), Brewer-Clifton, Brick House (Oregon), Dehlinger (Reserve e vinhedos), Domaine Drouhin (Oregon Cuvée Laurène), Étude (Heirloom), Flowers (Moon Select), Gary Farrell (vinhedos), J. Rochioli, Martinelli (vinhedos) e Paul Hobbs (Lindsay).

● OUTROS RECOMENDADOS
Argyle (Oregon), Beaux Frères (Oregon), Bethel Heights (Oregon), Byron, Calera (Jensen), Chalone (Reserve), Chehalem (Oregon), Cristom (Oregon), David Bruce (Reserve), Domaine Serene (Oregon), Domaine Drouhin (Oregon), Elk Cove (Oregon), Erath (Oregon), Evesham Wood (Oregon), Eyrie Vineyards (Oregon), Fess Parker (Bien Nacido), Foxen (Bien Nacido), Ken Wright (Oregon), Ojai (Pisoni), Marimar (Don Miguel), Panther Creek (Oregon), Paul Hobbs, Ponzi (Oregon), Rex Hill (Oregon), Robert Mondavi (Reserve), Sanford (vinhedos), Saintsbury (Reserve), Steele, Talley Vineyards (Rosemary's), Wild Horse (Cheval Sauvage) e Willakenzie Estate (Oregon).

Os vinhos dessa casta que mais apreciei foram: Williams-Selyem Pinot Noir 91, J. Rochioli Pinot Noir 02, Domaine Drouhin Cuvée Laurène Pinot Noir 96, Brewer-Clifton Mount Carmel Pinot Noir 06, Byron Reserve Pinot Noir 96, Belle Glos Taylor Lane Pinot Noir 03, Belle Glos Clark & Telephone Pinot Noir 03, Paul Hobbs Pinot Noir 06, Marimar Don Miguel Pinot Noir 04, Fess Parker Bien Nacido Pinot Noir 02, Calera Mills Pinot Noir 89, Robert Mondavi Reserve Pinot Noir 90 e Ponzi Oregon Pinot Noir 92.

Syrah • Grandes esforços e esperanças têm sido colocados na Syrah, que pode vir a ser dentro em breve outra das grandes castas tintas locais.

● ● ● ● GRANDES DESTAQUES

Alban Vineyards (vinhedos), Araujo (Eisele) Sine Qua Non (vinhedos) e Martinelli (Hop Barn Hill).

● ● ● DESTAQUES

Arrowood, Carlisle, Dehlinger, Kongsgaard, Ojai, Pax Wines, Pride Mountain, Sean Thackrey e Talomas (Basket Press Reserve).

● OUTROS RECOMENDADOS

Babcock, Bonny Doon (Le Pousseur), Château Ste. Michelle (Washington), DeLille Cellars (Washington), Domaine de la Terre Rouge, Dunham Cellars (Washington), Foxen, Hogue Cellars (Washington), Jade Mountain, JC Cellars, Joseph Phelps, L'École No. 41 (Washington), Lewis, McCrea (Washington), Neyers, Qupé, Ridge, Shafer, Sierra Vista, Steele e Zaca Mesa.

Gostei muito do Bonny Doon Syrah Le Pousseur 03, Talomas Basket Press Reserve Syrah 01 e também do Kendall-Jackson Grand Reserve Syrah 92.

Zinfandel • A casta "nacional" americana tem alguns consumidores fiéis, que gostam de vinhos poderosos, alcoólicos e encorpados.

● ● ● DESTAQUES

Martinelli (vinhedos), Ridge (vinhedos) e Turley (vinhedos) e Seghesio (vinhedos).

● OUTROS RECOMENDADOS

Au Bon Climat, Cline, DeLoach, Gary Farrell, Hartford Court, J. Rochioli, Ravenswood, Robert Biale, St. Francis, Steele e Williams-Selyem.

Os meus prediletos foram o Ridge Lytton Springs Zinfandel 95, o Seghesio Old Vine Zinfandel 01 e o Seghesio Home Ranch Zinfandel 01.

Outras castas tintas • Diversas cepas, especialmente de origem rodaniana e italiana, tais como Grenache, Mouvèdre, Petite Sirah e Sangiovese, têm demonstrado boa adaptação na Califórnia.

● ● ● DESTAQUES

Alban Vineyards (Grenache) e Turley (Petite Sirah).

● OUTROS RECOMENDADOS

Benziger (Petite Sirah), Carlisle (Petite Sirah), Cline (Mourvèdre), David Bruce (Petite Sirah), JC Cellars (Petite Sirah), La Jota (Petite Sirah), Leonetti (Washington Sangiovese), Luna (Sangiovese), Pride Mountain (Petite Sirah e Sangiovese), Ridge (Petite Sirah), Rockland (Petite Sirah), Sean Thackrey (Petite Sirah), Seghesio (Sangiovese), Turnbull (Petite Sirah) e Switchback Ridge (Petite Sirah).

ESPUMANTES

Desde os anos 1970, várias firmas europeias, sobretudo francesas, implantaram-se na Califórnia para produzir espumantes pelo método clássico. São elas: Domaine Chandon, Piper-Sonoma (vendida depois), Mumm-Napa Valley, Roederer Estate, Maison Deutz (vendida depois), Domaine Carneros (Taittinger), Pacific Echo (Pommery), Gloria Ferrer (Freixenet) e Codorníu Napa. Além dessas, existem algumas autênticas vinícolas americanas de respeito que elaboram *sparkling wines*, tais como Schramsberg, Iron House e Jordan.

Mostrou um bom padrão o Codorníu Napa Sparkling Brut.

● ● ● DESTAQUES

Argyle (Oregon Extended Tirage), Roederer Estate (L'Ermitage) e Schramsberg (Reserve).

● **OUTROS RECOMENDADOS**

Argyle (Oregon Blanc de Blancs), Codorníu Napa (Reserve), Domaine Carneros (Blanc de Blancs), Domaine Chandon (Late Disgorged), Gloria Ferrer (Late Disgorged), Iron Horse (Late Disgorged), Mumm Cuvée Napa (DVX), Pacific Echo (Private Reserve), Piper-Sonoma (Reserve) e S. Anderson (Diva).

Mostraram um bom padrão o Roederer Estate Sparkling Brut e o Codorníu Napa Sparkling Brut.

CANADÁ

No século X, os *vikings*, ao aportarem no país, chamaram-no *Vineland*, por causa da abundância de vinhas selvagens. Na verdade as plantas encontradas não eram videiras, e sim *blueberries* (mirtilos). John Schiller, ex-cabo do exército alemão, implantou em 1811 um vinhedo de *Vitis labrusca* e uma pequena vinícola em Ontario. Entre 1916 e 1927, houve o período de proibição de bebidas alcoóli-

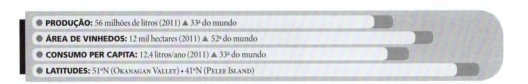

- **PRODUÇÃO:** 56 milhões de litros (2011) ▲ 33ª do mundo
- **ÁREA DE VINHEDOS:** 12 mil hectares (2011) ▲ 52ª do mundo
- **CONSUMO PER CAPITA:** 12,4 litros/ano (2011) ▲ 33º do mundo
- **LATITUDES:** 51ºN (Okanagan Valley) • 41ºN (Pelee Island)

cas. Contudo, diferentemente dos Estados Unidos, a lei permitia apenas o vinho como única bebida alcoólica. A criação das VQA (Vintners Quality Alliance), em Ontario (1988) e na British Columbia (1990), melhorou bastante a qualidade do vinho canadense.

Em linguagem indígena, o nome Canadá significa "comunidade" ou "aldeia". O símbolo nacional é a *mapple leaf* (folha de bordo).

O país é um pequeníssimo produtor mundial, ficando apenas na modesta 33ª posição, e seus vinhos ainda são muito pouco conhecidos fora do mercado interno. Entretanto, é o maior elaborador internacional de vinhos de sobremesa do tipo *Icewine* (vinho de gelo, o *Eiswein* do mundo germânico), que têm arrebatado nos últimos anos inúmeros prêmios em concursos internacionais, como os realizados na França (Vinexpo) e na Itália (Vinitaly). Alguns vinhos de mesa também têm chamado a atenção, notadamente os de Chardonnay e Pinot Noir.

LEGISLAÇÃO

Em 2000, o VQA Act de 1999 transformou em lei os dispositivos estipulados pelas associações provinciais de produtores de vinho.

- ***Non-VQA Wine.*** O "Vinho não VQA" é o mais comum do país, podendo até utilizar variedades híbridas na sua composição.
- ***Provincial Designation Wine.*** O "Vinho com Designação Provincial" é o mais abrangente dos regidos pela VQA, declarando determinada província.
- ***Viticultural Area Designation Wine.*** O "Vinho com Designação de Área Viticultural" é um VQA que engloba uma das VAs (*Viticultural Areas* – Áreas Viticulturais) oficializadas, sendo o melhor do país.

REGIÕES

O Canadá tem um clima continental extremado, necessitando da proximidade de grandes massas de água (lagos e oceanos) para moderá-lo. As regiões vinícolas canadenses apresentam similaridades como as frias Bourgogne e Alemanha.

Administrativamente, o país divide-se em províncias. No que se refere à vinicultura, as províncias de Ontario e British Columbia são oficialmente divididas em diversas VAs. As províncias e áreas, em ordem de importância, são as seguintes:

Província	*Viticultural Area* (VA)
Ontario	Niagara Peninsula
	Lake Erie North Shore
	Pelee Island
British Colombia	Okanagan Valley
	Similkameen Valley
	Fraser Valley
	Vancouver Island
Québec	
Nova Scotia	
Prince Edward Island	

As províncias de Ontario e British Columbia respondem por 98% dos vinhos *premium* do país. Apenas elas produzem vinhos que atingem o padrão VQA. Québec e Nova Scotia não produzem uvas viníferas nem vinhos VQA. Prince Edward Island tem apenas uma vinícola/vinhedo instalada.

As principais áreas de cultivo são Niagara Peninsula – de longe a mais importante – e Okanagan Valley.

ONTARIO

É a província com a maior área plantada do Canadá. Em 2011, tinha uma área plantada de uvas de 6.100 ha, representando 54,8% do total do país. As suas três áreas de cultivo são vizinhas aos Grandes Lagos, entre os paralelos 44ºN e 41ºN. Ontario significa, em língua indígena, "água espumante", por causa das cataratas do Niagara.

O clima continental é moderado pelos Grandes Lagos. A maioria dos solos é de sedimentos glaciais, compostos de areia argilocalcária, cascalho e argila.

As principais viníferas brancas plantadas são Chardonnay, Riesling, Sauvignon Blanc, Gewürztraminer, Pinot Gris e Auxerrois. Das híbridas francesas claras, destacam-se a Vidal e a Seyval Blanc, ambas classe I. A clara *Vitis labrusca* Niagara ainda ocupa uma área bem grande.

As viníferas rubras mais cultivadas são: Cabernet Franc, Merlot, Gamay Noir, Pinot Noir, Cabernet Sauvignon e Zweigelt. Duas híbridas francesas da classe I, Baco Noir e Maréchal Foch, possuem extensa superfície. Também se encontra bastante a escura *Vitis labrusca* Concord.

Em 2000, segundo a associação Ontario Grape Growers, pela primeira vez as castas viníferas ultrapassaram as híbridas francesas e labruscas nos vinhedos. Em 2011, já eram 65% dos vinhedos, sendo 53% de brancas e 47% de tintas. As viníferas mais promissoras são Chardonnay e Riesling (brancas); Cabernet Franc, Cabernet Sauvignon, Merlot, Pinot Noir e Gamay (tintas).

O *Icewine* é o vinho regional de projeção internacional da região.

Ontario conta com mais de 90 vinícolas das cerca de 180 de todo o país, sendo que 55 delas produzem vinhos VQA.

Niagara Peninsula • É a maior VA canadense, representando mais de 90% dos vinhedos de Ontario. Situa-se no paralelo 43ºN, entre a margem sul do lago Ontario, ao norte, o rio Niagara, a leste, e o Niagara Escarpment, ao sul.

Constitui-se de uma planície plana, cortada pelo Niagara Escarpment. Essa barreira física, de cerca de 180 metros de altura, bloqueia os ventos do lago e os faz retornar para ele. Assim, essa circulação evita que o ar frio se deposite nas partes baixas dos vinhedos durante os períodos de geada. Algumas vinícolas canadenses também instalaram grandes ventiladores para soprar ar morno através do vinhedo, subindo a temperatura e prevenindo o congelamento e o dano das vinhas.

O clima é continental úmido, com níveis de insolação, durante a época de crescimento e amadurecimento da videira, comparáveis aos da Bourgogne. É influenciado pelo lago Ontario, que age como um reservatório de água quente no inverno, elevando a temperatura do solo com as águas aquecidas no verão. Também resfria os ventos de verão, evitando que as uvas amadureçam rapidamente, e então mantém o ar em queda comparativamente morno, postergando as primeiras geadas e prolongando, dessa forma, o período de crescimento. A pluviosidade média é de 700 a 850 mm anuais.

A Niagara Peninsula apresenta grande potencial para espumantes e particularmente para *Icewines*. Entretanto, achei os seus vinhos de mesa muito parecidos com os da Serra Gaúcha, no aroma, na alta acidez, na pouca concentração e no retrogosto meio curto. Gostei mais dos vinhos de Chardonnay e em seguida dos de Cabernet Franc, Merlot e Cabernet Sauvignon. Os de Pinot Noir me agradaram menos.

A maioria das vinícolas de Ontario está localizada aí. As principais são: Inniskillin (do grupo Vincor), Peninsula Ridge, Thirty Bench, Konzelmann, Royal DeMaria, Château des Charmes, Henry of Pelham, Hillebrand (do grupo Andres), Jackson--Triggs (do grupo Vincor), Vineland Estates, Cave Springs e Stoney Ridge.

Lake Erie North Shore • Modesta região na latitude 42ºN, situada na península sudoeste de Ontario, entre a margem norte do lago Erie, o rio Detroit e o lago St. Clair. Possui 800 hectares e apenas duas vinícolas.

O seu mesoclima é favorável, com exposição sul, complementado pelo efeito moderador do lago Erie – o menor dos cinco Grandes Lagos, apresentando, portanto, a temperatura de superfície mais morna. A região beneficia-se também, no período de crescimento, de abundante insolação, tendo a maior quantidade de horas solares do Canadá, junto com a região de Pelee Island.

Pelee Island • Pequeníssima região localizada na ilha de Pelee, do lago Erie, com apenas 200 hectares. Na altura do paralelo 41ºN, é a área vinícola canadense mais meridional de todas. Desfruta da mais longa estação de crescimento, com duração acima de qualquer outra do país, frequentemente 30 dias a mais do que no continente.

A primeira vinícola comercial do Canadá, a VinVilla, instalou-se aí, em 1866. Atualmente, a região dispõe de apenas uma vinícola, a Pelee Island Winery.

QUÉBEC

A província de Québec divide-se em quatro *Growing Areas* (Áreas de Cultivo) extraoficiais, situadas na latitude 45ºN: Basses Laurentides (ou Laurentians), Montérégie, Cantons de l'Est (ou Eastern Townships) – a mais importante – e Québec. As três primeiras encontram-se em volta de Montréal e a quarta, como o próprio nome indica, perto de Québec.

O clima é continental extremado, com enormes mudanças térmicas sazonais. Os verões, quentes e úmidos, às vezes chegam a 40ºC. Os invernos são quase polares, longos e muito frios, podendo atingir 30ºC negativos. Nessas condições, o período de crescimento da videira se reduz a meros quatro meses. A pluviosidade média relativamente elevada, de cerca de 1.000 mm anuais, faz que uma espessa camada de neve enterre os vinhedos no inverno.

Três fatores permitem o cultivo de uvas em alguns mesoclimas dessa zona limítrofe. Em primeiro lugar, a existência de enorme volume de água no lago Champlain e no rio St. Lawrence, que amornam os terrenos próximos. Em segundo, a escolha de cepas híbridas francesas e americanas, de amadurecimento muito precoce a precoce e grande resistência ao frio. Por último, para abrigar as vinhas durante o feroz inverno, os viticultores praticam o *buttage*, que consiste no empilhamento de terra (ou mesmo neve), com cerca de 40 centímetros de altura, no pé da planta, formando o *butte de terre*, que faz o papel de isolante térmico. A diferença medida entre a temperatura exterior e a interna pode chegar a até 28ºC. Só após o *débuttage* primaveril, isto é, a remoção do montículo, começa um novo ciclo vegetativo da parreira.

Fazem parte da Association des Vignerons du Québec (AVQ) 32 vinícolas, produzindo vinhos de não viníferas, em grande parte brancos, as quais exploram uma superfície de apenas 100 hectares.

BRITISH COLUMBIA

Na província de British Columbia, as zonas de cultivo da uva localizam-se a oeste das Montanhas Rochosas, em dois distintos polos: a *Interior Region* (Região Interior), composta das VAs Okanagan Valley e Similkameen Valley, e a *Coastal Region* (Região Costeira), que engloba as VAs Fraser Valley e Vancouver Island. Em 2011, tinham 3.993 ha plantados, sendo 35,8% do total do país.

Diferentemente de Ontario, na British Columbia as variedades viníferas representam 97% dos parreirais. As cepas tintas (52%) são ligeiramente majoritárias em relação às brancas. As claras mais difundidas são: Chardonnay, Gewürztraminer, Pinot Gris, Pinot Blanc, Riesling e Sauvignon Blanc. Outras: Ehrenfelser, Auxerrois, Bacchus, Ortega, Vidal (híbrida), Sémillon, Kerner etc.

Quanto às castas rubras, as mais encontradas são: Merlot, Pinot Noir, Cabernet Sauvignon, Cabernet Franc e Gamay Noir. Outras: Maréchal Foch (híbrida), Syrah, Pinot Meunier, Baco Noir (híbrida) etc.

Okanagan Valley • É a maior e mais antiga área da British Columbia, cortada pelo paralelo 50ºN. O vale ocupa uma longa superfície, de cerca de 180 km, em volta do lago Okanagan e de outros menores. A cidade de Osooyos, a mais meridional do vale, encontra-se a apenas poucos quilômetros da fronteira com o estado de Washington, nos Estados Unidos. Acredito ser essa zona vitícola uma das mais lindas que eu já visitei.

O vale é dividido em duas subáreas: a de North Okanagan, localizada entre as vilas de Salmon Arm e Peachland, e a de South Okanagan, entre Summerland e Osoyoos.

A parte do extremo sul do vale, entre as vilas de Oliver e Osooyos, chamada de *Golden Mile*, é a única zona canadense classificada como deserto. A seção mais ao norte é também bastante árida.

O clima da região é governado por dois acidentes geográficos. O primeiro são as Cascades Mountains, que protegem da vinda dos ventos frios e úmidos originados no

Oceano Pacífico – motivo pelo qual essa zona tem verões quentes e secos e invernos suaves; os dias de verão são quentes e as noites frias, dando um ótimo gradiente térmico diurno. O segundo acidente são os lagos, particularmente o Okanagan, que moderam a temperatura ambiente durante todo o ano. Os vinhedos inclinados nas margens dos lagos recebem intensa insolação, sem a presença significativa de chuvas. A baixa pluviosidade, de 200 a 300 mm anuais, obriga suplementação com as águas dos lagos.

O Okanagan Valley é plantado com aproximadamente 3.500 hectares de castas finas. As mais de 130 vinícolas do vale produzem cerca de 82% de todo o vinho da província.

Os vinhos secos são os melhores do país, sobressaindo os de Pinot Noir. Ótimos são os de Cabernet Franc, Merlot, Cabernet Sauvignon, Chardonnay, Pinot Gris e Riesling. Gostei também dos de Gamay Noir e Pinot Blanc.

As melhores vinícolas aí instaladas são: Cedar Creek, Domaine Combret, Gray Monk, Mission Hill – das mais belas do mundo –, Quail's Gate, Sumac Ridge (do grupo Vincor), Burrowing Owl, Blue Mountain, La Frenz, Fairview, Thornhaven, Wild Goose e Hester Creek.

Similkameen Valley • Modesta área situada ao norte do paralelo 49ºN e a oeste de Okanagan Valley, através das Coastal Mountains, com terrenos inclinados, margeando o rio Similkameen. O clima, assim como o do seu vizinho Okanagan Valley, também é desértico.

Hoje, apenas duas vinícolas estão instaladas, mas a área apresenta também muito potencial.

Fraser Valley e Vancouver Island • Essas duas pequenas áreas da Coastal Region localizam-se próximas à cidade de Vancouver, entre os paralelos 50ºN e 49ºN. A Região Costeira tem clima suave, com invernos mornos e chuvosos e verões quentes e secos. Assim como na Interior Region, há a necessidade de irrigação das vinhas.

Menos de 20 vinícolas estão aí implantadas, nenhuma delas entre as cimeiras do país.

UVAS

Cerca de 70 uvas viníferas (para vinhos de VAs) e oito híbridas francesas da classe I (para vinhos provinciais) são autorizadas legalmente. Outras 17 híbridas podem ser usadas até um máximo de 15% do volume total.

Nos anos 1970 e 1980, variedades de clima frio foram escolhidas para plantio, tais como Riesling, Chardonnay, Gamay Noir, Pinot Noir, Cabernet Franc e Merlot. Hoje, elas têm boa performance.

BRANCAS

As uvas brancas são as mais importantes, sendo a Chardonnay a mais plantada em Ontario e a segunda na British Columbia. Dão brancos estruturados, com boa acidez e fruta madura, barricados ou frutados. Também são usadas para espumantes.

A segunda branca vinífera mais cultivada em Ontario é a Riesling, enquanto na British Columbia ela é a quarta branca mais difundida. Foi a primeira cepa de Ontario que mostrou toda a sua excelência, com brancos secos e até botritizados, chegando a dar os melhores *Icewines* do país. Também é usada como base de muitos espumantes.

A Vidal é a variedade verde híbrida mais encontrada em Ontario, ganhando inclusive da Chardonnay em número de vinhas. Na British Columbia, a sua participação não é tão expressiva, apesar de também ser a branca híbrida mais cultivada. É uma híbrida francesa de Ugni Blanc com Seibel 4986, com elevada presença de seiva vinífera (86%), classificada como classe I na legislação. A sua principal vantagem é fornecer altos teores de açúcar com bons níveis de acidez, em zonas de clima frio. Ela é capaz de produzir voluptuosos vinhos botritizados e *Icewines*.

A terceira branca vinífera mais plantada em Ontario e a quinta na British Columbia é a Sauvignon Blanc. Considerada uma cepa emergente em ambas as províncias, origina brancos secos agradavelmente aromáticos.

Outras cepas claras importantes são:

Gewürztraminer • A quinta branca vinífera mais cultivada em Ontario e a terceira na British Columbia. Dá bons exemplares na Niagara Peninsula.

Pinot Gris • A quarta uva branca vinífera mais encontrada em Ontario e a primeira na British Columbia, onde mostra particular sucesso.

Pinot Blanc • Na British Columbia, é a sexta branca mais cultivada, com boa adaptabilidade.

Auxerrois • A sexta clara vinífera mais plantada em Ontario e a 11.ª na British Columbia, onde gera vinhos intrigantes.

Complementam o acervo vitícola das brancas, muitas delas cruzamentos alemães: Ehrenfelser, Bacchus, Ortega, Sémillon, Kerner, Chenin Blanc, Viognier, Müller-Thurgau, Optima, Scheurebe, Silvaner, Seyval Blanc (ou Seyve-Villard 5276, híbrida classe I) e outras.

TINTAS
A Cabernet Franc é a tinta vinífera mais difundida e mais promissora em Ontario. Na British Columbia, é a quinta tinta mais encontrada. Dá-se muito bem em climas frios, demonstrando bastante sucesso como varietal.

A Merlot é segunda tinta vinífera mais plantada em Ontario, mas a primeira na British Columbia. Tem boa performance tanto como varietal de topo na British Columbia quanto como cortada com a Cabernet Sauvignon e a Cabernet Franc na sub-região de South Okanagan.

Penso ser a Pinot Noir a rainha das tintas canadenses. É a quarta tinta vinífera mais difundida em Ontario e a segunda na British Columbia. Seus vinhos são dos melhores fora da Bourgogne, rivalizando com os da Nova Zelândia e dos Estados Unidos. Também usada para espumantes.

A Cabernet Sauvignon é a terceira rubra vinífera mais plantada em Ontario e a terceira na British Columbia. Vem tendo algum sucesso como varietal, mas principalmente nas mesclas ditas *Red Meritage*.

A Gamay Noir é a quinta escura vinífera mais encontrada em Ontario e a sexta na British Columbia. Estão surgindo em Ontario algumas versões barricadas interessantes, com bom corpo e concentração, à altura dos *Crus* de Beaujolais.

Outras castas escuras empregadas são: Baco Noir (híbrida francesa da classe I), Maréchal Foch (híbrida francesa da classe I), Syrah (ou Shiraz), Zweigelt, Pinot Meunier, De Chaunac (ou Seibel 9549, híbrida), Chancellor (ou Seibel 7053, híbrida da classe I), Chambourcin (híbrida da classe I), Villard Noir (híbrida da classe I) etc.

VINHOS

A regulamentação VQA (Vintners Quality Alliance), feita com selos de certificação, prevê dois níveis de GI (*Geographical Indication* – Indicação Geográfica).

***Provincial Designation* (Designação Provincial)** • Obriga que as uvas procedam 100% da província mencionada. As variedades devem ser escolhidas dentre as aprovadas, sejam elas viníferas, sejam híbridas. O mosto deve apresentar um teor de açúcar em grau Brix mínimo por variedade. A menção de safra deve obedecer aos seguintes limites mínimos: 85% (em Ontario) e 95% (na British Columbia).

***Viticultural Area Designation* (Designação de Área Viticultural)** • Exige que as uvas procedam no mínimo 85% (em Ontario) e 95% (na British Columbia) da área em questão, sendo o restante da própria província. As variedades precisam ser todas viníferas aprovadas, exceto a híbrida Vidal, empregada para *Icewines*. O mosto deve apresentar um teor de açúcar em grau Brix mínimo por variedade. A menção de safra deve obedecer aos seguintes limites mínimos: 85% (em Ontario) e 95% (na British Columbia). Adicionalmente, os vinhos VAs podem declarar o nome do vinhedo de origem, caso os frutos sejam totalmente colhidos lá. Se quiserem trazer no rótulo o termo *Estate Bottled* (Engarrafado na Propriedade), 100% das uvas devem ser cultivadas, vinificadas e engarrafadas na propriedade.

Para ser varietal, o vinho precisa ter 85% da variedade declarada, sendo de apenas 75% no caso de vinhos não VQA. Na declaração bivarietal, o limite aumenta para 90% das uvas assinaladas, tendo a segunda delas no mínimo 15% de participação. Finalmente, os trivarietais devem ter 95% das castas mencionadas, tendo a segunda delas no mínimo 15% e a terceira 10%.

Os *Blended Wines* (Vinhos de Marca), que portam o nome da propriedade, devem ser 100% de cepas viníferas.

Meritage é o termo legal, emprestado dos americanos, para designar a mescla de duas ou mais das seguintes castas: Cabernet Sauvignon, Merlot, Cabernet Franc, Malbec e Petit Verdot (*Red Meritage*); Sauvignon Blanc, Sémillon e Muscadelle (*White Meritage*). Nesse caso, nenhuma uva pode ter mais de 90% de participação.

O teor de açúcar constante do rótulo dos vinhos VQA canadenses é um dos mais informativos do mundo. Empregam-se códigos que vão de 0 a 9. O nível 0 é para os vinhos secos (abaixo de 5 ou 9 g/l de açúcar residual, dependendo do grau de acidez do vinho). Os vinhos meio secos usam o código 1 (5 ou 9 g/l até 12 ou 19 g/l, dependendo também da acidez). Os meio doces podem ter o código 2 (15 ou 19 g/l até 25 ou 29 g/l) ou 3 (25 a 35 g/l). Finalmente, existem seis níveis para os vinhos doces, que vão do código 4 (35 a 45 g/l) ao 9 (acima de 85 g/l).

ICEWINE (OU VIN DE GLACE)

É a especialidade cimeira do país, sendo um vinho do tipo Late Harvest (Colheita Tardia), cujo mosto, após a prensagem, tenha densidade de no mínimo 32º Brix e cujo vinho tenha no mínimo 35º Brix, acima de 125 g/l de açúcar residual e teor alcoólico de 7,5%-14,9%. Deve originar-se de 100% de uvas de VAs, sendo no mínimo 85% da VA declarada.

Os cachos são colhidos quando naturalmente congelados no pé. As uvas devem ser prensadas em processo contínuo, enquanto a temperatura do ar ambiente for de 8ºC negativos ou menos. O sistema de prensagem contínuo destina-se a concentrar *flavores*, sem que o mosto seja diluído pelos cristais de gelo que vão se fundindo. Após a prensagem, os vinhos passam várias semanas fermentando e poucos meses de amadurecimento em barril de carvalho.

Em 1973, a Hainle elaborou o primeiro *Icewine* canadense, na região de Okanagan Valley. Atualmente, o Canadá é o maior produtor mundial de vinhos de gelo, à frente de Alemanha e Áustria. É produzido exclusivamente nas províncias de Ontario – com mais de 90% – (Niagara Peninsula é a principal região) e British Columbia. Aliás, Ontario é a única zona do globo que produz *Icewine* todo ano, dado o intenso frio. A maioria das uvas empregadas é de brancas de casca grossa, como Riesling e Vidal. A segunda – uma híbrida – é mais barata, mas capaz de elaborar vinhos de alta qualidade. Na minha opinião, os vinhos de Riesling são melhores e mais elegantes que os de Vidal. Os *Icewines* tintos de cepa Cabernet Franc são bem curiosos. A colheita deve iniciar-se só depois de 15 de novembro e pode estender-se até dezembro e janeiro ou, mais raramente, até fevereiro e março.

Os *Icewines* são caros e geralmente vendidos em meias garrafas. Apresentam *flavores* amendoados, de mel e de frutas (lichia, pêssego, abacaxi, goiaba, maracujá e manga), bem harmonizados pela acentuada acidez.

Os canadenses produzem dois espumantes muito particulares. O primeiro é o *Icewine Dosage* ou *Dosage of Icewine*, um espumante especial elaborado pelo método tradicional, cuja dosagem seja exclusivamente de vinho *Icewine*, com no mínimo 10% do volume total. A exigência é que 100% das uvas se originem de determinada GI e que ele tenha no mínimo 20 g/l de açúcar residual.

O *Sparkling Icewine* é um espumante especial que atinja todos os requerimentos exigidos para um *Icewine*. Pode-se usar o método tradicional ou o processo *charmat*. A exigência é que 100% das uvas venham de certa VA e ele tenha no mínimo 125 g/l de açúcar residual.

OUTRAS CATEGORIAS DE VINHO DOCE

O *Late Harvest* é um vinho de colheita tardia cujo mosto tenha no mínimo 22º Brix e teor alcoólico de 8,5%-14,9%. A exigência é que 100% das uvas se originem de determinada GI. O *Select Late Harvest* deve ter no mínimo 26º Brix, e o *Special Select Late Harvest*, no mínimo 30º Brix.

Outra especialidade canadense é o *Vin du Curé* (Vinho do Cura), cujo mosto deve ter no mínimo 20º Brix e teor alcoólico de 8,5% a 14,9%, oriundo exclusivamente de cepas Riesling ou Vidal, 100% das quais precisam provir de certa GI. Após a colheita, os bagos são passificados em ambiente seco e ventilado, até que atinjam no mínimo 32º Brix.

BRANCOS

Dos vinhos brancos, mais produzidos do que os tintos, os mais promissores são os de Chardonnay, Pinot Gris, Pinot Blanc e Riesling.

Apesar de o Canadá ter características de bom produtor de espumantes, só bebi um com algum prazer, o Jackson-Triggs Proprietor's Grand Reserve Brut 99.

Chardonnay • Essa nobre casta gera os melhores brancos canadenses, notadamente os de versão barricada. Existem ótimos exemplares em Okanagan Valley e principalmente na Niagara Peninsula.

●●●● GRANDES DESTAQUES
Inniskillin (Founder's Reserve), Thirty Bench (Beamsville Bench Reserve) e Konzelmann (Grand Reserve).

●●● DESTAQUES
Cedar Creek (Reserve), Domaine Combret (Saint Vincent), Mission Hill (Grand Reserve), Burrowing Owl (Chardonnay) e Stoney Ridge (Reserve).

● OUTROS RECOMENDADOS
Domaine Combret (Unoaked), Cedar Creek (Select), Inniskillin (Reserve), Mission Hill (Estate), Peninsula Ridge (Inox), La Frenz (Chardonnay), Château des Charmes (Chardonnay), Gray Monk (Unwooded), Sumac Ridge (Chardonnay), Quail's Gate (Reserve e Chardonnay), Jackson-Triggs (Proprietor's Grand Reserve), Magnotta (Barrel Fermented), Cave Spring (Chardonnay) e Henry of Pelham (Barrel Fermented).

Os vinhos que receberam as minhas maiores notas foram: Inniskillin Founder's Reserve Chardonnay 99 (ótimo), Cedar Creek Reserve Chardonnay 00, Domaine Combret Saint Vincent Chardonnay 98, Domaine Combret Unoaked Chardonnay 97, Cedar Creek Select Chardonnay 00, Mission Hill Estate Chardonnay 00, Peninsula Ridge Inox Chardonnay 01, La Frenz Chardonnay 00, Château des Charmes Chardonnay 00, Gray Monk Unwooded Chardonnay 00, Sumac Ridge Chardonnay 99, Quail's Gate Reserve Chardonnay 00, Quail's Gate Chardonnay 00, Jackson-Triggs Proprietor's Grand Reserve Chardonnay 00 e Magnotta Barrel Fermented Chardonnay 99.

Riesling • Os vinhos Riesling da British Columbia lembram mais o estilo alsaciano; os de Ontario, o alemão.

● ● ● DESTAQUES

Domaine Combret (Reserve).

● OUTROS RECOMENDADOS

Inniskillin (Reserve), Quail's Gate (Dry Riesling), Cave Spring (Riesling), Hillebrand (Riesling), Vineland Estates (Riesling) e Henry of Pelham (Riesling).

Os caldos que mais me agradaram foram: Domaine Combret Reserve Riesling 94, Inniskillin Reserve Riesling 99 e Quail's Gate Dry Riesling 00.

Pinot Gris e Pinot Blanc • Os vinhos originados dessas duas cepas irmãs mostram similaridades, exceto que os de Pinot Gris são mais aromáticos que os mais neutros Pinot Blanc. Por isso os primeiros têm-se saído melhor.

● ● ● DESTAQUES

Gray Monk (Pinot Gris), Mission Hill (Grand Reserve Pinot Gris e Reserve Pinot Blanc), Inniskillin (Pinot Grigio) e Burrowing Owl (Pinot Gris).

● OUTROS RECOMENDADOS

Cedar Creek (Select Creata Ranch Pinot Blanc), Gray Monk (Pinot Blanc), Sumac Ridge (Private Reserve Pinot Blanc) e Wild Goose (Pinot Gris).

Gostei dos vinhos: Gray Monk Pinot Gris 01, Cedar Creek Select Creata Ranch Chardonnay Pinot Blanc 00, Gray Monk Pinot Blanc 01, Sumac Ridge Private Reserve Pinot Blanc 00 e Wild Goose Pinot Gris 01.

Outros brancos secos

●● RECOMENDADOS

Gray Monk (Pinot Auxerrois), Sumac Ridge (White Meritage e Sauvignon Blanc), Quail's Gate (Chenin Blanc), Hester Creek (Chardonnay/Sémillon) e Wild Goose (Gewürztraminer).

Brancos de sobremesa • Diferentemente dos vinhos de mesa secos, categoria em que as bebidas da British Columbia sobrepujam as de Ontario, no caso dos vinhos doces a primazia é claramente do segundo, principalmente da região da Niagara Peninsula.

●●●● GRANDES DESTAQUES

Inniskillin (Icewine Riesling).

●●● DESTAQUES

Inniskillin (Icewine Vidal), Royal DeMaria (Icewine Vidal), Pelee Island (Vidal), Konzelmann (Icewine Vidal), Magnotta (Icewine Riesling), Domaine Combret (Icewine Chardonnay), Vineland Estates (Icewine Vidal), Cave Spring (Icewine Riesling) e Henry of Pelham (Icewien Riesling).

●● RECOMENDADOS

Inniskillin (Icewine Oak Aged Vidal), Mission Hill (Icewine Gewürztraminer), Royal DeMaria (Icewine Gewürztraminer), Magnotta (Icewine Gewürztraminer), Château des Charmes (Icewine Riesling), Jackson-Triggs (Icewine Riesling e Icewine Gewürztraminer), Hillbrand (Icewine Vidal) e Gray Monk (Late Harvest Kerner).

Fiquei bem impressionado com os seguintes vinhos: Inniskillin Icewine Riesling 00, Inniskillin Icewine Vidal 01, Pelee Island Icewine Vidal 98, Magnotta Icewine Riesling 98, Domaine Combret Icewine Chardonnay 00, Mission Hill Icewine Gewürztraminer 97, Inniskillin Icewine Oak Aged Vidal 98, Magnotta Icewine Gewürztraminer 99, Jackson-Triggs Icewine Riesling 00, Jackson-Triggs Icewine Gewürztraminer 00 e Gray Monk Late Harvest Kerner 00.

TINTOS

Os tintos canadenses que têm dado bons resultados são de variedades oriundas da Bourgogne ou de Bordeaux.

Pinot Noir • Representam os mais marcantes tintos do país, comprovando a vocação da Pinot Noir para zonas mais frias.

● ● ● ● GRANDES DESTAQUES

Cedar Creek (Reserve) e Domaine Combret (Saint Vincent).

● ● ● DESTAQUES

Quail's Gate (Reserve) e Blue Mountain (Pinot Noir).

● OUTROS RECOMENDADOS

Cedar Creek (Select), Gray Monk (Pinot Noir), Inniskillin (Founder's Reserve), Quail's Gate (Pinot Noir) e Thornhaven (Barrel Reserve).

Os vinhos dessa casta que eu mais apreciei foram: Cedar Creek Reserve Pinot Noir 00 (excelente), Domaine Combret Saint Vincent 00, Quail's Gate Reserve Pinot Noir 00, Cedar Creek Select Pinot Noir 99, Gray Monk Pinot Noir 00, Inniskillin Founder's Reserve Pinot Noir 99, Quail's Gate Pinot Noir 00 e Thornhaven Reserve Pinot Noir 00.

Merlot

● ● ● DESTAQUES

Quail's Gate (Reserve) e Royal DeMaria (Harvest).

● OUTROS RECOMENDADOS

Konzelmann (Merlot), Peninsula Ridge (Merlot), Hester Creek (Merlot), Gray Monk (Odyssey), Mission Hill (Reserve) e Stony Ridge (Reserve).

Até agora, gostei mais dos seguintes vinhos: Quail's Gate Reserve Merlot 00, Konzelmann Merlot 00, Peninsula Ridge Merlot 99, Hester Creek Merlot 00, Gray Monk Odyssey Merlot 00 e Mission Hill Reserve Merlot 98.

Cabernet Franc

● ● ● DESTAQUE

Domaine Combret (Saint Vincent).

● OUTROS RECOMENDADOS

Peninsula Ridge (Reserve e Cabernet Franc) e Stony Ridge (Widmer).

Os meus prediletos foram: Domaine Combret Saint Vincent Cabernet Franc 99, Peninsula Ridge Reserve Cabernet Franc 00 e Peninsula Ridge Cabernet Franc 00.

Cabernet Sauvignon

● ● ● DESTAQUE

Cedar Creek (Reserve).

● OUTROS RECOMENDADOS

Mission Hill (Reserve), Peninsula Ridge (Reserve), Hillebrand (Glenlake Vineyard) e Magnotta (Cabernet Sauvignon).

Ganharam boas notas os tintos: Cedar Creek Reserve Cabernet Sauvignon 99, Mission Hill Reserve Cabernet Sauvignon 98, Peninsula Ridge Reserve Cabernet Sauvignon 00 e Magnotta Cabernet Sauvignon 00.

Mesclas tintas • Os tintos cortados são quase exclusivamente de cepas bordalesas, alguns deles atestando no rótulo essa ascendência com o termo *Red Meritage*.

● ● ● DESTAQUES

Sumac Ridge (Pinacle Merlot/Cabernet Sauvignon/Cabernet Franc) e Mission Hill (Estate Oculus Cabernet Sauvignon/Merlot/Cabernet Franc).

● OUTROS RECOMENDADOS

Sumac Ridge (Black Sage Meritage), Peninsula Ridge (Meritage), Fairview (The Bears Meritage), Hester Creek (Cabernet/Merlot), Hillebrand (Harvest Cabernet/Merlot), Jackson-Triggs (Reserve Meritage) e Henry of Pelham (Cabernet/Merlot).

Os que obtiveram as mais altas pontuações foram: Sumac Ridge Pinacle Merlot/Cabernet Sauvignon/Cabernet Franc 98, Mission Hill Estate Oculus Cabernet Sauvignon/Merlot/Cabernet Franc 99, Sumac Ridge Black Sage Meritage 99, Peninsula Ridge Meritage 00, Fairview The Bears Meritage 00, Hester Creek Cabernet/Merlot 00, Hillebrand Harvest Cabernet/Merlot 01 e Jackson-Triggs Reserve Meritage 00.

Outras castas tintas

● ● RECOMENDADOS

Domaine Combret (Saint Vincent Gamay e Reserve Gamay), Mission Hill (Estate Syrah) e Cave Spring (Gamay).

Achei qualidades nos caldos: Domaine Combret Saint Vincent Gamay 00, Domaine Combret Reserve Gamay 98 e Mission Hill Estate Syrah 99.

Tintos de sobremesa • A grande maioria dos *Icewines* canadenses são de uvas claras. Entretanto, também se fornece uma pequena parcela de rubros. Valem mais pela curiosidade.

● ● ● DESTAQUE

Domaine Combret (Icewine Pinot Noir).

● ● RECOMENDADOS

Inniskillin (Icewine Cabernet Franc) e Jackson-Triggs (Icewine Cabernet Franc).

Gostei de: Domaine Combret Icewine Pinot Noir 00 e Jackson-Triggs Icewine Cabernet Franc 00.

ARGENTINA

- **PRODUÇÃO:** 0,94 milhão de litros (2016) ▲ 9ª do mundo
- **ÁREA DE VINHEDOS:** 224 mil hectares (2016) ▲ 7ª do mundo
- **CONSUMO PER CAPITA:** 31,6 litros/ano (2016) ▲ 6º do mundo
- **LATITUDES:** 25ºS (Salta) • 40ºS (Río Negro)

A Argentina, cujo nome vem do latim *argenta* (prata), é um dos maiores produtores de vinhos do hemisfério sul. Por sua vez, a América do Sul é o segundo subcontinente em produção de vinhos, logo após a Europa.

Em 1556, os espanhóis plantaram as primeiras videiras comuns (Cereza e Criollas) em Santiago del Estero. Em 1852, iniciou-se a introdução de cepas finas europeias. Na segunda metade do século XIX, com a chegada de milhões de imigrantes europeus, sobretudo espanhóis e italianos, foi implantada a base da indústria atual.

Na década de 1980, com a queda do consumo interno, o vinho argentino abriu-se para o mundo e melhorou sua qualidade de forma impressionantemente rápida.

LEGISLAÇÃO

- **Vino de Mesa ou Corriente.** O "Vinho de Mesa ou Corrente" é a categoria mais baixa, proveniente de uvas de mesa, não podendo declarar a cepa. É bem melhor que o equivalente brasileiro, pois se origina de variedades *Vitis vinifera*.
- **Vino Fino.** O "Vinho Fino" é elaborado com uvas europeias nobres, sendo o melhor do país.

Em 1999, foi divulgada a lei que implanta o sistema de *Denominación de Origen Controlada* (DOC). Em 2005, as categorias *Vino de Mesa* e *Vino Fino* desapareceram. A nova legislação prevê três níveis de qualificação:

- **IP - *Indicación de Procedencia*.** Apenas para *vinos de mesa* ou *vinos regionales*, equivalendo a vinhos de média qualidade.
- **IG - *Indicación Geográfica*.** Apenas para vinhos de boa qualidade de *Vitis vinifera*. A área geográfica delimitada não pode ser maior que a de uma província ou deve corresponder a uma zona interprovincial, tendo limites administrativos ou históricos.
- **DOC - *Denominación de Origen Controlada*.** Criada para vinhos de qualidade superior. Deve ter uma área delimitada, ser de variedades finas autorizadas, com rendimentos máximos em hl/ha, seguindo práticas viticulturais estabelecidas, obedecendo a métodos de vinificação e maturação determinados, ter uma graduação alcoólica mínima fixada, ser engarrafado no local e passar por provas sensoriais.

Antes de 1999, foram criadas algumas DOCs por decretos provinciais e por iniciativa de umas poucas adegas locais. Outras ainda se encontram em fase de estudo.

Entretanto, as DOCs oficialmente vigentes são apenas as de Luján de Cuyo (2005) e de San Rafael (2007)

Até o presente, as garrafas comercializadas declarando uma DOC no rótulo ainda são extremamente escassas.

Em 2008, a Argentina tornou-se o primeiro país da América do Sul a regular as menções "Reserva" e "Gran Reserva". A primeira declaração é exclusiva de vinhos de qualidade superior, de *Vitis vinifera* aprovadas, com rendimentos de 135 quilos de uvas para cada 100 litros de vinho. Além disso, os vinhos tintos "Reserva" devem estagiar por um período mínimo de 12 meses, ao passo que para brancos e rosados o limite inferior é de seis meses. Para os vinhos "Gran Reserva" as exigências são as mesmas, alterando apenas os parâmetros de rendimento (140 kg de uvas para 100 l de vinho) e os tempos de permanência mínima de *crianza* de 24 meses e 12 meses, respectivamente para tintos e para brancos e rosados.

CLIMA

A cordilheira dos Andes influencia o clima da zona vitivinícola argentina de forma decisiva. As massas de ar úmido provenientes do oceano Pacífico são contidas pelos Andes, descarregando nele a maioria da umidade, que se transforma em neve. Uma pequena parte cai no Chile, sob a forma de chuva. Apenas uma ínfima corrente de ar supera a barreira montanhosa e penetra na Argentina, mas já seca e quente. Já as massas de ar úmido vindas do Atlântico chegam esporadicamente aos pés da região andina, precipitando-se geralmente próximo do litoral.

Dessa forma, o clima do país é continental, temperado ou temperado frio e semidesértico. A estação invernal é seca, com precipitações no período estival que variam de 100 a 300 mm anuais, podendo alcançar em alguns lugares 400 mm.

As escassas precipitações obrigam o uso de irrigação, realizada por uma complexa rede de canais, que distribuem a água dos degelos da cordilheira por rios de regime irregular. Aliás, os canais de irrigação já eram utilizados séculos atrás pelos indígenas.

A maioria dos vinhedos é irrigada pelo sistema de inundação, por meio de canais, com as vinhas plantadas de pé franco. Ultimamente, tem-se usado o gotejamento, o que obriga o emprego de porta-enxertos.

Os solos apresentam diversas características, de arenosos a argilosos, com predomínio de solos soltos e profundos. São alcalinos, ricos em cálcio e potássio e pobres em matéria orgânica, nitrogênio total e fósforo. Os valores de pH são em geral próximos da neutralidade.

REGIÕES

As principais regiões vitivinícolas argentinas localizam-se no oeste do país, nas encostas da cadeia de montanhas dos Andes, que o separa do Chile. Vão desde a província de Salta, passando pelas de Catamarca, La Rioja e San Juan, até a de Mendoza. A única outra região vitícola importante é a da Patagônia, no Sul da Argentina, em terras das províncias de Río Negro e Neuquén.

As altitudes dos vinhedos variam de 2.350 metros, em Salta, a 300 metros, em Río Negro.

SALTA

A região vinícola situada mais ao norte da Argentina é a dos Valles Calchaquíes, abrangendo terrenos nas províncias de Salta (maioria), Tucumán e Catamarca. Ela localiza-se no paralelo 25ºS – o mesmo que corta São Paulo –, em altas altitudes, de 1.500 a 2.350 metros (em Colomé) e a 3.000 m (em Yacochuya). Nessa latitude, o cultivo de uva não é possível abaixo de 1.000 metros.

O clima é temperado, com grandes amplitudes térmicas e temperatura média de 15ºC. A pluviosidade média anual é de apenas 150 mm. Os solos são neutros, franco-arenosos (aqueles em que a composição de areia, limo e argila está equilibrada) ou arenosos, profundos, com subsolo pedregoso.

Nessa pequena região de 2.922 hectares, em 2013, cerca de 60% dos vinhedos eram conduzidos em pérgola. (○ VEJA MAIS SOBRE OS SISTEMAS DE CONDUÇÃO DE VIDEIRAS NA P. 91.) As uvas finas brancas respondiam por 36% em 2013, a maioria das quais Torrontés Riojano, cepa típica da região. Outras claras são Chardonnay, Sauvignon Blanc e Chenin Blanc. As escuras (que suplantaram recentemente as claras) mais cultivadas são Malbec, Bonarda, Cabernet Sauvignon, Syrah, Barbera, Tannat e Merlot.

A zona de Cafayate, em Salta, localizada a 1.700 metros, é a denominação principal, com cerca de 75% da superfície de vinhedos. Produz também os vinhos mais reputados e é o melhor sítio para a Torrontés Riojano.

Possui as seguintes *bodegas* com projeção nacional: Etchart (pertence à Pernod Ricard), com instalações em Salta e em Mendoza; Domingo Hermanos; Bodega Colomé (da californiana Hess Collection); Michel Torino; Lávaque/Finca El Recreo; Finca Las Nubes; Belén de Humanao; Tacuil; e San Pedro de Yacochuya (associação entre sócios da Etchart e o enólogo francês Michel Rolland).

CATAMARCA

Na província de Catamarca, além da região dos Valles Calchaquíes, existe também a região vinícola dos Valles de Catamarca. Esta é menos importante que a primeira, localizando-se na latitude 27ºS, acima de 1.000 metros, com temperatura média de 17ºC.

De seus 2.639 hectares (em 2013) até há pouco só saíam uvas-passas e para mesa. Contudo, têm ocorrido reconversões para vinhedos de uvas finas. Predominam variedades rosadas comuns, sendo as finas mais significativas a Torrontés Riojano, a Syrah, a Malbec, a Cabernet Sauvignon e a Bonarda.

As principais vinícolas locais são a Tizac, a La Rosa (vinhos Michel Torino) e a Finca Don Diego.

LA RIOJA

Na província de La Rioja está a região dos Valles de Famatina, situada no paralelo 29ºS, a 935 metros de altitude. A pluviosidade também é baixa, de 130 mm anuais.

Os 7.198 hectares (em 2013) de vinhedos são conduzidos majoritariamente (83%) em pérgola. A maioria é de castas brancas, das quais a fina Torrontés Riojana é a mais cultivada. As outras claras são Moscatel de Alejandria, Torrontés San Juanino, Pedro Giménez e Chardonnay.

A maioria dos brancos são *vinos regionales* (vinhos regionais), amarelados, alcoólicos, pouco ácidos, ligeiramente doces e muito aromáticos. Entretanto, em 2004, foi criada a IG Valles de Famatina, para abrigar os vinhos finos de Torrontés Riojano.

As uvas escuras são menos cultivadas, destacando-se a Malbec, a Merlot, a Syrah (o centro de atenções no momento), a Cabernet Sauvignon, Tempranillo e a Bonarda.

A zona principal de La Rioja é Chilecito, com cerca de 82% da superfície provincial e sede da mais importante vinícola local, a Cooperativa La Riojana.

SAN JUAN

Os Valles Sanjuaninos estão situados na latitude 31ºS, em altitudes de 640 a 1.340 metros. O clima é temperado, com temperatura média anual de 17ºC e chuvas escassas, de apenas 100 mm anuais. Os solos são pedregosos e em parte cobertos de argila e areia.

Estavam plantados em San Juan, em 2013, 47.633 hectares de vinhas, fazendo-a a segunda província maior produtora de vinhos. É aquela com os maiores rendimentos do país, sendo a pérgola o sistema de condução mais utilizado, exceto nas novas plantações, que preferem a espaldeira. Nessa província produzem-se preferencialmente *vinos de licor*, devido à alta riqueza de açúcar das uvas, além de muitos *vinos corrientes*, por ser muito quente, e pouquíssimos *vinos finos*.

As brancas e rosadas são as variedades mais plantadas, sobressaindo a comum Cereza (a mais encontrada com 23,7% do total), usada para vinhos brancos, sucos, mesa e passas. Seguem-se em importância as claras: Moscatel de Alejandria, Pedro Giménez, Torrontés Sanjuanino e Torrontés Riojano. As novas plantações têm privilegiado a Chardonnay, a Chenin Blanc, a Sauvignon Blanc, a Sémillon, a Pinot Blanco e principalmente a Viognier, que demonstra potencial nessas paragens.

As negras são pouco cultivadas, e sobressaíam a Bonarda e a Malbec. Os novos parreirais são de Syrah (muito promissora e que já atingiu 6,4% da superfície total, sendo hoje a líder escura), Cabernet Sauvignon e Merlot.

A vitivinicultura é realizada principalmente no Valle del Tullum, a 640 metros de altitude, e em outras zonas de menor proporção. Destas, o alto Valle del Pedernal, a 1.340 metros, mostra-se muito promissor. Desde 1994 têm sido aí implantadas variedades nobres, em especial a Merlot.

As principais *bodegas* instaladas na província de San Juan são: Graffigna (pertencente à Pernod Ricard), Callia (pertencente à Salentein), Finca Los Angacos, Finca Las Moras (grupo Peñaflor), Andean Viñas (grupo Peñaflor), Bórbore, Don Doménico e Augusto Pulenta.

PROVÍNCIA DE MENDOZA

Pertence à macrorregião Centro-Oeste, junto com a província de San Juan, representando ambas, em 2013, 92,4% da superfície com vinhedos do país. É constituída pela maior parte da zona de Cuyo (País das Areias, na língua nativa *huape*), que engloba as províncias vinícolas de Mendoza e San Juan, além da de San Luís.

A província situa-se entre os paralelos 33ºS e 35ºS, com altitudes que variam de 450 metros, em General Alvear, a 1.300 metros, em Tupungato. O clima é continental temperado e árido. No verão, sofre ampla variação na temperatura diurna e noturna, que chega a 15ºC. A precipitação anual varia de 133 mm (Norte) a 280 mm (Sul), necessitando de irrigação, realizada com as águas de degelo dos Andes e complementada por poços artesianos. O subsolo é pedregoso e coberto de uma camada de areias e argilas calcárias, sendo escasso de matéria orgânica.

Mendoza é a província mais importante tanto quantitativa como qualitativamente, com 158.965 hectares, ou 71% da área de vinhedos do país, e por volta de

90% dos *vinos finos* para exportação. Os melhores vinhos tintos e brancos argentinos têm origem nessa província.

As uvas escuras finas representavam, em 2013, 56% da produção. As principais são: Malbec (35,1%), Bonarda (17,9%), Cabernet Sauvignon (14%), Syrah (10,1%) Tempranillo (6,8%), Merlot (5,5%), Sangiovese e Pinot Noir. Entre as claras finas, destacam-se Chardonnay (19,5%), Torrontés, Riojano (12,9%), Chenin Blanc (7,6%), Sauvignon Blanc (6,6%), Ugni Blanc e Sémillon.

A província é composta por cinco regiões vinícolas: Norte Mendocino, Este Mendocino, Zona Alta del Río Mendoza, Valle de Uco, Sur Mendocino e Valles del Río Negro.

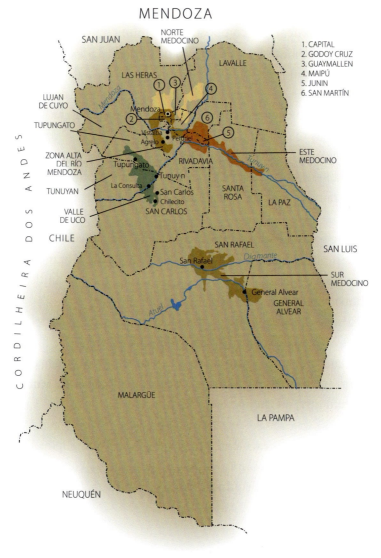

Norte Mendocino • É formada pelos departamentos ou municípios de Lavalle, San Martín (parte), Las Heras (parte), Villa Nueva de Guaymallén e Maipú (distritos de Rodeo del Medio e Fray Luís Beltrán). Localiza-se no paralelo 31ºS, no Médio Río Mendoza, com altitudes de 600 a 700 metros. A temperatura média é de 14,2ºC; a pluviosidade média anual, de 133 mm. Os solos são profundos e levemente inclinados.

A superfície de 16 mil hectares é composta principalmente por variedades comuns rosadas e brancas. Os vinhos brancos finos constituem a maioria, geralmente de baixa acidez. As cepas mais tradicionais são a Chenin Blanc e a Torrontés. Os tintos são leves.

Essa região é pousada da gigantesca Santa Ana, da Pascual Toso e da Cicchitti.

Este Mendocino • A região é composta pelos municípios de San Martín (parte), Junín, Rivadavia, Santa Rosa e La Paz. Fica na latitude 33ºS e é banhada pelos rios Tunuyán, ao sul, e Mendoza, ao noroeste. A altitude varia de 640 a 750 metros. A temperatura média é de 14,2ºC, e a pluviosidade média anual, de 152 mm. O subsolo é pedregoso, com solos mais profundos nas zonas mais baixas e franco-arenosos e limo-arenosos nas mais altas.

É a maior região produtora da província e da Argentina, com uma área de 60 mil hectares, e a mais importante em vinhos de mesa, produzindo *vinos corrientes* e *vinos finos*. É também a zona que tem registrado os mais notáveis progressos de modernização.

O sistema de condução em parreiral ainda é mais utilizado que a espaldeira. As uvas claras mais plantadas são a Ugni Blanc (fina) e outras brancas e rosadas comuns. Das tintas, sobressaem a Malbec, a Bonarda, a Tempranillo, a Sangiovese (bem tradicional na região), a Barbera, a Merlot e a Syrah.

O distrito de Medrano, em Rivadavia, vizinho da Zona Alta del Río Mendoza, produz ótimos Malbec de velhas vinhas.

As principais *bodegas* implantadas nessa zona são a Bodegas Esmeralda, a Finca El Retiro (grupo Tittarelli), a Luis Segundo Correas e a Família Zuccardi, que também tem uma adega no Norte Mendocino.

Zona Alta del Río Mendoza • Formam essa região os municípios Las Heras (parte), Capital, Godoy Cruz, Maipú (distritos de General Gutiérrez, Coquimbito, Maipú, Cruz de Piedra, Tres Esquinas, Russell, Luzuriaga, Lunlunta e Barrancas) e Luján de Cuyo.

Ela é cortada pelo paralelo 33ºS e banhada pelo Alto Río Mendoza, situando-se no pé dos Andes, em altitudes entre 700 e 1.100 metros. A temperatura média é de 15ºC.

É a zona de cultivo mais antiga do país, chamada historicamente de *Primera Zona*, e de longe a mais importante na produção de vinhos finos argentinos.

Seus 30 mil hectares têm na espaldeira o sistema característico de condução. As cepas negras finas cultivadas são: Malbec (dominante), Cabernet Sauvignon, Merlot, Syrah e Sangiovese. As duas primeiras são mais tradicionais em Luján de Cuyo e em Maipú. As verdes são: Sémillon (bem adaptada a sítios mais elevados), Tocai Friulano e Riesling. Ultimamente, a Chardonnay e a Sauvignon Blanc têm sido mais cultivadas.

Os distritos mais conceituados são Agrelo, Vistalba, Ugarteche, Perdriel, Carrodilla e Las Compuertas, em Luján de Cuyo, e Lunlunta, Coquimbito, Cruz de Piedra e Barrancas, em Maipú.

A Alta Mendoza é a região que dispõe do maior número de empresas instaladas. A sua importância no cenário argentino é imensa, pois a esmagadora maioria de *bodegas* de primeiríssima linha também tem sede aí. Em ordem alfabética, são elas: Achával Ferrer, Alta Vista (capital francês), Altos Las Hormigas (capital italiano), Banfi Cinco Tierras, Benegas, Bodegas Hispano-Argentinas (pertence à espanhola Berberana), Carinae, Carlos Pulenta, Carmelo Patti, Caro (associação da Catena Zapata com o Château Lafite-Rothschild), Catena Zapata (grupo Bodegas Esmeralda), Cavas de Weinert, Chakana, Chandon, Cheval des Andes (associação da Terrazas com o Château Cheval Blanc), Dolium, Domaine St. Diego, Domaine Vistalba (vinhos Fabre Montmayou, capital francês), Dominio del Plata, Don Cristóbal 1492, Doña Paula (pertence à chilena Santa Rita), Enrique Foster, Escorihuela (grupo Bodegas Esmeralda), Familia Barberis, Finca Algarve, Finca Flichman (pertence à portuguesa Sogrape), Finca La Amália, Finca La Anita, Kaiken (pertence à chilena Viña Montes), La Chamiza, Lagarde, La Rural Rutini (grupo Bodegas Esmeralda), López, Luca (pertence à Laura Catena), Luigi Bosca, Mapema, Mauricio Lorca, Mendel, Navarro Correas (sem vinhedos), Nieto Senetiner, Norton (capital austríaco), Poesia (capital francês), Pulenta Estate, Renascer (capital chileno), Rosell Boher, Ruca Malen, Santa Faustina, San Telmo (pertence à Seagram), Séptima (pertence à espanhola Codorníu), Tapiz (pertence à californiana Kendall Jackson), Terrazas de los Andes (grupo Chandon), Tikal (pertence à Ernesto Catena), Trapiche (grupo Peñaflor), Trivento (pertence à chilena Concha y Toro), Vargas Arizu, Viña Alicia, Viña Cobos, Viñas de Vila e Viniterra.

Valle de Uco • Localiza-se na latitude 34ºS, abrangendo os municípios de Tupungato, Tunuyán e San Carlos. É a área mais ocidental, alta e fria das regiões mendocinas, cortada pelos rios Tunuyán e Tupungato. As altitudes vão de 860 a 1.300 metros, em Viejo Tupungato. O Monte Tupungato (Balcão das Estrelas, em língua indígena) é a segunda maior montanha da América do Sul, após o Aconcagua.

O Valle de Uco é a zona mais fria de Mendoza, com invernos severos e verões quentes, dias temperados e noites gélidas. A temperatura média é de 14,2ºC, e as chuvas anuais, de 278 mm. Os solos são predominantemente franco-arenosos e franco-limosos em textura, sendo calcários em alguns distritos e geralmente pedregosos nas zonas altas.

Com 8 mil hectares de vinhas, é hoje a região mais importante para novos investimentos. Produz bons tintos e brancos com ótima acidez, os melhores do país.

As castas tintas mais plantadas são: Malbec, Barbera, Cabernet Sauvignon e Merlot. As novas plantações são de Merlot, Cabernet Sauvignon, Syrah e Pinot Noir. Das brancas, cultivam-se Sémillon (a mais plantada), Torrontés Riojano, Chenin Blanc e Chardonnay. O *terroir* é ótimo para Riesling, Gewürztraminer e Chardonnay. Porém as duas variedades locais mais tradicionais são a Malbec (em La Consulta) e a Sémillon (em Tupungato).

Tupungato é o departamento mais alto e reputado. Os distritos *premium* da região são Villa Bastías, Cordón del Plata e Gualtallary, em Tupungato, e La Consulta, em San Carlos.

Diversos novos empreendimentos têm dado preferência à região, destacando-se: Clos de los Siete (capital francês), Finca La Celia (pertence à chilena San Pedro), J. & F. Lurton (capital francês), Jean Bousquet (capital francês), Masi Tupungato (capital italiano), O. Fournier (capital espanhol), Freixenet (capital espanhol), Salentein (capitais holandês e argentino), Andeluna (capital norte-americano), Bressia, Finca Sophenia, Finca La Luz e Qaramy.

O Clos de los Siete é uma sociedade pioneira de sete grupos franceses, que dividem um mesmo vinhedo em Vista Flores, no município mendocino de Tunuyán. Cada um deles instalará a sua *bodega*, de onde sairão os vinhos de rótulos próprios, como o da Monteviejo, a primeira vinícola que entrou em operação, em 2003. O vinho Clos de los Siete será concebido de lotes produzidos em cada uma das sete adegas. A sua primeira safra, de 2002, foi colocada no mercado em 2003, apenas com frutos da Monteviejo. Outras duas vinícolas do grupo já estão vendendo vinhos: a Cuvelier Los Andes e a Flechas de Los Andes. Neste mesmo local, encontra-se o vinhedo que dá origem ao vinho Val de Flores do conceituado Michel Rolland.

Sur Mendocino • A região sulina de Mendoza encontra-se nos municípios de San Rafael e General Alvear. A cidade de San Rafael é a segunda maior da província, após a capital Mendoza.

O grande oásis do sul fica nas latitudes 34º40'S-35ºS, cortado paralelamente pelos rios Diamante e Atuel. A altitude vai de 450 metros (Carmensa, em Gal Alvear) a 800 metros (Las Paredes e Cuadro Nacional, em San Rafael). O clima é mais fresco que o do oásis do norte, com temperatura média de 15ºC e pluviosidade anual de 280 mm. Os solos são de depósitos aluviais, francos a franco-arenosos, com grande proporção de material calcário. Em muitos lugares o subsolo é pedregoso.

Em seus 30 mil hectares, predomina a espaldeira. As uvas tintas cultivadas são: Malbec, Cabernet Sauvignon, Bonarda e Tempranillo. Das brancas, existem a Chenin Blanc (principalmente) e a Chardonnay. Região ótima para Chenin Blanc, é sua principal produtora.

Os distritos de Las Paredes, Cuadro Nacional e Cuadro Benegas, em San Rafael, são os mais conceituados.

As principais vinícolas instaladas na zona são: Valentín Bianchi, Suter (pertencente à Lávaque), Balbi (pertencente à Pernod Ricard), Goynechea, Roca, Jean Rivier e Lávaque.

VALLES DEL RÍO NEGRO

Essa região é composta pelas províncias de Río Negro, Neuquén (pequena parte) e La Pampa (pequena parte). É a mais sulina de todas, já na Patagônia.

Fica no paralelo 39ºS e é cortada pelos rios Negro (formado pelos rios Neuquén e Limay) e Colorado. É a de menor altitude de todas (300 metros), justamente para evitar temperaturas muito baixas, que venham a prejudicar as videiras. Região argentina mais fria, tem clima continental temperado e seco, com noites frescas e apreciável amplitude térmica. A temperatura média é de 15ºC, e a pluviosidade, a mais elevada de todas, de 200 mm (General Roca e Confluencia) a 300 mm (Choele). Os solos são aluviais, de textura mediana a grosseira.

Río Negro foi a última região constituída com vinhas. Diferentemente das outras, a viticultura aqui é atividade secundária. Em 2013, tinha 1.685 hectares ocupados com parreirais. Dá vinhos frutados e refrescantes.

As castas claras eram 57% das plantações em 1999, decaindo para 32% em 2013. São elas, principalmente, a Torrontés Mendocino, a Torrontés Riojano, a Torrontés Sanjuanino, a Sauvignon Blanc e a Sémillon. As variedades escuras mais encontradas são: Malbec (21,4%), Merlot (17,1%), Pinot Noir (8,1%), Cabernet Sauvignon e Syrah.

A área é ideal para brancos finos, por ser mais fria. As variedades precoces têm qualidade reconhecida: Merlot, Pinot Noir e Sémillon. As geladas tardias e precoces prejudicam as cepas de ciclo vegetativo longo.

A sub-região mais importante é a do Alto Valle del Río Negro, com cerca de 80% dos vinhedos da região. Engloba os municípios de General Roca (Río Negro) e Confluencia (Neuquén).

As únicas adegas importantes instaladas em Río Negro são a pioneira Humberto Canale, a Chacra, a Noemía (capital italiano) e a Domaine Vistalba (vinho Fabre Montmayou), de capital francês. Em Neuquém encontram-se instaladas as vinícolas Bodega del Añelo, Bodega del Fin del Mundo, Familia Schroeder e NQN.

UVAS

A superfície total vinícola está em decréscimo desde o máximo histórico em 1977, com 350.680 hectares. Em 2013, eram apenas 223.580 hectares. No entanto, a área de tintas vem crescendo em detrimento das de brancas e rosadas.

As preferidas para novas plantações têm sido as negras Cabernet Sauvignon, Syrah, Merlot e Malbec e a verde Chardonnay.

Além das cepas finas, algumas outras uvas são empregadas para os vinhos comuns: Cereza, Criolla Grande, Criolla Chica e Moscatel Rosado (rosadas), Pedro Giménez (não é igual à espanhola) e Moscatel de Alejandria (brancas).

TINTAS

Todas as castas negras ocupavam, em 2013, 52,9% da superfície total dos parreirais de uvas para vinificar. A Malbec, que até 1999 era a segunda casta mais plantada, passou, em 2013, a ser a tinta mais cultivada, com 35.746 hectares (32,7%). A Argentina é hoje o maior produtor mundial de Malbec, superando em muito a França natal. A casta foi introduzida em terras argentinas em 1852 pelo agrônomo francês Michel Aimé Pouget. Mais de 86% dos seus parreirais situam-se em Mendoza, sendo três quartas partes nos municípios de Luján de Cuyo, Maipú, San Carlos, Tunuyan e Tupungato.

A Malbec adapta-se melhor em regiões bem altas, dando mais cor e taninos finos, como no Valle de Uco e na Zona Alta de Mendoza. Os sítios mais favoráveis ficam nos distritos de Agrelo, Las Compuertas e Vistalba (Luján de Cuyo), Maipú, Lunlunta, Cruz de Piedra e Barrancas (Maipú) e Medrano (Rivadavia). Também mais ao sul, em La Consulta (San Carlos), existem bons exemplares dessa uva.

A segunda tinta fina mais cultivada é a Bonarda, que anteriormente era a líder, com 18.806 hectares (17,2%). Não é igual à Bonarda italiana, mas sim à Corbeau, cepa da Savoie francesa, hoje quase extinta. Expressa-se muito bem no município de San Rafael.

A Cabernet Sauvignon, considerada talvez a tinta mais nobre do mundo, é apenas a terceira escura mais cultivada, com 16.008 hectares (14,6%). Entretanto, tem sido cada vez mais plantada no país.

Além dessas, as variedades finas a seguir dão bons vinhos nessas paragens:

Syrah • Devido ao sucesso dos Shiraz australianos no mercado internacional, essa cepa é cada vez mais plantada, sendo já a quarta escura mais encontrada, com 11,9%. Tem feito sucesso em alguns sítios menos altos e menos frios, como os do Este Mendocino, de San Juan e de Catamarca.

Tempranillo • Já foi a quarta mais plantada, sendo hoje a sexta (com 5,8%). Fora da Península Ibérica, a Argentina tem o maior acervo dessa variedade, com 6.297 hectares. É muito difundida em Cuyo, isto é, na macrozona da qual fazem parte as províncias de Mendoza e San Juan.

Merlot • A sexta tinta (5,6%) mostra ótimos resultados em regiões de clima mais ameno, tais como a Zona Alta del Río Mendoza, o Valle de Uco e o Alto Valle del Río Negro.

Pinot Noir • Mostra mais potencial nas frias zonas do Valle de Uco e do Alto Valle del Río Negro.

BRANCAS E ROSADAS

Menos abundantes que as tintas, as variedades brancas e rosadas finas estavam presentes, em 2013, em apenas 20,6% e 26,5% das plantações, respectivamente.

De longe, a uva clara fina mais encontrada em terras argentinas é a Torrontés, com 10.483 hectares (24,7%). A Argentina é hoje a única produtora comercial dessa cepa relativamente obscura, talvez de origem galega ou mesmo grega, segundo os últimos estudos. Existem três subvariedades, sendo a Riojana a mais representativa, com cerca de 75%, existente em Salta e La Rioja. Adaptou-se muito bem aos ótimos solos arenosos de Cafayate, em Salta. Também tem potencial em San Pedro de Yacochuya (Salta) e Chilecito (La Rioja). As duas outras subvariedades são a San Juanina e a Mendocina.

A mais nobre das brancas, a Chardonnay, é hoje a segunda clara mais cultivada, com 6.443 hectares (15,2%). Apesar de ser plantada de Salta a Río Negro, mostra ótima qualidade na Zona Alta del Río Mendoza, no Este Mendocino, no Valle de Uco, em San Rafael e no Alto Valle del Río Negro, mas sem dúvida seu melhor sítio tem sido o município de Tupungato, no Valle de Uco.

As outras brancas de projeção são:

Chenin Blanc • A terceira mais plantada, com 5,6%, sendo muito tradicional em San Rafael e no Sur Mendocino. Era chamada erroneamente de Pinot Blanc, confusão devida à má interpretação do seu correto sinônimo: Pineau de la Loire.

Sauvignon Blanc • Uma das melhores, após a Chardonnay, cada vez mais presente nas prateleiras de vinhos do país. Em 2013, foi a quarta branca mais plantada, com 4,4%. Deve ser colhida não muito madura, para preservar sua refrescante acidez.

Ugni Blanc (ou Trebbiano) • A quinta uva clara mais encontrada, com 4,3%. É empregada sobretudo em cortes, para dar acidez a alguns brancos e espumantes argentinos mais econômicos.

Viognier • Ultimamente em demanda, por apresentar bom potencial. Entretanto, é ainda muito pouco plantada, apenas a sexta, e somente em Mendoza e San Juan. Seus vinhos são gordos e delicadamente florais.

Sémillon • A sétima branca, mostrando boa qualidade no Alto Valle del Río Negro (principalmente) e em Tupungato.

Tocai Friulano (ou Sauvignonasse) • Tem também alguns exemplares barricados.

VINHOS

A irrigação dos vinhedos, como vimos, é permitida, mas proíbe-se expressamente a chaptalização.

Como em todos os países latinos, os vinhos tintos são majoritários, sendo usados para regar os seus excelentes churrascos. Os caldos de Malbec, de Cabernet Sauvignon, de Cabernet Franc, de Merlot, de Pinot Noir e de mesclas de uvas escuras são aqueles que ultimamente mais surpreendem o mercado mundial, pelo incrível incremento de qualidade alcançado em curtíssimo espaço de tempo.

O branco de Torrontés é uma curiosidade local da província de Salta, dando vinhos muito aromáticos, mas surpreendentemente secos. Contudo, os melhores brancos são, sem sombra de dúvida, os de Chardonnay.

Os vinhos relacionados a seguir são todos produzidos na província de Mendoza, a não ser quando assinalado.

BRANCOS

A maior parte dos brancos argentinos de escol pauta-se por poucas variedades de uva, das quais sobressaem a Chardonnay, a Torrontés e a Sauvignon Blanc.

Chardonnay • Essa cepa é responsável pelos melhores e mais complexos brancos platinos, apesar de não ser a mais típica dessas terras.

Os grandes Chardonnay argentinos da zona de Tupungato competem com os grandes Chardonnay chilenos das áreas de Casablanca e Malleco pela liderança sul-americana de melhor vinho branco seco.

●●●● GRANDES DESTAQUES

Catena Zapata (Catena Zapata White Bones e Catena Zapata White Stones), Luca (Chardonnay), La Rural (Rutini) e Domaine Vistalba (Fabre Montmayou Grand Vin).

●●● DESTAQUES

Catena Zapata (Catena Alta, Angelica Zapata e Catena), El Enemigo (El Enemigo Chardonnay), Doña Paula (Selección de Bodega), Finca La Anita (Chardonnay), Salentein (Primus), Familia Zuccardi ("Q"), Viña Cobos (Bramare Marchiori), Luigi Bosca (Finca Los Nobles), Andeluna (Chardonnay) e Benegas (Chardonnay).

● **OUTROS RECOMENDADOS**

Salentein (Chardonnay), La Rural (Trumpeter), Terrazas (Reserva), Finca La Amalia (Viña Amalia), Tapiz (Chardonnay), Santiago Graffigna (Centenario San Juan), Weinert (Cavas de Weinert), Luigi Bosca (Chardonnay), Valentín Bianchi (Familia Bianchi), O. Fournier (Urban Uco Oak), Familia Zuccardi, (Santa Julia Roble) e Catena Zapata (Alamos) – ótimo valor.

Os melhores brancos de Chardonnay que degustei foram o Catena Zapata White Bones Chardonnay 09 e o Catena Zapata White Stones Chardonnay 09, originários de Tupungato – aliás, alguns dos melhores brancos sul-americanos por mim já sorvidos. Outros honrosos colocados foram: Catena Alta Chardonnay 95, Angelica Zapata Chardonnay Alta 99 (no mesmo nível do Catena Alta), El Enemigo Chardonnay 10, Rutini Chardonnay 01, Viña Amalia Chardonnay 99, Catena Chardonnay 05, Andeluna Chardonnay 05 e Salentein Chardonnay 00.

Torrontés • É o branco nacional argentino, o mais típico do país, sendo aromático, moscatado, com aroma floral e levemente frutado, porém de paladar seco. Essa casta é muito rústica e produtiva, mas, quando de baixo rendimento, dá vinhos finos. Se você ainda não a provou, vale a pena fazê-lo. Os seus melhores vinhos são procedentes das altas terras de Salta.

●● **RECOMENDADOS**

Etchart (Etchart Cafayate Salta), Michel Torino (Don David Salta), Dominio del Plata (Crios), Colomé (Salta), Yacochuya (San Pedro de Yacochuya Salta) e Finca El Retiro (Torrontés).

Achei o Etchart Cafayate Torrontés Salta 92 um vinho delicioso, bem característico dessa cepa. Bom também o Colomé Torrontés Salta 07, o Crios Torrontés 08 e o Finca El Retiro Torrontés 03. Já o San Pedro de Yacochuya Torrontés Salta 01, com seus incríveis 15,2% de álcool, tem muita potência, mas é pouco refrescante.

Sauvignon Blanc • Apesar de ainda não mostrarem o padrão dos brancos da Nova Zelândia e do vizinho Chile, os vinhos platinos dessa uva têm muito potencial, notadamente os elaborados em regiões mais frias.

●●● DESTAQUES

O. Fournier (B Crux), Pulenta Estate (La Flor), Mapema (Sauvignon Blanc), Doña Paula (Sauvignon Blanc), La Rural (Rutini), Luigi Bosca (Sauvignon Blanc) e Dolium (Sauvignon Blanc).

● OUTROS RECOMENDADOS

O Fournier (Urban Uco), Familia Schroeder (Saurus Select Patagonia), Nieto Senetiner (Viña de Santa Isabel), Norton (Barrel Select) e Familia Zuccardi (Santa Julia).

Sobressaíram-se bem o B Crux Sauvignon Blanc 07, o Mapema Sauvignon Blanc 08, o La Flor Sauvignon Blanc 07, o Saurus Select Sauvignon Blanc Patagonia 06, o Urban Uco Sauvignon Blanc 07 e o Doña Paula Sauvignon Blanc 02.

Outros brancos • Apesar de o país não ter grande tradição em brancos, alguns exemplares fora do trio de cepas acima são muito gostosos.

●●● DESTAQUES

Viña Alicia (Tiara Riesling/Albariño/Savagny), Luigi Bosca (Gala "3" Viognier/Chardonnay/Riesling), Bressia (Lágrima Canela Chardonnay/Sémillon), Finca La Anita (Finca Blanco Chardonnay/Sémillon e Finca La Anita Tocai Friulano), Escorihuela (Escorihuela Gascón Viognier) e Lurton (Lurton Reserve Viognier e Lurton Pinot Gris).

● OUTROS RECOMENDADOS

La Rural (Rutini Gewürztraminer), Luigi Bosca (Riesling), Finca La Anita (Sémillon), Familia Zuccardi (Santa Julia Reserva Viognier), Jean Rivier (Tocai Friulano Roble), Humberto Canale (Humberto Canale Sémillon Río Negro), Graffigna (Centenario Pinot Gris San Juan), Nieto Senetiner (Don Nicanor Chardonnay/Viognier), Masi Tupungato (Passo Blanco Pinot Gris/Torrontés), Lagarde (Viognier), Viniterra (Viognier), Catena Zapata (Alamos Viognier) e Weinert (Carrascal Blanco Sauvignon Blanc/Sémillon).

Os caldos que mais me agradaram foram o Tiara Riesling/Albariño/Savigñi 06, o Luigi Bosca Gala "3" 06, o Lágrima Canela Chardonnay/Sémillon 06, o Graffigna Centenario Pinot Gris San Juan 08, o Lagarde Viognier 07, o Passo Blanco Pinot Gris/Torrontés 09, o Don Nicanor Chardonnay/Viognier 06, o Viniterra Viognier 08, o Alamos Viognier 05, o Lurton Reserve Viognier 01 e o Escorihuela Gascón Viognier 03.

TINTOS

O país tem mais uvas escuras do que claras, sendo conhecido como terra de bons vinhos tintos. Até nas novas plantações há grande predominância delas.

Apesar de os tintos de Malbec terem justa projeção na Argentina, onde atingem níveis muito elevados, outros tintos são também de alto padrão, notadamente os de mesclas de cepas negras e os de Cabernet Sauvignon.

Também são bons e característicos os tradicionais tintos de Bonarda e Tempranillo e os "modernos" de Syrah, Merlot e Pinot Noir.

Malbec • A Malbec é a casta tinta emblemática do país. Os seus tintos são até melhores que os franceses das regiões de Bordeaux e de Cahors. Muitos vinhedos são de vinhas bastante velhas, dando frutos muito ricos, concentrados, moderadamente ácidos e aveludados. Vários dos grandes caldos platinos são hoje elaborados com essa macia variedade.

Os vinhos listados a seguir provêm majoritariamente da província de Mendoza.

● ● ● ● ● SUPERDESTAQUES

Catena Zapata (Adrianna Mundus Bacillus Terrae, Adrianna Fortuna Terrae, Malbec Argentino e Adrianna), Achával Ferrer (Finca Altamira e Finca Bella Vista), Viña Cobos (Cobos Marchiori) e Dominio del Plata (Nosostros).

● ● ● ● GRANDES DESTAQUES

Catena Zapata (Nicasia, Catena Alta e Angelica Zapata), Luca (Nico by Luca), O. Fournier (Alfa Crux), Dominio del Plata (Susana Balbo), Noemía (Noemía), Nieto Senetiner (Cadus), Viña Cobos (Bramare Marchiori), Enrique Foster (Firmado), Altos Las Hormigas (Viña Hormigas Reserva), Mendel (Mendel), Viña Alicia (Brote Negro), Dolium (Reserva), Monteviejo (Linda Flor), Val de Flores (Val de Flores), Trapiche (Viñas) e Yacochuya (Yacochuya Salta).

● ● ● DESTAQUES

Catena Zapata (DV Catena Malbec-Malbec e Catena), Noemía (J. Alberto), Kaiken (Ultra), Achával Ferrer (Finca Mirador), Terrazas (Afincado), Dominio del Plata (Ben Marco), Doña Paula (Selección de Bodega), Humberto Canale (Gran Reserva Río Negro), Finca Sophenia (Synthesis), Lurton (Piedra Negra Gran Reserva), Finca La Celia (La Celia Reserva), Norton (Perdriel Colección), Viña Alicia (Malbec), Cavas de Weinert (Estrella) e Don Diego (Pura Sangre Catamarca).

● OUTROS RECOMENDADOS

La Rural (Rutini), Noemía (A Lisa), Tikal (Tikal Amorío e Siesta en el Tahuantinsuyu), Luca (Malbec), O. Fournier (Urban Uco), Kaiken (Malbec), Mapema (Malbec), Finca La Amalia (Viña Amalia), Lurton (Santa Celina Reserva), Salentein (Malbec), Norton (Reserva), Cavas de Weinert (Malbec), Alta Vista (Grande Reserve), Escorihuela (Escorihuela Gascón), Finca La Anita (Malbec), Doña Paula (Malbec), Vargas Arizu (Tierras Altas de Crianza), Lagarde (Henry e Malbec DOC), Navarro Correas (Reserva Privada), Santa Faustina (Malbec), Luigi Bosca (Reserve), Etchart (Cafayate Salta), Valentín Bianchi (Famiglia Bianchi), Roca (Family Reserve), Monteviejo (Malbec), Chakana (Malbec) Ruca Malén (Malbec), Banfi (Cinco Tierras Reserva), Viniterra (Malbec), Trapiche (Roble), Trivento (Golden Reserve), Tapiz (Malbec), Dominio del Plata (Crios), Altos Las Hormigas (Malbec) e Catena Zapata (Alamos) – bom valor.

Os melhores por mim provados foram: Adrianna Mundus Bacillus Terrae Malbec 11, Adrianna Fortuna Terrae Malbec 13, Catena Zapata Malbec Argentino 04, Catena Zapata Adrianna Malbec 04, Catena Zapata Nicasia Malbec 04, Finca Altamira Malbec 11, Finca Bella Vista Malbec 11, Noemia Malbec 04, Tikal Amorío Malbec 00, Susana Balbo Malbec 01, Finca Altamira Gran Malbec 00, Val de Flores Malbec 02, Mendel Malbec 06, Cadus Malbec 99, Catena Alta Malbec 02, Angelica Zapata Malbec Alta 97, DV Catena Malbec-Malbec 02, Cobos Marchiori Malbec 99, Viña Alicia Malbec 99, Viña Hormigas Reserva Malbec 99, Alpha Crux Malbec 02, Luca Malbec 01, Mapema Malbec 07, Kaiken Ultra Malbec 06, J. Alberto de Noemía Malbec 03, La Celia Reserva Malbec 02, Piedra Negra Malbec 01, Humberto Canale Gran Reserva Río Negro Malbec 05, Santa Celina Reserva Malbec 99, Yacochua Malbec 00, Terrazas Afincado Malbec 01, Chakama Malbec 04, Pedriel Colección 04, Doña Paula Selección de Bodega Malbec 99 e Viña Amalia Malbec 99.

Essa casta origina também dois deliciosos rosados: Alamos Malbec Rosé 08 e Crios Malbec Rosé 07.

Cabernet Sauvignon • Essa uva, apesar da mania atual pelo Malbec argentino, não deve ser de forma alguma esquecida. Para comprovar essa afirmação, nem é preciso procurar os Catenas de alta gama; basta provar um Catena Cabernet Sauvignon da linha média.

●●●● GRANDES DESTAQUES

Catena Zapata (Angelica Zapata e Catena Alta), Dominio del Plata (Susana Balbo) e Luca (Cabernet Sauvignon).

●●● DESTAQUES

Catena Zapata (DV Catena Cabernet-Carbenet e Catena), Kaiken (Ultra), Viña Cobos (Bramare Marchiori), Dominio del Plata (Ben Marco), Tikal (Siesta en el Tahuantinsuyu), Mapema (Cabernet Sauvignon), Nieto Senetiner (Cadus), Terrazas (Gran Cabernet Sauvignon), Ruca Malén (Grand Cru), Lagarde (Henry), Lurton (Gran Lurton), Cavas de Weinert (Estrella) e Lávaque (Finca de Altura).

● OUTROS RECOMENDADOS

Escorihuela (Escorihuela Gascón), Kaiken (Cabernet Sauvignon), Salentein (Cabernet Sauvignon), Valentín Bianchi (Famiglia Bianchi), Finca La Amalia (Viña Amalia), Domingo Hermanos (Domingo Molina Salta), Dominio de Plata (Crios), Norton (Perdriel), Finca la Anita (Cabernet Sauvignon), Cavas de Weinert (Cabernet Sauvignon), Pascual Toso (Reserva), Andeluna (Reserva), Navarro Correas (Gran Reserva), Séptima (Cabernet Sauvignon), Luigi Bosca (Reserve), Goynechea (Quinta Generación), Carmelo Patti (Cabernet Sauvignon) e Etchart (Cafayate Salta).

Os vinhos que se saíram melhor em degustações das quais participei foram: Catena Alta Cabernet Sauvignon 97, Angelica Zapata Cabernet Sauvignon Alta 99, DV Catena Cabernet-Cabernet 02, Susana Balbo Cabernet Sauvignon 01, Bramare Marchiori Cabernet Sauvignon 03, Kaiken Ultra Cabernet Sauvignon 04, Pascual Toso Reserva Cabernet Sauvignon 05, Andeluna Reserva Cabernet Saugvignon 04, Viña Amalia Cabernet Sauvignon 98 e Gran Lurton Cabernet Sauvignon 01.

Bonarda • Antes era usada para *vino corriente*. Hoje, com baixos rendimentos e também alguns vinhos de reserva, apresenta um desempenho gratificante, com vinhos deliciosamente frutados. Acredito que breve venhamos a ter uma lista de vinhos de escol bem mais ampla do que a mostrada abaixo.

●●●● GRANDES DESTAQUES

Nieto Senetiner (Reserva Partida Limitada), El Enemigo (El Enemigo Bonarda).

● **OUTROS RECOMENDADOS**

Santa Faustina (Bonarda), Finca El Retiro (Bonarda), Alta Vista (Bonarda), Dante Robino (Bonarda), Banfi (Cinco Tierras Reserva), Altos Las Hormigas (Colonia Las Liebres) e Catena Zapata (Alamos) – bom valor.

Gostei bastante do Nieto Senetiner Reserva Partida Limitada Bonarda 00, um vinho frutado, refrescante e com um encantador nariz, além de El Enemigo Bonarda 09, Finca El Retiro Bonarda 01, Cinco Tierras Reserva Bonarda 03, Dante Robino Bonarda 06 e do Alamos Bonarda 03.

Syrah • Ainda são poucos os caldos de ponta elaborados com a uva Syrah. Mas logo deveremos ter outros bons tintos não só mendocinos, como também das províncias ao norte de Mendoza, como San Juan, La Rioja, Catamarca e Salta.

● ● ● ● **GRANDES DESTAQUES**

O. Fournier (O. Fournier), Luca (Syrah) e Finca La Celia (La Celia Reserva).

● ● ● **DESTAQUES**

Catena Zapata (DV Catena Syrah-Syrah), Tikal (Siesta en el Tahuantinsuyu), Finca Flichman (Expresiones), Viña Alicia (Syrah), Séptima (Syrah), Terrazas (Reserva), La Rural (Rutini), Finca La Anita (Syrah), Escorihuela (Escorihuela Gascón), Norton (Perdriel), Doña Paula (Syrah), Luigi Bosca (Reserva) e Trapiche (Syrah).

● **OUTROS RECOMENDADOS**

Santa Faustina (Syrah), Lagarde (Oc), Familia Zuccardi (Santa Julia), Don Diego (Syrah Catamarca), Luigi Bosca (Syrah) e Catena Zapata (Alamos) – ótimo valor.

Os melhores que provei foram sem dúvida O. Fournier Syrah 04, DV Catena Syrah-Syrah 04, Luca Syrah 02, Rutini Syrah 04, Terrazas Reserva Syrah 03, Doña Paula Syrah 08, Luigi Bosca Reserva Syrah 02, La Celia Reserva Syrah 02 e Alamos Syrah 07.

Merlot • Em razão do sucesso mundial atual desse cultivar, os argentinos começaram a dar mais atenção ao local de seu cultivo e a proceder a uma elaboração mais cuidadosa. Recentemente, começaram a surgir bons frutos.

● ● ● DESTAQUES

Catena Zapata (Angelica Zapata), Viña Cobos (Lagarto), Chacra (Mainqué Río Negro), Salentein (Primus), La Rural (Rutini), Cavas de Weinert (Merlot) e Nieto Senetiner (Cadus Merlot).

● OUTROS RECOMENDADOS

Salentein (Merlot), Familia Zuccardi ("Q"), Humberto Canale (Gran Reserva Merlot Río Negro), Domaine Vistalba (Infinitus Río Negro), Pulenta Estate (Merlot), Norton (Perdriel) e Lagarde (Henry).

Os meus prediletos foram: Angelica Zapata Merlot 03, Cadus Merlot 00, Rutini Merlot 00, Pulenta Estate Merlot 04, Primus Merlot 02 e Salentein Merlot 00.

Tempranillo • Essa casta tem grande difusão na Argentina. Contudo, apenas alguns vinhos conseguem expressar toda a sua grandeza ibérica.

● ● ● ● GRANDES DESTAQUES

O. Fournier (A Crux Blend e B Crux Blend).

● ● ● DESTAQUES

Familia Zuccardi ("Q"), Mapema (Tempranillo) e Finca El Retiro (Reserva).

● OUTROS RECOMENDADOS

O. Fournier (Urban Uco), Bodegas Hispano-Argentinas (Marqués de Grigñon Oak Aged), Familia Zuccardi (Santa Julia Oak Aged), Norton (Tempranillo), Catena Zapata (Alamos) e Viñas de Vila (Vila Premium) – bom valor.

Impressionaram-me bastante os A Crux 70% Tempranillo/Malbec/Merlot 01 e B Crux 85% Tempranillo/Merlot/Malbec 01, lembrando ótimos exemplares hispânicos. Outros destaques foram o Familia Zuccardi "Q" Tempranillo 97, o Mapema Tempranillo 04, o Urban Uco Tempranillo 04, o Finca El Retiro Reserva Tempranillo 02, o Marqués de Grigñon Oak Aged Tempranillo 97, o Alamos Tempranillo 07 e o Vila Premium Tempranillo 99, este pela boa relação preço-qualidade.

Pinot Noir • Algumas garrafas provenientes de sítios bem altos e frios, como Tupungato, no Valle de Ucco, e Alto Valle del Río Negro, na Patagônia, mostram certa tipicidade dessa difícil casta.

●●●● GRANDES DESTAQUES
Chacra ("32").

●●● DESTAQUES
Chacra ("55"), Luca (Pinot Noir), Humberto Canale (Gran Reserva Pinot Noir Río Negro), Familia Schroeder (Saurus Select Patagonia) e Salentein (Primus).

● OUTROS RECOMENDADOS
Chacra (Barda), La Rural (Rutini), Salentein (Pinot Noir), Lávaque (Finca de Altura), NQN Malma Reserva, Trapiche (Pinot Noir), Luigi Bosca (Pinot Noir) e Catena Zapata (Alamos Selección) – excelente valor.

Os melhores mostraram-se: Chacra "55" Pinot Noir 06, Luca Pinot Noir 01, Primus Pinot Noir 01 e Humberto Canale Gran Reserva Pinot Noir 00, Saurus Select Pinot Noir Patagonia 05 e o surpreendente Alamos Selección Pinot Noir 08.

Outras castas tintas • Os vinhos a seguir, feitos com variedades menos cultivadas, também merecem ser provados.

●●●● GRANDES DESTAQUES
El Enemigo (Gran Enemigo Gualtallary Cabernet Franc e Gran Enemigo Agrelo Cabernet Franc).

●●● DESTAQUES
Catena Zapata (Angelica Zapata Cabernet Franc). Viña Alicia (Cuarzo Petit Verdot e Doña Paula (Alivia Cabernet Franc).

●● RECOMENDADOS
Humberto Canale (Gran Reserva Cabernet Franc Río Negro), Escorihuela (Don Miguel Gascón Sangiovese), Benegas (Sangiovese), Etchart (Privado Tannat Salta), Norton (Barbera) e Finca Los Angacos (Petit Verdot San Juan e Cabernet Franc San Juan).

Os melhores provados foram o Gran Enemigo Gualtallary Cabernet Franc 10 e o Gran Enemigo Agrelo Cabernet Franc 11. Gostei muito do Angelica Zapata Cabernet Franc 03, um vinho muito guloso, e também do Humberto Canale Gran Reserva Cabernet Franc 01 e do Cuarzo Petit Verdot 03.

Mesclas tintas • A quase totalidade desses tintos é gerada por meio de cortes bordaleses, nos quais a uva Malbec tem presença muito mais significativa do que em Bordeaux. Alguns deles também adicionam a Syrah; outros poucos, a Bonarda.

Na minha opinião, nesse grupo encontram-se os melhores tintos do país, pois associam a Malbec – comprovadamente adaptada ao *terroir* platino – a significativas porções da nobre Cabernet Sauvignon.

●●●●● SUPERDESTAQUES *

Catena Zapata (Nicolás Catena Zapata CS/Mal).

●●●● GRANDES DESTAQUES *

Catena Zapata (Catena Zapata Estiba Reservada CS/Mal), Caro (Caro CS/Mal), Tikal (Locura Mal/CS/Bon/Torrontés), Luca (Beso de Dante CS/Mal), Achával Ferrer (Quimera Mal/CS/Me), Dominio del Plata (Susana Balbo Brioso CS/Me/Mal/PV), Viña Cobos (Nico CS/Mal), Finca Sophenia (Synthesis Mal/CS/Me), Mendel (Unus Mal/CS), Finca La Anita (Finca Tinto Mal/CS/Me), Dolium (Nobile) e Cheval des Andes (CS/Mal).

●●● DESTAQUES

Catena Zapata (DV Catena CS/Mal), Caro (Amancaya Mal/CS), Mapema (Primera Zona CS/Me/Mal), Tikal (Tikal Júbilo CS/Me), Achával Ferrer (Achával Ferrer Mal/Me), Domínio del Plata (Benmarco Expressivo Mal/Bon/CS/Me/Sy), Clos de los Siete (Mal/Me/CS/Sy), Cuvelier Los Andes (Cuvelier Los Andes Grand Vin), Alta Vista (Alto Mal/CS), Trapiche (Iscay Me/Mal), Viña Alicia (Viña Alicia CS/Me/PV/CF), Finca Flichman (Dedicado CS/Sy/Mal/Me), Pascual Toso (Finca Pedregal Mal/CS), Mauricio Lorca (Gran Opalo Blend), Norton (Gernot Lances Mal/CS), Pulenta Estate (Gran Corte), Carlos Pulenta (Corte "A" Mal/CS/Bon e Corte "B" Mal/CS/Me), Luigi Bosca (Finca Los Nobles Malbec Verdot), Etchart (Arnaldo B. Etchart Mal/CS/Me Salta), Familia Schroeder (Special Blend PN/Mal), Michel Torino (Altimus MM Mal/CS/Sy Salta), Valentín Bianchi (Enzo Bianchi CS/Mal/Me), Navarro Correas (Ultra Mal/CS/Me) e La Rural (Felipe Rutini Apartado CS/Mal/Me/Sy).

---

* As abreviaturas empregadas nas variedades negras dos vinhos relacionados são: Bon (Bonarda), CF (Cabernet Franc), CS (Cabernet Sauvignon), Corv (Corvina), Mal (Malbec), Me (Merlot), PV (Petit Verdot), Sy (Syrah) e Temp (Tempranillo).

● OUTROS RECOMENDADOS

La Rural (Rutini Cabernet-Malbec), Tikal (Tikal Patriota Bon/Mal, Alma Negra Bon/Mal e Siesta en el Tahuantinsuyu), Yacochuya (San Pedro de Yacochuya Mal/CS Salta), O. Fournier (Urban Uco Blend), Finca Flichmann (Paisaje de Tupungato Mal/Me/CS e Paisaje de Barrancas Sy/Me/CS), Luigi Bosca (Finca Los Nobles Cabernet Bouchet), Norton (Perdriel del Centenario CS/Me/Mal), Benegas (Blend CS/Me/CF), Domaine Vistalba (Fabre Montmayou Gran Vin Mal/CS/Me), Familia Zuccardi (Magna Temp/Mal/Me/CS), Escorihuela (Miguel Escorihuela Gascón Mal/Sy/CS), Masi Tupungato (Passo Doble Mal/Me/Corv), Cuvelier Los Andes (Cuve Los Andes Colección), Cavas de Weinert (Gran Vino CS/Mal/Me), Navarro Correas (Colección Privada CS/Me), Nieto Senetiner (Don Nicanor CS/Mal/Me), Domínio del Plata (Crios Sy/Bon), Lagarde (Henry Gran Guarda CS/CF/Me/Mal), López (Montchenot CS/Mal/Me), Chakana (Estate Selection Mal/Sy/PV), Humberto Canale (Cabernet-Merlot) e Balbi (Barbaro CS/Sy/Mal).

Os que mais me marcaram positivamente até agora foram: Nicolás Catena Zapata Cabernet Sauvignon/Malbec 97 (melhor caldo platino que bebi até hoje), Beso de Dante Cabernet Sauvignon/Malbec 00, Catena Zapata Estiba Reservada Cabernet Sauvignon/Malbec 94, Cobos Unico CS/Mal 05, Caro Cabernet Sauvignon/Malbec 00, Achával Ferrer Quimera Malbec/Cabernet Sauvignon/Merlot 00, Susana Balbo Brioso CS/Me/Mal/PV 01, Tikal Júbilo CS/Me 01, Cheval des Andes CS/Mal 01, Primera Zona CS/Me/Mal 07, Viña Alicia CS/Me/PV/CF 99, Alto Malbec/Cabernet Sauvignon 99, Iscay Merlot/Malbec 97, Clos de los Siete Mal/Me/CS/Sy 02, Cuve Los Andes Colección Mal/CS/Me/PV 05, Amancaya Mal/CS 03, Pulenta Estate Gran Corte VII 03, Carlos Pulenta Corte "A" Mal/CS/Bon 04, Carlos Pulenta Corte "B" Mal/CS/Me 04, Dedicado Cabernet Sauvignon/Syrah/Malbec 96, Perdriel del Centenario Cabernet Sauvignon/Merlot/Malbec 00, Familia Schroeder Special Blend PN/Mal 03, Chakana Estate Selection Mal/Sy/PV 04, Achával Ferrer Malbec/Merlot 99 e Rutini Cabernet/Merlot 01.

ESPUMANTES

A Argentina tem grande tradição na elaboração de espumantes, desde que a francesa Moët & Chandon instalou-se no país, em 1960. Anteriormente, baseavam-se no corte Chenin Blanc-Sémillon, mas hoje os espumantes de luxo são com o duo Chardonnay-Pinot Noir.

● ● ● ● GRANDES DESTAQUES

Chandon (Barón B Unique "Milesimado") – considerado o melhor espumante platino –, Cavas Rosell Boher (Grand Cuvée Millesimée) e Luigi Bosca (Bohème Nature).

● ● ● DESTAQUES

Chandon (Barón B Extra Brut, Barón B Brut Nature "Milesimado" e Barón B Rosé), Cavas Rosell Boher (Brut) e La Rural (Rutini Brut Nature "Milesimado").

● OUTROS RECOMENDADOS

Chandon (Chandon Cuvée Réserve), Don Diego (Brut Xero), Navarro Correas (Grand Cuvée), Mumm (Millesimé), López (Montchenot Brut Nature) e Valentín Bianchi (Extra Brut).

Seria muito interessante organizar uma degustação comparativa entre o argentino Barón B Unique e o brasileiro Excellence Réserve Brut, ambos produzidos pela Moët & Chandon, para verificar quem poria a coroa de melhor espumante bruto da América do Sul.

CHILE

- **PRODUÇÃO:** 1,01 bilhão de litros (2016) ▲ 8ª do mundo
- **ÁREA DE VINHEDOS:** 214 mil hectares (2016) ▲ 9ª do mundo
- **CONSUMO PER CAPITA:** 14,7 litros/ano (2016) ▲ 18ª do mundo
- **LATITUDES:** 27ºS (Valle de Copiapó) • 38ºS (Valle del Malleco)

O nome Chile vem da língua indígena aimará e quer dizer "Confins da Terra", retratando o forte isolamento enfrentado pelo país durante séculos.

As primeiras videiras comuns da cepa País chegaram com os espanhóis e foram plantadas em Concepción, em 1548, pelo sacerdote Francisco de Carabantes. Entretanto, d. Silvestre Ochagavia, em 1851, foi quem introduziu finas cepas francesas em sua propriedade em Talagante, no Maipo. Pouco depois, levou para lá o enólogo francês Joseph Bertrand.

O terceiro grande marco histórico aconteceu em 1995, com a regulamentação da zonificação vitícola.

Até pouco tempo atrás, o Chile tinha fama de produzir tão somente vinhos muito bons nas faixas intermediárias e econômicas. Todavia, na década de 1990, com o surgimento da quase totalidade dos supertintos, ficou demonstrado que esse país também pode elaborar tintos de primeiríssima linha mundial.

O Chile, em 2016, foi o quarto maior exportador de vinhos do mundo, atrás dos três grandes (Itália, Espanha e França). Nesse mesmo ano, foi o maior exportador de vinhos para o Brasil, com impressionantes 47,2% do volume total.

LEGISLAÇÃO

- ***Vino de Mesa.*** O "Vinho de Mesa", a categoria mais simples de todas, é obtido de uvas de mesa, não podendo declarar a cepa.
- ***Vino sin Denominación de Origen.*** É o vinho sem origem específica, mas obtido de uvas viníferas.
- ***Vino con Denominación de Origen.*** O "Vinho com Denominação de Origem" é elaborado com uvas finas em zonas regulamentadas.

CLIMA

O clima da zona vitícola chilena é mediterrânico, com temperaturas médias anuais de 14ºC-14,4ºC. Sofre marcada influência da cordilheira dos Andes e do oceano Pacífico. A proximidade dos Andes faz que no verão a massa de ar frio dos cumes desça à noite. Logo, ocorrem temperaturas de 30ºC-35ºC durante o dia, caindo à noite para 10ºC-15ºC. Esse elevado gradiente térmico, de 15ºC a 20ºC, favorece a produção de uvas maduras de alta qualidade.

O ar frio da corrente de Humboldt, proveniente do Pacífico, interna-se pelos vales e diminui o calor do verão, sobretudo na Zona Sur, onde a Cordillera de la

Costa (cordilheira Costeira) é mais baixa. Esse fenômeno também acontece nos vales mais próximos ao mar, como os de Casablanca e de San Antonio.

A precipitação anual varia de 100 mm, em Coquimbo, a 1.200 mm, em Malleco. As chuvas se concentram no inverno e em metade da primavera, aumentando nos sentidos norte-sul e leste-oeste. Em razão dos baixos índices pluviométricos na maioria das regiões vinícolas chilenas, permite-se a irrigação no país. Ela é realizada com água de rios e canais, proveniente dos degelos dos Andes, na primavera e no verão. Os rios descem dos Andes para o oceano.

Os solos dos vinhedos do Chile são basicamente de origem vulcânica.

REGIÕES

De maneira geral, as zonas vitícolas chilenas são divididas em Norte, Centro, Sul e Austral (recém-criada). Sem dúvida alguma, a mais importante é a central, com comprimento de cerca de 400 km, entre San Felipe (Aconcagua) e Linares (Maule), e largura média de 180 km. É a mais extensa e melhor terra, onde se produz a maioria dos melhores vinhos finos.

NORTE

Compreende duas regiões vitícolas: a de Atacama e a de Coquimbo. A primeira é formada pelas sub-regiões dos vales de Copiapó e del Huasco. Essa é a terra do Moscatel Licoroso e do Pisco, a aguardente nacional chilena – um destilado de vinho aromático de uvas Moscatel, podendo ser envelhecido ou não.

A região de Coquimbo, por sua vez, engloba as três sub-regiões dos vales del Elqui, del Limarí e del Choapa. Destas, a mais importante é a do Valle del Limarí, que tem sete vinícolas instaladas, sobressaindo a de Francisco de Aguirre (a pioneira, de 1993), a Casa Tamaya e a Tabali (do Grupo San Pedro).

O Valle del Limarí é também uma zona tradicionalmente *pisquera*, mas começou a produzir alguns vinhos finos com bons resultados. Trata-se de um território muito árido, com meros 130 mm anuais de chuvas, necessitando de irrigação. Apesar de situada mais ao norte, na latitude 30ºS (a mesma do Rio Grande do Sul), devido à topografia, tem um clima refrescado pelas brisas do Oceano Pacífico. Há grande diferença entre as temperaturas diurnas e noturnas.

A maioria dos seus vinhedos (92%), de 1.681 hectares em 2009, é de cepas escuras Cabernet Sauvignon, Merlot, Carmenère e Syrah. As claras são Chardonnay, Sauvignon Blanc e Viognier, que se adaptou muito bem a esse microclima.

ACONCAGUA

Essa região compreende as sub-regiões de Aconcagua, Casablanca e San Antonio.

Aconcagua • Na sub-região do Valle del Aconcagua, pertencente à região vitícola de mesmo nome, tem início a zona central chilena, onde se origina a esmagadora quantidade dos vinhos do país, além dos mais conceituados. Situa-se na latitude 32ºS, tendo clima mediterrânico, com pluviosidade de 250 a 300 mm anuais, exigindo irrigação com águas do rio Aconcagua.

Umas poucas vinícolas possuem vinhedos na área, que vem sendo cultivada desde o século XIX. Em 2009, tinha 1.001 hectares de vinhas. Contudo, a única *viña* de expressão com adega no local é a tradicional Errázuriz. O vinho Seña, do grupo Caliterra – uma *joint venture* da anterior com a californiana Mondavi –, é produzido de um parreiral dessas terras. Outras pequenas firmas aí sediadas são a San Esteban e a Von Siebenthal.

A produção é quase exclusivamente (92%) baseada nas castas negras Cabernet Sauvignon, Merlot, Syrah e Carmenère. A primeira e a terceira uva dão os tintos regionais de destaque.

Casablanca • Outra sub-região da região vitícola de Aconcagua é o Valle de Casablanca, descoberta apenas recentemente, no início da década de 1980, pelo enólogo Pablo Morandé. A comuna de Casablanca localiza-se na latitude 33ºS, na planície Costeira, entre a cordilheira Costeira e o oceano, da cidade de Santiago à de Valparaíso.

É uma zona de clima mediterrânico, porém mais frio que o do Valle Central, pois recebe influência da brisa marítima vespertina. Os baixos níveis de chuva, de 450 mm anuais, obrigam o uso de irrigação. A colheita normalmente acontece um mês depois das realizadas no Valle Central.

Ocupava, em 2009, 5.710 hectares e, diferentemente da sub-região de Aconcagua, aí a ênfase maior é nos vinhos brancos, que representam 76% das plantações e são reconhecidos internacionalmente pela alta qualidade. As variedades mais produzidas e também mais apreciadas são a Chardonnay e a Sauvignon Blanc. As tintas Pinot Noir e Merlot também têm boa difusão no local. Os caldos de Pinot Noir vêm demonstrando alto potencial de qualidade.

Diversas vinícolas, algumas delas nem mesmo instaladas na área, implantaram parreirais atraídas pelos bons resultados iniciais. Das que construíram cantinas no local, as líderes de qualidade são Veramonte, Villard (capital francês), Casas del

Bosque e William Cole. A Viña Casablanca emprega uvas do seu vinhedo Santa Isabel, em Casablanca, e de outras fontes, mas a bebida é vinificada nas instalações da Santa Carolina, pertencente ao mesmo grupo.

San Antonio • A recente e pequeníssima sub-região do Valle de San Antonio, também pertencente à região vitícola de Aconcagua, situa-se imediatamente ao sul de Casablanca e bem mais próximo da costa. Tem clima similar ao dessa última. Oficialmente, a sua única zona é a conceituada Leyda.

Nos seus 1.812 hectares, predominam as brancas Chardonnay e Sauvignon Blanc e a tinta Pinot Noir. As suas vinícolas emblemáticas são a Leyda, a Matetic, a Marín e a Viña Garcés Silva (do vinho Amayna) – a mais recente delas.

VALLE CENTRAL

A extensa região do Valle Central – maior produtora de uvas e vinhos do país – compõe-se de quatro sub-regiões: Valle del Maipo, Valle de Rapel (Cachapoal, na zona norte, e Colchagua, na zona sul), Valle de Curicó e Valle del Maule. Localiza-se na Depressão Central, entre as cordilheiras dos Andes e Costeira.

Muitos dos mais econômicos vinhos chilenos são elaborados com corte de uvas de mais de uma dessas sub-regiões e acolhidos nessa DO de cunho geral.

Maipo • Localizada na altura do paralelo 33ºS, tem clima mediterrânico semiárido. A pluviosidade anual é de apenas 300 a 360 mm, exigindo cuidados de irrigação com as águas do rio Maipo.

Há uma declividade natural entre a parte leste, aos pés dos Andes, e a parte oeste, na direção do mar. A zona oriental, conhecida como Alto Maipo (650 metros de altura), engloba as comunas de Santiago, Peñalolén, La Florida, Pirque e Puente Alto. O Médio Maipo (550 a 650 metros) é centrado em Buin, Paine e San Bernardo. Por último, o Baixo Maipo é composto dos municípios de Isla de Maipo, Talagante, Peñaflor, El Monte e Melipilla.

As uvas escuras perfazem 87% do total de cerca de 12.215 hectares plantados, em 2009. A Cabernet Sauvignon, que representa 59% de todas as cepas, sejam negras, sejam claras, é a mais típica do local. Os frutos cultivados na porção leste são geralmente colhidos até 15 dias após os do extremo oeste. Os seus vinhos – entre os melhores tintos chilenos – costumam ser escuros, muito encorpados e com o *flavor* característico desse *terroir*.

Outras variedades significativas são as rubras Merlot, Carmenère e Syrah e as verdes Chardonnay e Sauvignon Blanc.

O Maipo é a área vitivinícola chilena mais tradicional, tendo sido sede das primeiras vinícolas instaladas no país, em meados do século XIX, incluindo Concha y Toro (maior grupo vinícola chileno), Cousiño Macul, Santa Carolina (decaiu muito com a saída do brilhante enólogo Ricardo Recabarren), Santa Rita e Undurraga. A escolha desses pioneiros pautou-se basicamente pela proximidade da cidade de Santiago, onde habitavam.

Como assinalado mais adiante, a grande maioria dos supertintos do país sai do Maipo.

As outras *viñas* de projeção com instalações no Maipo, em ordem alfabética, são: Almaviva (associação da Concha y Toro com a francesa Barón Philippe de Rothschild), Antiyal (enólogo Álvaro Espinoza, ex-Carmen), Aquitania (os sócios são enólogos, dois bordaleses e um chileno), Barón Philippe de Rothschild, Canepa, Carmen (do mesmo grupo da Santa Rita), Casa Rivas, El Principal (capital francês), Haras de Pirque (além de ter produção própria, está planejando o lançamento de um supertinto em associação com a italiana Marchese Antinori), Odfjell (o dono é norueguês), Portal del Alto, Quebrada de Macul, Santa Ema, Santa Inés-De Martino, Tarapacá, Terramater (cisão da família Canepa), Ventisquero, Viñedo Chadwick (do grupo Errázuriz), Vistamar e William Fèvre (associação dessa firma de Chablis com um chileno).

Cachapoal • O Valle de Cachapoal corresponde à zona norte da sub-região do Valle de Rapel. Ocupava 10.282 hectares em 2009, no paralelo 34ºS, com clima mediterrânico e 360 a 450 mm de chuvas anuais. As águas de irrigação provêm do sistema dos rios Cachapoal e Rapel.

As uvas tintas prevalecem, com 89% das plantações, principalmente Cabernet Sauvignon, Merlot, Carmenère e Syrah. Os Merlot dessa zona são afamados, notadamente os da área mais fria de Peumo. Dentre as brancas, sobressaem a Sauvignon Blanc e a Chardonnay.

As principais *bodegas* implantadas em Cachapoal são: Altaïr (*joint venture* da San Pedro com um sócio francês), Anakena, De Larose (rótulos Las Casas del Toqui, pertencente à bordalesa Château Larose-Trintaudon e um chileno), Gracia, La Rosa, Missiones de Rengo, Morandé, Porta (mesmo grupo da Gracia), Santa Amalia (rótulos Château Los Boldos, de capital francês), Santa Mónica Torreón de Paredes e Ventisquero.

Colchagua • O Valle de Colchagua está para as tintas como Casablanca está para as brancas. É o território chileno que atualmente mais recebe investimentos para plantar parreirais e adegas.

Situa-se na zona sul da sub-região do Valle de Rapel, na latitude 34ºS. O clima é mediterrânico, porém mais frio que o de Cachapoal. Diferentemente deste, as plantações em Colchagua são mais orientais, recebendo, portanto, maior influência marítima. O regime de chuvas é de 450 a 560 mm anuais. A suplementação de água vem do sistema fluvial Tinguiririca-Rapel.

Com 25.887 hectares cultivados em 2009, só fica atrás do Maule. Desses, mais de 90% são de cepas rubras. O destaque é a Cabernet Sauvignon, com cerca da metade de todas as plantações, mas a Merlot, a Carmenère, a Syrah e a Malbec também têm importância. Das verdes, apenas a Chardonnay possui alguma significância.

Os vinhos de Syrah são notáveis, já que o Colchagua é o melhor *terroir* para essa variedade. Também fornece excelentes Cabernet Sauvignon e Carmenère.

O Valle Apalta, localizado no interior da área de Santa Cruz, merece uma menção à parte. Passou a ser desenvolvido apenas na década de 1990, quando o grande enólogo chileno Aurelio Montes começou a plantar vinhedos em encostas, o que não era comum no Chile. Todavia, o vale responde hoje por alguns dos maiores supertintos do país, tais como o Montes Alpha "M", o Clos Apalta e o Montes Folly Syrah.

Outra zona também descoberta e desenvolvida por Aurelio Montes é a de Marchigüe, a apenas 20 quilômetros da costa, com cepas locais de Cabernet Sauvignon, Syrah e Merlot.

Muitos novos empreendimentos foram fundados em Colchagua junto a outras *viñas* mais antigas. As mais medalhadas, em ordem alfabética, são: Apaltagua (grupo Casa Donoso), Bisquertt, Caliterra, Casa Lapostolle (pertence à francesa Marnier Lapostolle, tendo Michel Rolland como enólogo consultor), Casa Silva (enólogo Mario Geisse), Cono Sur (grupo Concha y Toro), Dallas Comté (pertence à australiana Mildara-Blass), J. & F. Lurton (capital francês), Los Vascos (sócios Château Lafite-Rothschild e Santa Rita), Luis Felipe Edwards, Montes (migrou a sede de Curicó para aí), Mont Gras, Neyen de Apalta, Santa Helena (grupo San Pedro), Santa Laura, Selentia (capital hispano-chileno), Terra Andina (grupo Santa Rita), Viñedos Orgánicos Emiliana (grupo Concha y Toro) e Viu Manent.

Curicó • A sub-região do Valle de Curicó é composta de duas zonas, o Valle del Teno e o Valle del Lontué, este bem mais importante. Abrange terrenos nas latitudes 34ºS-35ºS. O clima é mediterrânico subúmido, com 600 a 730 mm de pluviosidade anual.

O parreiral de 13.614 hectares é majoritariamente negro (73%), dando vinhos tintos elegantes, principalmente de Cabernet Sauvignon, Merlot e Carmenère. As uvas claras mais plantadas são a Sauvignon Blanc e a Chardonnay, constituindo a maior aglomeração chilena de uvas finas brancas. Essa DO é particularmente reconhecida pelos seus deliciosos brancos de Sauvignon Blanc.

Muitos dos vinhos chilenos de melhor índice preço-qualidade originam-se nessa zona, uma das mais tradicionais, que produz vinhos desde meados do século XIX. Alguns dos pesos pesados chilenos estão aí instalados, como a San Pedro (segundo maior grupo vinícola do país) e a Valdivieso. Outras boas vinícolas do vale são: Echeverría, La Fortuna, Miguel Torres (pertence à espanhola homônima) e Torrealba.

Maule • É a maior unidade produtora de vinhos do Chile, totalizando 35.401 hectares plantados em 2009. A sub-região do Valle del Maule está dividida nas zonas dos vales del Claro, del Loncomilla e del Tutuvén.

Localiza-se nos paralelos 35ºS-36ºS. O clima, mediterrânico e com temperaturas bastante variáveis, situa-se entre subúmido e úmido, com chuvas anuais na faixa de 700 a 800 mm.

A uva mais cultivada nessas paragens é a rústica País, cepa introduzida pelos espanhóis quando da colonização. Os seus cerca de 3.868 hectares estão basicamente situados na Cordillera de la Costa, onde não há necessidade de irrigação. A País é similar à argentina Criolla Chica e à californiana Mission. Origina *vinos corrientes* de pouca cor, magros e ácidos, conhecidos como *pipeños*.

Dentre as variedades finas, sobressaem as tintas Cabernet Sauvignon, Merlot e Carmenère e as brancas Sauvignon Blanc e Chardonnay. A área de San Clemente, na zona do Valle del Claro, é a terra da emblemática Carmenère. A Merlot também dá vinhos elegantes e equilibrados.

A área sulina de Cauquenes, na zona do Valle del Tutuvén, apresenta temperaturas similares às de Sonoma, na Califórnia. Os seus vinhos de Pinot Noir vêm demonstrando bom potencial de qualidade.

A única vinícola regional com potencial de elaborar supervinhos é a O. Fournier, vinda da vizinha argentina. Ela arrendou velhíssimos vinhedos de Cabernet Franc e de Carignan e planeja construir, logo, uma cantina. Pelas amostras provadas, esses tintos promentem bastante. Outras *viñas* dessa zona que elaboram vinhos de boa qualidade são as seguintes: Calina (pertence à californiana Kendall Jackson), Carta Vieja, Casa Donoso (ex-Domaine Oriental, de capital francês), Gillmore, J. Bouchon e Terranoble.

SUL

A Región Sur engloba as sub-regiões dos vales de Itata, del Bío-Bío e del Malleco (a mais recente). É uma das novas fronteiras para as variedades de clima frio, tais como Chardonnay e Pinot Noir. Situada entre os paralelos 36ºS e 38ºS, apresenta clima mediterrânico úmido, com alta pluviosidade, da ordem de 800 a 1.200 mm anuais. Portanto, a irrigação é totalmente dispensável nessa região.

A superfície coberta por vinhas é de 14.040 hectares, dos quais apenas 1.281 são de uvas finas. A esmagadora maioria, situada na parte não irrigada da cordilheira Costeira, engloba variedades comuns, como a negra País e a verde Moscatel de Alejandria.

Entre as uvas finas, predominam as escuras Cabernet Sauvingon e Pinot Noir e as claras Chardonnay e Sauvignon Blanc. Os melhores vinhos regionais são o Pinot Noir e o Chardonnay da área de Mulchén, em Bío-Bío, e o Chardonnay da área de Traiguén, em Malleco.

Poucas adegas estão instaladas na zona, como a Carpe Diem, no Valle de Itata. Entretanto, sobressai o novíssimo vinhedo Sol de Sol, no Valle del Malleco, com um marcante Chardonnay. Por sinal, esse vale foi descoberto em 1995 pelo enólogo Felipe de Solminihac, um dos donos da Aquitania, proprietária desse parreiral.

AUSTRAL

É uma região recém-criada, dividida em Valle de Cautín e Valle de Osorno. As vinícolas regionais ainda não têm projeção nacional, sendo mais de cunho local.

UVAS

Os parreirais de uvas para vinificação ocupavam, em 2013, uma superfície de 130.362 hectares. A grande maioria é de cepas francesas pré-filoxera. São plantadas de pé franco, isto é, sem uso de porta-enxertos.

O Chile é o único paraíso vinícola mundial, por cercar-se de um cordão fitossanitário: o deserto de Atacama (ao norte), as geleiras da Terra do Fogo (ao sul), a cordilheira dos Andes (a leste) e o oceano Pacífico (a oeste). Outra teoria é a da presença de cobre no seu subsolo, que afasta o pulgão *Phylloxera vastratix*.

TINTAS

As variedades escuras representavam 74,1% da área total dos vinhedos em 2013. Esse fato é um pouco estranho, levando em conta ter o Chile uma culinária de frutos do mar das mais saborosas e variadas do planeta. Todavia, a alta qualidade das cepas plantadas justifica a preferência.

A Cabernet Sauvignon, a mais importante delas, com 32,4% do total, é cultivada principalmente em Colchagua, Maule, Curicó, Maipo e Cachapoal. É a responsável pelos melhores tintos chilenos, notadamente os das sub-regiões do Maipo e de Colchagua.

A segunda tinta fina mais cultivada é a Merlot, com 9,1% do total. As suas principais áreas de difusão são Colchagua, Curicó, Maule, Cachapoal e Maipo. Ela dá ótimos tintos varietais – em muitos casos ainda uma mescla de Merlot e Carmenère, especialmente em Rapel –, assim como entra em cortes com a Cabernet Sauvignon.

Em terceiro vem a Carmenère (ou Grand Vidure), com 8,2%. Os maiores parreirais estão em Colchagua, Maule, Curicó, Cachapoal e Maipo. Apenas em 1994 ela foi identificada nos vinhedos chilenos, por ser algo similar à Merlot, contudo mais tardia, de bago maior, com acidez mais baixa e taninos mais suaves e adocicados, aroma de *berries* (quando madura, senão pimentão verde) e notas condimentadas. É a uva emblemática do Chile, maior produtor mundial dessa variedade bordalesa. No entanto, é mais propícia como mescla com a Cabernet Sauvignon. O primeiro vinho a declarar a variedade foi o Carmen Grande Vidure, lançado em 1996.

As outras negras de qualidade são:

Syrah • Até a década de 1990, era praticamente inexistente no país, mas vem sendo cada vez mais plantada por seu alto potencial. Em 2013, foi a quarta colocada com 6,1% da área total. Colchagua lidera folgadamente o cultivo dessa cepa, que iniciou a sua jornada em Aconcagua.

Pinot Noir • Representou, em 2013, 3,1% da superfície, sendo a quinta mais disseminada. Encontrada principalmente em Casablanca, em San Antonio e na Región Sur.

Malbec (ou Côt) • Presente no Chile desde o século XIX, sua produção aumentou nos últimos anos. Em 2013, com 1,5% da superfície, foi a sétima colocada. Colchagua tem cerca da metade da superfície total. Já se encontram disponíveis alguns varietais seus.

Cabernet Franc • Também presente no país desde o século XIX e com produção ampliada nos últimos anos. Atingiu, em 2013, o sétimo posto, com 1,2% da área total. Usada quase exclusivamente em cortes com a Cabernet Sauvignon.

BRANCAS E ROSADAS

As cepas brancas e rosadas respondiam, em 2013, por apenas 25,9% das plantações. A Chardonnay – segundo lugar das claras, com 8,2% da superfície total – é cultivada principalmente em Casablanca, Curicó, Colchagua, Maule e Maipo. Apenas recentemente ela havia suplantado a liderança histórica da Sauvignon Blanc, mas voltou a perdê-la. Produz os melhores brancos do país, principalmente em Casablanca.

A mais cultivada é a Sauvignon Blanc, com 11% do total. A sua mais importante região de difusão é Curicó. Seguem-se Maule, Cachapoal, Casablanca, Maipo, Colchagua e San Antonio. É um clone de Bordeaux e não do Loire, chegando ao país no século XIX. Antigamente, boa parte dela era na realidade a Sauvignon Vert (ou Sauvignonase). Hoje o quadro mudou, pois todas as *viñas* plantaram Sauvignon Blanc, da qual o Chile é o maior produtor mundial. Qualitativamente, as melhores zonas são Casablanca, San Antonio e Curicó. Essa cepa dá vinhos característicos e, em muitos casos, de ótima relação qualidade-custo. Prefiro o estilo não barricado e sem fermentação malolática, pois realça as características da uva e do terreno.

As outras claras de mérito são:

Sémillon • Perfazia 0,6% do parreiral em 2013, com a quarta posição, logo após a comum Moscatel de Alexandria. A maioria em Maule, seguido de Colchagua e Curicó. Infelizmente, além de o seu cultivo estar diminuindo, poucas *viñas* produzem vinhos declarando essa cepa.

Viognier • Mostra ser promissora no Valle del Limarí, particularmente quando cortada com a Chardonnay. Foi a quinta colocada em 2013, com 0,6% da área total.

Riesling • Ainda muito pouco cultivada, mas mostrando qualidade em Bío-Bío.

Gewürztraminer • Também com baixa participação e com bom potencial em Bío-Bío.

VINHOS

Os vinhos tintos são os que sempre deram fama ao país pela ótima relação qualidade-preço. Sua qualidade melhorou bastante quando se substituíram os barris de madeira de *raulí* (*Nothofagus* spp) – a faia do hemisfério sul – pelos carvalhos europeus e americanos. Recentemente, alguns supertintos surgiram no mercado.

Os vinhos brancos evoluíram muito desde o final da década de 1980, por dois motivos. Primeiro, o desenvolvimento de novas áreas, como a do Valle de Casablanca. Segundo, o aprimoramento tecnológico advindo da introdução pela Miguel Torres, em 1979, de cubas de aço inoxidável com controle de temperatura.

A declaração de origem exige um mínimo de 75% de fruto da zona em questão. Os melhores vinhos chilenos costumam declarar a sub-região e/ou zona e/ou área.

Para ser varietal, o vinho deve ser elaborado com no mínimo 75% da variedade, sendo os outros 25% também de viníferas. Na etiqueta podem ser mencionadas até três castas em ordem decrescente de importância – caso o vinho seja produzido apenas dessas três cepas, sendo que a última deve participar com no mínimo 15% da mescla. A grande maioria dos vinhos chilenos é varietal. Para que se possa indicar no rótulo uma safra determinada, a sua presença também deve ser de no mínimo 75%.

A chaptalização é terminantemente proibida no Chile. Com relação ao teor de açúcar residual, o vinho pode ser:

Tipo	Açúcar residual (g/l)
Seco	< 4 (9 g/l, dependendo da acidez total)
Semi Seco	< 12 (18 g/l, dependendo da acidez total)
Semi Dulce	< 45
Dulce	> 45

BRANCOS

A maioria dos rótulos brancos chilenos traz o duo Chardonnay-Sauvignon Blanc.

Chardonnay • Cultivada de norte a sul do país, apresenta-se mais majestosa notadamente na fria sub-região de Casablanca. Dos 12 vinhos em destaque, apenas um deles não se origina nessa zona, vindo do Valle de Malleco, no extremo sul chileno.

••• DESTAQUES

Aquitania (Sol de Sol Malleco), Viña Casablanca (Nimbus Casablanca), Casa Lapostolle (Cuvée Alexandre Casablanca), Concha y Toro (Amelia Casablanca e Terrunyo Casablanca), Leyda (Lot 5 Wild Yeasts San Antonio), Veramonte (Chardonnay Casablanca), Carmen (Wine Maker's Casablanca), Montes (Montes Alpha Casablanca), Errázuriz (Wild Fermented Casablanca), Cono Sur (20 Barrels Limited Edition Casablanca), Casas del Bosque (Reserva Casablanca), Morandé (Edición Limitada Casablanca), De Martino (Single Vineyard Limarí) e Tarapacá (Reserva Casablanca).

• OUTROS RECOMENDADOS

Carmen (Nativa Gran Reserva Maipo e Reserva Casablanca), Carta Vieja (Reserve Casablanca), Casa Lapostolle (Chardonnay Casablanca), Casas del Bosque (Gran Reserva Casablanca), Concha y Toro (Marqués de Casa Concha Maipo, Casillero del Diablo Casablanca e Trio Casablanca), Cono Sur (Visión Casablanca), Echeverría (Reserva Curicó), Errázuriz (Max Reserva Casablanca), Garcés Silva (Amayna San Antonio), Haras de Pirque (Elegance Maipo), J. & F. Lurton (Gran Araucano Colchagua), La Rosa (Gran Reserva Rapel), Leyda (Reserve San Antonio), Matetic (EQ San Antonio), Montes (Reserva Curicó) – bom valor, Mont Gras (Ninquén Reserva Colchagua), Morandé (Vitisterra Grand Reserve Casablanca e Terrarum Reserva Casablanca), San Esteban (Reserve Aconcagua), Santa Carolina (Reserva de Familia Maipo), Santa Helena (Siglo de Oro Curicó), Santa Inés (Legado de Armida Maipo), Santa Rita (Casa Real Casablanca), Selentia (Ars Vinum Reservado Especial Colchagua), Ventisquero (Grey Casablanca) e Villard (Esencia Casablanca).

Os melhores que degustei foram: Sol de Sol Chardonnay 01 (o campeão) e Leyda Lot 5 Wild Yeasts Chadornnay 07.

Outros que marcaram muito foram: Cuvée Alexandre Chardonnay 00, Viña Casablanca Nimbus Chardonnay 05, Amelia Chardonnay 95, Amayna Chardonnay 06, Matetic EQ Chardonnay 02, Montes Alpha Chardonnay 07, Wine Maker's Chardonnay 97, Casas del Bosque Gran Reserva Chardonnay 05, Mont Gras Reserva Ninquén Chardonnay 97, Villard Reserva Chardonnay 95 e Echeverría Reserva Chardonnay 96.

Sauvignon Blanc • Talvez seja a casta branca mais emblemática do Chile. Os melhores exemplares vêm de Casablanca e San Antonio. Existem vários vinhos interessantes dessa variedade, que são brancos de ótima relação custo-benefício. Aliás, é um dos meus vinhos prediletos para consumo diário.

●●● DESTAQUES

Garcés Silva (Amayna San Antonio), Casa Marín (Ciprés San Antonio), Matetic (EQ San Antonio), Viña Casablanca (Nimbus Casablanca), Veramonte (Reserva Casablanca), Concha y Toro (Terrunyo Casablanca), Cono Sur (20 Barrels Limited Edition Casablanca), William Cole (Mirador Selection Casablanca), Errázuriz (Single Vineyard Casablanca), Casas del Bosque (Gran Reserva Casablanca), Viña Mar (Reserva Especial Casablanca), Santa Inés (Legado de Armida Limited Edition Casablanca), Clos Quebrada de Macul (Alba Casablanca), Santa Rita (Floresta Casablanca e Casa Real San Antonio), Montes (Selección Limitada San Antonio), Haras de Pirque (Character Maipo), Canepa (Sauvignon Blanc Rapel) e Torrealba (Sauvignon Blanc Curicó).

● OUTROS RECOMENDADOS

Caliterra (Arboleda San Antonio), Carmen (Reserve Casablanca), Casa Lapostolle (Sauvignon Blanc Rapel) – ótimo valor –, Casa Marín (Cartagena San Antonio), Casa Tamaya (Sauvignon Blanc Limarí), Casas del Bosque (Reserva Casablanca), Concha y Toro (Marqués de Casa Concha Valle Central, Casillero del Diablo Valle Central e Trio Casablanca), Cono Sur (Visión Casablanca), De Martino (Parcela "5" Single Vineyard Casablanca), Errázuriz (Max Reserva Casablanca), Francisco de Aguirre (Palo Alto Reserva Limarí), Garcés Silva (Amayna Barrel Fermented San Antonio), Leyda (Classic Reserve San Antonio), Los Vascos (Sauvignon Blanc Casablanca), Miguel Torres (Santa Digna Curicó) – ótimo valor –, Misiones de Rengo (Reserva Casablanca), Montes (Montes Reserva Casablanca), Morandé (Terrarum Casablanca e Pionero Valle Central), O. Fournier (Centauri San Antonio), San Pedro (Castillo de Molina Curicó e 35 Sur Valle Central), Quintay (Quintay San Antonio), Santa Helena (Siglo de Oro Curicó) – ótimo valor –, Santa Inés (Legado de Armida Maipo e Sauvignon Blanc Valle Central), Santa Rita (Medalha Real Casablanca e 120 Tres Medallas Valle Central), Veramonte (Sauvignon Blanc Casablaca), Villard (Expresión Casablanca) e Viña Casablanca (Sauvignon Blanc Casablanca).

Os que mais me impressionaram foram o Amayna Sauvignon Blanc 03, o Casa Marín Ciprés Sauvignon Blanc 04 e o Terrunyo Sauvignon Blanc 05. Também bons: Amayna Barrel Fermented Sauvignon Blanc 07, Centauri Sauvignon Blanc 07, Veramonte Reserva Sauvignon Blanc 08, Vinã Casablanca Nimbus Sauvignon Blanc 05, Floresta Sauvignon Blanc 07, Medalla Real Sauvignon Blanc 08, Casas del Bosque Reserva Sauvignon Blanc 08, Leyda Classic Reserve Sauvignon Blanc 07, Matetic EQ Sauvignon Blanc 06, Mirador Selection Sauvignon Blanc 08, Montes Selección Limitada Sauvignon Blanc 07, Misiones de Rengo Reserva Sauvignon Blanc 08, Casa Lapostolle Sauvignon Blanc 99, Viña Mar Reserva Sauvignon Blanc 07, Santa Digna Sauvignon Blanc 84 e Carmen Reserva Sauvignon Blanc 97.

Outros brancos • Os vinhos mais interessantes desse grupo são ou da casta Viognier pura ou mesclada com a Chardonnay.

●● RECOMENDADOS

Anakena (Single Vineyard Viognier Rapel), Bisquertt (Reserva Viognier Colchagua), Casa Marín (Cartagena Riesling San Antonio e Estero Sauvignon Gris San Antonio), Casa Silva (Quinta Generación Chardonnay/Sauvignon Gris/Viognier Colchagua), Casa Tamaya (Reserva Viognier/Chardonnay Limarí), Cono Sur (Visión Viognier Colchagua e Visión Riesling Bío-Bío), Francisco de Aguirre (Tempus Chardonnay/Viognier Limarí), Leyda (Neblina Riesling San Antonio e Kadun Sauvignon Gris San Antonio), Viña Casablanca (Santa Isabel Gewürztraminer Casablanca) e Viñedos Orgánicos Emiliana (Novas Chardonnay/Marsanne/Viognier Casablanca).

Achei o branco Casa Tamaya Reserva Viognier/Chardonnay 02 um vinho delicioso e instigante. Também muito bons foram: Cartagena Riesling 07, Estero Sauvignon Gris 07, Neblina Riesling 07, Kadun Sauvignon Gris 07, Cono Sur Limited Reserve Viognier 06.

Brancos de sobremesa • Apesar de o Chile não ter muita tradição em vinhos adocicados, alguns desses produtos podem ser consumidos prazerosamente ao término das refeições.

● ● **RECOMENDADOS**

Carmen (Sémillon Late Harvest Maipo), Carta Vieja (Selección Late Harvest Maule), Errázuriz (Late Harvest Sauvignon Blanc Casablanca), Miguel Torres (Riesling Vendimia Tardía Curicó), Montes (Montes Gewürztraminer/Riesling Vendange Tardive Curicó), Morandé (Edición Limitada Uvas Congeladas Chardonnay Casablanca e Edición Limitada Golden Harvest Sauvignon Blanc Casablanca) e Undurraga (Sémillon Late Harvest Maipo).

TINTOS

Por tradição, os tintos chilenos, inclusive os de topo, vêm sendo produzidos com cepas bordalesas aclimatadas no país desde meados do século XIX. São elas a Cabernet Sauvignon, a Cabernet Franc, a Merlot, a Carmenère e a Malbec. O quadro se alterou no início da década de 1990, quando a Syrah passou a ser cultivada comercialmente em algumas zonas. Pelos caldos elaborados, com parreirais ainda relativamente jovens, podemos antever um brilhante futuro para os vinhos dessa variedade. A mais recente introdução nesse universo vinícola foi a Pinot Noir, que vem causando imensa impressão, notadamente em San Antonio.

Cabernet Sauvignon • A sub-região do Maipo era historicamente líder de qualidade dos tintos de Cabernet Sauvignon, mas recentemente passou a sofrer dura concorrência da zona de Colchagua.

Muitos dos tintos cimeiros chilenos, que empregam exclusivamente ou majoritariamente essa variedade, são classificados adiante de "supertintos".

● ● ● **DESTAQUES**

Santa Rita (Floresta Colchagua e Casa Real Maipo), Carmen (Wine Maker's Reserve Maipo), Montes (Montes Alpha Colchagua), Miguel Torres (Manso de Velasco Curicó), Mont Gras (Ninquén Reserva Colchagua), Concha y Toro (Terrunyo Maipo), Clos Quebrada de Macul (Stella Aurea Maipo), Casa Lapostolle (Cuvée Alexandre Colchagua), Errázuriz (Órganico Aconcagua), Caliterra (Tribute Colchagua), William Cole (Columbine Grand Reserve Curicó), Viña Casablanca (El Bosque Maipo), De Martino (Single Vineyard Maule), Cono Sur (20 Barrels Limited Edition Maipo), Tarapacá (Gran Reserva Etiqueta Negra Maipo), Undurraga (Altazor Maipo), Santa Amalia (Gran Reserva Cachapoal) e Gracia (Lo Mejor Porquenó Aconcagua).

● **OUTROS RECOMENDADOS**

Bisquertt (Casa La Joya Gran Reserva Colchagua), Calina (Selección de Las Lomas Itata), Carmen (Nativa Gran Reserva Maipo e Reseva Maipo), Carpe Diem (Gran Reserva Itata), Casa Lapostolle (Cabernet Sauvignon Rapel), Casas del Bosque (Gran Bosque Reserva Rapel), Clos Quebrada de Macul (Alba Maipo), Concha y Toro (Marqués de Casa Concha Maipo e Casillero del Diablo Valle Central), Cono Sur (Visión Maipo e Reserve Maipo), Echeverría (Reserva Curicó), Errázuriz (Max Reserva Aconcagua), Haras de Pirque (Haras Elegance Maipo), J. & F. Lurton (Araucano Colchagua), J. Bouchon (J. Bouchon Maule), Morandé (Vitisterra Grand Reserve Maipo), Santa Inés (Legado de Armida Maipo), Luis Felipe Edwards (Pupilla Colchagua), Casa Rivas (Reserva Maipo), Montes (Reserva Colchagua) – ótimo valor –, Odfjell (Orzada Maipo), San Pedro (Castillo de Molina Curicó), Santa Helena (Selección del Directorio Valle Central), Santa Rita (Medalla Real Reserva Maipo), Terra Andina (Cabernet Sauvignon Valle Central), Valdivieso (Reserva Curicó), Ventisquero (Grey Maipo), Veramonte (Cabernet Sauvignon Maipo) e Viu Manent (Reserva Colchagua).

Os melhores por mim provados foram: Floresta Cabernet Sauvignon 99, Montes Alpha Cabernet Sauvignon 89, Medalla Real Cabernet Sauvignon 84, Carmen Winemaker's Reserve 99, Marqués de Casa Concha Cabernet Sauvignon 02, Cuvée Alexandre Cabernet Sauvignon 06, Manso de Velasco Cabernet Sauvignon 87, Valdivieso Reserva Cabernet Sauvignon 96, Terrarum Cabernet Sauvignon Maipo 97, De Martino Gran Familia Cabernet Sauvignon 02, Stella Aurea Cabernet Sauvignon 00, Gran Bosque Reserva Cabernet Sauvignon 03, Altazor Cabernet Sauvignon 99, Haras Elegance Cabernet Sauvignon 03, Porta Reserva Cabernet Sauvignon 95 e Viu Manent Reserva Cabernet Sauvignon 95.

Tente estes bons econômicos: Terra Andina Cabernet Sauvignon 07 e Cassillero del Diablo Cabernet Sauvignon 05.

Não poderia deixar de tecer algumas palavras sobre o Cousiño Macul Antiguas Reservas Cabernet Sauvignon. Era, de longe, o melhor tinto chileno disponível no mercado brasileiro nos idos da década de 1970. Tomei muitos bons goles dele. Mas infelizmente essa vinícola não realizou os investimentos necessários para manter-se na liderança. Atualmente, seus vinhos não se equiparam aos de primeira linha do país. Mesmo o seu Finnis Terrae, no nível de preço dos supertintos, não é de empolgar.

Merlot • A maioria dos tintos marcantes que empregam essa cepa origina-se no Valle de Rapel, que, como já visto, divide-se nas sub-regiões de Cachapoal e de Colchagua.

● ● ● DESTAQUES

Casa Lapostolle (Cuvée Alexandre Colchagua), Cono Sur (20 Barrels Limited Edition Rapel), Carmen (Reserve Casablanca), Montes (Montes Alpha Colchagua), Concha y Toro (Marqués de Casa Concha Cachapoal), Mont Gras (Ninquén Reserva Colchagua), Santa Inés (Legado de Armida Maipo), Viu Manent (Reserva Colchagua), J. Bouchon (Gran Reserva Maule) e Ventisquero (Grey Maipo).

● OUTROS RECOMENDADOS

Bisquertt (Casa La Joya Reserva Colchagua), Calina (Reserva Maule), Casa Lapostolle (Merlot Rapel), Casa Silva (Reserva Colchagua), Concha y Toro (Casillero del Diablo Rapel e Trio Rapel), Cono Sur (Visión Rapel e Reserve Rapel), Dallas Conté (Merlot Rapel), Errázuriz (Max Reserva Aconcagua e Corton Curicó) – ótimo valor –, La Rosa (La Capitana Cachapoal), Montes (Reserva Colchagua), Morandé (Pionero Valle Central) – ótimo valor –, Santa Rita (Medalla Real Reserva Especial Maipo), Tarapacá (Gran Reserva Maipo e Gran Tarapacá Maipo), Terra Andina (Merlot Valle Central), Veramonte (Merlot Maule) e Viña Casablanca (Santa Isabel Casablanca).

Os vinhos que se saíram melhor em degustações de que participei foram: Cuvée Alexandre Merlot 99, Mont Gras Reserva Ninquén Merlot 96, Carmen Reserva Merlot 97, Montes Alpha Merlot 96, Marqués de Casa Concha Merlot 03 e Selectión del Directorio Merlot 07.

Ótimos econômicos são: Casillero del Diablo Merlot 06 e Terra Andina Merlot 06.

Carmenère • Muitas zonas vinícolas chilenas produzem tintos de Carmenère dignos de nota, porém o Valle del Maule tende a fazê-lo com mais constância e tipicidade.

● ● ● ● GRANDES DESTAQUES

Montes (Purple Angel Colchagua), Concha y Toro (Carmín de Peumo), Santa Rita (Pehuen Colchagua, De Martino (Single Vineyard Maipo) e Errázuriz (Kai Aconcagua).

●●● **DESTAQUES**

Santa Inés (Legado de Armida Maipo), Concha y Toro (Terrunyo Cachapoal), Casa Lapostolle (Cuveé Alexandre Colchagua), Montes (Montes Alpha Colchagua), San Pedro (Reserva "1865" Maule), Calina (Reserve Maule), Santa Ema (Amplus Cachapoal), De Martino (Prima Reserva Maipo), Caliterra (Tribute Colchagua), Casa Silva (Los Lingues Gran Reserva Colchagua), Morandé (Edición Limitada Maipo), Errázuriz (Single Vineyard Aconcagua), Leyda (Talhuen Colchagua), Casa del Bosque (Gran Reserva Casablanca), Casa Rivas (Gran Reserva Maipo), Viu Manent (Secreto Colchagua), J. Bouchon (Gran Reserva Maule), Porta (Reserve Maipo) e Apaltagua (Grial Colchagua).

● **OUTROS RECOMENDADOS**

Anakena (Reserva Rapel), Bisquertt (La Joya Gran Reserve Colchagua), Caliterra (Arboleda Colchagua), Carpe Diem (Reserva Maule), Casa Silva (Reserva Colchagua), Concha y Toro (Casillero del Diablo Valle Central), Cono Sur (Visión Colchagua), Errázuriz (Max Reserva Aconcagua), Haras de Pirque (Equus Maipo), Misiones de Rengo (Cuvée Rapel), Morandé (Pionero Valle Central), Odfjell (Orzada Maule), San Pedro (35 Sur Valle Central), Santa Helena (Selectión del Directorio Colchagua), Santa Laura (Laura Hartwig Colchagua), Santa Rita (Medalla Real Maipo), Tarapacá (Herencia Reserva Maipo), Terra Andina (Carmenère Rapel), Terranoble (Reserva Maule), Ventisquero (Grey Maipo), Vistamar (Niebla Maipo) e William Fèvre (Gran Cuvée Maipo).

Para mim, o que se saiu melhor foi o Purple Angel Camenère 04. Outros bons foram o Terrunyo Carmenère 99, o Cuvée Alexandre Carmenère 07, o Casa Rivas Gran Reserva Carmenère 01, o Casa Silva Los Lingues Gran Reserva Carmenère 02, o De Martino Single Vineyard Carmenère 05, o Misiones de Rengo Cuvée Carmenère 04, o Arboleda Carmenère 04, o San Pedro Reserva "1865" Carmenère 99, o Winemarker's Lot 13 Carmenère 05, o Winemaker's Lote 142 Carmenère 02, o Orzada Carmenère 01 e o Ventisquero Reserva Carmenère 01.

Foram ótimos os seguintes econômicos: Casillero del Diablo Carmenère 05, Selectión del Directorio Carmenère 07 e Terra Andina Carmenère 07.

Syrah • Os vinhos mais marcantes dessa casta são provenientes da zona de Colchagua, que por acaso também é onde estão sendo implantados majoritariamente os seus parreirais.

●●●● GRANDE DESTAQUE

Montes (Montes Folly Syrah Colchagua) – um verdadeiro supertinto e Errázuriz (La Cumbre Aconcagua).

●●● DESTAQUES

Garcés Silva (Amayna San Antonio), Matetic (EQ San Antonio), Concha y Toro (Terrunyo Peumo e Marqués da Casa Concha Peumo), Santa Rita (Floresta Maipo), Santa Inés (Legado de Armida Limited Edition Maipo), Casa Lapostolle (Cuvée Alexandre Colchagua), Ventisquero (Pangea Colchagua), Viu Manent (Secreto Colchagua) e Montes (Montes Alpha Colchagua).

● OUTROS RECOMENDADOS

Caliterra (Arboleda Colchagua), Carmen Reserva Maipo, Carpe Diem (Reserva Itata), Casa Silva (Reerva Colchagua), Concha y Toro (Casillero del Diablo Valle Central), Cono Sur (Vision Colchagua), De Martino (Single Vineyard Colchagua), Errázuriz (Max Reserva Aconcagua), Haras de Pirque (Haras Character Maipo), Luis Felipe Edwards (Shiraz Colchagua), Miguel Torres (Santa Digna Reserva Valle Central), Morandé (Vitisterra Grand Reserve Maipo), San Esteban (In Situ Reserva Aconcagua), Santa Rita (Medalla Real Maipo), Terra Andina (Syrah Valle Central) e Ventisquero (Grey Maipo).

Os vinhos que receberam maiores pontuações minhas foram: Montes Folly Syrah 99 – o melhor do país –, La Cumbre Syrah 02, Também gostei: Amayna Syrah 07, Matetic EQ Syrah 04, Floresta Syrah 04, Arboleda Syrah 03, Vitisterra Grand Reserve Syrah 01 Cuvée Alexandre Syrah 05, De Martino Single Vineyard Syrah 03, Marqués de Casa Concha Syrah 04 e Montes Alpha Syrah 00.

Dentre os mais econômicos, gostei muito: Casillero del Diablo Syrah 04 e Terra Andina Syrah 05.

Pinot Noir • Os melhores exemplares dessa casta de clima frio são justamente os provenientes da fria San Antonio e da temperada Casablanca. Outras zonas frias, como as de Bío-Bío e Austral, também apresentam condições ideais para o seu cultivo.

●●●● GRANDES DESTAQUES

Cono Sur (20 Barrels Limited Edition Casablanca) e Leyda (Lote 21 San Antonio).

●●● DESTAQUES

Cono Sur (Ocio Casablanca), Amayna (Pinot Noir San Antonio), Leyda (Reserve Cahuil San Antonio), Concha y Toro (Terrunyo Casablanca), Morandé (Edcción Limitada Casablanca), Errázuriz (Wild Fermented Casablanca), Casa Marín (Lo Abarca San Antonio), Casa Lapostolle (Cuvée Alexandre Casablanca), Montes Alpha (Pinot Noir Leyda), Santa Inés (Enigma Casablanca) e Matetic (EQ Pinot Noir San Antonio).

● OUTROS RECOMENDADOS

Carmen (Reserva Casablanca), Casas del Bosque (Gran Reserva Casablanca), Casa Marín (Cartagena San Antonio), Concha y Toro (Casillero del Diablo Casablanca), Cono Sur (Visión Colchagua), Errázuriz (Max Reservas Aconcagua), Leyda (Reserve Las Brisas San Antonio), Montes (Selección Limitada Colchagua), Anakena (Reserve Rapel), Morandé (Pionero Casablanca – este, de ótimo valor), Santa Helena (Selection del Directorio Casablanca), Undurraga (Reserva Maipo), Ventisquero (Herú Casablanca), Villard (Expresión Reserve Casablanca) e William Cole (Mirador Selection Casablanca).

Os que mais me impressionaram foram: Leyda Lote 21 Pinot Noir 02 e Cono Sur 20 Barrels Pinot Noir 00.

Outros marcantes foram: Ocio Pinot Noir 05, Leyda Reserve Cahuil Pinot Noir 04, Leyda Reserve Las Brisas Pinot Noir 06, Amayna Pinot Noir 03, Montes Alpha Pinot Noir 06, Cuvée Alexandre Pinot Noir 06, Matetic EQ Pinot Noir 02, Casa Marín Lo Abarca Pinot Noir 04, Terrunyo Pinot Noir 02, Errázuriz Wild Fermented Pinot Noir 06, Morandé Edición Limitada Pinot Noir 05 e Villard Expresión Reserve Pinot Noir 06.

No segmento econômico, os caldos que mais me agradaram foram: Montes Selección Limitada Pinot Noir 06, Pionero Pinot Noir 01 e Casillero del Diablo Pinot Noir 06.

Outras castas tintas • Destacam-se alguns vinhos de Malbec, cepa que se adaptou maravilhosamente na vizinha Mendoza argentina, mas que também no Chile mostra boas características varietais.

● ● ● **DESTAQUES**

Viu Manent (Malbec Viu "1" Colchagua), Morandé (Carigan Edition Limitada Maule), Valdivieso (Cabernet Franc Premium Curicó), Chocolán (Malbec Gran Reserva Maipo) e Santa Inés (Malbec Legado de Armida Maipo).

● **OUTROS RECOMENDADOS**

Caliterra (Malbec Colchagua), Canepa (Sangiovese Private Reserve Colchagua), Casa Tamaya (Sangiovese Limarí), Cono Sur (Malbec Visión Colchagua), De Martino (Carigan Single Vineyard Maule), Errázuriz (Sangiovese Single Vineyard Aconcagua), Montes (Malbec Montes Reserva Colchagua), Odfjell (Cabernet Franc Orzada Maule e Carignan Orzada Maule), San Pedro (Malbec Reserva "1865" Curicó) e Viu Manent (Malbec Reserve Colchagua).

Os melhores que bebi até o presente foram: Viu "1" Malbec 01, Valdivieso Premium Cabernet Franc 04, Montes Malbec 99, De Martino Single Vineyard Cabernet Franc 02, Orzada Cabernet Franc 04 e Orzada Carignan 01.

Mesclas tintas • Proporcionalmente, existem apenas poucos tintos que declaram no rótulo as uvas dos seus cortes. A mais promissora é a mescla Cabernet Sauvignon e Carmenère, entretanto as de Syrah com Merlot ou com Cabernet Sauvignon vêm também despontando.

● ● ● **DESTAQUES**

Morandé (Edición Limitada Golden Reserve Carignan/Cabernet Franc/Merlot Maule), Santa Rita (Floresta Syrah/Merlot Maipo e "Triple C" Maipo), Antiyal (Kuyen Syrah/Cabernet Sauvignon Maipo e Merlot/Syrah Aconcagua), Casa Donoso ("1810" Carmenère/Cabernet Maule), El Principal (Memorias Cabernet/Carmenère Rapel), Casa Silva (Quinta Generación Cabernet/Carmenère/Petit Verdot Colchagua), Terra Andina (Suyai Cabernet Sauvignon/Cabernet Franc/Carigan/Carmenère Valle Central), Casa Lapostolle (Borobo Merlot/Carmenère/Cabernet Sauvignon/Pinot Noir/Syrah), Viñedos Orgánicos Emiliana (Coyam Syrah/Cabernet Sauvignon/Carmenère/Merlot/Mourvèdre Colchagua), Mont Gras (Quatro Carmenère/Malbec/Cabernet Sauvignon/Syrah Valle Central), Tarapacá (Natura Plus Merlot/Cabernet Franc Maipo), Montes (Selección Limitada Cabernet/Carmenère Colchagua) e Veramonte (Primus Carmenère/Merlot/Cabernet Casablanca) – ótimo valor.

● **OUTROS RECOMENDADOS**

Carmen (Reserva Carmenère/Cabernet Maipo e Reserva Syrah/Cabernet Maipo), Casa Silva (Cabernet/Sangiovese Colchagua), Casa Tamaya (Merlot/Sangiovese Limarí), Concha y Toro (Casillero del Diablo Reserva Privada Cabernet Sauvignon/Syrah Valle Central), Cousiño-Macul (Lota Cabernet Sauvignon/Merlot/Merlot Maipo), Dallas Conté (Reserve Cabernet/Merlot Rapel), Leyda (Reserva Syrah/Cabernet Colchagua), Miguel Torres (Cordillera Cariñena/Syrah/Merlot Curicó), Morandé (Edición Limitada Syrah/Cabernet Maipo), Santa Ema (Catalina Cabernet Sauvignon/Merlot/Cabernet Franc Rapel), Tarapacá (La Cuesta Cabernet/Syrah Maipo), Terra Andina (Reserva Syrah/Cabernet Sauvignon Maipo), Torrealba (Cabernet/Syrah Curicó) e Ventisquero (Vertice Carmenère/Syrah Colcagua).

Impressionou-me o Morandé Edición Limitada Golden Reserve Carignan/Cabernet Franc/Merlot 01, ficando em segundo plano o Floresta Syrah/Merlot 00, o Morandé Edition Limitada Syrah/Cabernet Sauvignon 04, o Kuyen Syrah/Cabernet Sauvignon 03, o Lota Cabernet Sauvignon/Merlot 05, o Carmen Reserva Carmenère/Cabernet Sauvignon 01 e o Montes Selección Limitada Cabernet/Carmenère 00.

Muito bom o econômico Terra Andina Reserva Syrah/Cabernet/Sauvignon 05.

Supertintos • Esses tintos são, na maioria, de Cabernet Sauvignon ou mesclas dela com outras uvas. Contudo, pelo seu alto preço – e quase sempre também elevada qualidade –, vêm sendo chamados de *super-premium* ou supertintos.

● ● ● ● **GRANDES DESTAQUES**

Casa Lapostolle (Clos Apalta Colchagua) – o vinho mais caro do país –, Montes (Montes Alpha "M" Colchagua), Almaviva (Almaviva Maipo), Carmen (Gold Reserve Maipo), Santa Rita (Casa Real Etiqueta Exportación Maipo), San Pedro (Cabo de Hornos Curicó), Concha y Toro (Don Melchor Maipo), Clos Quebrada de Macul (Domus Aurea Maipo) e Viñedo Chadwick (Viñedo Chadwick Maipo).

● ● ● **DESTAQUES**

Morandé (House of Morandé Maipo), Antiyal (Antiyal Maipo), El Principal (El Principal Maipo), Seña (Seña Aconcagua), Haras de Pirque (Elegance Cabernet Sauvignon Maipo), Errázuriz (Don Maximiano Aconcagua), Altaïr (Altaïr

Cachapoal), Neyen (Espiritu de Apalta Colchagua) e Miguel Torres (Conde de Superunda Curicó).

● OUTROS RECOMENDADOS

Altaïr (Sideral Cachapoal), Bisquertt (Zeus I Colchagua), Canepa (Magnificum Colchagua), Casas del Bosque (Estate Selection Casablanca), De Martino (Gran Familia Cabernet Sauvignon Maipo), J. & F. Lurton (Gran Araucano Colchagua), Los Vascos (Le Dix Colchagua), Odfjell (Aliara Valle Central), Santa Amalia (Château Los Boldos Grand Cru Cachapoal), Santa Carolina (VSC sem mencionar Valle), Santa Ema (Rivalta Cachapoal), Tarapacá (Milenium Maipo), Torreón de Paredes (Don Amado Cachapoal), Valdivieso (Caballo Loco Valle Central), Villard (Equis Maipo) e Viña Casablanca (Neblus Casablanca).

Os que mais me marcaram positivamente até agora foram: Montes Alpha "M" Cabernet Sauvignon/Merlot/Cabernet Franc 99 – melhor vinho chileno que sorvi, se bem que o 2000 também está no mesmo nível –, Clos Apalta Carmenère/Merlot/Cabernet Sauvignon/Malbec 99 – outro estupendo exemplar –, Almaviva Cabernet Sauvignon/Carmenère/Cabernet Franc 97, Gold Reserve Cabernet Sauvignon 97, Casa Real Etiqueta Exportación Cabernet Sauvignon 76, Cabo de Hornos Cabernet Sauvignon 96, Seña Cabernet Sauvignon/Merlot/Carmenère 97, Viñedo Chadwick 99, Don Melchor Cabernet Sauvignon 87, Don Maximiano Cabernet Sauvignon 89, Altaïr 02, Conde de Superunda 01, Haras de Pirque Elegance Cabernet Sauvignon 00, Caballo Loco nº 2 (mescla não divulgada) e Aliara Cabernet Sauvignon/Carmenère/Carignan 00.

URUGUAI

- **PRODUÇÃO:** 90 milhões de litros (2011) ▲ 25ª do mundo
- **ÁREA DE VINHEDOS:** 9 mil hectares (2011) ▲ 54ª do mundo
- **CONSUMO PER CAPITA:** 22 litros/ano (2011) ▲ 16º do mundo
- **LATITUDES:** 30ºS (Artigas) • 35ºS (Montevidéu)

As primeiras videiras do Uruguai foram cultivadas em meados do século XVII. Em 1870, a cepa Tannat começou a ser plantada comercialmente no país, sendo seguida em 1890 pela Cabernet Sauvignon e pela Merlot.

O Uruguai é um pequeno produtor mundial, estando apenas na 25ª colocação. Contudo, apresenta alto consumo *per capita*, o 16º do globo. É o quarto maior produtor da América do Sul, atrás de Argentina, Chile e Brasil. A sua presença no mercado brasileiro em 2016 foi relativamente expressiva, com 2,4% do total importado – a sétima posição. Ficou logo atrás de Chile, Argentina, Portugal, Itália, França e Espanha – portanto, à frente de Estados Unidos, África do Sul, Austrália, Alemanha e outros.

Até agora, os investimentos realizados com capitais nacionais e mesmo internacionais têm sido muito modestos. Caso haja, nos próximos anos, um melhoramento tanto no campo quanto em equipamentos, o Uruguai poderá dar um grande salto de qualidade nos seus vinhos.

LEGISLAÇÃO

A legislação uruguaia, que ainda não reconhece denominações de origem, é a seguinte:

- *Vino Común o de Mesa.* O "Vinho Comum ou de Mesa", a categoria mais baixa, é obtido de uvas de mesa, americanas e híbridas.
- *Vino Fino o de Calidad Preferente* (VCP). O "Vinho Fino ou de Qualidade Preferencial" é de uvas europeias nobres, sendo o melhor do país.

CLIMA

O clima uruguaio é marítimo temperado, com 18ºC de temperatura média anual. Apesar de situar-se na mesma latitude de Mendoza (Argentina) e do Valle del Maipo (Chile), ele é mais frio e mais úmido do que o dessas zonas, mostrando mais similaridades com o da Nova Zelândia.

O país é cercado por grandes volumes de água, por três lados: Oceano Atlântico (leste), Rio da Prata (sul) e Rio Uruguai (oeste). A proximidade do Atlântico e das frias correntes da Antártida torna as temperaturas noturnas suficientemente baixas para propiciar vinhos finos. As variações de safra, assim como as da Serra Gaúcha, são bem maiores no Uruguai do que na Argentina e no Chile. A pluviosidade média anual é de 1.000 mm, não sendo necessária a irrigação dos vinhedos.

REGIÕES

O Uruguai está dividido em nove regiões vitícolas, com climas similares. Elas abrangem todos os 19 departamentos que constituem o país. As principais regiões e departamentos, em ordem de importância, são:

Região	Departamento
Sur	Canelones
	Montevidéu
	San José
	Florida
Suroeste	Colonia
Litoral Norte	Paysandú
	Salto
Centro	Durazno
Norte	Artigas
Noreste	Tacuarembó
	Rivera
Litoral Sur	Soriano
Sureste	Maldonado
	Lavalleja
	Rocha

As duas maiores regiões são a Sur e a Suroeste, que em 2014 ocupavam 90% da superfície vitícola total do país.

REGIÓN SUR

A Región Sur é disparado a mais importante do país, com 82% da superfície plantada com vinhas em 2014. Constitui-se dos departamentos de Canelones, Montevidéu, San José e Florida. Canelones é a capital do vinho uruguaio, com 62,6% de todos os parreirais, seguida por Montevidéu, com 12,7%.

Os imigrantes, vindos principalmente da Itália no final do século XIX, estabeleceram vinhedos próximos de Montevidéu, capital do país.

A região tem um clima marítimo mais frio, com 16,5°C de temperatura média e 900 mm de precipitações anuais. Os terrenos são constituídos de suaves colinas abaixo de 150 a 200 metros, com solos calcários e argilosos.

Entretanto, a alta zona de Sierra Mahoma, no departamento de San José, vem mostrando alto potencial vínico.

As melhores vinícolas uruguaias estão instaladas aí. Têm sede em Canelones: Ariano, Carlos Pizzorno, H. Stagnari, Juanicó, Los Cerros de San Juan, Marichal, Pisano, Toscanini e Varela Zarranz. Em Montevidéu ficam: Castel Pujol, Bouza, Filgueira, Santa Rosa, Vinícola Aurora – com os Tannat e Cabernet Sauvignon da sua linha Marcus James – e Vinos de la Cruz.

OUTRAS REGIÕES

A Región Suroeste, formada pelo departamento de Colonia, é a segunda maior cultivadora de videiras, com 7,5% da área de parreirais do país, em 2014. A mais expressiva bodega local é a Dante Irurtia.

A Región Noreste foi desenvolvida a partir de 1977, em Rivera, junto com a vizinha Santana do Livramento, no Brasil. Segundo estudos do professor Harold Olmo, da Universidade da Califórnia em Davis, a zona escolhida era uma das melhores do Leste da América do Sul para elaborar vinhos finos.

Essa região, de clima mais quente e úmido que o das zonas sulinas do país, produz alguns bons vinhos, que rivalizam com os da Sur.

A Castel Pujol, pertencente à família Carrau, possui adega e vinhedo em Cerro Chapéu, na fronteira com o Rio Grande do Sul. No lado brasileiro, em Santana do Livramento, encontra-se a continuação desse vinhedo, pertencente a Juan Carrau, dono da firma Velho do Museu.

UVAS

Assim como no Rio Grande do Sul, que tem clima parecido, a presença das castas europeias *Vitis vinifera* não é exclusiva no Uruguai. Em 1996, as variedades americanas de *Vitis labrusca* e de híbridas representavam ainda 49% de um total de 9.500 hectares. Em 2014, a participação decaiu para 1,2%, com apenas 89 ha.

Para melhorar o seu acervo vitícola, o país implantou um programa de transformação dos vinhedos. Em 1956, o parreiral uruguaio tinha atingido a superfície máxima de 19 mil hectares. Desde então, várias videiras de qualidade inferior vêm sendo erradicadas e substituídas por variedades nobres. Aliás, a partir da safra de 2007 é proibido vinificar no país variedades americanas e híbridas.

TINTAS FINAS

As mais plantadas cepas escuras (as majoritárias, com 80,3%) são: Tannat (23,9%, ou seja, um quarto dos vinhedos do país), Merlot (11,1%), Cabernet Sauvignon (8,3%), Cabernet Franc (4,1%), Syrah, Pinot Noir e outras.

A principal cepa é a Tannat, introduzida no Uruguai em 1870 pelo basco-francês Pascual Harriague, em Salto. Até hoje, ela também é conhecida localmente pelo nome de Harriague. Tornou-se "a uva nacional", adaptando-se perfeitamente ao clima e solo locais. Por sinal, o Uruguai é o maior produtor dessa cepa, superando até a França, sua pátria – ela é originária de Madiran, mas também encontrada em Cahors, outra das regiões do Sudoeste francês.

A Tannat costuma ser comercializada como varietal, além de prestar-se muito bem à mistura com Merlot, Cabernet Franc, Cabernet Sauvignon e mesmo Syrah.

BRANCAS FINAS

As castas claras têm menor importância que as negras, com apenas 19,7% do total. As mais significativas são: Ugni Blanc (ou Trebbiano) (9,9%), Sauvignon Blanc (2,1%), Chardonnay (1,8%), Sémillon, Viognier, Gewürztraminer, Torrontés e outras.

VINHOS

Os tintos são amplamente majoritários. De forma genérica, os vinhos uruguaios são menos encorpados e concentrados – ou seja, mais "europeus" – do que os argentinos e chilenos, por causa do clima mais frio. Apresentam em geral teor alcoólico abaixo de 13%. São frutados e com acidez presente.

A grande maioria do total de cerca de 241 *bodegas* (em 2012) do país é de pequeno porte.

BRANCOS

Os vinhos brancos são menos produzidos do que os tintos, além de serem menos saborosos. Deles sobressaem os de Chardonnay e de Sauvignon Blanc.

Chardonnay • Esses vinhos estão disponíveis nos estilos barricado (*roble*) ou não barricado.

●● RECOMENDADOS

Bouza (Chardonnay Fermentado en Barrica e Chardonnay), Carlos Pizzorno (Don Próspero), Castillo Viejo (Corazón de Roble), Dante Irurtia (Reserva del Virrey), Marichal (Juan Marichal) e Pisano (RPF).

Agradaram-me o Bouza Chardonnay Fermentado en Barrica 06, o Bouza Chardonnay 04 e o Pisano RPF Chardonnay 03.

Sauvignon Blanc • São ainda pouco encontrados e geralmente elaborados sem contato com madeira. Apesar disso, são atualmente os mais deliciosos brancos do país.

● ● RECOMENDADOS

Castillo Viejo (Catamayor), Carlos Pizzorno (Don Próspero) e Castel Pujol (Cerro Chapéu).

Os caldos que mais me encantaram foram o Catamayor Sauvignon Blanc 04 e o Don Próspero Sauvignon Blanc 04.

● ● RECOMENDADOS

Bouza (Alvarinho), Filgueira (Premium Sauvignon Gris), Castillo Viejo (Catamayor Reserva Viognier), Juanicó (Don Pascual Roble Chardonnay/Viognier), H. Stagnari (Selección La Puebla Viognier), Dante Irurtia (Posada del Virrey Viognier) e Pisano (Río de los Pájaros Torrontés).

OUTROS BRANCOS

Gostei de Bouza Alvarinho 04, Filgueira Premium Sauvignon Gris 01, Catamayor Reserva Viognier 03 e Posada del Virrey Viognier 03.

TINTOS

Os tintos uruguaios mais característicos são, sem dúvida, os elaborados com a Tannat. Entretanto, os melhores são mesclas dessa casta com outras negras nobres.

Tannat • Dá vinhos assaz escuros, encorpados, concentrados e levemente tânicos, com ótimo poder de envelhecimento. Os uruguaios os consomem mais com assados.

● ● ● DESTAQUESS

Pisano (Axis Mundi e RPF), Castel Pujol (Amat), Bouza (Tannat "A6") e H. Stagnari (Viejo).

● **OUTROS RECOMENDADOS**

Ariano (Don Adelio Ariano), Carlos Pizzorno (Don Próspero Reserva), Castel Pujol (Casa Luntro e Las Violetas Reserva), Dante Irurtia (Reserva del Virrey Roble), Filgueira (Casa Filgueira Premium), Juanicó (Don Pascual Roble), Los Cerros de San Juan (Cuna de Piedra), Marichal (Reserve Collection), Toscanini (Montes Toscanini Reserva Familiar) e Varela Zarranz (Viña Varela Zarranz Roble).

O melhor vinho uruguaio que eu provei foi o Axis Mundi Tannat 02. Outros marcantes foram: Amat Tannat 98 e 99, Bouza Tannat "A6" 04, Pisano RPF Tannat 99 e 00, Don Próspero Tannat Reserva 02, Casa Filgueira Premium Tannat 01, Las Violetas Reserva Tannat 97, Reserva del Virrey Tannat Roble 00, Marichal Reserve Collection Tannat 02 e Don Adelio Ariano Tannat 00.

Merlot/Cabernet Sauvignon/Cabernet Franc/Petit Verdot • Dessas quatro cepas gaulesas, os tintos que mais prometem são os de Merlot e Cabernet Franc, seguidos dos de Petit Verdot.

● ● ● **DESTAQUES**

Pisano (RPF Petit Verdot), Castillo Viejo (Reserva de Familia Cabernet Franc), Bouza (Merlot B9) e Filgueira (Casa Filgueira Premium Merlot).

● **OUTROS RECOMENDADOS**

Pisano (RPF Cabernet Sauvignon), Carlos Pizzorno (Don Próspero Cabernet Sauvignon), Filgueira (Casa Filgueira Premium Cabernet Franc) e Santa Rosa (Juan Bautista Passadore Cabernet Sauvignon).

Até agora gostei mais dos vinhos Pisano RPF Petit Verdot 04, Castillo Viejo Reserva de Familia Cabernet Franc 01, Bouza Merlot B9 12, Casa Filgueira Premium Merlot 01, Pisano RPF Cabernet Sauvignon 00 e Don Próspero Cabernet Sauvignon 00.

Mesclas tintas • A Tannat dá melhores resultados cortada com as nobres Merlot e Cabernet Franc, que tornam o conjunto mais macio e harmônico.

● ● ● **DESTAQUES**

Pisano (Pisano-Arretxea Gran Reserva Tannat/Merlot/Cabernet Sauvignon e Pisano-Arretxea Tannat/Petit Verdot), Bouza (Monte Vide Eu Tannat/Merlot/

Tempranillo, Tempranillo/Tannat 04), Castel Pujol (J. Carrau Pujol Gran Tradición "1752" Tannat/Cabernet Franc/Cabernet Sauvignon), Castillo Viejo (El Preciado Premier Gran Reserva) e Juanicó (Prelúdio Barrel Selected Lote nº "35" Tannat/Cabernet Sauvignon/Cabernet Franc/Merlot/Petit Verdot).

● **OUTROS RECOMENDADOS**

Carlos Pizzorno (Pizzorno Reserva Tannat/Cabernet Sauvignon/ Merlot e Don Próspero Tannat/Merlot), Castillo Viejo (Catamayor Corazón de Roble Tannat/Cabernet Franc), Bouza Tannat/Merlot 03, Toscanini (Carlos Montes) e Pisano (1ª Viña Merlot/Tannat).

Os que obtiveram as minhas mais altas notas foram: Pisano-Arretxea Gran Reserva 00, Pisano-Aretxea Tannat/Petit Verdot 04, Monte Vide Eu Tannat/Merlot/Tempranillo 07, Bouza Tempranillo/Tannat 04, J. Carrau Pujol Gran Tradición "1752" 95, El Preciado Premier Gran Reserva Cabernet Sauvignon/Merlot/Tannat/Cabernet Franc 02, Prelúdio Barrel Selected Lote nº "35" 97, Pizzorno Reserva Tinto 02, Don Próspero Reserva Tinto 00, Catamayor Corazón de Roble Tannat/Cabernet Franc 98, Carlos Montes Cabernet Sauvignon/Tannat 00, Bouza Tannat/Merlot 03 e Pisano 1ª Viña Merlot/Tannat 99.

Tinto licoroso doce • O Pisano Etxe Oneko Tannat 04 é um surpreendentemente ótimo tinto de sobremesa, combinando perfeitamente com chocolate.

AUSTRÁLIA

Em 1788, as primeiras vinhas chegaram ao país a bordo da frota do capitão Arthur Phillip, que as plantou em Sydney. Em 1833, James Busby levou da França e da Espanha para New South Wales viníferas que formaram a base da viticultura australiana.

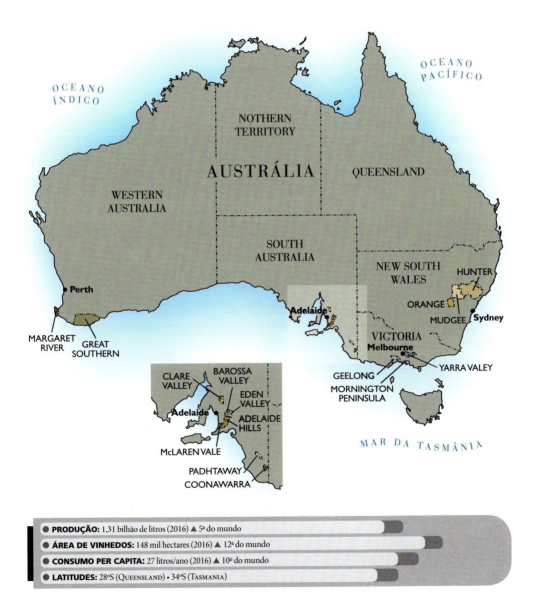

- **PRODUÇÃO:** 1,31 bilhão de litros (2016) ▲ 5ª do mundo
- **ÁREA DE VINHEDOS:** 148 mil hectares (2016) ▲ 12ª do mundo
- **CONSUMO PER CAPITA:** 27 litros/ano (2016) ▲ 10ª do mundo
- **LATITUDES:** 28ºS (Queensland) • 34ºS (Tasmania)

Na década de 1990, a Austrália começou a colher os frutos dos investimentos realizados em plantações, adegas e formação de enólogos. Apesar de produzir diversos vinhos *premium* e *super-premium*, o país especializou-se no fornecimento de vinhos de preço médio, de apelo imediato, que vêm paulatinamente abocanhando boa fatia do mercado internacional.

Em 2016, a Austrália foi o quinto maior exportador do mundo (depois dos três grandes e do Chile), destinando 57% da produção a mais de 100 países. Mais de um terço desse volume seguiu para o Reino Unido.

LEGISLAÇÃO

A regulamentação de origem foi consolidada em 1994. Veja como se estruturam as GIs (*Geographic Indications* – Indicações Geográficas):

- *Federal.* "Australia" (não GI), sem permissão de citar uva e safra.
- *Multistate.* "South Eastern Australia" (única), que abrange um grupo de estados do Sudeste do país: New South Wales, Victoria, South Australia (parte), Queensland (parte) e Tasmânia.
- *State.* Um dos estados – por exemplo, "South Australia".
- *Super Zone.* "Adelaide Super Zone" (única), englobando três zonas: Mount Lofty Ranges, Barossa e Fleurie.
- *Zone.* Cada estado divide-se em zonas – por exemplo, Barossa. Algumas poucas podem estar situadas na divisa de dois estados, como Murray Darling.
- *Region.* Cada zona pode ser subdividida em regiões – por exemplo, "Eden Valley". Tem exigências idênticas às de sub-regiões, porém a um grau que seja mensurável, mas menos substancial.
- *Subregion.* Pequena parcela de terra com atributos de cultivo de uva homogêneo, em um grau substancial – por exemplo, "High Eden". As exigências mínimas são da colheita de 500 toneladas de uvas por ano, de cinco vinhedos e ocupando 5 hectares.

CLIMA

A Austrália, por ser uma ilha-continente, apresenta abundante diversidade de climas e microrregiões. Os fatores que mais influenciam o clima de determinada área são a altitude e a proximidade do mar.

A região de Adelaide Hills, uma das mais frias, é classificada no tipo Winkler-I, com 1.270 graus-dia. Já a de Upper Hunter, uma das mais quentes, situada longe da costa, é Winkler-IV, com 2.170 graus-dia. ⊙ VEJA DETALHES DA ESCALA DE WINKLER NA P. 123.

REGIÕES

A Austrália dispõe de dois polos produtores de vinho, muito distantes um do outro: o Sudeste (de longe o maior) e o Sudoeste.

O país tem grandes desertos interiores. A maioria dos seus vinhedos localiza-se em zonas de climas quentes e temperados. As regiões abrangidas pelo Murray Valley, que se espalham pelos estados de South Australia, Victoria e New South Wales, representam mais de 50% da produção total do país. São elas: Riverland, Murray Darling, Swan Hill, Riverina e Pericoota. Os vinhos são, na quase totalidade, simplesmente corretos.

Contudo, os melhores parreirais estão situados em zonas de clima temperado a frio, em altos vales ou sob a influência das brisas marítimas, à volta das metrópoles de Adelaide, Sydney, Melbourne e Perth.

\multicolumn{3}{	c	}{PRINCIPAIS ZONAS E REGIÕES AUSTRALIANAS DE QUALIDADE}
Estado	Zona	Região
South Australia	Barossa	Barossa Valley
		Eden Valley
	Mount Lofty Ranges	Clare Valley
		Adelaide Hills
	Fleurie	McLaren Vale
		Langhorne Creek
	Limestone Coast	Padthaway
		Coonawarra
New South Wales	Hunter Valley	Hunter
	Central Ranges	Mudgee
		Orange
Victoria	Port Phillip	Yarra Valley
		Mornington Peninsula
		Geelong
Western Australia	South Western Australia	Margaret River
		Great Southern
Tasmania		Tasmania

SOUTH AUSTRALIA

Maior produtor de vinhos do país, com mais de 48,6% de participação em 2012. As uvas tintas são plenamente majoritárias, com 61,6%, e as brancas perfazem 38,4%.

Barossa Valley • Famosa região da zona de Barossa, dividida em 12 sub-regiões. Foi colonizada por alemães da Silésia a partir de 1842. É a região vinícola mais importante do país, mas não vitícola, sendo sede de muitas e grandes vinícolas, que processam uvas de diversas fontes. Usa uma viticultura tradicional, com poda em arbusto e sem irrigação.

Localiza-se no paralelo 34ºS, com clima típico mediterrânico, classificado como Winkler-III, com 1.710 graus-dia. Apesar do alto índice de insolação, tem fortes semelhanças com a francesa Bordeaux e a própria australiana Margaret River, sendo ideal para tintos encorpados e brancos robustos. A pluviosidade anual é de 520 mm.

Em 1996, as castas brancas prevaleciam nos vinhedos, com 51%, sendo as mais significativas a Riesling, a Sémillon e a Chardonnay. Hoje, quase todo o vinho de Riesling produzido pelas vinícolas locais provém de frutos colhidos fora do vale, usualmente de Eden Valley. Alguns brancos de Sémillon merecem respeito, notadamente os de velhas vinhas. Dá bons vinhos de Chardonnay, mas nenhum grande.

As principais variedades negras são a Shiraz, a Cabernet Sauvignon, a Grenache e a Mourvèdre. A Shiraz é a tinta mais plantada, originando os melhores vinhos australianos dessa casta. São ricos em frutas escuras, com toques de chocolate, notas de tostado e às vezes eucalipto e menta. No palato são encorpados, redondos e aveludados, normalmente muito longevos. A Shiraz de Barossa Valley contribui com a maioria do mosto do lendário Penfolds Grange. A Cabernet Sauvignon da região é geralmente cortada com Cabernet de Eden Valley, McLaren Vale ou Coonawarra. Atualmente, as velhas vinhas de Grenache e Mourvèdre presentes na região estão quase tão valorizadas quanto as velhas vinhas de Shiraz.

Eden Valley • Região da zona de Barossa, com quatro sub-regiões, sendo uma oficializada, a de High Eden. É mais fria que a vizinha Barossa Valley, com quem divide raízes históricas. É classificada como Winkler-II, com 1.390 graus-dia.

Situa-se na latitude 34ºS, a uma altitude de 380 a 500 metros. Os vinhedos mais elevados favorecem as brancas. O nível de chuvas anuais é de 750 mm.

As majoritárias brancas ocupavam 60% da área em 1996. As principais eram Riesling, Chardonnay, Sémillon e Sauvignon Blanc. A Riesling, além de mais cultivada, faz a reputação da região, que briga com Clare Valley pela supremacia no país. Relativamente nova na região, a Chardonnay mostra potencial para elaborar brancos complexos.

As cepas escuras mais cultivadas são a Shiraz, a Cabernet Sauvignon e a Pinot Noir. A primeira dá tintos equilibrados e elegantes, dos quais sobressai o Henschke Hill of Grace Shiraz, um dos grandes vinhos do país. A Cabernet Sauvignon local também é uma das poucas que desafia o domínio de Coonawarra.

Clare Valley • Antiga região de grande beleza paisagística e com cativante arquitetura de época. A influência germânica é menos forte do que em Barossa, pela presença de colonos de outras procedências, tais como britânicos, austríacos e poloneses. Das sete sub-regiões existentes, a mais conhecida é Polish Hill.

O clima é moderadamente continental, com dias mornos a quentes e noites frias. Apesar de incluída no tipo Winkler-III, com 1.770 graus-dia, a situação dos melhores vinhedos, por causa das altas altitudes, é bem mais amena. O regime de chuvas é de 630 mm anuais. Localiza-se no paralelo 33ºS.

O orgulho de Clare Valley são as suas uvas brancas, que em 1996 eram 52% das plantações. As mais cultivadas são: Riesling, Chardonnay, Sémillon e Sauvignon Blanc. Da região saem sem dúvida os melhores Riesling do país, com destaque para os vinhos Grosset Polish Hill e Petaluma Hanlin Hill. Quando mais evoluídos, eles costumam apresentar aromas muito complexos, florais, cítricos, metálicos, com notas de frutas tropicais e tostado.

As tintas mais expressivas são: Cabernet Sauvignon, Shiraz, Grenache, Merlot, Pinot Noir e Mouryèdre. Tanto a primeira quanto a segunda dão ótimos vinhos na região, mais ainda a Shiraz, com Wendouree Shiraz e The Armagh.

Adelaide Hills • É uma das melhores e mais frias regiões australianas, cortada pelo paralelo 35ºS. Separou-se recentemente da vizinha Eden Valley. Duas de suas 12 sub-regiões já foram oficializadas: Lenswood e Piccadilly Valley.

Tem clima frio, com 1.270 graus-dia, caindo na faixa de Winkler-I. Com 1.120 mm de pluviosidade anual, é a região mais chuvosa do estado.

Produz excelentes brancos, que predominam, com 58% dos vinhedos. A casta mais cultivada é a Sémillon, com alguns ótimos exemplares. A Chardonnay dá vinhos elegantes, complexos e de ótima acidez. O Penfolds Yattarna Chardonnay, um dos grandes brancos australianos, utiliza na sua mescla 90% dessa uva. É uma das poucas regiões nas quais a Sauvignon Blanc dá alguns vinhos interessantes.

Curiosamente, em Adelaide Hills a cepa escura mais plantada é a Cabernet Franc, mais usada em cortes com a sua prima. Seguem-se a Pinot Noir, que vem mostrando potencial, a Cabernet Sauvignon, a Shiraz (o famoso vinhedo que produz o elegante Penfolds Magill Estate Shiraz é da região) e a Merlot.

McLaren Vale • Região histórica, ao sul de Adelaide, chamada antigamente de Southern Vales, situa-se na latitude 35ºS e divide-se em oito sub-regiões. O clima é mediterrânico, com 1.910 graus-dia (Winkler-III). Mesmo assim, apresenta grande gama de mesoclimas, devido à altitude, à exposição e à proximidade do mar (onde ficam os melhores sítios). A pluviosidade média anual é de 660 mm.

A região de McLaren Vale é mais favorável para tintos encorpados, sendo as uvas negras majoritárias, com 58%. A Shiraz, a mais plantada, é tão reputada quanto em Barossa Valley. Dá vinhos muito escuros, concentrados e com textura aveludada. Os expoentes locais são o grande Penfolds Grange Shiraz (com significativa porção de seus frutos) e o valorizado Balmoral Shiraz.

Em segundo lugar encontra-se a Cabernet Sauvignon, bastante usada para dar estrutura e cor a vinhos dessa cepa de outras regiões menos favoráveis. Graças às velhas vides de Grenache, seus tintos estão voltando à voga. Completam o quadro das mais cultivadas a Pinot Noir e a Merlot.

Entre as cepas brancas mais frequentes encontram-se a Chardonnay, a Sémillon, a Riesling e a Sauvignon Blanc. Essa última variedade, quando oriunda de sítios frios, tem dado brancos que estão entre os de maior sucesso do país.

Padthaway • Região no paralelo 36ºS, desenvolvida mais recentemente. O clima é mediterrânico do tipo Winkler-II, com 1.610 graus-dia, sendo bastante influenciado pela proximidade do mar. A pluviosidade é de 530 mm anuais.

As variedades brancas – vocação local – prevalecem, com 53%. A majoritária Chardonnay é sem dúvida a melhor uva regional. Depois dela, as mais encontradas são a Riesling e a Sémillon. As cepas escuras presentes são a Shiraz, a Cabernet Sauvignon, a Merlot e a Pinot Noir.

Coonawarra • Região pequena e plana, cujo imenso sucesso iniciou-se em 1951, com a implantação da Wynns. Situada no paralelo 37ºS, é uma das áreas vitícolas mais meridionais do estado de South Australia. O clima, do tipo Winkler-II, com 1.430 graus-dia, apresenta muitas similaridades com o de Bordeaux. Por esse motivo, a Cabernet Sauvignon é a rainha regional. As chuvas anuais montam a 650 mm.

Coonawarra tem a área de terra mais valorizada de toda a Austrália, pelo seu excelente e particular solo. Ele é conhecido como *terra rossa*, sendo uma camada de terra rica argilo-margosa, de coloração avermelhada a vermelho-amarronzada, sobre pedra calcária porosa, ideal para estocar água para uso posterior. A fixação dos limites definitivos foram alvo de rumorosos conflitos jurídicos.

Em 1996, as variedades negras eram as líderes, com 67% dos parreirais. A mais cultivada, a Cabernet Sauvignon, origina muitos dos grandes tintos australianos da variedade. Costumam ter *flavores* concentrados e luxuriantes de frutas pretas e vermelhas, aliados a alta maciez. O expoente máximo é o Penfolds Bin 707, cuja maioria das uvas provém dessa região.

A Shiraz foi inicialmente a cepa que deu a fama a Coonawarra, antes da chegada da Cabernet Sauvignon. Seguem-se a Pinot Noir e a Merlot. As cepas brancas mais usuais são Chardonnay, Riesling, Gewürztraminer e Sauvignon Blanc.

NEW SOUTH WALES

Primeiro estado a produzir vinho na Austrália, New South Wales foi em 2012 o segundo maior produtor do país, com 29,1%. O balanço entre uvas brancas e escuras é favorável às primeiras, com 62% do total.

Hunter Valley Zone • Zona tradicional e área vitícola mais setentrional entre as de primeira classe do país. Situada na latitude 32°S, é o grande nome do estado de New South Wales. As primeiras vinhas do país foram plantadas aí por James Busby, nos anos 1830. Essa famosa zona divide-se oficiosamente em duas regiões: Lower Hunter, com maior número de vinícolas, e Upper Hunter.

- **Lower Hunter.** Essa região possui a melhor estrutura do país para turismo vínico, por localizar-se próxima a Sydney. Divide-se em três sub-regiões, uma delas oficializada, a de Broke Fordwich. É conhecida pelos vinhos de Sémillon e Shiraz. Tem um dos climas mais quentes da Austrália, com 2.070 graus-dia,(Winkler-IV). Todavia, a presença de nuvens, chuvas e brisas marítimas ameniza o calor. Com 750 mm de pluviosidade anual, é também uma das mais úmidas do país. As uvas claras predominam, com 61%, destacando-se a Chardonnay, a Sémillon e a Verdelho. A Chardonnay iniciou aí o seu reinado na Austrália, em 1971, com o Tyrrell Vat 47. A Sémillon, apesar de ser a segunda mais disseminada, é vista como responsável pelo grande vinho da região. Os seus vinhos demandam no mínimo dez anos de garrafa para desvendar toda a sua grandeza. Das tintas, a Shiraz é a mais encontrada e também uma das duas grandes uvas regionais. Seguem em importância a Cabernet Sauvignon e a Pinot Noir.

- **Upper Hunter.** Região situada mais distante da costa do que Lower Hunter, é dividida em cinco sub-regiões. Apesar de mais alta do que essa última, o clima é mais quente (Winkler-IV, com 2.170 graus-dia), por ser ela menos chuvosa (620 mm) e não ter brisas marítimas ao entardecer.

  É praticamente uma região de cepas brancas, que compõem 96% dos vinhedos. As mais plantadas são: Chardonnay, Sémillon, Sauvignon Blanc, Gewürztraminer, Verdelho e Riesling. O seu Chardonnay, caraterizado pelo Rosemount Roxburgh, é colorido, com aroma tostado/amanteigado potente, encorpado e de rápido desenvolvimento.

  Os brancos de Sémillon são um pouco mais macios e também evoluem mais rapidamente que os de Lower Hunter.

Mudgee • Nova e promissora região situada nas encostas ocidentais das montanhas do Great Dividing Range, tem três sub-regiões. *Mudgee* significa "Ninho nas Colinas", na língua aborígine. As primeiras vinhas foram estabelecidas na região em 1858, por três famílias germânicas. O seu renascimento data dos anos 1960.

Situada no paralelo 32ºS, a região tem altitudes entre 450 e 600 metros. O clima é ligeiramente mais frio que o de Hunter Valley, com 2.050 graus-dia (Winkler-IV). As precipitações pluviométricas chegam a 670 mm anuais.

As uvas tintas, além de predominantes (56%), dão renome à região. Prevalecem: Shiraz, Cabernet Sauvignon, Merlot, Pinot Noir e Cabernet Franc. As duas primeiras são as de maior sucesso, principalmente a Cabernet Sauvignon, tendo como exemplo o Rosemount Mountain Blue Shiraz/Cabernet Sauvignon.

A Chardonnay é de longe a branca de melhor performance, produzindo constantemente vinhos bons e às vezes excelentes. Seguem-se a Sémillon, a Sauvignon Blanc, a Verdelho e a Riesling.

Orange • Nova região centrada nas encostas do monte Canabolas, um vulcão extinto. As primeiras vinhas foram plantadas nos anos 1980, e em 1996 cobriam apenas 300 hectares no total. Orange fica ao sul de Mudgee, na latitude 33ºS. Diferentemente desta, o clima é bem mais frio, com 1.309 graus-dia, sendo do tipo Winkler-I. Ela possui alguns dos mais altos vinhedos australianos, localizados a 800-900 metros. O nível de chuvas anuais é de 830 mm.

As cepas tintas são majoritárias, com 60%, entre as quais se encontram Shiraz, Cabernet Sauvignon, Pinot Noir, Merlot e Cabernet Franc. Por causa do clima mais temperado, o estilo dos vinhos é mais similar ao dos europeus.

A Chardonnay é de longe a mais importante uva regional. O Rosemount Orange Chardonnay é um contumaz ganhador de medalhas de ouro em concursos de vinhos. A outra com boa difusão é a Sauvignon Blanc.

VICTORIA

Era o maior estado produtor na década de 1890, quando os parreirais foram atacados pela filoxera. Contudo, os vinhedos do Nordeste do estado sobreviveram e especializaram-se em vinhos licorosos. A retomada da produção de vinhos de mesa só ocorreu nos anos 1970. Hoje, Victoria é o terceiro estado produtor de uvas mais significativo, com 17,6%, e reputado como o melhor elaborador de vinhos de Pinot Noir australianos. As cepas claras prevalecem, com 54,5% da produção.

Yarra Valley • Melhor região de Victoria e a primeira que foi desenvolvida, em 1838, é também uma das mais reputadas do país, principalmente por seu Pinot Noir. Possui dez sub-regiões, sendo Coldstream a mais famosa. Os suíços foram os líderes do desenvolvimento da região. A renascença regional deu-se nos anos 1960.

Está situada no paralelo 37ºS, aos pés do Great Dividing Range (Alpes Australianos), sendo de clima frio, com 1.490 graus-dia (Winkler-II). Nas regiões mais altas, com 400 metros, esse índice cai para 1.100 graus-dia. Com limitada influência marítima, é mais fria que Bordeaux, porém mais quente que a Bourgogne. A pluviosidade é de 910 mm anuais.

As tintas predominam, com 56%, sendo o Pinot Noir o vinho mais característico e excitante, tendo dado em Yarra Valley os melhores resultados de todo o país. A Cabernet Sauvignon também proporciona tintos elegantes e sedosos, sobressaindo o soberbo Mount Mary Quintets. A Merlot, terceira mais cultivada, é responsável por alguns dos melhores e mais elegantes australianos dessa casta. A Shiraz está novamente em ascensão.

Branca de maior êxito, a Chardonnay mostra um estilo sutil e classudo. As outras são Sauvignon Blanc, Riesling e Sémillon.

Mornington Peninsula • Nova região da zona de Port Phillip, a mesma de Yarra Valley. Está situada no paralelo 38ºS, próxima de Melbourne. O seu frio clima tem forte influência marítima, com 1.570 graus-dia, do tipo Winkler-II. As precipitações chuvosas são de 740 mm anuais.

Em 1996, a participação das cepas tintas e das brancas foi praticamente a mesma. Entre as escuras, sobressaem a Pinot Noir, a Cabernet Sauvignon, a Shiraz e a Merlot.

Das castas claras, destacam-se a Chardonnay, a Pinot Gris – cada vez mais importante na região, pelo desempenho positivo –, a Sauvignon Blanc e a Riesling.

Geelong • Outra das significativas regiões da zona de Port Phillip, localizada em volta de Melbourne, no paralelo 38ºS. Com quatro sub-regiões, foi uma das mais importantes regiões do estado, se não de toda a Austrália, nos anos 1870, antes do ataque da filoxera. Mais recentemente, em 1948, os suíços aí implantaram vinhedos.

Geelong, conhecida pelos seus Chardonnay e Pinot Noir, tem clima frio e ventoso, de forte influência marítima, com 1.470 graus-dia, do tipo Winkler-II. A pluviosidade média anual é de 540 mm.

O grosso das uvas são tintas: Cabernet Sauvignon, Shiraz, Pinot Noir, Merlot e Cabernet Franc. A Pinot Noir, apesar de ser apenas a terceira cepa mais plantada, dá os vinhos mais famosos da região, como o Bannockburn Pinot Noir.

Das brancas, a Chardonnay é a que apresenta melhor potencial. Em ordem de produção, seguem-se a Sauvignon Blanc, a Riesling e a Gewürztraminer.

WESTERN AUSTRALIA

A área vitícola desse estado fica isolada de todas as outras da Austrália, no extremo sudoeste da ilha. Em 2012, respondia por apenas 4,3% da produção total do país. A partição entre cepas brancas e tintas é favorável às primeiras, com 59,1%.

As primeiras plantações foram realizadas em 1829. Até o final dos anos 1960, a indústria restringia-se quase exclusivamente à região de Swan Valley. De lá para cá surgiu Margaret River, seguida de outras zonas. Nesse estado há grande presença de imigrantes iugoslavos.

Margaret River • É não só a maior, como também a melhor região do estado e uma das três grandes do país. Foi desenvolvida há pouco tempo, com os primeiros parreirais surgidos em meados da década de 1970.

Situa-se na latitude 33ºS, 240 quilômetros ao sul de Perth. Mais do que em qualquer outra região australiana, aí o clima é muito influenciado pelo oceano, com fortes ventos marítimos, e classificado de mediterrânico do tipo Winkler-III, com 1.690 graus-dia, apresentando similaridades térmicas com Pomerol/Saint-Emilion, em Bordeaux. Daí a alta qualidade dos seus Cabernet Sauvignon e Merlot. As precipitações chuvosas montam a 1.160 mm anuais.

Em 1996, as variedades brancas predominavam, com 59% dos vinhedos. As mais encontradas são: Chardonnay, Sémillon, Sauvignon Blanc, Riesling, Verdelho e Chenin Blanc. A vocação regional para a Chardonnay é muito elevada, com vários ótimos exemplares, entre os quais sobressai o Leeuwin Art Series Chardonnay, talvez o maior branco australiano.

Outra cepa clara que se adaptou muito bem nessas paragens foi a Sémillon, encontrada como varietal ou cortada com a Sauvignon Blanc. No segundo caso, é uma das especialidades regionais brancas, junto com a Chardonnay. Finalmente, a Verdelho é uma uva que merece atenção.

A Cabernet Sauvignon é a rainha das tintas locais, tendo originado os vinhos que deram reputação à região. O que mais impressiona neles é o extremo equilíbrio, maciez e elegância, não encontrados em nenhuma outra área da Austrália. O estupendo Moss Wood Cabernet Sauvignon é o melhor exemplo para comprovar esse fato.

A Shiraz, segunda mais plantada, também às vezes dá tintos espetaculares e macios, como o Vasse Felix Shiraz. A Merlot é cada vez mais usada em mesclas com a Cabernet Sauvignon, como no classudo Cullen Cabernet/Merlot.

Great Southern • Extensa região, englobando seis sub-regiões: Albany, Frankland River, Mount Barker, Porongurup, Denmark e Dembarker (esta, ainda não oficializada). Mount Barker é a sub-região mais famosa, com bons Riesling, Cabernet Sauvignon, Pinot Noir e Shiraz. Frankland River também está fazendo sucesso com Riesling e Sémillon/Sauvignon Blanc.

A região de Great Southern localiza-se entre as latitudes 33º50' e 35º02' Sul. O clima é do tipo Winkler-II, variando de fortemente marítimo a moderadamente continental. É tanto mais frio quanto mais ao norte e longe do oceano, indo de 1.320 até 1.620 graus-dia. Os níveis pluviométricos são de 750 mm anuais.

As cepas tintas perfazem 55% do total, sendo basicamente Cabernet Sauvignon, Shiraz, Pinot Noir e Merlot. A Cabernet Sauvignon também dá aí os melhores frutos. A Pinot Noir só era vista até recentemente nas sub-regiões sulinas de Denmark e Albany, mas alguns instigantes vinhos começam a aparecer também em Mount Barker.

A Chardonnay é a cepa clara mais plantada, mas a de maior projeção regional é a Riesling, cujos caldos quase se nivelam aos melhores dos vales Clare e Eden e, assim como estes, envelhecem soberbamente. Outras variedades verdes muito encontradas são a Sauvignon Blanc e a Chenin Blanc.

UVAS

Em 2012, estavam plantadas produtivamente na Austrália 148,5 mil ha de uvas.

TINTAS

Seguindo uma tendência internacional, o predomínio de variedades escuras sobre as claras está cada vez mais em voga, tendo passado de apenas 38%, em 1998, para 61,5%, em 2012, com 91,3 mil hectares.

De longe, a cepa escura mais plantada, com 46%, é a Shiraz (grafia local atual da Syrah, chamada antigamente de Hermitage). Essa casta *premium* foi trazida do Norte do Rhône em 1832 e tem sido a tinta responsável pela reputação de Barossa Valley, McLaren Vale e Hunter Valley. Mais recentemente, outras regiões, como Central Victoria (notadamente em Bendigo), Southern Victoria e Great Southern, vêm gerando ótimos produtos.

Os vinhos de Shiraz estão disponíveis em diversos estilos: o luxuriante, concentrado e denso de Barossa Valley e McLaren Vale; o macio e austero de Coonawarra e Clare Valley; o mineral e aveludado de Hunter Valley; finalmente, o condimentado e elegante – como os rodanianos – de Central e Southern Victoria.

A casta *premium* Cabernet Sauvignon é a segunda negra mais encontrada, com 28,3% das plantações. As melhores regiões são consideradas as de Coonawarra e Margaret River, seguidas de Clare Valley, Great Southern e Mudgee. Os seus vinhos apresentam-se em dois estilos: mais concentrados e ricos, em climas mornos; mais elegantes e austeros, em climas mais frios.

A terceira tinta mais cultivada é a Merlot, com 10,2%. Essa casta *premium* vem sendo cada vez mais plantada, principalmente para ser usada em cortes.

As outras castas negras significativas são:

Pinot Noir • Casta *premium*, ainda modestamente plantada, com 5,5%, mas já sendo a quarta mais cultivada. Seu real sucesso veio primeiro da área circundante a Melbourne: Yarra Valley (líder de qualidade), Geelong, Macedon, Mornington Peninsula e South Gippsland. Depois, outras regiões frias passaram a ter sucesso com ela: Adelaide Hills, Great Southern e Tasmânia. A maioria ainda é empregada em espumantes.

Grenache • Classificada como *non-premium*. Embora tenha apenas 2% de participação, ocupando o quinto lugar, seus vinhos estão ressurgindo desde os anos 1990, principalmente de velhas vinhas não irrigadas. Melhores regiões: McLaren Vale e Barossa Valley.

Petit Verdot • Apenas para mesclas (1,3%), sendo a sexta mais difundida.

Ruby Cabernet • É usada na proporção de 0,8% em cortes econômicos, tendo a sétima colocação.

Mataro (ou Mourvèdre) • Classificada como *non-premium* (0,79%), estando em oitavo. Melhor região: South Australia. Corta muito bem com Grenache e Shiraz, como no Sul do Rhône.

Tempranillo • Nobre cepa a cada ano mais plantada, já sendo a nona, com 0,78%.

Outras cepas escuras: Cabernet Franc, Sangiovese, Malbec (*premium*), Barbera etc.

BRANCAS

Foram cultivados produtivamente 57,2 mil ha de cepas claras em 2012, representando 38,5% da área total dos vinhedos.

A líder das castas claras é a *premium* Chardonnay, com 44,6% das plantações de brancas. Passou a ser cultivada nos anos 1970. Melhores regiões: Adelaide Hills, Margaret River, Padthaway, Hunter Valley e Yarra Valley. Apresenta dois estilos de vinho: mais complexos e encorpados, em climas mornos; mais elegantes, frescos e equilibrados, em climas frios.

A casta *premium* Sémillon (chamada antigamente de Hunter Riesling), com 9,9%, era a segunda verde mais encontrada, tendo sido ultrapassada pela Sauvignon Blanc. Produz em Hunter Valley um branco fora de série, sem similar senão em Bordeaux, mas também se destaca em Margaret River. Ela e a Shiraz são as reais especialidades *Aussie*, ou australianas. A versão não barricada demora mais para atingir o cimo, ao passo que a barricada pode ser bebida mais jovem. Nessas paragens, a Sémillon, assim como nos grandes Graves, amadurece soberbamente. Após dez anos o vinho evolui de herbáceo, austero e mineral para uma profunda complexidade de mel e tostado. Aí ela também é frequentemente cortada com a Sauvignon Blanc.

A segunda branca mais cultivada é a casta *premium* Sauvignon Blanc, com 12,1% do total. Melhores regiões: Adelaide Hills, Padthaway, Coonawarra, Terras Alpinas de New South Wales, Margaret River e Great Southern. Ideal em regiões de clima mais ameno, é fermentada em aço inoxidável ou com apenas um levíssimo toque de carvalho.

A quarta colocada, com 6,8%, é a casta *premium* Riesling. Melhores regiões: Clare Valley (talvez a melhor de todas), Eden Valley e Great Southern. Os seus vinhos são geralmente elaborados no estilo de aromas cítricos e de maracujá, sabor extrasseco e ácido, quando novo, mas evoluindo para um caráter florido, tostado e com o tradicional *flavor* de petróleo.

As outras cepas claras encontradas são:

Colombard • Com 3,5%, é a sétima clara em área cultivada. Na Austrália, ela é considerada uma casta *premium*, pois tem a vantagem de reter alta acidez em zonas quentes, originando vinhos frutados, refrescantes e de corpo oleoso.

Muscat Gordo Blanco (ou Muscat of Alexandria) • Classificada como casta *multipurpose*, em declínio de cultivo (4,2%) e o sexto posto.

Pinot Gris • Casta *premium*, em ascensão, já sendo a oitava mais cultivada com 6,6%.

Verdelho • Casta *premium* de origem lusitana, com 2,3% da área, sendo a oitava. As suas mais extensas plantações situam-se no estado de Western Australia.

Viognier • Cepa premium em expansão, já sendo a nona mais encontrada, com 2,1%.

Outras claras menos plantadas são: Doradillo (*non-premium*); Gewürztraminer (*premium*); Chenin Blanc (*premium*); Trebbiano (*non-premium*); Crouchen – ou Clare Riesling (*premium*); Marsanne; Muscat à Petits Grains (*non-premium*), que dá o famoso Muscat fortificado do Nordeste de Victoria; Muscadelle (*premium*), responsável pelos também conhecidos Tokay fortificados do Nordeste de Victoria etc.

VINHOS

A tendência atual na Austrália é de usar carvalho francês para Chardonnay, Pinot Noir e Cabernet Sauvignon e carvalho-americano para Shiraz (diferente do Rhône, que usa o francês) e tintos baratos.

Pela legislação australiana, o vinho, para ser varietal, precisa ter um mínimo de 85% da variedade. Uma das particularidades do país é também dispor de vinhos multivarietais (bi e tri), nos quais as cepas devem ser assinaladas em ordem decrescente de importância.

Outra singularidade dos *Aussie* é a elaboração de vinhos multirregionais – diferentemente dos europeus –, a fim de padronizar anualmente a qualidade. As regiões devem ser declaradas em ordem decrescente de participação, com no máximo três regiões (acima de 95%). Os vinhos que declararem apenas uma região devem ter no mínimo 85% de uvas provenientes dela. Para ser safrados, devem ter no mínimo 85% de uvas colhidas no ano indicado. Algumas regiões mais secas podem valer-se da irrigação.

A Austrália dispõe de duas mesclas típicas de uvas: Shiraz x Cabernet Sauvignon, gerando alguns ótimos tintos, e Sémillon x Chardonnay, invariavelmente dando brancos econômicos, sem maiores distinções.

Inúmeros vinhos australianos são rotulados com números de determinado *bin*, como, por exemplo, Penfolds Bin 389. Essa prática refere-se ao sistema de estocagem com garrafas empilhadas, chamado localmente de *binning*.

Alguns dos espumantes do país são também surpreendentemente bons.

Em 2013, o país tinha um total de 2.573 vinícolas. Todavia, apenas sete grupos dominam mais de 90% da produção de vinho: Southcorp (dona da Penfolds, Rosemount, Lindemans, Wynns, Coldstream Hills, Devil's Lair e outras) – a líder, com quase 30% –, Orlando-Wyndham, BRL-Hardy, Mildara-Blass, Yalumba, McWilliams e Brown Bros.

Os vinhos australianos possuem uma característica particular entre os vinhos do Novo Mundo: são muito concentrados e plenos de sabores. São bem indicados para acompanhar a rica comida aborígine, que inclui pratos com canguru, emu (primo do avestruz), crocodilo e outros tão exóticos quanto esses.

BRANCOS

Os grandes brancos secos australianos empregam basicamente as cepas Chardonnay e Riesling, se bem que alguns Sémillon aproximam-se deles.

Chardonnay • Os poucos superbrancos australianos são gerados com a Chardonnay. A rivalidade regional para produzir os melhores vinhos dessa casta é ferrenha entre Adelaide Hills (Yattarna e Tiers) e Margaret River (Leeuwin Art Series).

●●●● GRANDES DESTAQUES
Leeuwin (Art Series), Penfolds (Yattarna) e Giaconda (Chardonnay).

●●● DESTAQUES
Petaluma (Tiers), Piero (Chardonnay), Mount Marry (Chardonnay), Tyrrell's (Vat 47), Devil's Lair (Chardonnay), Bannockburn (SRH) e Rosemount (Roxburgh).

● OUTROS RECOMENDADOS
Petaluma (Picadilly Valley), Bannockburn (Chardonnay), Hardys (Eileen Hardy), Howard Park (Chardonnay), Pipers Brook (Chardonnay), Coldstream Hills (Reserve), Rosemount (Show Reserve e Orange), Cape Mentelle (Chardonnay), Cullen (Chardonnay), Lake's Folly (Yellow Label), Mountadam (Chardonnay), Voyager (Chardonay) e Wynns (Riddoch).

Os vinhos que obtiveram as minhas mais altas notas foram: Penfolds Yattarna Chardonnay 96, Rosemount Roxburgh Chardonnay 86, Coldstream Hills Reserve Chardonnay 97 e Rosemount Show Reserve Chardonnay 96.

Sémillon • A região de Hunter Valley é a grande especialista nesse varietal, que infelizmente não tem maior projeção em outros vinhedos do mundo, por demandar mais de uma década para descortinar toda a sua grandeza.

●●● DESTAQUES
Tyrrell's (Vat 1), McWilliams (Mount Plesant Lovedale).

●● RECOMENDADOS
McWilliams (Mount Plesant Elizabeth), Rothbury (Brokenback), Penfolds (Adelaide Hills), Rosemount (Show Reserve), Brookenwood (Sémillon), Moss Wood (Sémillon) e Sandalford (Sémillon).

Saíram-se bem na minha avaliação: McWilliams Mount Plesant Elizabeth Sémillon 86, Penfods Adelaide Hills Sémillon 96, Brookenwood ILR Reserve Sémillon 03, Tyrell Stevens Reserve Sémillon 01 e Sandalford Sémillon 00.

Riesling • Indiscutivelmente, a região de Clare Valley, colonizada por alemães, continua a rainha na elaboração dos melhores vinhos de Riesling do país, como se pode atestar com os exemplares da Grosset e da Petaluma.

● ● ● ● GRANDE DESTAQUE
Grosset (Polish Hill).

● ● ● DESTAQUE
Grosset (Watervale), Petaluma (Hanlins Hill) e Crawford River (Riesling).

● OUTROS RECOMENDADOS
Petaluma (Riesling), Pipers Brook (Riesling), Henschke (Lenwood's Green Hill), Penfolds (Eden Valley), Mitchell (Riesling), Howard Park (Riesling), St. Hallet (Riesling), Leo Buring (Riesling), Leasingham (Bin 7) e Taylors (St. Andrews).

Achei ótimos, muito típicos, complexos e com acidez equilibrada o Grosset Polish Hill Riesling 08, o Petaluma Hanlins Hill Riesling 05, o Penfolds Eden Valley Reserve Riesling 99, o Henschke Julius Riesling 04, o Peter Lehmann Riesling 05 e o Taylors St. Andrews Riesling 96.

Outros brancos secos • O corte entre Chardonnay e Sémillon é típico do país, sendo, entretanto, mais empregado para vinhos econômicos. Os brancos de escol preferem a mescla bordalesa tradicional de Sémillon e Sauvignon Blanc. Além desses, cabe experimentar alguns dos vinhos de Sauvignon Blanc, Viognier, Marsanne e Verdelho.

● ● RECOMENDADOS
Grosset (Sémillon/Sauvignon Blanc), Cape Mentelle (Sémillon/Sauvignon Blanc), Shaw & Smith (Sauvignon Blanc), Geoff Weaver (Lenswood Sauvignon Blanc), Knappstein (Lenswood Sauvignon Blanc), Ralph Fowler (Sauvignon Blanc), Yalumba (Viognier), Tahbilk (Marsanne), Houghton (Verdelho) e Sandalford (Verdelho).

Desses, os que mais me impressionaram foram Grosset Sémillon/Sauvinon Blanc 08, Cape Mentelle Sémillon/Sauvignon 99, Sandalford Verdelho 01, Capel Vale Verdelho 03 e Yalumba The "Y" Series Viognier 02.

Brancos de sobremesa • O vinho branco botritizado australiano mais famoso é o Noble One Botrytis Sémillon, da empresa De Bortoli. O da colheita 2000, por mim provado, mostrou-se de alto nível internacional.

Espumantes • Gostei bastante do Jansz Premium Cuvée Sparkling, da Tasmania.

TINTOS

Sobressaem os produzidos com a Shiraz e a Cabernet Sauvignon, sejam isoladas, sejam mescladas com outras variedades.

Shiraz • Todos os tintos de Shiraz citados a seguir como grandes destaques são do estado de South Australia. As regiões mais expressivas nessa casta são: Barossa Valley (Grange), McLaren Vale (Balmoral), Clare Valley (Wendouree e The Armagh) e Eden Valley (Hill of Grace).

●●●● GRANDES DESTAQUES

Penfolds (Grange), Henschke (Hill of Grace), Wendouree (Shiraz), Rosemount (Balmoral) e Rockford (Basket Press).

●●● DESTAQUES

Penfolds (RWT, St. Henri e Magill Estate), Henschke (Mount Edelstone), Jim Barry (The Armagh), Brokenwood (Graveyard Vineyard), Dalwhinnie (Eagle e Shiraz), Jasper Hill (Georgias's Paddock), Rockford (Flaxman Valley, Hoffman e Moorooroo), Clarendon Hills (Astralis), Tahbilk (1860 Vines), Barossa Valley Estates (E&E Black Pepper), Grant Burge (Meshach), Hardys (Eileen Hardy), Best's (Thomson Family), Kay Bros Amery (Block 06 Old Vine), Chris Ringland (Shiraz) e Yalumba (Octavius).

● OUTROS RECOMENDADOS

Penfolds (Bin 28 Kalimna e Bin 128), Rosemount (Show Reserve), Wynns (Michael), Jim Barry (McCrae Wood), Coriole (Lloyd Reserve), Craiglee (Shiraz), Elderton (Command), Bowen (Shiraz), Cape Mentelle (Shiraz), Chapel Hill (McLaren Vale), McWilliam's (Mount Pleasant Old Paddock and Old Hill), Orlando (Lawson's), Seppelt (St. Peters), Tahbilk (Reserve "1933" Vines) Tyrrell's (Vat 9), Best's (Bin 0), Vasse Felix (Shiraz), Giaconda (Warner), Yarra Yering (Dry Red n.2), Brand's (Stentiford's Reserve), Clarendon Hills (Liandra), D'Arenberg (The Dead Arm),

Fox Creek (Reserve), Greenock Creek (Roennfeldt Road, Seven Acre Block, Creek Block e Apricot Block), Katnook (Prodigy), Leasingham (Classic Clare), Peter Lehmann (Stonewell e Eight Songs), Mitchell (Peppertree), Lindemans (Padthaway), Sandalford (Shiraz), Mitchelton (Print Label), Mount Langi Ghiran (Shiraz), Torbreck (Run Rig), Plantagenet (Shiraz), Tim Adams (The Aberfeldy), Veritas (Hanisch), Noon (Shiraz), St. Hallett (Old Block) e Woody Nook (Shiraz).

Para mim, os vinhos mais bem pontuados foram: Penfolds Grange Shiraz 90 – o que mais me impressionou de todos os vinhos australianos que bebi até hoje –, Henschke Hill of Grace Shiraz 88, Balmoral Syrah 95, Jim Barry The Armagh Shiraz 96, Vasse Felix Shiraz 97, Penfolds RWT Shiraz 98, Yalumba Octavius Shiraz 97, Penfolds St. Henri Shiraz 90, Penfolds Magill Estate Shiraz 88, Giaconda Warner Shiraz 04, Jim Barry McRae Wood Shiraz 94, John Duval Entity Shiraz 06, Cape Mentelle Shiraz 96, Elderton Command Shiraz 94, Wynns Michael Shiraz 96, Lindemans Padthaway Shiraz 96, Penfolds Bin 128 Coonawarra Shiraz 96, Penfolds Bin 28 Kalimna Shiraz 97, Rosemount Show Reserve Shiraz 90, Two Hands Lily's Garden Shiraz 05, Petaluma Shiraz 02, Terlato & Chapoutier Shiraz Malakoff 06, Wira Wira Shiraz 01, Sandalford Shiraz 99, Woody Nook Shiraz 99 e St. Hallett Old Block Shiraz 91.

Cabernet Sauvignon • Na Austrália, diferentemente da maioria dos países do Novo Mundo, a nobre Cabernet Sauvignon divide com a Shiraz a primazia na elaboração dos melhores tintos do país. Duas regiões, muito distantes uma da outra, podem jactar-se como as melhores nessa variedade: Coonawarra e Margaret River. Na primeira desponta o reputado Bin 707, cuja maioria dos frutos provém dela. Já o Moss Wood Cabernet Sauvignon é a expressão máxima da segunda região.

●●●● GRANDES DESTAQUES

Penfolds (Bin 707), Moss Wood (Cabernet Sauvignon) e Mount Mary (Quintets Cabernets).

●●● DESTAQUES

Cape Mentelle (Cabernet Sauvignon), Henschke (Cyril Henschke), Yarra Yerring (Dry Red nº 1 Cabernet), Wendouree (Cabernet Sauvignon), Wynns (John Riddoch), Devil's Lair (Cabernet Sauvignon), Yeringberg (Cabernets), Lindemans (Pyrus Cabernets), Jim Barry (Cabernet Sauvignon), Katnook Estate (Odyssey), Parker Estate (First Growth Cabernets) e Vasse Felix (Heytesbury).

● OUTROS RECOMENDADOS

Penfolds (Bin 407), Rosemount (Show Reserve), Wynns (Black Label), Dalwhinnie (Cabernet Sauvignon), Lake Folly (White Label Cabernets), Petaluma (Cabernet Sauvignon), Bowen (Cabernet Sauvignon), Katnook Estate (Cabernet Sauvignon), Leeuwin (Art Series), Leconfield (Cabernet Sauvignon), Lindemans (St. George), Orlando (St. Hugo), Plantagenet (Cabernet Sauvignon), Seppelt (Dorrien), Taltarni (Cabernet Sauvignon), Vasse Felix (Cabernet Sauvignon), Xanadu (Reserve), Balnaves (Reserve e Cabernet Sauvignon), Capel Hill (Cabernet Sauvignon), Hollicks (Ravenswood), Leasingham (Classic Clare), Penley (Cabernet Sauvignon), Peppertree (Reserve), Piero (Cabernets), Sandalford (Cabernet Sauvignon), Torbreck (The Factor), Yering Station (Reserve) Howard Park (Cabernet), Greenock Creek (Roennfeldt Road), Domaine A (Cabernet Sauvingnon) e Zema (Family Selection).

Gostei mais dos seguintes vinhos: Penfolds Bin 707 Cabernet Sauvignon 86, Cape Mentelle Cabernet Sauvignon 90, Yarra Yerring Dry Red nº 1 Cabernet 93, Wynns John Riddoch Cabernet Sauvignon 94, Penfolds Bin 407 Cabernet Sauvignon 96, Vasse Felix Heytesbury 99, Vasse Felix Cabernet Sauvignon 01, Lindemans Pyrus Cabernets 93, Lake's Folly Cabernet Sauvignon 93, Jim Barry Cabernet Sauvignon 99, Rosemount Show Reserve Cabernet Sauvignon 90, Devil's Lair Red 02, Sandalford Cabernet Sauvignon 99 e Xanadu Cabernet Sauvignon 99.

Mesclas de Shiraz • O corte de Shiraz (Sh) e Cabernet Sauvignon é tipicamente australiano, dando de excelentes tintos a outros mais modestos, porém de boa relação qualidade-preço. A Shiraz tem também muita afinidade com a Grenache e a Mourvèdre, dando uma mescla com acento muito parecido com o dos vinhos do Sul do Rhône.

● ● ● DESTAQUES

Penfolds (Bin 389 Cabernet Sauvignon/Sh), Rosemount (Mountain Blue (Sh/Cabernet Sauvignon), Wendouree (Sh/Malbec), Jasper Hill (Emily's Paddock Sh/Cabernet Franc) e Clonakilla (Sh/Viognier).

● OUTROS RECOMENDADOS

Penfolds (Bin 138 Old Vines Sh/Grenache/Mourvèdre e Koonunga Hill Sh/Cabernet Sauvignon – ótimo valor), Rosemount (GSM Grenache/Sh/Mourvèdre), Lindemans (Limestone Ridge Sh/Cabernet Sauvignon), Wendouree (Shiraz/Mataro), Charles

Melton (Nine Popes Sh/Grenache/Mourvèdre), Virgin Hills (Sh/Cabernet Sauvignon), D'Arenberg (Grenache/Sh/Mourvèdre), Torbreck (Descendant Sh/Viognier e The Steading Grenache/Mourvèdre/Shiraz), Majella (Cabernet) e Wolf Blass (Black Label Cabernet Sauvignon/Sh).

Os vinhos que se saíram melhor em degustações de que participei foram: Penfolds Bin 389 Cabernet Sauvignon/Shiraz 90, Rosemount Mountain Blue Shiraz/Cabernet Sauvignon 98, Henschke Keyneton Shiraz/Cabernet Sauvignon/Merlot 00, John Duval Eligo Shiraz/Cabernet Sauvignon 05, John Duval Plexus Shiraz/Grenache/Mourvèdre 06, Lindemans Limestone Ridge Shiraz/Cabernet Sauvignon 86, Penfolds Bin 138 Old Vines Shiraz/Grenache/Mourvèdre 97, Rosemount GSM Grenache/Shiraz/Mourvèdre 98, Terlato & Chapoutier Shiraz/Viognier 06, Ben Glaetzer Ana Perenna Shiraz/Cabernet Sauvignon 06 e Wolf Blass Black Label Cabernet Sauvignon/Shiraz 91.

Mesclas de Cabernet Sauvignon • O surgimento de tintos com corte bordalês, em que predomina a Cabernet Sauvignon (CS) complementada com Merlot, Cabernet Franc, Malbec ou Petit Verdot, explica-se pela tendência de produzir vinhos cada vez mais equilibrados e complexos.

● ● ● GRANDE DESTAQUE

Cullen (CS/Merlot).

● ● ● DESTAQUES

Henschke (Abbott's Prayer Merlot/CS), Wendouree (CS/Malbec) e Majella (The Malleea Cabernet/Shiraz).

● OUTROS RECOMENDADOS

Coldstream Hills (Briarston CS/Merlot/Cabernet Franc), Grosset (Gaia CS/Cabernet Franc/Merlot), Petaluma (Cabernet/Merlot), Cape Mentelle (Cabernet Sauvignon/Merlot), Yerinberg (Cabernet Blend), Yarra Yarra (Cabernet Blend), Howard Park (CS/Merlot), Primo (Joseph CS/Merlot), Redbank (Sally's Paddock Dry Red), Rosemount (Traditional CS/Merlot/Petit Verdot), Wolf Blass (Black Label Dry Red), Virgin Hills (Dry Red), Houghton (Jack Mann (CS/Malbec/Shiraz) e Mildara (Jamiesons Run Red).

Nesse departamento, me agradaram bastante os vinhos: Curil Henschke Cabernet Sauvignon/Merlot/Cabernet Franc 98, Cape Mentelle Cabernet Sauvignon/Merlot 99, Petaluma Cabernet Sauvignon/Merlot 01, Coldstream Hills Briarston Cabernet Sauvignon/Merlot/Cabernet Franc 96, Rosemount Traditional Cabernet Sauvignon/Merlot/Petit Verdot 94 e Mildara Jamiesons Run Red Cabernet Sauvignon/Shiraz/Cabernet Franc/Merlot 94.

Pinot Noir • Apesar de a sempre muito caprichosa Pinot Noir dificilmente adaptar-se fora do seu *habitat* borgonhês original, algumas frias áreas do estado de Victoria têm dado muitas esperanças de sucesso, principalmente a região de Yarra Valley, onde sobressaem o Mount Mary e o Coldstream Hills Reserve.

● ● ● GRANDE DESTAQUE

Bass Phillip (Reserve).

● ● ● DESTAQUES

Mount Mary (Pinot Noir), Coldstream Hills (Reserve), Bannockburn (Serre Pinot Noir), Bass Phillip (Premium), Bindi (Original Vineyard) e Giaconda (Pinot Noir).

● OUTROS RECOMENDADOS

Coldstream Hills (Pinot Noir), Bass Phillip (Pinot Noir), Bannockburn (Pinot Noir) Yarra Yerring (Pinot Noir), Bindi (Block 5), Diamond Valley (Close Planted), Freycinet (Pinot Noir), Pipers Brook (The Lyre), Stoniers (Reserve) e Yering Station (Reserve).

Me agradaram bastante o Coldstream Hills Pinot Noir 96 e o Grosset Pinot Noir 07.

Outras castas tintas

● ● ● DESTAQUES

Wendouree (Mataro), Coldstream Hills (Reserve Merlot) e Rosemount (Rose Label Merlot).

● OUTROS RECOMENDADOS

Coldstream Hills (Merlot) e Peppertree (Reserve Merlot).

Os meus prediletos foram o Coldstream Hills Reserve Merlot 97, o Coldstream Hills Merlot 97 e o Peppertree Reserve Merlot 98.

NOVA ZELÂNDIA

- **PRODUÇÃO:** 310 milhões de litros (2016) ▲ 14ª do mundo
- **ÁREA DE VINHEDOS:** 37 mil hectares (2016) ▲ 32ª do mundo
- **CONSUMO PER CAPITA:** 2,1 litros/ano (2016) ▲ 53ª do mundo
- **LATITUDES:** 35ºS (Northland) • 45ºS (Central Otago)

Em 1819, o missionário anglicano Samuel Marsden plantou as primeiras vinhas no país, na região de Northland. O primeiro empreendimento vitivinícola comercial do país só se iniciaria mais de 40 anos depois, em 1863, com a Charles Levet & Son, na mesma região.

Na década de 1960 teve início a gradual substituição das variedades híbridas por castas europeias, possibilitando à Nova Zelândia firmar-se como produtor de vinhos finos. Embora ocupe apenas o 14º lugar na produção mundial, seus vinhos apresentam uma qualidade muito acima dessa modesta posição – são caldos muito distintos e deliciosos, que vêm sendo alvo de apreço cada vez maior no mercado internacional. Em 2016, 68% da produção total de vinhos foi exportada.

Apesar de ser um dos países do Novo Mundo, tem uma série de particularidades. De todos, é aquele cuja maioria das regiões é de clima frio. É também o único que mais planta a Pinot Noir e a Sauvignon Blanc, saindo do binômio mundial Cabernet Sauvignon/Chardonnay.

Até o momento a Nova Zelândia não dispõe de legislação referente a denominações de origem.

REGIÕES

O país, de clima temperado frio, é formado basicamente por duas grandes e estreitas ilhas: a Ilha Norte (North Island) e a Ilha Sul (South Island). Com fortes influências oceânicas, os vinhedos situam-se quase todos na costa oriental dessas duas ilhas, no Pacífico, para protegê-los dos ventos ocidentais (*westerlies*) vindos do mar da Tasmânia. As vinhas são aquecidas pela clara luz solar do dia e resfriadas à noite pelas brisas marítimas. A exceção é a região de Central Otago, cujo clima é continental, de verões quentes e invernos bem frios. A Ilha Sul apresenta, de forma geral, um clima mais frio do que o da Ilha Norte. A Nova Zelândia possui os vinhedos mais meridionais do mundo.

As duas maiores regiões são Marlborough e Hawkes Bay, que em 2014 abrangiam 78% da superfície vitícola total do país.

NORTHLAND

Região mais setentrional do país, localizada no paralelo 35ºS, no extremo norte da Ilha Norte, é a menor de todas as dez regiões vinícolas neozelandesas. Os vinhedos estão disseminados pelos três distritos que formam a região Northland: Far North, Kaitaia e Whangarei. A primeira parreira da Nova Zelândia foi plantada aí, em 1819. Apenas recentemente houve novo surto de interesse pelo vinho na região.

PRINCIPAIS REGIÕES E SUB-REGIÕES NEOZELANDESAS		
Ilha	Região	Sub-região
North Island	Northland	Far North
		Kaitaia
		Whangarei
	Auckland	Matakana
		Great Barrier Island
		Huapai/Kumeu
		Henderson
		Waiheke Island
		Clevedon
	Waikato & Bay of Plenty	
	Gisborne	
	Hawkes Bay	
	Wellington (ou Wairarapa)	Martinborough
		Te Horo
South Island	Marlborough	Wairau Valley
		Awatere Valley
	Nelson	Waimea Plains
		Moutere Hills
	Canterbury	Waipara
		Christchurch
	Central Otago	

O clima é marítimo, um dos mais quentes e úmidos do país, principalmente na sua costa oeste. A branca mais plantada é a Chardonnay – a líder regional. Entretanto, as cepas escuras são mais cultivadas, sobressaindo Syrah (segunda), Merlot (terceira), Pinotage (quarta), Pinot Gris (quinta) e Pinot Noir (sexta).

AUCKLAND

É a oitava região mais plantada, com 348 hectares. Todavia, em 2014, abrigava o terceiro maior número de vinícolas (114) neozelandesas, que totalizavam 699, só perdendo de Marlborough (151) e Central Otago (132). As zonas vinícolas ficam em torno da cidade de Auckland, a mais povoada do país, localizada na região administrativa de Auckland, no norte da Ilha Norte. O clima é dos mais quentes e sem dúvida o mais úmido da Nova Zelândia.

Auckland compõe-se de diversas sub-regiões, algumas das quais situadas em ilhas menores. A mais setentrional é a sub-região de Matakana, na costa leste, que tem presenciado rápida expansão, tanto em tintos quanto em brancos, mas cuja reputação é calcada na Cabernet Sauvignon e em mesclas bordalesas.

Outra das sub-regiões do norte é a localizada na Great Barrier Island, de tamanho assaz modesto.

Imediatamente ao noroeste do centro da cidade de Auckland ficam as duas sub-regiões vinícolas mais tradicionais, desenvolvidas em grande parte por imigrantes iugoslavos. A primeira é a de Huapai/Kumeu, que vai desde a ocidental Waimauku, passando por Huapai e Kumeu no centro, até a oriental Hobsonville. O Chardonnay dessa zona é um dos grandes da Nova Zelândia.

A outra sub-região é a de Henderson, ainda mais antiga. As variedades mais populares aí são a Cabernet Sauvignon, a Merlot e a Chardonnay, embora a Sauvignon Blanc, a Sémillon e outras brancas também sejam plantadas.

A sub-região de Waiheke Island foi estabelecida nos anos 1980, produzindo desde então tintos de alta qualidade baseados em Cabernet Sauvignon, Merlot e Cabernet Franc. A sua vantagem é ser uma das sub-regiões menos úmidas.

A mais recente sub-região de qualidade é a de Clevedon, situada ao sul da cidade de Auckland, no polo formado pelas vilas de Mangere, Clevedon e Karaka.

Em 2014, as cepas rubras eram majoritárias em toda Auckland, sendo as mais cultivadas entre tintas e claras: Shiraz (segunda), Merlot (terceira), Cabernet Sauvignon (quarta), Cabernet Franc (sexta), Malbec (oitava) e Pinot Noir (nona).

As principais brancas são: Chardonnay (a mais plantada), Pinot Gris (quinta), Sauvignon Blanc (sétima) e Viognier (décima).

As melhores vinícolas instaladas em Auckland são: Kumeu River, Goldwater (em Waiheke Island), Stonyridge (em Waiheke Island) e Villa Maria, seguidas por Babich, Matua Valley (pertence à australiana Beringer-Blass), Coopers Creek e Montana.

WAIKATO & BAY OF PLENTY

Pequena região vinícola instalada a cavalo entre as regiões Waikato e a Bay of Plenty, na Ilha Norte. É a menos plantada, com apenas 25 hectares, em 2014. Os vinhedos ficam espalhados por essa extensa zona, que ocupa terras nas duas regiões administrativas.

O clima é moderadamente morno pelos padrões neozelandeses. As castas claras são as mais empregadas, prevalecendo a Chardonnay, a mais plantada. Outras cepas são Pinot Noir (segunda), Syrah (terceira), Cabernet Franc (quarta), Pinot Gris (quinta) e Merlot (sexta).

Morton Estate, Mills Reef e Thornbury destacam-se das outras adegas locais, apesar de usarem basicamente uvas de outras regiões mais favorecidas.

GISBORNE

A sua história moderna começou logo após a Segunda Guerra Mundial, quando o colono alemão Frederick Wohnsiedler implantou vinhedo e vinícola no local. Localizada no distrito de Gisborne, no extremo nordeste da Ilha Norte, é a região mais oriental de todas, a mais próxima da linha internacional de mudança de data. A maioria dos vinhedos situa-se na planície costeira, em solos férteis, entre as cidades de Gisborne e Ormond, favorecendo rendimentos mais elevados. A maior parte da produção é de vinhos brancos de consumo diário.

Gisborne tem o quarto maior acervo de uvas do país, com 5,4% da superfície total. A quantidade de vinícolas é pequena, apenas 19, ou seja, 2,7% do total, sendo grande parte dos frutos transportada para adegas fora da região, principalmente em Auckland.

O clima é marítimo, ligeiramente mais frio e bem mais úmido do que o de Hawkes Bay. A pluviosidade média anual é alta, de 1.030 mm.

Gisborne se autointitula a "Capital da Chardonnay na Nova Zelândia", por ser a maior produtora dessa cepa, com 48,9% do total regional. Dá brancos macios e frutados, de ótimo padrão, quando os rendimentos são modestos. Seguem-na: Pinot Gris (segunda), Gewürztraminer (terceira) – com alguns bons vinhos –, Viognier (quinta), Sauvignon Blanc (sexta), Muscat (quinta), Sauvignon Blanc (sétima) e Sémillion (décima).

As castas escuras ocupam uma superfície bem modesta, sendo que as mais freqüentes são a Merlot (quarta), Pinot Noir (sétima) e Pinotage (nona).

A Millton Vineyard é a vinícola local mais laureada.

HAWKES BAY

É a segunda região que mais produz uvas na Nova Zelândia, depois de Marlborough, com 4.774 hectares, respondendo por 13,5% do total. A zona de vinhedos espalha-se em volta de Napier, a cidade mais importante da Hawkes Bay Region, na parte centro-leste da Ilha Norte. As primeiras parreiras foram plantadas nessa zona histórica em 1851.

O clima é frio e marítimo, com vários microclimas, oferecendo uma das combinações mais favoráveis de temperaturas mais mornas (tendo um dos maiores índices de insolação do país) e baixos índices pluviométricos. A pluviosidade é de 780 mm anuais.

Um dos fatos relevantes regionais é a existência de uma vintena de tipos diferentes de solos, do sopé das montanhas até o mar. Isso proporciona maior complexidade aos vinhos originados de diversos vinhedos, ainda que de uma mesma variedade.

A Chardonnay é a segunda casta mais encontrada na região, dando um branco bem denso e rico. Depois dela, as mais frequentes são a Sauvignon Blanc (terceira), a Pinot Gris (quarta) e a Viognier (décima).

Em 2014, as cepas escuras mais plantadas foram a Merlot (primeira), Syrah (quinta), Pinot Noir (sexta), Cabernet Sauvignon (sétima), Malbec (oitava) e Cabernet Franc (nona). A fama de Hawkes Bay deve-se aos tintos de Cabernet Sauvignon e de mesclas bordalesas. Outra que ultimamente tem sido tratada com muito respeito é a Syrah, principalmente nos sítios mais quentes.

As *wineries* de primeira linha aí instaladas são: Te Mata – a de maior prestígio e uma das grandes do país –, Clearview e Esk Valley (do grupo Villa Maria). Outras destacadas são: Vidal (também do grupo Villa Maria), Brookfields, C. J. Pask, Ngatarawa, Sileni – com vinhos de ótimo valor –, Stonecroft, Church Road (do grupo Montana), Te Awa Farm, Cross Roads, Sacred Hill, Trinity Hill, Newton/Forrest e Unison.

WELLINGTON

Embora o nome oficial da região seja Wellington, ela é mais conhecida como Wairarapa e também chamada em algumas fontes de Martinborough. É a sétima região com as maiores extensões de parreirais, perfazendo 2,8% do total. A principal zona vitícola está implantada no distrito de South Wairarapa, na Wellington Region, a leste da cidade de Wellington, capital da Nova Zelândia e terceira cidade mais populosa. Fica no extremo sul da Ilha Norte.

Martinborough é a sua sub-região mais importante, localizada em torno da vila de mesmo nome. Outra sub-região que vem demonstrando algum potencial é a de Te Horo, situada na costa oeste. Wellington, ainda que seja apenas a sétima região em plantio, concentra-se fundamentalmente em vinhos de qualidade.

Wairarapa é mais fria e seca do que qualquer outra região da Ilha Norte, tendo mais semelhanças com Marlborough, na Ilha Sul. As castas de amadurecimento mais precoce são as preferidas, pois no final do verão ou início do outono começam as chuvas. Pratica-se a irrigação, uma vez que o verão costuma ser bem seco.

Em 2014, as variedades negras eram majoritárias. A Pinot Noir é a vide mais plantada, com 50,2%, e certamente a variedade local mais aclamada. A Pinot Noir de Martinborough foi a primeira da Nova Zelândia a ganhar certa reputação e continua uma das melhores – para alguns, produz "o" melhor vinho, junto com os de Central Otago e Marlborough. Ela foi plantada inicialmente, em 1883, no distrito de Masterton, tendo sido, porém, revivida nos anos 1970 em Martinborough. Outra boa escura é a Syrah (sexta).

As principais cepas brancas são: Sauvignon Blanc (segunda), Pinot Gris (terceira), Chardonnay (quarta) e Riesling (quinta). Os ótimos vinhos de Chardonnay são elegantes e finos, diferentemente dos exemplares das demais regiões da Ilha Norte.

Entre as mais laureadas vinícolas do país, têm sede nessa região a Martinborough Vineyard, a Dry River e a Ata Rangi. Num patamar abaixo encontram-se as adegas Palliser Estate, Nga Waka e Walnut Ridge.

MARLBOROUGH

É a região vinícola mais famosa do país, situada no distrito de Marlborough. É também a de maior produção de uvas, com 22.907 hectares, correspondendo a 64,9% do total. Divide-se em duas sub-regiões: Wairau Valley – de longe, a mais importante – e Awatere Valley.

Somente em 1973 as primeiras vinhas foram aí plantadas em caráter comercial. Nos últimos 30 anos, o sucesso foi tanto que hoje essa é a região neozelandesa líder de qualidade e quantidade.

Localiza-se na latitude 41ºS, no extremo nordeste da Ilha Sul. O seu particular clima frio marítimo combina longos dias ensolarados, com poucas nuvens e chuvas, e noites frias, em longos períodos de amadurecimento, que preservam a boa acidez dos vinhos, típica da zona. Apesar de ter 740 mm de pluviosidade anual, emprega a irrigação por causa dos verões bastante secos.

As terras são baixas e planas, sendo os solos extremamente variados, de calcários a cascalhosos. As áreas mais pedregosas são pouco férteis e muito bem drenadas, ótimas para as vinhas.

As uvas claras predominam totalmente destacando-se: Sauvignon Blanc (primeira), Chardonnay (terceira), Pinot Gris (quarta), Riesling (quinta), Sauvignon Gris (sexta), Gewürztraminer (sétima), Grüner Veltliner (oitava), Sémillon (décima) e Viognier (décima primeira). O Sauvignon Blanc de Marlborough é o vinho mais típico da Nova Zelândia e um dos seus grandes. Apresenta uma aromaticidade pungente, com notas de frutas tropicais, frutas cítricas, groselha e ervas frescas. A superfície de Marlborough coberta com essa casta representa 77,4% da superfície regional e 88,5% do total de Sauvignon Blanc do país. Além dessa cepa, a Chardonnay e a Riesling podem produzir caldos de primeira grandeza.

Das tintas, a Pinot Noir é a mais encontrada, sendo também a segunda das grandes uvas regionais, prometendo bastante. Seguem em importância a Merlot (nona) e a Syrah (décima segunda).

Alguns espumantes de ótima qualidade começaram a ser produzidos nessa zona, com a presença de algumas firmas champanhesas.

O primeiro time regional é formado pelas adegas Cloudy Bay (pertencente ao conglomerado francês LVMH), Hunter's e Isabel Estate. Merecem menção: Grove Mill, Wither Hills, Seresin, Fromm, Lawson's Dry Hills, Te Whare Ra, Whitehaven, Wairau River, Vavasour e Mount Nelson (pertencente à família italiana Antinori).

NELSON

Pequena região, apenas a sexta mais expressiva, com 3,2% dos vinhedos, acastelada na zona a oeste da cidade de Nelson, na divisa das unidades administrativas dessa cidade e do distrito de Tasman. Fica no extremo noroeste da Ilha Sul. Existem duas sub-regiões distintas. A primeira delas é a plana Waimea Plains, no sopé do Richmond Range, que separa Nelson da vizinha Marlborough. A outra está situada mais a oeste, nas onduladas terras do Moutere Hills.

As primeiras parreiras foram plantadas em 1918, porém a viticultura moderna e comercial só surgiu em 1974. O clima é semelhante, contudo um pouco mais frio e úmido que o de Marlborough. As chuvas anuais montam a 1.000 mm.

O grosso da produção também é de variedades brancas, sobressaindo a Sauvignon Blanc, a Pinot Gris e a Chardonnay, respectivamente a primeira, terceira e quarta mais cultivadas. O estilo da Sauvignon Blanc mostra similaridades com o de Marlborough, mas num diapasão ligeiramente abaixo. Já Nelson produz um dos mais ricos e complexos Chardonnay do país. Mais abaixo encontram-se a Riesling (quinta), a Gewürztraminer (sexta), a Grüner Veltliner (nona) e a Viognier (décima).

A Pinot Noir é a tinta mais encontrada e a segunda entre todas, e produz os melhores tintos regionais. Muito menos cultivadas são a Merlot (sétima) e a Syrah (oitava). Neudorf é sem contestação a melhor das vinícolas regionais, seguida da Greenhough.

CANTERBURY

É a nona mais importante região vinícola do país, com 0,5% dos vinhedos. Situa-se na região Canterbury, na costa centro-leste da Ilha Sul, e tem duas sub-regiões principais. A mais recente é a de Waipara (não a confunda com a região de Wairarapa, ou Wellington), situada mais ao norte, em volta da cidade homônima. A mais extensa e a que abriga o maior número de vinícolas é a de Christchurch, nas planícies que rodeiam essa cidade, que é a principal de Canterbury e a segunda mais populosa do país. Outras sub-regiões estão em gestação, desde Kaikoura, no nordeste da região Canterbury, até Omarama, no extremo sudoeste.

Houve tentativas de plantar videiras no local desde os anos 1840. Contudo, a partida comercial aconteceu apenas nos anos 1970.

A região é muito fria e seca, favorecendo o desenvolvimento de castas nobres de clima mais temperado, notadamente a Pinot Noir e a Chardonnay. A sub-região de Waipara é menos fria que a de Christchurch. As precipitações pluviométricas encontram-se entre 650 e 750 mm anuais.

A Pinot Noir é a variedade mais plantada, com 37,3%. Bem abaixo dela ficam a Syrah, a Merlot e a Cabernet Sauvignon. Os vinhos de Pinot Noir são os mais importantes e convincentes da região, se bem que mais variáveis e menos conceituados que os de Wairarapa, Central Otago e Marlborough.

As cepas claras predominam com: Sauvignon Blanc (segunda), Riesling (terceira) – com muito potencial –, Pinot Gris (quarta) e Chardonnay (quinta).

As empresas locais mais destacadas são Pegasus Bay, Kaituna Valley e Giesen.

CENTRAL OTAGO

A região vinícola de Central Otago compreende terras dos distritos de Central Otago e de Queenstown Lakes, ambos na Otago Region, no sul da Ilha Sul. É a mais meridional região produtora no mundo, situada no paralelo 45ºS. A incrível beleza das suas paisagens faz dela um dos locais mais visitados por turistas. As primeiras tentativas de implantar vinhedos em Central Otago datam de meados do século XIX. Entretanto, apenas em 1981 algumas vinícolas instalaram-se com sucesso na região, que é hoje a terceira da Nova Zelândia, mas aquela que passa por maior expansão.

Central Otago é também a zona vinícola mais montanhosa do país, com altitudes de até 100 metros. Os vinhedos são plantados em encostas de colinas, para não só terem melhor exposição solar, como para reduzir o risco de geadas. Das dez regiões neozelandesas, é a única com clima continental e não marítimo, com grandes extremos de temperaturas diurnas e sazonais.

As precipitações anuais são da ordem de 400 a 625 mm, mas, por serem dominantes no período inverno-primavera, a irrigação é essencial. Os solos são de pesados depósitos de mica e xisto em aluviões de calcário argiloso.

Predomina a cepa Pinot Noir, com 76,8% dos 1.932 ha de vinhedos, variedade que está criando a fama de Central Otago. Seus vinhos rivalizam com os Pinot Noir de Wairarapa e de Marlborough como os melhores da Nova Zelândia. Por causa do clima mais frio, o estilo deles é mais parecido com o dos borgonheses. Outras tintas existentes, mas muito menos plantadas, são a Merlot e a Syrah.

Bem abaixo da Pinot Noir estão as brancas Pinot Gris (segunda, em plena evolução), Riesling (terceira, também promissora), Chardonnay (quarta), Sauvignon Blanc (quinta) e Gewürztraminer (sexta).

A vinícola Felton Road é o grande nome regional, seguido pela Chard Farm, pela Rippon Vineyard e pela Gibbston Valley.

UVAS

Em 2014, os vinhedos produtivos no país perfaziam 35.510 hectares.

BRANCAS

Foram colhidas, em 2014, cepas claras de 27.596 hectares, representando 77,7% da superfície total dos parreirais produtivos. Os números comprovam que a Nova Zelândia é prioritariamente um país de vinhos brancos.

A Sauvignon Blanc tornou-se recentemente não só a cepa clara mais plantada como a variedade mais cultivada do país, com 72,6%, ultrapassando de longe a Chardonnay. É a verdadeira rainha dos vinhedos *kiwi* (sinônimo de neozelandês), dentre os melhores Sauvignon Blanc do mundo, notadamente os oriundos das regiões mais frias que não tenham contato com a madeira. Essa cepa foi introduzida na Nova Zelândia apenas nos anos 1970, num vinhedo de Auckland. Logo em seguida, em 1973, foi plantada em Marlborough, quando o seu sucesso veio a ser estrondoso.

A Chardonnay é a segunda casta branca mais plantada com 12,1% da superfície total. Alguns dos seus vinhos são de alta qualidade, no nível de diversos outros do Novo Mundo. As duas regiões com maiores plantações dela são Gisborne e Marlborough. A quarta branca mais encontrada é a Riesling, com 2,8% da área total. Muitas regiões neozelandesas têm clima ideal para o desenvolvimento dessa nobre cepa. Infelizmente, as suas plantações ainda estão aquém do seu real potencial. A região de Marlborough é a líder, com 39,4% da superfície total.

As outras cepas claras plantadas são:

Pinot Gris • A terceira branca em superfície, com 8,9%, tem sido cada vez mais plantada nas regiões mais frias, sendo a uva da moda, pelo alto potencial demonstrado. As regiões de Marlborough e Hawkes Bay respondem por mais da metade da produção total dessa uva. Em seguida, Viognier (quinta), Sauvignon Gris (sexta), Sémillon (sétima), Grüner Veltliner (oitava) e Gewürztraminer (nona).

TINTAS

Em 2014, encontravam-se plantados 7.914 hectares de variedades escuras, atingindo apenas 22,3% da área total produtiva.

A Pinot Noir é a casta tinta mais cultivada e a segunda em área total, após a Sauvignon Blanc, com 69,6%. A Nova Zelândia é considerada hoje em dia um dos pouquíssimos países do mundo que produzem com sucesso vinhos dessa cepa aristocrática. Isso é fato, principalmente nas regiões mais frias e mais secas, onde a ausência de nuvens e de chuvas garante insolação e maturação plenas dos cachos.

A Pinot Noir tem sido a tinta responsável pela reputação de Wairarapa, Central Otago e Canterbury, sem falar de sua ótima performance em Marlborough, onde é de certa forma ofuscada pelo enorme renome da Sauvignon Blanc. Parte de sua produção vem sendo utilizada com a da Chardonnay para fazer alguns promissores espumantes pelo método clássico.

A segunda escura com maior extensão de parreirais (16,3%) é a Merlot, que em 2000 tirou essa posição da Cabernet Sauvignon. Aportou no país apenas na década de 1980, mas teve uma evolução meteórica. A razão do seu desempenho superior ao da Cabernet é por ser de amadurecimento mais precoce e mais tolerante com zonas mais frias, como costumam ser a maioria das neozelandesas. Cerca de 80% de seus parreirais encontram-se na região de Hawkes Bay.

A terceira colocada, com 5,5% dos vinhedos, é a Syrah, que se encontra em plena ascensão, notadamente em Hawkes Bay.

A Cabernet Sauvignon é a quarta negra mais encontrada, com 3,7% das plantações. A região líder é também Hawkes Bay.

Outras castas negras cultivadas: Malbec (quinta), Cabernet Franc (sexta), Pinotage (sétima) e Tempranillo (oitava).

VINHOS

Pela legislação da Nova Zelândia, um vinho, para ser varietal, precisa ter um mínimo de 75% da cepa, se for comercializado exclusivamente no mercado local. Todavia, se exportado para a Europa ou para os Estados Unidos, o limite sobe para 85%, a fim de atender a exigências legais dos países importadores. Para vinhos multivarietais, as cepas devem ser assinaladas em ordem decrescente de importância, tendo no mínimo 75% do mosto quando vendidos no país e 100% quando exportados.

A irrigação é permitida, assim como a chaptalização.

A gigantesca *winery* Montana (agora pertencente à Allied-Domecq), que já possuía a Church Road e com a recente aquisição do grupo Corbans – o segundo maior do país –, domina hoje mais de 60% do mercado de vinho neozelandês. Outros grandes produtores são o grupo Villa Maria/Vidal/Esk Valley e a vinícola Nobilo (pertencente à australiana BRL-Hardy), dona da Selaks.

As características primordiais dos vinhos neozelandeses são a intensidade de *flavores* de fruta e a refrescante acidez.

Alguns dos espumantes do país são também surpreendentemente bons.

BRANCOS

Os vinhos brancos são os mais produzidos, sobressaindo os de Sauvignon Blanc e de Chardonnay.

Sauvignon Blanc • A Nova Zelândia é reconhecida internacionalmente pelos ótimos e característicos brancos de Sauvignon Blanc. Esses vinhos, principalmente os da região de Marlborough, seguidos de longe pelos de Wairarapa, são os únicos que podem rivalizar positivamente com os franceses do Loire.

Existem dois tipos básicos, de acordo com o método de produção. Os deliciosos não barricados, muito mais comuns, e os barricados, que perdem frescor, mas ganham complexidade. Também estão disponíveis em dois estilos, de cunho regionalista. Os de clima frio, como Marlborough, são assaz aromáticos, exalando frutas tropicais, com bom nervo e deliciosamente refrescantes. Já os de clima mais morno, como Hawkes Bay, são menos pungentes, mais macios e com acidez menos pronunciada, prestando-se melhor para o tipo barricado.

● ● ● ● GRANDES DESTAQUES

Cloudy Bay (Sauvignon Blanc), Hunter's (Sauvignon Blanc e Winemaker's Selection Oak), Isabel Estate (Marlborough) e Palliser Estate (Sauvignon Blanc).

● ● ● DESTAQUES

Cloudy Bay (Te Koko Oak), Villa Maria (Reserve Clifford Bay e Reserve Wairau Valley), Grove Mill (Marlborough), Matua Valley (Matheson), Te Mata (Cape Crest), Neudorf (Sauvignon Blanc), Greywacke (Sauvignon Blanc), Nga Waka (Sauvignon Blanc) e Wither Hills (Marlborough).

● ● RECOMENDADOS

Thornbury (Marlborough), Goldwater (Dog Point Marlborough), Lawson's Dry Hills (Marlborough), Montana (Brancott Estate), Seresin (Marlborough), Whitehaven (Marlborough), Wairau River (Sauvignon Blanc), Te Mata (Woodthorpe), Sileni (Cellar Selection), Vavasour (Awatere Valley) e Mount Nelson (Sauvignon Blanc).

Os vinhos que obtiveram as minhas mais altas notas foram: Cloudy Bay Marlborough Sauvignon Blanc 00, Isabel Estate Marlborough Sauvignon Blanc 02, Palliser Estate Wairarapa Sauvignon Blanc 01, Te Mata Hawkes Bay Cape Crest Sauvignon Blanc 02, Te Mata Hawkes Bay Woodthorpe Sauvignon Blanc 03, Neudorf Sauvignon Blanc 05, Greywacke Sauvignon Blanc 10, Sileni Cellar Selection Sauvignon Blanc 07, Wairau River Marlborough Sauvignon Blanc 97, Grove Mill Marlborough Sauvignon Blanc 00 e Wither Hills Marlborough Sauvignon Blanc 98.

Chardonnay • Os seus vinhos estão disponíveis em diversos estilos, barricados ou não e vindos de diferentes regiões ou não. As zonas mais quentes dão Chardonnay mais ricos, encorpados e macios, exemplificados pelos de Gisborne. Já nas áreas frias, onde se localiza Marlborough, eles são mais elegantes e com uma gulosa acidez.

● ● ● ● GRANDES DESTAQUES

Kumeu River (Maté's Vineyard e Kumeu), Morton Estate (Coniglio e Black Label), Te Mata (Elston), Clearview Estate (Reserve), Neudorf (Moutere) e Villa Maria (Reserve Barrique Fermented).

● ● ● DESTAQUES

Martinborough Vineyard (Chardonnay), Isabel Estate (Marlborough), Cloudy Bay (Chardonnay), Felton Road (Barrel Fermented), Ata Rangi (Craighall), Dry River (Chardonnay), Palliser Estate (Chardonnay), Wither Hills (Marlborough), Babich (Irongate), Church Road (Reserve), Coopers Creek (Swamp Reserve), Esk Valley (Reserve), Pegasus Bay (Chardonnay), Vidal (Reserve) e Villa Maria (Reserve Marlborough).

● OUTROS RECOMENDADOS

Babich (The Patriarch), Church Road (Cuve Series), Matua Valley (Ararimu), Millton (Clos de Ste. Anne), Montana (Ormond Estate), Ngatarawa (Alwyn Reserve), Sacred Hill (Riflemans Reserve), Seresin (Reserve), Sileni (Estate Selection), Te Awa Farm (Frontier), Trinity Hill (Gimblett Road) e Villa Maria (Reserve Barrique Fermented).

Os caldos que se saíram melhor, para mim, foram: Kumeu River Auckland Maté's Vineyard Chardonnay 02, Kumeu River Auckland Chardonnay 94, Neudorf Moutere Chardonnay 00, Te Mata Hawkes Bay Elston Chardonnay 01, Isabel Estate Marlborough Chardonnay 02, Martinborough Vineyard Wairarapa Chardonnay 01, Felton Road Central Otago Barrel Fermented Chardonnay 02, Cloudy Bay Marlborough Chardonnay 93 e Sileni Hawkes Bay Estate Selection Chardonnay 00.

Riesling • O estilo característico dos brancos neozelandeses de Riesling é leve, perfumado, com *flavor* cítrico e floral, além de marcante acidez.

● ● ● ● GRANDES DESTAQUES

Dry River (Riesling) e Felton Road (Riesling).

● ● ● DESTAQUES

Rippon (Riesling), Palliser Estate (Riesling) e Pegasus Bay (Riesling).

● OUTROS RECOMENDADOS

Neudorf (Moutere), Villa Maria (Reserve Marlborough), Hunter (Jane Hunter), Isabel Estate (Riesling) e Martinborough Vineyard (Riesling).

Achei bastante típicos e com acidez equilibrada os vinhos Isabel Estate Marlborough Dry Riesling 02, Rippon Riesling 05, Jane Hunter Riesling 06 e Martinborough Vineyard Wairarapa Riesling 02.

Outros brancos secos • As duas outras variedades que vêm recebendo mais aplausos são a Pinot Gris e a Gewürztraminer.

●●●● GRANDES DESTAQUES
Dry River (Pinot Gris e Gewürztraminer) e Millton (Te Arai Chenin Blanc).

●●● DESTAQUES
Martinborough Vineyard (Pinot Gris), Stonecroft (Gewürztraminer), Te Whare Ra (Duke of Marlborough Gewürztraminer) e Sileni (Estate Selection Sémillon).

● OUTROS RECOMENDADOS
Cloudy Bay (Gewürztraminer), Isabel Estate (Pinot Gris), Te Mata (Woodthorpe Viognier), Montana (Patutahi Estate Gewürztraminer) e Pegasus Bay (Sauvignon Blanc/Sémillon).

Desses, os que mais me agradaram foram o Sileni Hawkes Bay Estate Selection Sémillon 02, o Te Mata Woodthorpe Viognier 04, o Martinborough Vineyard Pinot Gris 03 e o Isabel Estate Marlborough Pinot Gris 02.

Brancos de sobremesa • Apesar de os vinhos brancos botritizados neozelandeses não serem tão conhecidos, existem alguns exemplares de respeito. Experimente: Dry River (Botrytis Bunch Selection Gewürztraminer/Riesling), Villa Maria (Reserve Noble Riesling), Cloudy Bay (Late Harvest Riesling) e Isabel Estate Marlborough Noble Sauvage Sauvignon Blanc ou Ngatarawa (Alwyn Reserve Noble Harvest Rielsing e Glazebrook Noble Harvest Riesling).

TINTOS

Os tintos neozelandeses de respeito são os de Pinot Noir. Por outro lado, os vinhos de Merlot, pelas condições climáticas vigentes, têm mostrado mais potencial do que os de Cabernet Sauvignon, bem como os de mescla bordalesa, que se encontram entre os melhores do país.

Pinot Noir • Segundo vários respeitados críticos internacionais, a Nova Zelândia produz alguns dos melhores tintos da difícil Pinot Noir fora da Bourgogne. Três regiões lutam pela supremacia na produção dos grandes Pinot Noir neozelandeses: Wairarapa, Central Otago e mais recentemente também Marlborough.

●●●● GRANDES DESTAQUES

Felton Road (Block 5 e Block 3), Martinborough Vineyard (Pinot Noir), Isabel Estate (Pinot Noir), Dry River (Pinot Noir) e Ata Rangi (Pinot Noir).

●●● DESTAQUES

Felton Road (Cornish Point, Calvert e Bannockburn), Martinborough Vineyard (Te Tera), Gibbston Valley (Reserve), Palliser Estate (Pinot Noir), Schubert (Block B e Marion's Vineyard), Neudorf (Tom's Block), Hunter's (Pinot Noir) e Pegasus Bay (Prima Donna).

● OUTROS RECOMENDADOS

Chard Farm (Finla Mor), Cloudy Bay (Pinot Noir), Fromm (La Strada Fromm Vineyard), Giesen (Canterbury Reserve Barrel Selection), Greenhough (Hope Vineyard), Kaituna Valley (The Kaituna Vineyard), Neudorf (Moutere), Greywacke (Pinot Noir), Pegasus Bay (Pinot Noir), Rippon Vineyard (Pinot Noir), Seresin (Pinot Noir), Villa Maria (Reserve), Walnut Ridge (Pinot Noir) e Wither Hills (Pinot Noir).

Os grandes vinhos dessa casta que mais apreciei foram: Felton Road Central Otago Block 5 Pinot Noir 08 (o melhor de todos), Isabel Estate Marlborough Pinot Noir 02, Martinborough Vineyard Wairarapa Pinot Noir 01, Felton Road Central Otago Block 3 Pinot Noir 02, Ata Rangi Wairarapa Pinot Noir 98, Felton Road Cornish Point Pinot Noir 10, Felton Road Calvert Pinot Noir 10, Felton Road Bannockburn Pinot Noir 10, Schubert Block B Pinot Noir 10, Schubert Marion's Vineyard Pinot Noir 09, Pegasus Bay Prima Donna Pinot Noir 09, Hunter's Pinot Noir 99, Te Tera Pinot Noir 05, Palliser Pinot Noir 02, Neudorf Tom's Block Pinot Noir 06, Greywacke Pinot Noir 09 e Rippon Vineyard Central Otago Pinot Noir 98.

Merlot • Seus vinhos são mais aveludados e sedosos, menos tânicos e austeros, com ótima fruta e acidez, e, diferentemente dos de Cabernet Sauvignon, ficam prontos mais cedo.

●●●● GRANDE DESTAQUE

Esk Valley (Reserve).

●●● DESTAQUES

C. J. Pask (Reserve) e Sileni (EV).

● OUTROS RECOMENDADOS

Clearview (Reserve) e Villa Maria (Reserve).

O meu campeão dessa casta foi o Sileni Hawkes Bay EV Merlot 00.

Cabernet Sauvignon • A maioria dos tintos neozelandeses dessa casta, particularmente os de médio e baixo preço, é relativamente decepcionante. Entretanto, no segmento superior existem alguns exemplares dignos.

●●●● GRANDE DESTAQUE
Stonyridge (Larose Cabernets).

●●● DESTAQUES
Mills Reef (Elspeth) e Babich (The Patriarch).

● OUTROS RECOMENDADOS
Sacred Hill (Helsman) e Te Awa Farm (Zone 10).

Até agora gostei mais do Stonyridge Waiheke Island Larose Cabernets 00.

Mesclas tintas • A mescla Cabernet Sauvignon/Merlot fornece alguns dos grandes tintos do país – encorpados, aveludados e maduros –, particularmente nas regiões mais mornas, situadas na Ilha Norte. A Cabernet entra com estrutura e elegância, ao passo que a Merlot aporta riqueza e maciez. As melhores regiões para essas duas castas e os seus cortes são Hawkes Bay e Auckland (notadamente em Waiheke Island).

●●●● GRANDES DESTAQUES
Te Mata (Coleraine Cabernet/Merlot) e Goldwater (Cabernet Sauvignon/Merlot).

●●● DESTAQUES
Te Mata (Awatea Cabernet/Merlot), Providence (Merlot/Cabernet Franc/Malbec), Brookfields (Reserve Cabernet/Merlot), Esk Valley (The Terraces "Merlot/Malbec/Cabernet Franc") e Vidal (Reserve Cabernet Sauvignon/Merlot).

● OUTROS RECOMENDADOS
Clearview (The Basket Press "Cabernet Sauvignon/Merlot/Malbec/Cabernet Franc" e Reserve Merlot/Malbec), Church Road (Reserve Merlot/Cabernet), Cross Roads (Talisman – corte não divulgado), Esk Valley (Reserve Merlot/Cabernet Sauvignon/Malbec), Kumeu River (Melba Merlot/Malbec), Matua Valley (Ararimu Merlot/Cabernet Sauvignon), Mills Reef (Elspeth Cabernet/Merlot), Montana (Tom Merlot/

Cabernet Sauvignon/Cabernet Franc), Newton/Forrest (Cornerstone Cabernet/Merlot/Malbec), Te Mata (Woodthorpe Cabernet/Merlot), Pegasus Bay (Maestro Merlot/Cabernet Sauvignon/Cabernet Franc), Sileni (Estate Selection Merlot/Cabernets), Te Awa Farm (Boundary Merlot/Cabernet Sauvignon/Cabernet Franc), Unison (Selection "Merlot/Cabernet Sauvignon/Syrah") e Villa Maria (Reserve Merlot/Cabernet Sauvignon).

Desses vinhos tintos cortados, mostraram muita classe: Te Mata Hawkes Bay Coleraine Cabernet/Merlot 00, Te Mata Hawkes Bay Awatea Cabernet/Merlot 00, Sileni Hawkes Bay Estate Selection Merlot/Cabernets 00, Kumeu River Auckland Melba Merlot/Malbec 00 e Te Mata Woodthorpe Cabernet/Merlot 02.

Outras castas tintas • A rodaniana Syrah vem sendo a cepa com maior apelo, após a borgonhesa Pinot Noir e as bordalesas Merlot e Cabernet Sauvignon.

●●● DESTAQUES
Stonecroft (Syrah) e Te Mata (Bullnose Syrah).

● OUTROS RECOMENDADOS
Te Mata (Woodthorpe Syrah), Mills Reef (Elspeth Syrah e Elspeth Malbec), Clearview (Reserve Cabernet Franc), Esk Valley (Reserve Malbec) e Fromm (La Strada Reserve Syrah).

O meu predileto foi o Te Mata Hawkes Bay Bullnose Syrah 01. Também gostei do Te Mata Woodthorpe Syrah 05.

ÁFRICA DO SUL

Em 1655, os colonizadores provenientes da Holanda, chamados bôeres, plantaram o primeiro vinhedo em terras sul-africanas e produziram o primeiro vinho em 1659. Dez anos depois, Simon van der Stel plantou vinhas em sua fa-

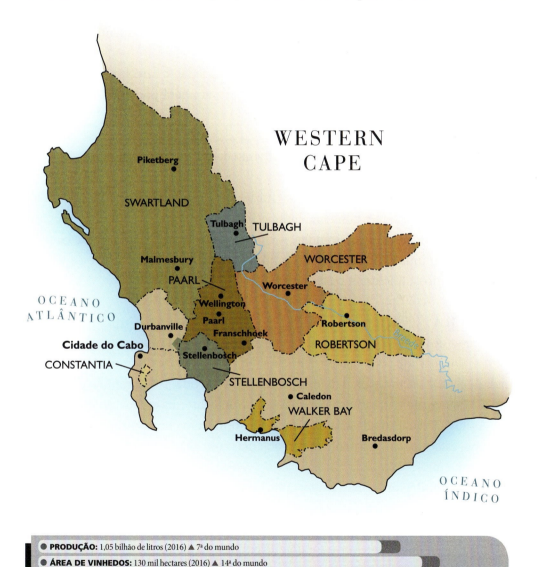

- **PRODUÇÃO:** 1,05 bilhão de litros (2016) ▲ 7ª do mundo
- **ÁREA DE VINHEDOS:** 130 mil hectares (2016) ▲ 14ª do mundo
- **CONSUMO PER CAPITA:** 11 litros/ano (2016) ▲ 20º do mundo
- **LATITUDES:** 28ºS (Orange River Valley) • 34ºS (Walker Bay)

zenda de Groot Constantia. Nos anos 1680 e 1690, os huguenotes franceses instalaram-se em Franschhoek.

O vinho de sobremesa de Constantia fez muito sucesso no mundo desde o final do século XVIII até o início do século XIX.

LEGISLAÇÃO

A regulamentação de denominações de origem foi estabelecida em 1973. Os vinhos devem provir de uvas cultivadas 100% na zona correspondente.

- *Geographical Unit* (Unidade Geográfica) – Criada em 1993, corresponde às províncias. Recentemente, as GUs passaram a também poder intitular-se WO (*Wine of Origin* – Vinho de Origem).
- *Region* – Região, subdivisão das GUs.
- *District* – Distrito é normalmente a divisão de região, apesar de existirem poucos distritos isolados.
- *Ward* – Área, a menor unidade territorial, sendo geralmente a divisão de distrito, apesar de haver também algumas isoladas.
- *Estate* (*Landgoed*, em africânder) – Uma ou mais fazendas, desde que cultivadas como uma unidade e tendo cantina própria. Em 2014, dentre os vinhos certificados 1,6% foram *estate wine* e 98,4% *wine of origin*.

CLIMA

Apesar de a África do Sul situar-se na África, continente que costumamos associar a calor, sua zona vitícola tem clima mediterrânico. As temperaturas são moderadas pela fria corrente de Benguela, vinda da Antártida. A proximidade das frias águas dos oceanos Atlântico e Índico é importante fator na atenuação do clima.

A pluviosidade anual varia de 450 a 1.000 mm, com chuvas principalmente no inverno, estação que raramente tem problemas com geada. O verão é mais morno do que quente.

A Coastal Region, a mais importante do país, situada entre aqueles dois oceanos e o primeiro maciço das cordilheiras, tem um clima mais temperado, não necessitando irrigação. Entretanto, as zonas mais a leste e a norte da Coastal Region (Klein Karoo, Olifants River e Orange River) são mais quentes e secas, exigindo irrigação. Aliás, quanto mais para sul e oeste (e mais perto do mar), mais frio e úmido é o clima.

REGIÕES

Em 1994, a antiga e famosa província do Cabo foi dividida em três: Western Cape, com capital na Cidade do Cabo, que abrange a grande maioria dos vinhedos; Northern Cape, maior província e a menos populosa do país por ser bem árida, que tem, contudo, algumas vinhas ao longo do rio Orange; e Eastern Cape, que não cultiva videiras.

\multicolumn{3}{c}{PRINCIPAIS WOs (Vinhos de Origem)}		
Regiões	**Distrito**	**Área**
Coastal	Cape Point	–
	Sem distrito	Constantia
	Sem distrito	Hout Bay
	Tygerberg	Durbanville
		Philadelphia
	Stellenbosch	Sete áreas
	Paarl	Franschhoek
		Wellington
		Mais duas áreas
	Tulbagh	–
	Swartland	Malmesbury mais uma área
	Darling	Groenenkloof
Sem região	Cape Agulhas	Elim
	Overberg	Elgin mais três áreas
	Plettenberg Bay	–
	Walker Bay	Cinco áreas
Breede River Valley	Swellendam	Duas áreas
	Robertson	Nove áreas
	Worcester	Quatro áreas
	Breedekloof	Duas áreas
Klein Karoo	Vários distritos	Várias áreas
	Calitzdorp	–
	Langeberg-Garcia	–

* Todas as zonas estão situadas na GU Western Cape, exceto as assinaladas com asterisco, que pertencem à GU Northern Cape.

Olifants River	Vários distritos	Várias áreas
	Citrusdal Mountain	Uma área
	Citrusdal Valley	–
	Lutzville Valley	Uma área
Sem região	Douglas*	–
		Mais seis áreas
		Mais três áreas*

As melhores zonas são as de clima mais temperado, mais próximas dos oceanos, principalmente as situadas na Coastal Region, Walker Bay e Overberg.

CONSTANTIA

É uma *ward* de primeira grandeza e a mais antiga de todas as zonas, focada desde os primeiros dias em vinhos finos. Seus vinhedos situam-se entre as encostas da montanha Constantiaberg e a False Bay, bem perto da Cidade do Cabo.

A mais fria das zonas de origem, com forte influência marítima, beneficia-se no período da tarde das sombras da montanha e das frias brisas de sudeste, vindas da False Bay. Os ângulos variados das encostas propiciam diversos microclimas. A pluviosidade anual é das mais elevadas, com 900 a 1.000 mm de chuvas, a maior quantidade no inverno, não necessitando, portanto, de irrigação.

A maioria dos seus vinhedos é de cepas claras: Sauvignon Blanc, Chardonnay e Muscat of Alexandria. As escuras são Cabernet Sauvignon, Merlot, Cabernet Franc e Shiraz.

Constantia costuma ser reconhecida pelos vinhos brancos, em particular de Sauvignon Blanc. Os tintos são delicados, acídulos e saborosos. Também produz vinhos de sobremesa.

As principais *kelders* (cantinas) locais são: Buitenverwachting, Constantia Uitsig, Eagle's Nest, Groot Constantia, Klein Constantia e Steenberg.

STELLENBOSCH

Distrito da Coastal Region, intensamente plantado, que para muitos é "a" zona de tintos da África do Sul, embora vários de seus brancos também sejam do primeiro time do país. Seu nome quer dizer "Bosque de Stel", o fundador da cidade de Stellenbosch. É uma das zonas vinícolas mais belas do mundo.

De clima mediterrânico, é um ótimo distrito, por causa das encostas de montanha e das frias brisas da False Bay, que ajudam a moderar as temperaturas do verão, apenas levemente mais morno que o de Bordeaux. As chuvas anuais, que ocorrem no inverno, são de 600 a 800 mm. Quanto mais perto das montanhas, mais precipitações acontecem. A maioria dos vinhedos não usa irrigação, sendo poucos os que contam com irrigação mínima.

Os solos variam de arenosos, no vale, a pesados, nas encostas, e granito decomposto, no sopé das montanhas Simonsberg e Stellenbosch.

Até o presente são sete as *wards* oficiais. Simonsberg-Stellenbosch, a primeira área oficializada e a mais reputada, situa-se nas encostas sudoeste da montanha Simonsberg. As outras seis são: Polkadraai Hils, Bottelary, Devon Valley, Papegaaiberg, Jonkershoek Valley e Banghoek.

Diversas outras áreas ainda não foram oficialmente reconhecidas como WOs. A mais importante delas é Helderberg (Monte Ensolarado), que já tem, no entanto, a sua rota de vinhos implantada. Está localizada nas encostas da montanha de mesmo nome. Aí o clima é marítimo, com verões resfriados pelas brisas oceânicas. As outras são: Faure e Stellenboschkloof (Vale de Stellenbosch).

Os vinhedos mais favoráveis ficam nas encostas dos montes, de clima mais frio que nos vales. As altitudes variam de 20 metros, em False Bay, a 600 metros, em Simonsberg.

As variedades tintas prevalecem (63%). A mais importante é a Cabernet Sauvignon (3.207 ha em 2014), seguida por Shiraz, Merlot e Pinotage. As brancas são Sauvignon Blanc, Chenin Blanc e Chardonnay.

Essa WO é reputada pelos ótimos Cabernet Sauvignon, Pinotage, Sauvignon Blanc e Chenin Blanc.

Stellenbosch abriga a maioria das vinícolas do país. As mais marcantes, que fazem parte da Rota do Vinho de Stellenbosch, em ordem alfabética, são: Adoro, Beyerskloof (o dono é enólogo da Kanonkop), Camberley, Clos Malverne, Delheim, De Toren, De Trafford, Edgebaston, Gilga (o dono é enólogo da Overgaauw), Hartenberg, Hidden Valley, Jordan, Kaapzicht, Kanonkop, Kanu, Kleine Zalze, L'Avenir, Le Bonheur (grupo Distell), Le Riche, Meerlust, Morgenhof, Mulderbosch, Muratie, Neethlingshof (grupo Distell), Neil Ellis, Overgaauw, Quoin Rock, Raats, Remhootge, Rustenberg, Saxenburg, Simonsig, Stark-Condé, Stellenryck (Bergkelder, do grupo Distell), Sterhuis, Stellenzicht (grupo Distell), Sterhuis, Thelema, The Winery, Tokara, Uiterwyk, Warwick e Waterford.

Já as mais importantes das que compõem a Rota do Vinho de Helderberg são Anwilka, Avontuur, Cordoba, Engelbrecht Els (a Rust en Vrede é sócia), Grangehurst, Ingwe, Ken Forrest, Longridge, Lourensford, Morgenster, Rust en Vreve, Uva Mira e Vergelegen.

PAARL

Distrito da Coastal Region com muitos mesoclimas, solos e aspectos, tendo, portanto, grande gama de estilos e variedades de vinho. Possui o segundo maior vinhedo plantado, após Worcester.

O clima, tipicamente mediterrânico – com invernos chuvosos e verões longos e mornos, moderados um pouco pelas brisas marítimas –, apresenta consideráveis diferenças conforme a área: é mais seco no noroeste e mais úmido no sudeste. Com pluviosidade anual de cerca de 650 mm, Paarl não necessita de irrigação em seus três tipos de solos: arenito, perto do rio Berg; granito, nas vizinhanças da cidade de Paarl; e xisto superficial, para nordeste.

As cinco zonas de vinhedos do distrito são bem esparsas. A primeira delas, a área de Paarl propriamente dita, não é oficialmente *ward*. As uvas brancas predominam, com imensa maioria da Chenin Blanc, seguida por Sauvignon Blanc e Chardonnay. As tintas são Cabernet Sauvignon, Shiraz, Pinotage e Cinsault.

A Shiraz é a casta de maior destaque, mas mais recentemente surgiram também vinhos de Viognier e Mourvèdre, cepas cultivadas em encostas mornas.

Os principais membros da associação de vinícolas local são Fairview, Glen Carlou, Nederburg (grupo Distell), Ridgeback, Rupert & Rothschild, Signal Hill, Veenwouden e Villiera.

Além das duas recentes áreas de Simmonsberg-Paarl (da ótima vinícola Vilafonté) e Voor Paardeberg, as mais importantes são:

Franschhoek • O "Canto dos Franceses" é uma *ward* fundada no século XVII por huguenotes franceses. O clima é levemente mais frio e chuvoso do que em Stellenbosch e no resto do Paarl (900 mm). As montanhas têm mais influência: quanto mais alto o terreno, mais chuvoso. Alguns ventos moderadores, vindos de sudeste, sopram no verão.

As castas verdes dominam a superfície total e têm como representantes majoritárias a Sauvignon Blanc, a Chardonnay e a Chenin Blanc. As negras mais plantadas são Cabernet Sauvignon, Shiraz e Merlot. Os brancos de Chenin Blanc e Sémillon são os seus destaques.

As líderes de qualidade entre os membros da associação de vinícolas da área são a Boekenhoutskloof, a Boschendal, a Solms-Delta e a Cape Chamonix.

Wellington • Essa *ward* vem mudando a sua imagem de sonolenta com alguns vinhos promissores, especialmente tintos, de propriedades situadas em terras altas. As uvas mais cultivadas são brancas, sobressaindo Chenin Blanc, Crouchen Blanc e Sauvignon Blanc. Predominam, entre as tintas, a Cabernet Sauvignon, a Shiraz, a Cinsault e a Merlot. A área é reconhecida pelo Shiraz e pelos tintos de cepas mescladas.

Mont du Toit é a cantina mais expressiva das participantes da Rota do Vinho de Wellington.

WALKER BAY

Antes, era uma *ward* marítima, pertencente ao distrito de Overberg. Recentemente, foi alçada ao nível de distrito. O seu clima é mais frio, beneficiando-se da proximidade do oceano, que modera fortemente as temperaturas de amadurecimento. O regime de chuvas anuais situa-se na faixa de 500 a 750 mm. Os solos variam de arenito até xisto superficial rico em calcário.

As uvas verdes são majoritárias, sendo basicamente Sauvignon Blanc, Chardonnay e Chenin Blanc. A Pinot Noir é terceira a negra mais cultivada, logo atrás da Shiraz e da Carbenet Sauvignon.

Desde a década de 1980, alguns dos vinhos de maior destaque do Cabo provêm dessa zona, que costuma originar alguns dos melhores caldos sul-africanos de Pinot Noir e Chardonnay.

As vinícolas mais representativas e laureadas da zona são a Bouchard Finlayson e a Hamilton Russell. Muito boas também são as novas Ataraxia, Beaumont e Hermanuspietersfontein.

ROBERTSON

Distrito da região do Breede River Valley, que, embora quente, é conhecido como "Vale dos Vinhos e das Rosas".

No verão, de altas temperaturas, as brisas de sudeste resfriam o final de tarde, provocando acentuada queda de temperatura à noite. A baixa pluviosidade anual, de cerca de 400 mm, obriga o uso de irrigação com águas do rio Breede. Os solos são ricos em pedra calcária.

O distrito divide-se em nove *wards*: Agterkliphoogte, Boesmansrivier, Bonnievale, Eilandia, Hoopsrivier, Klaasvoogds, Le Chasseur, McGregor e Vinkrivier. A maioria dos novos vinhedos restringe-se aos vales, pois a irrigação nas encostas é muito cara.

Tradicionalmente, Robertson tem sido uma terra de vinhos brancos. Sobressaem: Chardonnay, Colombard (brancos de consumo diário), Chenin Blanc e Sauvignon Blanc. Os reputados Chardonnay locais são nervosos, cítricos e cremosos, devido aos solos muito calcários. Todavia, os tintos têm demonstrado algum brilho, especialmente os de Shiraz e mais recentemente também os de Cabernet Sauvignon. Essas duas cepas dominam os parreirais locais, seguidas pela medíocre Ruby Cabernet.

Os membros mais famosos da associação de vinícolas local são: Bon Courage, De Wetshof e Graham Beck.

OUTRAS ZONAS

Algumas outras zonas ou estão demonstrando algum potencial de qualidade ou são importantes em termos de volume produzido.

Cape Point • Novo, pequeno e empolgante distrito de clima frio, situado nas encostas ocidentais da montanha da Península do Cabo. As escuras representam quase a metade da área, sendo elas a Cabernet Sauvignon, a Shiraz e a Pinot Noir. As claras cultivadas são a Sauvignon Blanc, a Chardonnay e a Sémillon. A melhor vinícola é a Cape Point Vineyards.

Durbanville • Antes, era a única *ward* do distrito de Tygerberg, na Coastal Region. Recentemente, foi criada a área de Philadelphia (sede de excelente vinícola Capaia), vizinha a ela. Essa zona de colinas onduladas, uma das primeiras cultivadas, está movendo-se para fora da produção de vinhos comuns. As tintas predominam, sendo as principais Cabernet Sauvignon, Merlot e Shiraz, enquanto entre as brancas destacam-se a Sauvignon Blanc e a Chardonnay. Durbanville é reconhecida pelos caldos de Sauvignon Blanc e Merlot.

A Havana Hills é a líder de qualidade entre as poucas vinícolas pertencentes à Rota do Vinho local, seguida da Diemersdal.

Tulbagh • Distrito interior da Coastal Region, circundado de três lados pelas grandes Winterhoek Mountains, ostenta belas paisagens e vinhedos subindo pelas montanhas. A temperatura no verão é morna, embora o terreno montanhoso possibilite muitos microclimas. Os solos variam de arenosos, no vale, a muito pedregosos, nas encostas.

No passado, Tulbagh concentrava-se em brancos, que em 2000 perfaziam 82% do total, sobressaindo Chenin Blanc, Colombard, Chardonnay e Crouchen Blanc. Mas agora existe uma tendência para os tintos, prevalecendo Cabernet Sauvignon e Shiraz.

Swartland • Distrito da Coastal Region, chama-se "Terra Negra" por causa do rinoceronte-negro que vive nele. O clima é muito quente e seco, mas os ventos marítimos moderam a temperatura. As montanhas Kasteelberg e Perdeberg oferecem temperaturas mais frias e solos mais graníticos. Parte dos vinhedos é irrigada.

O distrito, além da área de Swartland propriamente dita, que não é WO, engloba as *wards* de Groenekloof (perto do frio Oceano Atlântico), de Malmesbury e de Riebeekberg. Recentemente, a área de Groenekloof foi transferida deste distrito para um outro criado especificamente para esse fim: o de Darling.

As uvas claras mais cultivadas são Chenin Blanc, Sauvignon Blanc e Chardonnay. Entre as escuras, prevalecem a Cabernet Sauvignon, a Shiraz e a Pinotage. Geralmente associada a tintos encorpados e poderosos, Swartland, zona ensolarada, mostrou que também pode produzir brancos de mesa de topo. Essas paragens privilegiam os caldos de Pinotage, Shiraz e Sauvignon Blanc.

A Spice Route, do grupo Fairview, é a vinícola emblemática desse distrito. Muito boas também são a Sadie e a Sequillo.

Elgin • É uma *ward* vizinha de Walker Bay, no distrito de Overberg. As brancas dominam, sendo as principais a Sauvignon Blanc, a Chardonnay e a Riesling. As tintas mais plantadas são a Shiraz, a Pinot Noir, a Cabernet Sauvignon e a Merlot.

Produz brancos excitantes e elegantes tintos.

A vinícola Neil Ellis produz alguns bons brancos de Sauvignon Blanc e Chardonnay com frutos cultivados nessa área. Novas e promissoras vinícolas são a Iona e a Oak Valley.

Elim • A mais jovem zona da nova safra de vinhedos marítimos, situada em volta da cidade de Elim, perto do Cape Agulhas (nome de seu distrito), a extremidade mais meridional da África. Essa fria *ward* isolada – e a mais sulina do país – está entre as mais promissoras da província de Western Cape, e nela têm sido plantadas as negras Shiraz, Cabernet Sauvignon e Pinot Noir e as verdes Sauvignon Blanc e Sémillon.

Swellendam • Esse distrito da região do Breede River Valley produz principalmente vinhos para destilar.

Worcester • Distrito da região do Breede River Valley, sendo o colosso do país, com 22% dos seus vinhedos. Isso apesar de ter perdido o novo distrito de Breedekloof, que tem aproximadamente o mesmo perfil produtivo daquela. A maioria da produção é de destilados e o grosso do restante vai para os engarrafadores. Apenas uma pequena parte é engarrafada com rótulos próprios, representando bons vinhos econômicos. Worcester é reconhecida por vinhos licorosos de Muscadel e Hanepoot.

Klein Karoo • A mais oriental de todas as regiões, tem um clima semiárido de extremos, com verões mornos e baixa pluviosidade, precisando de irrigação. Além da criação de avestruz, notabiliza-se pela elaboração de vinhos licorosos do tipo Porto.

Olifants River • Região de clima quente e seco, com verão relativamente mais morno que em outras zonas e pluviosidade relativamente baixa, o que obriga a irrigação. O movimento em busca de qualidade está apenas se iniciando. Olifants River produz uma maioria de vinhos brancos secos e baratos de Chenin Blanc e de Colombard, alguns até interessantes, complementados por vinhos tintos de consumo diário e vinhos licorosos.

Northern Cape • Essa Unidade Geográfica é a zona mais setentrional e quente. Localiza-se ao longo do rio Orange. Aí se cultivam principalmente uvas brancas, notadamente a Sultana (6.862 ha, em 2014, não computada nas estatísticas aqui apresentadas), a Colombard e a Hanepoot.

UVAS

Apenas cerca de 60 *cultivars* (contração de *cultivated variety* – variedade cultivada) são aprovadas para ser empregadas em vinhos WOs. Em 2014, os vinhedos produtivos montavam a 99.463 hectares, de um total de 123.839 ha, excluindo a Sultana e as uvas de mesa.

TINTAS

Em 2014, as variedades escuras representavam 45,4% da área total dos vinhedos, quase o dobro de 1998, quando ocupavam apenas 25%. Contudo, as novas plantações naquele ano foram mais de 80% de tintas, prevalecendo a Cabernet Sauvignon, a Shiraz, a Merlot e a Pinotage.

A Cabernet Sauvignon é a mais significativa delas, com 11.407 ha, ou seja, 25,3% do total das escuras. Encontra-se em equilíbrio, pois tinha também 25,3% em 1998. Costuma ser cortada com as outras bordalesas, mas também com Pinotage e Shiraz. É cultivada principalmente em Stellenbosch (28%), Paarl (23%), Malmesbury (equivalendo a Swartland, 18%) e Robertson (13%). A melhor região é Stellenbosch, inclusive para os tintos de corte bordalês.

Em segundo lugar vem a Shiraz, com 23,1%, que em 2001 passou à frente da Pinotage. Teve grande incremento, pois em 1998 participava de apenas 9% do vinhedo. Principais fontes: Stellenbosch (21%), Paarl (22%), Malmesbury (20%) e Robertson (12%).

A terceira tinta mais cultivada, com 16,3% do total, é a Pinotage – um cruzamento de Pinot Noir e Cinsault, desenvolvido no país nos anos de 1920. Sua presença é particularmente expressiva em Malmesbury (23%), Stellenbosch (17%), Paarl (19%) e Robertson (12%). A maioria é plantada sob a forma de *bushvines* (arbustos), responsável pelos melhores vinhos, principalmente nos solos vermelhos nas encostas de montanha com alto percentual de argila e boa retenção de água, ideal para plantas não irrigadas. É a uva emblemática da África do Sul, sendo de maturação precoce.

As outras castas negras expressivas são:

Merlot • Em forte expansão, em 2014 ficou no quarto lugar, com 13,5% de participação. Mais usada para mesclas. Prevalece em Stellenbosch e Paarl.

Ruby Cabernet • A quinta mais encontrada, usada em cortes econômicos.

Cinsault (ou Hermitage) • Em decréscimo, a sexta, pois tinha 17,8% do vinhedo em 1998 e só 4,2% em 2014.

Cabernet Franc • A oitava, mas com apenas 1,9% dos parreirais em 2014. Mais plantada em Stellenbosch (47%) e Paarl.

Pinot Noir • Já a sétima, com área muito pequena, de 2,5%, em 2014. Mais cultivada em Stellenbosch (27%), Worcester (25%, estatisticamente também engloba Walker Bay) e Robertson (19%), mas dando os melhores frutos na fria área de Walker Bay.

Outras cepas escuras são: Petit Verdot, Malbec, Mourvèdre (ou Mataro), Tinta Barroca, Grenache, Touriga Nacional, Carignan, Sangiovese, Barbera, Tannat, Souzão, Zinfandel, Tinta Amarela etc.

BRANCAS

As majoritárias cepas brancas respondiam, em 2014, por 54,6% das plantações. Entretanto, estão sendo rapidamente substituídas pelas tintas, mais valiosas no mercado internacional.

A Chenin Blanc (ou Steen) era, em 2014, a líder das claras, com 17.934 ha representando 33% da superfície total das claras. Encontra-se em franco declínio, pois tinha 38,2% do vinhedo em 1998. Mesmo assim, a África do Sul é o maior produtor mundial dessa variedade – mais que em todo o Loire francês –, cultivada sobretudo em Paarl (16%), Malmesbury (15%), Breedekloof (16%) e Olifants River (16%). Hoje em dia, os caldos mais bem-sucedidos são parcial ou totalmente barricados.

A Chardonnay está em expansão, pois tinha 8,4% em 1998 e 13,5% em 2014, quando foi a quinta clara mais cultivada. Encontra-se em Robertson (27%), Paarl (17%), Stellenbosch (15%), Malmesbury e Worcester (estatisticamente engloba também Walker Bay). Produz os melhores brancos do país, principalmente em Walker Bay e Robertson.

A terceira branca mais plantada é a Sauvignon Blanc, com 17% do total. As suas mais importantes regiões de difusão são Stellenbosch (29%) e Robertson (18%). Seguem-se Malmesbury, Paarl e Worcester. Dá vinhos nos estilos barricado (Fumé Blanc) e não barricado, geralmente mais agradáveis.

A Sémillon (ou Groen Druif – "Uva Verde", em africânder) é a sétima clara mais cultivada, perfazendo só 2,2% do parreiral, plantada em Breedekloof (36%), Stellenbosch (14%), Paarl (12%), Worcester (12%) e Malmesbury (12%).

As outras cepas claras encontradas são:

Sultana • A quarta branca mais cultivada, nem entrando nas estatísticas das uvas finas, sendo cerca de 90,5% dela no Orange River. É também usada para passas e uvas de mesa.

Colombard (ou Colombar) • Com 21,9% da superfície total, é a segunda branca, mais usada para destilados.

Muscat of Alexandria (ou Hanepoot) • Em declínio (3,6%), e sexta, parte usada para passas e uvas de mesa.

Crouchen Blanc (ou Cape Riesling) • Em decréscimo (menos de 1%). Trata-se dela quando o rótulo menciona isoladamente "Riesling". É mais usada em cortes econômicos.

Muscat Blanc à Petits Grains (ou Muscadel ou Muscat de Frontignan) • Com apenas 1,5%, é a uva associada com o famoso vinho de sobremesa Constantia, do século XVIII.

Riesling (ou Weisser Riesling) • Em expansão (0,4%), cultivada em Stellenbosch, Paarl, Robertson, Breedekloof e Mamesbury.

Gewürztraminer, Viognier, Palomino (Fransdruif) e outras são também cultivadas.

VINHOS

Em 2014, 81% da produção de líquidos derivados da uva foi para vinhos (*good-wine*, conforme o jargão local) e o restante para destilados ou bebidas não alcoólicas. Cerca de 85% da produção de *good-wine*, equivalendo a 422 milhões de litros, foi exportada neste ano.

Os vinhos brancos ainda são mais produzidos do que os tintos. Também se elaboram alguns espumantes pelo método clássico, chamados de *Methode Cap Classique* (MCC).

A África do Sul faz alguns cortes bem típicos. Em vinhos tintos, é a mescla de Pinotage com bordalesas (Cabernet Sauvignon, Merlot e Cabernet Franc), chamada "Cape Blend". Já em brancos, é a dupla Chardonnay/Sauvignon Blanc. Na minha opinião, essa combinação é muito mais sábia que a australiana Chardonnay x Sémillon, pois a Sauvignon Blanc traz a vantagem de melhorar a acidez e a aromaticidade do conjunto, ao passo que a Sémillon tem uma personalidade próxima da Chardonnay.

Os sul-africanos têm o hábito parecido com o dos países membros do Mercosul de acompanhar vinhos com churrascos. Todavia, os seus, chamados *braai*, podem ser de carne, ave ou mesmo peixe grelhados.

A legislação do país permite a irrigação, mas proíbe a chaptalização.

Para ser varietal, o vinho deve ter no mínimo 75% da variedade, sendo de 85% o limite da exportação para a União Europeia. Vinhos de mescla só podem declarar castas se elas tiverem sido vinificadas separadamente, antes do corte, sendo a primeira a de maior participação. Se algum componente da mescla tiver menos de 20%, então todas as cepas devem ser mencionadas.

Para ser safrado, o vinho deve ter sido constituído com no mínimo 75% de uvas do ano em questão, sendo de 85% o limite da exportação para a União Europeia.

Os vinhos com origem, os WOs, devem portar um selo de certificação numerado, garantindo as declarações de origem, cultivar e safra.

Com relação ao teor de açúcar residual, o vinho pode ser:

Extra Dry (extrasseco)	≤ 2,5 g/l
Dry (seco)	≤ 4 g/l
Semi-dry (meio seco)	4 ➔ 12 g/l
Semi-sweet (meio doce)	4 ➔ 30 g/l
Late Harvest "LH" (colheita tardia)	20 ➔ 30 g/l
Natural Sweet (doce natural)	> 30 g/l
Straw Wine (vinho de uvas passificadas)	> 30 g/l
Special Late Harvest "SLH" (colheita tardia especial)	≤ 50 g/l (≥ 22º Balling)
Noble Late Harvest "NLH" (colheita tardia nobre)	> 50 g/l (≥ 28º Balling)

BRANCOS

A maioria da produção volta-se para os vinhos brancos, todavia os tintos sul-africanos são mais reputados. As cepas mais valiosas para os brancos secos são a Chardonnay e a Sauvignon Blanc. No caso de brancos de sobremesa, o leque é mais amplo, como veremos adiante.

Chenin Blanc • A Chenin Blanc ainda é a casta branca emblemática do país. Os seus vinhos são disponíveis nas versões barricado – hoje a mais bem-sucedida – e sem madeira. Em provas comparativas com brancos secos franceses do Loire, os sul-africanos costumam se destacar.

●● RECOMENDADOS

Kanu (Limited Release Wooded e Chenin Blanc), Kleine Zalze (Barrel Fermented), De Trafford (Chenin Blanc), Villiera (Chenin Blanc), Simonsig (Chenin

Blanc), Morgenhof (Chenin Blanc), Ken Forrester (The FMC – Forrester Meinert Chenin), Lourensford (Barrel Fermented), Spice Route (Chenin Blanc), The Winery (The Winery of Good Hope), Beaumont (Hope Marguerite) e Boschendal (Chenin Blanc).

Gostei muito destes: Forrester Meinert Chenin Blanc 04, Ken Forrester Chenin Blanc 05, Villiera Chenin Blanc 05, Lourensford Barrel Fermented Chenin Blanc 05, The Winery of Good Hope Chenin Blanc 05, Kanu Wooded Limited Release Chenin Blanc 04 e Kanu Chenin Blanc 2001.

Chardonnay • A Chardonnay gera os melhores brancos do país, num bom nível internacional. Contudo, os sul-africanos ainda ficam devendo em termos de superbrancos. A WO que mais produz essa casta é a Robertson, com solos bem alcalinos, apropriados para bons frutos. Ótimos frutos também se originam na fria Walker Bay e em alguns microclimas de Stellenbosch.

● ● ● DESTAQUES

Vergelegen (Reserve), Hamilton Russell (Chardonnay), Avontuur (Reserve), Jordan (Nine Yards), Rustenberg (Chardonnay), De Wetshof (Danie de Wet Bateleur), Glen Carlou (Chardonnay), Ataraxia (Chardonnay) e Bouchard Finlayson (Chardonnay).

● OUTROS RECOMENDADOS

Vergelegen (Chardonnay), Veenwouden (Special Reserve), Thelema (Chardonnay), Jordan (Chardonnay), Rupert & Rothschild (Baroness Nadine), The Winery (Radford Dale), Stellenryck (Chardonnay), Avontuur (Avon Ridge), Mulderbosch (Chardonnay), Constantia Uitsig (Reserve), Buitenverwachting (Hussey's Vlei), Rustenberg (Chardonnay), Waterford (Chardonnay), Dimersdal (Chardonnay), Iona (Chardonnay), Uva Mira (Chardonnay) e De Wetshof (Danie de Wet Mimestone Hill, Finesse e D'Honneur).

Os caldos que mais me impressionaram foram o Hamilton Russell Reserve Chardonnay 90, o Constantia Uitsig Reserve Chardonnay 03, o Vergelen Reserve Chardonnay 04, o Buitenverwachting Hussey's Vlei Chardonnay 04, o Jordan Nine Yards Chardonnay 04, o The Winery Radford Dale Chardonnay 05, o Danie de Wet Bateleur Chardonnay 95 e o Danie de Wet Chardonnay D'Honneur 04.

Sauvignon Blanc • Assim como com a Chenin Blanc, os brancos dessa variedade costumam aparecer nos estilos Fumé Blanc (barricado) e não amadeirado. Alguns exemplares de Constantia e de outras zonas com forte influência marítima têm liderado constantemente as provas. A personalidade deles, contudo, é distinta dos mais marcantes oriundos da Nova Zelândia e do Chile.

● ● ● DESTAQUES

Vergelegen (Reserve), Steenberg (Reserve), Klein Constantia (Perdeblokke), Neil Ellis (Groenekloof Sauvignon Blanc Swartland), Thelema (Sutherland), Cape Point (Stonehaven), Villiera (Bush Wine) e Mulderbosch (Sauvignon Blanc).

● OUTROS RECOMENDADOS

Vergelegen (Sauvignon Blanc), Steenberg (Sauvignon Blanc), Boekenhoutskloof (Porcupine Ridge), Klein Constantia (Sauvignon Blanc), Villiera (Blanc Fumé e Sauvignon Blanc), Neil Ellis (Sauvignon Blanc Elgin e Sauvignon Blanc Stellenbosch), Thelema (Sauvignon Blanc), Buitenverwachting (Sauvignon Blanc), Cape Point (Sauvignon Blanc), Oak Valley (Mountain Reserve), Iona (Sauvignon Blanc), Paul Cluver (Sauvignon Blanc), Fairview (Sauvignon Blanc), Hermanuspietersfontein (Die Bartho), Quoin Rock (The Nicobar), Boschendal (Cecil John Reserve), Dimersdal (8 Row), Jordan (Blanc Fumé e Sauvignon Blanc) e Simonsig (Blanc Fumé e Sauvignon Blanc).

Tive ótimas experiências com o Neil Ellis Sauvignon Blanc Stellenbosch 00, o Vergelegen Reserve Sauvignon Blanc 05, o Vergelegen Sauvignon Blanc 05, o Steenberg Reserve Sauvignon Blanc 05, o Steenberg Sauvignon Blanc 03, o Cape Point Stonehaven 05, o Cape Point Sauvignon Blanc 04, o Kleim Constantia Sauvignon Blanc 05, o Buitenverwachting Sauvignon Blanc 03, o Thelema Sutherland Sauvignon Blanc 05, o Fairview Sauvignon Blanc 06, o Oak Valley Mountain Reserve Sauvignon Blanc 05, o Iona Sauvignon Blanc 05, o Paul Cluver Sauvignon Blanc 05 e o Porcupine Ridge Sauvignon Blanc 04.

Sémillon • Os vinhos mais interessantes dessa cepa são os que estagiam em carvalho. A madeira acrescenta novas dimensões de *flavores*, mas demanda mais paciência para que eles sejam bebidos.

● ● **RECOMENDADOS**

Fairview (Oom Pagal), Boekenhoutskloof (Sémillon), Steenberg (Oaked Sémillon e Sémillon), Constantia Uitsig (Reserve), Cape Point (Sémillon), Stellenzicht (Reserve) e Neethlingshof (Reserve).

Gostei muito do Boekenhoutskloof Sémillon 03, do Fairview Oom Pagel Sémillon 04, do Cape Point Sémillon 05, do Steenberg Wooded Sémillon 04, do Constantia Uitsig Reserve Sémillon 04 e do Steenberg Sémillon 03.

Outros brancos secos • O maior destaque dessa seção é o Vergelegen White Blend, que mistura 78% de Sauvignon Blanc e 22% de Sémillon, ambas barricadas. A sua clara inspiração são os grandes brancos bordaleses de Pessac-Leógnan. O da safra de 2004 mostrou-se soberbo.

Outros recomendados são: Steenberg (Sauvignon/Sémillon), Cape Point (Isliedh), Constantia Uitsig (White), Nederburg (Ingenuity), Oak Valley (The OV), Sadie (Palladius), Tokara (White), Sterhuis (Astra), Sequillo (White), Adoro (Naudé) e Solms-Delta (Amalie, Koloni). Meu predileto foi: Constantia Sémillon/Sauvignon Blanc 04.

Brancos de sobremesa • A África do Sul tem longa experiência na elaboração de vinhos brancos de sobremesa, que remonta ao século XVIII. Utilizam grande gama de variedades, indo das moscatéis tradicionais à nobre Riesling.

● ● ● **DESTAQUES**

Klein Constantia (Vin de Constance Muscat de Frontignan), De Wetshof (Edeloes NLH Riesling), De Trafford (Vin de Paille Chenin Blanc) e Avontuur (Above Royalty Riesling).

● **OUTROS RECOMENDADOS**

Klein Constantia (NLH Sauvignon Blanc), Vergelegen (NLH Sémillon), Nederburg (Edelkeur Chenin Blanc), Neethlingshof Lord (NLH Riesling), Bon Courage (NLH Riesling) e Signal Hill (Crème de Tête Muscat d'Alexandrie e Vin de L'Empereur Muscat d'Alexandrie).

De ótimo nível foram o Edeloes NLH Riesling 98, o Lord Neethlingshof NLH Riesling 04 e o famoso Vin de Constance Muscat de Frontignan 97.

TINTOS

Os vinhos rubros sul-africanos já alcançaram um patamar de qualidade tal que os torna muito conceituados e apreciados pelos consumidores de todo o globo.

O amplo leque de opções vai desde o característico Pinotage, passando, entre outros, pelos promissores Shiraz, até chegar ao cimo, onde se encontram os melhores tintos de mescla bordalesa, na qual predomina a Cabernet Sauvignon.

Cabernet Sauvignon • A rainha das uvas da África do Sul e também a escura mais cultivada. Expressa-se maravilhosamente em Stellenbosch e em algumas privilegiadas parcelas de Paarl.

Dá vinhos estruturados e equilibrados, perdendo em classe e complexidade apenas para os supertintos mesclados com ela própria.

● ● ● DESTAQUES

Boekenhoutskloof (Cabernet Sauvignon), Thelema (Cabernet Sauvignon), Rustenberg (Peter Barlow), Le Riche (Reserve), Kanonkop (Cabernet Sauvignon), Morgenhof (Reserve), Neil Ellis (Reserve), Rust en Vrede (Cabernet Sauvignon), Meerlust (Cabernet Sauvignon), Stark-Condé (Condé) e Le Bonheur (Cabernet Sauvignon).

● OUTROS RECOMENDADOS

L'Avenir (Cabernet Sauvignon), Stellenzicht (Founder's Private), Neil Ellis (Cabernet Sauvignon), Le Riche (Cabernet Sauvignon), Vergelegen (Cabernet Sauvignon), Boekenhoutskloof (Porcupine Ridge), Stark-Condé (Stark), Muratie (Cabernet Sauvignon), Overgaauw (Cabernet Sauvignon), Longridge (Cabernet Sauvignon), Delheim (Cabernet Sauvignon), Klein Constantia (Cabernet Sauvignon), De Trafford (Cabernet Sauvignon), Waterford (Cabernet Sauvignon), Jordan (Cabernet Sauvignon), Edgebaston (Cabernet Sauvignon) e Stellenryck (Cabernet Sauvignon).

Os melhores por mim provados foram: Boekenhoutskloof Cabernet Sauvignon 02, Kanonkop Cabernet Sauvignon 98, Rustenberg Peter Barlow Cabernet Sauvignon 03, Thelema Cabernet Sauvignon 96, Vergelegen Cabernet Sauvignon 03, Le Bonheur

Cabernet Sauvignon 94, Condé Cabernet Sauvignon 04, Stark Cabernet Sauvignon 03, Klein Constantia Cabernet Sauvignon 97, Neil Ellis Cabernet Sauvignon 00, Jordan Cabernet Sauvignon 03 e Stellenryck Cabernet Sauvignon 86.

Shiraz • É uma das joias do momento, demonstrando muito potencial de qualidade em vários microclimas mais mornos.

● ● ● DESTAQUES

Boekenhoutskloof (Shiraz), Engelbrecht Els (Cirrus), Stellenzicht (Shiraz), Saxenburg (Select), Fairview (Cyril Back), Spice Route (Flagship), Gilga (Shiraz), Neil Ellis (Reserve), Rust en Vrede (Shiraz), Stark-Condé (Condé), Ridgeback (His Masters Choice), Delheim (Vera Cruz) e Muratie (Shiraz).

● OUTROS RECOMENDADOS

Fairview (Jakkalsfontein Solitude, The Beacon), Graham Beck (The Ridge Shiraz Robertson, Coastal Shiraz Franschhoek), Boekenhoutskloof (Porcupine Collection e Porcupine Ridge), The Winery (Radforf Dale), Saxenburg (Private Collection), Delheim (Shiraz), Vergelegen (Shiraz), Neil Ellis (Shiraz), De Trafford (Shiraz), Stark-Condé (Stark), Steenberg (Shiraz), Groot Constantia (Shiraz), Glen Carlou (Shiraz), Bon Courage (Inkará), Signal Hill (Clos d'Oranje), Jordan (Syrah), Raka (Biography), Eagle's Nest (Shiraz), Hartenberg (The Stork), Camberley (Shiraz), Seidelberg (Roland's Reserve), De Wetshof (Dukesfield) e Havana Hills (Du Plessis Reserve).

O melhor que bebi foi o Boekenhoutskloof Shiraz 02. Outros vinhos bem pontuados por mim foram o Fairview Jakkalsfontein Shiraz 03, o Fairview Solitude Shiraz 03, o Fairview The Beacon Shiraz 03, o Neil Ellis Shiraz 98, o Cirrus Shiraz/Viognier 03, o Rust em Vrede Shiraz 01, o Condé Syrah 04, o Stark Syhah 03, o Ridgeback His Masters Choice Shiraz/Viognier 04, o Ridgeback Shiraz 03, o The Winery Radford Dale Shiraz 04, o The Winery Radford Dale Shiraz/Viognier 05, o Glen Carlou Shiraz 04, o Porcupine Collection Syrah/Viognier 07, o Porcupine Ridge Syrah 03, o Steenberg Shiraz 04, o Groot Constantia Shiraz 04, o Spice Route Flagship Shiraz 99, o Jordan Syrah 04, o Raka Biography Shiraz 04, o Roland's Reserve Shiraz 02 e o Dukesfield Syrah 01.

Pinotage • É o caldo mais típico do país, com *flavores* característicos de ameixa, banana, cereja, cassis e *berries* vermelhos e pretos. Quando o vinho fica mais velho, surgem aromas animais, de fazenda, queimado, café e chocolate. Confesso que não sou fã dessa variedade.

● ● ● DESTAQUES

Kanonkop (Pinotage), Beyerskloof (Reserve), Uiterwyk (Top of the Hill), L'Avenir (Auction Reserve), Kaapzicht (Steytler), Fairview (Primo), Spice Route (Flagship) e Neethlingshof (Lord Neethling).

● OUTROS RECOMENDADOS

L'Avenir (Pinotage), Kaapzicht (Pinotage), Fairview (Amos), Hidden Valley (Pinotage), Simonsig (Red Hill), Graham Beck (Pinotage), Clos Malverne (Reserve e Pinotage), Seidelberg (Roland's Reserve) e Beyerskloof (Pinotage).

Os meus prediletos foram: Kanonkop Pinotage 93, L'Avenir Pinotage 99, Spice Route Pinotage 99, Roland's Reserve Pinotage 02 e Clos Malverne Reserve Pinotage 97.

Merlot • A Merlot vem sendo empregada prioritariamente em misturas com a Cabernet Sauvignon e outras. Entretanto, estão disponíveis no mercado vários exemplares solo, principalmente de Stellenbosch e Paarl.

● ● ● DESTAQUES

Thelema (Reserve), Saxenburg (Private Collection), Veenwouden (Merlot), Spice Route (Flagship) e Morgenhof (Reserve).

● OUTROS RECOMENDADOS

Thelema (Merlot), Meerlust (Merlot), Morgenhof (Merlot), Steenberg (Merlot), Cordoba (Merlot), De Trafford (Merlot), Rust en Vrede (Merlot), Boekenhoutskloof (Porcupine Ridge), Graham Beck (Merlot), Overgaauw (Merlot), Longridge (Merlot), Boschendal (Merlot) e Havana Hills (Bisweni).

Os vinhos que se saíram melhor em degustações das quais participei foram o Spice Route Flagship Merlot 99, o Meerlust Merlot 99, o Saxenburg Private Collection Merlot 00 e o Veenwouden Merlot 99.

Pinot Noir • Os melhores exemplares de vinho da sempre difícil Pinot Noir provêm da fria zona de Walker Bay.

●●● DESTAQUE

Hamilton Russell (Pinot Noir).

● OUTROS RECOMENDADOS

Bouchard Finlayson (Tête Cuvée Galpin Peak e Galpin Peak), Meerlust (Pinot Noir), De Trafford (Pinot Noir), Cape Chamonix (Reserve) e De Wetshof (Nature in Concert).

Um bom exemplar que me agradou foi o Hamilton Russell Pinot Noir 99.

Mesclas tintas • A maioria dos grandes vinhos tintos sul-africanos origina-se de um corte em que predomina a Cabernet Sauvignon. Como cultivares acessórios, são usadas não só as bordalesas Merlot, Cabernet Franc e Malbec, mas também a Pinotage e a Shiraz.

●●●● GRANDES DESTAQUES

Kanonkop (Paul Sauer), Ernie Els, Vergelegen ("V"), Rustenberg (John X Merriman), Rust en Vrede (Estate Red), Veenwouden (Classic), Beyerskloof (Estate Red), Meerlust (Rubicon), Capaia (Estate Red), Anwilka (Estate Red), Mont du Toit (Le Sommet), Morgenhof (Estate Reserve), Overgaauw (Estate Reserve) e De Toren (Fusion V).

●●● DESTAQUE

Boekenhoutskloof (Chocolate Block), Mont du Toit (Estate Red), Vergelegen (Red), Grangehurst (Cabernet/Merlot), Cape Point (Scarborough), Havana Hills (Du Plessis Reserve Cabernet/Merlot), Morgenhof (Première Sélection), Waterford (The Jem), De Trafford (CWG Perspective), De Toren ("Z") e Clos Malverne (Auret).

● OUTROS RECOMENDADOS

Rustenberg (Brampton), The Winery (Radford Dale Gravity), Kaapzicht (Steytler Vision), Morgenster (Lourens River Cabernet/Merlot), Uiterwyk (Estate Cape Red), Steenberg (Catharina), Capaia (Blue Grove Hill), Beaumont (Ariane), Rupert & Rothschild (Baron Edmund), Overgaauw (Tri Corda), Grangehurst (Nikela), Klein Constantia (Marlbrook), Buitenverwachting (Christine), Groot Constantia (Grouverneurs Reserve), The Winery (Black Rock), Jordan (Cobblers Hill), Cordoba (Crescendo), Glen Carlou (Grand Classique Red), Raka (Quinary, Figurehead), Jordan (Sophia Reserve), Remhoogte (Nouvelle, Estate Red), Vilafonté (Series C), Waterford (CWG

Reserve), Delheim (Grand Reserve), Kanu (Rockwood), Ken Forrester (Shiraz/Grenache), Simonsig (Frans Malan Reserve), Le Bonheur (Prima), Sadie (Columella), Ingwe (Bordeaux), Sequillo (Red), Mulderbosch (Faithful Hound) e Warwick (Trilogy).

Os que mais me marcaram foram*: Kanonkop Paul Sauer CS/Me/CF 92 – melhor tinto sul-africano que sorvi, necessitando tempo de garrafa para mostrar a sua classe –, Beyerskloof Estate Red CS/Me 99, Ernie Els CS/CF/Me/Mal/PV 01, Rust en Vrede Estate Red CS/Sh/Me 01, Rustenberg John X Merriman CS/Me/PV/CF/Mal 03, Rustenberg Brampton Sh/Mou/Gre/Vio 05, Vergelegen "V" CS/Me/CF 01, Vergelegen Red CS/Me/CF 01, Capaia Me/CS/PV/CF 04, Anwilka CS/Sh 05, Mont du Toit Le Sommet CS/Me/CF/Sh 02, Mont du Toit CS/Me/CF/Sh 00, Meerlust Rubicon CS/Me/CF 99, Morgenhof Première Sélection CS/Me/CF 97, Morgenster Lourens River CS/Me 98, Steenberg Catharina Me/CS/Sh/CF 01, The Winery Radford Dale Gravity CS/Me/Sh 04, The Winery Black Rock Sh/Ca/Gre 05, Blue Grove Hill Me/CS/CF 05, Havana Hills Du Plessis Reserve C/Me 04, Rupert & Rothschild Baron Edmond CS/Me 02, Rupert & Rothchild Classique CS/Me 03, De Toren Fusion V CS/CF/Me/Mal/PV 03, De Toren "Z" CS/CF/Mal/PV 04, Auret CS/Pge 96, Klein Constantia Marlbrook C/Me 97, Cape Point Scarborough CS/Sh/Me 04, Buitenverwachting Christine CS/CF/Me 01, Groot Constantia Gouverneurs Reserve CS/Me/Mal 03, Glen Carlou Grand Classique CS/Me/CF/Mal/PV 03, Glen Carlou Tortoise Hill CS/Sh/Zin/TN/Me 04, Beaumont Ariane Me/CS/CF 03, Jordan Cobblers Hill CS/Me/CF 03, Raka Quinary CS/Me/CF/Mal/PV 03, Raka Figurehead CS/Pge/Me/CF/Mal/PV 04, Delheim Grand Reserve CS/Me 01, Kanu Rockwook Sh/CS/Me 04, Ken Forrester Sh/Gre 02, Remboogte Nouvelle Me/Pge/CS 02, Remboogte Me/CS/Pge 03, Simonsig Frans Malan Reserve Pge/CS/Me 03, Le Bonheur Prima Me/CS 01, Veenwouden Classic CS/Me/CF/Mal 00, Overgaauw Tri Corda CS/Me/Mal 87 e Warwick Trilogy CS/Me/CF 89.

De todos os vinhos do Novo Mundo, esses tintos são os que têm mais semelhanças com os de Bordeaux. Privilegiam mais o equilíbrio que a concentração, mais o caráter mineral e de couro de alguns *terroirs* e menos a fruta madura. Se você é amante dos grandes Médoc, vale a pena experimentar um desses caldos cimeiros!

---

* As abreviaturas empregadas nas variedades negras dos vinhos relacionados são: C (Cabernet), CF (Cabernet Franc), CS (Cabernet Sauvignon), Ca (Carignan), Gre (Grenache), Mal (Malbec), Me (Merlot), Mou (Mourvèdre), PV (Petit Verdot), Pge (Pinotage), Sh (Shiraz), TN (Touriga Nacional), Vio (Viognier), Zin (Zinfandel).

BRASIL

- **PRODUÇÃO:** 130 milhões de litros (2016) ▲ 20ª do mundo
- **ÁREA DE VINHEDOS:** 85 mil hectares (2016) ▲ 19ª do mundo
- **CONSUMO PER CAPITA:** 2 litros/ano (2016) ▲ 55ª do mundo
- **LATITUDES:** 3°S (Sobral, Ceará) • 32°S (Fronteira Gaúcha)

HISTÓRIA
OS PRIMÓRDIOS COM OS PORTUGUESES

A videira chegou ao Brasil em 1532 com o donatário Martim Afonso de Sousa. Com a expedição desembarcou o fidalgo Brás Cubas, que se tornou o primeiro viticultor do Brasil ao plantar parreiras vindas da ilha da Madeira nas sesmarias que lhe foram doadas na Capitania de São Vicente, no atual Estado de São Paulo. Diante das condições climáticas adversas no litoral, Brás Cubas, por volta de 1551, plantou novos vinhedos nas cercanias do Tatuapé, bairro da atual capital paulista, no planalto de Piratininga. Ali também não obteve sucesso.

Posteriormente, portugueses tentaram o cultivo de uvas – a maioria de origem ibérica – em diversas regiões do país. Porém, foi no Rio Grande do Sul que as parreiras frutificaram com mais intensidade.

Rio Grande do Sul • A viticultura chegou às terras gaúchas em 1626, quando o jesuíta Roque González de Santa Cruz a implantou no oeste do atual estado, na região dos chamados Sete Povos das Missões. A experiência foi abandonada quando da destruição das Missões pelos portugueses.

Fizeram-se outras tentativas de implantar variedades viníferas, notadamente no fim do século XVIII, pela mão dos açorianos, na região de Porto Alegre. Por causa das dificuldades de adaptação das cepas europeias, foram introduzidas, em meados do século XIX, as rústicas castas americanas.

O comerciante alemão Thomas Messiter iniciou o cultivo da variedade Isabel entre 1839 e 1842, na ilha dos Marinheiros, no sul do estado, com mudas enviadas dos Estados Unidos por seu amigo, o diplomata brasileiro José Marques Lisboa.

A experiência foi tão bem-sucedida que, por volta de 1860, a variedade Isabel passou a dominar em todo o estado, fazendo praticamente desaparecer as castas europeias. Até hoje a Isabel ainda é a uva mais plantada no Rio Grande do Sul.

A IMIGRAÇÃO ITALIANA

O grande marco da viticultura rio-grandense e brasileira foi estabelecido pelos italianos, sobretudo vênetos, lombardos e trentinos, cuja imigração para a Serra Gaúcha se intensificou a partir de 1870. As colônias então fundadas – Dona Isabel (hoje Bento Gonçalves), Conde d'Eu (Garibaldi), Campo dos Bugres (Caxias do Sul), Nova Trento (Flores da Cunha), Nova Vicenza (Farroupilha), entre outras – constituem atualmente o maior e mais importante núcleo brasileiro de vitivinicultura.

As mudas de uvas europeias trazidas por esses imigrantes inicialmente se adaptaram bem a essas terras, mas foram sendo dizimadas aos poucos por doenças. Em visitas a regiões de colonização alemã, os italianos verificaram o sucesso das castas americanas, em especial a Isabel, e decidiram adotá-las em suas terras.

Primeiras vinícolas • No início do século XX, foram inauguradas na Serra Gaúcha algumas das principais vinícolas do país. A primeira foi a Monaco (1908). Seguiram-se a Dreher (1910), a Salton (1910), a Armando Peterlongo (1915) – pioneira na elaboração de espumante natural brasileiro – e a Companhia Vinícola Rio-Grandense (1929).

Na década de 1930, iniciou-se um movimento cooperativista que trouxe muitos benefícios à vitivinicultura gaúcha. As precursoras foram a Forqueta (1929), a Aliança (1931), a Aurora (1931) – a maior e líder do mercado até o presente – e a Garibaldi (1931). Em 1965, estabeleceu-se outra importante cooperativa, a de Pompeia.

A criação de empresas impulsionou o desenvolvimento da exploração comercial da videira, quando passou da vinificação para consumo familiar e local aos âmbitos estadual e federal. Outro fator importante foi a ligação ferroviária entre Caxias do Sul e a capital, Porto Alegre, permitindo o melhor escoamento da produção das vinícolas.

Nessa mesma época, a *Vitis vinifera* começou a ser reintroduzida e disseminada na Serra Gaúcha. O grande mérito deveu-se à Companhia Vinícola Rio-Grandense (CVRG), que, com o vinhedo Granja União, localizado em Flores da Cunha, foi a pioneira na implantação comercial de parreirais especializados em viníferas finas. Em 1931, a Granja União já possuía 50 hectares plantados com Cabernet Franc, Merlot, Riesling Itálico, Trebbiano, Malvasia de Candia, Moscato, Barbera, Bonarda, entre outras variedades. Desse vinhedo foram gerados, em 1937, os primeiros vinhos varietais (que declaram no rótulo a cepa majoritária) do Brasil. Com a dissolução da CVRG, a marca Granja União foi adquirida pela Cordelier, em 1997. Em 2011, ela foi comprada, por sua vez, pela Cooperativa Garibaldi. Já o lendário vinhedo ficou com a recém-fundada Luiz Argenta.

Fechando o ciclo das mais antigas cantinas gaúchas com projeção nacional, foram fundadas a Georges Aubert (1951) e a Brièrre (1953), do vinho Jolimont.

Lenta evolução • Até o fim da década de 1960, o desenvolvimento da vitivinicultura gaúcha foi lento e gradual. As variedades viníferas precursoras na serra eram de origem italiana: Barbera, Bonarda, Sangiovese e Canaiolo (tintas); Moscato, Trebbiano, Malvasia e Peverella (brancas) – todas cultivadas em grandes quantidades nos anos 1940, 50 e 60.

Em 1964, a Cooperativa Aurora produziu o seu primeiro vinho fino, o Bernard Taillan, que teve boa aceitação no mercado. O vinho brasileiro que mais fez sucesso na época foi o tinto Majou Tanret, produzido pela CVRG e comercializado pela Fabrizio Fasano, sob a supervisão do competente enólogo Franco Barbieri.

Entre as décadas de 1960 e 70, criaram-se mais três adegas produtoras de vinhos finos de destaque. A primeira delas, a Vinícola Fraiburgo (1962), única catarinense a ter algum sucesso no mercado do Sudeste brasileiro, naquela ocasião, infelizmente mudou depois suas atividades para o ramo mais lucrativo de maçãs *fuji*. A segunda, a gaúcha Château Lacave (1968), da família vinhateira uruguaia Carrau, produzia o tinto Château Lacave, o meu predileto quando comecei a estudar e beber vinho regularmente, em 1974. Pena que a empresa e seu belo castelo-cantina tenham sido vendidos, em 1987, para a Rémy-Martin, pertencendo, desde 2001, à família Basso dos vinhos comuns Canção. A famosa marca Velho do Museu e o vinhedo de Santana do Livramento, porém, ficaram com a nova firma Velho do Museu, então constituída por Juan Luiz Carrau. A terceira foi a Adega Medieval, de Viamão, fundada no início dos anos 1970 pelo saudoso e carismático Oscar Guglielmone e, hoje, desativada.

A ENTRADA DAS MULTINACIONAIS

A qualidade do vinho nacional melhorou consideravelmente com a participação de multinacionais no setor. A primeira foi a italiana Martini & Rossi (1973), hoje Bacardi-Martini, com a sua divisão De Lantier, cujas instalações foram vendidas, em 2007, para a vinícola Perini. Ela estreou com o líder de mercado Château Duvalier, linha inicialmente produzida pela CVRG a partir de 1968. Até hoje tenho uma dívida de gratidão com o caro Adolfo Lona, enólogo-chefe dessa empresa, por ter-me fornecido uma extensa cartografia da Serra Gaúcha, que, junto com o material que obtive no Ministério do Exército, permitiu-me elaborar e publicar o primeiro *Mapa Vinícola do Brasil*, em 1990.

Seguiram-se a norte-americana Heublein (1973), atual Diageo, com a compra da Dreher; a francesa Moët & Chandon (1973), inicialmente associada ao grupo italiano Cinzano e ao grupo brasileiro Monteiro Aranha; a canadense Seagram (1974), com a belíssima Maison Forestier, cujas instalações infelizmente foram vendidas, faz pouco tempo, a uma firma de sucos, mas a marca Forestier se manteve, sob a tutela da Pernod-Ricard; finalmente, a norte-americana National Distillers (1974), com a revolucionária Almadén, comprada da Pernod-Ricard, em 2009, pelo grupo Miolo.

A participação de empresas estrangeiras no setor ocorreu basicamente de quatro formas:

- Compra de vinícolas nacionais já estabelecidas (caso da Heublein).
- Comercialização de produtos de outras vinícolas, até que construíssem cantinas próprias (casos da Martini & Rossi e da Seagram).
- Construção de cantinas, porém comprando uvas dos colonos (caso da Moët & Chandon).
- Compra de terras, plantando uvas e construindo cantinas (caso da National Distillers).

Com sua pujança econômica, as multinacionais impulsionaram o desenvolvimento vinícola brasileiro por meio de campanhas de marketing mais agressivas; bonificações aos agricultores que colhessem uvas de melhor qualidade; promoção da mudança da condução dos parreirais, de latada ou pérgola para espaldeira; incentivo ao plantio de uvas europeias nobres de melhor qualidade; e, não menos importante, introdução de uma sofisticada tecnologia, principalmente na produção de brancos.

Sob o patrocínio dos novos empreendedores, a Serra Gaúcha estimulou o cultivo de quatro variedades de qualidade, a maioria francesa: as escuras Cabernet Franc (1970) e Merlot (c. 1970) e as claras Riesling Itálico (1973) e Sémillon (fim dos anos 60). As novas mudas foram escolhidas em detrimento das de origem italiana, como Barbera, Bonarda, Trebbiano, Peverella etc., que predominavam até então.

Primeira reação das nacionais • As empresas brasileiras tiveram de se esforçar para enfrentar a concorrência, o que acarretou aumento da qualidade de nossos vinhos.

Na esteira do sucesso das multinacionais, novas firmas se estabeleceram: Jota Pe (1972), atual Vinícola Perini; Luiz Valduga (1973), do vinho Casa Valduga; Monte Lemos (1974), hoje Dal Pizzol; Wizard (c. 1975), hoje Monte Reale/Val de Miz; Courmayeur (1976); Provino (1978); e Cave de Amadeu (1979), do reconhecido enólogo chileno Mário Geisse, ex-Chandon. Algumas casas mais antigas também passaram a produzir vinhos finos no início dos anos 70: Marson e Marco Luigi, ex-Victor Valduga. Depois, seguiram-se Boscato (1983); Adegas Domecq (1985), depois Allied

Domecq, hoje comprada pela Pernod-Ricard; Giacomin (1985); Abegê (1985), do vinho Don Giovanni; Dom Cândido (1986); Cordelier (1987); e Cavalleri (1987).

A busca de qualidade também atraiu a Salton, que se lançou na produção de vinhos finos. A vinícola contratou Lucindo Copat, pupilo de Dante Calatayud, da Heublein, que infelizmente vendeu sua unidade de Bento Gonçalves à Cooperativa Aurora, em 1983.

Entre o fim dos anos 1970 e o início dos 80, foram introduzidas as castas tintas nobres Cabernet Sauvignon (1982), Pinot Noir (cresceu em 1984), Zinfandel, Gamay, Pinotage, Tannat (1983) e Syrah (1983) e as brancas Chardonnay (1981), Gewürztraminer (1981), Riesling Renano (1984), Pinot Blanc (fim da década de 70) e Sauvignon Blanc.

Um dos primeiros brancos finos a conquistar o mercado foi o Lejon Riesling 1980, produzido pela Heublein (atual Diageo) com uvas Riesling Itálico. Essa bela obra de Dante Calatayud – meu saudoso amigo e mestre vínico – foi a campeã na categoria branco seco na I Olimpíada de Vinho do Guia Quatro Rodas, realizada em 1981, da qual tive a honra de participar. Esse concurso, primeiro de uma série de extensivas provas às cegas de vinhos nacionais, estendeu-se até meados da década de 1990, patrocinado inicialmente por *Quatro Rodas* e, depois, pela revista *Playboy*.

Todavia, o vinho de maior sucesso até hoje no mercado brasileiro, que reinou absoluto nas décadas de 1970 e 80, foi o Velho do Museu, do Château Lacave, tinto de guarda pioneiro no país elaborado pelo amigo e respeitado enólogo Juan Luiz Carrau com um corte de Cabernet Franc e Merlot e maturação de 18 meses em tonéis de carvalho de 5 mil litros. Em abril de 1985, tive o prazer de participar de uma inesquecível degustação vertical, no próprio castelo, que incluía desde a sua primeira safra, de 1971, até a de 1983.

AS NOVAS REGIÕES

Fronteira Gaúcha • No decorrer da década de 1970, várias empresas começaram a se estabelecer no extremo sul do estado, atraídas por pesquisas da Secretaria de Agricultura do Rio Grande do Sul que o consideraram a região de melhores condições climáticas para a cultura de *Vitis vinifera*.

A National Distillers, por intermédio da subsidiária Almadén da Califórnia, reintroduziu o plantio de *Vitis vinifera* no município de Bagé, pois no fim do século XIX alguns municípios fronteiriços já cultivavam uvas europeias. Em 1974, a Almadén iniciou o cultivo de 700 hectares de uvas europeias no distrito de Palomas, em Santana do Livramento. Foram plantadas as viníferas escuras Cabernet Sauvignon,

Cabernet Franc, Merlot, Tannat, Pinot Noir, Pinot Saint Georges, Gamay e Zinfandel e as claras Chardonnay, Sauvignon Blanc, Sémillon, Flora, Trebbiano (ou Ugni Blanc), Riesling Renano, Riesling Itálico, Gewürztraminer, Pinot Blanc, Chenin Blanc, Moscato e French Colombard.

Em seguida, outras firmas implantaram-se na região, como a Château Lacave, atual Velho do Museu-Juan Carrau (vinhedo em 1980) e a Livramento Vinícola (1982), do vinho Santa Colina, pertencente ao grupo japonês Minami Kyushu, vendida, recentemente, para a Cooperativa Aliança, em Santana do Livramento; e a Cia. Rio-Grandense e a Heublein(atual Diageo), em Pinheiro Machado.

Vale do São Francisco • A pioneira dos tempos modernos no Nordeste foi a Cinzano, que se instalou no início da década de 1960 no município pernambucano de Floresta, às margens do rio São Francisco, visando à produção de uvas para vermute. Em 1983, a Cinzano vendeu os 250 hectares de sua propriedade à Vinícola Santa Maria, produtora de vinagre com instalações em Olinda.

Em 1970, implantou-se em Santa Maria da Boa Vista (PE) a Fazenda Milano, da Vinícola do Vale do São Francisco, pertencente ao grupo paulista Persico Pizzamiglio. A empresa contou com a assistência técnica da Forestier na elaboração dos seus vinhos finos Botticelli, lançados em 1984.

No mesmo município, estabeleceu-se a Vinícola Vale do Cactus, empreendimento do paulista Mamoru Yamamoto, que em 1971 adquiriu a Fazenda Ouro Verde I. Em 1982, Yamamoto comprou a Ouro Verde II, em Casa Nova (BA), onde instalou a sua cantina, além da maior parte dos vinhedos do grupo, dono da marca Vale Douro.

As variedades de uvas plantadas que se mostraram mais adaptadas à região, tanto em produtividade vitícola como em qualidade vinícola, foram: Chenin Blanc, Sauvignon Blanc, Sylvaner e Moscato Canelli (claras); Cabernet Sauvignon, Syrah e Pinot Noir (escuras).

A LIBERAÇÃO DAS IMPORTAÇÕES

Em 1990, o Rio Grande do Sul, de longe o principal produtor brasileiro, colheu 77% de americanas e híbridas, entre as quais desponta a Isabel – uva mais plantada do país –, com cerca de 50% do total da safra, e apenas 22% de uvas europeias, sendo 76% de brancas e 24% de tintas.

Imediatamente antes da liberação tarifária, em 1989, o mercado de vinhos finos era 84% nacional e 16% importado. A importação significativa de vinhos começou com a abertura econômica e a redução de alíquotas alfandegárias, em 1990, no governo Collor, e aumentou fortemente a partir de 1995.

A maior crise no setor ocorreu nesse ano, com a invasão do mercado pelos vinhos adocicados alemães de garrafa azul. Por outro lado, esses brancos fáceis de beber foram os responsáveis pela entrada de milhares de consumidores no mundo do vinho, principalmente os mais jovens.

A metade final dos anos 90 viu dois grandes acontecimentos. Em setembro de 1995, o Brasil tornou-se enfim membro do Office International de la Vigne et du Vin (OIV) – em contrapartida, deveremos felizmente abolir o uso indevido de denominações protegidas, tais como Champagne, Cognac e outras. E em fins de 1999 foi fundado o Instituto Brasileiro do Vinho (Ibravin), com sede em Bento Gonçalves, um foro nacional para congregar as principais entidades da vitivinicultura.

Segunda reação das nacionais • No rastro do aumento da demanda de vinhos de qualidade, consequência da abertura do mercado, surgiram na década de 1990 várias cantinas de pequeno e médio porte com vontade de fazer vinhos finos de escol, para competir com os importados. As principais foram: Miolo (1990), Don Laurindo (1991), Bentec (1996) – do vinho Lovara –, Cave de Pedra (1997), Velha Cantina (1997) – do vinho Cordignano – e Pizzato (1998). Quase todas estão no Vale dos Vinhedos, na Serra Gaúcha.

Grande parte desses novos empreendimentos pertence a pequenos agricultores que tradicionalmente abasteciam as grandes vinícolas com suas uvas. Com o maior grau de instrução de seus filhos, inclusive especialização em enologia, instalaram-se em torno das propriedades familiares cantinas e complexos hoteleiros voltados para o turismo rural. Passaram a elaborar vinhos finos, principalmente rubros, vários deles barricados, o que não era prática comum antigamente.

O exemplo mais marcante é o da Miolo, que em menos de uma década passou de uma pequena vinícola para uma das cinco maiores produtoras de vinhos finos do Brasil. A Miolo é uma das raras proprietárias de vinhedos nos três principais polos vitícolas do país: Serra Gaúcha, Fronteira Gaúcha e Vale do São Francisco.

Acontecimentos na Fronteira Gaúcha • A implantação da uva na Serra Gaúcha deveu-se a motivos históricos, mas a escolha da Fronteira Gaúcha prendeu-se a razões técnicas, para a obtenção das melhores viníferas do Estado. Uvas de qualidade resultam em vinhos superiores, o que permite às cantinas gaúchas competir com os importados em condições mais equilibradas. Atualmente, a região da Campanha é responsável pela segunda maior área de uvas viníferas colhidas no estado.

Devido às ótimas condições de cultivo de uvas viníferas e à relativa saturação da Serra Gaúcha, muitas vinícolas serranas vêm ultimamente se instalando no extremo sul do Rio Grande do Sul, juntando-se às pioneiras Almadén, Velho do Museu – Juan Carrau e Livramento.

Na década de 1990, a Seagram (hoje incorporada pela Pernod-Ricard), sob o comando do experiente Gladistão Omizzolo, uniu a Almadén à Forestier. Hoje, Gladistão e Rosana Wagner comandam os bons vinhos da Cordilheira de Santana.

Acontecimentos no Vale do São Francisco • Segundo maior polo de cultivo de *Vitis vinifera* do Brasil, logo atrás do Rio Grande do Sul e superando Santa Catarina, o Vale do São Francisco é de longe o maior produtor brasileiro de uvas de mesa e tem atraído empresas gaúchas e também estrangeiras para a produção de vinho.

A área de cultivo de uva no Vale do São Francisco engloba principalmente os municípios de Santa Maria da Boa Vista e seu emancipado Lagoa Grande e Petrolina, em Pernambuco, e Casa Nova, Curuçá, Sento Sé e Juazeiro, na Bahia.

Às pioneiras Fazenda Milano – dos vinhos Botticelli e Dom Francesco – e Fazenda Ouro Verde, juntou-se inicialmente a Vinícola Santa Maria – do vinho Adega do Vale. Com a inundação das terras da Cinzano pela barragem de Itaparica, a empresa adquiriu uma gleba em Lagoa Grande. Do time das pernambucanas ainda consta a Vitivinícola Lagoa Grande, com os vinhos Garziera e Carrancas, elaborados pelo gaúcho Jorge Garziera, ex-enólogo da Fazenda Milano e ex-prefeito de Lagoa Grande.

AS NOVÍSSIMAS REGIÕES

Planalto Catarinense • O surgimento dessa nova região de vinhos de qualidade, que abrange a Serra Catarinense e o Vale do Contestado, com vinhedos localizados entre 900 e 1.400 metros de altitude, aconteceu na passagem do século XX para o XXI.

Em 1997, o pesquisador e engenheiro agrônomo Cangussu Silveira Matos, da estação de Videira, trabalhando em um experimento na estação de São Joaquim, observou que as uvas Cabernet Sauvignon tinham um comportamento bem diferente do de Videira, pois ainda estavam amadurecendo em abril e a qualidade dos frutos era superior, tanto fenológica quanto sanitária. Ele colheu as uvas maduras e as enviou para ser vinificadas em Videira pelo enólogo Jean Pierre Rosier. O vinho resultante surpreendeu os técnicos de Videira. No ano seguinte, repetiram a vinificação delas, confirmando o potencial da região para a vitivinicultura.

Com esses resultados promissores, a partir de 2000, iniciou-se a formação de vinhedos comerciais em São Joaquim. Simultaneamente, a Estação Experimental da Epagri em São Joaquim expandiu seus experimentos com outras variedades de uvas viníferas, implantando coleções de videiras nos municípios da região. Tais coleções estão plantadas em propriedades de agricultores que já desenvolvem parcerias com a Estação nesses municípios. Estão constituídas de 20 plantas de cada uma das variedades: brancas (Chardonnay e Sauvignon Blanc) e tintas (Cabernet Sauvignon, Merlot, Pinot Noir, Syrah, Tannat e Tempranillo). A condução das videiras é feita pelos métodos espaldeira e manjedoura, com e sem cobertura plástica para proteção contra o granizo.

Em 6 de novembro de 2005, foi formalizada por 32 associados a Associação Catarinense de Produtores de Vinhos de Altitude (Acavitis), com sede em São Joaquim. Recentemente, essa associação foi substituída pela Vinho de Altitude Produtores Associados de Santa Catarina, que com junto com a Epagri vem fazendo o projeto para oficializar a "IG Vinhos Finos de Altitude de Santa Catarina".

Serra da Mantiqueira • Essa é a mais nova região produtora de vinhos de qualidade de cepas viníferas, tendo frutificado já no presente século. Engloba vinhedos na Serra da Mantiqueira, em terrenos dos estados de Minas Gerais, São Paulo e Rio de Janeiro.

Tudo se iniciou graças ao pesquisador Murillo de Albuquerque Regina, do setor de Uva e Vinho da Empresa de Pesquisa Agropecuária de Minas Gerais (Epamig). Regina obteve doutorado em viticultura e enologia na Universidade de Bordeaux, além de um pós-doutorado em melhoramentos da viticultura no Entav, pertencente ao Instituto do Vinho e da Vinha da França. Dessa experiência no exterior, ele introduziu no Sudeste brasileiro, no alvorecer do século atual, a técnica da poda invertida ou dupla poda – como é chamada por alguns. Por este método, inverte-se o ciclo da videira visando realizar a colheita já no inverno. Dessa forma, em janeiro, quando as vinícolas do Sul colhem suas uvas em pleno verão, no Sudeste, executa-se a poda das plantas. O objetivo principal é fazer a vindima no mês de julho, com tempo seco e noites frias, que trazem boa acidez, propiciando frutos plenamente maduros e com boa aptidão de amadurecimento.

Regina teve ajuda do amigo Marcos Arruda Vieira, dono da Fazenda da Sé, que plantava café, que acreditou na sua brilhante ideia. Assim nasceu a pioneira Vinícola Estrada Real, cujo Syrah impressionou a muitos.

Hoje, várias das empresas regionais que aderiram a essa técnica estão planejando criar a Associação Nacional de Produtores de Vinhos de Inverno (Aprovin).

LEGISLAÇÃO

A classificação dos vinhos no Brasil encontra-se basicamente no decreto nº 8.198, de 20/2/2014 (que revogou os decretos nº 99.066, de 8/3/1990, e o nº 113, de 6/5/1991), que regulamentou a lei nº 7.678, de 8/11/1988, complementada pela lei nº 10.970, de 12/11/2004. Recentemente, foi publicada a instrução normativa nº 14, de 8/2/2018, que consolidou os padrões de identidade e qualidade do vinho e dos derivados da uva e do vinho. As principais classes de vinhos são:

- **Vinho de Mesa.** É o vinho obtido da fermentação alcoólica do mosto de uva sã, fresca e madura, com uma graduação alcoólica de 8,6º a 14ºGL. O grau Gay-Lussac (ºGL) expressa a porcentagem de álcool em volume. Esse vinho pode ter uma pressão máxima de até 1 atmosfera.
- **Vinho Leve.** Para abarcar o teor alcoólico entre 7,0% e 8,5%, foi criada essa categoria especial, muito pouco empregada, que segue basicamente as outras padronizações do vinho de mesa.

Com relação ao teor de açúcar calculado em gramas de glicose por litro de vinho, temos:

Seco	< 4,0 g/l
Meio seco	4,1 ➡ 25,0 g/l
Doce ou suave	> 25,1 g/l

- **Vinhos Comuns ou de Consumo Corrente.** Essa era a designação qualitativa de vinhos elaborados normalmente, com uvas americanas e/ou híbridas. A maioria deles é comercializada em garrafões de 3 e 5 litros. Na nova lei, passam a ser uma subclasse, chamada "Vinho de Mesa de Americanas", sendo elaborados de uvas americanas e/ou híbridas, podendo conter vinhos de variedades viníferas.
- **Vinhos Finos e Nobres.** A elite dos vinhos de mesa nacionais, provenientes exclusivamente de *Vitis vinifera*, ou seja, uvas europeias. Em 2014, constituíam

apenas 16% da produção total de vinho de mesa. O uso do termo "de mesa" será facultativo.

A graduação alcoólica dos finos deverá ser de 8,6% a 14%; a dos nobres (classificação válida apenas para vinhos brasileiros), de 14,1% a 16%. Julgo que essa nova classe criada pela instrução normativa antes referida vai na contramão do mercado, que valoriza cada vez mais vinhos menos alcoólicos e mais elegantes. Esses vinhos poderão ter origem apenas de uvas viníferas do grupo das nobres, a serem definidas em regulamento. As outras viníferas serão abarcadas na subclasse "Vinho de Mesa de Viníferas".

A nova legislação determina que um vinho só poderá ter a denominação de uma uva específica se contiver no mínimo 75% dela, sendo o restante de variedade(s) da mesma espécie. Esse foi um avanço da nova lei, pois na anterior o limite era de apenas 60%.

- **Vinho Frisante.** Vinho com gaseificação mínima de 1,1 atmosfera e máxima de 2 atmosferas de pressão e graduação alcoólica entre 7% e 14%.
- **Espumante Natural ou Champanha.** É o vinho espumante cujo anidrido carbônico resulte unicamente de uma segunda fermentação alcoólica do vinho em garrafa (método clássico) ou grande recipiente (processo *charmat*), com graduação alcoólica de 10% a 13% e pressão mínima de 4 atmosferas. De acordo com o decreto nº 8.198, essa classe obriga que as cepas sejam de variedades *Vitis vinifera*. No presente, a grande maioria de nossos ótimos espumantes secos é elaborada pelo processo *charmat*.

Quanto ao teor de açúcar, calculado em gramas de glicose por litro de vinho, temos:

Nature	< 3,0 g/l
Extrabruto	3,1 ➡ 8,0 g/l
Bruto	8,1 ➡ 15,0 g/l
Seco	15,1 ➡ 20,0 g/l
Meio seco ou meio doce	20,1 ➡ 60,0 g/l
Doce	> 60,1 g/l

- **Vinho Moscatel Espumante** (processo Asti). É o vinho com graduação alcoólica de 7% a 10%, resultante de uma única fermentação alcoólica do mosto de uva da variedade Moscatel, em garrafa ou autoclave, devendo apresentar uma pressão mínima de 4 atmosferas. Deve ter um mínimo de 20 g de açúcar residual. Alguns ótimos espumantes adocicados de Moscatel vêm sendo produzidos no Brasil, tanto na Serra Gaúcha (Salton, Cooperativa Aurora, Cooperativa Garibaldi, Perini e outras) como no Vale do São Francisco (Fazenda Ouro Verde/Miolo, o líder desse mercado em 2008).

- **Vinho Licoroso.** Apresenta teor alcoólico de 14% a 18%, adicionado ou não de álcool etílico potável, mosto concentrado, caramelo, açúcares e mistela simples. Até o presente, essa categoria não tem sido bem explorada. Apesar de o Vale do São Francisco ter enorme potencial, o melhor vinho tinto licoroso doce que provei veio de São Joaquim/SC. Foi o QSM Portento 05, da Quinta Santa Maria. Quanto ao teor de açúcar calculado em gramas de glicose por litro de vinho, temos:

Seco	< 20,0 g/l
Doce	> 20,1 g/l

ESTADOS VITÍCOLAS

Segundo o IBGE, os principais estados cultivadores de uvas de mesa e para vinhos são Rio Grande do Sul – com 63,7% da superfície colhida em 2016 –, São Paulo, Pernambuco, Santa Catarina, Paraná, Bahia e Minas Gerais. Veja o quadro completo:

\multicolumn{5}{c}{**ESTADOS PRODUTORES DE UVAS (2016)**}
Estado	**Área (ha)**	**Produção (t)**	**% área**	**Destino**
Rio Grande do Sul	50.044	413.640	63,7	Vinho, suco e mesa
São Paulo	7.939	144.110	10,1	Mesa e vinho
Pernambuco	7.143	242.967	9,1	Mesa, vinho e passa
Santa Catarina	4.823	33.849	6,1	Vinho, suco e mesa
Paraná	4.500	66.000	5,7	Mesa e vinho
Bahia	2.519	62.740	3,2	Mesa, vinho e passa
Minas Gerais	911	11.224	1,2	Mesa e vinho
Outros	674	12.529		
Total	78.553	987.059		

Fonte: IBGE, 2016.

A produção de uvas no Brasil em 2016 foi 34,2% inferior à do ano de 2015, por motivos climáticos. Ocorreu uma grande quebra de safra na região Sul, principalmente no maior estado produtor, o Rio Grande do Sul.

Segundo a Embrapa, desse total colhido em 2016, 35% foi destinado à elaboração de vinhos, sucos e outros derivados. Em 2015, a produção de uvas para processamento tinha sido de 51%.

O cultivo comercial de *Vitis vinifera*, isto é, uvas europeias propícias à elaboração de bons vinhos, restringe-se praticamente ao Rio Grande do Sul, estado líder, com mais de 75% da produção dos vinhos finos do país e a esmagadora maioria dos espumantes naturais, seguido de Pernambuco/Bahia (Vale do São Francisco) e Santa Catarina.

Mesmo com a elevada alíquota de importação vigente, de 20% para os vinhos espumantes e destilados de uva e de 27% para os vinhos finos de mesa, o consumo de importados suplanta ao dos nacionais, sendo que, em 2016, do total de 128,2 milhões de litros comercializados, 28% foram de vinhos finos brasileiros, e 72%, de estrangeiros.

RIO GRANDE DO SUL

O Rio Grande do Sul ainda concentra a sua vitivinicultura na microrregião de Caxias do Sul, conhecida como Serra Gaúcha. Outro polo que a cada dia toma maior vulto é o da região da Fronteira Gaúcha, no sul do estado, vizinha do Uruguai.

Essa unidade da federação encontra-se quase inteiramente na faixa ideal de cultivo da parreira, isto é, abaixo da latitude 30ºS, onde reina o clima temperado, classificado pelo IBGE de subtropical superúmido. Há perfeito repouso vegetativo ocasionado pelo inverno rigoroso e também boas condições para que a frutificação se verifique em toda a plenitude, embora o excesso de chuvas durante o amadurecimento ocasione a incidência de doenças, exigindo a aplicação de grande quantidade de defensivos agrícolas.

Segundo o Cadastro Vitícola do Rio Grande do Sul de 2012, elaborado pelo Instituto Brasileiro do Vinho (Ibravin) e pela Empresa Brasileira de Pesquisa Agropecuária (Embrapa), 29 dentre os 99 cultivares responderam por 95% da área.

Nesse mesmo ano, o sistema de condução da parreira em latada ainda predominou enormemente, com 91% da superfície plantada. Seguiram-se a espaldeira (7,8%), a espaldeira em "Y" (0,9%) e a lira (0,3%).

RIO GRANDE DO SUL

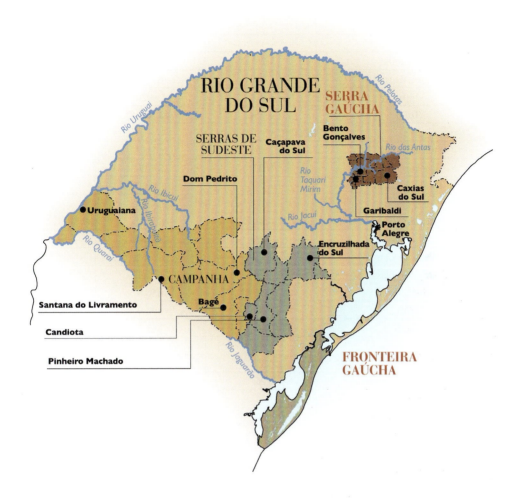

PRINCIPAIS CASTAS EUROPEIAS COLHIDAS NO RIO GRANDE DO SUL (2012)			
Uva vinífera	Área (ha)	Produção (t)	%
TINTAS			
Cabernet Sauvignon	1.342	12.556,9	15,5
Merlot	887	10.454,9	12,9
Tannat	351	4.875,6	6,0
Pinot Noir	344	2.819,2	3,5
Cabernet Franc	213	2.807,6	3,5
Alicante Bouschet	123	2.192,8	2,7
Ancellotta	106	1.350,7	1,7
Pinotage	65	902,3	1,1

Egiodola*	56	1.199,1	1,5
Malbec	44	659,3	0,8
Marselan	43	262,7	0,3
Tempranillo	32	177,2	0,2
Ruby Cabernet	26	528,0	0,7
Outras	164	1.802,5	4,2
Total	**3.796**	**42.594,8**	**52,6**
BRANCAS E ROSADAS			
Chardonnay	823	6.434,9	7,9
Moscato Branco	631	13.729,3	16,9
Riesling Itálico	268	3.153,7	3,9
Trebbiano	167	2.626,7	3,2
Moscato Giallo	140	1.985,2	2,5
Prosecco	139	2.429,8	3,0
Malvasia de Cândia	113	1.736,3	2,1
Sauvignon Blanc	101	867,5	1,1
Gewürztraminer	42	356,8	0,4
Itália	39	593,9	0,7
Viognier	38	161,5	0,2
Moscato Bianco R2	37	517,1	0,6
Colombard	33	777,3	0,9
Moscatel Nazareno	26	746,1	0,9
Pinot Gris	25	180,9	0,2
Sémillon	25	343,6	0,4
Outras	163	1.802,0	4,3
Total	**2.810**	**38.437,1**	**47,4**
TOTAL GERAL	**6.606**	**81.031,9**	**(100,0)**

Fonte: Cadastro Vitícola do Rio Grande do Sul de 2012.

Confirmando a tendência de queda, na safra gaúcha de 2012 as uvas finas vinificadas representaram apenas 10,7% do total de 757.518,9 ton, em comparação com 13,7%, em 1999, e com a proporção de 20%, na década de 1980 e no início dos anos 90.

No ano de 2012, 26 municípios gaúchos com área acima de 200 ha foram responsáveis por 91,6% da área de videiras desse estado. A colheita gaúcha de 2016 gerou o seguinte volume de vinhos e derivados, conforme a Uvibra/Embrapa:

---

* A Egiodola é um cruzamento entre Abouriou e Fer Servadou desenvolvido em Bordeaux.

PRODUÇÃO DE VINHOS E DERIVADOS NO RIO GRANDE DO SUL (2016)

	Tipo	Produção (litros)	%
Vinhos de mesa	Tinto	75.279.191	35,2
	Brancos	10.727.099	
	Rosados	312.725	
	Total	86.319.015	
Vinhos finos	Tinto	8.774.847	7,4
	Brancos	8.705.066	
	Rosados	590.713	
	Total	18.070.626	
Total de vinhos		104.389.741	42,6
Sucos		86.580.469	35,4
Outros derivados		53.950.316	22,0
Total geral		**244.920.424**	**(100,0)**

Fonte: Uvibra/Embrapa, 2016.

A produção média anual de vinhos e derivados gaúchos é de pouco mais de 400 milhões de litros anuais, representando mais de 90% da produção nacional.

COMERCIALIZAÇÃO DE VINHOS E DERIVADOS GAÚCHOS NOS MERCADOS INTERNO E EXTERNO (2016)

Produto	Produção (litros)	%
Vinhos de mesa	166.767.953	38,4
Vinhos finos	19.630.158	4,5
Vinhos frisantes	1.727.386	0,4
Espumantes (champanhas)	12.443.419	2,9
Espumante moscatel (Asti)	4.507.739	1,0
Suco de uva	229.438.723	52,8
Total	434.515.378	

Fonte: Uvibra/Embrapa, 2016.

SERRA GAÚCHA

Principal polo vitivinícola do Brasil, constituído, atualmente, por 31 municípios. Em 31/7/06, por meio da Instrução Normativa nº 23, a zona de produção vitivinícola da "Serra Gaúcha" foi demarcada, incorporando vários municípios limítrofes à zona central clássica da Microrregião de Caxias do Sul (os 17 mostrados no mapa "Serra Gaúcha", neste capítulo, além de Coronel Pilar). Esses municípios incorpo-

SERRA GAÚCHA

rados pertencem às seguintes microrregiões: Guaporé, Lajeado-Estrêla, Vacaria, Montenegro e Gramado-Canela. A Serra Gaúcha é cortada pelo paralelo de 29ºS, com altitudes de 600 a 900 metros. Seus vinhedos encontram-se em terrenos de relevo normalmente ondulado, dificultando a mecanização e exigindo práticas de conservação do solo para evitar a erosão. Predomina o sistema de latada ou pérgola. A densidade de plantio empregada é de 1.600 a 3.300 pés por hectare. As melhores uvas são obtidas de terrenos principalmente com exposição norte.

Os solos da Serra Gaúcha são de coloração escura, na maioria derivados de arenito, pobres e ácidos, mas muito superiores quando resultantes de decomposição de lava basáltica. Nessas áreas, aparece sempre por baixo do basalto a camada uniforme de arenito que foi recoberta pela lava. Quase sempre muito rasos, exigem correção da acidez e apresentam certa pobreza química, mas não deficiências de potássio e nitrogênio, em geral. No entanto, recomenda-se sempre uma adubação de manutenção. O fósforo é o nutriente adicionado em maior quantidade.

O forte inverno possibilita o repouso vegetativo da planta e a luminosidade do verão permite a plena frutificação. A temperatura média é de 17,2ºC; a umidade relativa do ar, de 76%. O excesso de chuvas constitui a principal condição climática desfavorável – cerca de 1.800 mm anuais (Bento Gonçalves, 1.799 mm; Caxias do Sul, 1.806 mm). Elas ocorrem principalmente durante o amadurecimento dos bagos, acarretando a intensa aplicação de defensivos agrícolas e impedindo a plena maturação do fruto. Para compensar essa deficiência, o vinho é chaptalizado, isto é, seus mostos são corrigidos com açúcar de cana a fim de atingirem, quando da fermentação, o teor alcoólico mínimo exigido por lei.

Por esse motivo, é raro haver safras muito boas. As melhores colheitas da Serra Gaúcha podem ser vistas no anexo "As Safras".

As principais cepas escuras cultivadas na região são: Cabernet Sauvignon, Merlot, Tannat, Pinot Noir e Cabernet Franc, seguidas por Alicante Bouschet e Ancellotta. Já entre as claras os destaques são Chardonnay, Moscato Branco, Riesling Itálico, Trebbiano, Moscato Giallo, Prosecco e Sauvignon Blanc.

Em 2012, os municípios da MR de Caxias do Sul ocupavam 80,2% de todos os vinhedos do estado, com 32.952 ha. Inclusive, os dez maiores municípios em área plantada pertenciam todos a essa microrregião e respondiam por 70,8% do total estadual, conforme mostrado no quadro a seguir:

PRODUÇÃO DE UVA NOS MUNICÍPIOS DA SERRA GAÚCHA (2012)		
Município	Área (ha)	%
Bento Gonçalves	6.194	16,6
Flores da Cunha	5.034	13,5
Caxias do Sul	4.084	10,9
Farroupilha	3.745	10,0
Garibaldi	2.464	6,6
Monte Belo do Sul	2.207	5,9
Nova Pádua	1.580	4,2
Antônio Prado	1.473	3,9
Cotiporã	1.186	3,2
São Marcos	1.124	3,0
Coronel Pilar	976	2,2

PRODUÇÃO DE UVA NOS MUNICÍPIOS DA SERRA GAÚCHA (2012)		
Município	**Área (ha)**	**%**
Nova Roma do Sul	892	2,1
Campestre da Serra	781	1,8
Santa Tereza	758	1,4
Dois Lajeados	684	1,2
Veranópolis	623	
Monte Alegre dos Campos	601	
Outros	3.012	
Total	**37.418**	

Fonte: Cadastro Vitícola do Rio Grande do Sul de 2012.
Nota: Os municípios de Monte Belo do Sul e Santa Tereza emanciparam-se de Bento Gonçalves; Nova Pádua, de Flores da Cunha; Cotiporã, Fagundes Varela e Vila Flores, de Veranópolis; Coronel Pilar e Boa Vista do Sul, de Garibaldi; e Nova Roma do Sul, de Antônio Prado.

Os municípios que mais cultivaram uvas viníferas na safra de 2007, em hectares, segundo o Cadastro Vitivinícola de 2007, foram: Bento Gonçalves (1.507), Farroupilha (813), Monte Belo do Sul (778), Garibaldi (511), Flores da Cunha (276), Caxias do Sul (228), Cotiporã (217), Santa Tereza (160), São Valentim do Sul (132) e Veranópolis (122).

Uma das zonas mais importantes da Serra Gaúcha é o Vale dos Vinhedos, que se tornou em 2002 a primeira região vinícola brasileira com Indicação de Procedência (IP). Posteriormente, em 2012, ela obteve o reconhecimento como Denominação de Origem. A superfície demarcada abrange 8.122,5 hectares, situados nos municípios de Bento Gonçalves (majoritariamente), Garibaldi e Monte Belo do Sul. Muitas das principais vinícolas do país encontram-se aí instaladas.

Atualmente, essa região já registrou também as seguintes Indicações de Procedência (IP): Pinto Bandeira (2010), Altos Montes – zona entre Flores da Cunha e Nova Pádua (2012), Monte Belo (2013) e Farroupilha (2015).

A Serra Gaúcha vem recebendo cada vez mais reconhecimento, inclusive internacional, por seus espumantes brutos elaborados com Riesling Itálico, Chardonnay e Pinot Noir. Esses produtos estão sendo secundados pelos tintos de Merlot, que se adaptaram perfeitamente a esse *terroir*.

FRONTEIRA GAÚCHA

O polo da Fronteira Gaúcha dividia-se em duas sub-regiões: a Campanha e as Serras de Sudeste (grafia oficial adotada pelo IBGE). Entretanto, em 31/7/06, através da

Instrução Normativa nº 22, houve um infeliz rearranjo da primeira, com a criação da zona de produção vitivinícola da "Fronteira". Nela foram englobados alguns municípios da Campanha (Alegrete, Uruguaiana, Quaraí, Santana do Livramento, Dom Pedrito, Bagé e Hulha Negra) e Candiota, que migrou das Serras de Sudeste. Os municípios das Serras de Sudeste (zona ainda não oficialmente demarcada) são: Pinheiro Machado, Candiota, Pedras Altas, Piratini, Caçapava do Sul, Santana da Boa Vista e Encruzilhada do Sul. Herval, município vizinho que o IBGE não agrupa

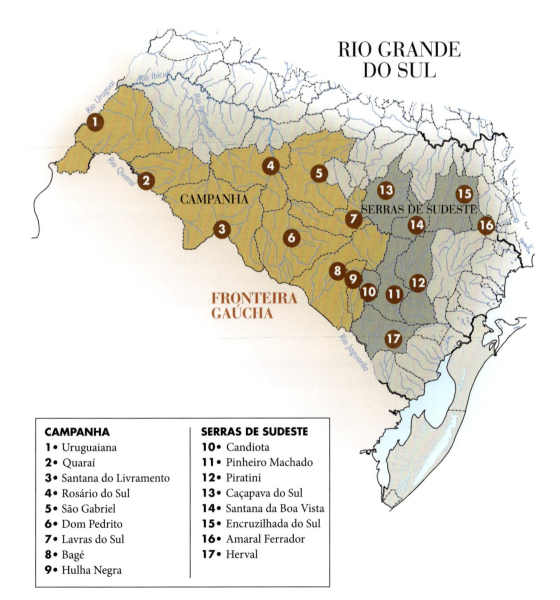

CAMPANHA
1 • Uruguaiana
2 • Quaraí
3 • Santana do Livramento
4 • Rosário do Sul
5 • São Gabriel
6 • Dom Pedrito
7 • Lavras do Sul
8 • Bagé
9 • Hulha Negra

SERRAS DE SUDESTE
10 • Candiota
11 • Pinheiro Machado
12 • Piratini
13 • Caçapava do Sul
14 • Santana da Boa Vista
15 • Encruzilhada do Sul
16 • Amaral Ferrador
17 • Herval

a essas microrregiões, talvez seja o melhor para viníferas, segundo relatórios governamentais. Ele pertence, contudo, à mesma mesorregião das Serras de Sudeste, chamada Sudeste Rio-Grandense, razão pela qual optei por incluí-lo nessa sub-região.

A Fronteira Gaúcha apresenta potencialidades para a exploração mais racional da viticultura, com condições climáticas mais favoráveis que as da Serra Gaúcha. A exploração vitícola tem um cunho mais empresarial, diferentemente da Serra Gaúcha, onde predomina o cultivo de uvas por pequenos colonos.

A Campanha, cortada pelo paralelo de latitude 31ºS, caracteriza-se por extensas planícies cobertas de vegetação rasteira. Tem topografia plana, facilitando a mecanização. Santana do Livramento está 218 metros acima do nível do mar; Bagé, a 210 metros. São cultivadas praticamente apenas uvas europeias, pelo sistema de espaldeira, com as videiras dispostas em fileira, o mais indicado para castas finas. O solo é de reduzida acidez, arenoso e com boa drenagem. A pluviosidade é alta, de cerca de 1.400 mm anuais (Santana do Livramento, 1.389 mm; Bagé, 1.370 mm), porém menor que na Serra Gaúcha.

Além disso, em Santana do Livramento, mesmo na época mais seca – quando as uvas amadurecem –, não deixa de haver alguma precipitação, mas em compensação a terra é fortemente arenosa, garantindo excelente drenagem e evitando o excesso de umidade.

Os municípios das Serras de Sudeste estão num patamar mais elevado, com Pinheiro Machado a 436 metros e Encruzilhada do Sul a 432 metros. Todavia, seus índices pluviométricos aproximam-se dos da Campanha, com 1.405 mm em Piratini.

Em 2012, a Fronteira Gaúcha participou com apenas 4,8% da área total estadual de uva, distribuída conforme a tabela a seguir. Entretanto, no cultivo de uvas viníferas, o percentual de participação dos municípios da região sobe para 22%, com 1.664 hectares do total de 7.536 hectares, segundo o Cadastro Vitícola de 2007.

As vinícolas atualmente implantadas na Fronteira Gaúcha são Almadén (comprada pelo Grupo Miolo), Velho do Museu-Juan Carrau, Livramento (comprada pela Cooperativa Aliança) e Cordilheira de Sant'Ana, em Santana do Livramento; Vinoeste, em Uruguaiana; Cooperativa Aurora, em Dom Pedrito; Salton e Vinícola Peruzzo, em Bagé; Campos de Cima, em Itaqui; Miolo, em Candiota; Terrasul/Vinhedos San Felício (comprados da CVRG), em Pinheiro Machado; Angheben/Vinhedos da Quinta, Chandon, Casa Valduga, Lídio Carraro e Cooperativa Aliança, em Encruzilhada do Sul.

As uvas que predominam nessa zona são as europeias Cabernet Sauvignon, Tannat, Cabernet Franc, Merlot, Pinot Noir, Pinotage e Touriga Nacional (escuras); Sauvignon Blanc, Chardonnay, Trebbiano, Chenin Blanc, Riesling Itálico, Riesling Renano, Colombard, Gewürztraminer, Moscato Branco e Sémillon (claras).

PRODUÇÃO DE UVA NOS MUNICÍPIOS DA FRONTEIRA GAÚCHA (2012)		
Municípios	**Área** (ha)	**%**
CAMPANHA		
Santana do Livramento	980	71,5
Bagé	135	9,9
Dom Pedrito	96	7,0
Quaraí	49	3,6
Uruguaiana	37	2,7
Maçambará	18	1,8
Hulha Negra	16	
Rosário do Sul	15	
Santa Margarida do Sul	12	
Lavras do Sul	6	
Alegrete	4	
Itaqui	2	
São Gabriel	–	
Aceguá	–	
Total	**1.370**	**(69,0)**
SERRAS DE SUDESTE		
Encruzilhada do Sul	287	46,7
Candiota	207	33,7
Pinheiro Machado	106	17,2
Pedras Altas	10	
Piratini	5	
Santana da Boa Vista	–	
Caçapava do Sul	–	
Herval	–	
Amaral Ferrador	–	
Total	615	(31,0)
Total da Fronteira Gaúcha	**1.985**	**(100,0)**

Fonte: Cadastro vitivinícola de 2012.
Nota: Os municípios de Aceguá e Hulha Negra emanciparam-se de Bagé; Santa Margarida do Sul, de São Gabriel; Candiota, de Pinheiro Machado; Amaral Ferrador, de Encruzilhada do Sul; e Pedras Altas, em parte de Pinheiro Machado e em parte de Herval.

A enóloga Rosana Wagner, tendo o *handicap* de ter participado de mais de 30 colheitas em Santana do Livramento, afirma que o vinho mais representativo da qualidade da Campanha Gaúcha seria um tinto que mesclasse 85% de Tannat, 10% de Cabernet Sauvignon e 5% de Merlot.

NORDESTE

No Nordeste brasileiro, existem dois polos vitivinícolas: o Vale do São Francisco, onde se passou a produzir uvas na década de 1960, e Sobral, que só entrou no ramo no final da década de 1990.

VALE DO SÃO FRANCISCO

A região do Vale do São Francisco situa-se no paralelo de latitude 9ºS, em pleno semiárido nordestino, abrangendo terras limítrofes dos estados de Pernambuco e Bahia. Seu epicentro encontra-se no vale do submédio São Francisco, próximo ao conglomerado urbano formado pelas cidades geminadas de Petrolina (PE) e Juazeiro (BA).

Em 2/2/2006, por meio da Instrução Normativa nº 1, foi demarcada a zona de produção vitivinícola do "Vale do São Francisco", englobando apenas os seguintes municípios: Casa Nova (BA); Lagoa Grande e Santa Maria da Boa Vista (PE). Entretanto, o "Roteiro do Vinho do Vale do São Franscisco", criado em 10/10/2006, abrange oito municípios; os três mencionados na IN nº 1 e mais Juazeiro, Sobradinho e Curuçá (BA) e Petrolina e Orocó (PE).

Segundo o IBGE, em 2016 os estados de Pernambuco e Bahia colheram 305.589 toneladas, numa área de 9.662 hectares. Os municípios localizados perto das margens do rio São Francisco foram responsáveis por mais de 90% da produção conjunta dos dois estados.

Os vinhedos na região foram concebidos com uma densidade plantada muito baixa, de apenas 800 a 1.250 pés por hectare.

Apesar de se localizar fora das faixas tradicionais de cultivo da videira, o Vale do São Francisco consolidou-se como produtor de uvas de mesa (com cerca de 95% da superfície plantada para esse fim) – grande parte exportada – e vem surpreendendo com uma pequena produção de vinhos provenientes de *Vitis vinifera* de boa qualidade, principalmente por estes motivos:

- Região muito seca, com baixa pluviosidade, em média de apenas 500 mm anuais (umidade relativa média do ar de apenas 50%), necessitando ser irrigada com as

águas do próprio rio. Isso facilita o cultivo de uvas de pé franco, isto é, sem o uso de porta-enxerto, além de reduzir bastante a aplicação de defensivos agrícolas.
- Alto grau de insolação, por causa do baixo índice de nebulosidade, permitindo a obtenção de uvas de elevado grau de açúcar. Seus vinhos não necessitam chaptalização, isto é, correção do teor de açúcar contido na fruta, recurso utilizado no Sul do país em anos bastante chuvosos. Todavia, o principal defeito da região é não ter noites frias para dar fineza aos vinhos.
- Temperatura relativamente elevada e constante, com média anual de cerca de 26ºC, possibilitando safras durante todo o ano.

ÁREA PLANTADA E PRODUÇÃO DOS MUNICÍPIOS DO VALE DO SÃO FRANCISCO (2012)			
Município	Área (ha)	Produção (t)	%
PERNAMBUCO			
Petrolina	4.650	153.450	71,6
Lagoa Grande	1.260	50.400	23,5
Santa Maria da Boa Vista	280	9.800	4,6
Petrolândia	9	180	
Belém do São Francisco	8	200	
Orocó	4	140	
Cabrobó	–	–	
Floresta	–	–	
Itacuruba	–	–	
Jatobá	–	–	
Total	6.211	214.170	(77,6)
BAHIA			
Juazeiro	1.446	37.596	60,9
Casa Nova	933	22.392	36,3
Sobradinho	30	660	1,1
Curaçá	27	729	1,2
Sento Sé	8	188	
Paulo Afonso	8	170	
Abaré	–	–	
Chorrochó	–	–	
Gloria	–	–	
Macururé	–	–	
Remanso	–	–	
Rodelas	–	–	
Total	2.452	61.735	(22,4)
Total geral	8.663	275.905	(100,0)

Fonte: IBGE, 2012.
Nota: O município de Lagoa Grande foi emancipado de Santa Maria da Boa Vista.

- Uso do sistema de latada na condução do parreiral, mais recomendável que o de espaldeira (melhor no Sul). Apesar de possibilitar maior produção – que pode ser reduzida pela poda –, favorece menor insolação direta nos bagos.

- Nessas condições, obtém-se a primeira vindima 16 meses depois do início da plantação, diferentemente dos três anos necessários nas zonas temperadas. Por outro lado, a quadra produtiva de quatro meses é a mesma das zonas temperadas. O período de maturação é determinado pela poda e agentes fitorreguladores. Porém o tempo de repouso vegetativo da videira é de apenas um mês, ocasionado pela interrupção do fornecimento de água, permitindo que se obtenham até 2,5 colheitas por ano, até mesmo com a programação do dia de colheita.

No que se refere a vinhos e uvas europeias, produziu cerca de 8 milhões de litros (sendo 80% tintos) em 2008, ou seja, 15% do total de vinhos finos do país, só atrás do Rio Grande do Sul.

O solo da região é normalmente silicoso ou argilo-silicoso, neutro e de topografia quase plana, com a altitude média de 350 metros.

Os principais empreendimentos aqui implantados são a Fazenda Milano (vinhos Botticelli e Dom Francesco), a Fazenda Ouro Verde (comprada pelo Grupo Miolo, que aqui produz os vinhos Terranova), a Vinícola Santa Maria (vinho Adega do Vale) e a Vitivinícola Lagoa Grande (vinhos Garziera e Carrancas).

O vale tem atraído outras empresas brasileiras, tais como a Bella Fruta do Vale e a Bianchetti Tedesco, esta instalada, em 1993, em Lagoa Grande. E também já conquistou investidores estrangeiros, como a Ducos Vinícola (francesa). A grande maioria dessas firmas estabeleceu-se em Pernambuco.

Em 2003, foi criada a ViniBrasil, associação da Vinícola Santa Maria (que participa com as uvas), a portuguesa Dão Sul (com a tecnologia) e a importadora Expand (com a distribuição), que vendeu recentemente a sua parte para a Dão Sul.

As principais uvas cultivadas são: Syrah e Cabernet Sauvignon (80%), Alicante Bouschet, Tannat, Ruby Cabernet, Touriga Nacional e Aragonez (tintas); Chenin Blanc e Moscato Canelli (85%) e Sauvignon Blanc (brancas).

CHAPADA DIAMANTINA

Esse novo polo foi iniciado nos anos 2000, no semiárido do Centro-Sul baiano. Na opinião de vários técnicos envolvidos com essa nova fronteira vitivinícola brasileira, é na Chapada Diamantina que estão os vinhedos mais cênicos do país, com um grande potencial de ser também um disputado centro de enoturismo.

É uma zona situada na latitude 11ºS, com até 1.100 metros de altitude, e tendo 700-800 mm de pluviosidade anual (duas vezes maior que em Juazeiro e Petrolina) e 19-19,5ºC de temperatura média, com amplitude diária de 6ºC a 32ºC.

A primeira safra foi colhida em 2012. Os empreendimentos empregam a técnica de poda verde criada por Murillo Regina. Logo, adotam um ciclo contínuo de duas podas e uma safra, colhida entre junho e agosto. Atualmente, já são mais de 200 hectares produtivos.

Cultivam as cepas francesas Merlot, Cabernet Sauvignon, Malbec, Syrah, Petit Verdot, Cabernet Franc e Pinot Noir (tintas); Chardonnay, Sauvignon Blanc, Muscat à Petits Grains (brancas).

Os principais projetos aqui implantados são a Fazenda Progresso (município de Mucugê) e o Projeto de Jairo Vaz (município de Morro do Chapéu).

SOBRAL

Seguindo os passos do Vale do São Francisco, o município de Sobral, no semiárido cearense, iniciou há pouco a produção de vinhos. A zona de Sobral, no paralelo de 3ºS, próxima à linha do equador, também tem potencial para produzir mais de duas colheitas anuais, assim como Pernambuco e Bahia.

O grupo português Biotrade, de Borba no Alentejo, criou a firma Vinho Luso-Brasileiro (Vilubra) em parceria com brasileiros, almejando a elaboração de vinhos finos. Os lusitanos plantaram 3,5 hectares experimentais, com mudas trazidas de Portugal das castas tintas Cabernet Sauvignon, Castelão ou Periquita, Trincadeira, Aragonez e Moreto e das brancas Antão Vaz, Arinto, Rabo de Ovelha, Tamarez e Fernão Pires. A irrigação por gotejamento utiliza a água do rio Jaibaras.

Em março de 2003, colheu-se a quarta safra de uvas. O pequeno volume de vinho gerado foi vendido na região. Com os resultados positivos, a empresa planeja iniciar em breve o plantio de 40 hectares de uvas e a construção da adega.

OUTROS ESTADOS
SANTA CATARINA

Santa Catarina é o segundo maior produtor de vinho do Brasil, principalmente de vinhos comuns de uvas americanas e híbridas.

A principal região viticultora do estado é o Vale do Rio do Peixe, que engloba os municípios de Videira, Tangará, Caçador, Pinheiro Preto, Rio das Antas, Iomerê, Fraiburgo e outros menores, todos pertencentes à microrregião de Joaçaba. Com

1.978 hectares plantados, conforme dados de 2012 do IBGE, responde por 40% da superfície estadual de uvas.

A viticultura no Vale do Rio do Peixe surgiu da migração de colonos de origem italiana vindos do norte do Rio Grande do Sul, no final do século XIX. Há dezenas de vinícolas instaladas na região, as quais se abastecem parcialmente com frutos do Rio Grande do Sul, suplementando a produção local. Infelizmente, o cultivo de uvas europeias ainda é insignificante, apesar de um recente incremento, sendo o grosso representado por cepas americanas.

Cabe assinalar que na região de Urussanga e Pedras Grandes, no sul catarinense, há um pequeno núcleo plantado com videiras, onde predomina a elaboração artesanal de vinhos para os próprios agricultores. Poucas empresas comercializam vinhos, que em sua esmagadora maioria são comuns de uvas americanas ou híbridas.

Um fato de maior importância surgiu em 6/11/2005, com a criação da Acavitis – Associação Catarinense de Produtores de Vinhos de Altitude. Essa associação foi alicerçada em pesquisas com castas viníferas, realizadas pela Epagri – Empresa de Pesquisa Agropecuária e Extensão Rural de Santa Catarina. A Acavitis e a Epagri estão finalizando o projeto "Caracterização e análise dos vinhedos de altitude de Santa Catarina", visando registrar uma "Indicação Protegida" (IP).

Os associados da Acavitis estão focados nas seguintes exigências básicas:

- Localização: vinhedos catarinenses localizados a partir de 900 metros acima do nível do mar, configurando-se na região com as maiores altitudes da vitivinicultura brasileira, variando de 900 a 1.400 metros.
- Matéria-prima: 100% *Vitis vinifera*, portanto cultivando apenas variedades de uvas finas.
- Proibição de usar chaptalização.
- Produção sob rigoroso controle de qualidade.

Em 2013, já se encontravam plantados 332 ha, distribuídos em 13 municípios. Há 43 variedades de videiras viníferas, notadamente: Cabernet Sauvignon – grande maioria –, Merlot, Pinot Noir, Malbec, Cabernet Franc e Sangiovese, além de Petit Verdot, Syrah, Tinta Roriz, Touriga Nacional e Trincadeira (tintas); Chardonnay e Sauvignon Blanc (brancas). Elas são conduzidas em espaldeira simples e manjedoura ou espaldeira em "Y", com proteção de tela antigranizo.

Esse *terroir* apresenta algumas vantagens climáticas para variedades de uvas de ciclo de crescimento tardio, como a Cabernet Sauvignon. Quando da fase de maturação, já em abril/maio, o clima encontra-se mais seco, possibilitando a colheita de frutos mais ricos em açúcar. Outro aspecto positivo é o gradiente térmico da fase de maturação, que pode atingir mais de 10ºC, entre o dia e a noite, favorecendo o desenvolvimento de taninos finos.

A zona abrangida pela Acavitis é composta por três regiões: São Joaquim, Campos Novos e Caçador.

A primeira região, situada no Planalto Serrano e centrada no município de São Joaquim – "a Cidade Branca", como costuma ser chamada –, além de ser a mais extensa, com 183 ha plantados, em 2008, é também a mais fria (inclusive do país). Todos os municípios dessa região pertencem à microrregião dos Campos de Lages da mesorregião Serrana. Na região de São Joaquim é também onde se encontram a maioria dos empreendimentos. As principais vinícolas são: Villa Francioni (São Joaquim e Bom Retiro) – dentre as mais belas do mundo –, Quinta Santa Maria (São Joaquim), Pericó (São Joaquim), Quinta da Neve (São Joaquim), Suzim (São Joaquim), Sanjo Cooperativa (São Joaquim), Santo Emílio (Urupema), Villaggio Bassetti (São Joaquim), Hiragami (São Joaquim), Vinhedos do Monte Agudo (São Joaquim), D'Alture (São Joaquim), Serra do Sol (Urubici), Villaggio Conti (Urubici), Leone di Venezia (Urupema) e Abreu Garcia (Campo Belo do Sul).

A região de Campos Novos tinha 63 ha plantados, em 2008. Ela é formada por municípios pertencentes a três diferentes microrregiões: MR de Curitibanos, na mesorregião Serrana (onde se localiza o município de Campos Novos), MR de Canoinhas, na mesorregião do Norte Catarinense e MR de Joaçaba, na mesorregião do Oeste Catarinense (na parte alta do polo vitivinícola mais antigo do Estado). As vinícolas de destaque são: Panceri (Tangará), Santa Augusta (Videira), Pizani (Monte Carlo) e Vinicampos Cooperativa (Campos Novos).

A última região, Caçador, tinha 64 ha plantados, em 2008. Essa região também engloba municípios pertencentes a três distintas microrregiões, todas na mesorregião do Oeste Catarinense: MR de Joaçaba (onde fica a sede Caçador), MR de Concórdia e MR de Xanxerê. Os principais empreendimentos são: Villaggio Grando (Água Doce) e Kranz (Treze Tílias).

Alguns dos melhores vinhos brasileiros do presente já são gerados nessas altas terras. Particularmente os tintos, tendo a Cabernet Sauvignon como cepa majoritária e os aromáticos brancos de Sauvignon Blanc.

PARANÁ

O Paraná é um estado sem grande expressão vinícola, tendo algum reconhecimento popular apenas nos vinhos comuns de Santa Felicidade, nos arrabaldes de Curitiba.

A viticultura paranaense concentra-se no município de Marialva, que representou sozinho 25% da plantação de uvas do estado em 2012, com 1.430 ha. A produção é quase toda de uvas americanas e híbridas, principalmente como uvas de mesa.

Recentemente, foi criada no município de Toledo a vinícola Dezem, especializada em vinhos e espumantes finos.

SÃO PAULO

São Paulo é o terceiro maior produtor brasileiro de uvas, com 144.110 toneladas em 2016, e o maior em uvas para mesa. A zona principal, situada no paralelo de 23ºS, abrange os municípios mais representativos de Jundiaí, São Miguel Arcanjo, Jarinu, Capão Bonito, Pilar do Sul, Indaiatuba, Louveira, Itupeva, Porto Feliz e Jales. A maior parcela da produção de uva é consumida *in natura* e o restante destina-se à elaboração de vinho comum, suco e destilado.

Em termos vinícolas, esse estado não é dos mais reputados, sendo mais conhecido apenas por seus vinhos comuns de São Roque e Jundiaí. Contudo, recentemente está sendo realizado um estudo de zoneamento da vitivinicultura do estado de São Paulo, pela Embrapa, pela Universidade de São Carlos e pelo Cepagri da Unicamp. O objetivo principal dele é fomentar um polo de produção de vinhos finos nesse estado.

Em paralelo, no início deste século, começaram a surgir novas vinícolas nas "Terras Altas Paulistas e Mineiras", situadas nas encostas da Serra da Mantiqueira, em ambos os lados da divisa. Elas tentam seguir o modelo de sucesso dos "Vinhos de Atitude de Santa Catarina". Nessa zona, foi desenvolvida uma técnica especial de cultivo das videiras, visando obter castas viníferas de alta qualidade. O método inovador consistiu em postergar a época de colheita do período chuvoso de verão para o seco, típico do inverno dessas terras elevadas. Isso é obtido por meio de uma poda de formação (imediatamente após a colheita) e uma segunda poda de produção, eliminando os cachos das videiras, em janeiro, em pleno verão, possibilitando que os novos cachos só brotem no outono e que as fases de crescimento e amadurecimento ocorram na época seca, em abril; e que a colheita ocorra em julho-agosto, já no inverno.

A vinícola paulista mais renomada dessa zona é a Guaspari, cujos 50 ha se situam entre 900-1.300 metros, em Espírito Santo do Pinhal, na MR de São João da Boa Vista, mesorregião de Campinas. Seus melhores vinhos são os de Syrah, dentre os tintos cimeiros do Brasil.

Outros empreendimentos nessa zona alta são: Casa Verrone (Divinolândia e Itojobi) – também muito exitoso –, Terrassos (Amparo), Amatto (Vinhedo), Micheletto (Louveira), Marchese de Ivrea (Ituverava), Entre Vilas (São Bento do Sapucaí) e Villa Santa Maria (Campos do Jordão).

MINAS GERAIS

A viticultura localiza-se na região serrana do sul de Minas Gerais, principalmente nos municípios de Andradas e Caldas, respectivamente com 125 ha e 130 ha em 2012. Mais recentemente, surgiu outro polo na zona do Alto Rio São Francisco, na latitude de 17ºS, onde se encontram os municípios de Pirapora e Lassance, com 84 ha e 79 ha, respectivamente. Quase toda ela volta-se para o consumo *in natura*, sendo Andradas mais conhecida pela elaboração de vinhos comuns.

Esse estado iniciou a criação de um novo polo de vinhos finos no Brasil, nas encostas da Serra da Mantiqueira, ao qual posteriormente vieram se juntar São Paulo e Rio de Janeiro. Sua história está descrita no tópico "As novíssimas regiões" (p. 561).

O pioneiro dos novos vinhos das "Terras Altas Mineiras", e até hoje o mais exitoso, foi a Vinícola Estrada Real, cujos 10 ha se localizam a 900-1.000 metros, em Três Corações, na MR de Varginha, mesorregião do sul/sudoeste de Minas. Seu Primeira Estrada Syrah tem muito potencial.

Outras vinícolas que estão seguindo esses passos são: Casa Geraldo, Vinhatella e Villa Mosconi (Andradas), Fazenda Santa Fé (Varginha), Maria Maria (Três Pontas) e Luiz Porto (Cordislândia).

OUTROS ESTADOS

Ultimamente, diversas outras zonas altas, de regiões não tradicionais no cultivo de videiras, vêm pipocando pelo Brasil. Claro, empregando o inovador método de "ciclo tardio de colheita"; nas áreas serranas de Espírito Santo e Rio de Janeiro e na Serra dos Pirineus, em Goiás.

RIO DE JANEIRO
Por enquanto, só existe um empreendimento novo nas encarpas centrais fluminenses da Serra da Mantiqueira que produza vinhos finos. É a Vinícola Inconfidência, na localidade de Sebollas, no distrito de Inconfidência, município de Paraíba do Sul. Essa propriedade do engenheiro José Cláudio Rêgo Aranha está situada a 600 metros de altitude. Plantada desde 2010, obteve a primeira colheita em 2013.

Encontram-se cultivadas em 4 hectares as nobres castas Sauvignon Blanc e Viognier (brancas) e Cabernet Franc, Cabernet Sauvignon, Merlot e Syrah. Elas são processadas e engarrafadas nas instalações da Epamig, em Caldas (MG), sob a consultoria do engenheiro agrônomo Murillo Regina. Contudo, no início de 2018, a construção da adega já se encontrava em pleno andamento.

Já tive a oportunidade de provar dois vinhos seus, o Sauvignon Blanc 2015 e o Cabernet Franc 2015, que julguei terem muito potencial.

GOIÁS
Nesse *terroir* está instalada a Pirineus Vinhos e Vinhedos, com 4 hectares, situados a 950 metros de altitude em Cocalzinho de Goiás, na Região Integrada de Desenvolvimento do Distrito Federal e Entorno. Desde a safra de 2008, os seus dois vinhos tintos vêm angariando apreciadores. São o Intrépido Syrah, com um pequeno corte de Tempranillo, e o Bandeiras Barbera, adicionado de pequenas porções de Tempranillo e Sangiovese.

O PRESENTE
O mercado de vinhos finos brasileiros é abastecido principalmente pelas empresas a seguir:

VINÍCOLAS
Em abril de 2018, esta era a minha avaliação sobre as principais vinícolas brasileiras produtoras de vinhos finos. (São todas elas gaúchas, a menos quando assinalado pertencerem a outro Estado.) Em boa parte, tais avaliações foram frutos das inúmeras degustações realizadas com o grande jornalista e amigo Saul Galvão.

● ● ● ● ● SUPERDESTAQUES

Cave Geisse, Chandon do Brasil, Guaspari (SP), Luiz Argenta, Miolo*, Pericó (SC), Salton, Seival/Miolo, Valmarino, Villa Francioni (SC) e Villaggio Grando (SC).

● ● ● ● GRANDES DESTAQUES

Aracuri, Casa Perini, Casa Valduga*, Casa Verrone (SP), Pizzato*, Quinta Santa Maria (SC), RAR/Miolo, Velho do Museu-Juan Carrau e Vinhedo Serena.

● ● ● DESTAQUES

Almaúnica*, Aurora Cooperativa, Era dos Ventos, Estrelas do Brasil, Hermann, Inconfidência (RJ), Maximo Boschis*, Pirineus (GO), Quinta da Neve (SC), Sanjo Cooperativa (SC), Suzin (SC), Thera (SC), Tormentas, Vallontano* e Weinzierle.

● ● RECOMENDADAS

Adolfo Lona, Almadén/Miolo, Angheben*, Barcarola*, Boscato, Bueno Bellavista Estate, Calza, Cavalleri*, Château Lacave, Cordilheira de Sant'Ana, Dal Pizzol, Don Bonifácio, Don Giovanni, Don Guerino, Don Laurindo*, Estrada Real (MG), Irmãos Bettu, Kranz (SC), Lídio Carraro*, Lovara, Marson, Panceri (SC), Santo Emílio (SC), Terragnolo* e Villa Mosconi (MG).

● MEDIANAS

Botticelli/Fazenda Milano (PE/VSF), Cave Antiga/Velha Cantina, Cordelier/Fante*, Dezem (PR), Dom Cândido*, Domno, Don Abel, Ducos (PE/VSF), Entre Vilas (SP), Garziera (PE/VSF), Giacomin, Larentis*, Monte Reale/Val de Miz, Nova Aliança Cooperativa, Piagentini, Santa Augusta (SC), Sulvin/Casa de Amaro, Terranova/Miolo (BA/VSF), Terrassos (SP), ViniBrasil (PE/VSF) e Vipiana.

(AINDA NÃO AVALIADAS)

Adega Chesini, Antonio Dias, Basso, Batalha, Campestre (SP), Campos de Cima, Cave de Pedra*, Courmayeur, Dunamis, Garibaldi Cooperativa, Georges Aubert, Gheller, Góes & Venturini, Grand Legado/Wine Park, Guatambu, Irmãos Molon, Jolimont, Marco Luigi*, Mioranza, Panizzon, Pedrucci, Peterlongo, São João Cooperativa, Terrazul, Torcello* e União de Vinhos.

---

* As empresas assinaladas localizam-se na região do Vale dos Vinhedos.

COMERCIALIZAÇÃO DE VINHOS ENGARRAFADOS (2008)

Vinícola	Produção (milhões de litros)	%
Cooperativa Aurora	3,78	24,3
Pernod-Ricard (Almadén e Forestier)	2,69	17,3
Miolo	2,27	14,6
Salton	1,89	12,2
Casa Valduga	0,87	5,6
Fazenda Ouro Verde/Miolo	0,60	3,9
Perini	0,47	3,0
Antônio Basso & Filhos	0,29	1,9
Cooperativa Garibaldi	0,21	1,4
Cooperativa Aliança	0,18	1,2
Outros	2,29	14,7
Total	**15,54**	**100,0**

Fonte: Uvibra, 2008.

COMERCIALIZAÇÃO DE ESPUMANTES NATURAIS (2008)

Vinícola	Produção (milhões de litros)	%
Salton	3,05	38,2
Chandon	1,53	19,1
Cooperativa Aurora	0,98	12,3
Miolo	0,42	5,3
Cooperativa Garibaldi	0,41	5,1
Fazenda Ouro Verde/Miolo	0,36	4,5
Peterlongo/Bebidas da Serra	0,27	3,4
Casa Valduga	0,19	2,3
Perini	0,10	1,2
Courmayer	0,09	1,1
Outros	0,60	7,5
Total	**7,99**	**100,0**

Fonte: Uvibra, 2008.
Nota: Infelizmente, não conseguimos obter dados mais recentes, pois o Instituto Brasileiro do Vinho (Ibravin) informou que essas estatísticas são sigilosas, não podendo ser divulgadas.

VINHOS

Abaixo estão relacionados os vinhos brasileiros que já degustei e que valem a pena ser provados por você.

ESPUMANTES BRUTOS

Os espumantes naturais brancos brutos brasileiros, reputados os melhores da América do Sul, apresentam vários ótimos exemplares, entre os quais sobressaem os seguintes.

BRANCOS

●●●● GRANDES DESTAQUES

Cave Geisse Magnum Brut 98, Cave Geisse Terroir Nature 02, 03 e 11 e Chandon Excellence Prestige Brut.

●●● DESTAQUES

Aracuri Chardonnay Brut 13, Aurora 100% Pinot Noir Brut, Aurora Pinto Bandeira Extra Brut 24 meses, Casa Perini Brut, Casa Perini Champenoise Brut, Casa Perini Nature Extra Brut, Casa Valduga Gran Reserva "60" 06, Casa Valduga Maria Valduga Brut 08, Cave Geisse Nature 02 e 03, Chandon Réserve Brut, Hermann Lírica Crua, Luiz Argenta LA Jovem Brut, Marson Brut, Maximo Boschis Speciale Extra Brut 07, Miolo Millésime Brut 04 e 09, Salton 100 Anos Nature, Salton Évidence Brut e Vallontano LH Zanini Extra Brut 08 e 15.

O melhor espumante brasileiro que já provei foi o Chandon Excellence Cuvée Prestige Brut N/S (não safrado), de uma mescla de Chardonnay e Pinot Noir, criado pelo conceituado enólogo francês Philippe Mével. Muito perto dele ficaram o Cave Geisse Brut Magnum 98 (muito premiado no exterior) e o Cave Geisse Terroir Nature 02, também de Chardonnay e Pinot Noir.

Sou da opinião, e com o aval de muitos enólogos estrangeiros que visitaram nosso país, de que os produtos mais característicos da Serra Gaúcha são os espumantes. Portanto, a sua produção deveria ser alavancada, ainda mais que o clima brasileiro mostra-se propício ao consumo de bebidas resfriadas.

ROSADOS

●●● DESTAQUES

Aracuri Pinot Noir Rosé Brut 13 e 16, Casa Perini Rosé Brut, Cave Geisse Rosé Brut 03, Chandon Excellence Rosé Prestige Brut, Estrelas do Brasil Pinot Noir Rosé Brut, Pericó Cave Pericó Rosé Brut 08 e 09, Salton Poética Rosado Brut (ótima qualidade x preço) e Valmarino Rosé Brut 11.

TINTOS

São ótimos para combinar com uma rica feijoada. Recomendo: Chandon Rouge Brut (pena que foi retirado de linha) e o Casa Valduga Estações Rouge Brut 02.

BRANCOS SECOS

Os vinhos brancos finos secos ainda estão devendo uma performance melhor, na avaliação da maioria dos provadores experientes. Entretanto, vale a pena tentar estes abaixo.

Chardonnay

●●●● GRANDES DESTAQUES

Casa Verrone Speciale 16, Miolo Cuvée Giuseppe 12 e Salton Virtude 08.

●●● DESTAQUES

Aurora Pinto Bandeira 12, Casa Perini Fração Única 11 e 16, Casa Valduga Gran Leopoldina 15, Cordilheira de Sant'Ana 10 e 14, Maximo Boschis Speciale 07, Miolo Reserva 04 e 08, Quinta Santa Maria QSM 08, Thera Lote 1 (15/16/17), Villa Francioni VF Lote I (04/05), 06 e 07 e Lote III (13/14) e Villagio Grando sem Barrica 06 e 08.

Sauvignon Blanc

●●●● GRANDES DESTAQUES

Pericó Vigneto 13 e 14.

●●● DESTAQUES

Aracuri 13, Casa Verrone 17, Guaspari 12, Inconfidência 15, Luiz Argenta LA Jovem 15, Miolo Reserva 14, Sanjo Núbio 13 e 15, Thera SB 16 e Villa Francioni VF 05, 06, 07 e 13.

OUTROS BRANCOS

●●● DESTAQUES

Casa Perini Arbo Riesling s/d, Era dos Ventos Peverella 10, Salton Classic Riesling 09, Villa Mosconi Riesling Itálico 11 e Weinzierle Riesling Renano 12.

ROSADOS SECOS

Recentemente, começaram a surgir alguns rosados secos bastante aceitáveis.

●●● DESTAQUE

Thera Rosé 17 e Villa Francioni VF Rosé 06 e 07, os melhores que eu bebi. Também agradáveis foram os Pericó Taipa Rosé CS/Me 08 e 09 e o Suzin Rosé CS/Me 08.

TINTOS SECOS

Quanto à qualidade, os vinhos de mesa finos – como vimos, uma elite diminuta entre os vinhos nacionais – situam-se entre insatisfatórios (poucos), regulares, bons (maioria), muito bons e ótimos (mais raros). Os ótimos são obtidos apenas nas melhores safras. Até o momento, nenhum vinho brasileiro alcançou o topo e inscreveu-se na categoria de sonho, ou seja, os extraordinários (96 a 100 pontos).

Mesclas tintas[1]

●●●● GRANDES DESTAQUES

Luiz Argenta Cuvée CS/Me 05 e 09, Miolo Lote "43" CS/Me 99, 02 e 04, Quinta do Seival Sesmarias CS/Me/PV/Tan/TR/TN 08, Quinta Santa Maria Utopia "Grand" CS/Me 08, Salton Talento CS/Me/Tan 02, 04 e 06, Valmarino Reserva de Família CS/CF/Tan/Me 11, Velho do Museu CF/Me 71, 72 e 75, Villa Francioni VF Tinto CS/Me/CF/Mal 04, 05 e 09, e Villagio Grando Innominable CS/CF/Me/Mal/PN 05, Lote II 04/05/06, Lote III 04/05/06/07 e Lote IV 04/05/06/07/08.

●●● DESTAQUES

Casa Perini Quatro Anc/Tan/CS/Me 09, Casa Valduga Raízes Gran Corte CS/CF/Tan 09, Don Laurindo Gran Reserva Tan/Anc 99, Miolo Cuvée Giuseppe CS/Me 03, 04 e 05, Quinta Santa Maria Utopia CS/Me 06 e 07, Quinta Santa Maria Mosaïque

---

1 As abreviaturas empregadas nas variedades negras dos vinhos relacionados são: AB (Alicante Bouschet), Alf (Alfrocheiro), Anc (Ancellota), C (Cabernet), CF (Cabernet Franc), CS (Cabernet Sauvignon), Ca (Carignan), Gre (Grenache), Mal (Malbec), Mar (Marselan), Me (Merlot), Mou (Mourvèdre), PV (Petit Verdot), PN (Pinot Noir), Pge (Pinotage), Sy (Syrah), Tan (Tannat), Ter (Teroldego), TN (Touriga Nacional), TR (Tinta Roriz), Vio (Viognier), Zin (Zinfandel).

CS/Me/TR 08, Quinta do Seival Castas Portuguesas TN/TR/Alf 05, 06 e 11, RAR Reserva Família CS/Me 04 e 08, Salton 100 Anos CS/Me/CF 08, Salton Septimum Tan/Anc/Me/CF/Ter/CS/Mar 12, Suzin Zelindo Me/CS 08, Valmarino Reserva de Família CF/CS/Me/Tan 05, Villa Francioni VF Francesco Me/CS/CF/Mal/Sy 05 e 09 e Villagio Grando Além Mar CF/Me/Mal 09.

Merlot

● ● ● ● GRANDES DESTAQUES

Miolo Terroir 04, 05 e 08 e Salton Desejo 04, 05, 06, 07 e 12.

● ● ● DESTAQUES

Aracuri 12, Casa Perini Fração Única 10 e 14, Casa Valduga Storia Gran Reserva 06, Lídio Carraro Grande Vindima Encruzilhada 04, Luiz Argenta Gran Reserva 05, Luiz Argenta LA Jovem 12, Maximo Boschis 04, Miolo Reserva 04 e 05, Pisano Panceri Gran Reserva 04, Pizzato "DNA 99" 05, 09 e 11, Pizzato 99 e 02, Salton Volpi 03, 04 e 05, Suzin 06 e 07 e Villaggio Grando 05 e 14.

Cabernet Sauvignon

● ● ● ● GRANDE DESTAQUE

Quinta do Seival 04 e 05.

● ● ● DESTAQUES

Aracuri Collector 09 e 14, Aurora Millésime 91 e 12, Boscato Gran Reserva 02, Casa Valduga Premium 99, Luiz Argenta Gran Reserva 05, Luiz Argenta Reserva 04, Marson Gran Reserva 99 e 02, Maximo Boschis 00 e 04, Miolo Reserva 97, 01, 02, 04 e 05, Pisani Panceri Grande Reserva 04, Quinta da Neve 04 e 07, Salton Volpi 02, 03, 04 e 05, Suzin 06 e Villaggio Grando 06 e 14.

Cabernet Franc

● ● ● ● GRANDES DESTAQUES

Luiz Argenta LA Jovem 12 e Valmarino "XVII" 11.

● ● ● DESTAQUES

Inconfidência 15 e Valmarino "X" 05.

Pinot Noir

●●●● GRANDES DESTAQUES

Pericó Basaltino 12 e 13, RAR Collezione 14 e Vinhedo Serena 12.

●●● DESTAQUES

Aurora Pinto Bandeira 12, Casa Perini Fração Única 17, Luiz Argenta L. A. Jovem 13, Quinta da Neve 08, RAR Collezione 08, Suzin 09 e Tormentas Fulvia Garagem 09 e 12.

Syrah

●●●● GRANDES DESTAQUES

Casa Verrone Speciale 16, Guaspari Vista da Serra 11, Guaspari Vista do Chá 11 e 12.

●●● DESTAQUES

Almaúnica Reserva 11, Casa Verrone 17, Don Bonifácio Habitat 17, Primeira Estrada 10 e Terranova Testardi 14.

OUTROS TINTOS

●●●● GRANDE DESTAQUE

Villa Francioni VF Michelli Sangiovese (80%)/Cabernet Sauvignon/Merlot 05 e 07.

●●● DESTAQUES

Angheben Teroldego 04 e 08, Angheben Touriga Nacional 04, Barcarola Specialità Teroldego 07, Casa Perini Barbera 12, Casa Perini Marselan 14, Cordilheira de Sant'Ana Tannat 05, Dal Pizzol 200 Anos Touriga Nacional 07 e 08, Don Bonifácio Quinta "5ª" Tannat 15, Don Guerino Gran Reserva Teroldego 07, Don Guerino Reserva Teroldego 12, Don Laurindo Reserva Malbec 02 e 03, Era dos Ventos Marselan 08, Fortaleza de Seival Tempranillo 06, Lídio Carraro Singular Teroldego 07, Miolo Reserva Tempranillo 09, Pirineus Bandeiras Barbera 10 e Salton Séries Teroldego 06.

Esperemos que em breve possa ser gerado em nossas terras um vinho "de sonho". Qual surgirá primeiro: um espumante ou um tinto? Faça sua aposta!

Anexos

GLOSSÁRIO

A

Acético • Com odor de vinagre referente à acidez volátil (ácido acético e acetato de etila). Quando bem pronunciado, torna o vinho intragável.

Ácido • Com bastante acidez. Variações: baixa acidez (de 2% a 3%), de nervo ou acídulo (de 4% a 5%) e alta acidez (acima de 5%), concentrações essas expressas em ácido sulfúrico. Normalmente, a acidez é característica de vinho ainda jovem ou daqueles feitos com uvas colhidas verdes, como os Vinhos Verdes.

Acídulo • Vinho com acidez marcante, porém correta. Sinônimo de vinho de nervo.

Adstringente • Determinada sensação de aspereza causada por um excesso de tanino, em especial nos vinhos tintos jovens, diminuindo com a idade. Sinônimo de duro, áspero e tânico.

Aguado • Pobre em corpo e álcool, não melhorando com a idade. Sinônimo de diluído e magro.

Agulha • Seco e ácido, picante como agulha, por causa da acidez ou do gás carbônico.

Alcoólico • Alto teor de álcool.

Amargo • Sinal de elaboração inferior, tal como a presença de muito engaço durante o esmagamento. Certos vinhos, como o Amarone, mostram um ligeiro amargor, patente no seu nome.

Amável • Teor de açúcar entre suave e doce.

Amêndoas • Aroma de amêndoas tostadas, característico de velhos brancos da Bourgogne.

Amora • Leve aroma e gosto usualmente encontrados em vinhos de Bordeaux elaborados com uvas Cabernet Sauvignon.

Apimentado • Odor aromático de certos vinhos jovens oriundos de climas quentes.

Ardente • Boa qualidade, quando de ardência moderada.

Aroma • O perfume de fruta fresca. Diminui com a fermentação e desaparece com a idade, sendo substituído pelo buquê.

Aromas primários • Odores formados pelos terpenos, encontrados majoritariamente na casca da fruta, dando o caráter frutado. Advêm, portanto, da própria variedade de uva, sendo maximizados nas chamadas uvas aromáticas, como Gewürztraminer, Moscatel e Malvasia.

Aromas secundários • Odores formados durante a fermentação alcoólica, são principalmente aldeídos e ésteres. Contribuem com o caráter vinoso.

Aromas terciários (ou buquê) • Esses odores só existem em tintos (maioria) e brancos com estágio em barris de carvalho. Durante essa fase, aumenta a presença de compostos aromáticos, tais como aldeídos e ésteres.

Aromático • Diz-se de determinados vinhos frutados, bem pronunciados.

Áspero • Excessivamente adstringente.

Austero • Não é isento de boas qualidades, mas seu alto conteúdo de tanino tende a obscurecer o gosto e o aroma.

Aveludado • Com textura de veludo, não deixando nenhuma sensação áspera no paladar. Com untuosidade pronunciada. Característica de tintos bem evoluídos. Sinônimo de sedoso.

Avinagrado • Com sabor de vinagre. Vinho que passou do ponto e tornou-se intragável.

Azedo • De sabor azedo. Depõe contra o vinho.

B

Balanceado • Que possui todos os elementos naturais em boa harmonia. Usado especialmente quando se trata de balanço entre doce e ácido. Sinônimo de harmônico.

Baunilha • Aroma transmitido ao vinho – e muito mais ao conhaque – por um componente dos tonéis de carvalho.

Borracha • Odor de alguns vinhos feitos com mostos de baixa acidez.

Branco acarvalhado • Veja *branco barricado*.

Branco amadeirado • Veja *branco barricado*.

Branco barricado • Vinho branco vinificado e maturado em barricas de carvalho. Sinônimo de branco acarvalhado ou branco amadeirado.

Branco botritizado • Branco de sobremesa elaborado com uvas de características muito raras – seus bagos são atacados pelo fungo *Botrytis cinerea*. Essa "podridão nobre" rompe a casca, provocando a evaporação de parte da água contida na fruta, enriquecendo o teor de açúcar do mosto e gerando grande quantidade de glicerina, responsável pelo seu caráter viscoso.

Branco frutado • Vinho branco fermentado e mantido em cubas inertes, isto é, sem contato com madeira.

Brilhante • Com aspecto brilhante, permitindo até que se veja a luz através do vinho. Oposto de opaco e turvo.

Bruto • Referente a espumantes extremamente secos.

Buquê (*bouquet*, **em francês**) • A fragrância de um vinho que se desenvolve com a maturidade. O buquê resulta da combinação do aroma da uva e perfumes mais complexos que se desenvolvem após a fermentação do vinho. O aroma secundário, afetado pela ação das leveduras, é floral, frutado ou ambos. O buquê funde esses perfumes com outros mais complexos e profundos de vegetais, animais, bálsamos e especiarias. Desenvolve-se pelo contraste entre a fase oxidativa do envelhecimento – durante o período de estacionamento em tonéis de carvalho, no qual há o contato com o ar ambiente através dos poros da madeira – e a fase redutiva – na ausência de ar, durante a permanência nas garrafas.

C

Capitoso • Com bom teor alcoólico.

Caráter • Sabor positivo e distinto, dando características ao vinho.

Carvalho • Sabor de carvalho em razão do longo armazenamento em barris ou tonéis dessa madeira.

Cerveja • Odor de cerveja rançosa existente em vinhos brancos, usualmente em velhos Moselas.

Chato • Sem atração, baixo em acidez. Quando aplicado a espumantes, significa que perdeu o gás. Oposto de firme.

Cheio • Com corpo e cor. Frequentemente aplicado a vinhos que têm alto teor de álcool, açúcar e extratos.

Cheiro redutivo • A conservação de um vinho em cubas, junto com as borras, ocasiona uma queda do potencial de oxirredução, por falta de oxigênio. Esse fato permite o rápido surgimento de compostos leves de enxofre, típicos cheiros desagradáveis de redução.

Completo • Maduro e elegante. É o vinho dos grandes anos.

Complexo • De aromas diversos em diferentes graus de percepção.

Comum • Sem característica. Termo usado no Brasil para indicar vinho de qualidade inferior feito de uvas americanas e/ou híbridas.

Corpo • Representa o peso e a substância de um vinho na boca, indicado por seu teor de extrato seco e de álcool.

Corte • Ato de cortar, isto é, misturar vários vinhos de uvas distintas, de procedências diversas ou mesmo de vários anos. Sinônimos: mescla ou lote (em Portugal).

Curto • Retrogosto pouco demorado. Oposto de longo.

D

Decrépito • Que se encontra no estágio final da velhice.

Defumado • Aroma particular de determinados vinhos do Loire, feitos de uvas Sauvignon Blanc, como o Pouilly-Fumé.

Denso • Com alguma viscosidade.

Desarmônico • Quando um de seus componentes sobressai mais do que os outros.

Diluído • Veja *aguado*. É também sinônimo de magro.

Distinto • Dotado de característica própria.

Doce • Alto conteúdo de açúcar.

Duro • Veja *adstringente* e também *áspero* e *tânico*.

E

Elegante • Bem balanceado, com fineza e classe.

Encorpado • Com muito corpo.

Engaço • Ramificação do cacho da uva; conjunto dos pedúnculos aos quais se ligam os grãos ou bagos. Quando o processo de elaboração é defeituoso, rompendo e macerando o engaço com o suco dos bagos, ele pode conferir ao vinho gosto característico desagradável de ácido, adstringente e amargo, considerado um defeito e denominado "gosto de engaço".

Enorme • Cheio de corpo e sabor; com alto grau alcoólico, cor e acidez.

Especiaria • Aroma e sabor fortes de especiaria de determinadas variedades de uvas, como a Gewürztraminer. O aroma é mais rico e pronunciado do que aquele chamado de frutado.

Espumante • Com bastante gás carbônico. No Brasil, os espumantes naturais do tipo champanha devem ter pressão de no mínimo 4 atmosferas.

Evanescente • De aroma fugaz.

Extrato seco • Substâncias que permanecem no vinho após a evaporação das frações leves, por efeito de aquecimento do líquido.

F

Farto • Com muita doçura e pouca acidez.

Fechado • Ainda sem demonstrar nenhuma característica por ter sido engarrafado recentemente.

Fermentação malolática • Fermentação secundária, induzida ou não, após a primeira (alcoólica), provocada por bactérias (e não levedos) láticas presentes naturalmente ou exógenas. Essas bactérias transformam o ácido málico (dicarboxílico ou biácido) em ácido lático (monocarboxílico ou monoácido), de sabor mais aveludado, e em dióxido de carbono (gás carbônico).

Fino • A classe que distingue os grandes vinhos. Termo usado no Brasil para designar vinho de qualidade superior elaborado apenas com uvas europeias.

Firme • Jovem com um estilo decisivo.

Flácido • Muito mole, sem estrutura.

Flexível • Oposto de duro, mas não pejorativo como mole.

Florado • Com aroma de flores.

Fluido • Com pouca viscosidade.

Foxado • Odor e gosto pronunciados de "pele de raposa", característicos de vinhos feitos com uvas americanas da espécie *Vitis labrusca*.

Fraco • Baixo teor alcoólico.

Framboesa • Aroma comum em vinhos tintos muito bons, particularmente de Bordeaux e do Rhône.

Franco • Que ataca diretamente o paladar.

Fresco • Contendo quantidade média de acidez e pouco teor alcoólico.

Frisante • Efervescente, com um pouco de gás carbônico. No Brasil, é um tipo de vinho de mesa que deve possuir uma pressão entre 1,1 e 2 atmosferas.

Frutado • Aroma e sabor encontrados em vinhos jovens (brancos e alguns tintos), como o Beaujolais e certos nacionais. Essa característica se atenua com a idade.

G

Gerânio • O odor dessa flor indica que o vinho é defeituoso, devido a atividade bacteriológica em vinhos suaves com sorbato de potássio ou ácido sórbico em excesso.

Gordo • Encorpado mas flácido, o que em muitos brancos frequentemente se deve a excesso de açúcar residual. Quando aplicado ao tinto, o termo significa suavidade e maturidade.

Grande • Excepcional.
Grosseiro • Com textura áspera e pouca elegância.
Grosso • Característica dos vinhos de muito extrato e acidez.
Guloso (*gouleyant*, em francês) • Vinho que enche a boca prazerosamente.

H

Harmônico • Veja *balanceado*.
Herbáceo • Odor de ervas apresentado por alguns vinhos. Quando em excesso, denota que a uva foi colhida não plenamente madura.

I

Insípido • Sem caráter nem acidez.

J

Jovial • Usualmente jovem com acidez frutada e um pouco de gás carbônico.

L

Leve • Pobre em corpo, cor e álcool, mas agradável. No Brasil, uma nova categoria de vinho com graduação alcoólica entre 7,0% e 8,5%.
Levedura • Com cheiro de levedos característicos de pão fresco. Sinal de que o vinho está sofrendo uma segunda fermentação alcoólica, possivelmente por ter sido engarrafado muito cedo, sendo, portanto, um defeito.
Licoroso • Com teor alcoólico superior a 14%, no Brasil.
Límpido • Totalmente transparente. Qualquer sedimento encontra-se no fundo da garrafa.
Longo • Que deixa um sabor persistente na boca; sinal de qualidade. Oposto de curto.
Lote • Veja *corte*.
Luxurioso • Que enche a boca sem um traço de amargo. Usualmente um atributo de vinhos doces bem balanceados com acidez.

M

Maçã • Aroma e gosto da fruta, que acompanha o ácido málico. É comum em determinados vinhos jovens de qualidade da Mosela, do Loire e das regiões vitícolas tradicionais no Brasil. Quando muito pronunciado, indica vinhos menos finos.

Madeirizado • Aroma e sabor de vinhos oxidados, lembrando o Madeira. Aplica-se o termo a vinhos brancos que passaram do ponto ótimo e adquiriram cor castanha. Sinônimo de oxidado.
Maduro • Sabor de fruta madura, sem nenhum traço de verdor.
Magro • Veja *aguado*. É também sinônimo de diluído.
Meio seco • Sabor entre seco e doce.
Melado • Associado particularmente a grandes vinhos doces, como o Sauternes.
Mesa • Vinho com teor alcoólico entre 8,6% e 14%, no Brasil.
Mescla • Veja *corte*.
Metálico • Sabor amargo desagradável de um vinho branco que não foi propriamente tratado na eliminação do cobre, aspergido nas videiras sob a forma de sulfato de cobre, para evitar doenças.
Mofado • Odor e gosto desagradáveis causados pelo armazenamento em tonéis sujos.
Mole • Oposto pejorativo de duro.
Moscado • Sabor forte de uva das variedades Moscatéis.
Mosto • Suco de uva em fermentação, até que se torne vinho.

N

Nervoso • Qualidade do vinho quando a sua acidez não é excessiva nem o seu grau alcoólico. Com caráter.
Neutro • Que não tem gosto definido.
Nobre • De qualidade superior.
Nozes • Sabor usualmente encontrado em vinhos bem envelhecidos. Bastante acentuado em bons Jerez Finos.

O

Oleoso • Relativamente viscoso.
Opaco • Característica entre velado e turvo.
Oxidado • Veja *madeirizado*.

P

Passas • Com odor de uvas semissecas ou totalmente secas. Encontra-se um odor similar em vinhos feitos de uvas supermaduras. Frequentemente presente em vinhos tintos Amarone.

Pederneira • Aroma e sabor de pedra de fuzil de determinados vinhos brancos que lembram a têmpera de aço, como o Chablis.
Pequeno • Sem grandes qualidades.
Pesado • Encorpado, mas faltando-lhe um pouco de acidez, logo, carente de fineza.
Pêssego • Associado com certa acidez da fruta existente em alguns vinhos do Loire.
Picante • Termo geralmente usado para qualificar o gosto do ácido acético e/ou do acetato de etila.
Poderoso • Usualmente aplicado a vinhos robustos de grande substância, como o Châteauneuf-du-Pape, ou a vinhos brancos enormes, como os grandes da Bourgogne.
Profundo • Rico, de sabor persistente.
Pútrido • Com odor bastante desagradável.

Q
Quente • Sensação causada por vinhos de alta graduação alcoólica e baixa doçura.

R
Raça • Alta qualidade.
Redondo • Bem balanceado e completo.
Resina • Odor de terebintina presente em vinhos elaborados com resina de pinho, frequentemente em vinhos gregos.
Retrogosto • Sabor e odor que o vinho deixa no final, tanto agradável quanto desagradável.
Rolha • Odor e gosto desagradável produzido por rolhas que apodreceram na garrafa.
Roupagem • Termo usado pelos enólogos e *connaisseurs* quando se referem à cor de um vinho. A matéria corante contida nas cascas das uvas dissolve-se no mosto, durante a fermentação, e transmite a cor ao vinho tinto. Nos brancos, que são fermentados sem a casca, tal fato não ocorre.

S
Sadio • Bem balanceado, com boa estabilidade biológica.
Salgado • Sabor raramente encontrado em vinhos.
São • Veja *sadio*.
Sápito • Com acidez entre chato e fresco.

Secado • Tinto muito velho.

Seco • Sem nenhuma doçura. No Brasil, vinhos com no máximo 5 g/l de açúcar residual.

Sedoso • Veja *aveludado*.

Seiva • O vigor de um grande vinho. O sabor aromático concentrado de um branco doce maduro, luxurioso e de qualidade. O estilo de um vinho fino jovem, especialmente Bourgogne.

Suave • De baixa acidez e pouco tanino, com idade própria. No Brasil, aplica-se esse termo também a vinhos adocicados, isto é, os que possuem mais de 20 g/l de açúcar.

Sulfuroso • Com odor desagradável de enxofre queimado causado pela adição excessiva de gás sulfuroso. Se esse cheiro não desaparece quando o vinho é vertido na taça, indica um defeito. Tal odor é geralmente associado a vinhos brancos de menos qualidade.

T

Tânico • Ligeira sensação de adstringência em razão do tanino presente particularmente em vinhos tintos jovens de Bordeaux, que diminui com a idade. Sinônimo de adstringente, áspero e duro.

Terroso • Sabor peculiar que o solo de determinados vinhedos transmite aos vinhos. Desagradável quando muito pronunciado. Comum em muitos vinhos italianos.

Tinto de guarda • Vinho tinto que é submetido a um longo amadurecimento em barricas de carvalho.

Tinto de meia-guarda • Vinho tinto que passa por curta maturação (até seis meses) em barricas de carvalho.

Tinto frutado • Veja *tinto jovem*.

Tinto jovem • Vinho tinto que não tem amadurecimento em madeira. Sinônimo de tinto frutado.

Tostado • Característica de vinho tinto feito de uvas muito maduras, em climas quentes.

Trufas • Um dos aromas mais subjetivos, pertencente a um tipo de cogumelo. Ele é encontrado no Bourgogne, no Barolo e em outros tintos ricos em buquê.

Turvo • Com um véu espesso, normalmente denotando vinho doente. Não confundir com um tinto velho cuja garrafa tenha sido sacudida e cujos depósitos naturais ainda não se decantaram.

U

Untuoso • Com bastante glicerina. Sinônimo de viscoso.

V

Vazio • Característica dos vinhos de pouco extrato e acidez.

Velado • Com um véu tênue ao ser analisado contra a luz.

Velho • Bastante maduro.

Verde • Odor e gosto ásperos causados por excessiva acidez resultantes da colheita de uvas ainda não maduras. A única exceção de qualidade são os Vinhos Verdes de Portugal.

Vigoroso • Sadio, jovial e firme. Oposto de insípido e flácido.

Vinho de prensa • Vinho tinto obtido da prensagem do bagaço de uva logo após a vinificação. Mais tânico, esse vinho é normalmente descartado nos melhores exemplares. Dependendo da safra ou da variedade de uva (por exemplo, a Pinot Noir), ele pode ser judiciosamente acrescentado ao vinho-flor.

Vinho doente • Vinho que mostra algum sinal de anormalidade, geralmente pela presença de um microrganismo maléfico.

Vinoso • Característica de um vinho que não apresenta aromas primários nem terciários pronunciados, sentindo-se mais a sua alcoolicidade e mineralidade.

Violeta • Aroma subjetivo encontrado em alguns vinhos tintos. Comumente associado ao tinto português de Trincadeira.

Viscoso • Veja *untuoso*.

AS SAFRAS

Uma tabela de safras deve sempre ser analisada como apenas informativa e não como verdade absoluta. Antes de mais nada, porque representa somente uma média regional. Conforme o porte da zona considerada, as oscilações de qualidade da colheita podem ser mais ou menos significativas.

Dependendo do objetivo do consumidor, a nota pode vir a dar sábios conselhos. Por exemplo, se o interesse é adquirir determinado vinho de guarda para estocá-lo por um período médio ou longo, as colheitas com pontuações maiores são as mais recomendadas, por motivos óbvios. Entretanto, se você quiser consumir o vinho imediatamente, pode optar pelas safras menos badaladas, pois os vinhos produzidos nessas condições costumam ficar prontos mais cedo.

Outro fato conhecido pelos amantes do vinho é que normalmente os produtores mais conceituados costumam elaborar ótimos vinhos, mesmo em safras mais complicadas.

E atenção: considere provisórias as notas das últimas três safras, pois ainda não decorreu tempo suficiente para avaliá-las com maior precisão.

SAFRAS DE 1985 A 2016

FRANÇA

	2016	2015	2014	2013	2012	2011	2010	2009	2008	2007	2006	2005	2004	2003	2002	2001	2000	1999	1998	1997	1996	1995	1994	1993	1992	1991	1990	1989	1988	1987	1986	1985
Bordeaux (Médoc/Graves Tinto)	9	9	8	6	8	8	10	10	8	7	7	8	10	8	9	7	8	10	7	8	6	9	8	7	6	4	5	10	9	8	5	9	10
Bordeaux (St. Emilion/Pomerol)	9	9	8	6	8	8	10	10	8	7	7	8	9	8	8	7	8	10	7	9	6	8	9	7	6	4	4	10	9	8	5	8	10
Bordeaux (Graves Branco Seco)	8	9	9	7	8	8	10	10	7	8	7	9	8	8	8	7	8	8	7	8	7	8	9	8	7	6	6	8	8	9	7	6	8
Bordeaux (Sauternes/Barsac)	8	9	8	8	6	9	9	10	7	9	8	9	6	9	8	10	5	8	9	8	9	9	8	6	3	4	6	10	10	10	4	8	7
Bourgogne (Côte d'Or Tinto)	9	10	8	8	9	7	9	10	7	6	7	10	7	9	9	6	7	8	9	8	7	9	8	6	8	7	6	10	9	9	5	6	8
Bourgogne (Côte d'Or Branco)	9	8	9	8	9	8	10	8	7	7	8	10	7	9	9	7	8	9	8	9	6	9	9	7	9	7	6	10	7	5	5	8	9
Bourgogne (Chablis)	8	8	10	7	9	8	9	8	8	6	8	10	7	8	9	5	9	8	8	8	8	9	8	7	9	7	10	9	7	6	7	8
Beaujolais (Crus)	9	10	9	7	8	9	8	10	7	7	8	9	6	9	6	7	8	8	6	9	5	8	6	5	4	9	8	8	5	4	2	10
Rhône (Norte)	10	10	8	7	8	8	9	10	7	8	8	9	7	9	6	7	8	8	9	8	7	8	7	5	4	7	10	8	8	4	6	9
Rhône (Sul)	10	10	8	7	8	8	9	9	7	8	8	10	8	8	4	8	8	8	9	6	7	8	6	5	4	5	10	9	8	4	6	8
Champagne (Millesimé)	8	8	7	8	9	8	8	10	8	7	8	7	7	8	9	5	8	8	6	7	10	8	6	6	6	5	10	8	9	5	6	8
Alsace (Branco)	9	8	8	6	8	6	10	8	8	6	6	8	7	6	9	7	8	6	8	7	8	7	6	6	6	5	10	10	10	6	5	10
Loire (Branco Seco)	9	8	8	6	7	7	8	9	8	7	6	10	7	7	7	8	8	7	8	8	9	8	6	6	5	6	9	10	8	6	7	8
Loire (Branco Doce)	9	9	8	6	5	8	8	10	7	7	6	10	6	8	8	8	5	4	6	9	10	9	3	6	5	4	10	10	8	6	7	9
Loire (Tinto)	9	9	8	7	7	8	8	10	7	6	7	10	8	8	7	8	8	7	7	10	9	9	6	6	5	5	9	10	8	5	7	7
Provence	9	8	8	8	8	8	8	9	8	8	8	6	8	6	5	10	8	7	8	6	7	8	6	5	4	5	10	9	8	6	6	9
Languedoc-Roussillon	9	9	8	8	8	7	9	8	8	8	8	9	8	9	6	8	9	7	10	4	5	8	6	7	4	8	7	9	8	6	6	9
Sud-Ouest	9	8	7	6	7	8	8	9	7	6	7	9	7	7	8	7	8	7	8	6	7	8	7	6	4	4	9	8	8	6	7	9

ITÁLIA

	2016	2015	2014	2013	2012	2011	2010	2009	2008	2007	2006	2005	2004	2003	2002	2001	2000	1999	1998	1997	1996	1995	1994	1993	1992	1991	1990	1989	1988	1987	1986	1985
Piemonte (Barolo)	10	10	7	8	10	8	10	9	9	8	9	8	10	8	6	10	9	10	9	9	10	8	4	8	4	6	10	10	9	5	7	10
Piemonte (Barbaresco)	10	10	7	8	10	8	9	7	10	9	8	9	9	7	6	10	9	10	9	9	10	8	4	6	4	6	10	10	10	5	7	10
Piemonte (Barbera d'Asti)	10	10	5	8	9	7	8	9	9	9	9	7	8	8	6	10	10	10	10	10	8	6	7	6	4	7	10	9	10	5	7	10
Toscana (Chianti Classico)	10	9	5	8	7	8	9	6	10	10	10	7	9	8	4	9	8	10	8	10	10	10	8	8	4	7	10	5	10	6	8	10
Toscana (Brunello di Montalcino)	10	10	6	8	10	8	10	8	8	10	10	8	10	8	4	9	6	9	8	10	6	10	8	8	4	7	10	4	10	6	6	10
Toscana (Vino Nobile di Montepulciano)	8	10	6	8	10	8	8	8	8	10	10	8	8	8	4	9	8	10	7	10	6	10	6	9	2	7	10	5	10	6	8	10
Toscana (Bolgheri)			4	10	8	10	6	10	8	10	10	8	6	5	7	10	7	10	10	8	8	9	8	8	6	7	10	ND	ND	NR	ND	ND
Toscana (Morellino di Scansano)						6	5	8	7	9	9	6	8	8	6	10	8	6	10	8	8	10	5	8	6	8	8	8	10	5	5	8
Abruzzo (Montepulciano d'Abruzzo)	8		6	8	7	8	7	7	8	9	7	7	8	5	6	8	8	4	8	7	2	6	6	8	6	7	9	8	9	7	9	5
Veneto (Amarone)	9	10	6	8	10	9	8	10	8	10	9	8	9	6	3	6	9	6	9	10	5	10	6	8	3	5	10	5	10	4	6	8
Friuli (Colli Orientali/Collio Merlot)									8			7	9	9	6	8	8	10	8	10	8	7	8	8	7	8	8	6	8	9	10	8
Friuli (Colli Orientali/Collio Pinot Grigio)	10	10	6	8	8	6	5	8	7	8	10	7	9	5	4	8	7	10	7	8	8	7	6	9	7	8	8	8	7	9	10	7
Alto Adige (Pinot Grigio)	10	10	9	8	9	7	9	10	8	9	8	9	9	8	9	8	10	5	8	10	7	10	8	8	7	6	8	8	10	6	6	10
Umbria (Sagrantino di Montefalco)	9	10	6	8	9	8	8	9	10	8	8	10	8	8	4	8	8	7	8	9	6	8	6	8	3	6	10	5	9	7	5	10
Campania (Taurasi)	8	10	5	8	7	8	8	9	10	8	7	8	10	7	5	9	8	10	7	10	8	6	8	10	7	6	10	7	10	10	7	10
Campania (Fiano di Avelino)	8	9	6	8	9	7	10	6	9	8	9	8	8	10	4	8	8	10	6	8	8	6	6	10	6	ND	10	ND	ND	10	ND	ND
Puglia (Primitivo di Manduria)									9	8	5	2	4	8	8	10	8	7	8	10	8	4	8	6	6	10	8	ND	ND	ND	ND	ND
Sicilia (IGT)				6	7	10	8	8	9	10	8	9	6	9	6	10	8	10	8	10	ND	ND	ND	ND	ND	ND	ND	ND	ND	ND	ND	ND

ESPANHA

	2016	2015	2014	2013	2012	2011	2010	2009	2008	2007	2006	2005	2004	2003	2002	2001	2000	1999	1998	1997	1996	1995	1994	1993	1992	1991	1990	1989	1988	1987	1986	1985
Rioja	8	8	6	6	8	10	10	8	8	8	8	10	10	6	6	10	6	6	8	6	8	10	6	6	6	8	6	6	6	8	6	6
Ribera del Duero	8	10	8	6	8	10	10	10	8	8	6	8	10	8	8	10	8	10	8	6	10	10	10	4	6	8	6	6	6	6	10	8
Toro	10	8	8	8	8	10	10	10	10	8	8	10	10	10	10	10	10	10	8	6	10	8	10	8	10	10	10	10	6	6	6	6
Rueda	8	8	8	6	8	10	8	10	8	8	8	8	8	8	8	6	6	8	8	6	8	6	8	6	6	6	8	6	6	8	6	6
Cigales	10	10	10	8	6	10	10	8	8	8	8	8	10	8	8	8	8	8	8	6	8	6	6	6	6	6	8	6	6	6	6	6
Bierzo	10	10	8	8	10	8	8	8	8	10	10	10	8	10	8	8	10	8	6	6	10	6	8	4	10	8	8	8	8	6	6	8
Cataluña (Priorato)	8	10	8	8	8	6	10	10	8	8	8	10	10	8	8	10	10	10	10	6	10	10	8	10	8	6	8	6	6	10	6	8
Cataluña (Penedès)	8	8	8	8	8	8	8	8	8	8	8	8	6	8	6	8	8	8	10	8	10	8	8	8	6	6	8	6	8	6	4	10
Cataluña (Costers del Segre)	8	8	10	8	10	8	8	8	8	8	8	8	10	8	6	8	8	8	10	8	8	10	6	6	8	6	8	8	8	6	4	ND
Cataluña (Monsant)			6	8	6	10	8	8	8	10	10	10	10	8	8	ND	ND	ND	8	8	ND	ND	ND	ND	ND	ND	ND	ND	ND	ND	ND	ND
Navarra	8	8	8	6	8	8	8	8	8	8	8	10	10	6	6	10	8	8	8	6	8	10	8	10	8	8	8	8	8	6	6	6
Somontano		8	8	8	8	8	10	8	8	8	10	10	8	8	6	10	6	8	10	6	8	10	10	8	6	8	8	8	10	8	6	10
Rías Baixas	10	8	6	8	8	8	10	8	6	10	10	10	8	8	6	6	6	8	8	8	8	10	10	6	8	6	8	10	8	6	ND	ND
La Mancha	8	8	10	6	10	10	8	8	6	10	8	10	10	8	8	6	8	10	10	6	8	6	6	10	6	6	6	8	6	8	6	ND
Jumilla	8	6	8	8	8	8	8	8	8	6	8	8	10	6	6	6	8	8	8	6	6	6	6	6	6	8	6	6	6	8	4	6
Alicante	10	8	8	6	8	8	6	8	10	8	10	10	6	6	6	6	8	8	8	6	6	6	6	8	6	6	6	6	8	8	4	6
Cava		8	6	10	8	8	6	8	10	10	10	8	6	6	8	8	10	8	8	6	8	6	6	8	6	8	6	6	8	8	6	6

606

AS SAFRAS

PORTUGAL

	2016	2015	2014	2013	2012	2011	2010	2009	2008	2007	2006	2005	2004	2003	2002	2001	2000	1999	1998	1997	1996	1995	1994	1993	1992	1991	1990	1989	1988	1987	1986	1985
Douro	9	10	7	7	8	10	7	8	8	10	7	9	9	8	6	8	10	8	7	9	6	7	9	4	8	7	7	6	3	7	4	10
Dão	8	7	4	6	9	8	7	7	8	8	7	10	9	8	6	7	8	7	6	7	7	7	8	4	8	7	7	7	3	7	6	10
Bairrada	7	9	5	8	8	10	9	10	9	7	6	10	6	8	3	10	8	6	7	8	7	10	8	2	7	6	9	6	9	6	2	10
Alentejo	7	9	6	8	7	10	8	8	9	9	7	9	10	9	7	8	8	9	7	9	7	10	8	6	7	9	10	8	7	9	8	10
Lisboa (ex-Estremadura)		10						8	10	8	7	8	8	9	7	9	8	7	8	9	7	8	7	5	7	5	6	7	3	7	5	9
Porto (Vintage)	9	NV	NV	NV	NV	10	NV	NV	NV	9	NV	NV	NV	9	NV	NV	9	NV	NV	9	NV	NV	10	NV	8	8	NV	7	NV	8	NV	9

ALEMANHA, ÁUSTRIA, HUNGRIA E GRÉCIA

	2016	2015	2014	2013	2012	2011	2010	2009	2008	2007	2006	2005	2004	2003	2002	2001	2000	1999	1998	1997	1996	1995	1994	1993	1992	1991	1990	1989	1988	1987	1986	1985
Alemanha (Mosel)	8	10	8	8	10	10	8	10	8	10	7	10	8	10	8	9	6	8	8	9	8	9	10	8	8	6	10	9	9	4	5	8
Alemanha (Rheingau)	8	10	8	8	10	10	8	10	8	10	7	9	8	9	8	9	6	8	8	7	8	8	8	9	8	6	10	8	8	5	6	7
Alemanha (Pfalz)	8	10	8	8	10	10	8	10	8	10	7	9	7	6	7	8	4	8	9	9	8	6	8	8	8	6	10	9	8	4	5	8
Alemanha (Rheinhessen)	8	10	8	8	10	10	8	10	8	10	7	9	7	6	7	6	4	6	8	6	8	6	6	8	6	4	9	8	8	4	5	6
Alemanha (Franken)	8	10	8	8	10	10	8	10	9	10	7	9	7	6	7	6	8	6	7	8	7	4	8	7	8	4	10	7	8	4	5	6
Áustria (Wachau/Kamptal Riesling)	8	10	5	10	10	9	8	9	8	9	10	9	8	9	8	6	9	10	9	10	7	9	8	8	8	8	10	8	7	5	10	9
Áustria (Burgeland Tinto)	8	10	6	8	9	10	7	10	8	8	9	8	9	10	9	8	10	9	7	10	6	7	9	9	8	7	9	7	5	5	10	8
Áustria (Burgeland Doce)	8	10	4	8	8	8	9	9	8	9	8	9	9	7	8	9	8	9	9	9	8	10	8	9	7	8	8	7	6	6	10	8
Hungria (Tokaji)	8	5	6	9	5	5	5	5	7	9	9	10	5	9	7	6	9	10	7	5	7	8	4	10	6	8	8	9	10	5	8	6
Grécia (Tinto)	7	8	7	6	5	8	9	6	10	9	8	8	8	10	5	8	10	8	7	8	5	4	8									
Grécia (Branco)	7	9	10	6	6	9	8	7	10	9	8	8	9	9	8	8	9	8	7	9	5	4	8									

607

AMÉRICA DO NORTE

	2016	2015	2014	2013	2012	2011	2010	2009	2008	2007	2006	2005	2004	2003	2002	2001	2000	1999	1998	1997	1996	1995	1994	1993	1992	1991	1990	1989	1988	1987	1986	1985
EUA (Califórnia Cabernet Sauvignon)	9	10	9	10	10	7	9	9	9	10	9	9	8	8	9	10	7	9	8	10	9	9	10	8	9	9	8	7	6	9	9	10
EUA (Califórnia Chardonnay)	9	10	9	9	9	8	9	9	9	10	8	8	9	8	9	9	8	9	8	9	9	9	8	8	9	8	9	7	8	6	9	7
EUA (Califórnia Pinot Noir)	9	8	9	9	9	8	9	9	8	10	8	9	8	9	9	8	8	10	8	9	8	8	9	8	8	8	8	7	8	8	7	8
EUA (Califórnia Zinfandel)	9	9	9	9	9	7	8	8	8	9	7	7	7	8	9	9	7	9	7	8	8	6	9	8	9	9	8	7	7	8	8	8
EUA (Oregon Pinot Noir)	9	9	9	8	10	8	8	9	9	7	9	8	9	8	9	8	8	9	8	7	7	8	9	8	8	8	9	8	8	5	7	8
EUA (Washington Merlot)	9	9	9	9	10	8	9	9	9	9	9	8	8	9	8	9	8	9	9	8	8	9	9	8	8	7	8	9	8	9	6	8
Canadá (Ontario Branco)		7	6	7	9	7	9	8	8	10	8	9	8	7	9	6	7	8	8	7	7	6	6	7	4	8	8	6	8	6	4	8
Canadá (Okanagan Valley Tinto)	9	9	9	8	9	7	7	10	7	9	8	9	8	9	9	8	8	7	8	7	6	6	6	6	6	6	7					

AMÉRICA DO SUL

	2016	2015	2014	2013	2012	2011	2010	2009	2008	2007	2006	2005	2004	2003	2002	2001	2000	1999	1998	1997	1996	1995	1994	1993	1992	1991	1990	1989	1988	1987	1986	1985
Argentina (Mendoza)	8	7	8	9	8	9	10	9	8	8	10	8	9	9	10	8	8	9	5	8	8	10	7	8	5	8	10	8	7	8	6	6
Chile (Valle Central)	8	9	10	9	8	8	9	9	8	10	8	10	9	10	7	9	8	10	7	8	9	9	8	8	7	5	6	8	8	7	6	6
Uruguai (Canelones)	9	10	8	9	8	10	9	9	8	8	8	8	10	6	9	8	10	8	6	6	10	6	8	6	7	6	4	4	8	4	4	4
Brasil (Serra Gaúcha)	5	5	9	7	10	6	4	6	9	7	8	10	9	5	9	3	6	9	2	7	2	3	8	7	4	10	5	5	5	4	10	9
Brasil (Campanha Gaúcha)	7	7	5	8	8	10	4	7	6	5	9	10	9	ND	ND	ND	ND	ND	ND	ND	ND	ND	ND	ND	ND	ND	ND	ND	ND	ND	ND	ND
Brasil (Serra do Sudeste)	6	3	3	6	9	7	6	5	9	4	10	7	8	ND	ND	ND	ND	ND	ND	ND	ND	ND	ND	ND	ND	ND	ND	ND	ND	ND	ND	ND
Brasil (Planalto Catarinense)	6	5	6	7	8	4	6	9	7	9	10	ND	ND	ND	ND	ND	ND	ND	ND	ND	ND	ND	ND	ND	ND	ND	ND	ND	ND	ND	ND	ND

AUSTRÁLIA, NOVA ZELÂNDIA E ÁFRICA DO SUL

	2016	2015	2014	2013	2012	2011	2010	2009	2008	2007	2006	2005	2004	2003	2002	2001	2000	1999	1998	1997	1996	1995	1994	1993	1992	1991	1990	1989	1988	1987	1986	1985
Austrália (Clare Valley Riesling)	9	8	8	9	10	7	9	9	8	7	7	9	8	9	10	9	7	8	8	10	7	9	8	8	7	7	10	6	7	8	10	
Austrália (Barossa Valley Shiraz)	8	9	7	8	9	6	10	7	8	7	9	8	9	7	9	8	4	8	10	8	10	7	8	8	6	10	10	6	8	6	10	4
Austrália (Eden Valley Riesling)	9	10	8	9	9	8	9	8	9	7	8	9	9	8	10	9	6	7	8	10	10	7	7	7	7	8	10	7	6	8	8	7
Austrália (Adelaide Hills Chardonnay)	7	10	8	9	9	4	9	9	7	7	9	8	8	8	10	8	6	7	10	8	9	9	7	7	8	9	7	4	7	6		
Austrália (McLaren Vale Shiraz)	8	8	7	9	9	5	8	8	7	7	8	8	8	8	9	8	8	6	10	7	10	6	8	7	8	10	10	6	8	6	7	6
Austrália (Coonawarra Cabernet)	9	9	8	9	10	6	9	7	9	7	7	9	8	8	9	7	8	8	10	7	9	5	8	7	6	10	10	5	7	6	10	7
Austrália (Hunter Valley Sémillon)	7	6	7	10	7	9	8	10	7	10	7	8	8	9	9	8	9	8	10	7	8	7	8	7	7	8	8	8	4	8	10	6
Austrália (Yarra Valley Pinot Noir)	7	10	7	10	10	4	9	4	7	7	9	9	10	8	10	8	10	7	9	10	8	6	8	6	8	8	8	5	8	7	8	7
Austrália (Margaret River Cabernet)	9	8	8	9	10	9	10	9	10	9	7	9	10	7	9	10	8	8	7	8	9	10	8	7	9	9	10	6	8	8	9	6
Nova Zelândia (Auckland Chardonnay)	7	7	9	10	10	4	10	6	8	8	9	10	8	6	9	7	10	9	10	7	9	5	9	10	7	8	7	7	8	5	7	7
Nova Zelândia (Hawke's Bay Cabernet)	7	5	8	10	5	3	8	10	6	9	6	7	8	5	9	5	10	9	10	5	5	9	9	3	6	8	7	9	4	8	7	8
Nova Zelândia (Wairarapa Pinot Noir)	8	7	8	9	5	6	8	9	8	6	7	4	7	9	7	10	9	10	10	9	10	9	9	7	5	8	8	8				
Nova Zelândia (Nelson Sauvignon Blanc)	8	5	8	7	6	6	10	8	8	7	7	5	8	9	10	10	9	9	10	10	7	5	9	5	6	10	5	9				
Nova Zelândia (Marlborough Sauvignon)	8	9	7	9	6	6	10	7	5	9	7	6	7	8	8	10	10	10	7	9	9	4	9	5	6	10	5	9	9	8	7	8
Nova Zelândia (Central Otago Pinot Noir)	9	5	8	8	7	4	8	7	8	9	8	7	6	8	10	9	5	9	10	9	5	9	7	7	3	5	8					
África do Sul (Tinto)	9	10	8	8	9	8	8	10	7	8	9	8	8	10	7	9	7	7	8	8	4	9	6	4	7	9	6	7	7	8	8	6
África do Sul (Branco)	8	9	9	8	8	8	9	10	7	8	10	8	8	9	7	8	7	7	6	8	6	7	6	7	8	7	7	5	5	6	5	6

609

SAFRAS ANTIGAS

As maiores colheitas do século passado, antes de 1985, relativas aos grandes vinhos tintos emblemáticos, encontram-se a seguir. As reputadas superiores estão marcadas com asterisco.

- **Bordeaux (tintos):** 1900*, 1921, 1926, 1928*, 1929*, 1945*, 1947, 1949, 1953, 1955, 1959, 1961*, 1966, 1970, 1975 e 1982.
- **Bourgogne (tintos):** 1906*, 1911*, 1919, 1928, 1929*, 1934, 1937, 1945*, 1947, 1949*, 1953, 1959*, 1961, 1966, 1969*, 1971, 1976 e 1978*.
- **Rhône Nord (tintos):** 1904, 1911*, 1923, 1929*, 1945, 1947, 1961* e 1978*.
- **Barolo:** 1905, 1907, 1912, 1917, 1919, 1922*, 1927, 1929, 1931*, 1934, 1947*, 1958, 1961, 1964, 1970, 1971*, 1978, 1982.
- **Rioja (tintos):** 1920*, 1922*, 1924*, 1934*, 1948*, 1952*, 1955*, 1958*, 1964* e 1982*.
- **Porto Vintage:** 1900, 1904, 1908*, 1912*, 1920, 1924, 1927*, 1934, 1935, 1945*, 1947, 1948*, 1955, 1958, 1960, 1963*, 1966, 1970*, 1975, 1977, 1980 e 1983.

As colheitas dos vinhos da Serra Gaúcha anteriores a 1985 que mostraram ser de melhor qualidade foram: 1966, 1968*, 1973, 1976, 1978*, 1979 e 1982*.

BIBLIOGRAFIA RECOMENDADA

PARA AQUELES QUE, depois de lerem esta obra básica, queiram se aprofundar no maravilhoso mundo do vinho, recomendo especialmente o material a seguir.

Enciclopédia
LICHINE, Alexis. *Encyclopedia of wines and spirits*. Londres: Cassell, 1974.
ROBINSON, Jancis. *The Oxford companion to wine*. Oxford: Oxford University Press, 1999.

Atlas geral
JOHNSON, H.; ROBINSON, J. *The world atlas of wine*. 6. ed. Londres: Mitchell Beazley, 2007.

Guia geral
GALVÃO, Saul. *Guia de tintos e brancos*. São Paulo: Códex, 2004.
JOHNSON, Hugh. *Pocket wine book 2003*. Londres: Mitchell Beazley (tiragem anual).

Combinação com comidas
SIMON, Joanna. *Vinho e comida*. São Paulo: Companhia das Letras, 2000.
_____. *Wine with food*. Londres: Mitchell Beazley, 1996.

Degustação
BOSSI, Giancarlo. *Teoria e prática da degustação dos vinhos*. Rio de Janeiro: Espaço e Tempo, 1996.
_____. *Teoria e pratica della degustazione dei vini*. Castelvetro: Dyanthus, 1981.
PEYNAUD, Émile. *Le goût du vin*. Paris: Dunod, 1980.

Notas de degustação
DECANTER MAGAZINE – Revista mensal inglesa (http://www.decanter.com).
www.erobertparker.com – Página eletrônica do crítico norte-americano Robert Parker. É preciso pagar uma taxa para acessar o banco de dados com todos os vinhos degustados.
www.winespectator.com – Página eletrônica da revista norte-americana *Wine Spectator*. É preciso pagar uma taxa para acessar o banco de dados com todos os vinhos degustados.

História do vinho
JOHNSON, Hugh. *A história do vinho*. São Paulo: Companhia das Letras, 1999.
_____. *The story of wine*. Londres: Mitchell Beazley, 1989.
PHILLIPS, Rod. *Uma breve história do vinho*. Rio de Janeiro: Record, 2003.

Uvas
ROBINSON, Jancis. *Vines, grapes and wines*. Londres: Mitchell Beazley, 1986.
SOUZA, Júlio Seabra I. de. *Uvas para o Brasil*. São Paulo: Melhoramentos, 1969.

Vinificação
PATO, Octávio. *O vinho – sua preparação e conservação*. Lisboa: Livraria Clássica, 1978.
PEYNAUD, Émile. *Conhecer e trabalhar o vinho*. Lisboa: Livros Técnicos e Científicos, 1982.
_____. *La connaissance et travail du vin*. Paris: Bordas, 1981.

Carvalho/tanoaria
VIVAS, Nicolas. *Manuel de tonnellerie*. Bordeaux: Féret, 1998.

França
BETTANE, M.; DESSEAUVE, T. *Le classement 2003 des vins et domaines de France*. Levallois-Perret: La Revue du Vin de France (tiragem anual).
DOVAZ, Michel. *Les grands vins de France*. Paris: Julliard, 1979.
GUIDE HACHETTE des vins 2003. Paris: Hachette (tiragem anual).
HANSON, Anthony. *Burgundy*. Londres: Faber and Faber, 1982.

Itália
ANDERSON, Burton. *Wine atlas of Italy*. Londres: Mitchell Beazley, 1990.
DUEMILAVINI GUIDA ai vini d'Italia 2003. Milão: Associazione Italiana Sommeliers (AIS) (tiragem anual).
I VINI di Veronelli 2003. Bergamo: Veronelli (tiragem anual).
LA GUIDA dei vini d'Italia 2003. Roma: Gambero Rosso (tiragem anual).

Espanha
GUÍA DE VINOS gourmets 2003. Madri: Club G (tiragem anual).
GUÍA PEÑIN de los vinos de España 2003. Madri: Pi & Erre (tiragem anual).

PROENSA, Andrés. *Guía Proensa de los mejores vinos de España 2003*. Madri: Proensa (tiragem anual).

RADFORD, John. *The new Spain*. Londres: Mitchell Beazley, 1998.

Portugal

AFONSO, João. *Anuário de vinhos 2003*. Lisboa: Cotovia (tiragem anual).

MARTINS, João Paulo. *Vinhos de Portugal 2003*. Lisboa: Dom Quixote (tiragem anual).

MAYSON, Richard. *Portugal's wines & winemakers*. San Francisco: The Wine Appreciation Guild, 1998.

ROBINSON, Jancis. *Prova dos melhores vinhos portugueses*. Lisboa: Cotovia, 1999.

Alemanha

JAMIESON, Ian. *Pocket guide to German wines*. Nova York: Simon and Schuster, 1984.

PIGOTT, Stuart. *The wine atlas of Germany*. Londres: Antique Collectors Club, 1996.

Áustria

MACDONOGH, Giles. *The wine & food of Austria*. Londres: Mitchell Beazley, 1992.

MOSER, Peter. *The ultimate Austrian wine guide 2003*. Klosterneuburger: Falstaff (tiragem anual).

Grécia

LAZARAKIS, Konstantinos. *The wines of Greece*. Londres: Mitchell Beazley, 2005.

Estados Unidos

BROOK, Stephen. *The wines of California*. Londres: Faber and Faber, 1999.

HALL, Lisa Shara. *Wines of the Pacific Northwest: Washington & Oregon*. Londres: Mitchell Beazley, 2001.

Canadá

ZIRALDO, Donald. *Anatomy of a winery*. Toronto: Key Porter, 2000.

Argentina

BUZZI, Fernando Vidal. *Argentina vineyards, wineries & wines*. Buenos Aires: Llamoso, 1998.

GUÍA BODEGAS & *vinos de Argentina 2003*. Mendoza: Caviar Bleu (1ª tiragem).

Guía de viñas, bodegas & vinos de América del Sur. Buenos Aires: Austral Spectator, 2003. (Enfoca também vinhos do Chile, Uruguai, Brasil e outros países sul-americanos.)
La guía Joy de vinos de Argentina 2003. Buenos Aires: Joy (1ª tiragem).

Chile
Guía de vinos de Chile 2003. Santiago: Turismo y Comunicaciones (tiragem anual).
Tapia, Patricio. La guía de vinos descorchados 2003. Santiago: Planetavino (tiragem anual).

Uruguai
Veja em Argentina *Guía de viñas, bodegas & vinos de América del Sur*.

Austrália
Halliday, James. *Pocket guide to wines of Australia*. Londres: Mitchell Beazley, 2003.
_____. *Wine atlas of Australia & New Zealand*. Sydney: HarperCollins, 1998.

Nova Zelândia
Cooper, Michael. *Buyer's guide to New Zealand wines 2003*. Auckland: Hodder Moa Beckett (tiragem anual).
_____. *Wine atlas of New Zealand*. Auckland: Hodder Moa Beckett, 2002.

África do Sul
Platter, John. *South African wines 2003*. Kenilworth: The John Platter Wine Guide (tiragem anual).

Brasil
Academia do Vinho, *Guia dos vinhos brasileiros 2001*. São Paulo: Market Press, 2001 (1ª tiragem).
Amarante, José Osvaldo Albano do. *Vinhos do Brasil e do mundo*. São Paulo: Summus, 1983.
_____. *Vinhos e vinícolas do Brasil*. São Paulo: Summus, 1986.
Guia ABS-SP de vinhos brasileiros 2002/2003. São Paulo: Bei, 2003 (1ª tiragem).
Ibravin (www.ibravin.org.br). Excelente sítio eletrônico criado pelo Instituto Brasileiro do Vinho.
Site do vinho brasileiro (www.sitedovinhobrasileiro.com.br). Ótima página eletrônica administrada pela Academia do Vinho.

ÍNDICE REMISSIVO

A

Abruzzo, 271
   Montepulciano d'Abruzzo, 271
   Trebbiano d'Abruzzo, 272
Acavitis, 562
acidificação, 181
Aconcagua, 462
   Valle de Casablanca, 462
   Valle de San Antonio, 463
   Valle del Aconcagua, 462
adega, 25–28
   livro, 27–28
   tipos, 25–26
Adega Medieval, 556
Adelaide Hills, 495-96
adstringência, 82
África do Sul, 531-32
   área de vinhedos, 207
   Cape Point, 538
   chaptalização, 180
   clima, 532
   Constantia, 534
   dados principais, 531
   Durbanville, 538
   Elgin, 539
   Elim, 539-40
   exportação de vinhos, 209
   Franschhoek, 536-37
   Klein Karoo, 540
   legislação, 532
   mapa, 531
   melhores produtores e vinhos, 543-52
   Northern Cape, 540
   Olifants River, 540
   Paarl, 536
   produção de vinhos, 206
   regiões, 530-37
   Robertson, 533-40
   Stellenbosch, 534-36
   Swartland, 539
   Swellendam, 540
   Tulbagh, 539
   uvas, 540-43
   vinhos, 543-52
   Walker Bay, 537
   Wellington, 537
   Worcester, 540
Alameda, 397
Alemanha, 323-47
   área de vinhedos, 207
   chaptalização, 180
   classificação de vinhedos, 332-35
   clima, 324
   consumo de vinho, 208
   dados principais, 323
   exportação de vinhos, 209
   garrafas de vinho, 28-31
   história da viticultura, 324
   legislação, 324-26
   mapa, 323
   produção de vinhos, 206
   regiões, 335-46
   Sekt, 346-47
   solos, 324
   uvas brancas e tintas, 327-30
   vinhos brancos, 324
   vinhos e denominações, 331-32
Alentejo, 309-11
   clima e pluviosidade, 309
   melhores produtores e vinhos, 310
   pluviosidade, 125
   sub-regiões, 309
   uvas, 309
Aliança (Cooperativa), 555
Alicante, 281
Almadén, 557
Alsace, 238-40
   clima, 214
   densidade de plantio, 141--42
   garrafas, 28-31
   melhores produtores e vinhos, 238-40
   uvas, 238
Alsácia ⊙ VEJA ALSACE
Amarone, 263
American Viticultural Area (AVA), 390, 404
Amerine, M., 121
Amýntaio, 376, 377
Anderson Valley, 392
Andes, cordilheira dos, 460
anestésico ⊙ VEJA VINHO, EFEITOS MEDICINAIS
Anjou, 236, 237
antepastos e entradas
   harmonização com vinhos, 57
antibiótico natural ⊙ VEJA VINHO, EFEITOS MEDICINAIS
antioxidantes, 55
aperitivos
   harmonização com vinhos, 57
Appellation d'Origine Contrôlée (AOC)
   densidade de plantio, 140
   legislação francesa, 214-15
   restrições ao cultivo, 140
Appellation of Origin (AO), 390, 404
Archánes, 387, 388
Argélia
   área de vinhedos, 207
Argentina, 433-58
   área de vinhedos, 207
   Catamarca, 436
   clima, 435
   consumo de vinho, 208
   dados principais, 433
   exportação de vinhos, 209
   irrigação, 435
   La Rioja, 436
   legislação, 434-35
   mapa, 433
   melhores produtores e vinhos, 447-58
   Mendoza, 438-43
   pluviosidade, 125
   produção de vinhos, 206
   regiões, 436-44

Argentina (cont.)
  Salta, 436
  San Juan, 437-38
  solos, 435
  uvas, 444-46
  Valles del Río Negro, 443-44
Armagnac
  barricas, 195
  madeira para maturação, 187
Armando Peterlongo, 555
armazenamento de vinhos, 25-28
  cuidados, 23
  madeiras empregadas, 183-85
  melhores locais, 25-26
assemblage, 171, 242
Asti, processo, 132, 166, 168, 176
Atacama, 161
Attikós, 379, 380
Auckland, 515
Aurora (Cooperativa), 555
Ausbruch
  legislação austríaca, 350
Auslese
  legislação alemã, 326
  legislação austríaca, 349
Austrália, 491-512
  principais áreas de vinhedos, 207
  clima, 492-93
  consumo de vinhos, 208
  dados, 491
  exportação de vinhos, 209
  legislação, 492
  mapa, 491
  melhores produtores e vinhos, 505-12
  New South Wales, 497-99
  pluviosidade, 125
  produção de vinhos, 206
  regiões, 493-502
  South Australia, 491-94
  uvas, 502-04
  Victoria, 499-500
  vinificação, 151
  Western Australia, 500-02
Áustria, 348-59
  clima, 348
  consumo de vinho, 208
  dados principais, 348
  legislação, 349-50
  mapa, 348
  pluviosidade, 349
  produção de vinhos, 206
  regiões, 354-59
  uvas, 350-52
  vinhos, 353-54
autoclave, 174
autovinificador, 152
aves
  harmonização com vinhos, 57–58

B

Bacardi-Martini, 556
Baco, 116
Baden, 345-46
  melhores produtores, 346
  uvas, 328, 329, 345
bagaceira, 134
Baião, 311
Bairrada, 312-13
  clima e solo, 312
  uvas, 312
Baixo Corgo, 305
Balthazar, 30
Barbaresco, 250-51
Barbera, 251
  melhores produtores e vinhos, 251-52
Barbieri, Franco, 556
Barco Reale di Carmignano, 261
Bardolino, 262
Barolo, 249-50
  melhores produtores e vinhos, 249-50
Barossa Valley, 494
  pluviosidade, 125
barricas
  fabricação, 192-95
  invenção gaulesa, 185
  maiores produtores, 187
  maturação de vinhos, 197-203
  preços, 197
  tamanhos e volumes, 195-96

Barsac, 220
Básico
  legislação espanhola, 280
Basto, 311
bâtonnage, 163, 201, 202
batoque hidráulico, 150, 160
Beaujolais, 215, 223, 224, 229--30
  barricas, 195
  tempo médio ideal, 33
bebida alcoólica
  legislação brasileira, 117
Beerenauslese
  legislação alemã, 326
  legislação austríaca, 349
Bélgica
  consumo de vinho, 208
Bella Fruta do Vale, 579
Bentec, 560
Bianchetti Tedesco, 579
Bierzo, 281
Blanc de Blancs, 107, 168, 277
Blanc de Noirs, 169, 242
blush wine, 168
Bolgheri, 260
Borba, 309
Bordeaux, 215-17
  barricas, 195
  brancos longevos, 107
  chaptalização, 180
  clima, 123-25, 214
  densidade de plantio, 141
  garrafas, 28-31
  Graves, 219-21
  harmonização com comidas, 61, 63
  mapa, 213
  maturação de vinhos, 155, 197
  Médoc, 217-19
  pluviosidade, 125
  Pomerol, 222-23
  recorde em leilão, 24
  Saint-Emilion, 221-22
  sistemas de condução de videiras, 91-94
  tempo médio ideal, 33
  uvas permitidas, 217
  vinícolas, 217
  vinificação, 138-82
  zonas principais, 214

ÍNDICE REMISSIVO

Botrytis cinerea, 165, 239, 263, 326, 350, 362, 363, 594
bouchage, 173
bouchonné, 40, 49, 74, 76, 81, 83
Bourgogne, 223-30
    barricas, 195
    Beaujolais, 229-30
    Chablis, 225
    chaptalização, 180
    clima, 123, 214, 223
    Côte Chalonnaise, 228
    Côte d'Or, 225-26
    denominações de origem, 223
    denominações regionais, 223
    densidade de plantio, 141-42
    garrafas, 28-31
    harmonização com comidas, 62
    Mâconnais, 229
    madeiras para tanoaria, 185-86
    mapa, 224
    maturação de vinho branco, 162
    maturação de vinhos, 155--157
    pluviosidade, 125
    sistemas de condução de videiras, 91-94
    solo, 223
    tempo médio ideal, 33
    território, 223
    uvas, 223
    vinificação, 138-82
bouteille, 30
brandy, 134, 154
Brasil
    acidificação, 181
    área de vinhedos, 207
    chaptalização, 180
    colagem, 157
    consumo de vinho, 208
    desacidificação, 180
    elaboração de espumantes, 131, 174
    empresas multinacionais, 556-57
    empresas pioneiras, 555
    engarrafamento, 157
    estados vitícolas, 565-66
    Fronteira Gaúcha, 558-59, 560-61
    história, 554-63
    imigração, 554-55
    importação de vinhos, 209-12
    legislação, 563-65
    liberação das importações, 559-60
    maturação de vinhos, 155--57
    melhores vinhos, 588-92
    melhores vinícolas, 585-86
    Minas Gerais, 584
    Nordeste, 576-80
    novas regiões vitivinícolas, 558-59
    Paraná, 583
    pluviosidade, 125
    produção de vinhos, 206
    Rio Grande do Sul, 566-76
    Santa Catarina, 580-82
    São Paulo, 583-84
    Sobral, 580
    tanoaria, 185-86
    Vale do São Francisco, 559, 561, 576-79
    vinho rosado, 167-68
    vinificação, 138-82
Brièrre, 555
British Columbia, 421-22
Brunello di Montalcino, 258-59
    melhores produtores e vinhos, 259
Bulgária
    área de vinhedos, 207
    exportação de vinhos, 209
    produção de vinhos, 206
buquê, 75, 156, 199
    e engarrafamento, 158-59

C

caças
    harmonização com vinhos, 58
Caçador, 580
Cachapoal, 463
Calatayud, Dante, 558
Califórnia, 389-98
    AVAs, 391-93
    Central Coast, 397-98
    clima, 391, 394, 396
    mapa, 391
    melhores vinícolas, 393, 394-95
    Napa Valley, 394-95
    North Coast, 392-97
    sistemas de condução de videiras, 91-94
    Sonoma, 396-97
    uvas, 402-04
    vinhos espumantes, 414-15
Campania, 272-73
    Aglianico del Taburno, 272
    Fiano di Avellino, 273
    Greco di Tufo, 273
    Taurasi, 272
Campo de Lages ⊙ VEJA SANTA CATARINA
Campos Novos, 582
Canadá, 416-32
    British Columbia, 421
    clima, 417
    dados principais, 416
    Icewine, 423
    Lake Erie North Shore, 417
    legislação, 417
    mapa, 416
    melhores produtores e vinhos, 424-32
    Ontario, 418-20
    Québec, 420-21
    regiões, 417-22
    regulamentação de vinhos, 424-26
    uvas, 422-24
    vinhos, 424-32
cânceres ⊙ VEJA VINHO, EFEITOS MEDICINAIS
Canterbury, 521
Cape Point, 538
Carmignano, 254, 261
carnes
    harmonização com vinhos, 58-59
Carrau, Juan Luiz, 556, 558
carvalho
    Américas, 191-92

carvalho (cont.)
  características, 183-84
  composição, 186-87
  corte, 193
  espécies, 183-85
  Estados Unidos, 185
  Europa, 184
  maturação de vinhos, 155--57
  sistemas alternativos, 196-97
  técnica dos 200%, 201
  tostadura, 194
  ⊙ VEJA TAMBÉM TANOARIA
Casa Valduga, 557, 570, 586
Castanas, Elias, 55
Castilla y León, 291-92
  Bierzo, 292
  Cigales, 292
  Ribera del Duero, 285-87
  Rueda, 292
  Toro, 291
Castilla-La Mancha
  D. O. de Pago, 295
Cataluña, 289-91
  Conca de Barberà, 291
  Costers del Segre, 290
  irrigação, 125
  Monsant, 290-91
  Penedès, 289-90
  Priorato, 287-89
Catamarca, 437
Cava, 281, 296-97
  definição, 173
  uvas, 296
Cávado, 311
cave, 26
Cave de Pedra, 560
Central Coast, 397-98
Central Otago, 521-22
Central Valley, 390
Centro Nacional de Estudos Vitivinícolas (CNEV), 305
cerca ⊙ VEJA ESPALDEIRA
Chablis, 223, 225
  clima, 225
  solos, 225
Champagne, 242-44
  barricas, 195
  clima, 123-25, 214
  densidade de plantio, 141
  garrafas, 28-31
  madeiras para tanoaria, 185-86

  melhores produtores e vinhos, 242-43
  método *champenoise*, 131--32, 168-74
  sistemas de condução, 91-94
  uvas, 242
Champagne (bebida)
  harmonização com comidas, 57, 59, 60
  rosé, 167, 243
  teor de açúcar, 244
  tipos, 242-43
champanha ou espumante natural
  legislação brasileira, 563-65
champenoise, método, 131-32, 168-74
Chapada Diamantina, 579-80
chaptalização, 160, 180, 214
charmat, processo, 132, 174--76, 347, 426
Château Lacave, 556, 558
Châteauneuf-du-Pape
  densidade de plantio, 141
Chianti, 257-58
  harmonização com comidas, 61
  melhores produtores e vinhos, 258
  versões, 257-58
Chianti Classico, 257-58
Chile, 459-82
  Aconcagua, 461-62
  área de vinhedos, 207
  clima, 460-61
  dados principais, 459
  exportação de vinhos, 209
  legislação, 460
  mapa, 459
  melhores produtores e vinhos, 470-82
  pluviosidade, 125
  produção de vinhos, 206
  Región Norte, 461
  Región Sur, 467
  uvas, 467-69
  Valle Central, 463-67
China
  área de vinhedos, 207
  produção de vinhos, 206
Cíclades, 385-86

Cigales, 281, 292
Cima Corgo, 305
Cinzano, 556, 559
Clare Valley, 495
clarete, 168
  temperatura ideal, 36
Classic, 326-27
clássico, método, 173
clima, 123-25
  principais zonas vitícolas, 123
coágulos sanguíneos ⊙ VEJA VINHO, EFEITOS MEDICINAIS
Cognac
  barricas, 195
  madeira para maturação, 185-86
colagem, 157
Colchagua, 463
colheita de uvas, 138-42
Colli Orientali del Friuli, 266
Collio, 265-66
comida oriental
  harmonização com vinhos, 59
Comité Interprofessionnel des Côtes du Rhône, 230
Companhia Geral da Agricultura das Vinhas do Alto Douro, 317
Companhia Vinícola Rio--Grandense, 555
composição do vinho, 117-19
compra de vinhos, 23–24
Conca de Barberà, 291
Condrieu
  densidade de plantio, 141
confrarias de vinho, 78-79
Constantia, 534
consumo de vinho
  quantidade individual, 34-35, 51-52
Contra Costa, 397
Coonawarra, 496-97
copos, 44-48
  como servir vinho, 47
  degustação, 46
  formatos, 44, 45
  manuseio, 47
Coquimbo, 461
Cordelier, 555
cordon de royat, 93

Córsega
   clima, 214
corta-cápsula, 37
   características, 40
Costers del Segre, 281
Côte Chalonnaise, 223, 228, 229
Côte de Beaune, 223
   ⊙ VEJA TAMBÉM CÔTE D'OR
Côte de Nuits, 223
   ⊙ VEJA TAMBÉM CÔTE D'OR
Côte d'Or, 225-26, 227
   densidade de plantio, 141
   Grands Crus, 226
   melhores produtores
   e vinhos, 227-28
   Premiers Crus, 226
Côte Rôtie, 99, 110, 141
crémant, 171, 217
Creta, 387-88
Crianza, 156, 178, 199, 286, 287, 289, 290, 291, 451
   legislação espanhola, 280--81
Croácia
   consumo de vinho, 208
   Cubas, Brás, 554
Curicó, 465-66
cuvée de prestige, 173, 243

D

Dafnés, 388
Dão, 307-09
   garrafas, 307
   melhores produtores
   e vinhos, 308
   sub-regiões, 307
   uvas, 307
   versões de vinho, 308
Dão Sul, 579
decantação, 42-43
decantador, 41, 42, 43
Decanter, 127
degustação, 65
   ficha, 79-85
demie, 30
Denominação de Origem
   Controlada (DOC)
   legislação portuguesa, 303
Denominación de Origen (DO)
   legislação espanhola, 281

*Denominación de Origen
   Calificada* (DOCa)
   legislação espanhola, 281
*Denominación de Origen
   Controlada* (DOC)
   legislação argentina, 434-35
*Denominación de Origen de
   Pago* (DOP), 295
   legislação espanhola, 280-81
*Denominazione di Origine
   Controllata* (DOC)
   legislação italiana, 246-47
*Denominazione di Origine
   Controllata e Garantita*
   (DOCG)
   legislação italiana, 246-47
densidade da plantação, 570
desacidificação, 160, 180
desarrolhamento, 37-39
descoloração, 181
desengaço
   vantagens e desvantagens, 144-45
Deutscher Landwein
   legislação alemã, 325
Deutscher Tafelwein
   legislação alemã, 324
Dinamarca
   consumo de vinho, 208
Dodecaneso, 386-87
doenças ⊙ VEJA VINHO, EFEITOS MEDICINAIS
Don Laurindo, 560
Douro, 303-05
   clima, 305
   melhores produtores
   e vinhos, 306-07
   pluviosidade, 125
   uvas, 305
Douro Superior, 305
Dráma, 376
Dreher, 555
Ducos Vinícola, 579
Durbanville, 538

E

Eden Valley, 494-95
Egeu Setentrional, 384
égouttoir, 159
Eiswein, 326, 350

Elgin, 539
Elim, 539-40
embutidos e miúdos
   harmonização com vinhos, 59
Emilia-Romagna, 269
   Albana di Romagna
   Passito, 269
   Lambrusco, 269
   Sangiovese di Romagna, 269
encubação, 148-49, 153
enforcado, 93
enófilo, 48
enólogo, 48
Entre-Deux-Mers, 215
Epanomí, 376-77
Epitrapézios Oínos (EO), 367
escala babo, 139
escala KMW, 350
   conversão para graus
   Oechsle, 350
escanção, 48
esgotador, 159
Eslovênia
   consumo de vinho, 208
espaldeira, 91-2, 126, 437, 557, 562, 566, 574, 578, 581
Espanha, 173, 279-301
   Alicante, 296
   área de vinhedos, 207
   azinheiras, 184
   carvalhos para tanoaria, 185-86
   Castilla y León, 291-92
   Cataluña, 289-91
   Cava, 296-97
   clima, 123
   consumo de vinho, 208
   dados principais, 279
   densidade de plantio, 141
   exportação de vinhos, 209
   irrigação, 125
   Jerez, 297-301
   Jumilla, 295
   legislação, 280-81
   Mancha, La, 295
   mapa, 279
   Navarra, 293
   pluviosidade, 125
   Priorato, 287-89
   produção de vinhos, 206

Espanha (cont.)
  rendimento médio, 280
  Rías Baixas, 294
  Ribera del Duero, 285-87
  Rioja, 281-85
  Somontano, 293-94
  zonas climáticas, 281
  zonas vinícolas, 281
Estados Unidos, 389-415
  área de vinhedos, 207
  Califórnia, 391-400
  carvalhos para tanoaria, 185-86
  clima, 123
  dados principais, 389
  espumantes, 414-15
  exportação de vinhos, 209
  legislação, 390
  legislação de vinhos, 404-05
  mapa, 389
  Oregon, 400
  pluviosidade, 125
  produção de vinhos, 206
  uvas, 402-04
  uvas brancas, 402-04
  uvas e vinhos brancos, 406-08
  uvas e vinhos tintos, 409-14
  Washington, 401
Este Mendocino, 440
evolução dos vinhos, 31-33
Évora, 309

F

Federspiel, 355
fermentação alcoólica, 146-50
fermentação malolática, 152-53
  e desacidificação, 180
fermentador rotativo, 150-51
ficha de degustação, 79-84
filoxera, 89, 90, 100, 122, 282, 389, 467, 499, 500
filtração, 158
flash détente, 151
Fleming, Alexander, 53
Forqueta (Cooperativa), 555
fortified wines ⊙ VEJA VINHOS

LICOROSOS
fouloir-égrappoir, 145
França, 213-44
  Alsace, 238-40
  área de vinhedos, 207
  Bordeaux, 215-23
  Bourgogne, 223-30
  carvalhos para tanoaria, 185-86
  Champagne, 242-44
  chaptalização, 214
  clima, 123, 214
  consumo de vinho, 208
  dados principais, 213
  densidade de plantio, 141
  exportação de vinhos, 209
  garrafas, 28-31
  Jura, 240
  Loire, 236-38
  mapa, 213
  Midi, 240-41
  pluviosidade, 125
  produção de vinhos, 206
  Rhône, 230-36
Franken, 344-45
  garrafas, 28-30
  melhores produtores e vinhos, 344-45
  uvas, 327, 344
Franschhoek, 536-37
Fraser Valley, 422
Friuli-Venezia-Giulia, 265-67
  Colli Orientali del Friuli, 266
  Collio, 265-66
  Isonzo, 266
  melhores produtores e vinhos, 266-67
Fronteira Gaúcha, 558-59, 560-61
  Campanha, 572, 573
  mapa, 573
  pluviosidade, 125
  produção de uvas, 558-59
  Serras de Sudeste, 572, 573
  sistemas de condução de videiras, 574
frutos do mar
  harmonização com vinhos, 60-61

G

Galeno, 53
Galicia
  clima, 281
  pluviosidade, 125
Garibaldi (Cooperativa), 555
garrafas, 28-31
  cor, 29-30
  de champagne, 173
  disposição ideal, 26-27
  formatos, 29
  giraflores, 173
  manuseio, 172
  tamanhos, 30-31
  vinhos alemães, 331
Garziera, Jorge, 561
Gattinara, 252-54
Gavi, 254
Geelong, 500
Geographical Indication (GI), 424
George, duque de Clarence, 322
Georges Aubert, 555
Gisborne, 517
gobelet, 93
Goiás, 585
gotejamento, 125
Gouménissa, 376
Gran Reserva
  legislação espanhola, 283
Grand Cru, 173, 243
Granja União, 555
Granja-Amareleja, 309
grappa, 134
graus
  brix, 139, 140
  Oechsle, 139, 324, 350
  Winkler, 123, 391, 493, 495, 496
graus-dia, 123-24
  ⊙ VEJA TAMBÉM GRAUS WINKLER
Graves, 215, 219-20
  melhores vinhos, 220
Great Southern, 501-02
Grécia, 365-88
  área de vinhedos, 207
  consumo de vinho, 208
  dados principais, 365
  história da viticultura, 366
  legislação, 367

mapa, 365
    produção de vinhos, 206
    regiões, 375-88
    uvas, 368-72
    vinhos e declarações, 373-74
Grécia Central, 379-80
Grønbaek, Morten, 54
Guglielmone, Oscar, 556
Guia de Vinhos, 128
guyot, 93

H

habillage, 173
Haraszthy, Agoston, 389
Haut-Médoc
    densidade de plantio, 141
Hawkes Bay, 514-15
Heublein, 556, 557, 558
Hipócrates, 53
Holanda
    consumo de vinho, 208
huguenotes, 532
Hungria, 360-64
    área de vinhedos, 207
    clima, 361
    consumo de vinho, 208
    dados principais, 360
    mapa, 360
    melhores produtores, 364
    produção de vinhos, 206
    Tokaj, 360-61
    uvas e vinhedos, 361
Hunter Valley, 497-98

I

Icewine, 95, 165, 417, 419, 423, 425, 426
    regulamentação, 426
Ilhas Jônicas, 383
Impériale, 30
Inao (Institut National des Appellations d'Origine), 35, 46
Indicação de Proveniência Regulamentada (IPR)
    legislação portuguesa, 303
Indicación de Procedencia (IP)
    legislação argentina, 434

Indicación Geográfica (IG)
    legislação argentina, 434
Indicazione Geografica Tipica (IGT)
    legislação italiana, 246
Inglaterra
    garrafas, 28
    vinhedo mais setentrional, 123
inundação, 125
Irã
    área de vinhedos, 207
irrigação
    proibição, 125
    sistemas de, 125
ISO (International Standard Organization), 44, 46
Isonzo, 265
Itália, 245-78
    Abruzzo, 271-72
    área de vinhedos, 207
    Asti Spumante, 278
    Basilicata, 273
    Campania, 272-73
    carvalhos para tanoaria, 185-86
    clima, 123
    consumo de vinho, 208
    dados principais, 245
    Emilia-Romagna, 266
    exportação de vinhos, 209
    Franciacorta, 274
    Friuli-Venezia-Giulia, 265-67
    garrafas, 28
    história da viticultura, 246
    Lazio, 270
    legislação, 246
    Lombardia, 267-68
    mapa, 245
    Marche, 271
    Moscato d'Asti, 278
    Piemonte, 247-54
    produção de vinhos, 206
    Prosecco, 278
    Puglia, 273-74
    Sardegna, 273-74
    Sicília, 276-77
    Toscana, 254-62
    Trentino-Alto Adige, 268-69

    Umbria, 270
    Veneto, 262-65
    vinhos espumantes, 277-78
    zonas climáticas, 246

J

Jerez, 178-80, 195, 297-301
    clima e pluviosidade, 298
    destaques, 300-01
    Fino, 298
    harmonização com comidas, 57, 59, 63
    longevidade, 32
    Manzanilla, 298
    Manzanilla Pasada, 299
    Medium Dry, 299
    Oloroso, 299
    Palo Cortado, 299
    precedência nas refeições, 48
    Raya, 299
    uvas, 298
    vinificação, 178-80
    Vino Dulce, 299-300
Jéroboam, 30
Johnson, Hugh, 128
Jumilla, 295
Jura, 215, 240
    vin jaune, 180

K

Kabinett, 325
    legislação alemã, 325
    legislação austríaca, 349
Kamptal, 356
Klein Karoo, 540
Klosterneuburger Mostwaage
    ⊙ VEJA ESCALA KMW
Kremstal, 357

L

Lake, 394
Lake Erie North Shore, 420
Lambrusco, 269
Landwein
    legislação austríaca, 349
Languedoc, 241
Languedoc-Roussillon, 214
    clima, 214

latada, 92, 320, 557, 566, 570, 578
Laurent, Dominique, 201
Lazio
   Frascati, 270
leguminosas
   harmonização com vinhos, 61
leilão
   recordes de venda, 24
Letrinón, 383
Libournais, 215, 223
licor de expedição, 172, 174, 176
licor de tiragem, 171
Lima, 311
Límnos, 384
lira, 93
Lisboa, 314-15
   melhores produtores e vinhos, 314-15
Livramento Vinícola, 559
Loire, 215, 236-38
   densidade de plantio, 141
Lombardia
   Valtellina, 268
   Valtellina Superiore, 268
Lona, Adolfo, 556
longevidade dos vinhos, 32-33
Lorraine
   clima, 214
Luxemburgo
   consumo de vinho, 208

M

Macedônia, 376-78
   maceração carbônica, 150
   e desacidificação, 180
Mâconnais, 223, 229
Madeira, 320-22
   barricas, 195
   clima e uvas, 320
   designações, 320-22
   harmonização com comidas, 57
   longevidade, 32
   melhores firmas, 322
   sistema de condução de videiras, 320

magnum, 30, 31
Maipo, 463-64
mal de Alzheimer ⊙ VEJA VINHOS, EFEITOS MEDICINAIS
Málaga, 296
   harmonização com comidas, 63
Mancha, La, 281
Mantínia, 381
marc, 134
Marche, 271
   Rosso Piceno, 271
   Verdicchio dei Castelli di Jesi, 271
   Verdicchio di Matelica, 271
Margaret River, 500-01
Marie-Jeanne, 30
Marin, 393
Marlborough, 519-20
Marsden, Samuel, 514
Martini & Rossi, 556, 557
Martins, João Paulo, 319
massas
   harmonização com vinhos, 61
Mathusalem, 30
Maule, 466-67
Mavrodáfni Kelallínias, 383
Mavrodáfni Patrón, 382
McLaren Vale, 493
Médoc, 97, 98, 141, 215, 217-19, 552
   densidade de plantio, 141
   melhores vinhos, 217-19
Mendocino, 392
Mendoza, 438-43
   Este Mendocino, 440
   mapa, 439
   Norte Mendocino, 440
   pluviosidade, 125
   Sur Mendocino, 443
   Valle de Uco, 442-43
   Zona Alta del Río Mendoza, 440-41
Messiter, Thomas, 554
Midi, 240-41
   barricas, 195
Minas Gerais, 562, 584
Miolo, 557
Moët & Chandon, 556, 557
Moldávia
   área de vinhedos, 207

   exportação de vinhos, 209
   produção de vinhos, 206
Monção, 311
Monferrato, 252
Monsant, 281
Monterey, 397
   pluviosidade, 125
Morellino di Scansano, 261
   destaques, 261
Mornington Peninsula, 500
Moscatel de Setúbal, 316-17
   denominações, 316-17
   longevidade, 32
Moscháto Kefallinías, 383
Moscháto Límnou, 384
Moscháto Patrón, 382
Moscháto Ríou-Patrón, 382
Moscháto Ródou, 387
Mosel, 328, 331, 336-38
   barricas, 195
   clima, 123
   melhores produtores e vinhos, 336
   pluviosidade, 125
   uvas, 327-30
mosto
   acidificação, 181
   chaptalização, 180
   concentração do, 145
   de primeira prensagem, 160
   desacidificação, 180
   descoloração, 181
   fermentação, 146
   fortificação, 177
   pasteurização, 166
   quantidade de açúcar, 140
   remontagem, 148
   sulfitação, 181
   termovinificação, 152
Moura, 309
Mudgee, 498
museletage, 173

N

Nabuchodonosor, 30
Nahe, 341-42
   garrafas, 28-31
   melhores produtores e vinhos, 341-42
Náoussa, 376

Napa, 391, 394-95
   pluviosidade, 125
National Distillers, 557-58
Navarra, 293
   clima, 281
Nebbiolo d'Alba, 252
Nelson, 520
Neméa, 380-81
Neusiedlersee, 357
Neusiedlersee-Hügelland, 358
New South Wales, 497-98
   Hunter Valley, 497-98
   Mudgee, 498
   Orange, 498-99
Niagara Peninsula, 419
Norte Mendocino, 440
North Coast, 393-97
Northern Cape, 540
Nova Zelândia, 513-30
   Auckland, 515-16
   Canterbury, 521
   Central Otago, 521-22
   clima, 514
   consumo de vinho, 209
   dados principais, 513
   Gisborne, 517
   Hawkes Bay, 517-18
   irrigação, 522
   mapa, 513
   Marlborough, 519-20
   melhores produtores e vinhos, 524-30
   Nelson, 520
   Northland, 514
   vinhedo mais meridional, 123
   Waikato & Bay of Plenty, 516-17
   Wellington, 518-19
Novo Mundo
   barricas, 195
   sistemas de condução de videiras, 93

O

Office International de la Vigne et du Vin (OIV), 560
Okanagan Valley, 421-22
Olifants River, 540
Omizzolo, Gladistão, 561
OMS (Organização Mundial da Saúde), 52
Onomasía katá Parádosi (OkP), 367
Onomasía Proeléfesos Anotéras Poiótitos (OPAP), 367
Onomasía Proeléfesos Elenchómeni (OPE), 367
Ontario, 418-20
Orange, 498-99
Oregon, 400
   clima, 412
Orgogozo, Jean-Marc, 54

P

Paarl, 536
   Wellington, 537
Padthaway, 496
Paiva, 311
Pangeón, 378
paradoxo francês, 54, 129
Paraná, 565, 583
Parker Jr., Robert, 128
Páros, 385
Pasteur, Louis, 53, 116, 156
pasteurização, 166, 182
Pátra, 381-82
Pauillac
   densidade de plantio, 141
Pays Nantais, 236
peixes
   harmonização com vinhos, 61-62
Pelee Island, 420
Peloponeso, 380-83
Penedès, 281
Península de Setúbal, 315-16
pérgola, 436
   ⊙ VEJA TAMBÉM LATADA
Perini, 556
Pessac-Léognan, 219
Peynaud, Émile, 101, 138, 251
Pezá, 388
Pfalz, 339-41
   melhores produtores e vinhos, 340-41
   uvas, 328, 329, 330
Piemonte, 247-54
Barbaresco, 250-51
Barbera, 251-52
Barolo, 249-50
DOCs e DOCGs, 246-47
mapa, 248
pluviosidade, 125
Pierce, doença de, 402
Pizzato, 560
Planalto Catarinense, 561-62
pluviosidade
   regiões vitícolas, 125
Poda, 93
podridão nobre, 165, 357, 361, 594
   ⊙ VEJA TAMBÉM BOTRYTIS CINEREA
Políbio, 116
polifenóis
   evolução dos vinhos, 32
Pombal, marquês de, 317
Pomerol, 222-23
   densidade de plantio, 141
   melhores vinhos, 222-23
Portalegre, 309
Porto, 177-78, 317-20
   barricas, 195
   digestivo, 63
   estilos, 318-20
   harmonização com comidas, 57, 62
   legislação, 178
   longevidade, 32
   melhores produtores, 319, 320
   pluviosidade, 125
   uvas, 177, 318
Portugal, 302-22
   Alentejo, 309-11
   área de vinhedos, 207
   Bairrada, 312-13
   barricas, 195
   consumo de vinho, 208
   dados principais, 302
   Dão, 307-09
   Douro, 304-07
   exportação de vinhos, 209
   garrafas, 29-31
   legislação, 303
   Lisboa, 314-15
   Madeira, 320-22
   mapa, 302

Portugal (cont.)
- Moscatel de Setúbal, 316-17
- Península de Setúbal, 315-16
- pluviosidade, 125
- Porto, 317-20
- produção de vinhos, 206
- regiões vinícolas, 303-04
- Tejo, 315
- Vinhos Verdes, 311-12
- zonas climáticas, 304

pourriture noble, 165
⊙ VEJA TAMBÉM BOTRYTIS CINEREA E PODRIDÃO NOBRE

Prädikatswein
- legislação alemã, 325
- legislação austríaca, 349

Premier Cru, 173, 243

Priorato, 287-89
- clima e pluviosidade, 287
- destaques, 288-89
- DOCa, 281
- uvas, 288

produtor
- e qualidade do vinho, 127

Prosecco, 174, 278

Provence, 240-41
- clima, 214

Puglia, 273-74
- Castel del Monte, 274
- Primitivo di Manduria, 273
- Salice Salentino, 274

Q

Qualitätswein
- legislação austríaca, 349

Qualitätswein bestimmter Anbaugebiete
- legislação alemã, 325

Qualitätswein garantierten Ursprungs
- legislação alemã, 325

Qualitätswein mit Prädikat
- legislação alemã, 325

quart, 30

Québec, 420-21

queijos
- harmonização com vinhos, 62-63

R

Recioto della Valpolicella, 263

Redondo, 309
Reguengos, 309
Reguinga, Rui, 304
Reino Unido
- consumo de vinho, 208

réhoboam, 30

remuage ⊙ VEJA GARRAFAS, MANUSEIO

Rémy-Martin, 556
Renaud, Serge, 54

Reserva
- legislação espanhola, 283

retrogosto, 78, 83
Retsína, 367
OkP, 379
- Grécia Central, 379

Rheingau, 338-39
- melhores produtores e vinhos, 338-39
- uvas, 338

Rheinhessen, 342-43
- melhores produtores e vinhos, 343
- uvas, 328, 329, 330

Rhône, 214, 230-36
- AOCs, 229
- clima, 121, 214
- densidade de plantio, 141
- mapa, 231
- Nord, 230-34
- pluviosidade, 125
- sistemas de condução, 91-92
- Sud, 234-36
- uvas, 99, 109, 230-31

Rhône Nord
- AOCs, 230-32
- melhores produtores e vinhos, 232-34

Rhône Sud, 234-36
- AOCs, 234
- melhores produtores e vinhos, 235-36

Rías Baixas, 281
Ribera del Duero, 281, 285-87
- clima, 281, 285-87
- densidade de plantio, 141
- envelhecimento em garrafa, 159
- melhores produtores e vinhos, 286-87
- pluviosidade, 286-87

uvas, 286
Rio de Janeiro, 585
Rio Grande do Sul, 566-76
- clima, 566
- comercialização de vinhos e derivados, 569
- Fronteira Gaúcha, 572-76
- história da viticultura, 554
- mapa, 567
- plantio de uvas, 557
- produção de castas europeias, 567-68
- produção de vinhos e derivados, 569
- Serra Gaúcha, 569-72

Rioja (Espanha), 281-85
- clima, 282
- densidade de plantio, 141
- DOCa, 281
- envelhecimento em garrafa, 159
- maturação de vinhos, 156-57
- melhores brancos, 285
- melhores produtores e vinhos, 284
- pluviosidade, 125, 282
- rendimento máximo, 283
- sub-regiões, 282
- tempo médio ideal, 33
- uvas, 282-83

Rioja, La (Argentina) 436
Robertson, 537-38
Robóla Kefallinías, 383
Ródos, 387
Roero, 252
rolhas, 40-41
- sintéticas, 40

Romênia
- área de vinhedos, 207
- produção de vinhos, 206

Rosso di Montepulciano, 261
Rotling, 167, 330
roto-fermenter ⊙ VEJA FERMENTADOR ROTATIVO
Rotondo, Serenella, 55
Roussillon, 241
Rueda, 292
- clima, 281

Rússia
- floresta de carvalhos, 190
- produção de vinhos, 206

S

saca-rolha, 38-39
Sacramento Valley, 399
Saint-Emilion, 221-22
   densidade de plantio, 141
   melhores vinhos, 222
Salmanazar, 30
Salta, 436
   sistemas de condução de videiras, 436
Sámos, 384-85
San Benito, 397
San Francisco, 397
San Joaquin Valley, 393, 398
   clima, 124
San Juan, 437-38
San Luis Obispo, 397
San Matteo, 397
Sancerre
   densidade de plantio, 141
Santa Barbara, 397, 398
Santa Catarina, 561, 580-82
Santa Clara, 397
Santa Cruz, 397
Santiago
   pluviosidade, 125
Santoríni, 385-86
São Francisco, vale do, 123
São Joaquim, 582
São Paulo, 562, 583-84
Sardegna, 276-77
   Alghero, 276
   Cannonau di Sardegna, 276
   Carignano del Sulcis, 276
Saumur, 236, 237
Sauternes, 220-21
   harmonização com comidas, 63
   melhores vinhos, 221
   tempo médio ideal, 33
scotthenry, 93
Seagram, 556, 557, 561
sedimentos no vinho ⊙ VEJA DECANTAÇÃO
Sekt, 346-47
   métodos de vinificação, 347
Selection, 326, 327
Serra da Mantiqueira, 562-63
Serra Gaúcha, 569-72
   clima e pluviosidade, 571

densidade de plantio, 141, 570
   mapa, 570
   municípios, 570
   pluviosidade, 125
   produção municipal, 571-72
   sistemas de condução de videiras, 570
   solos, 570
   uvas cultivadas, 571
Serra, Junípero, 389
Sicília, 274-75
   Malvasia delle Lipari, 276
   Moscato di Pantelleria, 275
siglas de países, 98
Similkameen Valley, 422
sistemas de condução, 91-94
   Madeira, 320
   moda castelhana, 93
   Novo Mundo, 93
   Serra Gaúcha, 93
   Vinhos Verdes, 311
Sitía, 387-88
Smaragd, 355
Soave, 262
Sobral, 580
sobreiro, 184, 309
sobremesas e frutas
   harmonização com vinhos, 63
Solano, 393
solo
   tipos, 121-23
sommelier, 48
Somontano, 281
Sonoma, 391, 396-97
sorbatação, 181-82
Sousa, 311
Sousa, Martim Afonso de, 554
South Australia, 494-97
   Adelaide Hills, 495-96
   Barossa Valley, 494
   Clare Valley, 495
   Coonawarra, 496-97
   Eden Valley, 494-95
   McLaren Vale, 496
   Padthaway, 496
Spätlese, 326
   legislação alemã, 326
   legislação austríaca, 349

Steinfelder, 355
Stel, Simon van der, 531
Stellenbosch, 534-36
Strohwein
   legislação austríaca, 349
Sud-Ouest, 215, 241
Südsteiermark, 358
Suíça
   consumo de vinho, 207
sulfitação, 181
supertoscanos, 254-57
   melhores produtores e vinhos, 256-57
Sur Mendocino, 443
Swartland, 539
Swellendam, 540

T

Tafelwein
   legislação alemã, 324
   legislação austríaca, 349
tanoaria, 185-97
   aduelas, 192
   fabricação de barricas, 192-95
tastevin, 46-47
Tejo, 315
temperatura ideal dos vinhos, 35-37
termovinificação, 152
terroir
   conceito, 121
tira-manchas, 49
Tokaj, 360-61
   garrafas, 28-31
   harmonização com comidas, 63
tomboladeira ⊙ VEJA TASTEVIN
Topikós Oínos, 367
Toro, 281
Toscana, 254-62
   Bolgheri, 260-62
   Brunello di Montalcino, 258-59
   Chianti Classico e Chianti, 257-58
   DOCs e DOCGs, 254
   mapa, 255
   outros tintos, 260-62
   pluviosidade, 125
   supertoscanos, 254-57

Toscana (cont.)
   vinhos brancos, 262
Touraine, 236, 237
transvaso, método de, 132, 168, 174
Trentino-Alto Adige
   Alto Adige ou Südtirol, 268
   melhores produtores e vinhos, 268-69
   Teroldego Rotaliano, 268
Trockenbeerenauslese
   legislação alemã, 326
   legislação austríaca, 350
Tulbagh, 539
Turquia
   área de vinhedos, 207

U

Ucrânia
   área de vinhedos, 207
   produção de vinhos, 206
Umbria, 270
   Montefalco Sagrantino, 270
   Orvieto, 270
   Torgiano Rosso Riserva, 270
Uruguai, 483-90
   clima, 484
   consumo de vinho, 208
   dados principais, 483
   legislação, 484
   mapa, 483
   melhores produtores e vinhos, 487-90
   regiões, 485-86
   Región Sur, 485-86
   uvas, 486-87
uvas
   colheita, 138-41
   composição, 87-88
   e qualidade do vinho, 126
   época ideal de colheita, 126
   maturação, 139-40
   origem e disseminação, 86-87
   para Jerez, 178
   para vinho do Porto, 177
   variedades, 95-115
   ⊙ CONSULTE TAMBÉM PELO NOME DA REGIÃO OU PAÍS

uvas brancas, 112-15
   clássicas, 106-11
uvas rosadas, 231, 399, 434
uvas tintas, 104-06
   clássicas, 97-104
Uzbequistão
   área de vinhedos, 207

V

Vale do Rio do Peixe ⊙ VEJA SANTA CATARINA
Vale do São Francisco, 559, 576-79
   área plantada, 576
   mapa, 577
   municípios, 576
   pluviosidade, 125
   produção, 559, 576
   sistemas de condução, 578
Vale dos Vinhedos, 560, 572
Valle Central, 463-67
   Cachapoal, 464
   Colchagua, 465
   Curicó, 465-66
   Maipo, 463-64
   Maule, 466-67
Valle de Casablanca, 462-63
Valle de San Antonio, 463
Valle de Uco, 442-43
Valles del Río Negro, 443-44
Valpolicella, 263
   tempo médio ideal, 33
Vancouver Island, 421
vasodilatador ⊙ VEJA VINHO, EFEITOS MEDICINAIS
VDP (Verband der Deutschen Prädikats- und Qualitätsweinguter), 332-35
VDP-Rheingau, 338
Velha Cantina, 560
Velho do Museu, 556
Veneto, 262-63
   Amarone, 263-64
   outros tintos e brancos, 264-65
Vernaccia di San Gimignano, 254
Victoria, 499-500
   Geelong, 500

Mornington Peninsula, 500
Yarra Valley, 499
videira
   ciclos de vida, 94-95
   classificação científica, 86-87
   clima ideal de cultivo, 123-25
   de pé franco, 91, 122, 401, 435, 467, 577
   poda, 93
   porta-enxerto, 86, 89, 435
   propagação, 89-91
   propagação por enxerto, 90-91
   rendimento, 140-41
   sistemas de condução, 91-94
   terreno ideal, 121-23
Vidigueira, 309
Vignes, Jean-Louis, 389
vin de cuvée, 171
Vin de Glace ⊙ VEJA ICEWINE
vin de liqueur ⊙ VEJA VINHOS LICOROSOS
Vin de Pays
   legislação francesa, 214
vin de réserve, 171
Vin de Table
   legislação francesa, 214
Vin Délimité de Qualité Supérieure
   legislação francesa, 215
Vin du Curé, 427
vin jaune, 180
vin mousseux, 168
Vin Santo, 262
vinhedo
   densidade da plantação, 141-42
   superfície mundial, 207
vinho
   álcool por garrafa, 51-52
   arejamento, 41-42
   armazenamento, 23-27
   aromas e buquê, 75
   na Bíblia, 117
   biodinâmico, 135-36
   calorias, 52-53
   classes, 128-34
   composição, 117-19

vinho (cont.)
  composto, 134
  consumo mundial, 208
  de canteiro, 320
  de estufagem, 320
  decantação, 42-43
  derivados, 134
  digestivo, 63
  efeitos medicinais, 53-56
  evolução, 31-32
  exame gustativo, 76-79
  exame olfativo, 74-76
  exame visual, 73-74
  exportação mundial, 209
  fatores de qualidade, 120-28
  função, 127-28
  harmonia própria, 78
  harmonização com comidas, 56-63
  importação brasileira, 209-12
  incompatibilidade com comidas, 64
  kosher, 134, 136, 291
  longevidade, 32-33
  mapa vinícola mundial, 204-05
  maturação em barris, 197-203
  odores, 75-76
  orgânico, 134-35
  origem, 116
  precedência nas refeições, 48
  produção mundial, 206
  no restaurante, 49-50
  retrogosto, 83
  sem álcool, 137
  sensações gustativas, 76
  sensações táteis, 77
  sensações térmicas, 77
vinho branco, 159-67
  atividades pós--fermentação, 163-65
  atividades pré--fermentativas, 159-60
  botritizado, 165
  clarificação, 158
  colagem, 162
  congelado, 165
  descoloração do mosto, 162
  dez razões para bebê-los, 130
  doce, 165-67
  fermentação alcoólica, 162-63
  filtração, 164
  harmonização com comidas, 57-63
  maturação, 201-03
  passificado, 165
  precedência nas refeições, 48
  temperatura ideal, 36
  tempo médio ideal, 33
  Tokaji, 360
vinho comum
  legislação brasileira, 563
Vinho de Mesa, 129-31
  legislação brasileira, 563
  legislação portuguesa, 303
vinho espumante, 131-33, 168-74, 457-58
  África do Sul, 543
  assemblage, 171, 242
  Bairrada, 312
  Cava, 296-97
  copo especial, 46
  crémant, 171, 217
  Espanha, 296
  especificação, 131
  Franciacorta, 277
  harmonização com comidas, 57-63
  Icewine Dosage, 426
  Itália, 277-78
  millésimé, 171, 242
  non millésimé, 172
  posição na prateleira, 26
  precedência nas refeições, 48
  processo Asti, 176
  Prosecco, 174, 278
  Sekt, 346
  Sparkling Icewine, 426
  tempo médio ideal, 33
Vinho Fino ou Nobre
  legislação brasileira, 563
vinho frisante, 564
  especificação, 131
  harmonização com comidas, 59, 61, 63
  legislação brasileira, 564
Vinho Leve
  legislação brasileira, 563
Vinho Luso-Brasileiro (Vilubra), 580
vinho moscatel espumante, 132
  legislação brasileira, 564
Vinho Regional
  legislação portuguesa, 303
vinho rosado, 167-68
  harmonização com comidas, 57, 58, 59, 60, 61, 62, 63
  temperatura ideal, 36
  tempo médio ideal, 33
vinho tinto
  clarificação, 157-58
  concentração do mosto, 145
  corte, 155
  elaboração, 143-59
  engarrafamento, 158-59
  estabilização, 154
  fermentação alcoólica, 146-50
  harmonização com comidas, 57-63
  maturação, 155-57, 200-01
  posição na prateleira, 26
  precedência nas refeições, 48
  prensagem do bagaço, 153-54
  temperatura ideal, 37
  tempo médio ideal, 33
vinhos botritizados
  garrafas, 30
  harmonização com comidas, 63
  longevidade, 32
  tempo médio ideal, 33
vinhos generosos, 133, 176-80
  copo especial, 46
  Espanha, 281
  posição na prateleira, 27
  ⊙ VEJA TAMBÉM JEREZ, PORTO, MADEIRA, MOSCATEL DE SETÚBAL E MÁLAGA
vinhos licorosos, 133, 176-80
  Klein Karoo, 540

vinhos licorosos (cont.)
    legislação brasileira, 133
    maiores produtores, 177
    Vinhos Verdes, 311-12
    clima, 304
    clima e solo, 311
    densidade de plantio, 142
    melhores produtores
      e vinhos, 311-12
    pluviosidade, 125
    sistemas de condução de
      videiras, 93, 311
    sub-regiões, 311
    tempo médio ideal, 33
    uvas, 311
ViniBrasil, 579
Vinícola do Vale do São
    Francisco, 559
Vinícola Fraiburgo, 556
Vinícola Santa Maria, 559, 576
Vinícola Vale do Cactus, 559
vinificação, 138-82
    Champagne, 169-74
    Jerez, 179
    pisa em lagares, 151
    Porto, 177
    sistemas alternativos,
      150-52
    vinho branco, 159-67
    vinho espumante, 168-74
    vinho rosado, 167-68
    vinho tinto, 143-59
    vinhos licorosos e
      generosos, 176-78
Vino Común o de Mesa
    legislação uruguaia, 484
Vino da Tavola
    legislação italiana, 246
Vino de Calidad con Indicación
    Geográfica
    legislação espanhola, 280
Vino de la Tierra
    legislação espanhola, 280
Vino de Mesa
    legislação argentina, 434
    legislação espanhola, 280
Vino Fino
    legislação argentina, 434
Vino Fino o de Calidad
    Preferente
    legislação uruguaia, 484
Vino Nobile di Montepulciano,
    251, 260
    destaques, 261
Vinsánto, 386
Vintners Quality Alliance
    (VQA), 417, 424
Viticultural Area (VA), 417
Vitivinícola Lagoa Grande,
    561, 576
Vivas, Nicolas, 187

W

Wachau, 355
Waikato & Bay of Plenty,
    516
Wairarapa, 518
Walker Bay, 537
Washington, 401
    clima, 401
Weinviertel, 355
Wellington, 518-19, 537
Western Australia
    Great Southern, 501-02
    Margaret River, 500-01
Wine Spectator, 128
Winkler, A., 123
Worcester, 540
Württemberg
    uvas, 328

X-Y-Z

Xylella fastidiosa, 402
Yamamoto, Mamoru, 559
Yarra Valley, 499
Zona Alta del Río Mendoza,
    440-41

José Osvaldo Albano do Amarante, 72 anos, engenheiro químico formado em 1971, é diretor técnico da Mistral Vinhos Importados. É membro do grupo de *experts* do Brasil na comissão de direito e economia da Organização Internacional da Vinha e do Vinho (OIV). Foi professor do Curso Superior de Gastronomia da Universidade Anhembi Morumbi e também do Curso de Formação de Sommeliers da Associação Brasileira de Sommeliers (ABS-SP).

Escreveu *Vinhos do Brasil e do mundo para conhecer e beber* (1983) e *Vinhos e vinícolas do Brasil* (1986), ambos editados pela Summus, e foi consultor do capítulo "Brazil" da sexta edição do livro *The world atlas of wine*, de Hugh Johnson e Jancis Robinson (Mitchell Beazley, 2007). Escreveu também dois outros livros sobre gastronomia editados pela Mescla Editorial: *Queijos do Brasil e do mundo para iniciantes e apreciadores* (2015) e *Os segredos do gim* (2016). Articulista de importantes publicações (*Gula*, *Revista do Vinho* e *Playboy*) e professor em mais de 660 cursos, dá palestras sobre vinho e organiza viagens enogastronômicas pelo mundo.

OPINIÕES SOBRE O AUTOR

"O Amarante é o meu sonho de consumo."

Saul Galvão, saudoso e genial jornalista gastronômico,
no seu programa semanal na Rádio Eldorado AM (ago. 2007)

*"Quem entende de vinho no Brasil?
Duas pessoas: o Manoel Beato e o José Osvaldo Albano do Amarante.
São os melhores degustadores do Brasil."*

Jacques Trefois, um dos maiores gastrônomos do país,
na revista *diVino* (out./nov. 2009)

*"O lendário José Osvaldo do Amarante, diretor técnico da Mistral,
acha o número de 110 rótulos um pouco exagerado.
Ele ficaria com uma boa vintena de grandes vinhos brasileiros."*

Celso Arnaldo Araújo, brilhante jornalista da
velha guarda, na revista *Go Where Gastronomia* (ago./set. 2009)

*"A mais antiga confraria enofílica em
atividade no Brasil é justamente a de José Osvaldo
do Amarante – hoje uma grife no mundo dos vinhos."*

Celso Arnaldo Araújo,
na revista *Go Where Vinhos* (ago. 2008)